微波射频技术
电路设计与分析

王培章　佘同彬　晋军　编著

国防工业出版社
·北京·

内 容 简 介

本书在概述现代无线通信信道特性、调制与解调机理及类型、收发机结构及特点的基础上,全面系统地介绍了射频电路与系统基础知识、单元功能电路原理和关键技术、电路制造技术及测试技术,通过实例阐明了各单元电路设计方法,并集成了该领域最新理论与实验研究成果。

全书共 16 章。介绍了收发机结构及应用、无源和有源射频元器件及模型、传输线理论及 Smith 圆图、射频网络参量及分析、噪声和非线性失真、电路和电磁场设计工具与仿真技术、射频放大器、信号产生电路(振荡器、压控振荡器与频率合成器)、频谱搬移电路(混频器、倍频器和分频器)、微波测试技术、射频电路基片、混合/单片集成电路、MCM 和三维集成电路、微波电路的工程设计案例、ADS 射频电路设计基础、射频同轴电缆和连接器。书中有些章附有思考题和习题。

本书针对现代微波射频电路技术与设计的人才培养编写,既可作为电子信息类高年级本科生和研究生的教材,也可作为工程师应用的参考书,同时又是一本比较全面、系统的无线应用微波射频电路技术领域的专著。

图书在版编目(CIP)数据

微波射频技术电路设计与分析 / 王培章,余同彬,
晋军编著. —北京:国防工业出版社,2012.8
ISBN 978—7—118—08258—6

Ⅰ. ①微… Ⅱ. ①王… ②余… ③晋… Ⅲ. ①微波电路—射频电路—电路设计②微波电路—射频电路—电路分析 Ⅳ. ①TN710.02

中国版本图书馆 CIP 数据核字(2012)第 177672 号

※

国防工业出版社 出版发行

(北京市海淀区紫竹院南路 23 号 邮政编码 100048)
北京奥鑫印刷厂印刷
新华书店经售

*

开本 787×1092 1/16 印张 27½ 字数 631 千字
2012 年 8 月第 1 版第 1 次印刷 印数 1—3500 册 定价 82.00 元

(本书如有印装错误,我社负责调换)

国防书店:(010)88540777 发行邮购:(010)88540776
发行传真:(010)88540755 发行业务:(010)88540717

前　言

　　近年来,无线通信技术及其应用得到了非常迅速的发展。无线通信的飞速发展给无线收发机射频前端的设计带来了很多挑战。以个人移动通信、卫星通信、无线/局域网、宽带无线接入技术为代表的无线通信技术发展迅猛,其工作频率日益提高,促使射频电路技术得到了广泛的应用。射频微波电路技术为现代无线通信、定位、传感、雷达、射频识别、认知无线电、电子对抗、卫星导航、遥感遥测等系统提供了关键的核心元器件及集成组件,已成为各种无线技术发展与成功的关键,因此,得到学术界和工业界的特别关注,无线通信射频电路及相关领域的从业人员与日俱增。

　　现在,许多大学和工业界都在进行射频集成电路的研究,采用射频集成电路的产品越来越多,功能也越来越复杂,射频集成电路开始进入真正的产品开发阶段。与这一阶段相适应,工业界对射频集成电路设计人才具有巨大的需求,而且在不久的将来该需求还会逐渐增加。为了加快射频集成电路人才的培养,国内迫切需要一本较好的射频电路教材。本书正是在这样的背景下完成的。它以实现一个完整的无线收发机射频前端为主线,按照"射频电路基础—射频电路元器件—无线收发机系统结构—射频模块电路分析与设计—后端设计与混合信号集成—无线收发机实例"的结构编写。在编写过程中,编者力图面向实际应用,在介绍基本概念的基础上,着重讨论在集成射频前端框架下各模块电路的设计方法及提高性能的措施。书中讲述的主要概念和方法都尽量通过具有实际应用价值的设计实例加以解释和说明,使读者能够举一反三,独立解决射频电路设计中的实际问题。通过本书的学习,读者可以进行基本的射频电路设计,并对无线收发机射频前端结构选择以及模块划分、性能指标分配等初步了解。编写本书的另一个目的是对目前为止出现的射频电路设计技术进行总结。因此本书的内容力图反映射频集成电路领域的最新进展,在内容上包括了很多先进的射频集成电路设计技术。希望对无线通信、微波技术专业的师生和专业技术人员有所裨益。

　　本书在简要介绍移动通信、局域网、卫星通信、收发机功能与结构的基础上,导出无线通信收发机中射频电路及集成系统的技术特点与要求,以及构成射频电路的各种无源和有源器件射频特性与等效电路模型。全书共16章。第1章介绍无线通信中射频收发信机结构及其应用。第2~7章详细介绍了设计分析射频电路特性必须理解和掌握的传输线理论、Smith圆图及应用方法、数字调制技术、射频网络参量及分析方法、噪声和非线性失真机理及效应、ADS/MWO/HFSS等常用射频/微波电路与电磁场设计和仿真 EDA工具与应用技术等基础知识。第8~12章分别介绍无线收发机射频前端的系统结构、射频低噪声放大器、微波功率放大器、微波功率放大器的线性化技术、混频器、倍频器、分频器、振荡器、压控振荡器、频率综合器等单元基础电路的工作原理、功能指标参数及技术要求、基本电路结构与类型、设计与仿真技术及其最新理论与实验研究成果。第13章介绍了射频电路基片、混合/单片集成电路、MCM和三维集成电路等射频电路制造技术。第14章介绍了微波电路的工程设计案例。第15章介绍了ADS射频电路设计基础。第16章介绍了射频同轴电缆和连接器。每章后附有练习用的习题可供广大师生选用。

　　本书特点在于从射频电路元件、原理、工艺、性能出发,循序渐进地提升到射频电路设计的先进思想,全面系统地介绍了现代射频电路与系统所涉及的基础知识、基础功能电路原理与经典拓扑结构、设计方法、制造技术及测试技术,通过实例阐明了各单元电路设计方法与步骤、性能仿真技巧,并集成了该领域最新理论与实验研究成果,使其既是相关专业高年级本科生或研究生的教材,又是适合工程师的实用参考书或手册。

　　本书由王培章教授统筹全书内容。在本书的编写过程中,得到了解放军理工大学通信工程学院教保处的大力支持,在此深表感谢。

　　限于作者水平,书中难免存在不妥和错误之处,恳请读者批评指正。

编 者

2012.4

目　录

第1章 无线通信中射频收发信机结构及应用

1.1 无线收发信机射频前端功能和特性

当电子通信系统的信道介质为大气空间时,即"无线通信"。此时,通信系统主要由发送机和接收机两部分组成。

无线通信收发信机中存在两种变换。在发射端,第一个变换是输入变换器,它把需要传递的信息变换成电信号——基带信号;第二个变换是发射机将基带信号变换成其频带适合在信道中有效传输的信号形式——已调信号,这个过程称为调制。在接收端,第一个变换是接收机从信道中选取接收的已调波并将其变换为基带信号,此变换过程称为解调;第二个变换是输出变换器将解调后的基带信号变换成相应的信息。发送部分的基本框图如图1-1所示。

发送过程大致如下。

(1)调制。调制是将基带信号调制到通信载波上。在某些特殊应用领域还有一个对基带信号加密的步骤或其他步骤。

(2)中放变频。在这一步不但要对调制之后的信号进行放大,还要将信号变频到实际通信的频段(频道)。

(3)功放。其主要将发射信号的功率放大到满足通信(距离)的要求。

(4)发射天线。将信号有效地发射出去,除了发送功率(效率)之外,有时还有方向及电波传播方式的选择。

对于发送硬件电路系统而言,最困难的部分就在于中放变频和功放。中放变频的难点主要在于变频系统方案的设计,好的系统方案设计可能产生的相关干扰较少,甚至还可能降低对参与变频的本地振荡信号的要求。而RF功放的难点主要在于功率效率和线性度。

接收的过程可以说是发送的逆过程,其框图如图1-2所示。

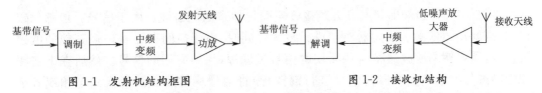

图1-1 发射机结构框图   图1-2 接收机结构

对于接收系统而言,最困难的部分就在于射频前端。因为空间中充满了各种各样的电磁信号,有用信号也在其中,如何既有效地接收到有用信号,同时还需尽可能地将无用信号抑制下去,一直是通信中的一个重要研究课题。

1.2 射频电路在系统中的作用与地位

现代通信系统复杂多样,并正以惊人的速度向前发展,如无绳电话、蜂窝(移动)电话、家用卫星网络、全球定位系统(GPS)和个人通信服务(PCS)等应用都深入到了千家万户。

但是,通信系统(以及其他的系统和设备)的心脏是集成电路,包括模拟集成电路和数字集成电路,而其中射频电路起着举足轻重的作用。例如,对于接收链路来说,从天线接收下来的射频信号,首先经射频前端和其他模拟电路变换到低频的基带内,然后经模数(A/D)转换器转换成数字信号,这些数字信号再经后面的数字信号处理电路完成解码和其他运算后送给相应的应用设备。对于发射链路来说,相应的应用设备采集到的数据,经数字信号处理电路完成编码和其他运算后,送到数模(D/A)转换器转换成模拟信号,然后再经射频前端和其他模拟电路调制到相应的射频范围内,通过天线发射出去,如图1-3所示。

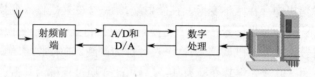

图 1-3 射频通信系统示意图

虽然现在存在着多种无线通信系统,它们在许多方面都不一样,但是所有的无线通信系统都包含一个射频前端模块来调制发送的信号和解调接收的信号。以图1-4所示的超外差式通信系统为例,射频前端指从天线到完成第一次频率变换所需要的电路,这些电路对射频信号进行处理。

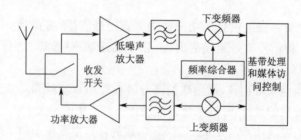

图 1-4 射频前端框图

接收信号时,射频前端通过天线接收空间传播来的电磁波。由于信号一般都比较微弱,需要使用低噪声放大器对它进行放大。同时,由于空间存在着许多其他的电磁波信号,需要使用滤波器将这些无用的信号过滤掉,保留有用的信号。然后在下变频器中经过与本地产生的振荡信号进行混频,来将信号从射频载波变换到中频或者基带。发送信号时,同接收信号相反,需要将中频或者基带信号经上变频器变换到射频载波,经过功率放大器放大到一定的功率,然后经过天线发送出去。频率综合器用来产生频率变换所需要的本地振荡信号。射频前端包括低噪声放大器、下变频器、上变频器、功率放大器和频率综合器5个模块和其他必要的偏置电路及控制电路。当然,将所有这些电路集成到一个芯片内,形成单芯片射频通信系统,是当前学术界和产业界研究的热点,而且已经有一些这样的芯片见诸报道,这样的芯片就是典型的数模混合集成电路。

综上所述,射频电路在系统中起着关键作用,现代通信系统的发展是与射频电路的发展分不开的。

1.3 射频电路与微波电路和低频电路的关系

1.3.1 频段划分

从现有的射频、微波应用,可以看出这个飞速发展的领域具有很大的潜力,成为未来许多应用的富有成效的资源。

由麦克斯韦方程可知,当电信号通过一个导体时,会产生电磁波(EM)。当信号频率高于最高的音频频率(为 15kHz~20kHz)时,EM 波就开始从这个导体向外辐射。当频率高于数百兆赫时,这个辐射很强,通常将这个频率或更高的频率称为射频(RF)或微波(MW)。

1. 频谱

要想设计一个电路覆盖全部频带,或者将全部频谱应用于某一种用途,是不切合实际的。所以要把频谱划分成许多频带,每个频带有专门的用途。通常一个电路都是被设计成用于某个特定的频带。

频谱有许多种划分和定义,表 1-1 所列为频谱的一种划分方法。

表 1-1 频谱的划分

频带名称	缩写	频带范围	频带名称	缩写	频带范围
甚低频	VLF	3kHz~30kHz	甚高频	VHF	30MHz~300MHz
低频	LF	30kHz~300kHz	超高频	UHF	0.3GHz~3GHz
中频	MF	0.3MHz~3MHz	特高频	SHF	3GHz~30GHz
高频	HF	3MHz~30MHz	极高频	EHF	30GHz~300GHz

2. 微波和射频的定义

当工作频率提高到接近 1GHz 或者更高,就会出现一些在低频下没有的现象。一般频率范围为 1GHz~300GHz 的电磁波称为微波。在此频段内的信号波长为 1mm(对应于频率 300GHz)~30cm(对应于频率 1GHz)。通常把从 30GHz~300GHz 的频率范围特称为毫米波(因为其波长是在毫米范围)。但是,以上的划分不是很严格,以前人们认为 0.3GHz~1GHz 为射频,但随着近年来科技的迅猛发展,人们则以 0.3GHz 到 4GHz~5GHz(S 频带)为射频频段。而微波则指雷达系统工作的 C 带(4GHz~8GHz)和更高的频带。微波频段由 3 个主要的频带 UHF、SHF 和 EHF 组成。它可以再细分为一些专门的频段,各自有本身的定义,这就使微波的使用更加方便。

电气和电子工程师协会(IEEE)提出了在电子学工业方面最常用的微波频带,如表 1-2所列。表中 Ka 带到 G 带是毫米波段(MMW)。

表 1-2　IEEE 和工业用微波波段的定义

频带名称	频率范围/GHz	频带名称	频率范围/GHz
L 带	1.0～2.0	S 带	2.0～4.0
C 带	4.0～8.0	X 带	8.0—12.0
Ku 带	12.0～18.0	K 带	18.0～26.5
Ka 带(毫米波)	26.5～40.0	Q 带(毫米波)	33.0～50.0
U 带(毫米波)	40.0～60.0	V 带(毫米波)	50.0～75.0
E 带(毫米波)	60.0～90.0	W 带(毫米波)	75.0～110.0
F 带(毫米波)	90.0～140.0	D 带(毫米波)	110.0～170.0
G 带(毫米波)	140.0～220.0		

1.3.2　电路的设计考虑

由于不同频率下电磁波性质不同,所以在电路设计时要有不同的考虑。一般分为两个主要的类别:低射频电路和高射频与微波电路。

1. 低射频电路

在低射频电路中,可以忽略其电波的传播效应。设计过程考虑以下 3 个特点。

(1)电路的长度远小于波长,即 $l \leqslant \lambda$。

(2)传播延时 t_d 趋近于零,即 $t_d \approx 0$。

(3)麦克斯韦方程简化为低频下的定律,如基尔霍夫电压和电流定律(KVL 和 KCL)与欧姆定律。

因此,在射频频率,当 $l \leqslant \lambda$ 时,传播延时 t_d 近似为零,并且所有电路中的元件可以认为是集总的。设计过程包含 3 个步骤:选择合适的器件,进行直流设计以确定合适的静态工作点;基于这个直流工作点,通过测量或计算得到交流小信号参数;设计匹配电路使器件与外界(即信号源和负载)连接。在这个过程中需考虑稳定性、增益和噪声等。

2. 高射频和微波电路

对于高射频和微波电路,其中可以有一个或几个集总元件,但至少要有一个分布式元件。分布式元件就是该元件的特性是分布在电路的很大长度或面积上,而不是集中在一个部位或元件中。比如,分布式电感是其电感量分布在导体的整个长度上,而普通电感的电感值是集中在线圈中;分布式电容是其电容量分布在一段导线上,而非集中在一个电容器中(如线圈的匝间或电路相邻导体之间的电容等)。

对于分布电路,具有下述 3 个特点。

(1)须采用麦克斯韦方程提出的波传播概念。

(2)电路要有大的电长度,即其物理长度与电路中信号传播的波长可比拟。

(3)信号传播延时 t_d 不可忽略。

高射频和微波电路的设计过程如下。

(1)开始时进行直流电路设计,以建立稳定的工作点。

(2)表征器件在工作点附近的特性,即利用电磁波测量器件各端口的反射和传输系数。

(3)设计匹配网络使器件与外界连接,以达到规定的性能指标,如稳定性、增益等。

可见,除了必须考虑波传播这个关键概念外,微波电路设计与上述低射频电路的设计过程相似。

1.4 集成收发系统结构

射频电路集成化是当今技术发展的趋势和应用要求,任何基本单元电路(如放大器、混频器等)应当确定其性能优良和可靠。全球每天都有成百上千的新型射频集成电路(RFIC)问世,并迅速应用于无线通信等广阔市场。

显然,集成收发信机包括了接收机和发射机,图 1-5 展示了一种超外差式收发机。通常情况下,收发机只需一个本振,接收机和发射机共用。同样,天线也只需要一个。单刀双掷开关(SPDT)可用于接收和发射模式的转换,但开关的缺点在于具有 0.5dB~2dB 的插入损耗,这恶化了接收机的噪声性能,并降低了功率放大器的有效输出功率。利用开关共用一个天线可以减小集成收发信机的体积。出于这种考虑,开关在大多数的集成收发信机中得到了应用。

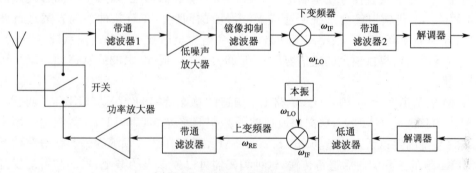

图 1-5　超外差式收发机结构

当超外差式收发信机结构工作在接收模式时,接收链路开通,而发射链路关闭。与单次变频接收机的工作原理相同,射频信号从天线接收下来,经过射频滤波器进行频带选择,并进行低噪声放大和恢复,再通过镜像抑制滤波器实现镜频抑制,下变频后经过中频带通滤波器 2 进行信道选择,最后所得信号送入解调器进行解调。类似地,当超外差式收发机结构工作在发射模式时,发射链路开通,而接收通路关闭。已调信号通过低通滤波器滤除高频干扰信号,上变频至射频,通过带通滤波器进行带外抑制后,进行足够的功率放大,再由天线发射出去。这和直接变换法发射机的工作原理相同。

1.5 典型应用的集成收发信机

目前,单片集成收发信机的研究热点频段主要集中于 ISM(Industrial, Scientific, Medical)频段(美国规定为 902MHz ~ 928MHz、2400MHz ~ 2483MHz、5MHz 和

5725MHz～5850MHz 这 3 个频段)及专用于 GSM、TD-SCDMA、PHS 和 UWB 等通信系统的频段。其中,因为 2.4GHz 为各国共同的 ISM 频段,无线局域网(IEEE802.11b/IEEE 802.11g)、蓝牙、无线个域网(WPAN)等无线网络均工作在该频段上,所以关于 2.4GHz 的无线单片集成收发信机产品最多。

1.5.1 全球数字移动通信系统收发机

作为目前世界上使用最为广泛的移动通信标准,自从 20 世纪 90 年代开始在全球大规模商用以来,全球数字移动通信系统一直展示出强大的生命力。不管是在全球数字移动通信系统的发源地欧洲,还是在移动通信的新兴市场亚洲、非洲,全球数字移动通信系统都拥有最为成熟和完善的产业链与用户群,涵盖了系统、终端、设备、软件、测试等领域。随着 GPRS、EDGE 等可以进一步丰富全球数字移动通信系统数据应用的技术开始应用,在今后相当长的时间内,全球数字移动通信系统凭借广泛的网络覆盖、可靠的通信质量、低廉的资费,必将构造和 3G 标准共存双赢的格局。

全球数字移动通信系统是欧洲电信标准学会(ETSI)为第二代移动通信制定的可国际漫游的泛欧数字蜂窝系统标准。1982 年,公用陆地移动网(PLMN)分配了 890MHz～915MHz 和 935MHz～960MHz 两个工作频段,同年成立了全球数字移动通信系统工作组。这个工作组的主要任务就是制定一个第二代移动通信标准,以解决欧洲各国因使用 6 个不同的第一代模拟蜂窝系统而造成无法漫游的问题。在对几种系统方案进行评估后,工作组制定了新的统一数字蜂窝网络标准,命名为全球数字移动通信系统(GSM),它容易实现漫游又可提供很大的通信容量。到 2001 年,接近 50 家的蜂窝移动系统采用了 GSM 标准。

GSM 的信道宽度为 200kHz,单路 RF 信道的总比特率为 270.833Kb/s。调制方式采用最小频移键控(GMSK),单向信道载波的频率偏移为 67.708kHz。就频谱利用率来说,GSM 系统的每路话音信道为 25Kb/s。GSM 系统利用线性预测编码器将每路话音信号以 13Kb/s 的速率编码后进行传输,这种编码器可以模拟人的喉咙、嘴部和舌的发音方式。该编码方式与直接 PCM 相比,可减小比特率。若系统使用更先进的话音编码器(声码器),比特率则可减至 6.5Kb/s,从而使 GSM 系统容量加倍。GSM 系统还利用跳频技术解决多径传播现象造成的信号衰落。另外,用户 ID 模块(SIM)是 GSM 系统所特有的模块。这是一种具有 8Kb 存储容量的智能卡,其中存储了由用户确定的所有相关信息。无论在何处,只要用户持有 SIM 卡就可以使用任何 GSM 电话。利用 SIM 卡可在一定程度上防止欺诈使用,增加了系统的安全性。表 1-3 给出了 GSM—900 和 GSM—1800 的主要参数。

表 1-3   GSM—900 和 GSM—1800 的主要参数

性能	GSM—900	GSM—1800	性能	GSM—900	GSM—1800
上行频率/MHz	880～915	1710～1785	双工方法	FDD	FDD
下行频率/MHz	925.4～960	1805～1880	每信道用户数	8	8
信道间隔/kHz	200	200	调制方式	GMSK;BT=0.3	GMSK;BT=0.3
多址方式	TDMA/FDM	TDMA/FDM	信道比特率/(Kb/s)	270.833	270.833

由于芯片加工制造技术的快速发展,再加上CMOS、GaAs和InP等工艺的不断革新,促使了收发信机的单片集成化。下面简要介绍一个用 0.25μmCMOS 工艺实现的低功率 GSM—900 收发信机。这种接收机采用二次变频超外差式结构,中频为 71MHz,包括滤波器在内的最差噪声系数为 8.1dB,数字控制的总增益范围超过 98dB。发射机采用直接变频结构,集成了一个移相器(Phase Shifter),发射的 GMSK 信号的平均均方根相位误差小于 2。该收发机由 2.5V 电压供电,接收机仅消耗 19.5mA 的电流,而发射机消耗 55mA 的电流。GSM 收发机结构框图如图 1-6 所示。此收发机属于超外差式结构,接收到的信号先由带通滤波器预选频,接着是低噪声放大并通过混频器先变频到中频,由声表面滤波器(SAW)滤波后,直接下变频到基带并送入后面的解调电路。发射机是调制、上变频、滤波和功率放大的组合。由于 GSM 采用时分多址方式,因此天线双工器是一个收发转换开关。

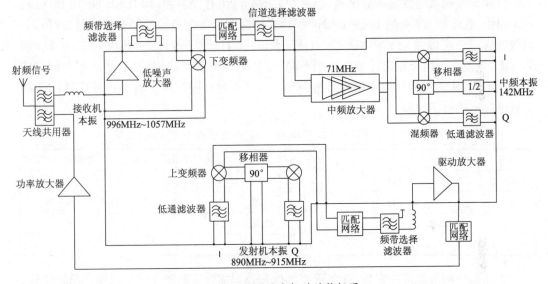

图 1-6　GSM 收发机的结构框图

1.5.2　应用于无线局域网的收发机

当今,基于无线通信的计算机网络已成为国际上热门的研究和发展领域,其目标是在有限的带宽上获得更高的数据传输率,同时系统必须价格低廉,以便有广阔的市场。无线局域网(WLAN)是利用全球通用且无需申请许可的 ISM 频段(2.4GHz 频段、5.0GHz 频段),在无线的环境中实现便携式移动通信。无线局域网既可作为有线网络的延伸和补充,又适于某些难以布线的特殊场合。在建筑物内或建筑物之间的短距离局域网通信,可以用射频和微波来实现。但是,通过电缆(即同轴线缆或光纤)来连接会在拥挤的都市造成严重问题,因为电缆必须在两建筑物之间的地下走。这个难题可以用安装在屋顶和办公室窗户的射频和微波收发器系统来大大缓解。在建筑物内,射频和微波可有效地用来形成无线局域网,以便连接电话、计算机及其他的局域网。

无线局域网的主要优点是可在办公室中灵活地重新布置电话、计算机等设备,而不必改变墙壁上出口的连线。在开发出低成本、低功耗、以电池工作的无线局域网产品方面,

7

集成的无线局域网芯片组解决方案将在无线电市场上扮演重要的角色。

目前，由于无线局域网巨大的市场潜力，世界各国的工业界和科技界都投入巨大的力量，加强这方面的研究与开发工作。出于对高集成度、低功耗、低成本和小型化的追求，都把目标集中在多频带（一般是两个频带）和多模式（一般是 2～3 种模式）上，即用较少的芯片数在多频带实现多种功能，使性能更灵活、应用更方便、范围更广泛。这是无线局域网芯片组的发展趋势。

Intersil 公司新近推出的 Prism Duette 是双频带[5GHz(802.11a)和 2.4GHz (802.11b、802.1lg)]无线局域网解决方案，该网络能传输高达 54Mb/s 数据率的视频、语音和数据，并且向下兼容现有的 Wi－Fi 系统 PrismDuette 双频带芯片组的总体结构。它的核心由两大芯片 ISL3690(高集成 UHF2 双频带零中频收发机)和 ISL3890(集成基带处理器/媒体访问控制器 BBP/MAC)组成，实现全 IEEE802.11a/b/s 无线局域网 MAC 协议。

目前无线局域网发展十分迅速，与之相关的标准也有很多种，如 IEEE 802.11a/b/g、HomeRF、蓝牙和 ETSI 的 HiperLAN2 等。这些标准工作在美国联邦通信委员会(FCC)授权普通用户可以使用 902MHz、2.4GHz 及 5.8GHz 这 3 个 ISM 频段的 2.4GHz 和 5.8GHz 频段上。由于制定标准的组织不同，这些标准所使用的频段、数据率和调制方式都有所不同，所面对的应用领域也各有差别。表 1-4 对目前国际上应用比较广泛的无线局域网标准进行了比较。

表 1-4　目前国际上应用比较广泛的无线局域网标准比较

标准	频段/GHz	调制方式	数据率/(Mb/s)	标准	频段/GHz	调制方式	数据率/(Mb/s)
HomeRF	2.4	FH	1～2	802.11S	2.4	OFDM	可达 54
蓝牙	2.4	FH	1	802.11aa	5	DMT/OFDM	6～54
802.11	2.4	FH/DS	1～2	HiperLAN2	5	GMSK	可达 24
802.11b	2.4	DS	可达 11				

无线局域网的标准制定后，许多研究机构和公司加快了研制无线局域网产品的步伐，各种无线局域网收发机大量出现，而人们研究的热点主要集中于 IEEE 802.11b 标准和蓝牙标准。近年来，伴随着对收发信机的高集成度、低成本、小尺寸要求的不断提高，国内外不少研究学者和公司也提出和开发了许多可同时满足多个无线局域网标准的多模式全集成收发信机，其中以同时兼容 IEEE 802.11a/b/g 3 个标准的收发机居多。

目前能提供全集成的无线局域网收发机芯片的厂商已有不少，其技术日趋成熟。下面介绍一种典型的 WLAN 集成收发机，该芯片可以工作在 5.15GHz～5.35GHz 和 2.4GHz～2.5GHz 两个频段，同时满足 IEEE802.11 a/b/g 3 种标准，采用 0.25μmCMOS 工艺制造。中心频率为 3.8GHz 的片上集成 VCO 和频率综合器的相位噪声为 1.35 rms。发射机在输出功率约为 3 dBm 时，EVM 值约为 33dB(2.4GHz)；而在输出功率约为 7dBm 时，EVM 约为 29dB(5GHz)。接收机的噪声系数在 2.4GHz 下为 3dB，在 5GHz 下为 3.8dB。芯片总面积为 25mm^2。

1.5.3　应用于无线传感器网络的低功耗收发机

无线传感器网络(WSN，Wireless Sensor Network)是当前实际上备受关注的、多学科高度交叉的新兴前沿热点研究领域。无线传感器网络,是指由部署在监测区域内的大量廉价的小型或微型的各类集成化传感器节点协作地实时感知、监测各种环境或目标对象信息,通过嵌入式系统对信息进行智能处理,并通过随机自组织无线通信网络以多跳中继方式将所感知的信息传送到用户终端,从而真正实现"无处不在的计算"理念。无线传感网络综合了传感技术、嵌入式计算技术、现代网络技术、无线通信技术、分布式智能信息处理技术等多个学科,是多学科交叉融合的产物。

WSN 节点的重要特征就是低功耗、低成本和小体积,目前国内外应用于 WSN 的收发机的研究热点主要基于 IEEE 802.15.4 标准(Zig Bee)和 UWB。Zig Bee 是传统的正弦载波无线传输技术,目前功耗已经可以做到在几十个毫瓦甚至几个毫瓦,普通的碱性电池供电可以连续工作两年时间左右。超宽带(UWB)通信技术是一种非传统的、新颖的无线传输技术,它通常采用极窄脉冲(脉宽在 ns 至 ps 量级)或极宽的频谱(相对带宽大于 20% 或绝对带宽大于 500MHz)传送信息。超宽带通信收发机不含有传统的中频和射频电路,结构相对简单,传输每比特信息,UWB 通信的功耗低于传统低功耗的正弦载波通信系统(如蓝牙、Zig Bee 和 TR 系列等),能很好地解决 WSN 节点体积、成本和功耗的难题,特别适合于设计微小 WSN 节点。

1.5.4　应用于 WCDMA

GSM 的缺点是数据率低和频谱利用率低,这是第二代移动通信系统进一步发展的瓶颈。应运而生的是宽带码分多址接入系统(WCDMA),其突出优点是数据传输速率高和频谱利用率高,可支持 384Kb/s~2Mb/s 不等的数据传输速率,在高速移动的状态,可提供 384Kb/s 的传输速率;而在低速移动或是室内环境下,则可提供高达 2Mb/s 的传输速率。而 GSM 系统的数据传输率目前只能达到 9.6Kb/s,固定线路的调制解调器(MODEM)也只具有 56Kb/s 的速率。

WCDMA 是由欧洲和日本发起的,其中每个 5MHz 信道只使用单路载波,码片率为 4.096Mb/s,数据传输速率为 2Mb/s。基于 WCDMA 的通用移动通信系统(UMTS,Universal Mobile Telecommunication Systems),是第三代(3G)移动通信系统。3G 系统开展的业务定位为:提供多种类型、高质量多媒体业务,能实现全球性覆盖,具有全球漫游能力,与固定网络相兼容,并以小型便携式终端在任何时候、任何地点进行任何种类通信,这将给广大用户带来极大的便利。3G 手机可以实现可视电话、快速上网、接收电视节目等功能,使手机有望在不久的将来变成实实在在的可移动的多媒体终端。这必将给电信产业带来新一轮的发展高潮。

此外,在一些传输通道中,它还可以提供电路交换和分包交换的服务。因此,消费者可以同时利用电路交换方式接听电话,然后以分包交换方式访问因特网。这样的技术可以提高移动电话的使用效率,并使在同一时间做语音和数据传输的服务成为可能。我国目前正在加紧研究和开发具有自主知识产权的 3G 产品,即中国体制的 TD—SCDMA(时分同步码分多址)。它采用智能天线、联合检测和接力切换等技术,在频谱利用率、对业务支持、频率灵活性和成本等方面具有优势。自然,由于第三代的发展必将是在第二代的基础上逐步演进实现的,所以,要充分利用现已建设的 2G 网络,保持用户业务的连续性,就要求 3G 网络必须与 2G 有很好的后向兼容性。

1.6 无线通信及射频电路技术发展趋势

1. 无线通信及射频电路技术的发展趋势

(1)高频率化。随着无线通信的发展,需要传送的信息量越来越大。信息量的增大意味着通信需要更大的带宽,在低频下实现非常大的绝对带宽已变得十分困难,故无线通信及射频电路技术的一个发展趋势就是工作频率越来越高,从高频(HF)、甚高频(VHF)、特高频(UHF)、微波(MW)、毫米波(MMW)至太赫兹(THz),达到增加有效通信带宽的目的。

(2)高速率化。为了满足人们对通信质量和通信容量的要求,高速率的数据传输已成为无线通信的发展趋势之一。这也要求射频电路技术能适应高速率的数据传输,以满足实时传输声音、数据、图像等多媒体大容量信息的需要。

(3)集成化和小型化。集成电路技术和新材料及新工艺的飞速发展,为射频和数字部分能集成在同一块芯片上创造了条件,于是集成化和小型化将顺应无线通信及射频电路技术的发展需求。

(4)低功耗。便于携带、工作时间长和功能多是无线通信的一个发展方向,这就必然要求射频电路具有低功耗的特点。

(5)数字化/软件化。软件无线电将会是无线通信的通用实现方式,故需要射频和数字硬件电路在不同频率/制式下实现无线通信系统之间的互连互通、一机多用。

(6)低价与人性化。低价是有力的竞争手段之一,随着元器件技术的发展和制造成本的降低,无线通信设备和射频电路可以进一步降低成本,以实现尽可能的低价。另外,人性化和智能化也将是无线通信及射频电路技术的发展趋势之一。

2. 集成收发机的发展趋势

随着低压、低功耗数模混合电路设计技术、片上系统(SoC)、可编程片上系统(SoPC)、可重构等技术的发展,以及 CMOS、GaAs、InP 等工艺特征尺寸的进一步降低和集成电路设计制造工艺的提高,单片集成收发信机正朝着更高的集成度、更高的工作频率、更低的工作电压和功耗、更低的成本方向发展。

(1)高集成度。随着集成电路技术的进步,单片集成数字、模拟和射频功能成为了芯片的发展趋势。例如,目前的几款适用于无线局域网的收发机都满足多模式工作,且全集成了片内开关和功放,只需极少的片外元件就可以由基带器件组成相应的通信系统,少数适用于无线传感器网络的收发机还集成了基带部分,组成了一个片上系统。

(2)高工作频率。随着工艺特征尺寸的不断降低,器件的特征频率和最高振荡频率不断提高,使得集成收发信机的工作频率越来越高。例如,CMOS 工艺的不断革新的结果使得采用该工艺的接收机往更高频率发展,采用 $0.13\mu m$ CMOS 工艺的收发机可工作在 17GHz,随着 90nm 甚至 65nmCMOS 工艺的不断成熟,工作于 60GHz 的收发信机已有报道。

(3)低工作电压和低功耗。随着无线通信技术的进一步发展,在电池供电的限制条件下要求收发信机可以工作在更低的工作电压下,消耗的功率越小越好,尤其是无线传感器网络中的节点,一般要求在电池供电下可以正常工作两年时间以上。因此,进一步降低收发信机的工作电压和功耗、提高线性度是单片集成收发信机的重要研究方向。

(4)低成本。低成本是单片集成收发信机走向商业应用的基本要求。特别地,对于用于部署无线传感器的节点收发机,往往需要成百上千个,低成本的要求更是迫切。随着无线通信市场的发展,只有降低成本才可能在日益激烈的市场竞争中占有一席之地。

1.7　射频电路基础

在射频通信电路设计和工程应用中,经常涉及频带宽度、品质因数和分贝等概念。例如,射频电路设计中经常以 dBm 作为功率的单位,以 dBμV 作为电压单位。

本章作为射频电路设计的基础,介绍一些相关参数的概念和表示方法,包括频带宽度的表示方法、分贝表示方法和谐振电路的品质因数等内容。

由于工作频率的升高,射频器件在结构和功能上都与低频和高频器件有所不同。本章简要介绍射频二极管和射频晶体管的基本电路模型和结构特点,包括肖特基二极管、PIN 二极管、双极型晶体管和场效应管等射频有源器件。

1.7.1　频带宽度表示法

1. 绝对带宽

在射频通信电路设计中,经常涉及频带宽度的问题。例如,在带通或带阻滤波电路的设计中,需要给出对频带宽度的描述。带宽 BW 可以根据高端截止频率 f_H 和低端截止频率 f_L 定义为

$$\begin{aligned} &\text{BW(Hz)}\\ &=f_H-f_L \end{aligned} \tag{1-1}$$

采用绝对带宽表示时,带宽 BW 的量纲为 Hz。例如,某射频放大电路的工作频率范围为 1GHz～2GHz,则带宽为 1GHz;PAL 制式的电视广播的图像信号带宽为 6MHz。通常以频率作为单位表示的带宽是指绝对带宽。

2. 相对带宽

采用绝对带宽表示时,不仅需要指出带宽的数值,还需要指出具体中心频率。例如,带宽同样为 BW=100MHz,中心频率分别为 $f_{c1}=3$GHz 和 $f_{c2}=300$MHz,在放大电路的设计上存在较大的差异。如果只给出带宽 BW 而不给出中心频率 f_c 则不能完全反映带宽的含义。因此在射频电路设计中,使用相对带宽的概念较为简便。相对带宽常用的表达方式有两种:百分比法和倍数法。采用相对带宽表示时,带宽是无量纲的相对值。百分比法定义为绝对带宽占中心频率的百分数,用 RBW 表示为

$$\text{RBW}=\frac{f_H-f_L}{f_c}\times100\%=\frac{\text{BW}}{f_c}\times100\% \tag{1-2}$$

其中 $f_c=\dfrac{f_H-f_L}{2}$ 为中心频率。倍数法(又称覆盖比法)定义为高端截止频率 f_H 与低端截止频率 f_L 的比值,用 K 表示为

$$K=\frac{f_H}{f_L} \tag{1-3}$$

或者通过分正值来表示,定义频带宽度为

$$K(\text{dB}) = 20\lg \frac{f_{\text{H}}}{f_{\text{L}}} \tag{1-4}$$

采用倍数法表示的相对带宽有时也用倍频程的概念进行描述。例如，1GHz～2GHz 的射频放大电路，$K=2$（或 6dB），具有 1 个倍频程的带宽；而 200MHz～2GHz 的射频放大电路，$K=10$（或 20dB），具有 10 个倍频程的带宽。

百分比法 RBW 和倍数法 K 都可以表示相对带宽，两者的转换关系为

$$\text{RBW} = 2 \times \frac{K-1}{K+1} \times 100\% \tag{1-5}$$

3. 窄带和宽带

窄带和宽带是一个相对的概念，没有十分严格的定义。一般根据相对带宽来定义宽带，而不使用绝对带宽来定义。通常认为当相对带宽达到一个倍频程以上（$K \geqslant 2$），则属于宽带。如果相对带宽在一个倍频程以内，则属于窄带。例如，射频电路设计中经常涉及的窄带放大电路和宽带放大电路，就是按照这个标准进行划分的。

例 1-1 一个射频低噪声放大电路的频率范围为：$f_{\text{L}}=3.4\text{GHz}$，$f_{\text{H}}=4.2\text{GHz}$。请计算绝对带宽 BW、相对带宽 RBW 和倍数法表示的带宽 K，并判断该放大电路是否属于宽带放大电路。

解 绝对带宽 BW 为

$$\text{BW} = f_{\text{H}} - f_{\text{L}} = 4.2\text{GHz} - 3.4\text{GHz} = 0.8\text{GHz}$$

相对带宽 RBW 为

$$\text{RBW} = \frac{\text{BW}}{f_{\text{c}}} = 2 \times \frac{f_{\text{H}} - f_{\text{L}}}{f_{\text{H}} + f_{\text{L}}} \times 100\% = 21\%$$

倍数法表示的相对带宽为

$$K = 20\lg \frac{f_{\text{H}}}{f_{\text{L}}} = 1.84\text{dB}$$

由于带宽没有达到一个倍频程，所以该放大电路不属于宽带放大电路。

1.7.2 分贝表示法

在射频电路设计中，经常引入分贝（dB）作为一个通用的参考单位。分贝是一个对数函数，可以方便地表述数量级相差很大的数值。分贝通常是一个无量纲的比值，用来表示物理量相对值，如电压放大倍数和功率放大倍数等。在射频电路的工程应用中，可以将分贝和某些物理单位一起使用，用来表示物理量的绝对数值，如用 dBmW 来表示功率，用 dBμV 来表示电压。它们的典型值参见表 1-5 及表 1-6。

表 1-5　使用 dBm 表示的一些典型功率值

P	0.01dBm	0.1dBm	1dBm	10dBm	100dBm	1W
P/dBm	−20	−10	0	10	20	30

表 1-6　使用 dBμV 表示的一些典型电压值

U/V	0.01μ	0.1μ	1μ	10μ	100μ	1m
U/dBμV	−40	−20	0	20	40	60

绝对电压、绝对电流和绝对功率值都是有量纲的物理量,如果与相应的物理量相比,就能使用分贝表示这个无量纲的比值。例如,放大电路的输入功率为 P_{in},输出功率为 P_{out},则放大电路的功率增益 G_P 为

$$G_P(\text{dB}) = 10\lg\left(\frac{P_{out}}{P_{in}}\right) \tag{1-6}$$

在射频系统中,单元电路的输入阻抗和输出阻抗都要求设计匹配为 Z_0。如果放大电路的输入电压为 U_{in},输出电压为 U_{out},选择合适的系数可以使电压增益 G_U 与功率增益 G_P 具有相同的分贝值。因此,定义电压增益 G_U 的分贝值为

$$G_U(\text{dB}) = G_P(\text{dB}) = 10\lg\left(\frac{U_{out}^2/Z_0}{U_{in}^2/Z_0}\right) = 20\lg\left(\frac{U_{out}}{U_{in}}\right) \tag{1-7}$$

注意:在计算功率增益 G_P 和电压增益 G_U 时,分别使用了不同的系数 10 和 20。如果放大电路的电压放大倍数为 10,则功率放大倍数为 100,但是电压增益 G_U 和功率增益 G_P 均为 20dB。

分贝表示方法还可以通过选取固定的参考值来表述物理量的绝对值。例如,选取 1mW 作为功率的参考值,并且定义为 $P_0 = 0\text{dBm}$,把其他功率 P 与该参考功率 P_0 比较就可以得到功率 P 的分贝,表示为

$$P(\text{dBm}) = 10\lg\left(\frac{P}{1\text{mW}}\right) \tag{1-8}$$

选用 $1\mu\text{V}$ 作为电压的固定参考值 $0\text{dB}\mu\text{V}$,可以将电压 U 用分贝表示为

$$U(\text{dB}\mu\text{V}) = 20\lg\left(\frac{U}{1\mu\text{V}}\right) \tag{1-9}$$

在阻抗为 $Z_0 = 50\Omega$ 的系统中,如果测量电压为 $0\text{dB}\mu\text{V}$,则可以计算出相应功率 P 为

$$P(\text{dBm}) = 10\lg\left(\frac{P}{1\text{mW}}\right) \tag{1-10}$$

也就是说,在阻抗为 50Ω 的射频系统中,$0\text{dB}\mu\text{V}$ 的信号和 -107dBm 的信号具有相同的功率。需要注意,如果系统阻抗 Z_0 发生了变化,电压 $\text{dB}\mu\text{V}$ 和功率 dBm 之间的转换关系也要发生相应的变化,两者的具体关系为

$$U(\text{dB}\mu\text{V}) = 90 + 10\lg Z_0 + P(\text{dBm}) \tag{1-11}$$

例 1-2 (1)在 $Z_0 = 50\Omega$ 的射频系统中,13dBm 的信号对应的电压是多少?

(2)在 $Z_0 = 600\Omega$ 的射频系统中,2dBm 的信号对应的电压是多少?

解 根据式(1-11)可以计算得到电压分别为

$$U = 90 + 10\lg 50 + 13 = 120(\text{dB}\mu\text{V})$$
$$U = 90 + 10\lg 600 + 2 = 120(\text{dB}\mu\text{V})$$

或者可以换算得到实际的电压均为

$$U = 10^{\frac{120}{20}} = 10^6(\mu\text{V})$$

显然,在不同阻抗的射频系统中,1V 的电压会对应于不同的射频功率。

使用类似的方法还可以定义电流、电场强度和磁场强度等物理量的分贝表示法。例如,电流的分贝表示法定义为

$$I(\text{dB}\mu\text{A}) = 20\lg\left(\frac{I}{1\mu\text{A}}\right) \tag{1-12}$$

其他物理量的分贝表示法与电压和功率的分贝表示法相似。

电压的单位有伏（V）、毫伏（mV）、微伏（μV），电压的分贝单位（dBV、dBmV、dBμV）表示为

$$U_{\text{dBV}} = 20\lg \frac{U_{\text{V}}}{1\text{V}} = 20\lg U_{\text{V}}$$

$$U_{\text{dBmV}} = 20\lg \frac{U_{\text{V}}}{1\text{mV}} = 20\lg U_{\text{mV}} \tag{1-13}$$

$$U_{\text{dB}\mu\text{V}} = 20\lg \frac{U_{\text{V}}}{1\mu\text{V}} = 20\lg U_{\mu\text{V}}$$

电压以 V、mV、μV 为单位和以 dBV、dBmV、dBμV 为单位的换算关系为

$$U_{\text{dBV}} = 20\lg \frac{U_{\text{V}}}{1\text{V}} = 20\lg U_{\text{V}} \tag{1-14}$$

$$U_{\text{dBmV}} = 20\lg \frac{U_{\text{V}}}{10^{-3}\text{V}} = 20\lg U_{\text{V}} + 60 \tag{1-15}$$

$$U_{\text{dB}\mu\text{V}} = 20\lg \frac{U_{\text{V}}}{10^{-6}\text{V}} = 20\lg U_{\text{V}} + 120 = 20\lg U_{\text{mV}} + 60 = 20\lg U_{\mu\text{V}} \tag{1-16}$$

电场强度的单位有伏每米（V/m）、毫伏每米（mV/m）、微伏每米（μV/m），电场强度的分贝单位（dBV/m、dBmV/m、dBμV/m）表示为

$$E_{\text{dB}(\mu\text{V/m})} = 20\lg \frac{E_{\mu\text{V/m}}}{1\mu\text{V/m}} = 20\lg E_{\mu\text{V/m}}$$

$$1\text{V/m} = 10^3\text{mV/m} = 10^6\mu\text{V/m}$$

$$1\text{V/m} = 0\text{dBV/m} = 60\text{dBmV/m} = 120\text{dB}\mu\text{V/m} \tag{1-17}$$

功率密度的单位有 W/m^2，常用单位为 mW/m^2 或 μW/m^2，它们之间的换算关系为

$$S_{\text{W/m}^2} = 0.1 S_{\text{mW/cm}^2} = 100 S_{\mu\text{W/cm}^2} \tag{1-18}$$

采用分贝表示时有

$$S_{\text{dB(W/m}^2)} = S_{\text{dB(mW/cm}^2)} - 10\text{dB} = S_{\text{dB}(\mu\text{W/cm}^2)} + 20\text{dB} \tag{1-19}$$

例 1-3 将 40W 转换为 dBW

解

$$(40\text{W})_{\text{dBW}} = 10\lg \frac{40\text{W}}{1\text{W}} = 10\lg 40 = 16\text{dBW}$$

$$1\text{W} = 10^3\text{mW}, 0\text{dBW} = 30\text{dBmW}$$

$$(8\text{mV})_{\text{dB}\mu\text{V}} = (8 \times 10^3 \mu\text{V})_{\text{dB}\mu\text{V}} = 20\lg 8 + 20\lg(10^3) = 78\text{dB}\mu\text{V}$$

表 1-7 所列为电平单位转换关系表，由原单位换算到新单位只要原单位的值加上表中数值即得新单位的数值，斜杠之上对应 75Ω 系统，斜杠之下对应 50Ω 系统。

表 1-7　电平单位转换（电阻为 75/50Ω）

转 换 关 系	dBW（新单位）	dBm（新单位）	dBmV（新单位）	dBμV（新单位）
dBW（原单位）	0	+30	+78.75/+77	138.75/+137
dBm（原单位）	−30	0	+48.75/+47	+108.75/+107
dBmV（原单位）	−78.75/−77	−48.75/−47	0	+60
dBμV（原单位）	−138.75/−137	−108.75/−107	−60	0

本 章 小 结

本章介绍了：射频电路在系统中的作用与地位；射频电路与微波电路和低频电路的关系；组成接收机、发射机射频前端的基本部件。同时本章又列举了接收发射机的基本指标，让读者比较全面地了解系统的特性，这对后面的具体电路分析与设计具有指导意义。

本章在介绍无线通信收发机低噪声放大微弱的接收信号、输出足够的发射功率、搬移信号的频谱、调制各种载波等主要功能和收发机的主要性能指标的基础上，阐述超外差式、零中频、低中频、数字中频等接收机、发送机的结构和特点，最后介绍了几种典型的现代无线通信集成收发信机芯片及无线通信及射频电路技术发展趋势，介绍了 GSM 收发机、无线局域网的收发机、无线传感器网络的低功耗收发机。

通过本章的介绍，读者可以了解射频电路的发展历史、现代通信系统的基本组成、射频电路在系统中的作用与地位、射频电路与微波电路及低频电路的关系、射频电路的应用领域等内容，为后面内容的学习打下基础。

习　题

1.1　画出射频发射机的基本组成结构及其完成的主要功能。

1.2　画出零中频接收机的结构方框图，并写出其优、缺点。

1.3　已知某二次混频超外差接收机的输入电阻为 50Ω，射频部分的噪声系数 $F=3\mathrm{dB}$，带宽为 $B=200\mathrm{kHz}$，天线等效噪声温度为 $T_a=150\mathrm{K}$，要求解调器前端的最低输入信噪比 $(S/N)_{\min}=10\mathrm{dB}$，解调器要求的最低输入电压为 $0.5\mathrm{V}$。求接收机的最低输入功率 $P_{\mathrm{in,min}}$。

1.4　本书使用的射频概念所指的频率范围是多少？

1.5　射频通信系统的主要优势是什么？

1.6　GSM 和 CDMA 都是移动通信的标准，请写出 GSM 和 CDMA 的英文全称和中文含义。

1.7　射频滤波电路的相对带宽为 RBW＝5％，如果使用倍数法表示，则相对带宽 K 为多少？

1.8　一个射频放大电路的工作频率范围为：$f_L=1.2\mathrm{GHz}$，$f_H=2.6\mathrm{GHz}$。试分别使用百分法和倍数法表示该放大电路的相对带宽，并判断该射频放大电路是否属于宽带放大电路。

1.9　某射频信号源的输出功率为 $P_{\mathrm{out}}=13\mathrm{dBm}$，请问信号源实际输出功率 P 是多少 mW？

1.10　射频功率放大电路的增益为 $G_P=7\mathrm{dB}$，如果要求输出射频信号功率为 $P_{\mathrm{out}}=1\mathrm{W}$，则放大电路的输入功率 P_{in} 为多少？

1.11　在阻抗为 $Z_0=75\Omega$ 的 CATV 系统中，如果测量得到电压为 $20\mathrm{dB}\mu\mathrm{V}$，则对应的功率 P 为多少？如果在阻抗为 $Z_0=50\Omega$ 的系统中，测量得到相同的电压，则对应的功率 P 又为多少？

第 2 章　射频元器件及电路模型

随着半导体技术的飞速发展,以其先进的制造技术大规模、高成品率地生产出成本低、高性能的无线通信系统所需的关键元器件,极大地促进了无线通信的成功。高性能的射频元器件和精确的电路模型是设计优质射频/微波电路的基础和关键。因此,本章将对射频/微波电路中的常用无源/有源元器件及其基本模型进行重点介绍。本章首先介绍电感器、电容器、电阻器等无源集总元件的物理结构、射频特性及等效电路模型;然后,在介绍半导体的物理特性、PN 结和金属—半导体结的成形机理及单向导通性能的基础上,介绍耿氏二极管、IMPATT 二极管、PIN 二极管、肖特基二极管、变容二极管等射频二极管的结构、射频特性及其等效电路模型、功能与应用,同时还将介绍双极型晶体管 GaAs/Si/SiGe BJT/HBT 和场效应晶体管 GaAs～nP MESFET/HEMT/PHEMT、Si/CMOS/BiCMOS MOSFET 等的结构和功能、小/大信号等效电路模型和频率/功率/噪声特性;最后,对比分析双极型和场效应型两类晶体管的频率/功率/噪声性能。

2.1　无源集总元件

本节将着重介绍集总式无源元器件的典型结构及其电路模型,并就器件主要寄生参数效应对射频/微波频段的无源集总元件性能的影响进行说明。

2.1.1　电阻器

在单片射频/微波集成电路(MMIC)和混合集成电路(HMIC)中,虽然电阻器的原理一样,但实现方法和结构却不尽相同。下面分别介绍两种情况下,电阻器的结构和典型等效电路。

1. MMIC 中的电阻器

单片射频/微波集成电路中,电阻器主要通过在半导体基片的掺杂区域沉积一层阻性材料如薄型铬化镍(NiCr)、氮化钛(TaN)金属膜或多层多晶硅等进行生产,它的结构如图 2-1 所示。

电阻器的阻值由阻性材料特性和几何形状决定,图 2-1 所示的电阻器的阻值可由下面的式(2-1)得到,即

$$R = R_{sh}\frac{S}{W} + 2R_c \tag{2-1}$$

式中,R_{sh} 为金属薄膜或者掺杂半导体区域的表面电阻;S 为电阻器在平行于电流方向上的长度;W 为电阻器在垂直于电流方向上的长度;R_c 为电阻器结构每个终端处金属接触垫的电阻值。

半导体电阻器的伏安特性与材料中的电场强度有关,通常当电场大于 1kV/cm 时,其线性关系不再成立。为了避免电阻器出现非线性,应选择合适的电阻器长度。如果要求一个电阻器能承受 1V 的电压降,则半导体电阻器的长度至少应大于 $10\mu m$。薄金属膜的

表面电阻典型值在 $10\Omega \sim 100\Omega$ 范围内,其通常用于制作阻值达几百欧姆的电阻器。而通过在基片垂直方向上覆盖多层半导体可制造大阻值的电阻器,它常应用于直流偏置电路,这种多层半导体的表面电阻典型值在 $200\Omega \sim 600\Omega$ 范围内,其阻值可达几千欧姆。

在射频/微波频段,电阻器不能再近似视为理想的纯电阻,应考虑其寄生参数效应,这些寄生效应可用等效电路模型来表征。电阻器的一种简化 RF 等效电路模型如图 2-2 所示。模型中 C 代表电阻器两端之间的电容,其量值为 $1F \sim 20F$,电感 L 是由有限的电阻器几何结构所引起的,其量值可高达 $0.5nH/mm$,具体取决于电阻器的横截面结构。

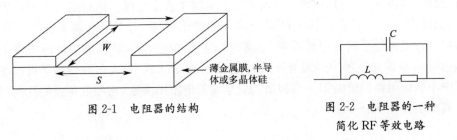

图 2-1　电阻器的结构　　　　图 2-2　电阻器的一种
简化 RF 等效电路

2. HMIC 中的电阻器

混合集成电路中,常见的电阻器有线绕电阻、碳质电阻、金属膜电阻和薄膜片状电阻等类型。其中,由于薄膜片状电阻具有体积小、可以作为贴片器件等优点,使得它广泛应用于现今的 RF 和 MW 电路中。图 2-3 是一种贴片电阻的结构示意图,它的两边是金属接头,中间是阻性材料,其阻值大小主要由阻性材料特性决定。

射频/微波频段,表贴电阻器的等效电路如图 2-4 所示。在这个表征电阻器寄生参数效应的模型中,每个集总参数元件都有其实际的物理意义。图 2-4 中两个电感器模拟的是贴片电阻的金属接头的电感;C_b 模拟的是金属接头之间的电容效应,C_a 模拟的是电荷分离效应,与标称电阻器相比较,由于金属接头的电阻太小,常常忽略不计。

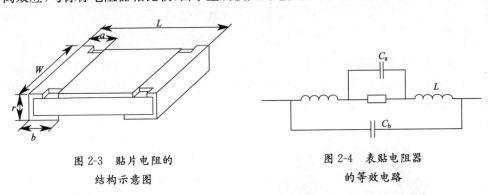

图 2-3　贴片电阻的　　　　图 2-4　表贴电阻器
结构示意图　　　　　　的等效电路

2.1.2　电容器

电容器是射频/微波电路设计必备的元器件,广泛应用于隔直、匹配、耦合、旁路、滤波、调谐等电路。下面仍分 MMIC 和 HMIC 两种情况来介绍电阻器的结构和典型等效电路。

1. MMIC 中的电容器

在 MMIC 中,通常有金属-绝缘层-金属(MIM)电容器和交指型电容器两种类型。

(1)金属－绝缘层－金属(MIM)电容器

如图 2-5 所示,通常在两个金属板之间填充一层电介质材料(如氮化硅、聚酰化胺、二氧化硅及其复合物等)夹层,便可形成金属－绝缘层－金属电容器,其电容值由几何尺寸和电介质厚度、材料特性决定,通常在 0.1pF～0.2pF 以内。在一阶近似下,金属－绝缘层－金属电容器的电容值计算公式和经典的平行板电容相同,即

$$C = \frac{A\,\varepsilon_0\varepsilon_r}{d} \tag{2-2}$$

式中,A 为顶层金属板面积;d 为电介质厚度;ε_r 为相对介电常数;ε_0 为自由空间的介电常数。

在射频/微波频段,可以用图 2-6 所示等效电路来表征金属－绝缘层－金属电容器的寄生参数效应。其中电感 L 模拟的是金属板的电感效应,由于电容器类似于一段微带线,若以经过电路的平面为回流通路,电流连续地流经电介质,就能够估计出寄生电感量大小,电导 G 模拟介质层中的漏电流及介电损耗,由于非常小,大多数情况下可以忽略不计;其中串联电阻器的值由第一层和第二层金属的电阻率决定,它与电容器的几何尺寸成比例,典型值在 0.5Ω～2Ω 内。

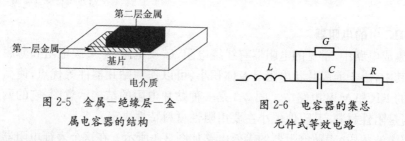

图 2-5　金属－绝缘层－金
属电容器的结构

图 2-6　电容器的集总
元件式等效电路

(2)交指型电容器

交指型电容器由一组平行的交错排列的薄导带构成,其结构如图 2-7(a)所示。该电容器的电容值为

$$C = \frac{\varepsilon_r + 1}{w} l \left[(N-3)A_1 + A_2 \right] \tag{2-3}$$

式中,$A_1 = 8.85 \times 10^{-12}\ \text{cm}$;$A_2 = 9.92 \times 10^{-12}\ \text{cm}$;$w$ 的单位为 cm;电容值的单位为 pF。式(2-3)是一个近似计算公式,它只在基片的厚度 h 与间距 s 的比值很大($h/s > 100$)时有效。从图 2-7(b)所示的电容量与交指长度的函数关系可以看出,交指型电容器的电容量随着交指长度呈近似线性关系。

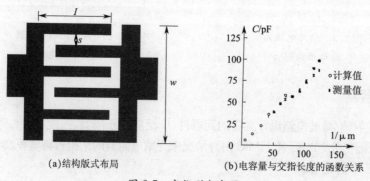

(a)结构版式布局　　　　(b)电容量与交指长度的函数关系

图 2-7　交指型电容器

18

金属-绝缘层-金属电容器的等效电路模型也适用于描述交指型电容器的寄生参数效应,其寄生参数值与电容器的几何结构有关。对于一个典型的交指型电容器的几何结构,其寄生电感量在 20pH～50pH,而寄生电导可忽略不计。交指型电容器的电容量比较小,典型值在 10pH～100pH。

2. HMIC 中的电容器

在 HMIC 中,片状电容得到了广泛应用。理想的平行板电容器的电容量可用以下公式计算,即

$$C=\frac{\varepsilon S}{d}=\varepsilon_0\varepsilon_r\frac{S}{d} \tag{2-4}$$

式中,ε 为介质层的介电常数;d 为平板间距;S 为平板表面积。低频情况下在平板间几乎没有电流流动,而在射频/微波频段,由于介质层中有传导电流流动引起了损耗,这可用电导 G_e 表征。此时,电容器的阻抗可以表示为

$$Z=\frac{1}{G_e+j\omega C} \tag{2-5}$$

电容器的一种简化等效电路如图 2-8 所示。其中,电感 L 考虑的是电容器的引线寄生电感,R_s 描述的是引线寄生电阻,G_e 表征的是介质层的电流损耗。

陶瓷电容器是一种常见的贴片电容器,它由其间交叠着的若干金属电极矩形陶瓷介质块和金属接触片组成,其结构如图 2-9 所示。陶瓷电容器的电容量通常为 0.47pF～100nF,工作电压可高达 100V。

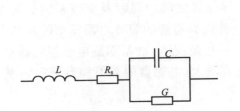

图 2-8 射频电容器的等效电路

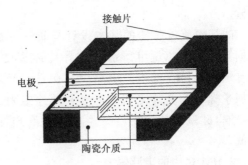

图 2-9 陶瓷电容器的结构

2.1.3 电感器

电感器在射频/微波电路设计中常应用于偏置、反馈和匹配等电路,是一种重要的元器件。

1. MMIC 中的电感器

在单片微波集成电路中,最常见的是螺旋电感器,它具有结构紧凑、面积相对较小、电感量较大、自谐振频率(f_R)高、品质因数高等特点。半导体基螺旋电感器的一种典型结构如图 2-10(a)所示,相应的简化等效电路如图 2-10(b)所示。等效电路中 C 模拟的是螺旋电感器接头之间的电容效应,C_p 表示的是金属条与基底间的寄生电容效应,R 表征的是金属条的损耗。

19

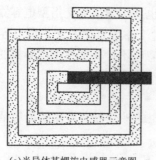

(a)半导体基螺旋电感器示意图

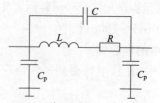

(b)螺旋电感器的简化RF等效电路

图 2-10　螺旋电感器示意图及等效电路

按半导体基的材料,可分为Ⅲ～Ⅴ族半导体基电感器和低电阻率的硅基 MMIC 电感器。用Ⅲ～Ⅴ族半导体基 MMIC 技术实现螺旋电感器时,要求至少有两个金属层,同时需要使用一个空气桥或电介质通孔去连接电感器的中心导体。由于螺旋电感器的结构十分复杂,理论分析估计螺旋结构的电感量准确度很低,因此通常采用实验的方法来测量并确定这些结构的特征。

经过近 20 年的研究,在低电阻率的硅基下设计螺旋电感器的技术获得了快速发展。由于用低电阻率的硅基片制作的传输线损耗很大,同时高频段的寄生电容量也很大,因而限制了螺旋电感器件的 Q 值和自谐振频率。为了克服这些局限性,可以使用离心铸造电介质层法、多金属层方法、图案化多晶硅地平面法等技术来提高硅基螺旋电感器的品质因数。

硅基螺旋电感器的基本设计与Ⅲ～Ⅴ族半导体基螺旋电感器的设计非常类似,根据需要的电感量可以适当选择导体宽度、导体线之间的间距及匝数来满足要求。硅基螺旋电感器的等效电路模型在Ⅲ～Ⅴ族基同类器件的等效电路模型的基础上,增加了螺线与基片之间的电容及基片电阻。一般情况下,硅基螺旋电感器电感量增大,使得硅基螺旋电感器寄生电容量和电阻值增大,电感器的数值和自谐振频率 f_s 降低。

2. HMIC 中的电感器

在 HMIC 设计中,电感器常用于晶体管的偏置电路。最常见的电感器是用漆包线在圆柱体上绕制而成的。考虑线绕电感器的寄生参数效应,线圈的导线不是理想的,需考虑其损耗,并且相邻绕线间存在的分离移动电荷会产生寄生电容效应。因此,电感器的简化等效电路模型如图 2-11 所示,其中串联电阻 R_s 表征的是导线的损耗特性,而 C_s 考虑的是线圈之间的寄生电容效应。图 2-12 所示为的空心螺旋管电感器。

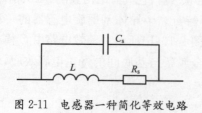

图 2-11　电感器一种简化等效电路

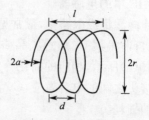

图 2-12　空心螺旋管电感器

2.1.4 无源元件的射频特性

电阻、电容和电感是最为常见的 3 种无源元件，广泛应用于射频/微波电路设计中。在频率较低的情况下，这些元件可近似视为理想元件，而在射频/微波频段，必须考虑这些元件的寄生参数效应。理解和掌握无源元件的射频/微波特性对电路设计非常重要，因为不同的元件具有特定的射频特性，有相应的适用范围。例如，钽电容的自谐振点通常不超过 10MHz，当频率低于自谐振点时，钽电容可以作为电容使用，而频率高于自谐振点后，钽电容呈电感特性，故它常用做低频旁路电容，其作用是对低频短路而对高频开路。下面分别举例说明电阻、电容和电感这 3 种无源元件的射频特性。

一个阻值为 500Ω 的金属膜电阻的阻抗绝对值随频率的变化关系如图 2-13 所示。从图 2-13 中可以看出，低频时电阻阻抗等于 500Ω，可以视为理想电阻；当频率大于 10MHz 时，电阻呈现电容效应，其阻值随频率的增加逐渐减小；当频率在 20GHz 左右，阻抗的绝对值达到最小，所对应的频率称为电阻的自谐振频率；当频率高于自谐振频率时，电阻呈电感效应，阻抗绝对值随频率增加而增加。

一个高频扼流圈(RFC)的阻抗绝对值随频率的变化关系如图 2-14 所示。从图中可以看出，低频时，高频扼流圈近似理想电感，随频率线性增加；当频率在 2GHz 附近时，高频扼流圈的阻抗绝对值达到最大，对应频率点为电感的子谐振频率点；当频率高于自谐振频率点时，高频扼流圈的阻抗绝对值随频率增加而下降，呈电容特性。在设计偏置电路时，应尽量选取自谐振频率等于或接近工作频率的电感进行扼流，因为这样的电感在工作频率上近似开路，可以起到很好的扼流作用。

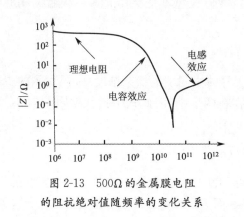

图 2-13 500Ω 的金属膜电阻的阻抗绝对值随频率的变化关系

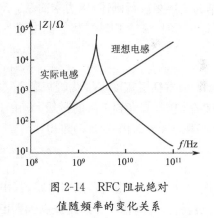

图 2-14 RFC 阻抗绝对值随频率的变化关系

2.2 射频二极管

二极管在射频/微波电路设计中是一种常用的器件，已广泛应用于检波器、混频器、衰减器、振荡器、稳压电路和温度补偿电路。经典的 PN 结二极管由于高的结电容量，不适合于应用在高频电路中。然而，由金属－半导体接触形成的二极管具有低的结电容量，从而广泛地应用于高频电路中。金属－半导体结也称为肖特基结，所形成的二极管称为肖特基二极管。本节将首先讨论肖特基二极管，然后介绍一系列特殊的射频二极管，如

IMPATT、隧道二极管、TRAPATT、BARRITT 和耿氏二极管等,这些二极管由于其特殊用途仍然引起人们的关注。图 2-15 所示为射频二极管的封装。

图 2-15　射频二极管的封装

2.2.1　PIN 二极管

普通的二极管由 PN 结组成,PIN 二极管是在高掺杂的 P^+ 和 N^+ 层之间覆盖一本征的或低掺杂半导体层,它的结构很像三明治。中间层的厚度取决于应用要求和频率范围,在 $1\sim100\mu m$ 之间不等。PIN 二极管应用很广泛,从低频到高频的应用都有,主要用在射频(RF)领域,用做 RF 开关和 RF 保护电路等。

当在 PIN 二极管两端加正向电压时,PIN 二极管表现为类似一个受所加电流控制的可变电阻器。当在 PIN 二极管两端加反向电压时,低掺杂的内层会产生空间电荷,其区域可达到高掺杂的外层。这种效应即使在小的反向电压下也会发生,随着电压的升高,这种效应会基本上保持恒定,这使得 PIN 二极管类似于平行板电容器。PIN 二极管的这些特性使得它可作为高频开关和可变电阻器(衰减器),其电阻值从 $1\Omega\sim10k\Omega$,射频工作信号可高达 $50GHz$。一般的 PIN 二极管及经台面处理的实用器件如图 2-16 所示,它与常规的平面结构相比,优点是杂散电容大为减少。

PIN 二极管的 $I\text{-}U$ 特性的数学表述与电流的大小和方向有关。下面将尽量按照对PN 结的论述来进行阐述,以力求简易。对轻掺杂 N 型本征层在 PIN 二极管两端的电压为正向电压时,流过 PIN 二极管的电流为

$$I=A\left(\frac{qn_i^2W}{N_D\tau_P}\right)(e^{U_A/(2U_T)}-1) \tag{2-6}$$

式中,W 为本征层宽度;N_D 为轻掺杂 N 型半导体中间层的掺杂浓度;τ_P 是过剩的少数载流子寿命(它可有高到 $1\mu s$ 的量级)。由于存在两个结,因此式中指数项因子为 2。对于纯本征层,$N_D=n_i$,由式(2-6)可得

$$I=A\left(\frac{qn_i^2W}{\tau_P}\right)(e^{U_A/(2U_T)}-1) \tag{2-7}$$

图 2-16 是一典型的衰减器电路,其中的 PIN 二极管既用于串联又用于并联的情况。PIN 二极管工作时需 DC 回路提供偏置电压,而 DC 回路必须与射频信号通路分离开,因此可用一射频线圈(RFC),RFC 在 DC 电路中短路而在高频下开路。与此相反,电容 C9在 DC 电路中开路而在高频下短路。

对于射频信号,在正的 DC 偏置电压下(也能用一低频的 AC 偏置),串联 PIN 二极管可视为一电阻,此时通过 PIN 二极管的电流包括两个分量:$I=(dQ/dt)+Q/\tau$,但并联的PIN 二极管就像一个具有高插入损耗的衰减器,它建立了一个短路条件,只允许有一小到可忽略的 RF 信号出现在输出端。而在负的 DC 偏置电压下,串联 PIN 二极管像是一个具有高阻抗或高插入损耗的电容器,此时高并联阻抗的并联二极管对 RF 信号没有明显的影响。

22

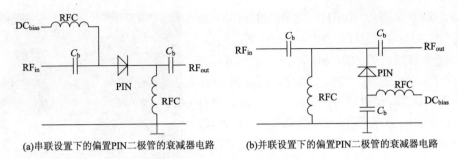

(a)串联设置下的偏置PIN二极管的衰减器电路　　　　(b)并联设置下的偏置PIN二极管的衰减器电路

图 2-16　典型的衰减器电路

2.2.2　变容二极管

变容二极管又称为可变电抗二极管,它是一种利用 PN 结电容(势垒电容)与其反向偏置电压依赖关系及原理制成的二极管。所用材料多为硅或砷化镓单晶,并采用外延工艺技术。变容二极管是一种非线性元件,它通常用做可变电抗电路元件,主要产生以下 3 种基本不同的电路功能:谐波产生;微波信号调谐或调制;参量放大和上变频。其中,前两种基本应用是在变容二极管上加偏压和射频信号,而第 3 种是在二极管上加偏压和多个相互间可能有谐波或非谐波关系的射频信号。图 2-17 是变容二极管的掺杂分布为常量时的简化电路模型,它包括一基底电阻 R_s 和以 $(U_{diff}-U_A)^{-1/2}$ 形式随电压改变的电容 C_U (U_Q)。所以对于电容通常有以下表示,即

$$C_U = C_{U_0}\left(1-\frac{U_Q}{U_{diff}}\right)^{-1/2} \tag{2-8}$$

式中,U_Q 为负偏压。

由图 2-17 可知,电容随着负偏压 U_Q 的增大而增大,直到 U_Q 为 0,因此可以通过控制 U_Q 来控制电容,从而实现频率调谐。在微波电路中,这种变容二极管主要用于频率调谐,其一阶变容二极管的截止频率为

$$f_U = \frac{1}{2\pi R_s C_U U_Q} \tag{2-9}$$

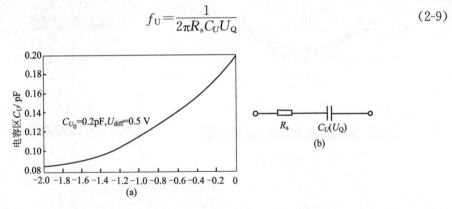

图 2-17　变容二极管的简化电路模型及其电容特性

变容二极管可用于电调滤波器(图 2-18),梳状结构电调滤波器通过调整每个谐振器终端的可变电容改变滤波器的谐振频率,从而实现通带的快速移动。性能良好的电调谐预选滤波器可以实时地改变中心频率,是宽带微波接收机和电子对抗系统的关键部件之

一。中心频率移动:3500MHz~4100MHz;3dB瞬时带宽:70MHz~80MHz;插损:≤6dB;端口驻波:<2.0;带外抑制:($f_0\pm100$MHz)处大于30dB;亚光电子的GaAs变容二极管2B31053F,击穿电压$U_B=30$V,零偏时结电容$C_j=1$pF,最小结电容是0.2pF。正向微分电阻为1Ω,最高用至X波段。为了减小插损,用悬置微带结构,下面空气层厚度取0.5mm,用前面推导的公式可计算出滤波器的中心频率是3.8GHz,对应结电容是0.6pF。

图2-18 变容二极管用于电调滤波器的实物

2.2.3 肖特基二极管

肖特基二极管即通常所说的肖特基势垒二极管,它是以其发明人肖特基博士(Schottky)命名的。肖特基二极管是以贵金属(金、银、铝、铂等)为正极,以N型半导体为负极,利用二者接触面上形成的势垒具有整流特性而制成的金属—半导体器件。这种二极管具有与常规PN结二极管不同的反向饱和电流机制,它取决于穿过势垒的多数载流子的热电子的发射。这些电流在数量级上大于理想PN结二极管中由扩散驱动少数载流子组成的反向饱和电流。肖特基二极管的剖面示意图如图2-19所示,金属电极(钨、铝、金等)与低掺杂N型半导体层(外延生长在高掺杂N^+基底上)相接触,若外延层是理想介质,即其电导率为零,则电流—电压特性方程为

$$I=I_s(e^{U_A-IR_s}-1) \tag{2-10}$$

其中,反向饱和电流由式(2-11)给出,即

$$I_s=AR^*T^2\exp\left(\frac{-qU_b}{kT}\right) \tag{2-11}$$

式中,R^*为穿过势垒的多数载流子热电子发射的理查德森常数。

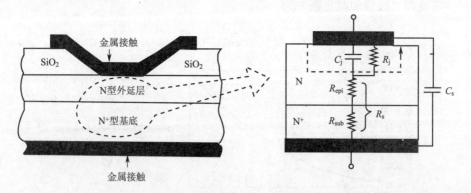

图2-19 Si基肖特基二极管的剖面

图2-20是Si基肖特基二极管所对应的小信号等效电路模型。模型中的结电阻C_j与偏置电流有关,二极管的串联电阻R_s由外延层电阻R_{epi}和基底电阻R_{sub}合成,即$R_s=R_{epi}+R_{sub}$。等效电路中连接线的电感是固定的,其近似值的量级为$L_s=0.1$nH,结电容C_j可式(2-12)得到

$$C_j = A \frac{\varepsilon}{d_s} = A \left[\frac{q\varepsilon}{2(U_d - U_A)} N_d \right]^{\frac{1}{2}} \qquad (2\text{-}12)$$

由于电阻 R_s 的存在,实际的结电压为外加电压减去二极管串联电阻的电压降,式 (2-13)即为最终的电流—电压关系式。

在低于 0.1mA 的小偏置电流下,流过肖特基二极管的电流表示式经常忽略 IR_s 项。然而,当某些实际应用中的串联电阻形成反馈回路时,IR_s 必须加以考虑。因为此时意味着电阻被乘了一个按指数增长的增值因子。图 2-20 中的肖特基二极管在实际的高频电路中,即使是很小的金属接触也会引起相对大的寄生电容,此时可通过附加一个绝缘环来减少杂散电容,如图 2-21 所示。实际应用的肖特基二极管的各电路元件的典型值为: $R_s \approx 2 \sim 5\Omega$,$C_g \approx 0.1 \sim 0.2\text{pF}$,$R_j \approx 200\Omega \sim 2\text{k}\Omega$。

将式(2-12)在静态工作点下展开,就可找出小信号结电容和结电阻,并由此可知二极管总电压为直流偏置电压 U_Q 与一交流信号载波频率分量 U_d 之和,即

$$U = U_Q + U_d \qquad (2\text{-}13)$$

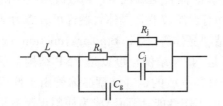

图 2-20 典型肖特基二极管的电路模型

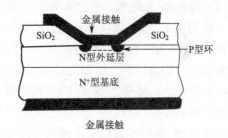

图 2-21 附加有绝缘环的肖特基二极管

2.2.4 IMPATT 二极管

碰撞雪崩渡越时间(IMPATT,IMPact Avalancheand Transit Time)是仅有的实用固态器件,其典型的工作频率为 10GHz～300GHz,且具有比较高的功率,其效率可达 15%。

IMPATT 二极管与 PIN 二极管在物理结构及原理上非常类似,但其独特之处在于它有高的电场强度,这种高的电场强度使载流子在 N^+ 和 P 层之间的界面上碰撞电离造成雪崩。当 IMPATT 二极管两端的外加电压 U_A 超过临界阈值电压时,产生的附加电离电流,当外加电压 U_A 处于负半周时,过剩的载流子逐渐被移走,电流缓慢减小。

2.2.5 其他二极管

下面简要提及另外两种形式的二极管,即俘获等离子体雪崩触发渡越(TRAPATT,TRApped Plasma Avalanche Triggered Transit)和势垒注入渡越时间(BARRITT,BARRier Injection Transit Time)二极管。当外电路使 TRAPATT 二极管在正半周产生高的势垒电压时,电压—空穴等离子体中的载流子会大量增加,至负半周时,TRAPATT 二极管的整流特性中出现击穿。TRAPATT 二极管中位于能带隙内的能级具有俘获电子的能力,利用这种势阱可获得更高的效率,直到 75%。由于 TRAPATT 二极管工作时其中

的电子一空穴等离子体的建立过程要比在 IMPATT 二极管中穿过中间层的渡越时间慢一些,因此 TRAPATT 的工作频率稍低于 IMPATT 二极管的工作频率。

BARRITT 主要应用在雷达的混频器和检波电路中。它本质上是一个渡越时间二极管。BARRITT 二极管中 P^+ 掺杂分布的作用像是一个无基极接触的晶体二极管,其小信号等效电路模型包括一个电阻和一个并联电容(电容值与直流偏置电流有关)。BAR-RITT 二极管的效率较低,只有 5% 或更小。

2.3　双极型晶体管

基于硅(Si)、锗-硅(SiGe)、砷化镓(GaAs)和磷化铟(InP)的双极型晶体管是最广泛采用的有源 RF 器件之一,它自产生以来得到了一系列改进和提高。这种晶体管从早先开发的点接触单一器件到现在已经扩展成为了一大批复杂形式的器件,范围从双极型晶体管(BJT)到现代 GaAs 场效应管(GaAsFET)。双极型晶体管具有较低的成本结构、相对高的工作频率、低的噪声性能和高的可运行功率容量等特点。在许多应用中,双极型晶体管相对 HEMT 等场效应器件更具有性能优势。晶体管是现代 RF 和微波系统中的关键器件,可用作为放大器、振荡器、开关、相移器和有源滤波器。晶体管器件可分类为结型晶体管和场效应晶体管。结型晶体管包括双极结型晶体管(BJT,Bipolar,Junction Transistor)和异质结双极型晶体管(HBT),它既可以是 NPN 结构也可以是 PNP 结构。现代的结型晶体管是使用硅、硅-锗、砷化镓和磷化铟材料制成的。硅结型晶体管由于低成本并在频率范围、功率容量和噪声特性方面有良好的工作性能,因而已成为使用年代最长和最流行的有源 RF 器件之一。

硅结型晶体管用做放大器,频率范围高达 2GHz~10GHz,而用在振荡器中时频率高达 20GHz。双极型晶体管一般都有较低的 $1/f$ 噪声特性,这使得它特别适合于用做低相位噪声的振荡器。使用 SiGe(硅-锗)的结型晶体管的最新发展表明它有高得多的截止频率,从而使得这些器件可用于 20GHz 或更高工作频率下的低成本电路。异质结双极型晶体管使用 GaAs 或 InP 材料,能工作在超过 100GHz 的频率下。

本节将讲述双极型晶体管的工作特性,着重强调影响器件性能的关键结构,并对当前可用的双极型技术进行总结。

2.3.1　双极型晶体管工作特性

本小节介绍可用的有源器件技术提供的电流值范围和器件工作的关键参数,并比较两类有源器件的性能。

双极型晶体管是一个具有基极、发射极和集电极三端钮的器件,如图 2-22 所示,其横截面结构示意图如图 2-23 所示。其中的基极、发射极和集电极区域构成一个 NPN(或者 PNP)半导体,器件含有两个背靠背的 PN 结。一般来说,以这样的方式设计的双极型器件的 3 个半导体掺杂区域中,发射区的掺杂物浓度远高于基区的掺杂物浓度,基区掺杂物浓度又远高于集电区的掺杂物浓度,同时基区厚度很小(远小于基区中少数载流子的扩散长度)。

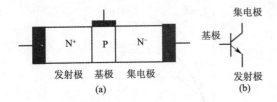

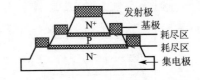

图 2-22　双极型晶体管的结构图　　　　图 2-23　双极型晶体管的横截面结构示意图

1. 直流工作特性

在直流偏压条件下,双极型晶体管可用做放大器。根据需要的不同,可对双极型晶体管进行不同的配置。共基极放大器的接法,它在发射极和基极之间加一直流偏压,而在集电极和基极之间连接一个负载。通过选择合适的负载,在输出端可获得大于输入电压 U_{be} 的电压,因此该电路具有电压增益的作用。同时,在实际电路中输出功率主要由 $I_c U_{load}$ 决定,输入功率由 $I_e U_{be}$ 决定,而 U_{load} 可以大于 U_{be},I_c 和 I_e 又大致相等,所以该电路也具有功率增益。此外,将双极型晶体管配置成共发射极的形式时,电路具有电流增益,电路中输出电流是集电极电流 I_c,输入电流是基极电流 I_b。电流增益即为两者的比率 $\beta = I_c/I_b \approx I_e/I_b$,得

$$\beta \approx \frac{D_n N_{de} x_e}{D_p N_{ab} W} \tag{2-14}$$

式中,N_{de} 和 N_{ab} 分别为发射基和基极中的 N 型和 P 型掺杂物浓度。

在绝大多数半导体材料中,电子的迁移率远高于空穴的迁移率,而在实际应用中,通常需要获得高水平的电流增益,可知 NPN 双极型器件是首选。

从式(2-14)可知,要想获得高的电流增益,可通过增大电子迁移率、最大化发射极中的掺杂物浓度、最小化基极中的掺杂物浓度或减小基极宽度。在优化器件的垂直结构时,还要考虑以下几方面的情况:其一,增加发射极中的掺杂物浓度将使发射极中的材料特性发生变化,尤其是发射极层的有效能量带隙将减小。在硅材料中,能量带隙减小将导致注入到发射极的空穴浓度增加。因此,能量带隙变窄按式(2-14)所述的指数规律降低。其二,降低基极中的掺杂物浓度和减小基极宽度将导致基极电阻值增大,这将使器件的高频性能受到限制,即

$$\beta \approx \frac{D_n N_{de} x_e}{D_p N_{ab} W} e^{\left(\frac{-\Delta E_g}{k_B T}\right)} \tag{2-15}$$

综上所述,晶体管中 PN 结之间的电压决定了在双极型器件中流动的发射极电流、基极电流和集电极电流。图 2-24 是一个双极型晶体管共基极配置特性的电流—电压函数曲线。

在双极型晶体管共发射极电路中,为了产生一个稳定的基极电极,要求在基极—发射极之间加一定的正偏电压。因此,在低集电极—发射极电压下,集电极—基极之间的 PN 结可能实际上处于正向偏置,这将限制集电极电流。增大集电极—发射极之间电压到集电极—基极间 PN 结变成反向偏置时,集电极电流迅速增大。继续增大发射极—集电极之间的电压超过前述电压后,由式(2-14)可发现,一个常数集电极电流取决于器件的电流增益,也就是说,器件的 β 值依赖于偏置。图 2-25 是双极型晶体管共发射极配置特性。

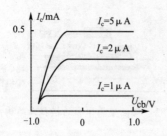
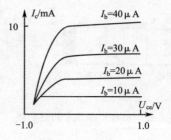

图 2-24　双极型晶体管共基极配置的特性　　图 2-25　双极型晶体管共发射极配置的特性

2. RF 工作特性

由前一节可知,结间电压也是影响器件高频响应电容的因素之一。图 2-26 是工作在共发射极条件下的双极型晶体管的简化集总元件式等效电路。

利用图 2-26 所示的简化等效电路,可求出发射极一基极之间内在的电压降 $U_{b'e}$ 为

$$U_{b'e} = \frac{i_b}{g_{b'e} + j\omega(C_{b'e} + C_{b'c})} \tag{2-16}$$

式中,$g_{b'e}$ 为正向偏置的基极一发射极间 PN 结的电导;$C_{b'e}$ 为基极一发射极间内在的电容;$C_{b'c}$ 为基极一集电极间内在的电容。因而依赖于频率的短路电流增益 $\beta(\omega)$ 可以表示为

$$\beta(\omega) = \frac{-i_{out}}{i_{in}} = \frac{g_m}{g_{b'e} + j\omega(C_{b'e} + C_{b'c})} \tag{2-17}$$

$$\beta(\omega) = \frac{\beta}{1 + \dfrac{j\omega(C_{b'e} + C_{b'c})}{g_{b'e}}} \tag{2-18}$$

式中,β 为直流电流增益。

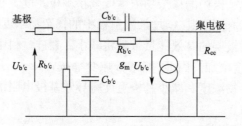

图 2-26　双极型晶体管的简化集总元件式等效电路

当频率 $f = f_T$(f_T 为双极型器件的共发射极短路电流增益下降到单位 1 时的频率)时,由式(2-18)得到

$$f_T \approx \frac{\beta g_{b'e}}{2\pi(C_{b'e} + C_{b'c})} = \frac{g_m}{2\pi(C_{b'e} + C_{b'c})} \tag{2-19}$$

下面通过引进与集电极中耗尽区载流子渡越过程相关的时间常数 τ_{cT}、集电极充电时间 τ_c、基区内渡越时间 τ_b 和寄生电容的充电时间,来推导完整的 f_T 的表达式。它本质上采用了对发射极一基极间 PN 结和基极一集电极间 PN 结相关的耗尽区进行光电转换引起的延迟定义 f_T。在这种情况下,f_T 可表示为

$$f_T = \frac{1}{2\pi\tau_{eff}} \tag{2-20}$$

$$\tau_{\text{eff}} = \tau_c + \tau_b + \tau_{cT} + \tau_{\text{para}} \tag{2-21}$$

式中，τ_b 为基极充电时间，可表示为

$$\tau_b = \frac{W^2}{\eta D_b} \tag{2-22}$$

即总时延强烈地依赖于基区内的掺杂策略。

τ_{cT} 为集电极耗尽区内的渡越时间，它可以表示为

$$\tau_b = \frac{x_{bc}}{v_{\text{sat}}} \tag{2-23}$$

式中，v_{sat} 为电子的饱和速率；x_{bc} 为基极—集电极间耗尽区的宽度。

r_c 为集电极充电时间，它可以表示为 $\tau_c = r_c C_c$

式中，r_c 为集电极上的串联电阻；C_c 为集电极电容。

由上述分析可知，欲要 f_T 值大，在器件工作在大电流状态的条件下，器件应当具有大的直流增益、小的动态基极电阻、小的 PN 结间电容；反之，若要片值小，器件应当具有小的横截面积（以便最小化电容）、薄的高掺杂的基区和大的电流增益。

图 2-26 所示的简化集总元件式等效电路表示的双极型器件，其 MAG（最大可用增益，即为一个器件输入和输出二端口都满足最佳匹配条件时的前向功率增益）为

$$\text{MAG} = \frac{f_T/f^2}{8\pi C_c r_b} \tag{2-24}$$

最高工作频率 f_{max} 是 MAG 降低到单位 1 时的频率，其表达式为

$$f_{\text{max}} = \left(\frac{f_T}{8\pi C_c r_b} \right)^{\frac{1}{2}} \tag{2-25}$$

因此，要得到较大的 f_{max}，器件必须满足 f_T 高、电容小和基极电阻小的特点；反之，要求器件的垂直结构具有基极掺杂浓度高、基极宽度小和电流增益大的特点。

3. 噪声系数分析

为了更好地评估器件性能，需要对器件进行噪声分析。通常引入噪声系数，它是对信号通过有耗器件时加到该信号上的噪声量的一种量度，其定义为输入信噪比与输出信噪比之比，即

$$F = 10\lg \frac{(S/N)_{\text{in}}}{(S/N)_{\text{out}}} \tag{2-26}$$

其中，F 的单位通常为 dB。

$$M = \frac{F'-1}{1-(1/G')} \tag{2-27}$$

式中，F' 为噪声系数；G' 为增益。式（2-27）中撇号表示非分贝量，噪声量度的单位通常也是 dB。在低噪声设计时，特别是对接收机的前端，经常希望获得最小的噪声量度和噪声系数。在电路设计中，放大器噪声系数通常是对等效输入端的所有噪声源进行计算。双极型晶体管的最小噪声系数为

$$F_{\text{min}} = \alpha \frac{r_b + R_{\text{opt}}}{r_e} + \left(1 + \frac{f^2}{f_b^2} \right) \frac{1}{\alpha_0} \tag{2-28}$$

2.3.2 异质结双极型晶体管

为了达到更高的工作频率，器件要求更小的尺寸、更薄的基区和更高的掺杂程度，这

将导致横穿很窄的耗尽区的电场更强,产生显著的漏场效应。采用常规技术很难达到这些高性能指标。更明显的是,实现高频率双极型晶体管要求的一组特性彼此互相矛盾。由于这些原因,研究更为先进的垂直结构已经非常迫切。

双极型技术已经包含了异质结策略,以便得到更大的效果——有能力修改结构中确定的半导体层的能量带隙;增加了在工程化器件中的设计自由度;能够显著地增强器件性能。

异质结双极型晶体管(HBT)的制造采用发射极比基极有更宽禁带的半导体,因而发射极比基极有更宽的能量带隙。绝大多数 HBT 结构是通过诸如 CVD 或者 MBE 等晶体外延生长技术实现的,这些能量带隙不连续,$\Delta E_{bg} = \Delta E_c + \Delta E_v$,它们在价带和导带之间分离开。这种能带结构的重要性可从共发射极电流增益的表达式(2-29)中看出,即

$$\beta \approx \frac{D_n N_{de} x_e}{D_p N_{ab} W} e^{\left(\frac{-\Delta E_g}{k_B T}\right)} \tag{2-29}$$

在异质结双极型晶体管中,由于变窄的能量带隙被价带偏移量 ΔE_v 的增加部分抵消,导致电流增益增大,其中 ΔE_v 代表了空穴从基极注入到发射极过程中所遇到的一个附加势垒。此时,增加的电流增益能够直接用于增强器件性能,或作为交易用于抵制增大基区掺杂物浓度,以便减小基极电阻,从而改善 f_{max}。

在异质结双极型晶体管中,SiGe/Si HBT 因为 SiGe 材料的高电子迁移率有助于产生一个基极电阻,因而这种晶体管具有优秀的低噪声特性。异质结双极型晶体管相对硅双极型晶体管有更好的性能和噪声系数。

2.4　场效应晶体管

场效应晶体管是在对半导体进行深入研究和发展之后出现的。场效应晶体管(FET)可有多种类型,包括金属半导体 FET(MESFET,Metal Semiconductor FET)、高电子迁移率晶体管(HEMT,High Electron Mobility Transistor)、假晶态 HEMT(PHEMT,Pseudomorphic HEMT)、金属氧化物半导体 FET(MOSFET,Metal Oxide Semiconductor FET)和金属绝缘物半导体 FET(MISFET,Metal Insulator Semiconductor FET)。FET 晶体管技术已持续发展了 50 年以上。第一个结型场效应晶体管是在 20 世纪 50 年代开发出来的,而 HEMT 的提出则是在 20 世纪 80 年代初期。不同于结型晶体管(它是由电流控制的),FET 是电压控制器件,它既可做成 p 沟道,也可做成 n 沟道。GaAs MESFET 在微波和毫米波应用中是最常用的晶体管之一,使用的频率高约 40GHz。GaAs HEMT 可工作在更高的频率下。GaAs FET 和 HEMT 对低噪声放大器特别有用,因为这些晶体管与其他任何有源器件相比,有更低的噪声系数。

GaAs 金属半导体场效应晶体管(MESFET)是微波模拟和高速数字集成电路中最常用和最重要的有源器件之一,它是一种三端器件。先介绍肖特基栅极式器件(MESFET或 HEMT),接着介绍 MOSFET 等场效应管,并对各种器件的性能加以分析。其中,硅 CMOS 器件的 RF 性能已经持续地得到了显著的改善。在未来的 RF 应用领域,设计者应重视硅 CMOS 技术的发展。表 2-1 概括了某些最流行的微波晶体管的性能。

表 2-1　微波晶体管的性能

器　件	SiGe HBT	SiGe COMS	SiGe HBT	GaAs MESFET	GaAs PHEMT	GaA HBT
适用频率范围/GHz	10	20	30	40	100	60
典型增益值/dB	10～15	10～20	10～15	5～20	10～20	10～20
噪声系数/dB	2	1	0.6	1	0.5	4
频率	2GHz	4GHz	8GHz	10GHz	12GHz	12GHz
功率容量	高	低	中等	中等	中等	高
价格	低	低	中等	中等	高	高
单极性供电	是	是	是	否	否	是

　　下面将简要讨论微波 FET 和双极型晶体管的基本结构,并讨论这些器件的小信号等效电路模型及直流偏置问题。放大器和振荡器的设计主要依赖于器件的端口特性,这些特性可用器件的二端口 S 参量表示,也可用其等效电路的元件值表示。对于这里的绝大部分设计工作,将采用 S 参量法。因为使用该方法既准确又方便,当然这样做也有缺点,即需要知道晶体管在感兴趣频率范围内的 S 参量(通常需通过测量)。这一般不成为严重的问题,除非考虑的频率范围很广,因为微波晶体管的 S 参量一般随频率变化得很缓慢。与此相反,一个较好的晶体管电路模型的使用仅涉及少数几个电路参量,这些参量在宽广的频率范围内一般是稳定的。等效电路模型还能在器件运用和它的物理参量之间提供较为紧密的联系,这对某些设计问题是较为有用的,图 2-27 所示为微波三极管和场效应晶体管(封装及芯片)。

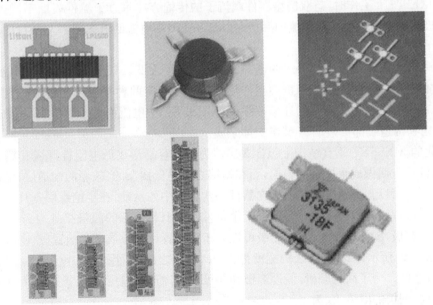

图 2-27　微波三极管和场效应晶体管(封装及芯片)

2.4.1　MESFET 工作特性

　　微波场效应管可以良好地工作在毫米波频率下,有着较高的增益和较低的噪声系数,这使得它们成为入选器件,以便用在 5GHz～10GHz 频率下的混合集成和单片集成电路中。GaAs FET 能有所需要的增益和噪声特性,这是 GaAs(与硅比较)有更高电子迁移率的结果,并且不存在散粒噪声。栅极上的输入信号调制这些多数电子载流子,产生电压放大。栅极长度限制了最大工作频率。目前制造的 FET 的栅极长度在 $0.3\mu m \sim 0.6\mu m$ 量级内,其对应的上限频率为 100GHz~50GHz。

MESFET 由外延生长在一块半绝缘衬底上的优质半导体高导电层组成,其横截面结构如图 2-28 所示。这种晶体管含有两个欧姆接触极(源极和漏极),第 3 个电极(栅极)由放在这两个欧姆接触极之间的一个整流(肖特基)基础构成。

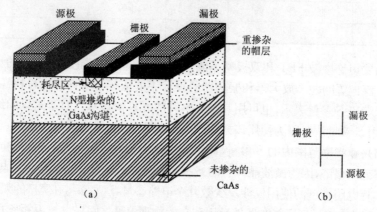

图 2-28　MESFET 器件的横截面结构

在 MESFET 工作时,与双极型器件载流子的传输方向垂直于器件表面不同,当电流通过栅极下的导电沟道从源极流向漏极时,MESFET 中电流的流向基本上平行于器件的表面。

MESFET 仅取决于一种形式的电荷载流子流通,因此,MESFET 通常被称做"单极的"。它的这种特性也不同于双极型器件依靠电子和空穴两种载流子的传输实现其功能的特点。一般来说,由于空穴的迁移率很低,MESFET 中电流由电子运载,所以在 MESFET 的帽和沟道中都掺杂了 N 型半导体杂质。

简化的 MESFET 垂直结构上包含 3 层。为了更容易形成低电阻性源极和漏极接触层,将器件最上面做成重掺杂的帽层,而在帽层之下是低掺杂的、较厚的沟道层,电流经该层通过器件。最后,为了限制载流子在器件的沟道之中的运动,在半绝缘层基片增加一个高电阻性未掺杂的缓冲层。在典型的工作条件下,MESFET 的源极接地。若沟道为 N型,相对于源极,漏极处于正偏置,栅极可以处于正偏置(前向)或者负偏置(反向)。

如图 2-29 所示,源极和漏极的宽度都为 F_P,它们之间的间距为 s,电压 U_{DS} 加载于漏极和源极之间。为了简化分析,假设源极和漏极下的沟道层厚度为 h,掺杂物浓度为 N_d,从源极流向漏极的电流 I_{DS} 为

图 2-30 形象地反映了无栅极 MESFET 的电流—电压关系。当电场强度超过 3kV/cm 后,这种电流与电压之间的线性关系不复存在,这是由于器件沟道内的散射作用使载流子速度达到了饱和值。

可用类似的方法分析图 2-31 所示电路的工作特性,其中栅极电流 I_{GS} 可表示为

$$I_{GS} = A^* L T^2 W e^{-\frac{qU_{bi}}{kT}} e^{\frac{qU_g}{nkT}} \tag{2-30}$$

式中，A^* 为有效的 Richardsn 常数（在 300K 温度时为 8.8Acm/K）；L 为肖特基接触极长度；T 为热力学温度；W 为肖特基接触极宽度；U_{bi} 是二极管上内建的电压；k 为玻尔兹曼常数（1.38×10^{-23}J/K）；N 为二极管的理想因子（为 1.1～1.2）。

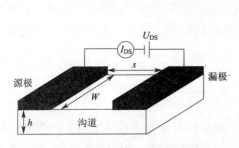

图 2-29　无栅极 MESFET 的示意图

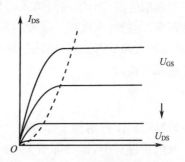

图 2-30　GaAs MESFET 的输出特性

假如 U_g 是负值，式（2-30）中的两个指数项值会非常小，此时栅极电流也很小。如果 U_g 为正值但小于 U_{bi}，两个指数项将趋于相互抵消，这也会导致栅极电流很小，但是当 U_G 远大于 U_{bi} 时，栅极电流将按指数规律增长。为了减小栅极电流，栅极所加载的电压必须小于器件中的自建电压。为此，在设计这些元器件时，需要特别考虑大器件的输入阻抗变化效应。当栅极所加载的电压小于器件的自建电压时，无电流流动会导致在栅极下形成一个耗尽区。

当漏极偏置电压一定而在栅极加载负偏置电压时，器件中将产一个较高的电场。栅极上所加的偏置电压越负，发生电流饱和对应的漏极电压就越低。如图 2-31 所示，I_{DS}（U_{DS}，U_{GS}）的特性因此可以分隔为两个栅极和漏极偏置区域——线性区域和饱和区域。

1. MESFET 的直流工作特性

图 2-32 是一个 GaAs MESFET 的实测特性，与前述简化的直流特性的最大区别是，实验测试时的饱和区内曲线的斜率是有限值，这种情况是由包括电荷从沟道注入未掺杂的缓冲层通过表面和沟道——基片表面上的导电机理等许多因素引起的，这个有限值可用电导 g_{ds} 表示，g_{ds} 定义为

$$g_{ds} = \frac{\partial I_{DS}}{\partial U_{DS}} \bigg|_{U_{GS}=\text{常量}} \tag{2-31}$$

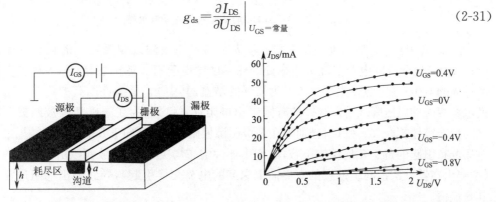

图 2-31　MESFET 示意图　　　　　图 2-32　MESFET 的输出特性

FET 的增益机构都包含在跨导 g_m 中，在给定的漏极电压 U_{ds} 下，栅极电压 U_{GS} 对沟道电流 I_{ds} 的调制即为 FET 的跨导 g_m，它包含了 FET 的所有增益，其表达式为

$$g_m = \frac{\varepsilon_0 \varepsilon_r v_{\text{eff}} W}{a} \qquad (2\text{-}32)$$

器件中沟道与栅极被一薄层耗尽区隔离开,而要得到大的跨导,则要求器件沟道中载流子有效浓度高,因此,通过将大的负偏置电压加载于栅极来增大耗尽区厚度的方法可以降低跨导。另外,在载流子速度给定的条件下,增加沟道的掺杂物浓度可以减少耗尽区厚度,从而增大跨导,但这种做法的缺点是击穿电压将降低。最后,给出直接与功率增益相关的电压增益,即

$$A_U = \frac{\partial U_{\text{DS}}}{\partial U_{\text{GS}}} = \frac{g_m}{g_{ds}} \qquad (2\text{-}33)$$

2. MESFET 的射频工作特性

在电路设计中,设计师所关心的是从 RF 测量值所推演出的 MESFET 的等效电路,可以通过分析这个电路来确定电路的性能,GaAs MESFET 的横截面结构,其上叠加了一个电路网络,其中的电路元件用来表征器件的特殊区域的电特性。图 2-33 是 MES-FET 的集总元件式等效电路。

在栅极附近,C_{gs} 和 C_{gd} 和一起构成总的栅极电容。一阶近似下,该电容器可视为一个平行板结构,其电容量为

$$C_g = \frac{\varepsilon_0 \varepsilon_r W L_g}{a} \qquad (2\text{-}34)$$

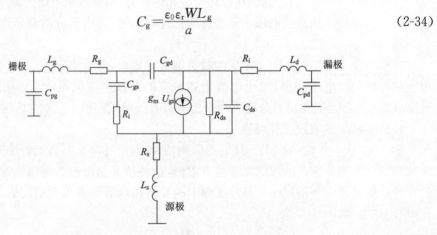

图 2-33　MESFET 的集总元件式等效电路

图 2-33 中,L_g 为器件栅极的长度;C_{gs} 为在器件源极附近栅极之下的耗尽区中的电荷;C_{gd} 为与位于空间电荷层漏极边缘处的耗尽区中电荷有关的电容量;R_i 为栅极下面的半导体的电阻;而电流发生器 $g_m U_{\text{GS}}$ 为器件的增益,其中 g_m 是器件固有的跨导,U_{GS} 是栅极电容两端的电压降;C_{pd} 为器件的有限输出电阻;C_{ds} 和 R_{ds} 为在漏极和源极两掺杂区域之间的电容性耦合;C_{pg} 和 C_{pd} 分别为在栅极和源极附近由 MESFET 中金属接触极之间的电场分布引起的寄生几何结构电容,它们由器件的布局决定;在微波频段由于色散的原因(主要由在器件沟道与缓冲层的交界面上深度的电荷交换引起),导致输出电阻通常小于其直流值。

串联的寄生电阻包括源极电阻 R_s 和漏极电阻 R_d 两部分,而每部分又有两个分量:一是与器件沟道相接触的欧姆电阻 R_c;二是源极—栅极(或者漏极—栅极)接入区域中半导体的体电阻。截止频率可以表示为

$$f_T = \frac{g_m}{2\pi\left[\left(C_{gs}+C_{gd}\right)\left(1+\dfrac{R_s+R_d}{R_{ds}}\right)+g_m C_{gd}\left(R_s+R_d\right)\right]} \qquad (2\text{-}35)$$

从以上分析可知,可以通过最小化栅极电容和寄生电阻,同时最大化跨导的方法,来获得较高的截止频率 f_T。

由图 2-33 所示等效电路可以推导得到最大振荡频率为(MAG 下降到单位 1 时的频率)

$$f_{max} = \frac{f_T}{2\left[\dfrac{R_g+R_i+R_s}{R_{ds}}+\left(2\pi f_T R_g C_{gd}\right)\right]^{1/2}} \qquad (2\text{-}36)$$

实际应用中除了最优化 MAG 和 f_{max},获得高的 f_T 外,还要求将栅极电阻最小化,通用的解决方法是使用成形的 T 形栅极,这种 T 形栅极的结构是用一个小基足点去产生短栅长度器件,而用一个大横截面来最小化栅极电阻。

2.4.2 高电子迁移率晶体管

高电子迁移率晶体管(HEMT)具有很高的频率特性和很低的噪声性能,这主要是因为其产生的二维电子气(2DEG)有很高的迁移率。这种器件能用于微波和毫米波功率应用中,且在高于 X 波段时其性能要优于 MESFET。

作为一种场效应晶体管,HEMT 的工作特性非常类似于 MESFET。它们之间的差别是,HEMT 使用了一个在其中合并了多层不同材料层的垂直结构。在 HEMT 中,电流通过在栅极下的高迁移率沟道从源极流向漏极。与传统 GaAs MESFET 相比,HEMT 在高频噪声和增益特性上都有改善。接下来 AlGaAs/GaAsHEMT 这种类型的器件作为示范加以讲述。由于 GaAs 和 AlGaAs 的晶格常数几乎是相等的,从而简化了生长高质量单晶 AlGaAs/GaAs 异质结构的复杂度。

为了减小接入电阻和改进器件垂直方向上的缩放比例,HEMT 中将栅极放置在源极和漏极之间的一个凹槽内,掺杂的 GaAs 帽有利于形成到器件的低电阻欧姆接触极,N 型掺杂的 AlGaAs 层为器件通道提供电子,同时引进未掺杂的 AlGaAs 隔离层将施主原子和电子累积层分开,用来改进沟道内电子的迁移率。

沟道中未掺杂 GaAs 的电子积聚层产生的电场非常强,它将电子限制在一个很窄的准三角形的凹槽口之内,其与交界面的距离和电子波长相当,这使得在垂直于交界面方向上的电子动能量子化,电子能够在平行于交界面的平面上自由移动,因此,这种电子积聚层通常被称为二维电子气(2DEG)。假如在栅极加足够的正向偏置电压,在掺杂的 AlGaAs 层中将形成耗尽载流子的沟道,此时,电流可以通过 2DEG 和经"平行导通"层穿过掺杂的未耗尽的 AlGaAs,并从源极流向漏极。由于 AlGaAs 施主材料层的载流子传输效应消弱了高迁移率的器件沟道所具有的优势,因此这种工作模式会降低器件的性能。

1. HEMT 的直流工作特性

HEMT 的输出特性与 GaAs MESFET 的输出特性非常相似,如图 2-34 所示,其输出特性可分为线性区域和饱和区域两部分。

在线性区域内,HEMT 的漏一源电流可表示为

$$I_{DS} = q\mu n_{2D} W \frac{U_{DS}}{s} \qquad (2\text{-}37)$$

式中，μ 为 2DEG 的迁移率；n_{2D} 为栅极—F 片状沟道中的电子浓度；W 为器件的宽度；U_{DS} 为加载的漏—源极间电压；s 为漏—源极间距离。

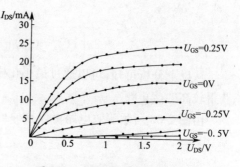

图 2-34　HEMT 的输出特性

2. HEMT 模型

为了介绍适用于任何 HEMT 的工作特性，将以 AlGaAs/GaAs HEMT 类型的一个器件为例。GaAs 和 AlGaAs 的晶格常数几乎是相等的，这种特性简化了生长高质量单晶 AlGaAs/GaAs 异质结构的复杂度。

采用和 MESFET 同样的方法，可以得到 HEMT 的小信号等效电路，基本方法是建立一个沟道电流和施加电压之间的函数表达式。

3. HEMT 的噪声特性

HEMT 具有优秀的噪声特性和晶体管中最低的噪声系数。表 2-2 是几种 HEMT 器件在特定频率下的噪声系数值。

表 2-2　几种 HEMT 器件在特定频率下的噪声系数值

器　件	18GHz		60GHz		94GHz	
	F/dB	G/dB	F/dB	G/dB	F/dB	G/dB
0.15 pmPHEMT	0.5	15.1	1.6	7.6	1.9	6.1
0.15 lamlnPHEMT	0.3	17.1	0.9	8.6	1.4	6.5
0.1 pmlnPHEMT			0.7	8.6	1.2	7.2

2.4.3　PHEMT 技术

前面以 AlGaAs/GaAs 结构为基础，对 HEMT 的特性进行了讨论。目前，许多更为复杂的垂直结构的器件已经取代了这种先前的 HEMT 技术，一些新型的 HEMT 器件通过改进沟道中的电子迁移率和有效速率，降低了器件寄生电阻，同时增强其固有的高频特性来完善了其工作性能。现在介绍最普通的且可以利用的 HEMT 技术——赝同晶 GaAs HEMT(PHEMT)。

"赝同晶"这一术语是这样得来的：器件的沟道由铟浓度在 20%～30% 之内的 In-GaAs 构成，这样一来，沟道的晶格常数比 GaAs 基片、缓冲层、帽层、AlGaAs 施主材料层和隔离层的晶格常数都大，从而形成了一个具有应变的沟道。但是，如果沟道层保持足够薄，应力能够被容纳进入晶体中而没有引进任何缺陷，沟道取结构余部的晶格常数，即沟道是赝同晶的。铟浓度增加就会增大沟道中的电子迁移率，若铟浓度在 20%～30% 内，只要稍微增大电子的有效速率，这两种因素都会改进器件的高频性能。再者，由于 In-GaAs 的能带比 GaAs 的能带小，从而得到 InGaAs 与 AlGaAs 的交界面上的导带不连续性大于 GaAs 和 AlGaAs 交界面处的导带不连续性。因此，GaAs PHEMT 中片状沟道浓度较大，提供了更大的驱动电流容量。另外，器件沟道内的电子被位于 InGaAs 与 GaAs 的缓冲交界面上的导带台阶约束在 AlGaAs 的背面。这种电位台阶产生了改进的电荷控制,从而减小了输出电导,改善了器件夹断特性的锐度。目前,直径达到 150mm 的 PHEMT 晶圆片已经实现了大规模生产,因此提供了极好的规模经济效益。这些优势加上 PHEMT 具有卓越的 RF 性能,使得这种技术在众多的移动和宽带无线应用领域很有吸引力。

2.4.4 金属氧化物场效应管

场效应管的另一种类型是绝缘栅型场效应管。以二氧化硅为绝缘层的金属-氧化物场效应管,简称 MOSFET。由于其具有高密度和低功耗的优点,使得它在数字集成电路领域占据主导地位。相反,双极型晶体管在高性能要求的模拟集成电路领域中占有优势。例如,双极型晶体管的单位偏置电流跨导通常比 MOS 场效应晶体管的高很多。所以,如果一个系统,其中一部分集成电路应用的是模拟工艺,而其余部分集成电路应用的是数字工艺,那么通常在模拟集成电路中人们会选用双极型工艺,而在数字集成电路中人们会选用 MOS 工艺。为了降低系统成本,增加系统的便携性,需要进一步提高电路集成度和降低电路功耗,因而也促使相关的模拟集成电路采用 MOS 兼容工艺。为了达到这个目标,可以采取组合的 BJT 和 MOS 生产工艺,这样可以使电路设计具有很大的灵活性。然而,全 MOS 工艺比双极型 MOS 工艺要便宜,因此从经济的角度考虑,在实际生产中,集成电路厂商一般使用全 MOS 工艺。图 2-35 所示为生长在 GaAs 基片上的 GaAs PHEMT 的横截面结构。

1. MOS 晶体管基本结构

一个典型的 N 沟道 MOS 晶体管(NMOS,N-channel MOS transistor)具有代表性的结构示意图如图 2-36 所示。在轻度掺杂的 P 型衬底(通常又称为基体)上方,形成(或扩散)出重度掺杂的 N 型源极和漏极区。在该区域上方,源极、漏极和一种导电物质三者之间生长出一层很薄的二氧化硅薄膜层,多数情况下是由多晶硅沉积而成,而导电物质则用来产生该晶体管的栅极。相邻器件之间使用一层较厚的 SiO_2 层(称为场氧化物)和反偏压 NP 二极管来实现相互的绝缘,通过增加一个额外的 P 区即可达到这个目的,这种方法又称为阻塞沟道植入法(或场植入法)。

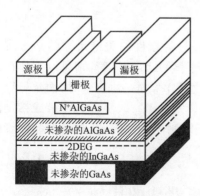

图 2-35 生长在 GaAs 基片上的
GaAs PHEMT 的横截面结构

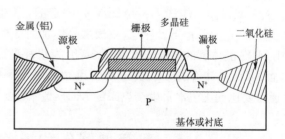

图 2-36 典型 NMOS 晶体管结
构的横截面示意图

从最直观的层次上分析,可认为 NMOS 晶体管起到了开关的作用。当一个高于给定电压(又称为阈值电压)值的电压作用在栅极上时,便会在漏极和源极之间形成一条导电沟道。在漏极和源极之间存在电压差的情况下,便会有电流从这两个区域之间流过。通过栅极电压可以调节沟道的电导率,在沟道内,栅极和源极间的电势差越大,沟道电阻就会越小,电流就会越大。图2-37中给出了各种MOS晶体管的电路符号。一般情况下,认为MOS晶体管是一种三端子器件,具有栅极、漏极和源极3个端子。事实上,MOS晶体管还具有第4个端子——衬底,在图2-37中,用B符号加以标注。由于衬底一般与直流电源相连接,对于所有相同类型的器件均是如此(NMOS对应的是GND,PMOS对应的是下V_{DD}),所以通常极少会在示意图中加以标注。

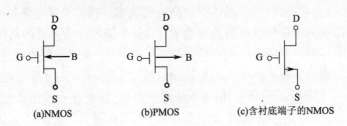

(a)NMOS   (b)PMOS   (c)含衬底端子的NMOS

图2-37 各种MOS晶体管的电路

2. MOS晶体管的频率特性

MOS晶体管的频率特性通常由其特征频率f_T来规定。对于MOS晶体管,f_T的定义为简化放大电路中共源电流增益降到单位值时的频率。尽管MOS晶体管直流栅极电流必然为零,但是MOS管高频特性是由小信号模型中的电容因素来控制的,因此栅极电流随着频率的增加而增加。由于$U_{SB}=U_{DS}=0$,g_{mb},r_0,C_{sb}和C_{db}对计算没有影响,可以忽略。小信号输入电流为

$$i_i=s(C_{gs}+C_{gb}+C_{gd})U_{GS} \tag{2-38}$$

$$f_T=\frac{1}{2\pi\tau_F} \tag{2-39}$$

式中,τ_F为时间常数,称为正向基极扩散时间。应用爱因斯坦关系式,得到双极型晶体管的固有频率为

$$f_T=2\frac{\mu_n}{2\pi W_B^2}U_T \tag{2-40}$$

两种器件的固有频率f_T都与载流子传输时所经过的器件的关键尺寸的平方成反比。对于双极型晶体管,$U_T=26\mathrm{mV}$是固定的,但是对于MOS晶体管,则可以工作在很高的电压$(U_{GS}-U_T)$下。注意,双极型晶体管的基极宽度W_B是一垂直尺寸,而且可以做得比MOS晶体管的沟道长度小很多,因为双极型晶体管的W_B取决于其扩散或掺杂浓度,而MOS晶体管的L取决于几何尺寸和照相平板印制工艺。因此,双极型晶体管的f_T通常要比同工艺水平生产出来的MOS晶体管要高。

2.5 双极型器件和场效应器件的比较

前面已经对双极型器件和场效应器件的种类、结构及工作特性等进行了介绍,下面将对这两类器件在各方面进行比较。

2.5.1　双极型器件和场效应器件的 f_T 和 f_{max}

由前面的分析知道,要实现高 f_T、f_{max} 和 MAG 的双极型器件和场效应器件,必须同时优化两种器件的垂直结构的许多参量和处理技术。表 2-3 对这些要求进行了总结。表 2-4 所列为各种晶体管技术的 f_T 和 f_{max} 比较。

表 2-3　实现两类晶体管系列要求的 f_T 和 f_{max}

技　术	通用要求	含义	技　术	通用要求	含义
双极型器件	小基极和发射极电容	小发射极几何结构	FET器件	小栅极电容	小足点 T 形栅极结构
	大电流增益	薄的高度掺杂的基极		大跨导	器件沟道接近表面
	小基极电阻	异质结技术		小栅极电阻	异质结技术
	小寄生电阻和电容	高迁移率和速率材料		小寄生电阻和电容	高迁移率和速率材料

表 2-4　各种晶体管技术的 f_T 和 f_{max} 比较

技　术	最小特性尺寸/μm	f_T/GHz	f_{max}/GHz	技　术	最小特性尺寸/μm	f_T/GHz	f_{max}/GHz
硅双极型器件	0.5	50	50	GaAs MESFET	0.2	80	120
SiGeHBT	0.8	130	160	GaAs PHEMT	0.12	120	200
GaAsHBT	1.0	180	280	In PHEMT	0.12	250	350
InPHBT	1.0	228	270	GaAsm HEMT	0.12	225	250

在表 2-3 中,Ⅲ～Ⅴ族中的 InP 基 HBT 和短栅长度的 HEMT 工艺提供了最高工作频率的射频有源器件,但 HEMT 技术的特征尺寸要求同时也影响了工艺成本和成品率。短栅极长度的 HEMT 工艺的产量低,很难实现大批量的、低成本的元器件,但使用双极型技术能很好地生产此类元器件。

2.5.2　双极型和场效应器件的噪声性能

图 2-38 将三端器件的噪声功率与频率的关系分成 3 个区域。在低频区域,噪声主要由块材料中半导体的交界面上和基片表面上的捕获效应所引起。这些效应叠加在一起的噪声功率谱密度具有 $1/f$ 的关系。由于双极型器件中电流的传输方向垂直于器件表面,所有 PN 结都是埋置在器件中的,因此双极型器件的 $1/f$ 噪声拐点频率较低。而在场效应器件中,电流的传输方向平行于器件材料表面和大量的异形分界面,因此 FET 和 HEMT 的 $1/f$ 噪声拐点频率相对较高。双极型器件的约翰逊噪声是由发射极和集电极区域的电阻、基极固有的电阻、基极—发射极间的 PN 结和基极—集电极间的 PN 结的动态电阻所引起的;而在 FET 和 HEMT 器件中,约翰逊噪声的主要贡献者是沟道电阻及源极和漏极的接入电阻。

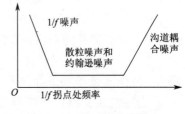

图 2-38　三端器件依赖于频率的噪声功率密度谱

在输入端,随着频率的提高,器件内产生的散粒噪声和约翰逊噪声电流通过电容耦合后与所有的基极(栅极)电流叠加,当它们一起通过基极(栅极)的电阻时,将产生一个输入电压噪声源。这个噪声电压在器件中被放大后,与电容性耦合到输出端的噪声电流产生的噪声电压源合成一个输出噪声信号。随着频率的提高,输出噪声信号会随之增大。因此,必须设法降低约翰逊噪声,为此,低噪声器件应具有小的电容量、小的输入电阻和内电阻。

表 2-5 将当代双极型技术和场效应技术的噪声性能进行了比较。从表 2-5 中可以看出,低频段双极型器件的 $1/f$ 噪声性能明显优于其他器件。而在高频段,由于器件较低的内电阻和具有小电容量、低电阻量、短栅长的 T 栅极技术使得 HEMT 器件具有最佳的噪声性能。

表 2-5　双极型晶体管和场效应晶体管技术的噪声性能比较

技术	角频率/kHz	最小噪声系数	相关的增益
硅双极型器件	<1	1.5dB@2GHz	21dB@2GHz
SiGeHBT	<1	0.65dB@2GHz	21dB@2GHz
		3dB@12GHz	5dB@12GHz
Ga AsHBT	<1	0.4dB@2GHz	25dB@2GHz
GaAs MESFET	>10	0.8dB@12GHz	12dB@12GHz
GaAs PHEMT	>10	0.25dB@2GHz	16dB@4GHz
		1 dB@18GHz	10dB@18GHz
In PHEMT	>10	0.3 dB@18GHz	17dB@18GHz
GaAsm HEMT		0.4dB@18GHz	11.5dB@18GHz

2.5.3　双极型器件和场效应器件的功率与线性度性能

功率处理能力和线性度性能在功率放大器设计中是非常重要的性能指标。一个器件的功率处理容量由晶体管能承载的最大和最小电压与电流值决定。图 2-39 是一个晶体管功率处理能力确定时的最大、最小电压和电流量级图。从图 2-39 中不难看出,电压波动范围由 U_{DSmin} 和 U_{DSmax} 的量值确定;反过来,U_{DSmin} 和 U_{DSmax} 分别受到器件的截点电压和击穿电压控制。因此,从器件技术观点来看,最小化器件的接入电阻、最大化击穿电压,同时在确定的器件几何结构条件下最大化驱动电流容量对提高器件的功率处理能力非常重要。

在工作电压一定的条件下,双极型器件中的峰值电场强度低于场效应器件中的峰值电场强度,而击穿电压受器件中峰值电场强度的控制。因此,双极型器件的击穿电压通常较高,因而双极型器件在高功率的应用中受到更多的关注。

可以通过使用双栅极凹槽区工艺在源极—漏极之间不对称地放置栅极等措施来提高击穿电压,这两种方法联合降低了在栅极的漏极端处的峰值电场强度。由于 InP 基 HEMT 中典型层的

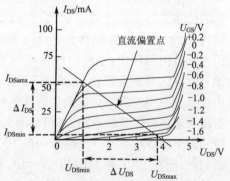

图 2-39　确定晶体管功率处理性能的
最大及最小电压和电流量级

能带相对较窄,导致其击穿特性较差,这使得其器件沟道中的冲击离子化效益特别严重,从而限制了它在功率放大器中的应用。异形结构的 GaAs HEMT 由于支持器件沟道中的铟浓度在 0%～100% 之间任意选择,因此它不仅具有好的高频性能,还具有好的击穿特性。

第三代 CDMA 移动无线系统的规格严格限制了功率放大器的晶体管的交调性能和邻近再生特性,因此功率放大器的线性度已成为衡量功率放大器的重要指标。表 2-6 是几种双极型与场效应晶体管器件的功率处理容量和线性度性能。

表 2-6　各种晶体管技术的功率和线性度比较

技术	频率/Hz	增益/dB	1dB 压缩点输出功率/W	3 阶交调截点输出功率/dBm	功率增加效率/%
Si 双极型器件	900	15			71
SiGeHBT	900	12.5		35	72
GaAsHBT	1.8	20	0.25	42	大于 40
GaAsPHEMT	1.8		2	48	60

本 章 小 结

本章首先介绍无源集总元件的物理结构、射频特性及等效电路模型;然后在介绍半导体的物理特性、PN 结和金属—半导体结的成形机理及单向导通性能的基础上,分别介绍了各种射频二极管、双极型晶体管和场效应晶体管的结构、工作特性等;最后对比分析了双极型和场效应型两类晶体管的性能。

在本章中,综述了射频微波电路中的各种有源和无源器件技术,比较了这些技术提供的增益、噪声、功率处理容量和线性度等关键 RF 性能参数。从中发现对于关键的 RF 性能指标,单一技术已不能提供最佳的总体性能。因此,必须根据所需要的性能指标、成本、成品率和可靠性来综合考虑所需要的技术

习 题

2.1 求使用长为 2.5cm 的 AWG26 铜线连接的 50Ω 的金属膜电阻的高频阻抗特性,寄生电容 C_a 是 5pF。

2.2 计算一个 47pF 电容器的高频阻抗,电容器的电解质由串联损耗角正切为 10^{-4} (假定与频率无关)的氧化铝组成,它的引线是长为 1.25cm 的 AWG26 铜线($\sigma = 64.516 \times 10^6 /\Omega \cdot m$)。

2.3 建立 RFC 频率响应,这个 RFC 是由 AWG36 铜线在 0.1 英寸空心上绕 3.5 圈 ($N = 3.5$ 匝)制成的,假定线圈的长度是 0.05 英寸。

2.4 求出题图 2.4 中并联和串联 LC 电路阻抗幅值的频率响应,并将结果与理想电感替换有同样的电感和一个 5Ω 的电阻串联电路时进行比较,假定电路工作在 30MHz～

3000MHz 的 VHF/UHF。

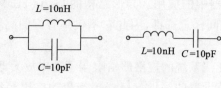

图 2-40

2.5 请总结射频二极管的主要种类、特性和应用领域。

2.6 雪崩二极管、隧道二极管和 Gunn 二极管都具有负阻的特性,尽管形成负阻的机理完全不一致。请设计一个简单的电路,利用二极管的负阻特性构建一个射频振荡电路。

2.7 (1)试比较射频场效应管与射频双极型晶体管结构和特性上的差异。(2)试讨论晶体管小信号模型和大信号模型的主要区别。请问能否使用晶体管大信号模型分析射频小信号。

第 3 章 数 字 调 制

3.1 数字调制简介

3.1.1 引言

随着数字调制技术的发展,在有限的带宽中传输高速数据已经成为可能。同时,与过去的模拟调制如调频(FM)、调幅(AM)、频移键控(FSK,Frequency Shift Keying)、开关键控(OOK,On-Off Keying)、脉宽调制(PWM,Pulse Width Modulation)、脉位调制(PPM,Pulse Position Modulation)、脉幅调制(PAM,Pulse Amplitude Modulation)等相比,通信系统具有更高的可靠性和抗噪声性能。

现在的数字调制方式与过去的离散调制技术有很多相同的地方,如 OOK 和 FSK。新、旧两类调制方法都是在离散的时间上有离散的状态,无论这些状态是幅度、相位、频率还是幅度、相位。通过这些状态可以定义被传送的信息,同时这些状态可以决定通信链路所能够传输的数据量。

我们定性地描述了正弦连续波调制的目的和作用,现在简单概括如下:正弦连续波调制是根据传输信道的要求,将基带信号波形变换为适合传输的频带信号波形。其基本目的是产生一种承载基带信息的频带波形,并使频带波形的性质符合给定的传输任务和信道传输条件,使信号特性与信道特性相匹配。正弦连续波调制常常被简称为载波调制。实现调制的部件被称为调制器,输入到调制器的基带信号被称为调制信号,从调制器输出的信号则被称为已调信号。本章讨论载波调制的实现技术,包括实现原理和性能。由于本章讨论的基带信号是数字信号,所以称为数字载波调制技术。

3.1.2 数字调制的类型

载波调制是用载波的某一个参量(振幅、频率、相位)来携带基带信号所表达的信息。当基带信号为数字信号时,对应的调制信号分别被称为幅移键控(ASK,Amplitude Shift Keying)、频移键控(FSK,Frequency Shift Keying)、相移键控(PSK,Phase Shift Keying)。最基本的调制方式是用二进制基带信号对载波的振幅、频率、相位进行调制,得到的信号分别为 2ASK、2FSK 和 2PSK。如果采用多进制基带信号对载波的振幅、频率、相位进行调制,则得到多进制调制信号,如 MQAM(Multiple Quadrature Amplitude Shift Keying)、MPSK(Multiple Phase Shift Keying)等。另外,为了使信号特性更好地与信道特性相匹配,产生了许多改进的调制方式,如 $\pi/2-$DBPSK、$\pi/4-$DQPSK、OQPSK、MSK 和 GMSK 等。

一般情况下,调制方法可以简单地通过相量图来观察,如图 3-1 所示。图 3-1 中,I 是同相($0°$)参考面,而 Q 是正交($90°$)参考面。在 I 和 Q 状态之间的是信号(S),它可以有不同的相位(θ)和幅度(A)。因为任何数字调制都会改变载波的相位或幅度(或两者都改变),所以采用相量图是使各种调制方法形象化的有效方法。

为了比较模拟调制与数字调制,图 3-1 给出了模拟相位调制的相量图。因为在载波的幅度里不含有信息,所以当载波的相位从 $0°$ 变化到 $360°$,相量图显示的是一个完整的周期。另外,由于模拟调幅信号中不包含相位信息,所以它的相量只会在幅度上有所变化。在相量图中仅使用离散状态,可使更有效的类似于数字方式的模拟调制方法成为可能。所有调制中最简单的是开关调制,它是幅移键控调制的一种类型,通常用来发送莫尔斯码。幅移键控调制也可用来发送机器代码“1”和“0”,它允许在每个离散幅度跳变之间传送 1bit 的数据。

另一种基本的数字调制是非相干 FSK,主要用来使振荡器的电压在两个或更多频率点之间变化。频移键控不仅可以简单地应用于发射端和接收端的基带频段,而且能够使接收端的输出级效率更高,从而更好地放大信号。然而,它存在误比特率并且频谱利用率较低,频移键控可以应用于成本低和数据传输速率低的无线通信系统中,如无绳电话、无线广播系统和遥感勘测系统。

OOK 在离散状态下传送信息时,并非是保持相位不变而改变载波幅度,而是可以忽略载波幅度变化,只改变信号的相位。为了提高相位变化的效率,相位状态应尽可能快地改变,因此通常会使用 $0°$ 和 $180°$。这种数字调制类型是最基本的,即二进制相移键控(BPSK,Binary Phase Shift Keying),它的 $0°$ 参考相位表示二进制“1”,而 $180°$ 相位状态表示二进制“0”。

当载波的相位被调制成 4 个离散状态时,就得到 4 相相移键控(QPSK,Quadrature Phase Shift Keying)。如图 3-1 所示,在传送信息时有 4 个离散相位状态可供选择,模拟相位调制与此不同的是前者在 $0\sim360°$ 之间有无穷多个相位点。QPSK 的 4 个离散状态可以是 $0°$、$90°$、$180°$ 和 $270°$,它们被定位在恒定幅度的载波上。每个相位的转变(00,01,10,11)提供 2bit 的数据,而不像上面介绍的 BPSK 系统只提供 1bit 数据。因此,在同样的带宽和时间限制下,这种技术可以提供两倍的信息量。

然而,却不能认为 QPSK 信号的载波在调制过程中“幅度保持不变”,因为这一点不是十分确切。实际上,信息通过 QPSK 调制后在无线链路传输时,虽然幅度的变化不起作用,但幅度变化确实存在,在 QPSK 调制中也包括 AM 成分。

正交幅度调制(QAM,Quadrature Amplitude Modulation)是当前通过地面微波链路以高比特率传送数据时使用最为广泛的一种方法,它使用了幅度和相位混合的调制技术。QAM 利用了载波不同的相移,每一个相移能有两个或更多离散的幅度。于是,每一对幅度和相位的组合都可以用一个确定的二进制值(各值互不相同)来表示。例如,在 8—QAM 中,111 数字值可以用 $180°$ 的相移和 $+2$ 的幅度载波来表示;而 010 则可以用 $90°$ 的相移和 -1 的幅度载波来表示。8-QAM 利用了 4 个相移和两个载波幅度的不同组合构成了 3bit 二进制数,可以表示 8 种可能的状态,即 000、001、010、011、100、101、110 和111。另一个正交幅度调制的例子是 16-QAM,如图 3-2 所示,每个相位/幅度状态的改变可以提供 4bit 数据。

44

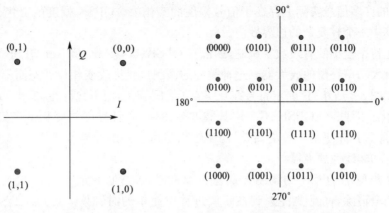

图 3-1 QPSK 的星座图　　　　　图 3-2 16-QAM 的星座图

当调幅/调相状态的数量增加时,每个状态的改变需要用更多的二进制比特进行编码,所以在有限的带宽和时间里可以传输更多的数据。但是,当调幅/调相状态数增加时,这些状态互相更接近,对信号的误比特率来说,噪声就成为一个不可忽视的问题了。这就意味着在低噪声条件下,QAM 状态数越多,就越容易遭到严重的干扰。因此,随着状态的增加,同时为了保持低的误比特率,就必须提高信号的信噪比。正是由于这个原因,处于高噪声环境的卫星通信通常使用比较简单的调制方案,如 BPSK 或 QPSK。低噪声的地面无线电链路可以使用 32-QAM、64-QAM、128-QAM 和 256-QAM(或更高),这样就可以在确定带宽(该带宽受到大多数无线信道的约束)的情况下比原有的数字通信系统以尽可能高的比特率发送数据。

因为所有数字调制信号的类噪声特性,在频域中观察这样的信号时通常不能够说明调制过程的复杂性,比如无法确定它是 QPSK、16-QAM 还是 256-QAM,它只能说明信号的幅度、频率、平坦度、频谱再生等。事实上,当发送一个数字信号时,无论它是否传送数据,在频域中观察时一般都是相同的。因为附加到 RF 信号上面的都是编码和加密后的信号。

3.1.3 数字调制功率

在描述上述数字调制方式时,本书给出了静态星座图或者相量图,并且完全不考虑符号到符号的映射。这些映射在普通的 4 相位状态 QPSK 调制方式及其派生方式中是非常重要的,因为这决定了调制信号的包络究竟是稳定的还是有幅度变化的。事实上,一个恒幅调制包络允许使用高效的近饱和功率放大器,且它在功率输出端不需要补偿。而一个非恒幅的 QPSK 调制需要一个效率很低的线性放大器以避免大量的频谱再生,此线性放大器必须在最大功率输出端的补偿性能非常好。过量的频谱再生是互调失真的一种形式,它会产生附加的无用信号,在信道的某一侧造成干扰;也会产生一个通带,这个通带不符合美国联邦通信委员会(FCC,Federal Communications Commission)对频率屏蔽所设的限制。

在 QPSK 调制过程中,由于规则的 QPSK 载波从一个相位状态转移到另一个状态时会经过 0 幅度点,从而产生变幅 RF 载波问题。如图 3-3 所示,它会引起 QPSK 调制包络在幅度上的变化,这时不允许使用非线性放大器,否则会产生互调失真。QAM 却大不相

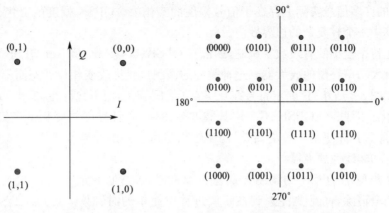

45

同,被传输的许多信息实际上存在于信号幅度的变化中。QPSK 幅度的变化只是数字相位调制的其中一个较复杂的边界效应。

　　采用比特率较小的有效数字调制,如偏移 QPSK(O-QPSK,Offset QPSK),就可以不必使用具有大功率补偿的放大器。这种类型的调制只允许改变相位状态而不需要通过 0 幅度点。如图 3-3 所示,这要求符号在 00 和 01 之间变化,而不允许在 11 和 00 或者 01 和 10 之间变化。因此,O-QPSK 不允许其载波被消除,而且幅度的变化最多只能是 3dB。如上所述,这只允许使用一种更高效、功率输出尽可能高的及较低频谱再生的非线性放大器。

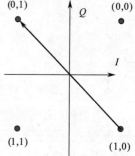

图 3-3　QPSK 信号通过
零幅度点时消除了载波

　　另一个类似于 QPSK 的调制方式是 π/4DQPSK,它也不允许载波被完全消除,而是要注意到在解调过程中简单的时钟恢复。其他的调制方案包括有一个完全恒定的调制包络,可以使用高效的 C 类非线性放大器,而且没有任何频谱再生。最小频移键控(MSK,Minimum Shift Keying)及其派生形式高斯最小频移键控(GMSK,Gaussian Minimum Shift Keying)就是这些调制方案中的两种形式。

　　数字功率测量原理如下。

　　模拟幅度调制发射机的平均输出功率与基带信号的波形有关。在一个周期里(不用在全部时间里求平均),通过使用一般的、低价的测试设备,就可以很容易地测量出其峰包功率。数字制信号却完全不一样。数字信号峰值是完全随机的,它会随着噪声特性迅速地变化。因为在任何时候都有可能出现更高的峰值,所以要想得到这些无规律的数字信号峰值幅度,必须对全部时间内的功率进行测量,以获得一个统计峰值幅度。然后,就可以把该峰值数据和数字信号的平均功率进行比较。该平均功率是指用直流加热一个电阻元件达到的温度与用 RF 加热该元件达到的温度相同时所需的功率。通过这种方法,可以测量任何波形的平均功率。

　　如果 RF 信号的功率不是随时间变化的,如直流信号,那么其功率会不断地传送给负载,而且其功率峰值等于平均功率。但是,RF 信号(包括任何交流信号)的功率是变化的,所以其峰值功率与平均功率是不同的。已调信号的峰值功率与平均功率之比,即为峰均比。这个比值越低,信号就越接近 P_1dB 电平。在此电平上能够驱动放大器而不会产生额外的互调失真,因为在较低峰均比的调制形式中,功率峰值有时会有较低幅度。因此,对于高幅度的功率峰值,它们不会产生紊乱的互调失真,放大器不需要很多功率容限去接受这些高幅度的功率峰值。绝对峰值高而平均功率低的信号会有很低的峰均比,为了不产生额外的失真,需要强迫这种信号的放大器采用大量的备用功率去放大这些突发的波峰。然而,由于这些波峰是由一个星座点到另一个星座点的调制偏移引起的,因而它们在时间上一般没有规律。同时,数字信号的平均功率是一个常数,这是由数字信号自身的编码导致的。

　　如果功率的峰均比较高,将会导致频谱效率较低,因为如果考虑到突发的波峰,就必须根据这个值对放大器进行补偿。然而,这个比值不仅会随着信道滤波和带宽变化,而且也会随着符号模式与时钟脉冲速度的不同而不同。尽管如此,对于 QPSK,一般的峰均比的最小值是 5dB,而对于 64-QAM 和正交频分复用(OFDM,Orthogonal Frequency Division Multiplexing)，最小值为 8dB，而码分多址（CDMA，Code Division Multiple Access）就提高到了 15dB。对于 QPSK 调制方式来说，这些将意味着断续的波峰会超出均方根值功率 5dB。

要测量峰均比，首先要在至少 10s 的时间里使用一个峰值功率计测量其功率峰值。该功率计应具有数字调制能力且能够快速地发挥作用，从而可以给出一个合理、精确的信号峰值功率。要测量信号的平均功率，或者使用专业的数字调制平均功率计算。用峰值功率（dBm）减去平均功率（dBm），即得到峰均比（dB）。

因此，数字信号因其随机性、非重复性所有功率在整个频带中传播（而不像模拟调制只在载波边带中传播）的特性，测量时不会有可预知的、重复出现的功率点。因为用非统计的方式去测量这些峰值是非常困难的，这就要求在数字信号的整个带宽里取一个平均测量值。但是，数字信号所占用的带宽应这样定义：包括数字信号绝大多数功率的－30dB 带宽，而不是大多数模拟信号测量中的－3dB。

因为理论上任何未经滤波的数字信号都会占用无限大的带宽，所以采用的数字信号都需要经过滤波。但是对数字信号进行滤波可能会使方波变圆，从而使信号置入更窄的带宽里。不过这也会增加数字发射机功率放大器（PA，Power Amplifier）的发送功率。事实上，滤波是造成前面讨论的峰均比（包括通过原始位置的信号）问题的主要原因。因此，为了减小带宽，所使用的数字方波被滤除得越多（越平滑），产生的峰均比就越高。

3.1.4 衡量数字调制技术的性能指标

调制解调器是通信系统中的关键部件，所使用的调制方式、滤波策略及解调方法，对系统的整体性能——有效性和可靠性，有很大的影响。其主要的衡量指标包括功率效率、频谱效率、抗非线性特性、抗码间串扰特性和抗邻道干扰的特性，同时，也要兼顾实现的复杂性。

1. 功率效率

功率效率的定义是：在给定比特差错率条件下，所要求的比特能量 E_b 与高斯白噪声谱密度 n_0 的比值，用 E_b/n_0 表示。

当比特差错率相同时，所要求的 E_b/n_0 越小，则该调制方式的功率效率越高。

2. 频带效率

频带效率的定义与前面频带利用率的定义完全相同，即单位频带内容纳的信息速率（或码元速率）。用 R_b/B 计算，其中 R_b 为传信率，B 为传码率。

显然，与信息速率（或码元速率）相比，频带效率能够更好地反映传输的有效性。当传输带宽相同时，R_b/B 值大，说明在一定的带宽内传输的数据多，频带效率高。

3. 抗非线性特性

功率放大器和限幅器都具有非线性特性，信号通过非线性器件时可能会产生失真。为了保证传输质量，希望这种失真越小越好，即希望信号具有强的抗非线性的能力。

在后面的讨论中可以看到，已调信号抗非线性失真的能力，与已调信号的包络起伏特性密切相关，而包络起伏特性又与其相位转移特性密切相关。已调信号的相位分布用星座图表示，已调信号的相位转移特性可以通过在星座图的基础上标示各相位点之间的转移方向来表示，也可以用已调信号的相位随时间变化的轨迹—相位路径表示。

4. 抗码间串扰特性

带限信道会引起码间串扰,移动信道的时延扩展也会引起码间串扰。合理地设计基带传输系统的滤波器,可以减小甚至消除码间串扰,合理地选择调制方式也可以减小码间串扰的影响。

5. 抗邻道干扰特性

产生邻道干扰的原因是已调信号的带外功率谱衰减不够快。不同的调制方式,其带外功率谱的衰减速度不同,因此合理地选择调制方式可以满足系统抗邻道干扰的要求。

6. 实现复杂度

不同的调制方式和解调方式具有不同的复杂度,复杂度不同,延时不同,实现成本也不同。

功率效率和频带效率是衡量数字调制技术的主要指标,而且两者是一对矛盾,在数字通信系统设计中,经常需要在两个指标之间折中。抗非线性特性、抗码间串扰特性及抗邻道干扰特性都与功率效率和频带效率相关联。可以说,数字调制技术的发展是以提高这些指标为目的进行的。影响这些指标的因素,不仅仅是调制方式,还有滤波策略和解调方式。滤波策略对功率效率、频带效率、抗码间串扰特性、抗邻道干扰特性都有影响;解调方式则影响功率效率。在解调过程中载波同步与位同步的性能对解调器的性能又有着重要影响。

3.2 相移键控的调制方式

相移键控调制是用载波的相位携带信息,较通用的缩写形式为 MPSK。MPSK 信号的载波相位共有 M 种可能的取值,每一个载波相位对应着 M 个符号集中的一个符号,在某一个符号间隔内载波的相位取该符号对应的相位值。调制的过程就是将待传输的符号用载波的相位值表示,而解调的过程则是将载波的相位值转换为所传输的符号。通常待传输的信息流是二进制比特流,这时取 $M=2^n (n=1,2,3,\cdots)$,即每 n 个二进制比特对应于一个 M 进制符号。因此,在调制时还需要将二进制比特流转换为相应的 M 进制符号流,解调时再还原为二进制比特流。如果 $M=2$,则比特与符号是一致的,不需要转换。

MPSK 信号的数学表达式为

$$S(t)=\mathrm{Re}\{u(t)\mathrm{expj}(2\pi f_c t+\varphi_k+\varphi_0)\} \quad (k-1)T_s \leqslant t \leqslant kT_s \tag{3-1}$$

式中,$u(t)$ 为基带信号;f_c 为载波频率;φ_0 为载波的初始相位;T_s 为符号间隔。如果待调制的二进制比特流用 $\{a_k\}$ 表示,则 M 不同时,φ_k 与 $\{a_k\}$ 有不同的对应关系,这种对应关系称为相位逻辑。

当 $M=2$ 时就是 BPSK 信号,$M=4$ 时就是 QPSK 信号。随着 M 的增加,已调信号的频带效率增加,而功率效率则下降。

BPSK 和 QPSK 是最常见的调制方式,由于已调信号的相位是跳变的,所以也将其称为不连续相位调制方式。这种不连续相位调制方式在具有带限特性、非线性特性及衰落特性的信道上传输时,有一些缺点,为克服这些缺点,人们研究出了它的几种改进形式,例举如下。

(1)可以省略载波提取并能够克服相位模糊的 DQPSK 方式。在具有多普勒频移的移动通信系统中,能够跟踪多普勒频移的载波提取是相当复杂的。

(2)降低了包络起伏的 OQPSK(Offset QPSK)方式。降低包络起伏的好处是可以减少其在非线性信道上性能的恶化量,OQPSK 的缺点是不能省略载波提取。

(3)既降低了包络起伏又可以省略载波提取的 π/4-DQPSK 方式。该方式包络起伏的程度高于 OQPSK,但低于 QPSK。对于 $M \geqslant 8$ 的 MPSK 调制方式,其功率效率下降,频带效率提高,因此属于频带有效的调制方式。

对于 BPSK 信号,$\varphi_k \in \{0, \pi\}$,通常取 $\varphi_0 = 0$。不失一般性,可以假设 $u(t)$ 是幅度为 A、宽度为 $T_s = T_b$ 的单极性不归零矩形波,则可知 BPSK 信号可以简化为

$$s(t) = u(t)\cos(\omega_c t + \varphi_k) \tag{3-2}$$

更进一步地,可以表示为

$$s_1(t) = A\cos\omega_c t \qquad \varphi_k = 0$$
$$s_1(t) = -A\cos\omega_c t \qquad \varphi_k = \pi \tag{3-3}$$

对于 QPSK 信号,$\varphi_k \in \{0 + \varphi_0, \pi/2 + \varphi_0, \pi + \varphi_0, 3\pi/2 + \varphi_0\}$,通常取 $\varphi_0 = 0$ 或 $\pi/4$。如果取 $\varphi_0 = \pi/4$,则 QPSK 信号的相位取值为 $\{\pi/4, 3\pi/4, \pi, -3\pi/4, -\pi/4\}$。可以认为 QPSK 信号是两路正交的 BPSK 信号的合成,表示为

$$s(t) = u_i(t)\cos\omega_c t + u_q(t)\sin\omega_c t \tag{3-4}$$

如果将相位取值引起的正、负号变化并入 $u_i(t)$ 和 $u_q(t)$,则式中 $u_i(t)$、$u_q(t)$ 是幅度为 A、宽度为 $T_s = 2T_b$ 的双极性不归零矩形波。并且用 $u_i(t)$ 表示序列 $\{i_k\}$,用 $u_q(t)$ 表示序列 $\{i_q\}$。对于上述 BPSK 和 QPSK 的相位取值,可以设定它们的相位逻辑如表 3-1 所列。

从表 3-1 可以看到,二进制比特与载波相位之间的映射采用格雷编码方式。格雷编码方式的基本思想是:相邻相位所对应的符号中,只有一位二进制比特发生变化。其优点是可以减少由相位误差导致的误比特数。

表 3-1 仅仅表示了 BPSK 和 QPSK 调制的一种相位逻辑,但这是一种常用的相位逻辑。相同的调制方式可以有不同的相位逻辑。相位逻辑对调制系统的传输性能及

表 3-1 BPSK 和 QPSK 的一种相位逻辑

BPSK		QPSK	
a_k	φ_k	$i_k q_i$	φ_k
0	0	11	$\pi/4$
		01	$3\pi/4$
1	1	00	$-3\pi/4$
		10	$-\pi/4$

实现复杂度均有一定的影响,因此在选择相位逻辑时要充分考虑其对传输性能和实现复杂度的影响。可以体会到相位逻辑的影响。在讨论 QAM 调制方式时,也可以看到相位逻辑的影响。

BPSK 和 QPSK 信号的相位转移图如图 3-4 所示。从信号相位分布的角度看,图 3-4 也被称为 BPSK 信号和 QPSK 信号的星座图。

考虑到任何实际信道都是带限的,所以 BPSK 和 QPSK 调制器原理框图如图 3-5 所示。图中,成形滤波器 $H_T(f)$ 的作用是限制基带信号的带宽。从前一节对基带传输系统的设计原理得知,该滤波器应该设计为无码间串扰的发送滤波器特性。

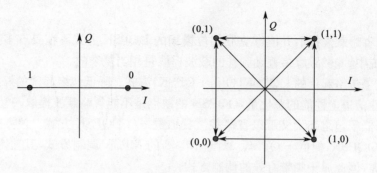

图 3-4　BPSK 和 QPSK 信号相位转移图

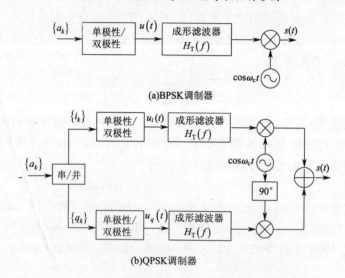

(a)BPSK调制器

(b)QPSK调制器

图 3-5　BPSK 和 QPSK 调制器原理框图

　　同理,在解调器中的滤波器必须设计为相对应的无码间串扰的接收滤波器特性。因此,无码间串扰的 BPSK 和 QPSK 解调器原理框图如图 3-6 所示。

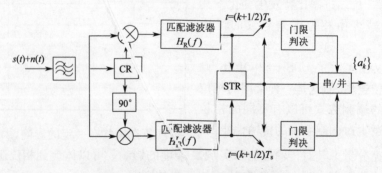

图 3-6　无码间串扰的 QPSK 解调器

(注:去掉一个支路就是无码间串扰的 BPSK 解调器)

　　在图 3-6 中,需要使用载波恢复(CR,Carrier Recovery)电路提取与发端同频同相的相干载波才能实现解调,因此是相干解调方式。对于 BPSK 调制,CR 电路所提取的相干载波的初始相位随机地取 0、π 两种完全相反的结果。这种现象称为相位模糊。

3.3 幅移键控的调制方式

幅移键控调制是用载波的振幅携带信息,通用的缩写形式为 MASK。MASK 信号的载波幅度共有 M 个可能的取值,每一个载波幅度对应着 M 个符号集中的一个符号,在某一个符号间隔内载波的幅度取该符号对应的幅度值。调制的过程就是将待传输的符号转换为载波的幅度,而解调的过程则是将载波的幅度转换为所传输的符号。当 $M=2$ 时,就是最基本的 2ASK 调制。普通的 2ASK 调制的缺点是频带效率和功率效率都不高,而且包络起伏大,不适合非线性信道和衰落信道传输。随着 M 的增加,幅度的取值数增加,频带效率提高,但信号包络的起伏更大;并且在相平面的星座图中,所有的信号点分布在一条轴上,如果不增加最大发送功率,那么随着 M 的增加,信号点之间的欧氏距离将减小,导致功率效率降低,结果使 MASK 的应用受到了限制。

为了解决这一问题,提出了 ASK 的改进型——正交振幅调制方式(QAM, Quadrature Amplitude Modulation)。这是一种将振幅调制和相位调制相结合的调制方式。多进制的正交振幅调制表示为 MQAM,这里的 M 不是单纯的相位值数目[见图 3-7(a)],也不是单纯的振幅值数目[见图 3-7(b)],而是两者组合的数目[见图 3-7(c)],并且可以根据需要进行不同的组合,每一种组合都对应着相平面上的一种星座图。例如,当 $M=16$ 时,可以是方形的星座图[见图 3-7(a)],也可以是星形的星座图[见图 3-7(b)]。

正交振幅调制具有很高的频带效率,而且随着进制数的增加,频带效率随之提高。当 M 相同时,MQAM 星座图中各点之间的欧氏距离大于 MASK 的,也大于 MPSK 的,如图 3-7 所示。显然,MQAM 在功率效率方面也有一定的优势。对于 MQAM,人们更看重的是其频带效率,因此在传输条件优良的同轴或光纤信道中用得很多,在微波中继通信中也有广泛应用。目前 1024-QAM 已经投入商用,2048-QAM 也已经成熟,并且 M 的值在向更高的方向发展。

正交振幅调制是一种幅度调制方式,包络不恒定,通常被认为不适合于有较强幅度衰落的移动通信。但是,在有较强直射波的卫星信道和其他有较强直射波的信道(如微小区)中,这种频谱效率较高的调制方式引起人们的重视。

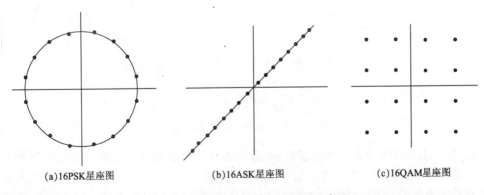

(a)16PSK星座图　　　　(b)16ASK星座图　　　　(c)16QAM星座图

图 3-7　16PSK、16ASK、16QAM 星座图

M 进制正交振幅调制的一般表达式为

$$s(t)=A_m\cos\omega_c t+B_m\sin\omega_c t \quad 0\leqslant T<T_s \tag{3-5}$$

式中，T_s 为码元宽度；A_m 和 B_m 为离散的振幅值，$m=1,2,\cdots,M,M$ 为 A_m 和 B_m 的个数。

由式(3-5)可以看出，已调信号是由两路相互正交的载波叠加而成，两路载波分别被两路离散的振幅 $\{A_m\}$ 和 $\{B_m\}$ 所调制，因而称为正交振幅调制。共振幅 A_m 和 B_m 可以表示成

$$\begin{cases} A_m = d_m A \\ B_m = e_m A \end{cases} \tag{3-6}$$

式中，A 为固定的振幅，与信号的平均功率有关；d_m、e_m 为 QAM 调制信号相位矢量的端点在信号空间的坐标，由输入数据决定。

QAM 调制和相干解调的原理框图如图 3-8 所示。在调制器中，输入数据经串并变换分成两路，再分别经过 2 电平到 L 电平的变换，形成 A_m 和 B_m。为了抑制已调信号的带外辐射，消除码间串扰，A_m 和 B_m 要通过预调制低通滤波器，再分别与相互正交的两路载波相乘，产生两路 ASK 调制信号。最后，两路信号相加就得到已调 QAM 输出信号。在解调器中，输入信号分成两路分别与本地恢复的两个正交载波相乘，经过低通滤波。多电平判决和 L 电平到 2 电平转换，最后将两路信号进行并串变换就得接收数据。发送端的预调制低通滤波器和接收端的低通滤波器可以是某种特别设计的一对收发滤波器，也可以是具有余弦滚降特性的一对收发滤波器，以消除码间串扰。

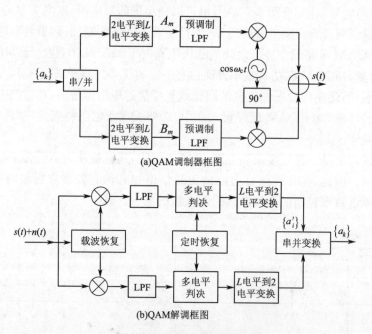

(a)QAM调制器框图

(b)QAM解调框图

图 3-8　QAM 调制解调原理框图

QAM 的星座图有多种。当进制数 M 相同时，不同的星座图，其信号点之间的最小距离和信号集合的平均功率不同。众所周知，信号的误码性能的上限与该信号星座图中各点之间的最小距离有关。因此希望信号点之间的最小距离大，而信号集合的平均功率小，这样可以用较小的信号平均发射功率获得好的抗噪声性能。另外，不同的星座图，对应的振幅值的种类和相位值的种类也不同。在衰落信道下，希望振幅值的种类和相位值的种类越少越好，

因为衰落会引起所传信号的包络发生变化,不利于接收端对信号的幅度进行正确判决;衰落也引起所传信号的相位发生变化,不利于接收端对信号的相位进行正确判决。

以 16QAM 为例,进一步说明不同的星座图对信号性能的影响。两种典型的 16QAM 的星座图如图 3-9 所示。图 3-9(a)中的信号点分布成方形,称为方形 QAM;图 3-9(b)中的信号分布成星形,称为星形 QAM,其相位逻辑如表 3-2 所列。星形 QAM 的星座图呈现星状分层分布,同一层信号点的振幅相同,位于同一个圆周上。两种星座图中信号点之间的最小空间距离均为 $2A$,因而误码性能的上限是一样的。

表 3-2　星形 16QAM 的相位逻辑

输入比特组	相位增量	输入比特组	相位增量
000	0	101	π
001	$\pi/4$	100	$5\pi/4$
011	$\pi/2$	110	$3\pi/2$
111	$3\pi/4$	010	$7\pi/4$

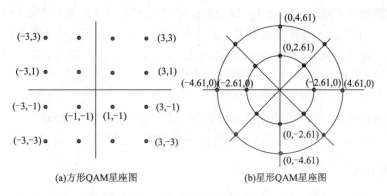

(a)方形QAM星座图　　　　　(b)星形QAM星座图

图 3-9　两种典型的 16QAM 星座图

在各信号点出现概率相等时,平均信号发射功率为

$$P_{\mathrm{av}} = \frac{A^2}{M} \sum_{m=1}^{M} (d_m^2 + e_m^2) \tag{3-7}$$

对于方形 QAM,　$P_{\mathrm{av}} = \dfrac{A^2}{16}(4\times2+8\times10+4\times18)=10A^2$ \hfill (3-8)

对于星形 QAM,　$P_{\mathrm{av}} = \dfrac{A^2}{16}(8\times2.61^2+8\times4.61^2)=14.03A^2$ \hfill (3-9)

由计算结果可知,在保证信号的最小距离等于 $2A$ 时,即两者抗误码性能的上限相同时,方形 16QAM 所需的平均信号功率比星形 16QAM 所需的平均信号功率少约 1.5dB,因此方形 16QAM 的功率效率优于星形 16QAM。但星形 16QAM 只有两种振幅值,8 种相位值,而方形 16QAM 有 3 种振幅值,12 种相位值。虽然方形 16QAM 在抗噪声方面具有良好性能,但星形 16QAM 在适应衰落信道的能力方面优于方形 16QAM。另外,由于方形 16QAM 星座图中信号点的幅度和相位呈不规则分布,给载波恢复和自动增益控制带来了一些困难。

可以认为星形 QAM 是幅度调制和相位调制的组合。调制时,将输入信号分成两部分:一部分进行基带幅度调制,另一部分进行相位调制。对于星形 16QAM 信号,每个码元由 4 个比特组成,将它分成第 1 个比特和后 3 个比特两部分。前者用于差分振幅调制,即用差分方式改变信号矢量的振幅。如果当前的输入比特为 0,则保持振幅不变;如果当前的输入比特为 1,则改变为另一个振幅值。后 3 个比特用于差分相位调制,采用格雷码的相位逻辑,因此输入的 3 位比特组与相位增量的关系可以采用如表 3-2 所列的关系。

3.4 多载波调制和正交频分复用

以上讨论的调制方式都是单载波调制方式,随着数据传输速率的不断升高,单载波调制需要的带宽也在不断增加。这种宽带信号的特性常常不能与给定的信道特性相匹配,特别不适合具有窄带特性的无线移动信道。因此,必须想办法降低信息在信道上传输的比特速率。

3.4.1 MCM

多载波调制(MCM,Multi-CarrierModulation)的原理是将待传输的数据流分解成 N 个子数据流,每个子数据流的传输速率降为原数据流的 $1/N$,然后用这些子数据流去并行调制 N 个子载波。显然,多载波调制可以降低子信道的数据传输速率,从而提高全系统的信息传输速率。根据 MCM 的实现方式,可将 MCM 分为以下几类:多音实现的 MCM(Multitone Realization MCM)、正交频分复用的 MCM(OFDM)、多载波码分复用 MCM(MC-CDMA)、编码 MCM(Coded MCM)等。其中多音实现的 MCM 主要用于有线传输系统,正交频分复用的 MCM 主要用于无线传输系统,多载波码分复用的 MCM 主要用于 CDMA 系统。

3.4.2 OFDM

正交频分复用(OFDM,Orthogonal Frequency Division Multiplexing)是近年来被人们重新认识并给予极大关注的多载波调制方式。由于调制后信号的各个子载波是相互正交的,因此称为正交频分复用。

1. OFDM 的基本思想

OFDM 的基本思想是:将信道分成 N 个子信道,每个子信道上一个载波,称为子载波,各个子载波之间相互正交。实现时,将一路高速串行输入的数据信号流转换成 N 路并行的低速子数据流,调制到每个子载波上进行传输。

图 3-10 所示是 OFDM 的子载波排列示意图。由于每个子载波之间相互正交,所以允许每个子载波的频带之间互相重叠,可以获得很高的频带效率,这也是 OFDM 技术区别于 FDM 技术的本质。

OFDM 通过确保子载波之间相互正交来解决带宽的问题,图 3-11 解释了正交方法的原理。可以看到图 3-11 中有 3 个子载波,每个均携带有调制信号。3 个子载波组成一个 OFDM 信号,送入信道传输。在实际的 OFDM 系统中,每个子信道可以采用不同的 PSK 和 QAM 调制方式,因此每个子信道波形的相位或振幅将有所不同。这里为了描述方便,所显示的子载波波形相位与振幅一致。每个子载波的频谱由一个正弦函数表示,其特性是:在中心频率振幅达到峰值,而在此频率的整数倍时振幅为零。由于在每个子载波振幅达到峰值时,其他子载波对它的影响为零,因此 OFDM 接收器能有效地分离每个子载波并分别解调。这种正交性使得 OFDM 的子载波可以紧密交叠,从而有效地利用有限的频谱。

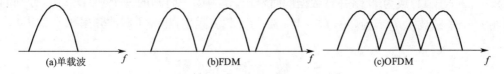

图 3-10　OFDM 的子载波排列示意图

OFDM 系统的子载波可以根据信道的情况自适应地选择调制方式,并且能够实现在各种调制方式之间的切换。选择和切换的原则是频谱利用率和误码率之间的平衡。在通常的通信系统中,为了保持一定的可靠性,选择功率控制和自适应调制相协调的技术。信道好的时候,发射功率不变,可以选用高频带效率的调制方式(如 64-QAM),或者降低发射功率,但选择低频带效率的调制方式(如 QPSK)。

衰落信道引起的传输畸变会破坏 OFDM 子载波间的正交性,导致产生码间串扰和邻道干扰。为此应该保证经过传输后 OFDM 子载波的正交性保持不变,使接收端能消除码间串扰和邻道干扰,进行正确接收。常用的做法是在每个发送的 OFDM 数据帧之前加上一个循环前缀,形成一个保护间隔。虽然加上循环前缀后,会牺牲一些频带效率,也会牺牲一些功率效率,但是从抗干扰和抗信道衰落的角度,这种代价不足为道。

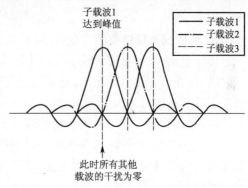

图 3-11　子载波正交示意图

2. OFDM 的实现

图 3-12 所示是 OFDM 实现的原理框图。

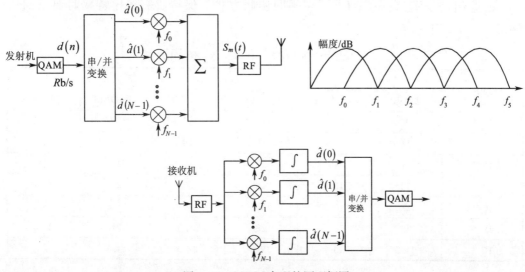

图 3-12　OFDM 实现的原理框图

在发送端,对经过数字基带调制的串行数据序列$\{d(0),d(1),\cdots,d(N-1)\}$进行串/并转换。变换后,$N$路子信道码元的间隔从变换前的$T_s$增加到$T_N=NT_s$,并且$\{d(0),d(1),\cdots,d(N-1)\}$成为$N$路并行数据同时输出,作为第一时刻的一个OFDM组,分别调制在N个子载波$f_0,f_1,f_2,\cdots,f_{N-1}$上,$f_0$为子载波频率,相邻子载波频率相差$1/T_N$。

3.5 数字调制要素

在数字通信系统中,任何方案都必须满足以下两点:一是在最低的传输功率和实际带宽下实现可靠通信;二是实现最大的数据速率。事实上,带宽、功率、噪声和信息容量都是由香农信息理论相互联系起来的。香农信息理论说明,信息传输的速度是受通信信道的带宽和信噪比限制的,表达式为

$$C = Wb\left(1+\frac{S}{N}\right) \tag{3-10}$$

式中,C为数据通信链路的容量,b/s;W为信道的带宽,Hz;S/N为信噪比(SNR)。

实际上,香农信息理论说明了以下几点。

(1)在噪声存在的情况下,随着信息传输速率的增大,可以通过提高信噪比来避免误比特率(BER,Bit Error Rate)的增大。

(2)可以增大带宽来提高信息传输速率。

(3)在完全没有噪声而且带宽无限大的信道中,由于信噪比是无限大的,因此可以得到无限大的信息传输速率。理论上,带宽无限大时数据传输速率就会无限大,同时,噪声也会增加。

因为香农信息理论可以通过改变RF功率的带宽来达到所需状态,因此香农信息理论在RP系统设计中有非常广泛的应用。同时,该理论还说明,在一个有白噪声、误码率低、平均信号功率受限并且有特定带宽的通信信道中,理论上可以传输数据的最高速率。

根据纠错技术,表3-3列出了在不同调制方式下保持所需误比特率时要求的信噪比。

表3-3 在 QPSK 和 QAM 下 E_b/N_0 和 BER 的对比

BER	E_b/N_0					
	QPSK	16-QAM	32-QAM	64-QAM	128-QAM	256-QAM
10^{-4}	8	13	15	17	19	21.5
10^{-4}	10	14	16	18	20.5	23
10^{-4}	11	15	17	19	21.5	24
10^{-4}	12	15.7	18	20	22.5	25.7
10^{-4}	12.5	16.2	18.5	21	23.5	26.2
10^{-4}	13	16.5	19	21.5	24	26.5
10^{-4}	13.2	16.7	19.2	21.2	24.2	

由于符号率等于比特率除以每个符号代表的位数,因此一个调制方式,比如BPSK调

制,它传输一个符号的速率等于它的比特率,即比特率＝符号率。然而,在编码高于 1bit/symbol 的调制方式中,如 QPSK(2bit/baud),波特率就小于比特率(在这个例子中为一半)。如上所述,这允许在较窄的带宽里传输更多的数据。

调制指数(h,单位为 bit/symbol),也称为带宽效率,是以 bits/Hz 为单位来度量的。调制指数越高,通过某个固定带宽的数据速率就越高。例如,BPSK 的 h 为 1,而 64-QAM 的 h 为 6。然而,较高的 h 会有较高的设备费用、复杂性、线性以及为了保持与低 h 系统相同的误比特率而引起的 SNR 的增加。

自适应均衡能实时地纠正信号损耗,如群时延变化(GDV,Group Delay Variation)、幅度倾斜、波动和陷波等。然而,却不能改善由非线性放大器、噪声或者干扰等造成的信号损耗。虽然能偶尔减轻很大的多径效应,但是会导致数字调制信号难以辨认。事实上,自适应均衡器主要是使用动态变化的自适应滤波器来纠正接收信号的幅度、相位和延迟的,这些使高阶调制成为可能。实际上,所有的地面微波通信系统都会采用一些合适的自适应均衡技术,并把它们放置在接收机的解调器后。

数字信号因为其自身的特性,在接收机端可以保持相对高的质量,即使由于损耗变得几乎难以辨认。这使得在接收机端测试数字信号没有多大作用,因为通过整个链路的信号强度可能只是几个 dB。

然而,发送和接收连续重复出现的逻辑"1"和"0"的数字测试码,可以用来测试数字通信系统的工作是否正常。将损耗的接收数据和完好的发送数据进行比较,通过对比接收到的误比特数和接收到的总比特数,就可以得到误比特率了。

导致数字信号质量下降的原因有:金属表面的反射(多径效应)会使带内信号的幅度波动;在接收机端如果信号不强会造成 SNR 减小,这可能是由过低的发射机功率、过高的接收机噪声系数(NF,Noise Figure),或者由森林、天气及菲涅耳区间隙问题造成的通道衰减等;由不恰当的模拟滤波造成的群时延和幅度波动;变换级的频率合成器中过强的相位噪声元件;或者由干扰导致的同波道干扰电平和噪声等。

因为许多通信系统是否实用取决于它们的误比特率大小,所以不仅要总结数字通信系统中误比特率降低的主要原因,而且要发掘误比特率增加的更深层次原因。由于噪声会使信号变得模糊,使接收端解调器难以辨别出它们的确切位置,所以信噪比的减小是造成误比特率增大的主要原因。另一个重要的原因是相位噪声,在 RF 转换器的输出端它会使输入信号发生轻微的变化。

因为本地振荡器并不是理想的连续单频源,而是存在相位噪声,所以相位噪声是由通信系统中的本地振荡器引入的。由于数字信号的相位里携带有信息,所以引入的相位变化会使误比特率增加(调制的密度影响误比特率增加的程度)。另一个重要的损耗就是互调失真,在数字通信系统中它会引起类似噪声的边带,增加失真而减小信噪比(增加误比特率),还能产生邻信道干扰。模拟滤波器尤其在其通带边沿,会产生很大的群时延偏差,这迫使数字信号在不同时间内到达滤波器输出端,有时会引起灾难性的误比特率问题。位于模拟滤波器通带内的幅度变化,称为波动,在很多数字通信系统里它能够产生很高的误比特率。其中,波动是由粗糙的设计或不正确地使用滤波器引起的。多径本身也会通过相位相消产生幅度干扰(波动和陷波)及相位失真,降低接收信号的强度,从而降低信噪比,增加误比特率。

因此,为了不影响相位幅度调制数字信号的误比特率,无线电系统的数字调制必须要有低的相位噪声、群时延偏差、互调失真、幅度波动与形状、频率变化及多径效应,并且要有较高的信噪比。

数字调制的另一个非常重要的问题是基带滤波对数字信号的影响,这里只是稍微提及。需要重申的是,滤波的作用是将传输带宽限制在合理的范围内。下面以 QPSK 的滤波为例进行讨论。

如图 3-13 所示,QPSK 发射机的正交调制器接收到一个数据比特流后,将其输入到分位器中。分位器把奇数位输入到正交调制器芯片的 I 输入端,将偶数位输入到 Q 输入端。在离开调制器之前,这些数据比特都必须先经过一个低通滤波器,以消除其尖锐的上升沿和下降沿。在数字信号输入到 UQ 调制器芯片之前的这次成形,有助于避免对中心波瓣(该中心波瓣对于高频和中频数字信号非常重要)的干扰,而且可以明显地减小调制器芯片输出信号的带宽。尽管如此,也可以通过在调制器输出端(把来自 I 和 Q 引脚的信号线性相加的合路器后)加入一个带通滤波器,同时在 I 引脚和 Q 引脚上加入主要低通滤波器一起来进行频带限制。

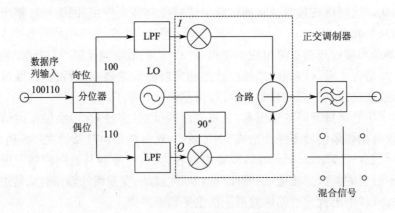

图 3-13 一个 QPSK 调制器

即使在接收机的解调器中,滤波也是存在的。事实上,在发射机和接收机中,滤波和频带的形成通常都是相同的,发射机的滤波器减少了其他信道里的邻信道功率(ACP, Adacent Channel Power)干扰,而接收机的滤波器减少了 ACP 和噪声对接收信号的影响。这种方案可以使从发射机的输入端到接收机的输出端的群时延变化几乎为零,以获得低的 BER。

图 3-14 给出了一种在接收端解调 QPSK 输入信号的方案。高频或者中频输入到解调器的输入端,信号被分解成两路并输入到各自的混频器中;在每个混频器中,本地振荡器(LO,Local Oscillator)的输入信号由载波恢复电路传输,载波恢复电路从输入信号中去掉原始频率的载波,该载波频率是发送信号通过接收器转换级(如果存在转换级)后的频率。混频器的输出被送到低通滤波器以消除不再需要的中频信号。一些低通滤波器的输出是分头接入的,它们被输入到符号定时恢复电路和阈值比较电路中去判决当前是"1"还是"0",同时把数字信号恢复成可辨认的比特流。如果信噪比足够高,能够保证一个低的误比特率,从两个混频器中取出的二进制序列在移位寄存器里就能被组合成原始发送的二进制信号的复制信号。

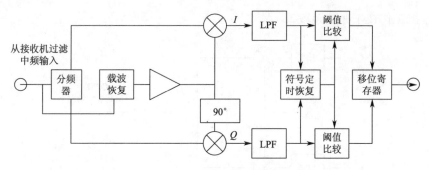

图 3-14　一个 QPSK 解调器输入信号方案

　　然而,刚才讨论的调制器和解调器部分的低通滤波器并不是指任何形式的滤波器。这些低通滤波器必须是非常特殊的类型,要能够限制过多的码间干扰。如果存在较大的码间干扰,解调器在判别输入信号是"1"还是"0"时就很困难。因此,通常使用升余弦滤波器(奈奎斯特滤波器的一种类型)。如上所述,为了减小传输信息所需要的带宽,而不增加在符号判决时间里的码间干扰和误比特率,可以使用升余弦滤波器使数字信号从高到低或者从低到高缓慢变化。这些滤波器通常是匹配的,一个置于数据和发射机的数/模转换器之间,另一个置于接收机的解调器里。这就复制了一个全奈奎斯特滤波器的响应。

　　考虑到生产成本及制造高精度滤波器(要有高的时钟精确度)的复杂性,$\alpha < 0.2$ 非常难实现。任何降低 α 的尝试都会使码间干扰增加到不能接受的程度,而且会增加额外的代价,即制造出来的放大器必须易于增大峰值输出功率。因为增加的奈奎斯特型滤波导致了功率超调,从而限制了数字信号的传输带宽,因此这些放大器需要功率补偿。对于被重度滤波的 QPSK,其额外峰值功率需要固态功率放大器(SSPA,Solid-State Power Amplifier),以使其 P_1dB 超过通常未滤波信号所需要的 P_1dB 至少 5dB,这将允许信号的功率调节有足够的顶部空间,从而不至于使 SSPA 受到限制,否则将会产生频带的邻信道干扰。任何一个具有调制包络的信号(即使没有携带信息)都会受到奈奎斯特滤波的影响,包括 QPSK、DQPSK 和 QAM 信号。

3.6　调制器/解调器集成电路的设计

　　正交(I/Q)调制器和解调器是当前对数字信号和模拟信号进行调制和解调最普遍的方法。自从正交调制器被集成在单个廉价的芯片上以后,它就得到广泛应用。这些芯片器件的诞生解决了将复杂的幅度相位信息传递给 RF 或 IF 的问题。

　　信号参数的任意部分(如相位、频率和/或幅度等)都可以被正交调制器更改,因此可以利用它把信息加载到未调制的载波上。可是,仅使用单一混频器所达到的效果是不能令人满意的,因为一次只有一个参数(如 BPSK 信号的相位)被改变,所以这不可能成为高效的数字调制方案。

　　图 3-15 展示了数字信号的正交调制器能够改变调制参数的 2/3,选择相位和/或幅度来产生 BPSK、QPSK 或者 QAM 是其典型的用途之一。许多正交调制器也能很容易地产生 AM、FM、CDMA 和 SSB 信号。图 3-15 所示的 I/Q 调制器在它的 I/Q 输入端接收数据后,首先进行调制,然后对基带向上变频到几百兆赫。实际上,有一些专用的 I/Q 调

制器甚至能工作在千兆赫频段。

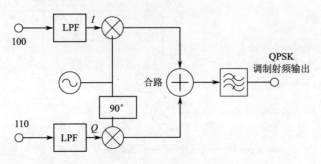

图 3-15　一个 QPSK 正交调制器的简化内部结构

许多正交调制器也会把数字数据先通过数/模转换器(DAC, Digital-to-Analog Converter)后再输入到 I/Q 的输入端。数字数据在进入 DAC 的输入端后, DAC 把原始数字信号分解成同相(I)和正交(Q), 基带信号输出到 UQ 调制器的输入端。I 调制信号输入到 I 输入端, 与 LO 信号混频, 再变频到 RF 或者 I/Q 调制信号输入到 Q 输入端, 与移相 90°的 LO 信号混频, 再变频到 RF 或者 IF。然后, 这两种信号在线性合路器里相加, 其中每一个混频器输出一个两相状态的 BPSK, 这是 4 个相位状态中的任意一种(状态的输出取决于输入到调制器的比特数据)。这两个 BPSK 信号相互组合就产生了 QPSK 信号, 如图 3-16 所示。因为每一个混频器的输出与其他的输出都有 90°的相移, 所以合路器的代数和就产生了 4 种可能相位状态之外的单相状态。换言之, 要调制的基带输入信号与正交载波(角度差为 90°)混频, 因此不会互相干扰。当合路器里的 I 信号和 Q 信号相加时, 它们就变成一个复信号, 而且这两个信号彼此相互独立并且能区分开来。

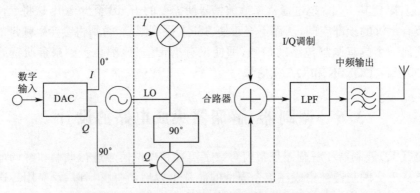

图 3-16　运用 DAC 的正交调制器的简化内部结构

随后, 正交调制器对输入的射频或中频信号进行解调, 然后对信号的 I/Q 输出向下变频为基带信号, 以便数字逻辑电路进一步对信号进行处理。如图 3-17 所示, 一个 Q 解调器只是进行了一与上述的 I/Q 调制器相反的操作。在信号为 QPSK 的情况下, 它从接收机的前端或中频区接收经过放大器和滤波器的射频或中频信号。然后, 该解调器重新获取信号的载波(以便获取发射机的原始相位信息), 分离信号, 并将同相分量输入到混频器 1 中, 反相分量输入到混频器 2 中。于是, I/Q 形式的基带信号输出到解调器的 I_{out} 和 Q_{out} 端以进行下一步的处理。

实际上, 所有高速数字通信系统都将使用一个初步设计的调制解调器即 MODEM,

去调制和解调通过无线系统的数字信号流。本节的内容还包括了设计调制器解调器的方法,利用它们将有助于建立可能不需要独立调制解调器的低速系统。

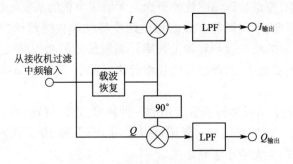

图 3-17　QPSK 的 I/Q 解调器

另一种常用的数字解调技术称为采样 IF 技术,如图 3-18 所示。它用一种高速宽带的模/数转换器(ADC,Analog-Digital Converter)直接去控制整个 IF 模拟信号,而不像先前的数字信号无线电设计那样只在基带上进行,并且可以把 IF 模拟信号转换成一个经过采样的数字表示,然后该信号输入到数字下变频器(DDC,Digital Down Converter),将采样后的中频信号按位挑选和混合,分成低频基带信号 I 和 Q 两个部分,并进行滤波减小带宽,以便只容纳想要得到的基带信号,消除混合的频率及产生的混淆现象。为了降低数/模转换器极高的采样率,可以采用从每 10 个样本点中丢弃采样点的方法,这种大量去样本点的方法在降低最终数据速率方面有很好的效果。因此,通过 ADC 的小频信号进入 DDC 后,要经过一系列变换,包括 I/Q 转换、滤波、将数据速率降低到想要的程度及中频信号的筛选,这样较低的基带数据速率输出信号就送到一个廉价的数字信号处理(DSP,Digital Signal Processing)芯片进行处理,在合适的程序下这个芯片就可以进行下一步的处理并解调接收到的基带信号,然后将数字信号数据输出到接收机的其他部分。

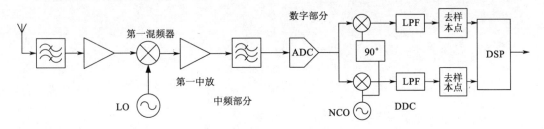

图 3-18　对 I/Q 解调运用 IF 采样最后运用 DSP 进行计算的接收机

采样 IF 系统的发射端部分,它本质上与接收机相反,使用的是一个数字下变频器,数字 IF 采样技术比原来的模拟基带采样技术有很多优势:它能够避免模拟电路 I/Q 信号的失谐与正交损耗,同时还可以避免 DC 漂移和一些特定的噪声。然而,数字 IF 采样需要一个高质量、高速率和宽带的 ADC 工作在 IF 级的较高频和带宽上,而不是在较低频的基带级。

本 章 小 结

本章讨论了数字载波调制技术。主要的知识点如下:基带信号与频带信号的特点;基带传输系统的设计及性能;相位调制方式;振幅调制及其改进的调制方式;正交频分复用方式;各种调制解调方式的频带效率和功率效率。

在本章的内容中,重点是码间串扰的概念及无码间串扰的基带传输系统的设计,调制解调器的正交实现原理,不同调制方式的相位跳变特性和包络起伏特性,OFDM 的原理和特点,各种调制方式的功率效率和频带效率。调制信号的相位跳变特性与包络起伏特性密切相关。相位跳变值小;已调信号的包络起伏值就小,其对抗信道带限和非线性的能力就强。

OFDM 是对调制后信号进行频分复用的一种特殊方式,特殊性在于复用的各载波具有正交性。因此,OFDM 的复用与解复用可以采用 IFFT 和 FFT 技术实现,改变了传统的频分复用实现方式,大大减小了复杂度。

第4章 射频网络分析

射频器件或者射频电路都可以等效为一个射频网络。使用射频网络便于进行射频电路分析和设计,可以更好地理解电路的性能。根据不同的网络特性有不同的划分方法。例如,按照网络的端口数划分为单端口网络、双端口网络和多端口网络;按照网络内部电路特性划分为有源网络和无源网络。通常射频晶体管等效为一个两端口有源网络,电感或者电容等效为一个两端口无源网络。使用网络的概念可以将复杂的射频电路等效为一个"黑盒子",只需要通过测量获得各端口的特性和相互关系,而不必知道内部电路的具体结构,就可以通过网络参数描述"黑盒子"的特性。

由于非线性网络的复杂性,本章将只讨论线性射频网络。线性是指网络的响应对施加在端口的电压或者电流存在线性叠加的关系。无源器件构成的网络通常是线性网络;包含有源器件的网络通常具有非线性特性,如大信号下射频晶体管就等效为一个非线性两端口网络。在小信号条件下,包含有源器件的网络可以等效为一个线性网络进行分析。在多数情况下,可以使用线性网络进行射频电路分析。

本章将主要介绍射频网络的概念和网络参数,包括阻抗矩阵、导纳矩阵、混合矩阵、转移矩阵和散射矩阵及其参数定义、物理意义与应用、测量方法,以及不同网络参数之间的转换关系。由于两端口网络在射频电路中应用最为广泛,本章重点讨论两端口网络的分析和应用。介绍 S 参数测量方法及矢量网络分析仪结构、功能与应用方法;S 参数与反射系数、阻抗等的关系及应用;多端口网络散射 S 参数的定义和物理意义及参数测量方法;$Z/Y/H/T/ABCD/S$ 等参数之间的转换关系。在特定的情况下,使用不同的网络参数可以简化射频电路的分析和计算。另外,信号流程图作为一个工具可以简化射频网络分析和计算。

4.1 网络基本概念

4.1.1 线性网络

线性无源网络是指一个网络内电路的元件参数(如电阻、电容和电感)不随电流或者电压的幅度发生变化。线性无源网络可以用于分析阻抗匹配电路、滤波电路等由无源器件组成的网络。线性有源网络满足线性无源网络的条件,并且网络内的电压源和电流源也保持为常数,或者与其他电压和电流成正比。在小信号的条件下,射频双极型晶体管对信号的放大作用可以等效为一个线性电流控制电流源,场效应管的放大作用可以等效为一个线性压控电流源。线性有源网络适用于分析小信号射频晶体管放大电路。

线性网络和非线性网络与输入和输出信号频谱的关系如图 4-1 所示。线性网络输出信号的频谱和输入信号的频谱是完全一致的,不会有新频率信号的产生。在典型的射频滤波电路和阻抗匹配电路中,相对于网络的输入射频信号,尽管输出信号的幅度发生了改变,但是输出信号不可能有新频率的出现。只有非线性网络才能使输入信号的频谱发生变化,在输出信号中产生新的频率。例如,混频电路和检波电路就是典型的非线性网络,输出信号中都包含了新频率的信号。输出信号相对于输入信号频谱的变化,是非线性网络的一个标志。如果测量到输出信号中存在输入信号中没有的新频率,就可以判断该网络是一个非线性网络。

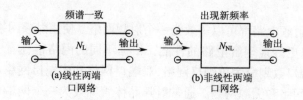

图 4-1　线性和非线性网络与信号频谱的关系

电路的非线性频率响应是指随着频率的改变,电路的阻抗或者导纳发生改变,进而导致输出的电压或电流的幅度随频率发生改变。例如,对于由电容、电感和电阻组成的复杂电路,随着频率的变化其阻抗具有明显的非线性特征,但是电路本身是一个线性网络。在射频电路的分析讨论中,需要注意区分非线性网络和非线性频率响应的区别。

理想电阻器的电阻、电容器的电容和电感器的电感都不会随电压或者电流的幅度改变,也不会随信号的频率改变而发生变化,所以由理想的电阻、电容和电感构成的网络是线性无源网络。对于一个两端口网络,如果单独输入电压为 $u_1(\omega_1)$ 时,得到的输出电流为 $i_1(\omega_1)$;单独输入电压 $u_2(\omega_2)$ 时,得到输出电流为 $i_2(\omega_2)$。当输入电压为 u_1 和 u_2 的线性组合时,对于线性网络,可以得到输出信号将是 $i_1(\omega_1)$ 和 $i_2(\omega_2)$ 的线性组合,如图 4-2所示,其中 c_1 和 c_2 为任意常数。对于线性网络,信号可以相互叠加而不相互影响,存在可叠加性。如果输入信号增加了 N 倍,输出信号会随之增加 N 倍,所以输出信号和输入信号之间存在线性关系。线性网络对于信号具有可线性叠加的特性。

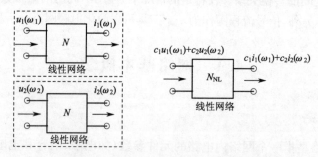

图 4-2　线性网络的信号线性叠加特性

线性网络是进行网络分析和电路分析的基础。众多的电路分析基本定理都适用于线性网络,如戴维宁定理、对偶定理、诺顿定理、叠加定理和密勒定理等。在进行低频电路分析时,就需要经常使用这些定理。需要注意这些定理只能应用于线性网络。

4.1.2　阻抗矩阵和导纳矩阵概念

在简单的直流电路中,知道电阻会起到阻碍电流的作用,电阻通常用字母 R 表示,单位为 Ω。而在交流电路中,不仅电阻会阻碍电流的流通,电容、电感同样会对电流起到阻碍作用,这时就用阻抗这个概念来表示交流电路中电感、电容对电流的阻碍程度。换句话说,阻抗是用来描述含有电阻器、电感器和电容器的复数比的参量,阻抗的单位同样是 Ω。阻抗是随频率的变化而变化的。

串联电路中,阻抗用起来很方便,但在并联电路中,电路的总阻抗计算起来就比较麻烦,为了计算方便,引入了导纳的概念,并联总导纳可以直接相加得到。阻抗和导纳被用于集总元件等效电路以及用分布式串联阻抗和并联导纳表示的传输线上。

在 20 世纪 30 年代,Schelkunoff 认为阻抗的概念可以设定方式推广到电磁场,并指出阻抗可以视为场型的特征,如同介质的特征一样。此外,与传输线和平面波传播的类似性相比,阻抗甚至与传播方向有关。这样,阻抗的概念就成了场理论和传输线或电路理论之间的纽带。在微波频率下,可以定义出 TEM 波和非 TEM 波的等效电压和电流。一旦确定了网络中不同点的电压和电流,就可以利用阻抗矩阵和导纳矩阵把这些端点或"端口"量联系起来。在设计无源元件如耦合器和滤波器时,这种等效电路是非常有用的,这样的表示有助于进行任意网络的等效电路的开发。

一个任意 N 端口的微波网络,其中的端口可以是单一波导传播模式的等效传输线或某种形式的传输线。如果网络的物理端口之一是支持多个传播模式的波导,则可以为这些模式考虑添加其他的电端口。在第 n 个端口的一个指定点处,定义了一个端平面 t_n,并定义了等效的入射波电压和电流 (U_n^+, I_n^+) 及等效的反射波电压和电流 (U_n^-, I_n^-)。

则第 n 个端平面上的总电压和电流为

$$U_n = U_n^+ + U_n^-$$
$$U_n = U_n^+ - U_n^-$$

$(4-1)$

用微波网络的阻抗矩阵 Z 把这些电压和电流联系起来,即

$$\begin{bmatrix} U_1 \\ U_2 \\ \vdots \\ U_n \end{bmatrix} = \begin{bmatrix} Z_{11} & Z_{11} & \cdots & Z_{11} \\ Z_{21} & Z_{21} & \cdots & Z_{21} \\ \vdots & \vdots & \ddots & \vdots \\ Z_{N1} & Z_{N1} & \cdots & Z_{N1} \end{bmatrix} \begin{bmatrix} I_1 \\ I_2 \\ \vdots \\ I_N \end{bmatrix}$$

$(4-2)$

也可以用矩阵形式写为

$$V = ZI$$

$(4-3)$

同样,用导纳矩阵 Y 的形式则定义为

$$\begin{bmatrix} I_1 \\ I_2 \\ \vdots \\ I_N \end{bmatrix} = \begin{bmatrix} Y_{11} & Y_{11} & \cdots & Y_{11} \\ Y_{21} & Y_{21} & \cdots & Y_{21} \\ \vdots & \vdots & \ddots & \vdots \\ Y_{N1} & Y_{N1} & \cdots & Y_{N1} \end{bmatrix} \begin{bmatrix} U_1 \\ U_2 \\ \vdots \\ U_n \end{bmatrix}$$

$(4-4)$

它的矩阵形式写为

$$I = YV$$

$(4-5)$

可以看出,Z 矩阵和 Y 矩阵互为其逆:$Y = Z^{-1}$,阻抗矩阵和导纳矩阵把全部的端口电压和电流联系在一起。

由式(4-2)可知,Z_{ij} 为

$$Z_{ij} = \left. \frac{U_i}{I_j} \right|_{I_k = 0, k \neq j}$$

$(4-6)$

该式表明,式(4-2)中的 Z_{ij} 可通过激励有电流 I_j 的端口 j,而其他所有端口开路(故有 $I_k = 0, k \neq j$)并测量端口 i 的开路电压得出。这样,当所有其他端口开路时,Z_{ij} 是向端口 i 往里看的输入阻抗,而当所有其他端口开路时,Z_{ij} 是端口 i 和 j 之间的转移阻抗。

同样,由式(4-4)可知

$$Y_{ij} = \left. \frac{I_i}{U_j} \right|_{U_k = 0, k \neq j} \qquad (4\text{-}7)$$

这说明当所有其他端口短路时(故有 $U_k = 0, k \neq j$),Y_{ij} 可通过激励有电压 U_j 的端口 j 并测出端都可能是复数。对于任意 N 端口网络,阻抗矩阵和导纳矩阵是 $N \times N$ 阶。

4.2 散 射 参 量

在很多有关射频系统的技术资料和数据手册中,必然会用到散射参量,即 S 参量,其重要原因在于,低频电路中经常用到的终端开路、短路的测量方法在实际射频系统的特性中不能再采用。例如,当采用导线形成短路情况时,导线本身存在电感,而且其电感量在高频下非常之大;此外,开路情况也会在终端形成负载电容。无论是哪种情况,用于确定 Z 参量、Y 参量、H 参量及 $ABCD$ 参量所必需的开路、短路的条件都不再严格成立。另外,当涉及电波传播现象时,也并不希望反射系数的模等于 1。例如,终端的不连续性将导致有害的电压、电流波反射,并产生出可能造成器件损坏的振荡。而利用 S 参量,射频电路工程师就可以在避开不现实的终端条件及避免造成待测期间(DUT)损坏的前提下,用两端口网络的分析方法确定几乎所有射频期间的特征。

4.2.1 散射参量的定义

简单地说,S 参量表达的是电压波,它使得可以用入射电压波和反射电压的方式定义网络的输入、输出关系。根据图 4-3,可以定义归一化入射波电压 A_n 和归一化反射电压波 B_n 为

$$A_n = \frac{1}{2\sqrt{Z_0}}(U_n + Z_0 I_0)$$

$$\qquad (4\text{-}8)$$

$$B_n = \frac{1}{2\sqrt{Z_0}}(U_n - Z_0 I_0)$$

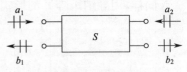

图 4-3 两端口网络 S 参量的规定

其中,下标 n 为端口标号 1 或 2。阻抗 Z_0 是连接在网络输入、输出端口的传输线的特性阻抗。在一般情况下,网络输入端口与输出端口的传输线特性阻抗是有可能不同的。但这里作为初步的讨论,尽量使问题简单化,因此可以假设输入、输出端口的传输线特性阻抗相同。

变换式(4-8)可得到电压和电流的表达式为

$$U_n = \sqrt{Z_0}(a_n + b_n) \qquad (4\text{-}9\text{a})$$

$$I_n = \sqrt{Z_0}(a_n - b_n) \qquad (4\text{-}9\text{b})$$

如果用式(4-9)表示功率,则其物理意义就变得很明显了,即

$$P_n = \frac{1}{2}\mathrm{Re}(U_n I_n^*) = \frac{1}{2}\left(\mid a_n\mid^2 - \mid b_n\mid^2\right) \tag{4-10}$$

若从式(4-9)中解出正向波和反向波,则有

$$a_n = \frac{U_n^+}{\sqrt{Z_0}} = \sqrt{Z_0}\, I_n^+ \tag{4-11}$$

$$I_n = \frac{U_n^-}{\sqrt{Z_0}} = -\sqrt{Z_0}\, I_n^- \tag{4-12}$$

这与定义式完全一致,因为

$$U_n = U_n^+ + U_n^- = Z_0 I_n^+ - Z_0 I_n^- \tag{4-13}$$

根据图 4-1 中关于电压波方向的规定,就可以定义 S 参量为

$$\begin{bmatrix} b_1 \\ b_2 \end{bmatrix} = \begin{bmatrix} S_{11} & S_{12} \\ S_{21} & S_{22} \end{bmatrix} \begin{bmatrix} a_1 \\ a_2 \end{bmatrix} \tag{4-14}$$

$$S_{11} = \frac{b_1}{a_1}\bigg|_{a_2=0} = \frac{1\,端口反射波}{2\,端口入射波} \tag{4-15a}$$

$$S_{21} = \frac{b_2}{a_1}\bigg|_{a_2=0} = \frac{2\,端口反射波}{1\,端口入射波} \tag{4-15b}$$

$$S_{22} = \frac{b_2}{a_2}\bigg|_{a_1=0} = \frac{2\,端口反射波}{2\,端口入射波} \tag{4-15c}$$

$$S_{12} = \frac{b_1}{a_2}\bigg|_{a_1=0} = \frac{1\,端口反射波}{2\,端口入射波} \tag{4-15d}$$

$a_2 = 0$ 和 $a_1 = 0$ 的条件意味着:2 端口和 1 端口都没有功率波返回网络。但是,这个条件只能在两端传输线都匹配时才成立。

由于 S 参量直接与功率有关,因此可以采用时间平均功率来表达归一化输入、输出波。根据前面的内容可知,1 端口的平均功率为

$$P_1 = \frac{1}{2}\frac{\mid U_1^+\mid^2}{Z_0}(1 - \mid \Gamma_{\mathrm{in}}\mid^2) = \frac{1}{2}\frac{\mid U_1^+\mid^2}{Z_0}(1 - \mid S_{11}\mid^2) \tag{4-16}$$

其中,当输出端口匹配时,输入端口反射系数 S_{21} 满足以下关系:

$$\Gamma_{\mathrm{in}} = \frac{\mid U_1^-\mid}{\mid U_1^+\mid} = \frac{b_1}{a_1}\bigg|_{a_2=0} = S_{11} \tag{4-17}$$

可以用 S_{11} 重新定义 1 端口的驻波系数(VSWR)为

$$\mathrm{VSWR} = \frac{1 + \mid S_{11}\mid}{1 - \mid S_{11}\mid} \tag{4-18}$$

另外,根据式(4-15a)可以确定式(4-16)中的入射功率,并且用 a_1 来表示它,即

$$P_{\mathrm{inc}} = \frac{1}{2}\frac{\mid U_1^+\mid^2}{Z_0} = \frac{\mid a_1\mid^2}{2} \tag{4-19}$$

这就是信号源的最大资用功率。将式(4-19)和式(4-17)代入式(4-16),可以求出用入射功率与反射功率之和表示的 1 端口总功率(在输出端口匹配条件)为

$$P_1 = P_{\mathrm{inc}} + P_{\mathrm{ref}} = \frac{1}{2}(\mid a_1\mid^2 - \mid b_1\mid^2) = \frac{\mid a_1\mid^2}{2}(1 - \mid \Gamma_{\mathrm{in}}\mid^2) \tag{4-20}$$

如果反射系数 S_{11} 为零,则所有资用功率都注入到网络的 1 端口。采用同样的方法分析 2 端口的情况,可得

$$P_2 = \frac{1}{2}(|a_2|^2 - |b_2|^2) = \frac{|a_2|^2}{2}(1 - |\Gamma_{\text{out}}|^2) \qquad (4\text{-}21)$$

4.2.2　散射参量的物理意义

前一小节曾提到 S 参量只能在输入、输出端口完全匹配的条件下才能确定。例如，要测量 $S_{11} = 0$ 和 $S_{21} = 0$，必须确保输出端口特性阻抗为 Z_0 的传输线处于匹配状态，以便形成 $a_2 = 0$ 的情况，如图 4-4 所示。

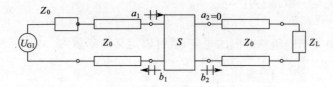

图 4-4　散射参量的物理意义

采用适当的负载阻抗 $Z_L = Z_0$，使 2 端口负载与传输线特性阻抗 Z_0 匹配，从而测量 S_{11} 和 S_{21} 采用这种测试系统就可以通过求解输入反射系数来计算 S_{11}，即

$$S_{11} = \Gamma_{\text{in}} = \frac{Z_{\text{in}} - Z_0}{Z_{\text{in}} + Z_0} \qquad (4\text{-}22)$$

另外，对 S_{11} 的模取对数，可以得到以 dB 表示的回波损耗：

$$R_L = -20\lg|S_{11}| \qquad (4\text{-}23)$$

然后，令 2 端口有适当的终端条件，可知

$$S_{21} = \frac{b}{a}\bigg|_{a_2=0} = \frac{U_2^-/\sqrt{Z_0}}{(U_1 + Z_0 I_1)/2\sqrt{Z_0}}\bigg|_{I_2^+ = U_2^+ = 0} \qquad (4\text{-}24)$$

由于 $a_2 = 0$，可以令 2 端口的正方向电压波和正向电流波为零。用信号源电压 U_{G1} 与信号源内阻 Z_0 上的电压降之差 $U_{G1} - Z_0 I_1$ 替代 U_1 可得

$$S_{21} = \frac{2U_2^-}{U_{G1}} = \frac{2U_2}{U_{G1}} \qquad (4\text{-}25)$$

由此可见，2 端口的电压与信号源电压有直接关系，所以它可以表示网络的正向电压增益。将式(4-25)平方后可得正向功率增益为

$$G_0 = |S_{21}|^2 = \left|\frac{U_2}{U_{G2}/2}\right|^2 \qquad (4\text{-}26)$$

如果将测试系统反过来，在 2 端口加信号源 U_{G2}，并令 1 端口有适当的终端条件，如图 4-5 所示，就可以求出其余两个 S 参量（S_{22} 和 S_{12}）。

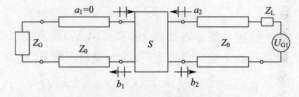

图 4-5　散射参量的物理意义

采用适当的负载阻抗 $Z_L = Z_0$，使 2 端口负载与传输线特性阻抗 Z_0 匹配，从而测量

S_{22} 和 S_{12}，欲求解 S_{22} 需仿照 S_{11} 的求解方法先求出反射系数 Γ_{out}

$$S_{22} = \Gamma_{\text{out}} = \frac{Z_{\text{out}} - Z_0}{Z_{\text{out}} + Z_0} \tag{4-27}$$

$$S_{12} = \frac{b_1}{a_2}\bigg|_{a_1=0} = \frac{U_1^- / Z_0}{(U_2 + Z_0 I_2)/2\sqrt{Z_0}}\bigg|_{I_1^+ = U_1^+ = 0} \tag{4-28}$$

$$S_{12} = \frac{2U_1^-}{U_{\text{G2}}} = \frac{2U_1}{U_{\text{G2}}}$$

4.2.3 S 参量的推广

在以上讨论中，一直假设网络两个端口所连接的传输线；具有相同的特性阻抗 Z_0。然而，实际情况并非如此。事实上，如果假设与 1 端口、2 端口相连接的传输线特性阻抗分别为 Z_{01} 和 Z_{02}，则电压波、电流波的表达式必然与其相应的端口 ($n=1,2$) 有关，即

$$U_n = U_n^+ + U_n^- = \sqrt{Z_{0n}}(a_n + b_n) \tag{4-29}$$

$$I_n = \frac{U_n^+}{Z_{0n}} - \frac{U_n^-}{Z_{0n}} = \frac{(a_n - b_n)}{\sqrt{Z_{0n}}} \tag{4-30}$$

由此可得

$$a_n = \frac{U_n^+}{\sqrt{Z_{0n}}}, b_n = \frac{U_n^-}{\sqrt{Z_{0n}}} \tag{4-31}$$

由这些关系式可得 S 参量的定义为

$$S_{ij} = \frac{b_i}{a_j}\bigg|_{a_n=0\,(i\neq j)} = \frac{U_n^-}{U_n^+}\frac{\sqrt{Z_{0i}}}{\sqrt{Z_{0i}}}\bigg|_{U_n^+=0\,(n\neq j)} \tag{4-32}$$

与以前的 S 参量定义相比，发现必须考虑与相应传输线特性阻抗有关的比例变换。显然，尽管推导主要是针对两端口网络的，如果 $n=1,\cdots,N$，则上述公式全部可以推广到 N 端口网络的情况。

另外一个需要考虑的因素是，在实际测量网络的 S 参量时，需要利用一段有限长度的传输线。在这种情况下，需要研究一个如图 4-6 所示的特殊系统，其测量参考面向远离被测网络的方向移动。

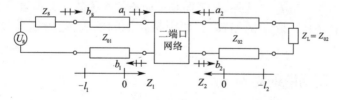

图 4-6　连接了有限长传输线段的两端口网络

由信号源发出的入射电压波需要经过一段距离为 l_1 的传输过程才能到达 1 端口，可知 1 端口的入射电压波为

$$U_{\text{in}}^+ (Z_1 = 0) = U_1^+ \tag{4-33}$$

而且，在信号源端的入射电压波为

$$U_{\text{in}}^+ (Z_1 = -l_1) = U_1^+ \mathrm{e}^{\mathrm{j}\beta_1 l_1} \tag{4-34}$$

由此可以求得 1 端口的反射电压波为

$$U_{in}^-(Z_1 = 0) = U_n^-$$ (4-35)

和

$$V_{in}^-(Z_1 = -l_1) = -U_1^- e^{-j\beta_1 l_1}$$ (4-36)

其中 β_1 通常为传输线 1 的无损耗传播常数。2 端口电压也具有同样的形式,只需用 U_{out} 替换 U_{in},用 U_2 替换 U_1,用 β_2 替换 β_1 就可得到其表达式。上述公式也可以写成矩阵形式为

$$\begin{bmatrix} U_{in}^+(-l_1) \\ U_{out}^+(-l_2) \end{bmatrix} = \begin{bmatrix} e^{j\beta_1 l_1} & 0 \\ 0 & e^{j\beta_2 l_2} \end{bmatrix} \begin{bmatrix} U_1^+ \\ U_2^+ \end{bmatrix}$$ (4-37)

这个公式将网络端口的输入电压波与某一参考面上的电压波联系起来,该参考面的位移对应于网络输入传输线段的长度。反射电压波的矩阵形式为

$$\begin{bmatrix} U_{in}^-(-l_1) \\ U_{out}^-(-l_2) \end{bmatrix} = \begin{bmatrix} e^{-j\beta_1 l_1} & 0 \\ 0 & e^{-j\beta_2 l_2} \end{bmatrix} \begin{bmatrix} U_1^- \\ U_2^- \end{bmatrix}$$ (4-38)

根据前面的讨论,我们知道 S 参量与系数 a_n 和 b_n 有关,a_n 和 b_n 又可以用电压表示为

$$\begin{bmatrix} U_1^- \\ U_2^- \end{bmatrix} = \begin{bmatrix} S_{11} & S_{12} \\ S_{21} & S_{22} \end{bmatrix} \begin{bmatrix} U_1^+ \\ U_2^+ \end{bmatrix}$$ (4-39)

显然,如果加入传输线段,就必须用式(4-37)和式(4-38)替换式(4-39)中的电压,由此可得

$$\begin{bmatrix} U_{in}^-(-l_1) \\ U_{out}^-(-l_2) \end{bmatrix} = \begin{bmatrix} e^{-j\beta_1 l_1} & 0 \\ 0 & e^{-j\beta_2 l_2} \end{bmatrix} \begin{bmatrix} S_{11} & S_{12} \\ S_{21} & S_{22} \end{bmatrix} \begin{bmatrix} e^{-j\beta_1 l_1} & 0 \\ 0 & e^{-j\beta_2 l_2} \end{bmatrix} \begin{bmatrix} U_{in}^+(-l_1) \\ U_{out}^+(-l_2) \end{bmatrix}$$ (4-40)

这个结果表明,若参考面可移动,则网络的 S 参量包含了 3 个矩阵。若采用 S 参量矩阵形式表示,则

$$S^{SHIFT} = \begin{bmatrix} S_{11} e^{-2j\beta_1 l_1} & S_{12} e^{-j(\beta_1 l_1 + \beta_2 l_2)} \\ S_{21} e^{-j(\beta_1 l_1 + \beta_2 l_2)} & S_{22} e^{-j2\beta_2 l_2} \end{bmatrix}$$ (4-41)

这个矩阵的物理意义十分清楚。第 1 个矩阵元素表明,到达 1 端口的入射波与 $2\beta_1 l_1$ 有关,可以说与入射电压波到达 1 端口,经过反射返回到出发点所需要时间的两倍有关。同理,2 端口的相移为 $2\beta_2 l_2$。此外,与正向和反向增益有关的交叉项含有叠加的、分别来自传输线 $\beta_1 l_1$ 和传输线 $2\beta_2 l_2$ 的相移,其原因是整体的输入、输出结构包含了两个传输线段。

4.2.4 多端口网络散射矩阵

上述定义二端口微波网络散射矩阵的方法,能够推广到多端口微波网络中去。在的多端口网络中,以各端口上的归一化入射波 b 为自变量,归一化出射波 a 为因变量,则组成下列线性方程组,即

$$\begin{cases} b_1 = S_{11}a_1 + S_{12}a_2 + \cdots S_{1n}a_n \\ b_2 = S_{21}a_1 + S_{22}a_2 + \cdots S_{2n}a_n \\ \vdots \\ b_n = S_{n1}a_1 + S_{n2}a_2 + \cdots S_{m}a_n \end{cases}$$ (4-42)

写成矩阵形式是

$$\begin{bmatrix} b_1 \\ b_2 \\ \vdots \\ b_n \end{bmatrix} = \begin{bmatrix} S_{11} & S_{12} & \cdots & S_{1n} \\ S_{21} & S_{22} & \cdots & S_{2n} \\ \cdots & \cdots & \cdots & \cdots \\ S_{n1} & S_{n2} & \cdots & S_{nn} \end{bmatrix} \begin{bmatrix} a_1 \\ a_2 \\ \vdots \\ a_n \end{bmatrix} \tag{4-43}$$

缩写成

$$[b] = [s][a] \tag{4-44}$$

$$[a] = \begin{bmatrix} a_1 \\ a_2 \\ \vdots \\ a_n \end{bmatrix} \tag{4-45}$$

$$[b] = \begin{bmatrix} b_1 \\ b_2 \\ \vdots \\ b_n \end{bmatrix} \tag{4-46}$$

$$[S] = \begin{bmatrix} S_{11} & S_{12} & \cdots & S_{1n} \\ S_{21} & S_{22} & \cdots & S_{2n} \\ \cdots & \cdots & \cdots & \cdots \\ S_{n1} & S_{n2} & \cdots & S_{nn} \end{bmatrix} \tag{4-47}$$

$[S]$ 为多端口微波网络的散射矩阵。

$$S_{kk} = \frac{b_k}{a_k} \bigg|_{a_1=a_2=\cdots=0, a_k \neq 0} \tag{4-48a}$$

$$S_{jk} = \frac{b_j}{a_k} \bigg|_{a_1=a_2=\cdots=0, a_k \neq 0} \tag{4-48b}$$

4.2.5 散射矩阵的性质

在无耗网络中，没有功率的消耗，$P=0$

$$[\tilde{a}]^* ([1]) - [\tilde{S}]^* (S)[a] = 0 \tag{4-49}$$

$$[\tilde{S}]^* [S] = [1] \tag{4-50}$$

这个式子表明，n 端口无耗网络的散射 $[S]$ 为酉矩阵。

展开式(4-50)，能得到

$$\sum_{k=1}^{n} S_{kj}^* S_{kj} = \sum_{k=1}^{n} |S_{kj}|^2 = 1 \quad j = 1, 2, \cdots, n \tag{4-51}$$

$$\sum_{k=1}^{n} S_{ki}^* S_{kj} = 0 \quad i \neq j; i, j = 1, 2, \cdots, n \tag{4-52}$$

式(4-51)的物理含义是能量守恒，即除端口 j 外，其余各端口都接上匹配负载的条件下，从 j 端口入射给网络的功率等于 j 端口的反射功率和传输给其余端口的传输功率之和，在网络中没有功率的消耗。

对于无耗、可逆网络，式(4-51)更可写成

$$[S]^*[S] = [S][S]^* = 1 \qquad (4\text{-}53)$$

下面列举无耗两端口网络及三端口网络作为应用的例子。

例 4-1 试求无耗两端口微波网络的散射矩阵。

对于 $n=2$ 的两端口网络,当 $j=1$ 和 2 时,给出方程

$$\left.\begin{aligned} |S_{11}|^2 + |S_{21}|^2 &= 1 \\ |S_{12}|^2 + |S_{22}|^2 &= 1 \end{aligned}\right\}$$

分别给出方程

$$\left.\begin{aligned} S_{11}^* S_{12} + S_{21}^* S_{22} &= 0 \\ S_{12}^* S_{11} + S_{22}^* S_{21} &= 0 \end{aligned}\right\}$$

上式中的两个方程并不相互独立,把其中一个取共轭值,即可得到另一个。现把散射参量用其模值及相角表示,可令

$$\left.\begin{aligned} S_{11} &= |S_{11}|\,e^{j\varphi_{11}} & S_{12} &= |S_{12}|\,e^{j\varphi_{12}} \\ S_{21} &= |S_{21}|\,e^{j\varphi_{11}} & S_{22} &= |S_{22}|\,e^{j\varphi_{22}} \end{aligned}\right\}$$

$$|S_{11}||S_{12}|\,e^{j(\varphi_{12}-\varphi_{11})} = |S_{21}||S_{22}|\,e^{j(\varphi_{22}-\varphi_{21}\pm\pi)}$$

$$|S_{11}||S_{12}| = |S_{21}||S_{22}|$$

$$\varphi_{12} - \varphi_{11} = \varphi_{22} - \varphi_{21} \pm \pi$$

$$|S_{11}| = |S_{22}|$$

$$|S_{12}| = |S_{21}| = \sqrt{1 - |S_{11}|^2}$$

仅用 4 个独立实数参量,即 3 个相角 φ_{11}、φ_{12}、φ_{22} 和一个模值 $|S_{11}|$ 就能完全表征无耗二端口微波网络,由它们表示的散射矩阵形式是

$$[S] = \begin{bmatrix} |S_{11}|\,e^{j\varphi_{11}} & \sqrt{1-|S_{11}|^2}\,e^{j\varphi_{12}} \\ \sqrt{1-|S_{11}|^2}\,e^{j(\varphi_{11}-\varphi_{12}+\varphi_{22}\pm\pi)} & |S_{11}|\,e^{j\varphi_{22}} \end{bmatrix}$$

若微波网络为无耗、可逆网络,则上式将进一步简化。因为这时 $S_{12}=S_{21}$,故

$$\varphi_{12} = \varphi_{21} = \varphi_{11} + \varphi_{22} - \varphi_{12} \pm \pi$$

$$\varphi_{12} = \varphi_{21} = \frac{1}{2}(\varphi_{11} + \varphi_{22} \pm \pi)$$

$$[S] = \begin{bmatrix} |S_{11}|\,e^{j\varphi_{11}} & \sqrt{1-|S_{11}|^2}\,e^{j\frac{1}{2}(\varphi_{11}+\varphi_{22}\pm\pi)} \\ \sqrt{1-|S_{11}|^2}\,e^{j\frac{1}{2}(\varphi_{11}+\varphi_{22}\pm\pi)} & |S_{11}|\,e^{j\varphi_{22}} \end{bmatrix}$$

例 4-2 可逆、无耗 3 端口微波网络,3 个端口不能同时匹配。

3 个端口不能同时匹配,是指 S_{11}、S_{22} 和 S_{33} 不能同时都等于零。现设 $S_{11}=S_{22}=0$,若证得 $S_{33}\neq0$,就证明了上述特性。考虑到网络的可逆性,散射矩阵有下列形式,即

$$[S] = \begin{bmatrix} 0 & S_{21} & S_{31} \\ S_{21} & 0 & S_{32} \\ S_{31} & S_{32} & S_{33} \end{bmatrix}$$

根据网络的无耗性,利用式(4-51),当 $j=1$、2 和 3 时,分别给出方程

$$\left\{\begin{aligned} |S_{11}|^2 + |S_{31}|^2 &= 1 \\ |S_{21}|^2 + |S_{32}|^2 &= 1 \\ |S_{31}|^2 + |S_{32}|^2 + |S_{33}|^2 &= 1 \end{aligned}\right.$$

当 $i=1,j=2$ 时,给出方程

$$S_{31}^{*}S_{32} = 0$$

上式要求 S_{31} 与 S_{32} 中有一个等于零,再从式中的前两个方程得知,当 S_{31} 与 S_{32} 中有一个为零,则 $S_{21}=1$,且 S_{31} 与 S_{32} 中的另一个也必为零,即有 $S_{31}=S_{32}=0$。可知 $|S_{33}|^{2}=1$。这就证明了 S_{11}、S_{22} 和 S_{33} 不能同时都等于零。

本 章 小 结

本章在介绍射频网络的 $Z/Y/H/T/ABCD$ 参数矩阵及其参数定义、物理意义与应用、测量方法的基础上,针对 $Z/Y/H/T/ABCD$ 参数在高频/射频段测量中存在无理想的开路/短路终端等问题,引入射频二端口网络散射 S 参数的定义和物理意义,介绍了 S 参数测量方法及矢量网络分析仪结构、功能与应用方法。接着介绍了 S 参数与反射系数、阻抗等的关系及应用,多端口网络散射 S 参数的定义和物理意义及参数测量方法及参数之间的转换关系。

第5章 传输线理论

射频/微波电路中的传输线作为信息或能量的一种重要传输介质,广泛地应用于阻抗变换器、滤波器、耦合器、延迟线、功率分配合成器、不平衡变压器等元件。传输线理论是连接电磁场理论和基本电路理论的桥梁,在射频/微波网络分析中具有重要的意义。而且传输线理论是集总参数电路向分布式电路过渡的基础,适用于微波/毫米波电路的理论分析。本章首先在介绍双并行线、同轴线、波导、微带线、共面波导、倒置微带线、悬置微带线、槽线等各类传输线的结构、特性及其在射频电路中的应用的基础上,引入传输线的集总元件电路模型和传输线电路参量,然后介绍端接负载的无耗传输线的输入阻抗,端接开路、短路等特殊终端的无耗传输线的输入阻抗及在射频电路中的应用;接着介绍端接负载的有耗传输线的输入阻抗和入射波的功率损耗、计算损耗的微扰方法等;最后介绍了阻抗、导纳、阻抗-导纳组合 Smith 圆图的特点与应用方法。

5.1 传输线理论基础

电波在自由空间中传播时,通常假设电场方向和传播方向彼此正交。由此一个向 $+z$ 方向传播的电波,其沿 x 方向的电场可用数学方法表示为

$$E_x = E_{0x}\cos(\omega t - \beta z) \tag{5-1}$$

式中的 $\cos(\omega t - \beta z)$ 包含了空间和时间的变量,它的空间特性用沿 z 方向的波长 λ 表征,而时间特性用时间周期 $T = 1/f$ 表征。在此处,空间对时间的导数表示为相位变化的速度,记为 v_p,表达式为

$$v_p = \frac{\omega}{\beta} = \lambda f = \frac{c}{\sqrt{\varepsilon_r \mu_r}} \tag{5-2}$$

相速描述的仅仅是电波的相位变化快慢,并不是电波的真实传播速度,故它在特定条件下可能会大于光速。

现假设一个简单电路,该电路由内阻为 R_G 的正弦电压源通过长为 $l = 1\text{cm}$ 的铜导线和负载电阻 R_L 连接构成。假定导线方向与 z 轴方向一致,并且是无损耗的。如果电压源的振荡频率为 $f = 1.2\text{MHz}$,传输介质参数为 $\varepsilon_r = 10$,$\mu_r = 1$,根据式(5-2)可计算出波长 $\lambda = 79.05\text{m}$。此时 $l < 0.1\lambda$,导线上电压波的空间变化可以忽略;但是当频率升高到 12GHz 时,波长降低到 $\lambda = 0.790\text{cm}$,已经超过导线长度 l 的 2/3,此时必须考虑导线下电压波的空间变化。

从上面的例子可以看出,在低频电路中连接源和负载的导线中电压或电流波的空间变化非常小,可以忽略不计的条件下,经典的基尔霍夫电压和电流定律才有效,它们的表达式为

$$\sum_{i=1}^{N} U_i = 0 \tag{5-3a}$$

$$\sum_{j=1}^{M} I_j = 0 \tag{5-3b}$$

式中，$U_i (i = 1,2,3,\cdots,N)$ 为第 i 个分立元件的电压降；$I_j (j = 1,2,3,\cdots,M)$ 为在节点处的第 j 条支路的电流。当频率高到必须考虑电压和电流波的空间特性时，基尔霍夫电路定理不能直接使用，但是可以利用数学上的微积分方法，将该导线细分为无限小的线元。在线元上，可以假定电压和电流保持恒定。

5.2 传输线的种类

传输线是能够支持 TEM 或非 TEM 传播模式的导体结构。在终端理想匹配的 TEM 传输线中，沿导线方向上的任意一点处的电压和电流的比值是恒定的。对于无耗传输线，线上电压和电流的比值具有电阻性质，称为特性阻抗；而对于有耗传输线，线上电压和电流的比值则变成了一个复数阻抗。有耗传输线的传输常数为一复常数，其实部为衰减常数，包含了由导体和介质损耗引起的传输损耗信息，虚部为相位常数，包含了相速信息。传输线的功率容量被介质击穿和衰减引起的发热效应所限制。TEM 传输线一般有 4 个基本参数：特性阻抗 Z_0、相速 v_p、衰减常数 α 和峰值功率容量 P_{max}，它们与所用的导体和介质材料的物理参数有关。

5.2.1 普通传输线结构及特性

1. 双线传输线

双线传输线由两根相隔固定距离的导线构成。虽然双线传输线能够传输高频信号，但由于这两根导线之间发射出的电力线和磁力线能够延伸到无限远，会影响到附近的电子设备，而且双导线的作用像一个大天线，辐射损耗很高，因此双线传输线只能是有限制地应用在较低频率的射频领域。一个典型的应用为民用电视设备到接收天线之间的连线。

2. 同轴线

同轴线作为一种通用的传输线，得到了广泛应用。当频率达到 10 GHz 以上时，几乎所有的射频系统或测试设备的外接线都要用到同轴线。同轴线中的主要传播模式是 TEM。同轴线由半径为 a 的内圆柱导体和半径为 b 的外圆柱导体及其之间的电介质层组成。常用的介质材料是聚苯乙烯、聚乙烯和聚四氟乙烯。此外，导体的温度和粗糙度对波传播的衰减也有影响。通常同轴线的外导体接地，故其辐射损耗和场干扰很小。表 5-1 列出了同轴线在室温 20℃ 下的特性参数。如果想要得到在其他温度条件下的衰减，需要将表中的衰减常数 α_c 乘以系数 $[1 + 0.0039(T - 20)]^{1/2}$。

表 5-1　同轴线的特性参数

特性参数	表达式	特性参数	表达式
电容/(pF/m)	$C = \dfrac{55.556e_r}{\ln(b/a)}$	特性阻抗/(Ω)	$Z_0 = \dfrac{60}{\sqrt{\varepsilon_r}}\ln\dfrac{b}{a}$
电感/(nH/m)	$L = 200\ln(b/a)$	相速/(m/s)	$v_p = \dfrac{3 \times 10^8}{\sqrt{\varepsilon_r}}$

特性参数	表达式	特性参数	表达式
延时/(nm/s)	$t_d = 3.33\sqrt{e_r}$	高阶模的截止波长/ (或单位长度)	$\lambda_c = \pi\sqrt{\varepsilon_r}\,(a+b)$
介质衰减常数/ (dB/单位长度)	$\alpha_d = 27.3\sqrt{\varepsilon_r}\dfrac{\tan\delta}{\lambda_0}$	最大峰值功率/(kW)	$44\,\mid E_{\max}\mid^2 a^2\sqrt{\varepsilon_r}\ln\dfrac{b}{a}$
介质衰减常数/ (dB/单位长度)	$\alpha_c = \dfrac{9.5\times10^{-5}\sqrt{f}(a+b)\sqrt{\varepsilon_r}}{ab\ln\dfrac{b}{a}}$		

3. 矩形波导

波导广泛用于高功率、低损耗的通信系统中,常见的有矩形波导和圆柱形波导,它们的基本结构如图 5-1 所示。常见的各种波导元件如图 5-2 所示。波导的传播模式有横电波(TE)和横磁波(TM)两种,但不能传播 TEM 模式。在矩形波导中,两种传播模式的特性如表 5-2 所列。表中的参量 η_0、k_0 和 c 的表达式为

$$\eta_0 = \sqrt{\frac{\mu_0}{\varepsilon_0}},\ k_0 = \omega\sqrt{\mu_0\varepsilon_0},\ c = \sqrt{\frac{1}{\mu_0\varepsilon_0}} \tag{5-4}$$

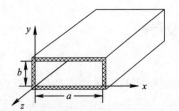

图 5-1　常见波导结构

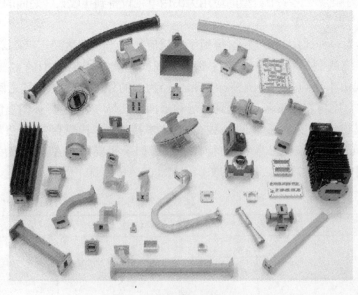

图 5-2　各种常见波导元件

式中，f_0 为自由空间的介电常数；μ_0 为自由空间的磁导率。最低阶的传播模式是 TE_{10}，通常称为矩形波导的主模。

表 5-2　矩形波导的特性参数

特性参数	TE_{mn}	TM_{mn}
截止波数	$\sqrt{\left(\dfrac{m\pi}{a}\right)^2+(\dfrac{n\pi}{b})^2}$	$\sqrt{\left(\dfrac{m\pi}{a}\right)^2+\left(\dfrac{n\pi}{b}\right)^2}$
传播常数	$\sqrt{k_c^2-k_0^2}$	$\sqrt{k_c^2-k_0^2}$
波导波长	$\dfrac{\lambda_0}{\sqrt{1-\left(\frac{\lambda}{\lambda_c}\right)^2}}$	$\dfrac{\lambda_0}{\sqrt{1-\left(\frac{\lambda}{\lambda_c}\right)^2}}$
群速	$v\sqrt{1-\left(\dfrac{\lambda}{\lambda_c}\right)^2}$	$v\sqrt{1-\left(\dfrac{\lambda}{\lambda_c}\right)^2}$
相速	$\dfrac{v}{\sqrt{1-\left(\frac{\lambda}{\lambda_c}\right)^2}}$	$\dfrac{v}{\sqrt{1-\left(\frac{\lambda}{\lambda_c}\right)^2}}$
波阻抗 Z	$\dfrac{jk_0\eta_0}{\gamma_{mn}}$	$\dfrac{-j\gamma_{mn}\eta_0}{k_0}$
纵向磁场 H_z	$k_c^2\cos\left(\dfrac{m\pi x}{a}\right)\cos\left(\dfrac{n\pi y}{b}\right)$	0
纵向电场 E_z	0	$k_c^2\sin\left(\dfrac{m\pi x}{a}\right)\sin\left(\dfrac{n\pi y}{b}\right)$
横向磁场 H_x	$\dfrac{\gamma_{mn}n\pi}{b}\cos\left(\dfrac{m\pi x}{a}\right)\sin\left(\dfrac{n\pi y}{b}\right)$	$\dfrac{k_0 n\pi}{b\eta_0}\sin\left(\dfrac{m\pi x}{a}\right)\cos\left(\dfrac{n\pi y}{b}\right)$
横向磁场 H_y	$\dfrac{\gamma_{mn}n\pi}{b}\cos\left(\dfrac{m\pi x}{a}\right)\sin\left(\dfrac{n\pi y}{b}\right)$	$-\dfrac{k_0 n\pi}{b\eta_0}\cos\left(\dfrac{m\pi x}{a}\right)\sin\left(\dfrac{n\pi y}{b}\right)$
横向电场 E_x	$\dfrac{jk_0\eta_0 n\pi}{b}\cos\left(\dfrac{m\pi x}{a}\right)\sin\left(\dfrac{n\pi y}{b}\right)$	$-\dfrac{\gamma_{mn}m\pi}{a}\cos\left(\dfrac{m\pi x}{a}\right)\sin\left(\dfrac{n\pi y}{b}\right)$
横向电场 E_y	$-\dfrac{jk_0\eta_0 m\pi}{a}\sin\left(\dfrac{m\pi x}{a}\right)\cos\left(\dfrac{n\pi y}{b}\right)$	$-\dfrac{\gamma_{mn}n\pi}{b}\sin\left(\dfrac{m\pi x}{a}\right)\sin\left(\dfrac{n\pi y}{b}\right)$

5.2.2　平面传输线结构及特性

在射频/微波集成电路中，要求传输线结构是平面的。平面几何形状意味着电路元件特性可以由单一平面内的尺寸来确定。射频/微波集成电路中常用的平面传输线有带状线、微带线、倒置微带线、槽线、共面波导和共面带状线。采用以上这些平面传输线组成的电路与常规微波电路相比，具有质量轻、尺寸小、性能优越、可靠性高、可复制性好、价格低廉和易于与固态芯片器件组合使用等优点。

1. 带状线

带状线是一条置于两层导电平面之间的电介质中的铜带线，如图 5-3 所示。如果线的厚度和宽度、介质的介电常数及两层导电平面间的距离是可控的，那么线的特性阻抗也是可控的，它广泛应用于无源微波集成电路中。在带状线中传播的主模是 TEM，利用静电场分析的方法，可以得到设计所需要的数据。带状线的特性如表 5-3 所列。表中 K 表示第一类完全椭圆函数，K' 表示它的余函数。

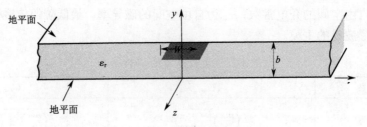

图 5-3　带状线

表 5-3　带状线的特性参数

特 性 参 数	表 达 式	备 注
$T=0$ 时特性阻抗/Ω	$Z_0=\dfrac{30\pi K'(k)}{\sqrt{\varepsilon_r}K(k)}$, $k=\tan\dfrac{\pi W}{2b}$	精确公式
$t\neq 0$ 特性阻抗/Ω	$Z_0=\dfrac{30\pi K'(k)}{\sqrt{\varepsilon_r}K(k)}$, $k=\tan\dfrac{\pi W}{2b}$ $Z_0=\dfrac{30}{\sqrt{\varepsilon_r}}\ln\left\{1+\dfrac{4}{\pi}\dfrac{b-t}{W'}\left[\dfrac{8}{\pi}\dfrac{b-t}{W'}+\sqrt{\left(\dfrac{8}{\pi}\dfrac{b-t}{W'}\right)^2+6.27}\right]\right\}$ $\dfrac{W'}{b-t}=\dfrac{W}{b-t}+\dfrac{\Delta W}{b-t}$ $\dfrac{\Delta W}{b-t}=\dfrac{x}{\pi(1-x)}\left\{1-\dfrac{1}{2}\ln\left[\left(\dfrac{x}{2-x}\right)^2+\left(\dfrac{0.0796x}{W/b+1.1x}\right)^m\right]\right\}$ $m=2\left[1+\dfrac{2}{3}\dfrac{x}{1-x}\right]^{-1}$, $x=\dfrac{t}{b}$	$\dfrac{W'}{b-t}<10$ 精确度 在 0.5% 内
衰减常数/(dB/单位长度)	$\alpha_c=\dfrac{0.0231R_s\sqrt{\varepsilon_r}}{Z_0}\dfrac{\partial Z_0}{\partial W'}\left\{1+\dfrac{2W'}{b-t}-\dfrac{1}{\pi}\left[\dfrac{3x}{2-x}+\ln\dfrac{x}{2-x}\right]\right\}$ $\dfrac{\partial Z_0}{\partial W'}=\dfrac{30e^{-A}}{W'\sqrt{\varepsilon_r}}\left[\dfrac{3.135}{Q}-\left(\dfrac{8}{\pi}\dfrac{b-t}{W'}\right)^2(1+Q)\right]$ $A=\dfrac{Z_0\sqrt{\varepsilon_r}}{30\pi}$, $Q=\sqrt{1+6.27\left(\dfrac{\pi}{8}\dfrac{W'}{b-t}\right)^2}$ $\alpha_d=27.3\sqrt{\varepsilon_r}\dfrac{\tan\delta}{\lambda_0}$	
高阶截止频率	$v_p=\dfrac{3\times10^8}{\sqrt{\varepsilon_r}}$ $f_c=\dfrac{15}{b\sqrt{\varepsilon_r}}\dfrac{1}{(W/b)+\pi/4}$	

2. 微带线

实际使用的传输线有许多种类,常见的有同轴线、微带线、条线、平面波导和波导等,而其中又以微带线最常见于射频电路设计上。所以,本单元便以介绍微带线为主。微带线的结构如图 5-4 所示,而其特性参数如表 5-4 所列。

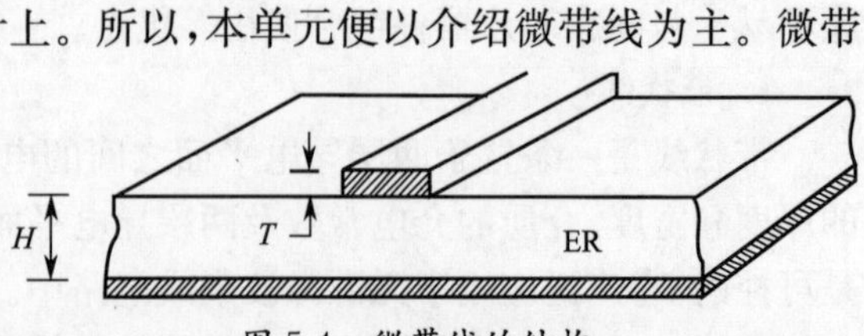

在线元上,可以假定电压和电流保持恒定。因此,在微小线元上可使用基尔霍夫电路定理,具体将在后面的小节

图 5-4　微带线的结构

详细介绍。微带线是一根带状导线或者信号线,与地平面之间用一种电介质隔离开,如果

线的厚度、宽度及与地平面之间的距离是可控制的,则它的特性阻抗也是可以控制的。因为微带线一面是电介质,一面是空气(介电常数低),因此传播速度很快,有利于传输对速度要求高的信号(如差分线通常为高速信号),同时抗干扰能力比较强。微带线是非均匀传输线,这与带状线是不同的。在微带线中传播的波不是纯 TEM 波而是准 TEM 波。当微带线宽度和衬底厚度比介质材料中的波长小得多时,此时微带线中传播的波可以视为纯 TEM 波,准静态法求解特性参数的办法是可行的,因此其传输线的特性参数是根据传输结构的静电电容计算的。静电电容有两个:一个是对应于单位长度微带线将其介质材料换为空气而得的电容;另一个是对应于介质材料的单位长度微带线的电容 C。所以特性阻抗 Z_0 和相位常数 β 的表示式为

$$Z_0 = \frac{1}{c} \frac{1}{\sqrt{CC_a}} \tag{5-5}$$

$$\beta = k_0 \left(\frac{C}{C_a}\right)^{1/2} = k \sqrt{\varepsilon_e} \tag{5-6}$$

$$\varepsilon_e = \frac{\lambda_0}{\lambda_g} = \frac{C}{C_g} \tag{5-7}$$

式中,λ_0 为自由空间波长;λ_g 为波导内波长。有效介电常数 ε_e 考虑到了空气区域的电场与磁场。微带线的闭合表达式对数值求解法有很大的用处,利于优化微带线电路和计算机辅助设计。图 5-5 所示为 ADS 计算微带线特性阻抗的软件界面。

表 5-4　微带线的特性

参　数	表　达　式
特性阻抗	$Z_0 = \begin{cases} \dfrac{\eta_0}{2\pi \sqrt{\varepsilon_e}}\ln\left(\dfrac{8h}{W'} + 0.25\dfrac{W'}{h}\right), \dfrac{W}{h} \leqslant 1 \\ \dfrac{\eta_0}{\sqrt{\varepsilon_e}}\left[\dfrac{W'}{h} + 1.393 + 0.667\ln\left(\dfrac{W'}{h} + 1.444\right)\right], \dfrac{W}{h} \geqslant 1 \end{cases}$ $\eta_0 = 120\pi$ $\dfrac{W'}{h} = \dfrac{W}{h} + \dfrac{1.25t}{\pi h}\left(1 + \ln\dfrac{4\pi W}{t}\right), \dfrac{W}{h} \leqslant \dfrac{1}{2\pi}$ $\dfrac{W'}{h} = \dfrac{W}{h} + \dfrac{1.25t}{\pi h}\left(1 + \ln\dfrac{2h}{t}\right), \dfrac{W}{h} \geqslant \dfrac{1}{2\pi}$
有效介电常数	$\varepsilon_r = \dfrac{\varepsilon_r + 1}{2} + \dfrac{\varepsilon_r - 1}{2}F\left(\dfrac{W}{h}\right) - \dfrac{\varepsilon_r - 1}{4.6}\dfrac{t/h}{\sqrt{W/h}}$ $F\left(\dfrac{W}{h}\right) = \begin{cases} \left(1 + 12\dfrac{h}{W}\right)^{-1/2} + 0.04\left(1 - \dfrac{W}{h}\right)^2, \dfrac{W}{h} \leqslant 1 \\ \left(1 + 12\dfrac{h}{W}\right)^{-1/2}, \dfrac{W}{h} \geqslant 1 \end{cases}$
衰减常数	$\alpha_c = \begin{cases} 1.38\dfrac{R}{hZ_0}\dfrac{32 - (W'/h)^2}{32 + (W'/h)^2}, \dfrac{W}{h} \leqslant 1 \\ 6.1 \times 10^{-5}\dfrac{R_s Z_0 \varepsilon_e}{h}\left(\dfrac{W'}{h} + \dfrac{0.667W'/h}{W'/h + 1.44}\right), \dfrac{W}{h} \geqslant 1 \end{cases}$ $\alpha_b = \begin{cases} 1 + \dfrac{h}{W'}\left(1 + \dfrac{1.25t}{\pi W} + \dfrac{1.25}{\pi}\ln\dfrac{4\pi W}{t}\right), \dfrac{W}{h} \leqslant \dfrac{1}{2\pi} \\ 1 + \dfrac{h}{W'}\left(1 - \dfrac{1.25t}{\pi W} + \dfrac{1.25}{\pi}\ln\dfrac{2h}{t}\right), \dfrac{W}{h} \geqslant \dfrac{1}{2\pi} \end{cases}$

参　数	表 达 式
频散	$$\varepsilon_e(f)=\left(\frac{\sqrt{\varepsilon_r}-\sqrt{\varepsilon_e}}{1+4F^{-1.5}}+\sqrt{\varepsilon_e}\right)^2$$ $$Z_0(f)=Z_0\frac{\varepsilon_e(f)-1}{\varepsilon_e-1}\sqrt{\frac{\varepsilon_e}{\varepsilon_e(f)}}$$ $$F=\frac{4h}{\lambda_0}\sqrt{\varepsilon_r-1}\left\{0.5\left[1+2\log\left(1+\frac{W}{h}\right)\right]^2\right\}$$
品质因数	$$\frac{1}{Q}=\frac{1}{Q_0}+\frac{1}{Q_r}$$ $$Q_0=\frac{8.68\pi}{\lambda_0}\frac{\sqrt{\varepsilon_e(f)}}{(\alpha_c+\alpha_d)},\quad Q_r=\frac{Z_0(f)}{480\pi(h/\lambda_0)^2R}$$ $$R=\frac{\varepsilon_e(f)+1}{\varepsilon_e(f)}-\frac{[\varepsilon_e(f)-1]^2}{2[\varepsilon_e(f)]^{3/2}}\ln\left[\frac{\sqrt{\varepsilon_e(f)}+1}{\sqrt{\varepsilon_e(f)}-1}\right]$$

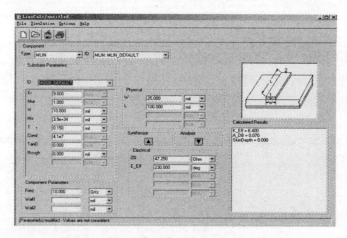

图 5-5　ADS 计算微带线特性阻抗的软件界面

3. 常用的微波介质基片

经常使用的微波介质材料如表 5-5 所列。

表 5-5　几种经常使用的微波介质材料

名　称	介电常数 (ε_r)	备注	名　称	介电常数 (ε_r)	备注
聚四氟乙烯玻璃纤维基片	2.7	国产、进口	RT/duroid 5880	2.2	Rogers 公司
陶瓷(Al_2O_3)基片(99%)	9.6	国产、进口	RO4003	3.38	Rogers 公司
微波复合介质基片	可选	国产	TMM10I	9.8	Rogers 公司

5.3　均匀传输线方程

由均匀传输线组成的导波系统都可等效为图 5-6(a)所示的均匀平行双导线系统。其中传输线的始端接微波信号源(简称信源),终端接负载,选取传输线的纵向坐标为 z,坐标原点选在终端处,波沿负 z 方向传播。在均匀传输线上任意一点 z 处,取一微分线元 $\Delta z(\Delta z \ll \lambda)$,该线元可视为集总参数电路,其上有电阻 $R\Delta z$、电感 $L\Delta z$、电容 $C\Delta z$ 和漏电导 $G\Delta z$(其中 R、L、C、G 分别为单位长电阻、单位长电感、单位长电容和单位长漏电导),得到的等效电路如图 5-6(b)所示,则整个传输线可看做由无限多个上述等效电路级联而成。有耗和无耗传输线的等效电路分别如图 5-6(c)、(d)所示。

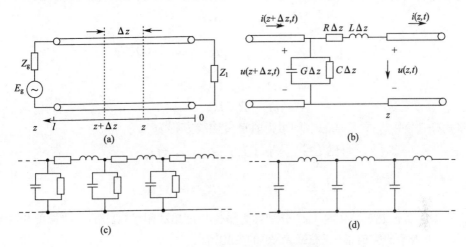

图 5-6　均匀传输线及其等效电路

如图 5-7 所示,设在时刻 t,位置 z 处的电压和电流分别为 $u(z,t)$ 和 $i(z,t)$,而在位置 $z+\Delta z$ 处的电压和电流分别为 $u(z+\Delta z,t)$ 和 $i(z+\Delta z,t)$。对很小的 Δz,忽略高阶小量,有

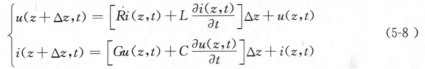

$$\begin{cases} u(z+\Delta z,t) = \left[Ri(z,t) + L\dfrac{\partial i(z,t)}{\partial t} \right]\Delta z + u(z,t) \\[2mm] i(z+\Delta z,t) = \left[Gu(z,t) + C\dfrac{\partial u(z,t)}{\partial t} \right]\Delta z + i(z,t) \end{cases} \tag{5-8}$$

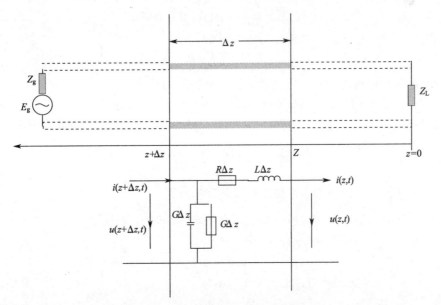

图 5-7　均匀传输线及其等效电路

81

应用基尔霍夫定律可忽略高级小量,可得

$$\begin{cases} u(z+\Delta z,t) - u(z,t) = \dfrac{\partial u(z,t)}{\partial z}\Delta z \\[2mm] i(z+\Delta z,t) - i(z,t) = \dfrac{\partial i(z,t)}{\partial z}\Delta z \end{cases} \tag{5-9}$$

这就是均匀传输线方程,也称电报方程。对于时谐电压和电流,可用复振幅表示为

$$\begin{cases} \dfrac{\partial u(z,t)}{\partial z} = Ri(z,t) + L\dfrac{\partial i(z,t)}{\partial t} \\[2mm] -\dfrac{\partial i(z,t)}{\partial z} = Gu(z,t) + C\dfrac{\partial u(z,t)}{\partial t} \end{cases} \tag{5-10}$$

$$\begin{cases} u(z,t) = R_{\mathrm{e}}\left[U(z)\mathrm{e}^{\mathrm{j}\omega t}\right] \\[1mm] i(z,t) = R_{\mathrm{e}}\left[I(z)\mathrm{e}^{\mathrm{j}\omega t}\right] \end{cases} \tag{5-11}$$

将式(5-11)代入式(5-10)式,即可得时谐传输线方程为

$$\begin{cases} \dfrac{\mathrm{d}U(z)}{\mathrm{d}z} = (R+\mathrm{j}\omega L)I(z) = ZI(z) \\[2mm] \dfrac{\mathrm{d}I(z)}{\mathrm{d}z} = (G+\mathrm{j}\omega C)U(z) = YU(z) \end{cases} \tag{5-12}$$

$Z = R+\mathrm{j}\omega L$ 和 $Y = G+\mathrm{j}\omega C$ 分别称为单位长度串联阻抗(Ω/m)单位长度并联导纳($\mathrm{S/m}$),这里着重研究时谐(正弦或余弦)的变化情况。

1. 均匀传输线方程的解

将式(5-12)两边微分并将式 $Z = R+\mathrm{j}\omega L$ 和 $Y = G+\mathrm{j}\omega C$ 代入得

$$\begin{cases} \dfrac{\mathrm{d}^2 U(z)}{\mathrm{d}z^2} - (R+\mathrm{j}\omega L)(G+\mathrm{j}\omega C)U(z) = 0 \\[2mm] \dfrac{\mathrm{d}^2 I(z)}{\mathrm{d}z^2} - (R+\mathrm{j}\omega L)(G+\mathrm{j}\omega C)I(z) = 0 \end{cases} \tag{5-13}$$

$\gamma^2 = ZY = (R+\mathrm{j}\omega L)(G+\mathrm{j}\omega C)$,则式(5-13)可写为

$$\begin{cases} \dfrac{\mathrm{d}^2 U(z)}{\mathrm{d}z^2} - \gamma^2 U(z) = 0 \\[2mm] \dfrac{\mathrm{d}^2 I(z)}{\mathrm{d}z^2} - \gamma^2 I(z) = 0 \end{cases} \tag{5-14}$$

显然,电压和电流均满足一维波动方程。电压的通解为

$$U(z) = U_{+}(z) + U_{-}(z) = A_1 \mathrm{e}^{+\gamma z} + A_2 \mathrm{e}^{-\gamma z} \tag{5-15}$$

式中,A_1 和 A_2 为待定系数,由边界条件确定。利用式(5-12),可得电流的通解为

$$I(z) = I_{+}(z) + I_{-}(z) = \frac{1}{Z_0}(A_1 \mathrm{e}^{+\gamma z} - A_2 \mathrm{e}^{-\gamma z}) \tag{5-16}$$

式中,$Z_0 = \sqrt{\dfrac{Z}{Y}} = \sqrt{\dfrac{R+\mathrm{j}\omega L}{G+\mathrm{j}\omega C}}$,是传输线的特征阻抗。

令 $\gamma = \alpha + \mathrm{j}\beta$,则可得传输线上的电压和电流的瞬时值表达式为

$$\begin{aligned} u(z,t) &= u_{+}(z,t) + u_{-}(z,t) \\ &= A_1 \mathrm{e}^{\alpha z}\cos(\omega t + \beta z) + A_2 \mathrm{e}^{-\alpha z}\cos(\omega t - \beta z) \end{aligned} \tag{5-17}$$

$$\begin{aligned} i(z,t) &= i_{+}(z,t) + i_{-}(z,t) \\ &= \frac{1}{Z_0}\left[A_1 \mathrm{e}^{\alpha z}\cos(\omega t + \beta z) - A_2 \mathrm{e}^{-\alpha z}\cos(\omega t - \beta z)\right] \end{aligned} \tag{5-18}$$

由式(5-17)和式(5-18)可见,传输线上电压和电流以波的形式传播,在任一点的电压或电流均由沿$-z$方向传播的行波(称为入射波)和沿$+z$方向传播的行波(称为反射波)叠加而成。现在来确定待定系数,可知,传输线的边界条件通常有以下3种:

(1)已知终端电压$\dot{U}_1$和终端电流I_1。

(2)已知始端电压U_i和始端电流I_i。

(3)已知信源电动势E_g和内阻Z_g及负载阻抗Z_1。

2. 传输线的工作特性参数

1)特性阻抗Z_0

将传输线上导行波的电压与电流之比定义为传输线的特性阻抗,用Z_0来表示,其倒数称为特性导纳,用Y_0来表示。由定义得

$$Z_0(z) = \frac{U_+(z)}{I_+(z)} = -\frac{U_-(z)}{I_-(z)}$$

由式(5-6)及式(5-7)得特性阻抗的一般表达式为

$$Z_0 = \sqrt{\frac{Z}{Y}} = \sqrt{\frac{R+j\omega L}{G+j\omega C}} \tag{5-19}$$

可见特性阻抗Z_0通常是个复数,且与工作频率有关。它由传输线自身分布参数决定,而与负载及信源无关,故称为特性阻抗。

对于均匀无耗传输线,$R=G=0$,传输线的特性阻抗为

$$Z_0 = \sqrt{\frac{L}{C}} \tag{5-20}$$

对于直径为d、间距为D的平行双导线传输线,其特性阻抗为

$$Z_0 = \frac{120}{\sqrt{\varepsilon_r}} \ln \frac{2D}{d} \tag{5-21}$$

式中,ε_r为导线周围填充介质的相对介电常数。常用的平行双导线传输线的特性阻抗有250Ω、400Ω和600Ω 3种。对于内、外导体半径分别为a、b的无耗同轴线,其特性阻抗为

$$Z_0 = \frac{60}{\sqrt{\varepsilon_r}} \ln \frac{b}{a} \tag{5-22}$$

式中,ε_r为同轴线内、外导体间填充介质的相对介电常数。常用的同轴线的特性阻抗有50Ω和75Ω两种。两种典型传输线特性参数如表5-6所列。

表 5-6 两种典型传输线特性参数

特性参数＼传输线形式		
分布电容 $C/(\text{F/m})$	$2\pi\varepsilon/\ln(D/d)$	$\pi\varepsilon/\ln(2D/d)$
分布电感 $L/(\text{H/m})$	$\dfrac{\mu}{2\pi}\ln(D/d)$	$\dfrac{\mu}{\pi}\ln(2D/d)$
分布电导 $G/(\text{S/m})$	$2\pi\sigma/\ln(D/d)$	$\pi\sigma/\ln(2D/d)$
分布电阻 $R/(\Omega/\text{m})$	$\dfrac{R_s}{\pi}\left(\dfrac{1}{D}+\dfrac{1}{d}\right)$	$\dfrac{2R_s}{\pi d}$
特性阻抗 Z_0/Ω	$\dfrac{\eta}{2\pi}\ln(D/d)$	$\dfrac{\eta}{\pi}\ln(2D/d)$

2)传播常数 $\gamma = \alpha + j\beta$

传播常数 γ 是描述传输线上导行波沿导波系统传播过程中衰减和相移的参数,通常为复数,由前面分析可知

$$\gamma = \sqrt{(R+j\omega L)(G+j\omega C)} = \alpha + j\beta \qquad (5\text{-}23)$$

式中,α 为衰减常数,dB/m(有时也用 Np/m,1Np/m = 8.86dB/m);β 为相移常数,rad/m。

对于无耗传输线,$R=G=0$,则 $\alpha=0$,此时 $\gamma=j\beta,\beta=\omega\sqrt{LC}$。

5.4 传输线阻抗与状态参量

传输线上任意一点电压与电流之比称为传输线在该点的阻抗,它与导波系统的状态特性有关。由于微波阻抗是不能直接测量的,只能借助于状态参量如反射系数或驻波比的测量而获得,为此,引入以下 3 个重要的物理量:输入阻抗、反射系数和驻波比。

1. 输入阻抗

由上一节可知,对无耗均匀传输线,线上各点电压 $U(z)$、电流 $I(z)$ 与终端电压 U_1、终端电流 I_1 的关系为

$$\begin{cases} U(z) = A_1 \left[e^{(\alpha+j\beta)z} + \Gamma_1 e^{-(\alpha+j\beta)z} \right] \\ I(z) = \dfrac{A_1}{Z_0} \left[e^{(\alpha+j\beta)z} - \Gamma_1 e^{-(\alpha+j\beta)z} \right] \end{cases} \qquad (5\text{-}24)$$

定义:传输线上任意点电压 $U(z)$ 与电流 $I(z)$ 之比定义为该点向负载方向看进去的输入阻抗 $Z_{in}(z)$,即

$$Z_{in}(z) = \frac{U(z)}{I(z)} \qquad (5\text{-}25)$$

$$Z_{in}(z) = Z_0 \frac{Z_L + jZ_0 \tan(\beta z)}{Z_0 + jZ_L \tan(\beta z)} \qquad (5\text{-}26)$$

Z_L 为终端负载阻抗。上式表明:均匀无耗传输线上任意一点的输入阻抗与观察点的位置/传输线的特性阻抗、终端负载阻抗及工作频率有关,且一般为复数,故不宜直接测量。另外,无耗传输线上任意相距 $\lambda/2$ 处的阻抗相同,一般称为 $\lambda/2$ 重复性。

2. 反射系数

定义传输线上任意一点 z 处的反射波电压(或电流)与入射波电压(或电流)之比为电压(或电流)反射系数,即

$$\Gamma_u(z) = \frac{U_r(z)}{U_i(z)} \qquad (5\text{-}27a)$$

$$\Gamma_i(z) = \frac{I_r(z)}{I_i(z)} \qquad (5\text{-}27b)$$

因此只需讨论其中之一即可。通常将电压反射系数简称为反射系数,并记做 $\Gamma(z)$,并考虑到 $\gamma=\alpha+j\beta$ 有

$$\Gamma(z) = \frac{Z_L - Z_0}{Z_0 + Z_L} e^{-2\gamma z} = |\Gamma(z)| e^{j\phi(z)} = \Gamma_L e^{-2\alpha z} e^{-j2\beta z} \qquad (5\text{-}28)$$

式中，$\Gamma_L = \dfrac{Z_L - Z_0}{Z_0 + Z_L} = |\Gamma_L| e^{j\phi_L}$，称为终端反射系数。于是任意点反射系数可用终端反射系数表示为

$$\Gamma(z) = \Gamma_L e^{-j2\beta z} = |\Gamma_L| e^{j(\phi_L - 2\beta z)} \tag{5-29}$$

由此可见，对于均匀无耗传输线来说，任意点反射系数 $\Gamma(z)$ 大小均相等，沿线只有相位按周期变化，其周期为 $\lambda/2$，即反射系数也具有 $\lambda/2$ 重复性。

3. 输入阻抗与反射系数的关系

$$\begin{cases} U(z) = U_i(z) + U_r(z) = U_i(z)[1 + \Gamma(z)] \\ I(z) = I_i(z) + I_r(z) = I_i(z)[1 - \Gamma(z)] \end{cases} \tag{5-30}$$

于是有

$$Z_{in}(z) = \frac{U(z)}{I(z)} = Z_0 \frac{1 + \Gamma(z)}{1 - \Gamma(z)} \tag{5-31}$$

式中，Z_0 为传输线特性阻抗。式(5-28)还可以写成

$$\Gamma(z) = \frac{Z_{in}(z) - Z_0}{Z_{in}(z) + Z_0} \tag{5-32}$$

由此可见，当传输线特性阻抗一定时，输入阻抗与反射系数有一一对应的关系，因此，输入阻抗 $Z_{in}(z)$ 可通过反射系数 $\Gamma(z)$ 的测量来确定。

当 $z = 0$ 时，$\Gamma(0) = \Gamma_l$，则终端负载阻抗 Z_L 与终端反射系数 Γ_L 的关系为

$$Z_L = Z_0 \frac{1 + \Gamma_L}{1 - \Gamma_L} \tag{5-33}$$

显然，当 $Z_L = Z_0$ 时，$\Gamma_L = 0$，即负载终端无反射，此时传输线上反射系数处处为零，一般称为负载匹配。而当 $Z_L \neq Z_0$ 时，负载端就会产生一反射波，向信源方向传播，若信源阻抗与传输线特性阻抗不相等时，则它将再次被反射。

4. 驻波比

由前面分析可知，终端不匹配的传输线上各点的电压和电流由入射波和反射波叠加而成，结果在线上形成驻波。对于无耗传输线，沿线各点的电压和电流的振幅不同，以 $\lambda/2$ 为周期变化。为了描述传输线上驻波的大小，引入一个新的参量——电压驻波比。

定义传输线上波腹点电压振幅与波节点电压振幅之比为电压驻波比，用 ρ 表示为

$$\rho = \frac{|U|_{max}}{|U|_{min}} \tag{5-34}$$

电压驻波比有时也称为电压驻波系数，简称驻波系数，其倒数称为行波系数，用 K 表示。于是有

$$K = \frac{1}{\rho} = \frac{|U|_{max}}{|U|_{min}} = \frac{1 - |\Gamma_L|}{1 + |\Gamma_L|} \tag{5-35}$$

由于传输线上电压是由入射波电压和反射波电压叠加而成的，因此电压最大值位于入射波和反射波相位相同处，而最小值位于入射波和反射波相位相反处，即有

$$\begin{cases} |U|_{max} = U_i(z)[1 + |\Gamma(z)|] = U_i(z)[1 + |\Gamma_L|] \\ |U|_{min} = U_i(z)[1 - |\Gamma(z)|] = U_i(z)[1 - |\Gamma_L|] \end{cases} \tag{5-36}$$

$$\rho = \frac{1 + |\Gamma_L|}{1 - |\Gamma_L|} \tag{5-37}$$

由此可知,当 $\Gamma_L=0$。即传输线上无反射波时,电压驻波比 $\rho=1$,而当 $|\Gamma_L|=1$,即传输线上全反射时,驻波比 $\rho \to \infty$,因此电压驻波比 ρ 的取值范围为 $1 \leqslant \rho \leqslant \infty$。可见,电压驻波比和反射系数一样,可用来描述传输线的工作状态。

5.5 无耗传输线的状态分析

对于无耗传输线,负载阻抗不同则波的反射也不同,反射波不同则合成波不同,合成波不同则意味着传输线有不同的工作状态,归纳起来,无耗传输线有 3 种不同的工作状态,即行波状态、纯驻波状态、行驻波状态。下面分别讨论之。

1. 行波状态

行波状态就是无反射的传输状态,此时反射系数 $\Gamma_1=0$,而负载阻抗等于传输线的特性阻抗,即 $Z_1=Z_0$,也可称此时的负载为匹配负载。处于行波状态的传输线上只存在一个由信源传向负载的单向行波,此时传输线上任意一点的反射系数 $\Gamma(z)=0$,将之代入式(5-30)就可得行波状态下传输线上的电压和电流。

$$\begin{cases} U(z)=U_+(z)=A_1 e^{j\beta z} \\ I(z)=I_+(z)=\dfrac{A_1}{Z_0}e^{j\beta z} \end{cases} \tag{5-38}$$

设 $A_1=|A_1|e^{j\phi_0}$,考虑到时间因子 $e^{j\omega t}$,则传输线上电压和电流的瞬时表达式为

$$\begin{cases} u(t,z)=|A_1|\cos(\omega t+\beta z+\phi_0) \\ i(t,z)=\dfrac{|A_1|}{Z_0}\cos(\omega t+\beta z+\phi_0) \end{cases} \tag{5-39}$$

此时传输线上任意一点 z 处的输入阻抗为

$$z_{in}(z)=Z_0 \tag{5-40}$$

综上所述,对无耗传输线的行波状态有以下结论:

(1)沿线电压和电流振幅不变,电压驻波比 $\rho=1$。

(2)电压和电流在任意点上都同相。

(3)传输线上各点阻抗均等于传输线特性阻抗。

2. 纯驻波状态

纯驻波状态就是全反射状态,也即终端反射系数 $|\Gamma_L|=1$。在此状态下,由式(5-33),负载阻抗必须满足

$$\left|\frac{Z_L-Z_0}{Z_L+Z_0}\right|=|\Gamma_L|=1 \tag{5-41}$$

由于无耗传输线的特性阻抗 Z_0 为实数,因此要满足式(5-41),负载阻抗必须为短路($Z_L=0$)、开路($Z_L \to \infty$)或纯电抗($Z_L=jX_L$)3 种情况之一。在上述 3 种情况下,传输线上入射波在终端将全部被反射,沿线入射波和反射波叠加都形成纯驻波分布,唯一的差异在于驻波的分布位置不同。下面以终端短路为例分析纯驻波状态。

终端负载短路时,即负载阻抗 $Z_L=0$,终端反射系数 $|\Gamma_1|=-1$,而电压驻波比 $\rho \to \infty$,此时,传输线上任意点 z 处的反射系数为 $\Gamma(z)=-e^{-j2\beta z}$,将之代入式(5-38),并经整理得

$$\begin{cases} U(z) = A_1 \mathrm{e}^{\mathrm{j}\beta z} \quad [1 + \Gamma_\mathrm{L} \mathrm{e}^{-\mathrm{j}2\beta z}] = \mathrm{j}2A_1 \sin\beta z \\ I(z) = \dfrac{A_1}{Z_0} \mathrm{e}^{\mathrm{j}\beta z} [1 - \Gamma_\mathrm{L} \mathrm{e}^{-\mathrm{j}2\beta z}] = \dfrac{2A_1}{Z_0} \cos\beta z \end{cases} \tag{5-42}$$

设 $A_1 = |A_1| \mathrm{e}^{\mathrm{j}\phi_0}$，考虑到时间因子 $\mathrm{e}^{\mathrm{j}\omega t}$，则传输线上电压、电流瞬时表达式为

$$\begin{cases} u(t,z) = 2|A_1| \cos(\omega t + \phi_0 + \dfrac{\pi}{2}) \sin\beta z \\ i(t,z) = \dfrac{2|A_1|}{Z_0} \cos(\omega t + \phi_0) \cos\beta z \end{cases} \tag{5-43}$$

图 5-8 给出了终端短路时沿线电压、电流瞬时变化的幅度分布及阻抗变化的情形。对无耗传输线终端短路情形有以下结论：

(1)沿线各点电压和电流振幅按余弦规律变化，电压和电流相位相差 $90°$，功率为无功功率，即无能量传输。

(2)在 $z = n\lambda/2$ $(n=0,1,2,\cdots)$ 处电压为零，电流的振幅值最大且等于 $2|A_1|/Z_0$，称这些位置为电压波节点，在 $z = n\lambda/2$ $(n=0,1,2,\cdots)$ 处电压的振幅值最大且等于 $2|A_1|$，而电流为零，称这些位置为电压波腹点。

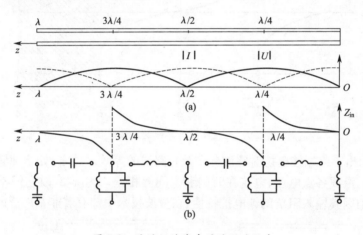

图 5-8　终端短路线中的纯驻波状态

(3)传输线上各点阻抗为纯电抗，在电压波节点处 $Z_\mathrm{in} = 0$，相当于串联谐振，在电压波腹点处 $Z_\mathrm{in} \to \infty$，相当于并联谐振，在 $0 < z < \lambda/4$ 内，$Z_\mathrm{in} = \mathrm{j}X$ 相当于一个纯电感，在 $\lambda/4 < z < \lambda/2$ 内，$Z_\mathrm{in} = -\mathrm{j}X$ 相当于一个纯电容，从终端起每隔 $\lambda/4$ 阻抗性质就变换一次，这种特性称为 $\lambda/4$ 阻抗变换性。

根据同样的分析，终端开路时传输线上的电压和电流也呈纯驻波分布，因此也只能存储能量而不能传输能量。在 $Z_\mathrm{in} = n\lambda/2$ $(n=0,1,2,\cdots)$ 处为电压波腹点，而在 $Z_\mathrm{in} = (2n+)\lambda/4$ $(n=0,1,2,\cdots)$ 处为电压波节点。实际上终端开口的传输线并不是开路传输线，因为在开口处会有辐射，所以理想的终端开路线是在终端开口处接上 $\lambda/4$ 短路线来实现的。图 5-9 给出了终端开路时的驻波分布特性。O' 位置为终端开路处，OO' 为 $\lambda/4$ 短路线。

当均匀无耗传输线端接纯电抗负载 $Z_\mathrm{L} = \pm \mathrm{j}X_\mathrm{L}$ 时，因负载不能消耗能量，仍将产生全反射，入射波和反射波振幅相等，但此时终端既不是波腹点也不是波节点，沿线电压、电

流仍按纯驻波分布。由前面分析得小于 $\lambda/4$ 的短路线相当于一纯电感,因此当终端负载为 $Z_L = jX_L$ 的纯电感时,可用长度小于 $\lambda/4$ 的短路线 l_{sl} 来代替,得

$$l_{sl} = \frac{\lambda}{2\pi}\arctan\left(\frac{X_L}{Z_0}\right) \tag{5-44}$$

同理可得,当终端负载为 $Z_L = -jX_L$ 的纯电容时,可用长度小于 $\lambda/4$ 的开路线 l_{oc} 来代替(或用长度为大于 $\lambda/4$ 小于 $\lambda/2$ 的短路线来代替),其中:

$$l_{oc} = \frac{\lambda}{2\pi}\arctan\left(\frac{X_C}{Z_0}\right) \tag{5-45}$$

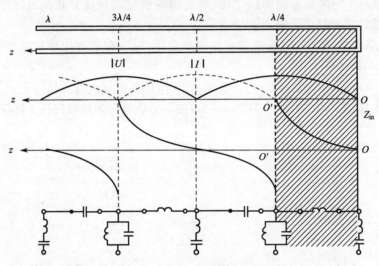

图 5-9　无耗终端开路线的驻波特性

图 5-10 给出了终端接电抗时驻波分布及短路线的等效。总之,处于纯驻波工作状态的无耗传输线,沿线各点电压、电流在时间和空间上相差均为 $\pi/2$,故它们不能用于微波功率的传输,但因其输入阻抗的纯电抗特性,在微波技术中却有着非常广泛的应用。

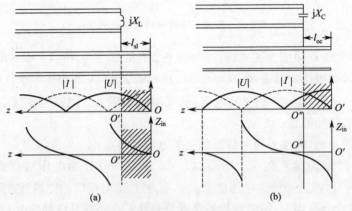

(a)　　　　　　　　　　　(b)

图 5-10　终端接电抗时驻波分布

3. 行驻波状态

当微波传输线终端接任意复数阻抗负载时,由信号源入射的电磁波功率一部分被终端负载吸收,另一部分则被反射,因此传输线上既有行波又有纯驻波,构成混合波状态,故

称为行驻波状态。

设终端负载为 $Z_L = R_L \pm jX_L$，由式(5-33)得终端反射系数为

$$\Gamma_L = \frac{Z_L - Z_0}{Z_0 + Z_L} = |\Gamma_L|\,e^{\pm j\phi_L} \tag{5-46}$$

式中，

$$|\Gamma_L| = \sqrt{\frac{(R_L - Z_0)^2 + X_L^2}{(R_L + Z_0)^2 + X_L^2}} < 1; \phi_L = \arctan\frac{2X_L Z_0}{R_L^2 + X_L^2 - Z_0^2} \tag{5-47}$$

由式可得传输线上各点电压、电流的时谐表达式为

$$\begin{cases} U(z) = A_1 e^{j\beta z}\left[1 + \Gamma_L e^{-j2\beta z}\right] \\[2mm] I(z) = \dfrac{A_1}{Z_0} e^{j\beta z}\left[1 - \Gamma_L e^{-j2\beta z}\right] \end{cases} \tag{5-48}$$

电压、电流振幅表达式为

$$\begin{cases} U(z) = A_1\left[e^{j\beta z} + \Gamma_L e^{-j\beta z}\right] = A_1 e^{j\beta z}\left[1 + \Gamma_L e^{-j2\beta z}\right] \\[2mm] I(z) = \dfrac{A_1}{Z_0}\left[e^{j\beta z} - \Gamma_L e^{-j\beta z}\right] = \dfrac{A_1}{Z_0} e^{j\beta z}\left[1 - \Gamma_L e^{-j2\beta z}\right] \end{cases} \tag{5-49}$$

$$\begin{cases} |U(z)| = |A_1|\sqrt{\left[1 + |\Gamma_L|^2 + 2|\Gamma_L|\cos(\phi_L - 2\beta z)\right]} \\[2mm] |I(z)| = \dfrac{|A_1|}{Z_0}\sqrt{\left[1 + |\Gamma_L|^2 - 2|\Gamma_L|\cos(\phi_L - 2\beta z)\right]} \end{cases} \tag{5-50}$$

传输线上任意点输入阻抗为复数，其表达式为

$$Z_{in}(z) = Z_0\frac{Z_L + jZ_0\tan(\beta z)}{Z_0 + jZ_L\tan(\beta z)} = Z_0 \tag{5-51}$$

图 5-11 给出了行驻波条件下传输线上电压和电流的分布。讨论：

(1)当 $\cos(\phi_1 - 2\beta z) = 1$ 时，电压幅度最大，而电流幅度最小，此处称为电压的波腹点，对应位置为

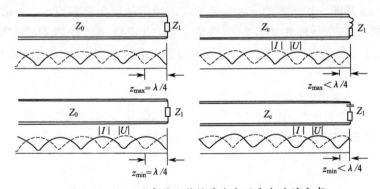

图 5-11 行驻波条件下传输线上电压和电流的分布

$$\cos(\phi_L - 2\beta z) = 1 \Rightarrow z_{max} = \frac{\lambda\phi_L}{4\pi} + n\frac{\lambda}{2} \quad n = 0, 1, 2, \cdots \tag{5-52}$$

电压和电流的振幅为

$$\begin{cases} |U(z)|_{max} = |A_1|\sqrt{\left[1 + |\Gamma_L|^2 + 2|\Gamma_L|\cos(\phi_L - 2\beta z)\right]} = |A_1|(1 + |\Gamma_L|) \\[2mm] |I(z)|_{min} = \dfrac{|A_1|}{Z_0}\sqrt{\left[1 + |\Gamma_L|^2 - 2|\Gamma_L|\cos(\phi_L - 2\beta z)\right]} = \dfrac{|A_1|}{Z_0}(1 - |\Gamma_L|) \end{cases} \tag{5-53}$$

于是可得电压波腹点阻抗为纯电阻,其值为

$$R_{\max}=Z_0\frac{1+|\Gamma_L|}{1-|\Gamma_L|}=Z_0\rho>Z_0 \quad 1<\rho<\infty \tag{5-54}$$

(2)当 $\cos(\phi_1-2\beta z)=-1$ 时,电压幅度最小,而电流幅度最大,此处称为电压的波节点,对应位置为

$$\cos(\phi_L-2\beta z)=-1\Rightarrow z_{\min}=\frac{\lambda\phi_L}{4\pi}+\frac{\lambda}{4}+n\frac{\lambda}{2} \quad n=0,1,2,\cdots \tag{5-55}$$

相应的电压和电流的振幅为

$$\begin{cases} |U(z)|_{\min}=|A_1|\sqrt{[1+|\Gamma_L|^2+2|\Gamma_L|\cos(\phi_L-2\beta z)]}=|A_1|(1-|\Gamma_L|) \\ |I(z)|_{\max}=\dfrac{|A_1|}{Z_0}\sqrt{[1+|\Gamma_L|^2-2|\Gamma_L|\cos(\phi_L-2\beta z)]}=\dfrac{|A_1|}{Z_0}(1+|\Gamma_L|) \end{cases} \tag{5-56}$$

输入阻抗为纯电阻,即

$$R_{\min}=Z_0\frac{1-|\Gamma_L|}{1+|\Gamma_L|}=Z_0K<Z_0 \quad 0<K<1 \tag{5-57}$$

可见,电压波腹点和波节点相距 $\lambda/4$,且两点阻抗有以下关系,即

$$R_{\max}R_{\min}=Z_0^2 \tag{5-58}$$

实际上,无耗传输线上距离为 $\lambda/4$ 的任意两点的阻抗的乘积均等于传输线特性阻抗的平方,这种特性称为 $\lambda/4$ 阻抗变换性。

5.6 Smith 圆图

前面几个小节描述了传输线的基本工作方式。输入阻抗可以用反射系数计算,但是计算过程相对复杂且容易出错。为了简化计算,Simth 开发了以保角映射原理为基础的图解方法。这种方法即在同一幅图中简单、直观地显示传输线的特性阻抗和反射系数,该图简称为 Simth 圆图。其运算的主要步骤是先由特定的保角变换完成 Simth 圆图,再通过在这个新的复平面上标注的反射系数的关系,直接找出传输线的输入阻抗。因此 Smith 圆图简化了复杂电路结构的计算,这些电路可用于滤波器和对有源器件的匹配网络中。

例 5-1 Smith 圆图的基本运用。

一个 $40+j70\Omega$ 的负载阻抗接在一个 100Ω 的传输线上,其长度为 0.3λ。求负载处的反射系数、线的输入端的反射系数、输入阻抗、线的 SWR 及回波损耗。

解 先求归一化负载阻抗为

$$z_L=\frac{Z_L}{Z_0}=0.4+j0.7$$

归一化负载阻抗 z_L 可以画在 Smith 圆图上,如图 5-12 所示。利用一个圆规及圆图下面的电压反射系数标尺,可以读出负载处的反射系数幅值 $|\Gamma|=0.59$。同样的圆规张口应用于驻波比标尺读得 SWR=3.87,应用于回波损耗标尺读得 $R_L=4.6$dB。现在,通过阻抗负载点画一个径向线,然后从它与图的外围标尺上的交点读出负载处的反射系数的幅角为 $104°$。

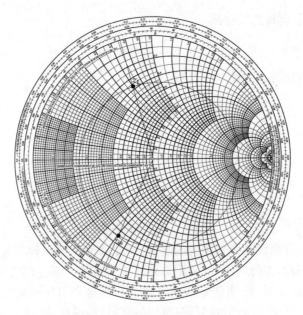

图 5-12　例 5-1 中的 Smith 圆图

现在通过负载阻抗点画一个 SWR 圆,读出幅值在朝向波源波长标尺上的参考位置的值为 0.106λ。向着波源方向移动 0.3λ,把我们带到 WTG 标尺上的 0.406λ。在此位置画一条径向线,它与 SWR 圆的交点给出了归一化输入阻抗值 $z_{in}=0.365-j0.611\Omega$。于是传输线的输入阻抗为

$$Z_{in}=Z_0 z_{in}=36.5-j61.1\Omega$$

输入端的反射系数幅值为 $|\Gamma|=0.59$,相位角由径向线在标尺上读得为 $248°$。

5.6.1　特殊变换

工作频率控制了归一化传输线阻抗圆上的点绕 Smith 圆图旋转的量。因此,在确定的工作频率下,可以根据线长和终端负载条件确定电感性阻抗和电容性阻抗。它的优点是通过分布电路分析计算集总元件参数。下面讨论终端开路线和终端短路线对产生电感性阻抗和电容性阻抗的作用。

沿着 $r=0$ 圆能够获得纯电感性或纯电容性电抗。起始点是右手位置($\Gamma_0=1$)向振荡器即顺时针方向旋转。

下面给出容性电抗 $-jX_C$ 的实现条件,即

$$\frac{1}{j\omega C}\frac{1}{Z_0}=z_{in}=-j\cot(\beta d_1) \tag{5-59}$$

由式(5-59)求出线长 d_1 为

$$d_1=\frac{1}{\beta}\left[\text{arccot}\left(\frac{1}{\omega C Z_0}\right)+n\pi\right] \tag{5-60}$$

式中,$n\pi(n=1,2,\cdots)$ 为余切函数的周期性。同理,感性电抗 jX_C 可通过下面的条件实现:

$$j\omega L\frac{1}{Z_0}=z_{in}=-j\cot(\beta d_2) \tag{5-61}$$

91

容性电抗－jX_C 实现的条件是

$$\frac{1}{j\omega C}\frac{1}{Z_0}=z_{in}=j\tan(\beta d_1)\tag{5-62}$$

由式(5-62)求得线长 d_1 是

$$d_1=\frac{1}{\beta}\left[\pi-\arctan\left(\frac{1}{\omega CZ_0}\right)+n\pi\right]\tag{5-63}$$

另外,感性电抗－jX_L 实现的条件是

$$j\omega L\,\frac{1}{Z_0}=z_{in}=j\tan(\beta d_2)\tag{5-64}$$

求出线长 d_2 是

$$d_2=\frac{1}{\beta}\left[\arctan\left(\frac{\omega L}{Z_0}\right)+n\pi\right]\tag{5-65}$$

在高频电路中,开路线会受到周围的温度、湿度和介质等其他参量的影响,很难保持理想的开路条件,因此,实际应用中,采用短路线更为有效。不过,在很高频率或者当用通孔连接在印制电路板上时,纵使是短路线终端也会因自身引发的附加寄生电感出问题。此外,如果电路布线区域非常小,就只好选择最短的传输线段,这时就只好用开路线。

5.6.2 阻抗 Smith 圆图

在射频电路中,确定高频电路阻抗响应非常关键。因为只有详细了解阻抗特性,才能清楚 RF/MW 系统的性能。下面利用 Smith 圆图这种新的方法,来介绍简单、有效确定阻抗的具体过程。一个典型的电路包含一个负载阻抗 Z_L、一个特性阻抗 Z_0 和长为 d 的传输线,用 Smith 圆图计算,可以按以下 6 步进行:

(1)用线阻抗 Z_0 归一化负载阻抗 Z_L,求出 z_L。

(2)在 Smith 圆图内找出 z_L 的位置。

(3)在 Smith 圆图内认出其对应的负载反射系数 Γ_0,用幅度和相位表示。

(4)用 2 倍电长度 βd 旋转 Γ_0,获得 $\Gamma_{in}(d)$。

(5)记录特定位置 d 处的归一化输入阻抗 z_{in}。

(6)转换 z_{in} 到实际的阻抗 Z_{in}。

手工实现这些步骤既麻烦又容易出错,但是随着计算机技术的发展,依靠计算机可以很快地算出一个高精确度的结果。

此外,也可从 SWR 的基本定义出发。对于沿传输线的任意距离 d,驻波比可以表示为

$$SWR(d)=\frac{1+|\Gamma(d)|}{1-|\Gamma(d)|}\tag{5-66}$$

$$SWR(d)=\frac{1+|\Gamma(d)|}{1-|\Gamma(d)|}\tag{5-67}$$

$$|\Gamma(d)|=\frac{SWR-1}{SWR+1}\tag{5-68}$$

这是用 SWR 表示的反射系数。等 SWR 画在 Simth 圆图中就是个圆,匹配条件 $\Gamma(d)=0$ 是原点。

可以看出,由给定反射系数确定阻抗的表达式很相似,即

$$Z(d) = Z_0 \frac{1 + \Gamma(d)}{1 - \Gamma(d)} \tag{5-69}$$

该相似性和 $|\Gamma(d)| \leqslant 1$，即 SWR 不小于 1 的事实，表明 SWR 的实际数值能从 Smith 圆图求出，其值由半径为 $|\Gamma(d)| < 1$ 的圆与正实数轴的交叉点决定。

5.6.3 导纳 Simth 圆图

从归一化输入阻抗表达式可获得归一化导纳的表达式是

$$y_{in} = \frac{Y_{in}}{Y_0} = \frac{1}{z_{in}} = \frac{1 - \Gamma(d)}{1 + \Gamma(d)} \tag{5-70}$$

式中，$Y_0 = 1/Z_0$，用图解法在 Smith 圆图上表示，可以有好几种选择。最简单直接显示导纳的方法是在普通的 Smith 圆图或 Z—Smith 圆图上辨认导纳 y_{in}。y_{in} 是从归一化输入阻抗和反射系数求出的，即

$$y_{in} = \frac{1 - \Gamma(d)}{1 + \Gamma(d)} = \frac{1 + e^{-j\pi}\Gamma(d)}{1 - e^{-j\pi}\Gamma(d)} \tag{5-71}$$

由式(5-71)可以看出，在归一化输入阻抗的表达式中用 $-1 = e^{-j\pi}$ 去乘反射系数，就得到导纳 y_{in}，等效于在 Γ 复平面上旋转 $180°$。

例 5-2 用 Smith 圆图将阻抗转换为导纳。

转换归一化输入阻抗 $z_{in} = 1 + j = \sqrt{2}\,e^{j\pi/4}$ 为归一化导纳，并在 Smith 圆图上显示它。

解 导纳能用阻抗直接倒置求出，即

$$|U_{out}| = |U_b| \frac{R_L}{\left| R_L + \frac{1}{j\omega_0 C_L} \right|} = 0.79 |U_b|$$

在 Smith 圆图上，简单地将对应 z_{in} 的反射系数旋转 $180°$，由此点得到的阻抗就等于 y_{in}，如图 5-13 所示。为了去归一化 y_{in}，再乘以阻抗的归一化系数的倒数，从而有

$$Y_{in} = \frac{1}{Z_0} y_{in} = Y_0 y_{in}$$

为了从阻抗转换到导纳表示式，只需要在 Γ 平面上旋转 $180°$，该点即为原点的映像点。

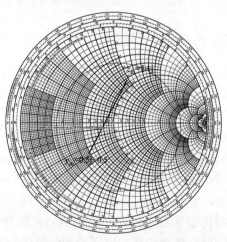

图 5-13   阻抗转换为导纳图

但在实际应用中,通常采用旋转 Smith 圆图,而并非在 Z-Smith 圆图上将反射系数旋转 $180°$。用这种办法得到的圆图称为导纳 Smith 圆图(Y-Smith 圆图),对应的归一化电阻变为归一化电导,归一化电抗则变为归一化电纳。表达式为

$$r = \frac{R}{Z_0} \rightarrow g = \frac{G}{Y_0} = Z_0 G$$

$$x = \frac{X}{Z_0} \rightarrow b = \frac{B}{Y_0} = Z_0 B$$

对于特定的归一化电阻抗点 $z_L = 0.6 + j1.2$,转换为导纳后重新描绘在图 5-14 上。

如图 5-14(a)所示,转换保持方向不变,该方向反射系数的角度是可以测量得到的:图 5-14(b)的旋转方向不变。短路线条件在 Z-Smith 圆图中是 $z_L = 0$,在 Y-Smith 圆图中是 $y_L = \infty$;相反,开路线在 Z-Smith 圆图中是 $z_L = \infty$,在 Y-Smith 圆图中是 $y_L = 0$。而且从图中可以看出,圆图的上半平面是负电纳,对应电感性;下半平面是正电纳,对应电容性。导纳的实部是从右向左增加的。

需要补充的一点是:经常应用的导纳 Smith 圆图和未经旋转的阻抗圆图具有相同的形式,在这种情况下,反射系数的相角是从圆图的相反端点量度的。

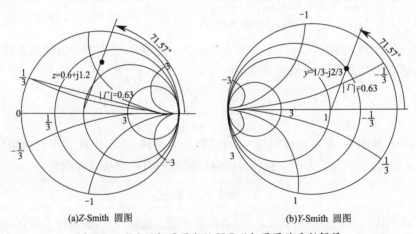

(a)Z-Smith 圆图   (b)Y-Smith 圆图

图 5-14　Z-Smith 圆图当做 Y-Smith 圆图的重新解释

5.6.4　阻抗——导纳组合 Smith 圆图

Smith 圆图还可以用于阻抗和导纳之间的转换。基于这一事实,在归一化导纳形式下,连接到 $\lambda/4$ 传输线的负载输入阻抗为

$$z_{in} = 1/z_L$$

它具有把归一化阻抗变换为归一化导纳的作用。

因为绕 Smith 圆图完整的一圈对应着 $\lambda/2$ 的长度,所以 $\lambda/4$ 的变换等价于在圆图上旋转 $180°$,等价于一个给定的阻抗(或导纳点)穿过圆图的中心就得到对应的导纳点。所以在求解问题时,同一个 Smith 圆图既可以用做阻抗计算,也可以用做导纳计算。于是,在不同的求解阶段,圆图有可能是阻抗 Smith 圆图,也有可能是导纳 Smith 圆图。这样做可以在处理过程中减少复杂度,避免出错。这样的圆图称为阻抗——导纳 Smith 圆图。阻抗和导纳常用不同的颜色表示,如图 5-15 所示。显示组合的 ZY-Smith 圆图可以使阻抗

和导纳之间直接转换,换句话说,一个点在组合圆图上的解释依然是由选择 Z 圆图还是由选择 Y 圆图而定的。

例 5-3 组合的 ZY-Smith 圆图的应用。

在组合的 ZY—Smith 圆图中标出归一化阻抗值 $z=0.5+j0.5$ 和归一化导纳值 $y=1+j2$,并求出对应的归一化导纳和阻抗值。

解 首先考虑归一化阻抗值 $z_L=0.6+j1.2$,在组合的 ZY-Smith 圆图中,找出 $r=0.5$ 的等电阻圆和 $x=0.5$ 的等电抗圆这两个圆的交点,该交点就是给定的阻抗值 $z=0.5+j0.5$,如图 5-15 所示。为了求出相应的导纳值,简单地沿着等电导 g 和等电纳凸圆移动,其交叉点给出 $g=1$ 和 $jb=-j1$。对于归一化导纳 $y=1+j2$ 的解,可用同样的方法获得。

ZY-Smith 圆图要在阻抗和导纳间不停地转换,因而很容易出错,读者需要细心和常用才能够熟悉它。

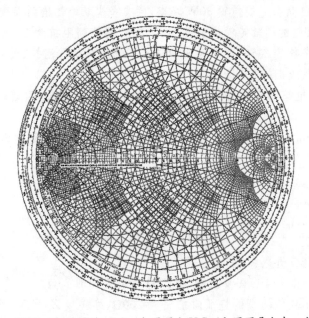

图 5-15 ZY-Smith 圆图(把 Z-Smith 圆图和 Y-Smith 圆图叠合在一个图形)

本 章 小 结

本章在介绍双并行线、同轴线、微带线、带状线、共面波导、倒置微带线、悬置微带线、波导、镜像线等各类传输线的结构、特性及在射频电路中的应用的基础上,介绍了传输线的集总元件电路模型和电报方程及传输线电路参量。接着介绍了端接负载的无耗传输线的输入阻抗,端接开路、短路等特殊终端的无耗传输线的输入阻抗及在射频电路中的应用。然后介绍了端接负载的有耗传输线的输入阻抗和入射波的功率损耗,计算损耗的微扰方法。最后介绍了阻抗、导纳和阻抗—导纳 Smith 圆图的特点和应用方法。

习 题

5.1 传输线具有以下单位长度参量:$L=0.2\mu H/m$,$C=300pF/m$,$R=5\Omega/m$。计算该线在 500MHz 频率下的传播常数和特征阻抗。当不存在损耗时($R=G=0$),再计算这些量。

5.2 一个电长度为 $l=0.3\lambda$ 的无耗传输线端接一个负载阻抗。求负载的反射系数、线上的 SWR、线输入端的反射系数及对线的输入阻抗。

5.3 一个无耗传输线端接一个 100Ω 的负载,若线上的 SWR 为 1.5,求该线特征阻抗的两个可能值。

5.4 一个 100Ω 传输线的有效介电常数为 1.65,求该线最短的开路长度,使其输入端在 2.5GHz 下表现为 5pF 的电容。对于 5nH 的电感量重复计算。

5.5 一无线电发射机通过 50Ω 的同轴线连接到阻抗为 $80+j40\Omega$ 的天线。若 50Ω 的发射机连接 50Ω 负载时能传输 30W 功率,问有多少功率传输到天线?

5.6 一个 75Ω 的同轴传输线长度为 2.0cm,端接到阻抗为 $37.5+j75\Omega$ 的负载上。若同轴线的介电常数是 2.56,频率为 3.0GHz,求该线的输入阻抗、负载处的反射系数、输入端的反射系数及线上的 SWR。

5.7 对于纯电抗的负载阻抗 $Z_L=jX$,证明反射系数幅值 $|\Gamma|$ 总是 1,假定特征阻抗 Z_0 是实数。

5.8 利用 Smith 圆图求 75Ω 短路线的最短长度,以得到下述输入阻抗:

(1) $Z_{in}=0$。

(2) $Z_{in}=\infty$。

(3) $Z_{in}=j75\Omega$。

(4) $Z_{in}=-j75\Omega$。

(5) $Z_{in}=j10\Omega$。

5.9 对于 75Ω 开路线,重做习题 5.8。

5.10 设计一个 $\lambda/4$ 匹配变换器,把 40Ω 负载匹配到 75Ω。

5.11 已知无耗传输线的特征阻抗 $Z_1=200\Omega$,终端接 $Z_L=50+j50\Omega$ 的负载,若采用 $\lambda/4$ 阻抗变换器进行匹配,试求变换器的阻抗 Z_{01} 及接入位置 d;若采用并联短路单支节进行匹配,试求支节接入位置 d 及支节长度 l。

5.12 在 Smith 圆图,标出下列归一化阻抗和导纳:

(1) $Z=0.1+j0.7$

(2) $Z=0.3+j0.5$

(3) $Z=0.2+j0.1$

(4) $Z=0.1+j0.2$

5.13 假设有一负载 $Z_L=150-j50\Omega$ 与特性阻抗 $Z_0=75\Omega$ 且长度为 5cm 的传输线相连,波长为 6cm。计算:

(1)输入阻抗。

(2)工作频率,假定相速是光速的 77%。

(3)SWR。

5.14 有一无耗传输线(Z_0＝50Ω)，其长度是 10cm(f＝800MHz, U_p＝0.77c)，假如输入阻抗 Z_{in}＝j60Ω。

(1)求 Z_L。

(2)为了替代 Z_L，需要用多长的终端短路传输线？

5.15 一特性阻抗 Z_0＝50Ω 的传输线，长度为 d＝0.15λ，终端接一负载阻抗 Z_L＝25-j30Ω。用 Z-Smith 圆图求出 Γ_0、$Z_{in}(d)$ 和 SWR。

5.16 一特性阻抗为 50Ω 的传输线，终端负载由 R＝50Ω、L＝10nH 和 C＝2.5pF 串联而成，求 SWR 和最小线长度，在该长度时输入阻抗与线的特性阻抗达到匹配，频率假定在 2GHz。

5.17 一特性阻抗 Z_0＝50Ω 的传输线，长度为 0.5λ，终端负载阻抗 Z_L＝50－j30Ω，在距负载 0.35λ 处并联一个 50Ω 电阻，在 ZY-Smith 圆图帮助下，求输入阻抗。

第6章 噪声和非线性失真

当评价一个无线通信系统时，噪声是最重要的指标之一，因为噪声的大小决定了接收机可以接收的最小信号幅度的门限。噪声实际是由多种源引起的一个随机过程，包括由射频元件产生的热噪声、大气噪声、宇宙背景噪声及人为干扰噪声等。在射频和微波系统中，噪声几乎无处不在，它们既有来自由天线接收的外部噪声，也有来自系统各个元件产生的内部噪声。根据现有的调制理论，噪声的大小直接决定了信噪比、误码率、动态范围等参量。另外，所有的电路与系统都具有非线性，这是电子工程中的一个基本事实。作为现代电路理论基础的线性假设，实际上仅仅是一种近似。非线性系统中信号的失真现象是大信号情况下对由噪声引起的信号干扰的补充。

本章首先介绍射频电路噪声的分类，各种噪声的产生机理、特性及效应，二端口网络的噪声系数的定义，二端口网络级联链路和接收机的噪声因子计算公式，二端口网络噪声系数的计算及测量方法，射频电路内部、外部噪声的抑制等低噪声电路技术；然后介绍射频电路中非线性失真现象及产生机理，非线性特性的描述方法，非线性失真度量参数及测量方法，非线性网络级联链路的非线性失真度量参数计算方法，非线性失真对通信系统性能的影响及其抑制方法，非线性效应的应用；最后在介绍无线通信接收机灵敏度、动态范围的定义及计算方法的基础上，介绍无线收发机性能指标参数，系统链路指标分配原则及单元电路的增益、噪声系数、3阶交调截点功率的分析与计算方法。

6.1 射频电路中的噪声

射频电路中的噪声，理论上除了纯电抗不产生噪声外，任何电子线路都有电子噪声，但是由于电子噪声的强度很弱，它的影响主要表现在有用信号很弱的场合，如接收机的前级电路中。因此，噪声决定了接收机所能检测到的最小信号的门限值，而且接收机的噪声不仅源于外部环境，还源于接收机的内部。本节主要介绍源于微波系统内部的噪声。

6.1.1 噪声的分类

电路内部噪声的主要来源可分为电阻热噪声和半导体器件的噪声。电阻热噪声主要由电阻器件引入，而半导体器件的噪声主要由晶体管（包括双极型晶体管和场效应晶体管）引入。另外，还有一些无源器件的噪声（如由滤波器引入的噪声），其噪声系数等于插入损耗。下面将对这些噪声进行逐一介绍。

1. 电阻热噪声

电阻或电导在热力学零度以上的条件下，其内部的自由电子由于做不规则的热运动，会产生噪声功率。大量的电子热运动会在电阻或电导两端产生起伏电压，在一段时间内，电压统计平均值为零，但在某个瞬间电压的大小和方向是随机的，而且温度越高电子的热运动越剧烈,导致电阻或电导两端电压的方差越大,随之噪声功率也越大。

当电阻的热力学温度为 T(单位为 K)时,电阻两端功率热噪声的电流功率谱密度为 $S_I = 4kT/R$,电压功率谱密度为 $S_U = 4kTR$。由于谱密度的大小与频率没有关系,电阻噪声是白噪声。在计算一个电阻的噪声时,采用等效分离的思想,可以将有噪电阻视为一个等效噪声电压源与一个无噪电阻的串联,或视为一个等效噪声电流源与一个无噪电阻的并联。其中电压源的均方值为 $\overline{U_n^2} = 4kTBR$,电流源的均方值为 $\overline{I_n^2} = 4kTB/R$。$k$ 为玻耳兹曼常量,即 $k = 1.37 \times 10^{-23} \text{J/K}$,$B$ 为测量噪声时的带宽,T 为热力学温度。

需特别注意,如果将电阻热噪声视为一噪声功率源,那么此功率源输出的最大噪声功率为 kTB。可以看出,它是任意电阻的最大输出,且与电阻值 R 无关。由于热噪声功率表达式中不包含频率项,通常称这类噪声为白噪声。

2. 二极管的噪声

(1)散粒噪声。在二极管中,由于通过 PN 结时载流子的随机注入和随机复合,使真实的结电流是围绕平均电流 I_0 随机起伏的,由这种随机起伏产生的噪声称为散粒噪声,其电流噪声均方值与 PN 结的直流电流 I_0 成正比,功率谱密度可表示为

$$S_I = 2qI_0 \tag{6-1}$$

式中,g 为电子电量($q = 1.6 \times 10^{-19}$ C);I_0 为流过 PN 结的电流。可以看出,散粒噪声也是白噪声,且其功率一般大于电阻热噪声。

(2)闪烁噪声。由于半导体材料及制造工艺水平造成表面清洁处理不好而引起的噪声称为闪烁噪声。它与半导体表面少数载流子的复合有关,表现为发射极电流的起伏。由于其噪声谱密度与频率近似成反比(斜率约为 -3dB/倍频程)。因此,闪烁噪声主要作用于低频段(通常为几千赫兹以下)。当二极管正向偏置时,闪烁噪声的均方噪声电流正比于偏置电流,而反比于 PN 结的面积。除了二极管,这类噪声也出现在其他电子器件中,如某些电阻器。

3. 双极型晶体管的噪声

(1)基极电阻等分布电阻产生的热噪声,可等效为串联的噪声电压源。

(2)散粒噪声。在晶体管中有发射极和集电极两个 PN 结,这两个 PN 结都会产生散粒噪声。根据前面的讨论,两个 PN 结产生的噪声可等效为两个并联在输入、输出端的噪声电流源。需要注意的是,由于散粒噪声是由于载流子的随机注入与随机复合引起的,而集电极的 PN 结工作在反向偏置状态,只有少数载流子引起较小的反向饱和电流产生起伏(散粒噪声),而正向传输电流并不引起散粒噪声,所以集电极电流产生的散粒噪声可以忽略。

(3)分配噪声。在双极型晶体管中,发射极的载流子,大部分形成集电极的传输电流,只有少部分被基极的相反极性的载流子复合,产生基极电流。由于这个复合过程是随机的,导致基极和集电极电流之间的分配比例也是随机变化的,这就产生了分配噪声。它的另一个表现是,双极型晶体管的电流放大系数在一个平均值上下随机起伏。

从分配噪声产生的原因上看,只取决于载流子复合的随机性,故这种噪声属于白噪声范畴。但由于渡越时间的影响,当工作频率超过某个值后,分配噪声的功率将随频率的增加而变大,演变成有色噪声。

(4)闪烁噪声。双极型晶体管在高频应用时,这种噪声通常可以忽略。

4. 场效应晶体管的噪声

（1）沟道电阻产生的热噪声。处于线性电阻工作区的场效应晶体管等效为一个压控电阻，其噪声表现为电阻热噪声。忽略栅极电流时，此沟道电阻产生的热噪声可等效为一个并联于漏极－源极间的噪声电流源，故也称为漏极电流噪声，如图 6-1 所示。其均方电流可表示为

$$\overline{I}_{n,D}^2 = 4kTB\lambda g_m \tag{6-2}$$

式中，λ 为工艺系数，通常取 $2/3$；g_m 为小信号的跨导。

（2）沟道热噪声是通过沟道与栅极的耦合电容作用在栅极上产生的感应噪声。这类噪声与工作频率和耦合电容的平方成正比，而与跨导成反比。

图 6-1　场效应晶体管的等效噪声

（3）闪烁噪声。场效应管中的闪烁噪声同样是由工艺原因造成的，主要由于氧化膜与硅接触面的不光滑等引起。其功率谱密度与频率的倒数成正比，即

$$S_U = \frac{K}{WLC_{ox}} \frac{1}{f} \tag{6-3}$$

式中，W,L 为沟道的宽度和长度；K 为取决于工艺的常数。场效应管的闪烁噪声一般大于双极型晶体管中的闪烁噪声，但整体噪声低于双极型晶体管。

5. 电抗元件的噪声

任何无损耗的纯电抗元件都是无噪的。但是实际的电抗元件都是有损耗的，它的损耗可用电阻表示，此电阻的热噪声就是该电抗元件的噪声。

6.1.2　二端口网络的等效噪声温度和噪声系数

1. 等效噪声温度

对于一个有噪电路，如果它产生的噪声是白噪声，则可以在网络输入端用一个温度为 T_e 的电阻所产生的热噪声来替代，而把原来的电路网络视为无噪的。温度 T_e 称为该电路网络的等效噪声温度，它们的等效过程如图 6-2 所示。

在图 6-2 中，网络输入端源内阻为 R_s，与有噪网络的输入阻抗匹配，进行噪声等效前，源电阻的噪声温度应当为零。假设网络的功率增益为 G_P，带宽为 B，网络输出噪声功率为 N_0。根据电阻热噪声的定义，温度为 T_e 的电阻产生的噪声功率为 kT_eB，则输出噪声功率 $N_0 = kT_eBG_P$。因此，可得到等效噪声温度的表达式为

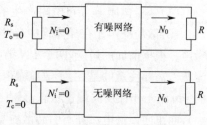

图 6-2　线性网络的等效噪声温度

$$T_e = \frac{N_0}{kBG_P} \tag{6-4}$$

由该表达式可以看出，等效噪声温度与引用的电阻阻值没有关系。引入等效噪声温度的好处在于，可以方便地将网络内部产生的噪声折合到输入端，并与由天线引入的噪声叠加。如果天线引入的噪声也等效为一定温度 T_a 的电阻热噪声，则整个输入噪声功率就是等效温度的叠加，同时将网络视为无噪网络。

2. 等效噪声温度与噪声系数的关系

噪声系数是通过元件的输入和输出信噪比的变化来衡量电子系统内部噪声大小的一种量度。假设信号通过一无噪网络，有用信号和外部噪声同时放大或衰减，那么输出信噪比将等于输入信噪比。但是，由于电子系统内部存在噪声，这会导致输出信噪比的下降，故噪声系数定义为

$$F = \frac{S_i/N_i}{S_o/N_o} \tag{6-5}$$

式中，S_i 为输入信号；N_i 为输入噪声功率；S_o 为输出信号；N_o 为输出噪声功率。

按照前面将有噪网络中的噪声用等效噪声温度来代替的思路，可以推导出噪声系数与等效噪声温度的关系。对于图 6-3 所示的带有信号源和负载的有噪电路网络，信号源源阻抗与网络输入阻抗匹配。信号源内阻在环境温度 T_0 下产生热噪声，加上有噪网络的等效噪声，则输出噪声功率为 $N_i = kGB(T_0 + T_e)$，其中假设网络带宽为 B，网络增益为 G。结合式 (6-5) 得到该二端口网络的噪声系数为

$$F = \frac{S_i}{kT_0B} = \frac{kGB(T_0+T_e)}{GS_i} = 1 + \frac{T_e}{T_0} \tag{6-6}$$

图 6-3　接有信号源和负载的有噪电路网络

可以看出，如果网络内无噪声，则其等效噪声温度 T_e 等于零，从而有 $F=1$。通过该式还可以得到噪声系数与等效噪声温度的关系为

$$T_e = (F-1)T \tag{6-7}$$

3. 等效噪声温度的测量

理论上，等效噪声温度可通过在输入端接一个处于热力学零度下的匹配负载，然后测量输出功率来确定。但是实际工程中不可能实现热力学零度，因此必须采用其他方法测量噪声温度。这里介绍一种常用的等效噪声温度的测量方法，通常称为 Y 因子法，它的测量原理如图 6-4 所示。

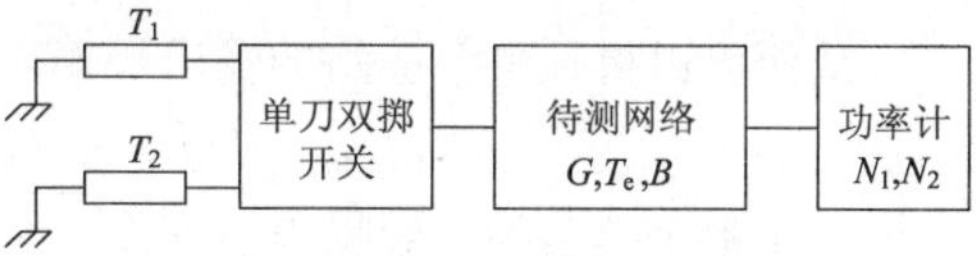

Y 因子法测量等效噪声温度的过程是，将待测网络先后连接到两个处于不同环境温度（假设 $T_1 > T_2$）的匹配负载上，分别测出输出功率为 P_1 和 P_2，它们可用下式表示，即

图 6-4　测量等效噪声温度的 Y 因子法

$$P_1 = N_1 = GkT_1B + GkT_eB \tag{6-8}$$

$$P_2 = N_2 = GkT_2B + GkT_eB \tag{6-9}$$

式中，T_e 为待测网络的等效噪声温度；B 和 G 是网络的等效带宽和功率增益。可以定义 Y 因子为

$$Y = \frac{N_1}{N_2} = \frac{T_1 + T_e}{T_1 - T_e} \tag{6-10}$$

于是，通过 Y 因子和已知的两个匹配负载噪声温度，就可以得到网络的等效噪声温

度为

$$T_e = \frac{T_1 - YT_2}{Y - T_1} \tag{6-11}$$

从式(6-11)中可以看出,Y 因子法要求两个已知负载的噪声温度 T_1 和 T_2 要有较大的差别。这是因为如果两个温度 T_1 和 T_2 差别很小,会使 Y 因子的值接近 1,使得式(6-11)的分子和分母中都含有两个相近数相减,从而影响计算精度。

6.1.3 二端口网络级联链路的噪声系数

在射频/微波系统中,信号一般会通过多个级联元件,每个元件都会不同程度地降低所传输信号的信噪比。如果确定了每个元件的噪声系数或等效噪声温度,就能确定整个链路的噪声系数或等效噪声温度。

首先考虑由两个元件组成的级联网络,它们的增益为 G_1 和 G_2 ,噪声系数为 F_1 和 F_2 ,噪声温度为 T_{e1} 和 T_{e2},如图 6-5 所示。

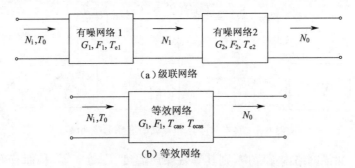

（a）级联网络

（b）等效网络

图 6-5 两个元件组成的级联网络及其等效网络

由图 6-5 易知,第一级输出端的噪声功率为

$$N_1 = G_1 k T_0 B + G_1 k T_{e1} B \tag{6-12}$$

第二级输出端的噪声功率为

$$N_0 = G_2 N_1 + G_2 k T_{e2} B = G_1 G_2 k B \left(T_0 + T_{e1} + \frac{T_{e2}}{G_1} \right) \tag{6-13}$$

从而可以得到整个链路的输出噪声功率为

$$N_0 = G_1 G_2 k B (T_0 + T_{sac}) \tag{6-14}$$

其中整个链路的等效噪声温度 T_{sac} 为

$$T_{sac} = F_1 + \frac{1}{G_1} T_e \tag{6-15}$$

利用前面介绍的噪声系数与等效噪声温度的关系式(6-7),就可以得到整个链路的噪声系数与各组成部分的噪声系数之间的关系为

$$T_{sac} = F_1 + \frac{1}{G_1} (F_2 - 1) \tag{6-16}$$

以上两式表明,级联链路的总噪声系数和等效噪声温度主要由第一级决定,而第二级的影响受到前一级的增益的削弱。因此,如果要求整个链路具有较低的噪声系数,那么第一级必须有较低的噪声系数和较高的增益。

通过进一步推广,可以得到多级级联的情况下整个链路的噪声系数和等效噪声温度的计算公式为

$$T_{\text{sac}} = T_{e1} + \frac{1}{G_1} T_{e2} + \frac{1}{G_1 G_2} T_{e3} + \cdots \tag{6-17}$$

$$F_{\text{sac}} = F_1 + \frac{1}{G_1}(F_2 - 1) + \frac{1}{G_1 G_2}(F_3 - 1) + \cdots \tag{6-18}$$

例 6-1 某接收机的射频前端链路由低噪声放大器、滤波器和混频器组成。已知低噪声放大器的功率增益为 $G_a = 10\text{dB}$,噪声系数为 $F_a = 3\text{dB}$,滤波器的插入损耗为 $L_f = 5\text{dB}$,混频器的插入损耗为 $L_m = 3\text{dB}$,噪声系数为 $F_m = 5\text{dB}$,计算该接收机链路的总噪声系数和总等效噪声温度。

解 根据式(6-18),要求链路总噪声系数,需要先求出各组成元件的噪声系数及前两级的功率增益,而且对于像滤波器这样的无源器件,其噪声系数等于插入损耗,即

$F_f = L_f = 5\text{dB} = 3.16$

滤波器和混频器的功率增益等于损耗的倒数,即

$G_f = -L_r = -5\text{dB} = 0.32$

$G_m = -L_m = -3\text{dB} = 0.5$

$G_a = 10\text{dB} = 10$

$F_a = 3\text{dB} = 2$

$F_m = 5\text{dB} = 3.16$

总噪声系数为

$$F = F_a + \frac{1}{G_a}(F_f - 1) + \frac{1}{G_a G_f}(F_m - 1) = 2.89$$

总等效噪声温度为

$T = (F - 1)T_0 = 548\text{K}$

例 6-2 无线接收机的噪声分析。

对于图 6-6 所示的无线接收机前端的框图,计算该子系统的总噪声系数。假设从馈送天线来的输入噪声功率是 $N_i = kT_A B$,其中 $T_A = 150\text{K}$;求输出噪声功率(dBm)。假如要求接收机输出处的最小信噪比为 20dB,问能加到接收机输入处的最小信号电压应为多少?设定系统是在温度 T_0,其特征阻抗为 50Ω,中频带宽为 10MHz。

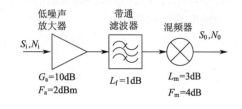

图 6-6 例 6-2 中的无线接收机前端的框图

解 首先执行从 dB 表示至数值的转换,然后利用式(6-18)求出系统的总噪声系数:

$G_a = 10\text{dB} = 10, G_f = -1.0\text{dB} = 0.79, G_m = -3\text{dB} = 0.5$,

$F_a = 2\text{dB} = 1.58, F_f = 1\text{dB} = 1.26, F_m = 4\text{dB} = 2.51$

计算输出噪声功率的最佳途径是使用噪声温度。由式(6-7)得到总系统的等效噪声温度是

$$T_e = (F_a - 1)T_0 = (1.8 - 1)290 = 232\text{K}$$

系统的总增益是 $G = 10 \times 0.79 \times 0.5 = 3.95$。从而可求出输出噪声功率为

$$F_{cas} = F_a + \frac{F_f - 1}{G_a} + \frac{F_m - 1}{G_a G_f} = 1.58 + \frac{(1.26 - 1)}{10} + \frac{2.51 - 1}{10 \times 0.79} = 1.8 = 2.55 \text{(dB)}$$

$$N_0 = (T_A + T_e) GkB = 1.38 \times 10^{-23} (150 + 232) \times 10 \times 10^6 \times 3.95$$
$$= 2.08 \times 10^{-13} \text{W} = -96 \text{dBm}$$

对 20dB 的输出信噪比,输入信号功率必须有

$$S_i = \frac{S_0}{G} = \frac{S_0}{N_0} \frac{N_0}{G} = 5.27 \times 10^{-12} = -82.8 \text{(dBm)}$$

对于 50Ω 的系统特征阻抗,输入信号电压为

$$U_i = \sqrt{Z_0 S_i} = 1.62 \times 10^{-5} \text{V} = 16.2 \mu\text{V}$$

6.2 灵敏度与动态范围

前面介绍了无线通信系统的噪声和非线性失真,本节将介绍无线通信系统的另外两个重要指标:灵敏度和动态范围。

6.2.1 灵敏度

在给定了接收机输出信噪比 SNR 的情况下,接收机所能检测到的最低输入信号电平,定义为接收机的灵敏度。接收机的灵敏度不仅与接收机的噪声基底有关,还与要求的接收机的输出信噪比有关。

假设天线和接收机的等效噪声温度分别为 T_a 和 T_e,接收机的噪声系数为 F,功率增益为 G_P,工作带宽为 B,并且接收机的灵敏度为 $P_{in,min}$,对应的输出功率为 $P_{o,min}$。它们之间的关系为

$$P_{in,min} = \frac{P_{o,min}}{G_P} = \left(\frac{N_0}{G_P}\right) \left(\frac{P_{o,min}}{N_0}\right) \tag{6-19}$$

式中,N_0 为接收机的总噪声输出功率,它等于天线的噪声和接收机内部的噪声经放大后到输出端的功率,即

$$N_0 = kB(T_a + T_e) G_P = kB[T_a + (F-1)T_0] G_P \tag{6-20}$$

由于 $\text{SNR} = \frac{P_{o,min}}{N_0}$,则有

$$P_{in,min} = kB[T_a + (F-1)T_0] \text{SNR} \tag{6-21}$$

用 dB 表示可得到

$$P_{in,min}(\text{dBm}) = k[T_a + (F-1)T_0](\text{dBm/Hz}) + 10\lg B + \text{SNR(dB)} \tag{6-22}$$

其中前两项之和定义为基底噪声 $F_t(\text{dBm})$,特别当 $T_a = T_0 = 290\text{K}$ 时,灵敏度为

$$P_{in,min}(\text{dBm}) = -174(\text{dBm/Hz}) + F(\text{dB}) + 10\lg B + \text{SNR(dB)} \tag{6-23}$$

在式(6-23)中可看出,系统的带宽越大,系统所要求的输出信噪比越高,系统的噪声系数越大,即灵敏度越差。因此,接收机的系统带宽、要求的输出信噪比、噪声系数、天线等效噪声温度等决定了系统的灵敏度。

例 6-3 已知某接收机的射频前端由两级构成,第一级的功率增益为 $G_P = 10\text{dB}$,噪声系数为 $F_1 = 3\text{dB}$,第二级的噪声系数为 $F_2 = 2.5\text{dB}$,功率增益未知,系统等效带宽为 $B = 200\text{kHz}$,天线的等效噪声温度为 $T_a = 250\text{K}$,各级间完全匹配,要求输出信噪比为 SNR

＝30dB，求接收机的灵敏度。

解　根据式(6-18)可以看出，首先需要求出级联系统的等效噪声温度。由已知条件并根据式(6-18)求出级联系统的噪声系数为

$$F = F_1 + \frac{F_2 - 1}{G_{P1}} = 2.216 = 3.46(\text{dB})$$

$$T_e = K(T_a + T_e)B = 1.78 \times 10^{-12} \text{mW} = -117.5 \text{dBm}$$

满足要求的最小信号输入功率，即系统灵敏度为

$$P_{\text{in,min}}(\text{dBm}) = F_t + \text{SNR} = -87.5(\text{dB})$$

6.2.2　动态范围

由于传输信道的多变，接收机所接收到的信号强度是变化的，可以定义接收机正常工作能接收的信号变化范围为动态范围。动态范围的下限受到噪声基底的限制，上限由系统所能承受的非线性失真来决定。对于功率放大器件或系统而言，常用到线性动态范围（DR_1），它的下限为输出噪声基底，上限为输出 1dB 压缩点 $P_{\text{1dB,out}}$。而对于低噪声放大器或混频器等器件，常用到无杂散动态（DR_f）范围，它的下限也是输出噪声基底，但上限为输出端的 3 阶交调分量，等于输出噪声基底时的基波输出功率。线性和无杂散动态范围如图 6-7 所示。

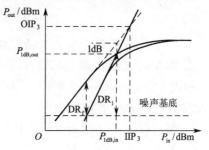

图 6-7　非线性器件的动态范围

定义 P_{o,ω_1} 为在 ω_1 频率上的基波输出信号功率，$P_{2\omega_1-\omega_2}$ 为在 $2\omega_1-\omega_2$ 频率上的 3 阶交调产物输出功率，N_0 为总噪声输出功率。令 $P_{2\omega_1-\omega_2} = N_0$，则根据定义，无杂散动态范围可表示为

$$\text{DR}_f = \frac{P_{o,\omega_1}}{P_{2\omega_1-\omega_2}} \tag{6-24}$$

可将 $P_{2\omega_1-\omega_2}$ 用 P_{o,ω_1} 和 OIP_3 表示为

$$P_{2\omega_1-\omega_2} = \frac{9a_3^2 U_0^6}{32} = \frac{\frac{1}{2}a_3^2 U_0^6}{\frac{4a_1^6}{9a_3^2}} = \frac{(P_{o,\omega_1})^3}{(\text{OIP}_3)^2} \tag{6-25}$$

同时，P_{ω_1} 也可用 $P_{2\omega_1-\omega_2}$ 和 OIP_3 表示为

$$P_{o,\omega_1} = (P_{2\omega_1-\omega_2}/(\text{OIP}_3)^2)^{\frac{1}{3}} \tag{6-26}$$

由 $P_{2\omega_1-\omega_2} = N_0$，无杂散动态范围 DR_f 可表示为

$$\text{DR}_f = \frac{P_{o,\omega_1}}{P_{2\omega_1-\omega_2}}\bigg|_{P_{2\omega_1-\omega_2}=N_0} = \left(\frac{\text{OIP}_3}{N_0}\right)^{2/3} \tag{6-27}$$

用 dB 表示为

$$\text{DR}_f(\text{dB}) = \frac{2}{3}(\text{OIP}_3 - N_0) \tag{6-28}$$

可以看出接收机的无杂散动态范围 DR_f 正比于器件或系统的输出 3 阶交调截点 OIP_3。如果器件或系统要求特定的输出信噪比 SNR_{out}，则无杂散动态范围 DR_f 的下限需

要考虑 SNR_{out} 的影响，从而可以推导出用输入噪声基底 F_t、SNR_{out} 和输入 3 阶交调截点 OIP_3 表示的输入无杂散动态范围 DR'_f，设器件或系统的线性功率增益为 G_P，P_{in,ω_1} 为在 ω_1 频率的基波输入信号功率，根据

$$P_{\text{in},\omega_1} = \frac{P_{\text{o},\omega_1}}{G_P} = \left[\frac{P_{2\omega_1-\omega_2}}{G_P} / \left(\frac{\text{OIP}_3}{G_P} \right)^2 \right]^{1/3} = (F_t/\text{IIP}_3^2)^{1/3} \tag{6-29}$$

$$P_{\text{in},\omega_1}(\text{dB}) = \frac{1}{3}(F_t + 2\text{IIP}_3) \tag{6-30}$$

由于考虑了 SNR_{out} 的影响，下限变为 $F_t/\text{SNR}_{\text{out}}$，于是无杂散动态范围 DR'_f 可以表示为

$$\text{DR}'_f(\text{dB}) = \frac{1}{3}(2\text{IIP}_3 + F_t) - (F_t + \text{SNR}_{\text{out}}) \tag{6-31}$$

若没有输出信噪比 SNR_{out} 的要求，则

$$\text{DR}'_f(\text{dB}) = \frac{2}{3}(2\text{IIP}_3 - F_t) \tag{6-32}$$

可以看出，此时的输入无杂散动态范围 DR'_f 与输出无杂散动态范围 DR_f 相等。

例 6-4 已知无线通信接收部分射频前端的噪声系数 $F = 9\text{dB}$，3 阶交调截点输入功率 $\text{IIP}_3 = -35\text{dBm}$，放大器的功率增益是 $G_P = 20\text{dB}$，等效带宽是 $B = 200\text{kHz}$。求此接收射频前端的无杂散动态范围。

解 根据式(6-7)可以看出首先需要求出噪声功率，根据已知条件得

$T_e = (F-1)T_0 = 2014\text{K}$

$N_0 = kT_eB = 5.6 \times 10^{-12}\text{mW} = -113\text{dBm}$

可求得 3 阶交调截点输出功率为

$$\text{OIP}_3 = \text{IIP}_3 + G_P = -15\text{dBm}$$

代入式(6-32)，得到无杂散动态范围为

$$\text{DR}_f(\text{dB}) = \frac{2}{3}(\text{OIP}_3 - N_0) = 65.3\text{dB}$$

6.3 非线性与时变性

RF 设计者用到很多来自信号与系统理论的概念。本节将介绍这些概念并且定义一些用在射频电子学中的术语，以便读者学习随后章节。

从非线性系统开始，介绍诸如谐波失真、增益压缩、互调和交调等效应。然后将简要地研究符号间的干扰和奈奎斯特采样，回顾随机过程和噪声的知识，并且将介绍在电路中表示噪声的方法。最后将描述用无源元件实现阻抗变换。

如果一个系统的输出可以表示成每个输入分别对应的输出的线性叠加，那么这个系统就是一个线性系统。更准确地说，如果对于输入 $x_1(t)$ 和 $x_2(t)$，有

$$x_1(t) \rightarrow y_1(t) , \ x_2(t) \rightarrow y_2(t) \tag{6-33}$$

其中箭头表示线性系统对信号的操作，那么对应于常数 a 和 b 的所有值，有

$$ax_1(t) + bx_2(t) \rightarrow ay_1(t) + by_2(t) \tag{6-34}$$

任何不满足这一条件的系统都是非线性的。注意到根据这个定义，如果一个系统具

有非零的初始条件或者有限的偏移量,就认为这是一个非线性的系统。

如果一个系统的输入时间平移将导致输出有相同的时间平移,那么这个系统就是时不变的。也就是说,如果 $x(t) \to y(t)$,那么时不变系统对于所有的 f 值都有 $x(t-\tau) \to y(t-\tau)$,如果一个系统不满足这个条件,就叫做时变系统。非线性和时变性都是直观上很显然的概念,但是它们在某些情况下可能相互混淆。例如,开关电路,开关的控制端由 $U_{in1}(t) = A_1\cos\omega_1 t$ 驱动,输入端由 $U_{in2}(t) = A_2\cos\omega_2 t$ 驱动。假设当 $U_{in1} > 0$ 时开关接通,反之断开。那么这个系统是非线性的还是时变的? 考虑的通路是从 U_{in1} 到 U_{out}(此时 U_{in2} 是系统的一部分,仍然等于 $A_2\cos\omega_2 t$),那么这个系统是非线性的,因为这时控制只与 U_{in1} 的极性有关,同时又是时变的,因为 U_{out} 还与 U_{in2} 有关。如果所考虑的路径是从 U_{in2} 到 U_{out}(此时 U_{in1} 是系统的一部分并仍然等于 $A_1\cos\omega_1 t$),那么系统是线性的和时变的。所以诸如"开关是非线性的"等笼统的说法是很含糊的。

上述观察的另一个有趣的结果是,一个线性系统可以产生输入信号中并不存在的频率成分。这在系统是时变的情况下是可能的,因为在这样的电路中 U_{out},可以看做是 U_{in2} 和一个在 0、1 之间翻转的方波相乘的积,其输出频谱是

$$U_{out}(f) = U_{in2}(f) * \sum_{n=-\infty}^{+\infty} \frac{\sin(n\pi/2)}{n\pi} \delta\left(f - \frac{n}{T_1}\right) = \sum_{n=-\infty}^{+\infty} \frac{\sin(n\pi/2)}{n\pi} U_{in2}\left(f - \frac{n}{T_1}\right) \quad (6\text{-}35)$$

式中,δ 为单位脉冲函数;$T_1 = 2\pi/\omega_1$。所以输出是由 $U_{in2}(f)$ 在时间上平移 n/T_1,在幅度上乘以不同倍数后叠加而成。

如果一个系统的输出与过去的输入信号无关,那么这个系统就是无记忆的(Memoryless)系统。对于一个无记忆的线性系统,有

$$y(t) = \alpha x(t) \quad (6\text{-}36)$$

如果系统是时变的,对于一个无记忆的非线性系统,输入-输出的关系可以近似地用多项式表示为

$$y(t) = \alpha_0 + \alpha_1 x(t) + \alpha_2 x^2(t) + \alpha_3 x^3(t) + \cdots \quad (6\text{-}37)$$

如果系统是时变的,其中的 α_j 一般是时间的函数。

6.3.1 非线性的影响

虽然很多模拟电路和 RF 电路可以用一个线性模型近似表示来得到它们对小信号的响应,但是非线性经常导致一些有趣而且重要的现象。为简单起见,把分析局限于无记忆的时变系统并假设

$$y(t) = \alpha_0 + \alpha_1 x(t) + \alpha_2 x^2(t) + \alpha_3 x^3(t) + \cdots \quad (6\text{-}38)$$

但是读者必须注意好好检查储能元件和高阶非线性项,以保证式(6-38)的合理性。

1. 谐波(Harmonics)

如果一个正弦信号作用于一个非线性系统,输出一般将包含输入信号频率的整数倍频。在式(6-38)中,如果 $x(t) = A\cos\omega t$,那么

$$y(t) \approx \alpha_1 x(t) + \alpha_2 x^2(t) + \alpha_3 x^3(t) \quad (6\text{-}39)$$

$$y(t) = \frac{\alpha_2 A^2}{2} + \left(\alpha_1 + \frac{3\alpha_3 A^2}{4}\right) A\cos\omega t + \frac{\alpha_2 A^2}{2}\cos 2\omega t + \frac{3\alpha_3 A^3}{4}\cos 3\omega t \quad (6\text{-}40)$$

在式(6-40)中,含输入频率的项叫做基频,高阶项叫做谐波。

从上面的展开式中可以发现两点。第一，由偶数 j 对应的 α_j 产生偶次谐波，并且若系统是奇对称时，偶次谐波将消失，也即该系统是完全差分的。然而实际中的不匹配将破坏对称性，并产生一定的偶次谐波。第二，在式(6-40)中，n 次谐波的幅度由正比于 A^n 的项及其他正比于 A 的更高次幂的项组成。若对于较小的 A 忽略后者，可以认为 n 次谐波的幅度近似正比于 A^n。

2. 增益压缩(Gain Compression)

一个电路的小信号增益一般是在忽略谐波的假设下得到的。例如，在式(6-40)中，若 $\alpha_1 A_1$ 远大于所有其他任何含 A 的系数，那么小信号增益就等于 α_1。可以看到，在图 6-7 所熟悉的差分对中这一量等于

$$\frac{U_{\text{out}}}{U_{\text{in}}} = \frac{I_{\text{EE}} R}{2 U_{\text{T}}} \tag{6-41}$$

但是，当信号幅度增加时，增益将有所变化。实际上，非线性可以看做是小信号增益随着输入信号的大小而变化。这一点可以从式(6-40)中 $3\alpha_3 A^2/4$ 加上 $\alpha_1 A_1$ 构成的项中看出；同样也可以在图 6-7 所示的输入——输出特性中看出。

首先考虑有单频正弦信号加到一般的非线性网络(如放大器)的输入处的情形：

$$u_{\text{i}} = U_0 \cos\omega_0 t \tag{6-42}$$

式(6-42)给出输出电压为

$$\begin{aligned}
y(t) &= \alpha_0 + \alpha_1 A_0 \cos\omega_0 t + \alpha_2 A_0^2 \cos^2\omega_0 t + \alpha_3 A_0^3 \cos^3\omega_0 t + \cdots \\
&= \left(\alpha_0 + \frac{1}{2}\alpha_2 A_0^2\right) + \left(\alpha_1 A_0 + \frac{3}{4}\alpha_3 A_0^3\right)\cos\omega_0 t \\
&\quad + \frac{1}{2}\alpha_2 A_0^2 \cos 2\omega_0 t + \frac{1}{4}\alpha_3 A_0^3 \cos 3\omega_0 t + \cdots
\end{aligned} \tag{6-43}$$

该结果导出信号在频率 ω_0 分量的电压增益为

$$G_U = \frac{u_0^{\omega_0}}{u_{\text{i}}^{\omega_0}} = \frac{\alpha_1 A_0 + \dfrac{3}{4}\alpha_3 A_0^3}{A_0} = \alpha_1 + \frac{3}{4}\alpha_3 A_0^2 \tag{6-44}$$

这里只保留到 3 次项。

式(6-44)的结果说明了电压增益等于系数 α_1，这正如所预期的那样，但还有正比于输入电压振幅平方的附加项。在大多数放大器中，α_3 的典型值是负值，因而放大器增益对于大的 U_0 值将趋于下降。该效应称为增益压缩或饱和。它通常是由以下事实造成的：放大器的瞬间输出电压受到电源电压(用于偏置有源器件)的限制。较小的 α_3 会导致更高的输出电压。

典型的放大器响应示于图 6-8 中。对于理想的线性放大器，输出电压随输入电压的变化曲线是斜率为 1 的直线，而放大器的增益由输出功率与输入功率之比给出。图 6-8 所示的放大器响应在有限的范围内描述出理想的响应，然后开始出现饱和，造成增益下降。为定量给出放大器的线性工作范围，把输出功率从理想特性曲线下降 1dB 的功率电平点定义为 1dB 压缩点。该功率电平通常用 $P_{1\text{dB}}$ 表示，它既可以用输入功率也可以用输出功率来表述。对于放大器，通常把 $P_{1\text{dB}}$ 指定为输出功率，而对于混频器，$P_{1\text{dB}}$ 通常指定为输入功率。

在大多数感兴趣的电路中，输出是输入的一个压缩或者饱和函数；也就是说，对于足

够高的输入,增益将接近于 0。在式(6-44)中,如果 $\alpha_3 < 0$ 将发生这种情况,当写成 $(\alpha_1 + 3\alpha_3 A^2/4)$ 时可以看到增益是 A 的减函数。在 RF 电路中,这一影响由 1dB 压缩点(1dB Compression Point)量化,1dB 压缩点定义为使小信号增益下降 1dB 时输入信号的值。在对数标中绘制出输出信号作为输入信号的函数时,输出信号幅度将在 1dB 压缩点处,比它的理想值下降 1dB,如图 6-8 所示。要计算 ldB 压缩点,可以由(6-43)得到

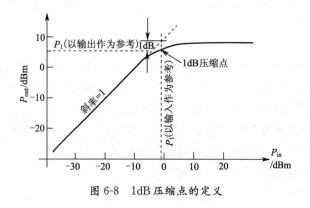

图 6-8　1dB 压缩点的定义

$$20\lg\left|\alpha_1 + \frac{3}{4}\alpha_3 A_1^2\right| = 20\lg|\alpha_1| - 1\text{dB} \tag{6-45}$$

$$A_{1\text{dB}} = \sqrt{0.145\left|\frac{\alpha_1}{\alpha_3}\right|} \tag{6-46}$$

作为电路最大输入范围的一种度量,典型 RF 前端放大器的 1dB 压缩点发生 $-20\text{dBm} \sim -25\text{dBm}$(对于 50Ω 系统为 $63.2\text{mVpp} \sim 35.6\text{mVpp}$)。

3. 减敏和阻塞(Desensitization and Blocking)

当具有压缩特性的电路处理一个微弱的有用信号时,若还存在一个比较强的干扰信号,则会出现一个有趣的现象。因为一个大信号会降低电路的平均增益,这个小信号将会具有一个近乎零的小增益。这一现象叫做减敏现象。可以通过假设 $x = A_1\cos\omega_1 t + A_2\cos\omega_2 t$,针对式(6-38)的特性来分析这一影响。此时输出为

$$y(t) = \left(\alpha_1 + \frac{3}{4}\alpha_3 A_1^2 + \frac{3}{2}\alpha_3 A_2^2\right)A_1\cos\omega_1 t + \cdots \tag{6-47}$$

当 $A_1 \ll A_2$ 时,式(6-47)可简化为

$$y(t) = \left(\alpha_1 + \frac{3}{2}\alpha_3 A_2^2\right)A_1\cos\omega_1 t + \cdots \tag{6-48}$$

所以有用信号的增益 $\alpha_1 + 3\alpha_3 A_2^2/4$。如果 $\alpha_3 < 0$,该增益是 A_2 的减函数。对于足够大的 A_2,增益将减为 0,这时就说该信号被阻塞了。在 RF 设计中,阻塞信号一般是指减敏一个电路的干扰信号,即使这时增益并没有减为 0。许多 RF 接收器必须能够承受比有用信号大 60dB$\sim$70dB 的阻塞信号。

4. 互调(Cross Modulation)

当一个弱的信号和一个强的干扰信号同时经过一个非线性系统时发生的另一个现象是,对干扰信号的幅度调制会影响有用信号的幅度,这一现象叫做互调(Cross Modulation)。式(6-47)可以清楚地说明这一现象,其中 A_2 的变化将会影响到在频率 ω_1 处输出分量幅度的大小。例如,如果干扰信号的幅度受正弦波 $A_2(1 + m\cos\omega_m t)\cos\omega_2 t$ 的调制,

其中 m 是调制指数并且小于 1,那么式(6-48)就具有以下形式,即

$$y(t) = \left[\alpha_1 + \frac{3}{2}\alpha_3 A_2^2 \left(1 + \frac{m^2}{2} + \frac{m^2}{2}m\cos2\omega_m t + 2m\cos\omega_m t\right)\right]A_1\cos\omega_1 t + \cdots \quad (6\text{-}49)$$

于是,输出的有用信号就受到频率 ω_m 和 $2\omega_m$ 的幅度调节。

互调的一种典型情形出现在那些必须同时处理多个独立信号通道的放大器中,比如有线电视发射器(Cable TV Transmitter)中。由于相邻信道幅度的变化,放大器的非线性将会破坏每个信号。

5. 交调

虽然谐波失真经常用来描述模拟电路的非线性,但在某些情况下还需要其他方式来度量系统的非线性行为,比如设想要评价一个有源低通滤波器的非线性。如图 6-9 所示,如果选择输入正弦波的频率,使它的谐波频率在通带之外,那么即使这个滤波器的输入级引入了很大的非线性,输出失真也会非常小。所以这里需要另一种检测方式,通常采用的是在双声测试中的交调失真。

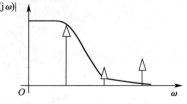

图 6-9 低通滤波器的谐波失真

当两个不同频率的信号通过一个非线性系统时,输出一般会含有一些不属于输入频率谐波的成分。这种现象来源于两个信号的混频(Multiplication),叫做交调(IM,InterModulation),此时这两个信号的和出现了高次幂。可以通过假设 $x = A_1\cos\omega_1 t + A_2\cos\omega_2 t$ 来理解式(6-38)是如何产生交调的。

$$\begin{aligned}
y(t) = & \alpha_1\left(A_1\cos\omega_1 t + A_2\cos\omega_2 t\right) + \alpha_2\left(A_1\cos\omega_1 t + A_2\cos\omega_2 t\right)^2 \\
& + \alpha_3\left(A_1\cos\omega_1 t + A_2\cos\omega_2 t\right)^3 + \cdots
\end{aligned} \quad (6\text{-}50)$$

将式(6-50)右边展开并略去直流项和谐波项,可得到以下的交调项,即

$$\begin{aligned}
\omega = \omega_1 \pm \omega_2 : & \alpha_2 A_1 A_2\cos(\omega_1 + \omega_2)t + \alpha_2 A_1 A_2\cos(\omega_1 - \omega_2)t \\
= 2\omega_1 \pm \omega_2 : & \frac{3\alpha_3 A_1^2 A_2}{4}\cos(2\omega_1 + \omega_2)t + \frac{3\alpha_3 A_1^2 A_2}{4}\cos(2\omega_1 - \omega_2)t \\
= 2\omega_2 \pm \omega_1 : & \frac{3\alpha_3 A_1 A_2^2}{4}\cos(\omega_1 + 2\omega_2)t + \frac{3\alpha_3 A_1 A_2^2}{4}\cos(2\omega_2 - \omega_1)t
\end{aligned}$$

$$(6\text{-}51)$$

以及以下的基波项,即

$$\begin{aligned}
y(t) = & \left(\alpha_1 + \frac{3}{4}\alpha_3 A_1^2 + \frac{3}{2}\alpha_3 A_2^2\right)A_1\cos\omega_1 t + \\
& \left(\alpha_1 + \frac{3}{4}\alpha_3 A_2^2 + \frac{3}{2}\alpha_3 A_1^2\right)A_2\cos\omega_2 t
\end{aligned} \quad (6\text{-}52)$$

这里特别感兴趣的是在 $2\omega_1 - \omega_2$、$2\omega_2 - \omega_1$ 处的 3 阶 IM 项,如图 6-10 所示。此处的关键点是如果 ω_1 和 ω_2 之间的差距很小,那么 $2\omega_1 - \omega_2$ 和 $2\omega_2 - \omega_1$ 将出现在 ω_1 和 ω_2 附近,这样即使是图 6-9 所示的低通滤波器(LPF)的情况也可以表现出非线性。在典型的双声测试中,$A_2 = A_1 = A$,输出的 3 阶项的幅度与 $\alpha_1 A$ 的比值定义为交调失真。例如,如果 $\alpha_1 A_1 = 1\text{Vpp}$,$\alpha_3 A^3/4 = 10\text{mVpp} = 1\text{Vpp}$,那么说交调成分为 -40dBc,其中"c"表示以载波为基准。

交调是 RF 系统中一个很让人讨厌的现象。如图 6-11 所示,如果一个弱的信号和两个较强的干扰信号一起经过 3 阶非线性调制,那么将有一个交调项落入感兴趣的频带内,

它将破坏有用的成分。当对信号的幅度进行操作时,即使是改变信号相位,交调产生的结果也会降低电路的性能(因为零交叉点仍然受影响)。注意这一现象并不能直接用谐波失真来定量描述。

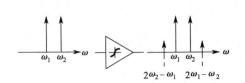

图 6-10　非线性系统的交调

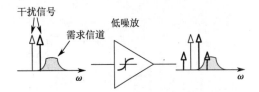

图 6-11　两个干扰信号之间的交调
造成的有用信号的损坏

由于两个邻近的干扰产生的 3 阶交调对信号的破坏是很普遍和很严重的,所以定义了一个性能指标来表征这一现象。这个参数叫做 3 阶交调点 IP3。该参数的测量是通过在一个双声测试中,选择幅度 A 足够小,这样高阶的非线性项可以被忽略,因而增益为常数 α_1。从式(6-48)、式(6-49)中可以看到,随着 A 的增加,基波与 A 成比例地增加,而 3 阶交调项与 A^3 成比例的增加。在对数坐标中,IM 项的幅度将以 3 倍于基波幅度的速度增长。而 3 阶交调点就定义为这两条线的交点。这个点的横坐标为输入 IP_3(IIP_3),纵坐标为输出 IP_3(OIP_3)。

重要的是可以看到 IP_3 要比简单的 IM 度量好。如果 IM 项的幅度(归一至基波幅度)用作线性的度量,那么必须同时指定测试时的输入幅度。而对于 3 阶交调点,它本身就可以作为一个线性的度量来比较不同的电路。

从输入—输出特性中可以得到一个关于 IP_3 的简单表达式。假设 $x(t)=A_1\cos\omega_1 t + A_2\cos\omega_2 t$ 那么有

$$y(t) \approx \left(\alpha_1 + \frac{9}{4}\alpha_3 A^2\right)A\cos\omega_1 t + \left(\alpha_1 + \frac{9}{4}\alpha_3 A^2\right)A\cos\omega_2 t$$
$$+ \frac{3}{4}\alpha_3 A^3 \cos(2\omega_1 - \omega_2)t + \frac{3}{4}\alpha_3 A^3 \cos(2\omega_2 - \omega_1)t \tag{6-53}$$

如果有 $\alpha_1 \geqslant \frac{9}{4}\alpha_3 A^2$,那么使在 ω_1、ω_2 处和 $2\omega_1 - \omega_2$、$2\omega_2 - \omega_1$ 处幅度相等的输入幅度可由式(6-54)得到,即

$$A_{IP3} = \sqrt{\frac{4}{3}\left|\frac{\alpha_1}{\alpha_3}\right|} \tag{6-54}$$

参数 IP_3 仅仅描述了 3 阶非线性的特性。实际中,如果输入幅度增大到达到交调点,那么 $\alpha \geqslant 9\alpha_3 A^2/4$ 的假设将不再成立,增益将下降,高阶的交调项也变得显著。事实上,很多电路的 IP_3 都超出了允许的输入范围,甚至有时超过了电源电压。所以,实际测量 IP_3 的方法是测量小输入幅度下的特性,然后在对数坐标下线性外推找到交调点。

下面是一个快速测量 IP_3 的方法:用 A_{in} 表示每个频率上的输入水平,用 A_{ω_1,ω_2} 表示在频 ω_1、ω_2 处的输出幅度,而 IM_3 的幅度用 A_{IM3} 表示。由式(6-53)可以得到结合式(6-54),上式可以简化,最后有:

$$20\lg A_{IP3} = \frac{1}{2}\left(20\lg A_{\omega_1,\omega_2} - 20\lg A_{IM3}\right) + 20\lg A_{in} \tag{6-55}$$

因此如果所有的信号幅度用 dBm 表示,那么输入 3 阶交调点就等于基频输出和 IM₃ 项输出幅度之差的一半加上相应的输入幅度,如图 6-12(a)所示。这里的关键是 IP₃;可以只用一个输入幅度来度量,避免了使用外推的方法。

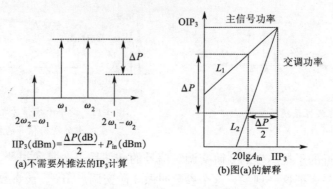

图 6-12　快速测量 IP₃ 的方法

图 6-12(b)所示为上述关系的几何图示。因为直线 L_1 的斜率为 1,而直线 L_2 的斜率为 3,因此输入增加 $\Delta P/2$ 将在 L_1 上产生相等的增量,而在 L_2 上产生 $3\Delta P/2$ 的增量,这使这两条线之间的差距减为 0。

上面的步骤为在设计或表征初期估计 IP₃ 提供了方法,但是准确的 IP₃ 值仍然必须经过准确地外推得到,以保证所有的非线性效应和与频率相关的效应都包括在内。

在文献中遇到的另一种测量方法是使用单一声调(Single Tone),绘制 3 阶谐波幅度关于输入幅度的函数图线,并利用外推得到交调点。从图 6-13 所示的例子中可知这个方法不能得到 IP₃ 的准确值。

为了较好地体会实际 RF 系统中所需的线性度,现在计算一个 $1\mu V_{rms}$ 信号在一个 IIP₃ 是 $70mV_{rms}$(约等于 $-10dBm$)的放大器中被两个 mV_{rms} 信号干扰的情形,如图 6-13 所示。

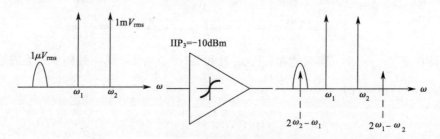

图 6-13　在大的干扰信号存在情况下的可得到的 SNR 实例

求出 1dB 压缩点和 3 阶非线性输入 IP₃ 的关系很有启发性。可得到这两者间的关系为

$$10\log \frac{A_{1dB}^2}{A_{IP3}^2} \approx -9.6dB$$

6.3.2　级联非线性

由于在 RF 系统中信号都是由级联的各级来处理的,所以知道各级的非线性关系到级联的输入是很重要的。特别是希望利用各级的 IP3 和增益来计算总的输入 3 阶交调点。

考虑两个非线性系统级联,如图 6-14 所示。如果这两级的输入—输出特性分别为

$$y_1(t) = \alpha_1 x(t) + \alpha_2 x^2(t) + \alpha_3 x^3(t)$$
$$y_2(t) = \beta_1 y_1(t) + \beta_2 y_1^2(t) + \beta_3 y_1^3(t) \tag{6-56}$$

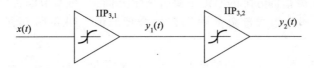

图 6-14　级联的非线性电路

只考虑一阶和 3 阶项,有

$$y_2(t) = \beta_1 \left[\alpha_1 x(t) + \alpha_2 x^2(t) + \alpha_3 x^3(t) \right] + \beta_2 \left[\alpha_1 x(t) + \alpha_2 x^2(t) + \alpha_3 x^3(t) \right]^2$$
$$+ \beta_3 \left[\alpha_1 x(t) + \alpha_2 x^2(t) + \alpha_3 x^3(t) \right]^3 \tag{6-57}$$

所以,有

$$A_{\text{IP3}} = \sqrt{\frac{4}{3} \left| \frac{\alpha_1 \beta_1}{\alpha_3 \beta_1 + 2\alpha_1 \alpha_2 \beta_2 + \alpha_1^3 \beta_3} \right|} \tag{6-58}$$

有趣的是,合适地选择分母中各项的值和符号可以得到任意高的 IP$_3$。但是在实际中,若考虑其他诸如噪声、增益和有源器件的特性等时,则可能不允许这样的选择。作为最坏情况的估计,在分母中给这 3 项加上了绝对值符号。

从上面的结果可知,随着 α_1 的增加,总的 IP$_3$ 减小。这是因为如果第一级有更高的增益,第二级就会接收到更高的输入幅度的信号,所以产生了大得多的 IM$_3$ 项(回忆一下 IM$_3$ 项随着输入幅度的 3 次方而增长)。

6.4　无线通信收发链路性能指标分析

无线通信发射链路性能指标包括很多内容。以 GSM 通信系统为例,主要包括:平均载频功率,定义为发信机输出的平均载波峰值功率;发射载频包络,它说明了发信机载波功率随时间的变化规律;射频功率控制,即为调整在移动台与基站间的距离发生变化时的发射功率,以保证功率既能满足通信需要,又不会对其他设备产生干扰;射频输出频谱,表明发信机对相邻信道的干扰程度,通常可分为连续调制频谱和切换瞬态频谱两类;杂散辐射,与射频输出频谱类似,该指标用于说明杂散辐射在除了有用边带和相邻信道以外的离散频率上的辐射;互调衰减,由于通过天线进入的干扰信号与发信机的载波相互作用产生了互调分量,发信机对此互调分量的抑制能力就称为互调衰减,具体指有用信号在发射带宽内与最高的互调分量的功率之比;相位误差,指实际发射的信号与理想信号的相位误差;频率精度,指在考虑了调制和相位误差后,发射信号的频率在其所在的信道上与标称频率的误差。

无线通信接收链路的性能指标也有很多,仍然以 GSM 通信系统为例。主要包括:灵敏度,指在保证特定通信质量的前提下,收信机能正确接收的最低输入信号功率;阻塞和杂散响应抑制,该指标用于衡量由于无用信号的干扰,使接收机接收的有用信号质量下降而又不超过一定限度的能力;互调响应抑制,主要用于检验系统的非线性失真的抑制性

能;邻道干扰抑制,该指标用于检验系统邻近信道的选择特性;杂散辐射,用于衡量当发信机不工作时收信机内部引起的辐射大小。

确定了无线通信收发链路的主要性能指标后,还需要将这些指标分配到链路的各组成部件中。系统链路指标分配的原则主要有两个方面:一是要考虑各组成部分性能的可实现性;二是要根据各组成部分的作用定出合理的值。图 6-15 所示为级联的非线性电路。

基于图 6-15 和表 6-1 所列的框图和表格,下面将介绍典型接收链路总的增益、噪声系数、3 阶交调截点功率的分析和计算方法。

图 6-15　级联的非线性电路

表 6-1　接收机各级指标的计算

$L_1=3$dB	$G_{P2}=20$dB	$L_3=5$dB	$G_{P4}=6$dB	$L_5=3$dB	
	$F_2=4$dB		$F_4=15$dB		$F_6=12$dB
$IIP_{3,1}=100$dBm	$IIP_{3,2}=-15$ dBm	$IIP_{3,3}=100$ dBm	$IIP_{3,4}=7$ dBm	$IIP_{3,5}=100$ dBm	

1. 增益计算

计算链路增益时,应当遵循由前向后逐级相加的原则,将各级的增益按分贝相加即可。需要注意的是,插入损耗是增益的倒数,按分贝相加时,有 $L=-G_P$。

2. 噪声系数的计算

计算噪声系数时,通常遵循由前向后逐级推算的原则。无源器件的噪声系数等于其插入损耗。例如,在图 6-14 中,双工器的噪声系数为 3dB,镜频抑制滤波器的噪声系数为5dB,而中频滤波器的噪声系数为 3dB。根据前面介绍的二端口网络级联链路噪声计算方法,可按下面的公式计算链路总的噪声系数,即

$$F=F_1+\frac{F_2-1}{G_1}+\frac{F_3-1}{G_1G_2}+\cdots \tag{6-59}$$

3. 3 阶截断点输入功率的计算

计算 3 阶截断点输入功率时,遵循由后向前逐级推算的原则。在接收链路中,首先计算 D 点的 3 阶交调截点输入功率 IIP_3。对有源器件而言,需考虑其 IP3。而无源器件通常不用考虑它们的 IIP_3,忽略其影响。因此,$IIP_{3,D}$ 等于混频器的 IIP_3。在计算 C 点的IIP_3 时,根据级联链路 3 阶交调截点的计算公式,可得 $IIP_{3,C}=L\times IIP_{3,D}$。同理,在计算 B点的 IIP_3 时,根据计算公式,可得 $1/IIP_{3,B}=1/IIP_{3,2}+G_{P2}/IIP_{3,C}$。需要注意的是,需要先将分贝数化为自然数再计算。

本 章 小 结

本章主要讨论了无线通信系统的噪声和非线性失真问题,介绍了通信系统中电子噪

声的特性和来源,主要讨论了热噪声、散粒噪声、闪烁噪声、分配噪声和场效应管中的噪声等。然后介绍了无线通信系统中噪声及其相关参数的计算,主要针对等效噪声带宽、等效噪声温度和噪声系数等。随后介绍了大信号非线性系统中信号的失真及其影响,非线性失真的抑制方法和相关参数的计算。最后引入无线通信系统的灵敏度和动态范围的概念及相应的计算方法,并分析了无线通信收发链路的性能指标和相应参数的计算。

习 题

6.1 计算两个串联有噪电阻 R_1 和 R_2 在温度 T 下输出到负载 $R_L = R_1 + R_2$ 上的噪声功率 P_n 是多少?

6.2 设有纯电阻构成的网络如图 6-2 所示,其中 U_s 是信号源,R_s 是信号源内阻。求负载电阻 R_L 处产生的噪声功率 N_0 及噪声系数 F。

6.3 计算一个 100m 电阻的均方值噪声电压及噪声电流。并联一个 $50k\Omega$ 电阻后,总的均方值噪声电压为多少?(常温 $T = 290K$,噪声带宽 $B = 1MHz$)

6.4 某传输线在温度 $T_0 = 290K$ 下有噪声系数 $F = 1dB$。求物理温度在 $T = 0K$、250K、500K、750K 和 1000K 时的噪声系数。

6.5 有一双路功分器,一路输出端接匹配负载。假设功分器是等分双路电阻性功放器且端口是匹配的,求在室温下的该二端口网络噪声系数。

6.6 一根在温度 T 下的有耗传输线馈接到噪声系数为 F 的放大器上。若在放大器输入端存在阻抗失配 Γ,求出系统的总噪声系数。

6.7 要求用一条传输线把天线和低噪声接收机连接起来。频率是 10GHz,两者相距 2m。可选的传输线是铜制 X 波段的波导、RG-8/U 同轴电缆或铜制的圆波导(内直径为 2.0cm)。要达到最佳的噪声系数,应用何种传输线?不考虑阻抗失配。

6.8 功率谱密度为 n_0 的白噪声通过 RC 低通滤波器(假设只是无噪的),求输出噪声功率 N_0。

6.9 一个放大器和解调器组成的电路,已知放大器增益为 $G = 17dB$,噪声带宽 $B = 10MHz$,噪声系数 $F = 3dB$,解调器的噪声温度为 $T = 1000K$,求整个系统的噪声系数。

6.10 设放大器的噪声带宽 $B = 1MHz$,噪声系数 $F = 3dB$,求其噪声系数(接收天线的等效噪声温度为常温 $T = 290K$);若其 1dB 压缩点的输入功率为 $-20dBm$,解调信噪比要求 $SNR = 30dB$,求接收机的线性动态范围。

6.11 一个低噪声放大器和混频器组成的电路,已知低噪声放大器的增益为 $G = 20dB$,3 阶截断点对应的输出功率是 30dBm,混频器的变频损耗是 $G = -6dB$,3 阶截断点对应的输入功率是 10dBm,求整个系统的 3 阶截断点对应的输出功率。

6.12 证明 3 阶截断点 IIP3 可以用下式来表示,即

$$IIP_3(dBm) = \Delta P(dB)/2 + P_{in}(dBm)$$

式中,P_{in} 为输入功率;ΔP 为输出端基波功率与 3 阶交调功率的差。

6.13 一个带宽为 500MHz 的放大器有 35dB 的增益,等效噪声温度为 270K。若 1dB 压缩点对应于输入端功率 $-15dB$,计算放大器的线性动态范围。

6.14 一个带宽为 300MHz、增益为 20dB 的放大器,其噪声系数为 7dB,它馈接到噪

声温度为 750K 的接收机上,求整个系统的噪声系数。

6.15 电平相差 6dB 的双频输入信号加到一个非线性元件上,问得到的两个 3 阶交调产物的相对功率比是多少?

6.16 一个接收子系统有噪声系数 7dB,对应于输出端的 1dB 压缩点和 3 阶截断点为 25dBm 和 35dBm,增益为 30dB。从天线进入子系统的噪声为 $N_i = -110$dBm,解调输入要求 SNR 至少大于 10dB,整个系统的等效带宽为 30MHz。求整个系统的线性和无寄生动态范围。

6.17 设计一个接收机,要求信号带宽为 $B = 30$kHz,输出信噪比为 SNR $= 15$dB,灵敏度为 $P_{min} = 10$pW,问接收机的噪声系数为多少?

6.18 一个射频接收系统的带宽为 $B = 800$MHz,噪声系数为 $F = 10$dB,工作温度为 100K。求该接收系统的最小可识别输入功率 $P_{i,mds}$。

6.19 放大电路的带宽为 $B = 100$kHz,噪声系数为 $F = 3$dB。(1)求噪声基底的功率。(2)如果放大电路的 1dB 压缩点的输出功率为 $P_{1dB} = 1$dBm,求放大电路的动态范围 DR。

6.20 低噪声放大电路和混频电路连接构成射频系统,如图 6-16 所示。低噪声放大电路的增益为 $G_P = 20$dB,对应的 3 阶交调截点为 $P_{IP3} = 22$dBm,混频电路的插入损耗为 $L_c = 6$dB,对应的 3 阶交调截点为 $P_{IP,M} = 13$dBm。求系统的 3 阶交调截点 P_{IP}。

6.21 如果将图 6-16 中的混频电路和放大电路的顺序交换,求系统的 3 阶交调截点 P_{IP}。

6.22 射频接收系统的输入频率为 10GHz～11GHz,输出频率为 1GHz～2GHz,电路如图 6-17 所示。

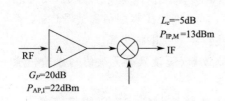

图 6-16　放大电路和混频电路

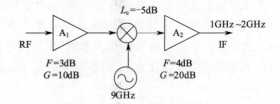

图 6-17　射频接收系统

(1)求系统的总功率增益 C。(2)求系统的总噪声系数。(3)如果系统工作在 $T = 290$K,求输入和输出的最小可识别功率 $P_{i,mds}$ 和 $P_{o,mds}$。

6.23 一个 3 级低噪声放大电路的噪声系数为 $F = 3$dB,总功率增益为 $G = 30$dB,带宽为 $B = 1$GHz,工作在室温 $T = 290$K 下。(1)计算该放大电路的动态范围 DR。(2)如果放大电路的 1dB 压缩点功率为 $P_{1dB} = 15$dBm,求输入信号功率 P_{in} 的范围。(要求以 dBm 表示)

6.24 递归程序设计是通过函数或者子程序自身调用自身。利用递归程序设计可以极大地简化程序设计。请编写递归程序,计算 N 级电路的总噪声系数。每一级电路的功率增益和噪声系数可以从键盘输入。

6.25 使用估算方法计算射频系统的动态范围存在一定的误差。请编写程序计算给定 N 级电路射频系统的动态范围,所需要的参数从文件读入。利用编写的程序,计算例 6-4 中射频系统的动态范围,还可以验证习题的计算结果。

第7章　射频电路设计的 CAD 技术

近年来,无线通信市场的蓬勃发展,特别是移动电话、无线因特网接入业务的兴起,使人们对无线通信技术提出了更高的要求。体积小、质量轻、低功耗和低成本是无线通信终端发展的方向,射频集成电路技术(RFIC)在其中扮演着关键角色。RFIC 的出现和发展对半导体器件、射频电路分析方法乃至接收机系统结构都提出了新的要求。

本章在简要介绍射频电路设计流程的基础上,详细讲解集成的射频电路 CAD 设计平台、CAD 程序包的构件与特点,仿真射频电路直流、线性、非线性响应特性的谐波平衡、瞬态、卷积、包络模拟等各种电路模拟技术与标志性特点,仿真电路中不同部分之间电磁互作用特性的 2 维、2.5 维、3 维电磁模拟技术及标志性特点,ADS、MWO 等商用电路设计工具的功能与特点,HFSS、MWS 等商用电磁模拟工具的功能与特点。

7.1　集成的 CAD 设计平台

对集成电路设计来说,设计方法和高水平的计算机辅助设计工具是成功的关键。对于通常的 VLSI,有包括从综合、模拟、版图设计、验证、测试生成等在内的一系列工具来支持整个设计过程。但对于 RFIC,目前尚不具备一整套完善的 CAD 工具,主要的前端设计工具是电路级的模拟或仿真。现在 CAD 技术已成为 RFIC 设计流程的一个完整部分。因此,绝大多数商业软件产品结构都以一个通用顺序的相关联步骤为基础。图 7-1 所示为使用 Cadence 设计 RFIC 的设计流程。设计流程是从了解设计必须达到的一组技术指标开始的。应用经验、参考资料和理论原理,设计者解读技术指标,并提出初步设计拓扑。

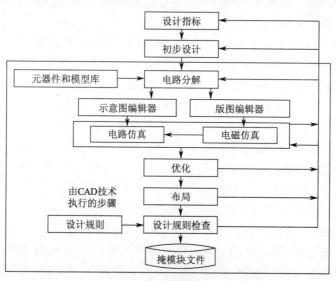

图 7-1　完整的 RFIC 设计流程

CAD 软件不仅可以预测射频集成电路响应,而且提供了一个集成的射频环境,统筹从最初的电路指标到布局设计规则检查的集成电路设计的所有方面。一般来说,典型的设计环境包括结构文件管理方案、原理图编辑器、合成工具、元器件库、具有优化功能的模拟引擎、输出显示、版图编辑器及版图设计规则检查器等。同时,它也可能包括 2.5 维电磁场(EMfield)求解程序,用来模拟任意单层或多层平面结构。用户通过一套完整的工具,在一个程序包内能非常有效地执行集成电路设计流程。图 7-2 显示了绝大多数 CAD 的设计环境。由图 7-2 可见,CAD 程序包实质是把集成的设计环境分解为一系列相互关联的程序或子软件包。

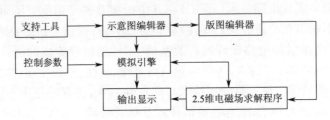

图 7-2 集成 CAD 设计环境

(1)原理图编辑器子软件。为了支持原理图编辑器,绝大部分商用程序包提供了有用的工具帮助计算元件的值(如匹配网络和滤波器)和物理参数(如传输线)。对于任意特定的设计,可能有许多按层次组织的原理图。从而原理图可能包含与另一个原理图相链接的途径。这有助于管理复杂的设计,而且允许设计者把通用的子电路存放在元器件库中,并把这些子电路以功能模块或元件的形式用于以后的设计。

(2)模拟引擎子程序包。程序包所包含的模拟引擎确切数目及特点,随着程序包的不同而不同。一般来说,子程序包有直流、线性、瞬态模拟器。要对一个特定的电路仿真,设计者必须确定电路图、控制参数和希望的输出。输出可以是网络参数、直流电压/电流和交流电压/电流。控制参数包括频率范围、扫描偏置范围、扫描输入功率范围、入射波形和输出参数优化控制量。根据所用的模拟器,这些控制和输出参量可以在专门的测试结构图中或直接在电路图中加以规定。

(3)输出处理子程序包。进行仿真之后,仿真结果必须以设计者能正确解释的格式表示。第 3 个子程序包是对输出数据做后续处理。绝大多数商用程序包能显示矩形网格、极坐标网格和 Smith 圆图,各种不同的输出能加载到这些图形中。设计者也能检查表格式的校准数据,并可以把数据输出到一个文件以便做进一步处理。如果要求电路性能优化,每一次迭代完成后,通常可以看到优化输出的收敛性。

(4)版图编辑器子程序包。在集成设计环境中,版图编辑器允许设计者通过按钮来同步生成电路图的物理版图。通常这个过程以两路方式工作,即当电路图发生变化时,电路版图则自动更新,反之亦然。为了确保版图符合芯片制造厂商的加工工艺要求,许多版图编辑器具有执行用户自定义的设计规则检查(DRC)的功能。

(5)电磁场求解程序包。当设计者希望包括不符合标准库元件的无源结构的效应及其他可能的寄生效应时,需要有用于模拟任意单层或多层平面结构效应的 2.5 维电磁场求解程序。因为库元件是在彼此互相隔离的条件下定义的,当元件放置得很近时,电磁场求解程序能模拟元件间的耦合效应。作为集成的 CAD 程序包的一部分,电路图和电磁场求解程序的接口则由版图子程序包来完成。这确保了精确,避免了必须手动画电路元器件。对于不包含集成的电磁场求解程序的 CAD 程序包,仍有可能应用分离的程序包,并以依赖频率的 S 参数文件的形式输出结果。

除了以上通用的子程序包框架外,集成的射频电路设计环境还有两个主要特点。第一,绝大多数商用 CAD 程序包允许大多数用户自定义界面(如可编程的工具栏和键盘命令),甚至自定义元件,而且这些元件能添加到已存在的元器件库中。为同步生成的版图能精确地反映特定的处理要求,用户也可以将自定义可扩展度量的原图与特殊元件联系在一起。使得商用 CAD 程序包具有吸引力的第二个主要特点是其灵活的授权使用方案。通过对一个特定程序包中的各种元件分别授权,用户可以根据最能满足应用的需求配置安装程序。例如,许多程序包安装包含大量授权的实例,而较少有更专业化的模拟引擎。正如现在看到的那样,一些模拟器甚至允许第三方销售商添加自己授权的代码到已经存在的框架中。

7.2 CAD 程序包的特点

正如前文所述,现代 CAD 程序包的组织方式都非常相似。CAD 程序包的实质作用是用一套工具为设计者补充知识和技能,使设计工作更加高效和有组织性。那么是哪些关键元件和技术的支持使 CAD 成为可能的呢?

7.2.1 支持工具

在 RFIC 设计的前期,设计者通常要参考标准教科书的内容,如匹配网络和合成滤波器是如何定义的,如何衡量其性能,或者如何确定传输线结构物理尺寸等。这些工作既单调乏味又耗费时间。为了提高设计效率,现在的 CAD 程序包提供了大量的综合性工具,使用时只需激活这些工具。如传输线计算器就是这样的一个工具,它允许设计者输入电长度、特征阻抗和电介质特性参数,来得到等效的物理尺寸。某些计算器具有更多的功能,甚至可以计算耦合线结构参数。另一个有用的工具是滤波器合成器,它能用于代替滤波器表。通过输入中心频率、带宽、带外抑制和允许的带内波纹,合成器能产生一个相应的集总元件或分布参数元件滤波器。Smith 圆图工具也出现在 CAD 程序包中,其相当于一个流行的同类单功能产品。实质上,这些工具就像一张空白的 Smith 圆图,设计者可以在上面进行各种操作。支持工具是微波 CAD 程序包的一个重要附属品。虽然其结果往往是理想化的,但是,在任何设计中,它们是获得初始值的最好途径。

7.2.2 原理图捕获

随着计算机图形技术的进步,从低分辨率单色发展到高分辨率彩色,电路 CAD 也已经从描述性的列表文件发展到今天的图形捕获。现在的方法允许设计者在一个设计区域内放置电路符号,并用虚拟的线把它们互连起来。如果所有存在的元件都用适当的符号表示,那么产生的电路模拟了电路原理图。同时元件参数显示在设计区域内相应元件下方的多项文本框中,而且设计者可以设定是否将这些参数显示。

虽然多数 CAD 软件的电路图是相似的,但是如何选择元件及改变它们的参数等细节,不同的 CAD 程序包往往有所差别,但它们都有通用元件和由包含了制造商特定元件的子库构成的元器件库,设计者选择子元件库,然后选择希望的元件。在一些模拟器中,弹出的对话框提示设计者直接输入元件参数。无论使用什么 CAD 程序包,当元件放进原理图中时,可以直接通过修改参数文本或激活一个编辑对话框去编辑元件参数。当所有要求的元件已经放置好,并编辑好参数,使用加线工具就可以将元件互连在一起。添加相关的测量项目(如端口和/或电压与电流测试点指示器)完成电路图。另外,当设计者对结果不满意时,如果要修改元件参数可以直接在原理图上修改。

原理图捕获功能现在已经完全消除了 CAD 程序包中电路进入列表法的应用。其速度快,避免了混淆,最小化误差,不需要设计者记住每一个电路元件的特定语法。而且,也不必要保留额外的电路草图或图纸,因为模拟器使用的电路图与常规的电路完全一样。

7.2.3　层次化设计

层次化方法作为一种高效的设计方法,不仅应用于软件编程,也是将复杂电路分解成更多的可管理的元件的一种方式,是广泛应用在 CAD 设计中的一个有力的概念。设计者通过单独定义子电路,并仅通过参考符号把子电路导入更复杂的电路中,也就发展出了分层设计的方法。在特别复杂的电路设计中,分层设计避免了电路图太大,查看电路图的不同部分时必须切换的问题。对于重复使用了一组元件的电路,导入多个相同子电路的参考符号,既节省了时间又确保了一致性。电路图中分层允许设计者在优化重复使用的子电路的响应时,能同时观察到其对整个电路的影响。图 7-3 说明了这些原理的思想。其中,将图 7-3 所示的单端放大器正交耦合器使用两次来构成完整的电路。单端放大器性能的任何改变都将自动地更新平衡设计结果。

图 7-3　分级示意图

此外,分层概念在电路版图设计中也被普遍应用,目的是为了避免不必要的复制和简化设计。共用的子电路版图可以重复引用,以避免单独描绘这些子电路版图和对多个相同结构进行相同的编辑。

7.2.4　模拟控制参数

模拟控制参数,也就是赋给 CAD 程序包并指示它如何进行模拟的参数。对这些参数的规定要么在顶层电路原理图中,要么在专门的测试区中,具体取决于特定的程序包。控制参数有两类:一类参数是为电路激励设置扫描范围;另一类用于改变模拟器的运行时间设置。第一类控制参数基本上控制了输入信号的特征频率、电压大小、电流大小、输入 RF 功率或激励形式。一般来说,一个给定的 CAD 软件包的灵活性的优秀程度往往体现在能同时扫描独立电路激励个数的多少。例如,某些软件包仅允许扫描一个用户自定义的参数或者限制了独立定义的源的数量。如果没有这样的限制,同时能扫描多个参数则能相当全面地了解电路行为。如在决定反馈放大器最优化的反馈时,同时扫描多个元件值通常是必要的。

第二类控制参数主要用于大信号模拟,以规定数值求解时的初始条件和结束条件。例如,当使用谐波平衡法时,模拟器必须知道在最终解中允许有多少阶输入信号的谐波及需要多少次数值迭代。而且对这些控制参数做出恰当的设置往往要有一定的经验,这显著地影响着最终的解算结果。必须说明的是,模拟器只是一个工具,只有使用得当,它才是功能强大和有效的。若对模拟器如何工作没有一个正确的了解和认识,则可能产生误导,严重时甚至会得到错误的结果。

7.2.5 电路元件 CAD

CAD 软件包中的电路元件库为设计者提供了大量的各类元件。一般将这些元件分为 4 大类:通用无源元件、通用有源元件、制造商供应的元件和用户自定义的元件。通用无源元件包括用于初始设计的理想类型和用于最终实现的物理实际类型。例如,已有门类齐全的理想化集总元件和传输线元件,它们可用于迅速地模拟验证概念,或用于建立一个电路拓扑结构的理论性能极限。对于几个 GHz 以上的实际 RFIC 设计,所有的无源元件都必须用平面等效物实现。从 CAD 程序包中可获得的最完整的平面型元件库是微带元件库,其不仅包括传输线,而且包括弯头、节点、间隙、耦合线节和终端效应(开路和短路)等不连续性元件。再者,库里也包含有螺旋电感器、交指电容器和 MIM 电容器。这些元件被称为通用元件,是因为它们不是针对特定的 MMIC 加工制造工艺的。它们仅能模拟给出合适的基片、电介质和金属化层规格参数的指定工艺元件。基于这些参数,模拟器应用于建立的模型去推导出它们的等效电性能。总体来说,对于其他的传输线类型,如带状线、共面波导(CPW)、共面线、槽线和鳍线等,并不存在如此完整的库。除了简单的传输线以外,对于更复杂的传输线结构,也通常不存在适用的经验模型。

通用的有源元件包括二极管、BJT、MOSFET、MESFET 和 HEMT 的标准模型。与通用的无源元件一样,通用的有源元件独立于特定的 MMIC 生产工艺或具体器件。在模拟器中,它们的行为特性由设计者规定的一组参数确定。在某些情况下,这些参数可以从器件制造商那里获得,否则必须由设计者通过测量提取出来。有源元件模型可以分为两类:线性模型和非线性模型。线性模型仅能用于小信号线性模拟,代表了偏置在一个特定电平加载的输入功率忽略不计条件下的器件。非线性模型更具普适性,它们的行为表现是偏置和 RF 输入功率量值的函数。通用的有源元件模型也能作为一个结构性模块去模拟更为复杂的器件。例如,通常使用一个硅 BJT 模型、标准二极管模型和一个热子电路(用于表示随着集电结偏流和 RF 输入功率的增大,发射结温度随之变化的效应)来模拟一个 GaAs HBT。

绝大多数 CAD 软件包的主要卖点是,它们有大量的制造商供货的元件。这些元件通常采用通用的有源元件模型定义,应用它们自己的参数。但是,为了保护其知识产权,只把不精确的参数开放给设计者。制造商供货的元件库对于 RFIC 设计者没有多大的意义,因为该库只包括用于混合电路的元件,如表面贴片电容器、电感器和电阻器。但是,大部分的 MMIC 制造商至少为一个主要的 CAD 库提供附加的可模拟微波产品(SMART)库。SMART库通常包括无源和有源器件模型和用于版图的智能化可度量的产品。

最后一类库元件是用户自定义的元件库。它们可以有3种不同的类型：测量文档、由通用元件(如前面提到的 GaAs HBT)构成的符号定义模型和基于连接的 C 语言或 FOR-TRAN 语言代码已编译的模型。一般来说，编译模块更受欢迎，因为它允许没有约束的行为表示，并且比符号定义模型处理速度更快。在另一种情况下，用户也可为每一个模型联系一个符号和版图。

7.2.6 电路优化

电路优化设计，是指在电路的性能已经基本满足设计功能和指标的基础上，为了使得电路的某些性能更为理想，在一定的约束条件下，对电路的某些参数进行调整，直到电路的性能达到要求为止。

CAD 软件包允许模拟器自动调整电路中的参数值，直到找到一个最优化的结果，这也是它功能强大的一个方面。由于设计中包含了大量的非理想行为的元器件，所以优化功能对 MMIC 设计是非常有用的。元器件的非理想行为意味着从原理上获得，准确希望的电路响应是非常困难的。例如，使用 Smith 圆图能产生一个微带匹配网络，但这仅仅得到电长度和阻抗。作为初始测量值，设计者可以把这些电气规格转换为物理尺寸，将它们写入电路图中。但是，为了与制造商的 MMIC 很好地吻合，必须添加额外的连接和终端效应。而且，为了减小芯片占用的面积，可能要将长的传输线弯曲为蛇形线，这要求精确的弯头模型。所有这些新元件引进的不希望的损耗和寄生效应将影响阻抗匹配效果。若允许优化器调节线长度和宽度，则很容易补偿这些不想要的效应，并恢复出希望的匹配特性。

优化工具的基本原理是计算误差函数，与目标结果和当前的模拟结果之差相关。模拟器使用搜索方法把这个误差函数值降到最小。由于选择的方法及初始值与优化值的接近程度不同，优化器可能收敛到局部最小值、全局最小值，或不能改善电路结果。总体来说，快速搜索方法依赖于误差函数的梯度，将收敛到最近的极小值。较慢的搜索方法，如随机选择电路参数值，能够找到全局最小值，但它以一种缺乏系统性的方式来做这样的事情。最好的方法是先采用慢搜索，接着采用快搜索进行连续优化。

进行优化时，设计者必须首先指定电路中要优化的参数及参数值的变化范围，然后选择搜索方法，规定被扫描的电路激励的范围，输入进行迭代的次数。欲使优化能收敛到需要的结果，这样所提出的问题将有解。若情况果真如此，欲使被优化的电路参数的个数合理，或者最初的种子值能给出一个接近误差函数最小值的结果，优化器才能找到最优解。一旦完成优化，并且设计者对结果满意，则电路参数在电路原理图中被更新。

优化是强有力的工具，它能很大程度地帮助设计者获得可能的最好结果。然而，这只有当初始化设计奠基在坚实的原理上时才是可能的，器件模型与其测量数据相吻合的例子说明了此种重要性。如果没有模型参数的预先估计，产生的拟合结果可能不是精确的表现，有时甚至可能是非物理性的。一般而言，如果器件的等效电路模型反映了它的物理特性，那么该器件在一个更宽广的激励范围内(如频率和偏置)被精确地表征的概率就越大。

7.2.7 版图

集成电路的版图定义为制造集成电路时所用的掩膜上的几何图形。集成电路从 20 世纪 60 年代开始,经历了小规模集成、中规模集成、大规模集成到目前的超大规模集成。单个芯片上已经可以制作含几百万个晶体管的一个完整的数字系统或数模混合的电子系统。在整个设计过程中,版图(Layout)设计或者称为物理设计(Physical Design)是其中重要的一环。它是把每个元件的电路表示转换成集合表示,同时,元件间连接的线网也被转换成几何连线图形。对于复杂的版图设计,一般把版图设计分成若干个子步骤进行:

(1)划分。为了将处理问题的规模缩小,通常把整个电路划分成若干模块。

(2)版图规划和布局。为每个模块和整个芯片选择一个好的布图方案。

(3)布线。完成模块间的互连,并进一步优化布线结果。

(4)压缩。布线完成后的优化处理过程,以进一步减小芯片的面积。对于 RFIC,是一个多层可缩放的图纸,芯片生产厂商能够读懂它,并基于它产生照相平板印制使用的掩模。绝大多数集成 CAD 软件包现在能够同步生产电路原理图和物理版图。为了使 MMIC 设计者开发和利用这一功能,必须提供 SMART 库,以便确保正确的表示。这样,电路版图就变成一个单纯的自动化作业,大大降低了违背设计规则的机会。虽然商业芯片制造商提供了 SMART 库,但并不是所有厂商都支持相同的 CAD 软件包,或花费同样的精力准备这些 SMART 库。在这些情况下,有必要生成一个版图,即使这种工作很费力也容易出错。

无论采用什么方法来生成版图,最终结果都是一个二进制 GDS2 数据流格式的文件,它是用在 RFIC 行业中的标准转换格式。根据该文件,掩模制造商可分离出 RFIC 的每一层,并把它们转换成 Gerber 或相似的文件格式,然后应用该文件去控制精密的光绘图仪或电子束笔。

7.3 电路模拟技术

在集成 CAD 软件包中,一般包含许多不同类型的分析研究 RFIC 电路响应的模拟引擎。表 7-1 所列为本章所描述的电路模拟器的简单评价。表中列出了每一种引擎是否发生时域/频域、激励的特征、电路的数学表达形式的输出。该表仅作为一个粗略的指南,后面会详细介绍每一类引擎。

虽然这些模拟引擎相互独立,但是它们都能够参考相同的电路原理图。对于同一个电路,设计者可以在不同阶段使用几个模拟引擎,以测试电路的不同特性。例如,假设设计一个偏压调协型 PHEMT 振荡器。首先是跟踪直流 I—U 曲线,确定出一个静态偏置点。转换到线性模拟器,使用源反馈出最大化负阻抗,设计适当的谐振器和终端网络以满足起振条件。以线性设计为起始点,应用谐波平衡模拟器在中心频率处调节闭环转移函数,直到其幅度相等并且相位为零。谐波平衡模拟器也能够模拟可输出的稳态输出功率。为了确定振荡器起振,在直流输入端口注入一个小脉冲,使用瞬态或卷积模拟器观测电路的效应。在起振瞬态消失后,时域结果给出了输出功率和中心频率的独立测量结果。其他模拟引擎也能用于估计电路的相位噪声性能、成品率及偏置调谐的响应。

表 7-1　电路模拟引擎的全面评述

模拟引擎	域	激励	数学解法	应用和实例
DC	频域	多个 DC 电平	非线性代数方程组	建立工作电平,跟踪 DC 偏压曲线
线性	频域	单个小信号正弦波	复数性代数方程组	小信号稳态行为,能计算网络参数、MAG、二端口同时共轭匹配系数、增益、K 和稳定圆
谐波平衡	频域和时域	多个大信号正弦波	复数性代数方程组 DFT 和非线性普通主分方程组,ODE	功率放大器、混频器和振荡器的大信号稳态行为,可用于计算稳态振荡条件、互调失真、变频损耗、输出功率
Volterra 级数	时域	多个大信号正弦波	非线性 ODE	弱非线性放大器、混频器、振荡器的精确大信号稳态行为
瞬态	时域	多个任意时变信号	非线性 ODE	仅限于集总元件网络的瞬时响应,可用于检查放大器的稳定性,观察非线性失真,验证振荡器起振
卷积	频域和时域	多个任意时变信号	非线性 ODE	包含集总和分布式元件网络的瞬时响应。用法与瞬态测试相同
噪声	频域	单个小/大信号正弦波	噪声相关系数矩阵的级联	线性或非线性网络的噪声性能。能够估计二端口噪声系数、振荡器相位噪声
包络	频域和时域	多个任意调制的大信号正弦波	按时间间隔重复的谐波平衡法	非线性网络对输入调制信号的响应。模拟非线性失真效应特别有效
混合模型	时域	多个大信号正弦波和/或数字输入	数字逻辑模拟器和瞬时、卷积或包络模拟器	包含了模拟及数字元器件的子系统的性能
成品率		单个小信号或多个大信号正弦波	DC,线性或谐波平衡	基于电路元件公差的电路成品率统计性估计

为了说明模拟器引擎,必须阐明小信号、大信号、线性和非线性分析术语的定义。小信号近似假定了输入 RF 信号在静态偏置点附近有一个可忽略的电压和电流波动。因此,输入信号强度变化不会引起待测电路行为发生太大的变化。相反,大信号输入没有做这种假定的输入。线性分析技术要产生有效的结果必须满足以下两个条件之一:电路行为表现不随输入 RF 信号的功率的改变而改变,或者输入 RF 信号可归类为小信号。非线性分析考虑除了以上两个条件以外的所有情况,适用于所有的电路,这些电路的行为是大信号输入 RF 功率电平的函数。

7.3.1　直流模拟器

交流仿真之前,必须为电路建立起一个静态偏置点,此时要用到直流模拟器。要做到这一点,模拟器必须将所有电路元件用其直流等效电路代替。此时,所有的电容、耦合线和间隙等效为开路,电感等效为短路。传输线等效为集总电阻,阻值由传输线的长度、横截面积和电导率决定。线性元件由它们在直流偏置下的电导代替,非线性元件由直流偏置下的解析函数代替。

由于电路可能包含有非线性的元件,节点电压和支路电流的计算就很困难。模拟器

必须求解一组有 N(电路节点个数)个未知量的 N 维线性方程组。除了几个特殊的例子外,这样的系统方程组一般通过 Newton-Raphson 迭代法求解。在该方法中,非线性解析表达用一条斜率等于初始条件点的正切的直线代替。第一次迭代结果简单地是线性直线和线性化的非线性曲线响应之间的交叉点。然后将交叉点作为下一次迭代的初始值,不断地迭代,直到连续的两次迭代的差异降低到一个规定的门限值为止。对于更复杂的系统非线性方程组,用雅可比矩阵表示其正切,雅可比矩阵中的(i,j)值是第 i 个方程对第 j 个变量的偏导数。求解所产生的系统方程组是非常直观的,使用下一上三角(LU)因子分解和回代等标准方法进行。上一次计算完成后,其解为下一次迭代提供了初始值。

必须指出,当求解非线性系统方程组时,分析过程可能收敛到一个不正确的解。虽然它在数学上是正确的,但是没有实际的物理意义。为了避免这个问题,CAD 程序包使用了多种技术来确保获得正确的结果。例如,使用源步进法,令初始的节点电压为零,抑制加载的源为其终值的几分之一。随着分析的进行,对源的抑制逐渐减小。

7.3.2　线性模拟器

当分析一个电路的稳态响应——电路的行为表现不随输入 RF 信号电平变化而变化时的响应时,需要使用线性电路模拟器。它也可以用于分析小信号激励的非线性电路。仿真时首先把所有电路元件转换成对应的矢量表示。转换过程中使用了存储的解析方程组。而集总元件的线性模型可以从它们的组成元件中分解出来,并进行相似的转化。如果存在非线性元件,模拟器必须首先进行直流模拟,接着进行谐波平衡模拟。当输入的 RF 信号电平非常低时,一个偏置的非线性元件依赖于功率的响应可以比较准确地反映小信号行为特征。

在完成所有元件的转换后,再用互连节点构成的大型网络表示电路。这个网络可以由一个等效的 N 个耦合的线性代数方程组定义,此处 N 个位置量表示每个节点电压的复相量。为了改善速度,许多线性模拟器也使用稀疏矩阵法,以利用绝大多数矩阵元的值为零的特性。根据求得的节点电压解,利用网络中节点电压和支路电流相关联,则能求解出支路电流,并可推导出 S 参数、Z 参数、y 参数、g 参数和 H 参数。对于二端口网络,大部分 CAD 软件包提供了后续结果处理功能,以便同时获得共轭匹配系数、增益圆、K 因子和稳定圆等。

7.3.3　谐波平衡模拟器

谐波平衡是一种在频域和时域结合求电路稳态响应的方法。首先将信号表示成为傅里叶展开的形式,在节点处的各次谐波分量都列写 KCL 方程组,把时域中的微分方程转化为频域中的代数方程,然后用牛顿迭代求解傅里叶系数。需要特别注意的是,由于非线性元件的特性表示是在时域中的,因此它们的计算要先在时域中进行,再使用傅里叶变换将它们变换到频域。而要计算时域的非线性电阻电流与非线性电容电荷,又要先用逆傅里叶变换将激励信号 $U(\omega)$ 转换到时域。模拟输入大信号正弦波普通非线性电路的稳态性能,一般选用谐波平衡模拟引擎。

功率放大器、混频器和振荡器等的设计大多采用谐波平衡模拟器。由于建模非线性电路相当困难,因此,通常在开始设计时使用线性设计技术。一旦获得了可接受的线性设计,谐波平衡就可用于精细设计和预测大信号性能。

图 7-4 所示为谐波平衡中的电路分解原理,利用谐波平衡把非线性网络分解成一个线性子电路和一个非线性子电路,用 N 个端口将两个子电路连接在一起。另外,线性子电路有 M 个端口连接到信源和负载。模拟器首先将固定电阻和电抗等线性元件从电压敏感电容和跨导等非线性集总元件中分离出来,实现分解非线性器件模型。然后,再把分解出的线性元件添加到外部线性网中。虽然从复杂的电路拓扑完成这种电路分解特别困难,但总有可能通过重新排列节点完成这样的电路分解。

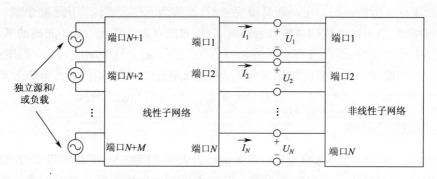

图 7-4　谐波平衡中的电路分解原理

利用谐波平衡法是为了确定非线性网络对正弦输入信号的响应。所以,输出可能是预期的,也可能是傅里叶级数。分析时首先直流模拟,建立起网络中每个节点的静态电压,紧接着进行整个网络的线性模拟,这将涉及寻找 N 个节点的交流电压和电流的估计值,而且 N 个节点电压矢量是傅里叶逆变换。再使用产生的周期电压波形确定出 N 个节点的电流波形。新的电流再被转换到频域,用于计算一组新的节点电压值。通过计算新、旧节点电压得到一个误差值,如此反复,利用一个介于新、旧电压值之间的估计值不断地重复上述过程,当误差值减到一个预先规定的许可范围之内时,则结束模拟。

但谐波平衡法的一个缺点是,迭代求解过程不一定是收敛的。另外,随着激励频率的增加,问题的数学复杂度可能要求很大的计算机内存和处理能力。Krylov 子空间求解算子出现后,虽然牺牲了一定的精度,但它极大地减小了对计算机内存和处理能力的要求。另外,谐波平衡模拟不是总可以精确预测互调失真,因为互调分量往往是弱信号,多次重复使用快速傅里叶变换(FFT)算法所产生的数字噪声可能会掩盖互调信号。

对于谐波平衡模拟,最后必须指出的是,许多集成 CAD 程序包含有附加工具辅助振荡器设计。振荡器可以视为一个反馈回路,为了计算环路增益,必须有专门的非插入信号注入端口。

7.3.4　Volterra 级数

Volterra 级数是一个以多重卷积积分形式表示的泛函级数,它是由意大利数学家VitoVolterra在 19 世纪 80 年代作为多变量函数的泰勒级数的推广而提出的。1942 年,NorbertWinner 首次把 Volterra 级数用于分析非线性问题。1967 年,Narayanan 开始用这种方法研究晶体管放大器波形失真问题,Volterra 级数理论进入解决实际问题阶段。20 世纪 80 年代以来,以美籍学者蔡少棠为首的非线性理论工作者在该方面取得了很大进展,近10年来,国内也有不少专家学者对级数开展了多方面的研究,也获得了一些成果。

对于任意非线性网络,欲求其Q阶转移函数,可以把它转化为对线性网络进行Q次频域分析。基本思想是将电路中的非线性元件分解为一个线性元件和一个严格非线性元件,利用替代原理用一个电源去替代严格非线性元件,由于严格非线性元件只可能产生$Q \geqslant 2$的高阶Volterra响应,不会产生一阶响应,故称该替代电源为非线性电源。因此非线性电路变成了一个由线性元件外加激励和非线性电源所组成的线性电路。因各非线性电源对电路的一阶响应无贡献,只有外加激励对一阶响应有贡献,因此在计算一阶响应时,令各非线性电源为零,保留所有外加激励,按线性电路分析求一阶响应。当计算电路中的$Q \geqslant 2$高阶Volterra响应时,由于外加激励对$Q \geqslant 2$的高阶Volterra响应无直接贡献,因此令所有外加激励为零,保留所有n阶非线性电源,为此必须先计算此时的9阶非线性电源,其大小等于前已求得的小于9的各阶Volterra响应在严格非线性元件所产生的Q阶Volterra响应。例如,在计算$Q = 2$时的电路2阶Volterra响应时,应把非线性电源在$Q = 2$时的大小求出,为此将一阶响应作为严格非线性元件的输入,通过严格非线性元件的加工处理而得到2阶Volterra响应,它即为所求2阶非线性电源。依次类推,可通过对线性电路的Q次频域分析得到Q阶Volterra响应(即9阶频域核),可见每次计算前应采用递推算法计算出相应求解阶次时的非线性电源。该法的关键在于正确掌握求解各阶次非线性电源的递推方法。

Volterra级数分析法的CAD软件包的模拟过程有些类似于谐波平衡法。按照上述原理,首先把非线性电路分解为线性和非线性子电路。子电路之间的互联接点处,非线性元件被分解为一个线性项和一系列非线性电流源,如图7-5所示。这样的分解代表了第9项Volterra级数展开式。一旦定义了信号源,问题的最终解就能通过用瞬时分析法得到。电流被视为每一阶的激励。

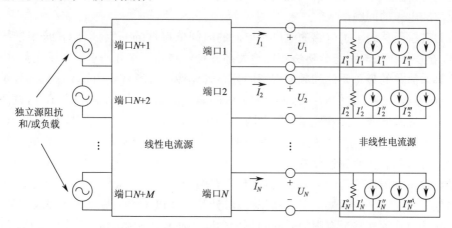

图7-5 Volterra级数分析法中的($Q = 3$)电路划分

由于Volterra级数模拟器计算的数值精度远高于谐波平衡法,因此,许多设计者在计算互调电平时更愿意使用这个模拟引擎。但是,这些特性只能用于弱非线性电路或者输入RF功率较小瞬态分析。与Spice模拟器相似,这类仿真在时域空间用于描述一个电路对任意激励的响应。要对非线性电路进行时域仿真,可以用非线性ODE方程组描述

127

的等效系统来表示。除了不超过 3 个时变元件的简单线性电路外,不存在解析闭合解。此时,必须采用数值求解的方法。

进行瞬态分析前,需要先对电路进行直流仿真,建立起电路的初始条件,然后模拟器列出所有未知的瞬态节点电压和支路电流相关的方程组。虽然状态空间法是最广泛应用的方法,但也存在许多其他的方法来完成方程组的建立。如果待分析的电路仅包含集总元件和线性时不变分布式元件,那么系统完全能由互相耦合的 ODE 方程组描述。如果这些方程组被表示为积分方程组,则可以联合使用数值方法和 Newton-Raphson 迭代方法求出最终解。这在很多方面与直流模拟器使用的技术相似。由于积分运算通过数值计算实观,解仅能在离散的时间点求出。因此,瞬态模拟引擎被视为一个离散的时间模拟器。

一般说来,可以用时域模拟方法仿真的电路元件类型会受到一些限制,由于分布式元件上电压和电流沿着它们的长度变化,所以主要是对分布式元件的限制。这些用偏微分方程组描述的元件的求解比 ODE 要复杂得多。唯一的一类能够被分析的分布式元件是其中端电压和电流互为线性相关的时不变元件。由于 RFIC 电路通常包含不符合这些条件的分布式元件,瞬态分析仅仅获得电路性能的估计值。

最后,在选择瞬态分析的时间步 K 时,必须十分谨慎,由于奈奎斯特抽样率强加的限制,时间步长不能大于激励的最高频率的半个周期。如果电路的非线性很强,那么时间步长必须进一步减小以适应任何生成的谐波。如果设置的时间步长相对于电路中任何元件的瞬念响应而言太小,可能需要太多时间步数,这会严重限制瞬态分析法在 RFIC 领域中的应用。

7.3.5 卷积分析

卷积分析解决了瞬态分析只能用于模拟仅含有集总元件或者不存在频率损耗性的分布式元件的电路的问题。

因为其解是从表示了电路的电压和电流的时间依赖性的一组耦合 ODE 中推导出来的,所以卷积分析法与瞬态分析法相比绝大部分是相同的。在开始求解系统之前,电路必须被分解为简单的集总元件和频率敏感的分布式元件。后者首先用频率敏感的导纳参数表示,导纳参数反映了它们对稳态正弦波激励的响应。如果对这个响应做 IFT,就能获得一个等效的冲激响应。接着使用传统的瞬态分析法,就能求解出合成的集总-分布式网络的解。但是,任何时候,系统差分方程组的每一项代表着分布式元件,它们的响应由激励与其冲激响应的数值卷积计算求得。

虽然卷积分析法的功能非常强大,但是它有两个显著的局限性。第一,计算量大。在迭代差分方程求算子的框架内引入卷积计算,计算时间迅速增长甚至无法完成。第二,所有的冲激响应必须在某个有限的时间间隔内中断。通常在冲激响应值低于一个给定的门限值时,终止冲激响应。但是,当冲激响应衰减因子很大时,门限值必须设置得相当高,这又会在结果中引入明显的误差。

7.3.6 包络模拟

包络模拟器使用频域和时域方法去计算一个电路对基带调制的 RF 输入信号的响

应。这避免了纯时域仿真存在的一个主要问题：当电路由一个高频率正弦信号激励时，时间步长变得太小以至于要求过多的时间步数才能达到稳态。使用包络模拟器，时间步长仅需要满足调制信号的奈奎斯特抽样率。

该技术着眼于抽样调制信号，对具有被抽样点的幅度和相位的一个输入正弦波进行谐波平衡分析。这样，每一个时刻的每一个节点电压，包括输出，可用一个随时间变化的离散谱表示。通过绘制基波谱分量的振幅和相位随时间变化的函数曲线，从频谱中可提取输出调制信号。采用 FPT，该时间函数能被转换为一个包络频谱。

包络分析法在电路分析中具有十分广泛的应用。例如，它可用于计算互调失真引起的邻近信道干扰、振荡器起振和噪声性能。现在，它也成为仿真调制输入信号激励的 RF-IC 性能的瞬态时域分析的一种好的替代方法。

7.3.7　综合化射频信道的半实物仿真设计

随着电子信息系统综合化程度的提高，射频/微波信道也变得日趋复杂，常规设计方法已经不能适应高性能产品的设计需求。结合半实物仿真技术，针对综合化微波/射频信道设计，提出了一种系统设计与电路设计相结合的新型设计技术。利用该设计方法可有效提高复杂射频/微波系统的性能和研制成功率，减少研制周期和成本。关键词是射频信道、综合化信道、半实物仿真。

微波电路及系统的设计中，常规设计方法下部件级产品的设计一般都要经过实验件、改进件、样件、正式件等多次设计改进才能成功，而系统级的设计更是要在部件级产品研制成功后才能联试验证，若是需要改进又要返回到各部件的设计修改和生产加工，因而一些结构复杂的系统往往陷入多次设计改进的循环中，所需研制时间和经费都非常巨大。综合化射频前端是将多种功能系统的射频信道综合化设计的空前复杂的射频/微波系统，射频信道的综合化设计是电子信息系统综合化程度提升的关键所在，常规设计方法显然已经无法满足要求。从 20 世纪 90 年代开始，微波 EDA 软件得到了长足发展，已经可以利用软件仿真较为真实地模拟实际电路来验证设计结果，再结合现代化的测试技术和设备，逐步形成了软件仿真与硬件电路结合、系统设计与电路设计结合的半实物仿真设计方法，大大降低了射频/微波系统的设计难度和研制周期，为复杂射频/微波系统的快速研制提供了可能。本文就是结合半实物仿真系统，讲述综合化射频信道的设计流程和方法，并讨论设计中需要注意的一些关键问题。

1. 综合化射频信道基本类型

综合化射频信道一般应用于需要多种电子信息系统协同工作的小型平台，按照应用环境和需求的不同，常见的综合射频信道的系统结构一般分为以下 3 种：典型软件无线电结构，如美军的易话通系统；硬件通用设计的多通道结构，但由于信道无法共享，设备数量相对最多，集成度较差；多路可配置信道组网的方式，即按照同时使用的功能系统的最大数目来确定射频信道数量，利用射频开关网络和中频开关网络动态连接通用模块，形成所需的多路射频信道，这样就可以用最少的信道来完成系统所有的功能，并且信道间具有相互备份的作用，其结构示意图如图 7-6 所示。这种结构既可多通道同时工作，又能够分时共享信道资源，因而适用范围广、集成度和可靠性高，是综合化信道设计的趋势，如美军 F-22 的 CNI 系统及 F-35 的整个电子系统都是基于该种构架。但因为设计时信道要满足所有系统的使用要求,同时要考虑信道之间的相互影响、切换时间等因素,设计难度大,研制成本高。本文所论述的基于半实物仿真的综合化射频信道设计方法就是针对该种结构。

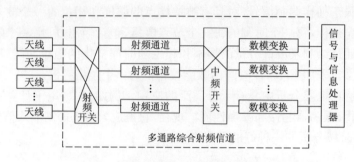

图 7-6   多通路综合化射频信道结构示意图

2. 基于半实物仿真的综合化射频信道设计方法

射频/微波信道设计中,设计流程通常包括了系统需求及可行性分析、系统方案设计、电路仿真设计、电路加工调试、系统联试等主要过程。传统设计方法中,所有流程构成一个大的循环,各个步骤之间相对独立,对于多功能综合化的系统,由于制约因素众多,这样的设计流程下,常常在最终的系统联试时才能发现某些需求分析或系统方案设计时就存在的问题,如果需要更改射/频微波硬件产品的性能指标会相当困难,往往需要重新设计加工,因而高性能复杂系统的研制往往需要多轮研制改进才能完成,大幅增加了研制周期和成本。图 7-7 所示为基于半实物仿真的综合射频信道研制流程。

微波电路的半实物仿真是微波产品设计中软件与硬件紧密结合的设计方法,相对常规实物验证设计和纯软件辅助设计,其特点是在设计的整个过程中,不论是部件级还是系统级设计,都是通过软件的预先仿真和实物验证来形成周期较短的闭环流程,保证了每一步设计的正确性,防止到最终阶段才发现问题需要重新设计的情况发生。

3. 系统需求及可行性分析

因为综合化多通道射频信道涉及的功能系统众多,因此设计时要进行统一考虑,与单一系统射频信道的研制相比,综合化

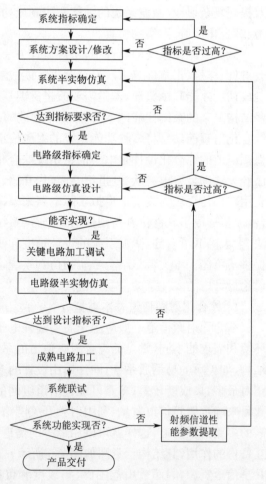

图 7-7   基于半实物仿真的综合射频信道研制流程

130

射频前端设计中系统需求分析和可行性分析是必不可少的部分,同时也是其他设计工作开展的基础。

系统需求及可行性分析主要是在详细了解整个综合化信息系统工作流程的基础上,确定所需共用射频信道的数目,根据各个系统对信道的要求和现有技术水平,归纳射频信道的总体指标要求,并分析各指标能否实现及如何综合调整,为综合化射频信道的研制提供设计目标和依据。该阶段设计以软件仿真为主,并注意将已有功能系统设备通过测量和参数提取代入仿真系统,以提高仿真的真实性。同时多通道信道仿真结果一般要采用列表的方法进行对比分析,主要遵循以下原则:

(1)高性能优先。在可以实现的前提下指标取所有功能系统中的最高指标以保证通用能力。

(2)主要功能系统优先。在指标实现有困难时,确保主要功能系统的指标必须满足要求。

(3)集成度考虑。在实现主要功能的基础上要求取代入仿真系统。

4. 系统方案设计

系统方案设计是在已经明确的系统指标基础上,对系统结构、工作原理、电路级指标分解等进行详细设计分析。本阶段工作依然以软件仿真为主,同样要注意将已有的电路级单元通过测量和参数提取代入仿真系统。

在初步方案设计后,对系统主要指标进行半实物仿真验证,判定是否达到要求。没有达到时要进一步判定是前面的指标要求过高还是方案设计有问题,若是指标要求过高而无法实现,便要返回到上一步重新进行需求及可行性分析并进行指标调整;如果是系统方案设计有问题,就要对方案进行设计调整,再进行仿真,不断循环直到所有主要指标达到要求。因为涉及功能系统较多、指标也较多,系统方案的设计可能需要多次循环才能完成。但因为本阶段主要以软件仿真为主,花费的时间和费用都不会太高,同时结合了已有电路的实际情况,软件仿真的可信度较高,为下一步电路级设计工作的开展提供了充分的保证。

5. 电路仿真设计

电路仿真设计是在已经明确的电路指标要求基础上,对综合射频信道的电路级组成部分进行详细设计。电路仿真设计依然以软件仿真为主,需将已有的单元通过测量和参数提取代入仿真系统。与前面的设计相比,射频电路级设计中,因为实际电路的各种指标和性能与结构尺寸、接口等有很大关系,在仿真时关键部分要采用更为深入的三维场仿真,特别是小型化是综合化射频信道设计的目的之一,为此其电路设计常采用微波多层板及 LTCC 等立体结构,场仿真更是必需的。三维场仿真能更好地模拟实际电路的情况,它与实际电路参数提取建模一起,可有效提高仿真的可信度和设计的成功率。

与系统设计类似,电路仿真设计也要经过设计、仿真、判定是否达到要求的多次循环。在判断指标过高需要修改时,要注意该指标是否会影响系统级指标,特别是一些主要指标需要修改,可能就需要从系统需求分析重新开始工作了。

6. 电路加工测试

与常规设计研制流程不同,半实物仿真设计中电路加工测试分为关键电路加工测试和其他电路加工两部分,除了完成实际电路的加工调试外,还需要对前面的仿真进行更深入的验证。综合化射频前端结构复杂,电路众多,如果全部电路直接加工试验件来验证设计,工作量和成本都会非常巨大。为此,电路设计完成后,要确定对系统影响较大、风险大的电路作为关键电路,先进行试验件的加工测试验证,而其他电路因为较为成熟,设计把握较大,在详细仿真设计的基础上不需要做试验件的实物验证。

先完成关键电路加工测试,再利用仪器和软件将实际的关键电路代入仿真系统,一方面判定关键电路对系统的影响程度和是否满足使用要求,另一方面验证系统设计是否符合实际情况,并可根据仿真结果对关键电路及其他电路的设计进行适当改进调整。当关键电路通过设计修改和加工测试实现后,可对所有其他电路进行加工测试,不满足要求的进行局部的设计改进。这样充分利用了软件仿真来作为试验验证工具,缩短了研制周期,也降低了成本。

7. 系统联试

所有的电路加工测试完成,就可以进行射频信道系统级实物联试了。与常规方法相比,半实物仿真设计方法中,因为前面的仿真验证较多,很多指标已经不需要通过实物验证,因而射频信道的指标验证工作量相对较小。当各种指标测试合格后,要对综合射频前端整个实物系统进行参数提取和仿真建模,再利用软件模拟前端的天线和后端的数字处理部分,仿真综合化信息大系统中工作是否正常,所涉及的各种功能能否实现,这样,可利用软件模拟提前进行大系统联试,有问题尽早解决,可以大大减少大系统实物联试的工作量,并确保系统设计成功。同时,对射频信道实物系统的参数提取和建模也能达到验证最初的仿真设计是否正确的目的,并可作为以后其他射频信道设计的依据和参照,是对整个信道研制工作的总结,对研制技术水平的提高和经验的积累有着重要作用,应该与前面的设计步骤一样得到足够重视。

设计中需要注意的问题如下。

为了实现综合化信息系统的高性能、高可靠性、小体积、低维护成本,多通道射频信道一直在朝着综合化、小型化、通用化和可重构等方向发展,其设计过程是一个对各种指标及应用环境综合考虑的过程,因此,设计中除上面流程中的事项外还需要注意以下方面。

(1)充分考虑电磁兼容(EMC)要求。综合射频前端的特点就是会有多路信道同时工作,为了确保信道之间有足够的隔离度,在系统设计和电路设计中都要充分考虑电磁兼容性能,其中系统级着重于系统结构的合理设计和频率源管理,而电路级设计偏重于 EMC 指标的具体电路实现,采用良好的屏蔽、接地和滤波等 EMC 防护措施对综合射频信道设计是不可缺少的。

(2)了解国内外先进技术水平。各种新设计方法、新工艺手段和高性能器件的出现,为射频信道的综合化设计提供了可能,使很多指标的设计难度和成本大大降低,如半实物仿真对系统设计流程的影响,宽带功放、低噪放对信道通用程度的影响,微带多层板、LTCC 等工艺对电路小型化的影响等,都是在设计中应该充分考虑的。

(3)成本及可维修性设计。降低系统研制生产及维护成本是射频信道综合化设计的根本目的之一,设计中除了要考虑主要指标的保证,还要注意进行指标平衡以减少设计难度和周期,采用通用化模块设计以便于维护升级,使用成熟的商用技术以降低成本,不然其综合化设计便失去了意义。

半实物仿真设计方法将软件仿真和实物验证紧密结合,其最大的特点是在设计过程中充分利用软件仿真作为试验验证的优越性,并逐步加入实际电路一步一步将设计实物化,并在此过程中利用软件和实物的结合不断验证系统设计的正确性,形成了设计中环环相扣的闭环回路,不断修正设计,保证每一步设计的正确性,从而有效降低了成本和研制周期,保证了设计的一次成功。其设计思路主要是"化复杂为简单"和"利用反馈来修正方向"。

本 章 小 结

本章首先介绍了 RFIC 设计的一般流程、集成 CAD 设计环境的组成及各个部分的相互关系,紧接着介绍了 CAD 程序包的各个特点及其内部各模拟引擎的原理特点和功能作用等。详细讲解集成的射频电路 CAD 设计平台、CAD 程序包的构件与特点,仿真射频电路直流、线性、非线性响应特性的谐波平衡、瞬态、卷积、包络模拟等各种电路模拟技术与标志性特点,然后介绍了几种市场上流行的商业软件包。介绍了电磁模拟工具 ADS、MWO 等商用电路设计工具的功能与特点。首先说明了在射频微波频段电磁模拟的必要性,接着介绍 HFSS、MWS 等商用电磁模拟工具的功能与特点。最后介绍了综合化射频信道的半实物仿真设计。

第8章　无线收发信机射频前端的系统结构

无线收发信机(发射—接收机)提供信息源与通信信道(空气)之间进行信息交换的接口。图 8-1 给出了一个典型的无线通信系统,信息源发送的数据经发射机调制和上变频后,转换为适合在通信信道中传送的格式,经天线辐射后,在通信信道中传播;接收机接收到信号后,经下变频和解调后,将数据恢复为原来的格式发送给用户或上一层应用。

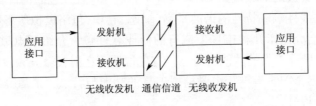

图 8-1　一个典型的无线通信系统

由于客观需求和市场竞争的需要,要求收发信机在保持高性能的前提下,具有低功耗、高集成度、小尺寸、低价格等特点。在现在高度成熟的数模、模数变换器技术和数字技术条件下,收发机的性能主要由其射频前端来决定。由于射频前端所采用的系统结构对其性能具有很重要的影响,故本章集中于讨论射频前端各种系统结构的优缺点、CMOS集成电路实现时所面临的主要问题及其解决办法,并分析射频前端在系统结构上的发展趋势。

8.1　接收机射频前端的系统结构

一个完整的无线接收机由 3 部分组成,如图 8-2 所示。应用接口部分提供用户数据和应用之间的接口,在这一层上,可以定义各种各样的服务;基带处理部分对从射频前端来的低频信号进行解调,这一层的实现方式是由所采用的调制技术决定的;最后一部分就是射频前端部分,它是本节研究的重点。一般说来,接收机射频前端必须完成两个主要的操作:对从天线来的信号进行放大并将放大后的信号下变频到较低的频率。由于射频前端对整个接收机的影响最大,对其性能要求也最高,这一部分通常采用模拟电路来实现;而基带处理部分和应用接口部分则是在较低的频率下进行的,在现在的模数变换器技术和成熟的数字信号处理技术的支持下,这两部分功能主要采用数字技术来实现,这样不仅提高了集成度,还可以采用复杂的解调算法来提高整个接收机的性能,并可以提供各种各样的服务。由于射频前端部分的系统结构对接收机的性能有决定性的影响,下面将讨论射频前端各种系统结构的优、缺点,并分析 CMOS 集成电路实现时所面临的主要问题及其解决办法。

图 8-2 无线接收机系统的基本组成部分

8.1.1 超外差式接收机

超外差式接收机是应用最广泛的一种系统结构,它的基本原理是将从天线接收到的高频信号经放大和下变频后转换为一固定的中频信号,然后进一步下变频或者直接进行解调,其系统结构如图 8-3 所示。

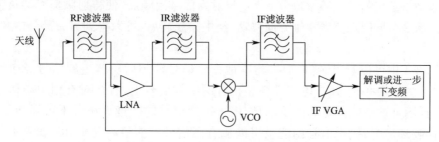

图 8-3 超外差式接收机的系统结构

其中方框外部分表示片外分立元件。从天线接收到的信号由射频滤波器(RF 滤波器)滤去带外干扰信号,并粗略压缩镜像信号(镜像信号是指与有用射频信号关于本振频率对称的信号,它与有用信号的频率差等于两倍中频频率),然后经低噪声放大器(LNA)进行放大,放大后的信号由镜像抑制滤波器(IR 滤波器)进一步压缩镜像信号,滤波后的信号和本地振荡信号在混频器中进行混频,有用信号被转换为一固定中频信号,经信道滤波、中频放大后提取出有用信号进行解调,也可经进一步下变频后再解调。

实现超外差式接收机遇到的一个主要问题是镜像抑制问题,该问题是由下变频引起的,在下变频时除了有用信号被转换到中频外,镜像信号也被转换到中频,从而对有用信号造成干扰。

为了解释超外差式接收机所遇到的镜像抑制问题,有必要引入复信号的概念。复信号由两个实信号组成,这两个实信号可能是相关的,也可能不相关,即

$$x(t) = x_i(t) + j x_r(t) \tag{8-1}$$

式中,$x_i(t)$,$x_r(t)$ 均为实信号。

对于模拟电路中常用的正弦波信号,可以用复信号的概念表示,其中前者在频域表示了一个正频率成分,而后者则表示了一个负频率成分。而常见的正弦波信号,则既含有正频率成分,也含有负频率成分,因为有了以上基础后,就可以利用复信号来观察超外差结构接收机的频域转换行为。在超外差结构的接收机中,射频信号与一个正弦波本地振荡信号 $\cos\omega_{LO}t$ 在下变频器中进行混频。由于射频信号和本地振荡信号都是实信号,它们都由正频率成分和负频率成分组成。其中,本地振荡信号的正频率成分少 $e^{j\omega_{LO}t}$,与射频信号混频后,使得射频信号的负频率成分和正频率成分同时向正频率轴方向移动。由于

位于下变频器后级的中频滤波器可以滤除中频以外的信号,故只考虑中频附近的信号,这样就可以得到一部分中频信号,如图 8-4 所示。

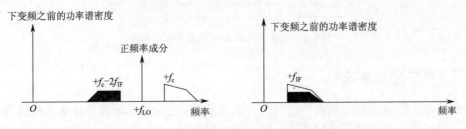

图 8-4 超外差式接收机的频域转换示意图

而本地振荡信号的负频率成分 $e^{-j\omega_{LO}t}$ 与射频信号混频后,使得射频信号的负频率成分和正频率成分同时向负频率轴方向移动,经中频滤波后,可以得到另一部分中频信号,如图 8-4 所示。

从图 8-4 中可以看出,镜像信号与本地振荡信号混频后所产生的信号经中频滤波后,也位于中频频率 f_{IF} 处。该信号叠加在有用中频信号上,直接对有用中频信号造成干扰,并且不可被清除。更为严重的是,由于镜像信号的能量大小是不可预知的,在比较差的接收环境中,镜像信号的能量可能比有用信号的能量高几十 dB,如果不对镜像信号进行抑制,则有用信号将受到镜像信号的极大干扰,甚至完全被镜像信号所淹没。从上面的论述可以看出,抑制这一干扰的唯一办法就是在下变频前抑制镜像信号。这一功能一般是由位于下变频器前的镜像抑制滤波器来完成的,它是一个带通滤波器,通带的中心频率与有本地振荡信号的负频率成分与有用信号和镜像信号的正频率成分混频,而镜像频率位于该滤波器的阻带范围内,该滤波器的阻带衰减率就是对镜像信号的抑制率。

为了使接收机在很差的接收环境中依然保持较高的性能,镜像抑制滤波器必须高度压缩镜像信号,一般要求对镜像信号的抑制率达到 60dB～70dB。在高频的情况下要达到这么高的抑制率,对滤波器的要求是很高的。它必须具有很高的品质因子(50 甚至更高)、很高的阶数(甚至到 6 阶),而且其中心频率还应是可调的。在目前的技术条件下,这种滤波器是很难集成在硅片上的,一般采用外接的滤波器来实现。为了减轻对镜像抑制滤波器的要求,可以将固定中频频率提高,以加大镜像信号与有用信号之间的频率间隔,减缓对滤波器抑制率的要求,如图 8-5 所示。但中频频率提高后,后续处理模块(如模数变换器)的工作频率就提高了,后续模块的设计将变得比较困难。虽然可以通过增加一级或者多级下变频器将信号的频率进一步降低(多级超外差式接收机),但这会增加电路规模和片外元件数目,提高系统成本。

超外差式接收机的另一个主要问题是相邻信道干扰问题,如图 8-5 所示。为了将下变频后的有用信号与相邻信道干扰信号分离开来,一般需要在下变频器后插入一个中频信道选择滤波器。由于信道之间的频率间隔很小,中频信道选择滤波器的转换带将很窄。为了高度抑制相邻信道干扰信号,该中频滤波器也要求有很高的品质因子(50)和大的阶数(8 或者 10 阶),这样的滤波器也是很难集成的。

尽管文献中提出了很多种模拟集成的中频滤波器,但对于大多数应用来说,它们的性能还不能满足要求,所以一般还是采用外接的滤波器来实现。

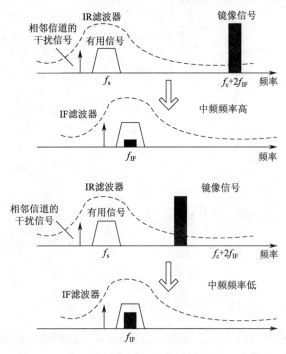

图 8-5　中频频率选择对超外差式接收机性能的影响

　　超外差式接收机的主要缺点是需要多个外接的高性能滤波器。采用外接滤波器,不仅降低了集成度,提高了产品成本,而且由于采用外接元件,使整个系统的稳定性大大降低。更为严重的是,驱动这些外部低阻抗的元件需要消耗很大的功耗,工作频率越高,功耗越大。另外,外接元件和集成芯片之间的隔离也是一个大的问题。尽管超外差式接收机存在上述问题,但由于超外差式接收机可以提供优良的性能,目前超外差结构依然是应用最广泛的一种接收机结构。在对接收机性能要求很高的应用中,超外差结构几乎是唯一的选择。

1. 超外差式接收机通用结构

　　对于发射端的信号,先将信号转换到一个较低的中频频带内,进行提升强度与邻近通道功率抑制等处理后,再经过第二次的频率转换至射频频段以便于发射信号。接收链路上,则同样将射频信号转换到中频进行放大与抑制干扰等处理后,再转换至基带而恢复出信号。

　　图 8-6 所示为超外差式的射频收发机结构示意图。在发射链路上,基带的正交 I/Q 信号经过一个正交调制器与载波结合而完成调制后,中频端使用带通滤波器滤除调制的杂散信号并抑制邻近信道的功率泄漏,然后再经由另一组升频混频器将调制信号升频至射频的频带,经由功率放大器与天线等元件发送信号。该发射链路上只使用了一个中频频率,因此又称一次变频发射机。在接收链路上,射频的调制信号先经过频带选择与低噪声放大后,降频至中频频段,进一步滤波和放大处理以提升信噪比并抑制干扰信号,之后经过正交解调器解调至基带而恢复出传送的信息,该接收链路同样只使用一个中频频率,因此也称为一次转频接收机。

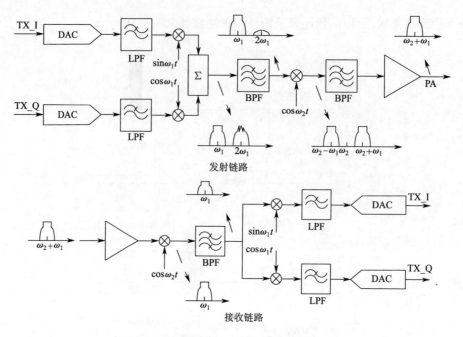

图 8-6　超外差式的射频收发机结构示意图

　　超外差式射频收发机的本地振荡器(LO)的频率与射频信号的频率不一样,因此信号间的干扰较少。发射链路上,由于调制信号不断地经过带通滤波器的处理,因此该结构可以有效地抑制信号功率泄漏至邻近信道,更可抑制由电路非线性特性所产生的干扰信号,而获得较纯净的输出调制信号。在接收链路,接收信号同样经过多个带通滤波器滤波,且其接收链路上的增益分布于一个或多个中频频段,因此其接收机具有最好的抗干扰能力与接收动态范围。虽然超外差式射频收发机具有非常优异的射频特性,但由于该结构中使用了相当多的本地振荡器、带通滤波器及外部器件,因此整合于集成电路内的可能性也较低,使得该结构的成本也较其他结构高。此外,该结构中由于中频的带通滤波器特性直接决定了收发链路的邻近通道功率抑制(ACPR)与通道选择能力,因此会常使用特殊器件,如声表面滤波器(SAW),从而提高了制作上的成本。因此,在超外差式收发机模块的实际制作上,中频频率的选择、带通滤波器的中心频率与频宽、外部无源元件的使用等设计考虑,都需要随着不同的系统应用而仔细地规划与调整,以能在适当的成本下达到规范的性能。

2. 超外差方案的优点

　　采用超外差方案主要是因为超外差方案在以下两个方面具有明显的优势。

　　(1)中频比信号载频低很多。在中频段实现对有用信道的选择对滤波器的 Q 值要求低得多。我们知道在超外差结构中滤波器分为两种类型,即射频滤波器与中频滤波器,它们的用处是不同的。以我国使用的 GSM 蜂窝移动系统为例来解释这个问题。在 GSM 中,上行频带是 890MHz～915MHz(移动台发、基站收),下行频带是 935MHz～960MHz(移动台收、基站发),它的信道是 200kHz。射频滤波器的作用就是将相应频带从众多信号中提取出来,起选择频段的作用,其中心频率较高,带宽较大。中频滤波器的作用是选择频段中所需的信道,其中心频率较低,带宽为 200kHz。在图 8-7 中,使用了一个射频滤波器和两个中频滤波器,实现了接收链路上的频谱筛选。

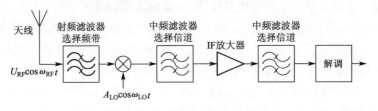

图 8-7　接收机中的滤波器配置

（2）一般接收机从天线上接收下来的信号电平为 $-120\text{dBm}\sim-100\text{dBm}$,这样的微弱信号不能直接送到解调器解调,要放大 $100\text{dB}\sim150\text{dB}$ 来达到工作的电平值。由于有源器件的特性,在较低频率上实现窄带的高增益比在较高频率上实现高增益要容易和稳定得多,因此在较低频率上获得增益通常是更经济的。同时为了放大器的稳定和避免振荡,在一个频带内的放大器,其增益一般不会超过 $50\text{dB}\sim60\text{dB}$,因此在超外差接收机中,将接收机的总增益分散到了高频、中频和基带上,这样不仅实现容易,而且稳定度也高,干扰也少。

3. 超外差方案的缺点

虽然超外差式接收机具有相当优异的性能,但其最大缺点是组合干扰频率点多,这是由变频器的非理想乘法器引起的,它是一个非线性器件,由于非线性的存在,所以当射频信号 ω_{RF}、本振信号 ω_{LO} 及混入的干扰信号（如频率为 ω_1 与 ω_2 的干扰信号）通过混频器时,由于混频器的非线性特性中的某一高次方项组合可以产生组合频率,比如 $|p\omega_{\text{LO}}\pm q\omega_{\text{RF}}|$ 或 $|p\omega_{\text{LO}}\pm(m\omega_1+n\omega_2)|$,若它们落入中频频带内,将会对有用信号产生干扰。

（1）镜像问题。在寄生通道干扰中,"镜像干扰"的影响最为严重。镜像频率信号是指,在有用信号相对于本振信号 ω_{LO} 的另一侧且与本振频率之差也为中频 ω_{IF} 的信号,其频率为 $\omega_{\text{im}}=\omega_{\text{LO}}+\omega_{\text{IF}}$。如果镜像频率信号没有被混频器之前的滤波器滤除进入滤波器,即使混频器的线性特性非常好,镜像频率信号与本振信号混频后也为中频信号,如图 8-8 所示。由于中频滤波器无法将其滤除,它与有用信号混合降低了中频信号的输出信噪比 SNR,形成对有用信号的干扰。

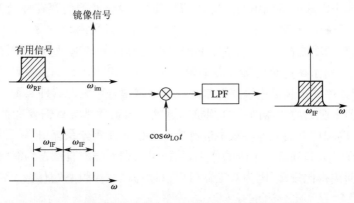

图 8-8　接收机中的镜像干扰示意图

由上面的叙述会产生一个问题,就是本振 LO 和中频 IF 如何选择。最根本的考虑是镜像频率问题。考虑一个简单的模拟混频器,该混频器不保持两个输入信号差值的极性。例如,对于 $x_1(t)=A_1\cos(\omega_1 t)$ 和 $x_2(t)=A_2\cos(\omega_2 t)$ 与 $x_2(t)$ 的被低通滤波器滤掉的部分为 $\cos(\omega_1-\omega_2)t$ 的形式,与 $\cos(\omega_2-\omega_1)t$ 没有区别,因此在一个超外差式接收机结构中,对称分布于本振信号 LO 上下的两个频段均以相同的中心频率被下混频。

镜像问题是个严重问题,每一种无线标准均对自身频段用户的信号泄漏制定了约束条件,但对于其他频段的信号没有任何约束条件。因此镜频信号功率可能比有用信号功率大得多,从而需要适当的"镜频抑制"。

镜像抑制最常用的方法是使用镜频抑制滤波器并加在混频器之前,如图 8-9 所示。

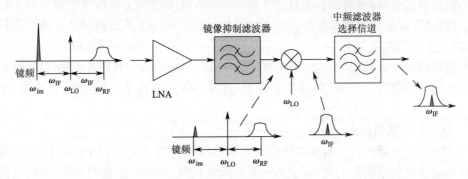

图 8-9　接收机中的镜像抑制

镜频抑制滤波器设计为带内损耗较小而在镜像频率处的衰减较大,如果 $2\omega_{IF}$ 足够大,那么两个条件可以同时满足。$2\omega_{IF}$ 大小的确定需要考虑到超外差式接收机是将某一中心频率转频为足够低的频率,以至能用可实现的滤波器进行滤波。但是,随着 $2\omega_{IF}$ 的增大,下混频的中心频率也随之增高,需要中频 IF 滤波器有较高的 Q 值。

高中频造成对于镜像的较大抑制而低中频可以对附近干扰信号形成较大衰减。因而,中频的选择需要在 3 个参数之间折中(镜像噪声的大小、镜像频率与有用信号之间的频率范围和镜频抑制滤波器的损耗)。为了减小镜像,可以增大中频或者在增加镜像抑制滤波器 Q 值的同时不计滤波器增加的损耗。因为低噪声放大器的增益通常小于 15dB,镜频抑制滤波器的损耗通常不能超过几个分贝,使得只能选择增加中频。

还有另外两个因素影响到中频的选择,即不同频段滤波器的存在性及实际尺寸。进一步讲,在便携系统中,需要更小体积的滤波器,因而使得高中频方案更具吸引力。由上面的讨论可知,镜像滤波器和 IP 滤波器都需要高选择性的传输函数,然而在目前的集成电路工艺条件下,制作高 Q 值的集成高中频(10MHz～100MHz)滤波器是很困难的。

另外,在超外差式接收机中镜频抑制滤波器通常由外部无源器件实现,这就要求前级的低噪声放大器来驱动滤波器的 50Ω 阻抗。这就不可避免地导致需要在低噪放的增益、噪声系数、稳定性和功率消耗等参数中进行折中考虑。在频分系统中,双工器在中频足够高的情况下同样可以起到抑制镜频的作用,从而可以把低噪放直接连到混频器上去,这种结构在基站上面用得比较多,因为双工器可以设计为在镜像频率处有较大衰减,通常衰减可达 60dB。

对于本振的频率 ω_{LO} 既可以高于有用信号的中心频率,也可以低于其中心频率,分别称为高端注入和低端注入。两种不同的本振频率设计带来两方面不同的问题:一方面,使用低端注入可以使得本振频率最小化,从而方便振荡器的设计;另一方面,如果相对于有用信号频段的上下两个镜像频段,噪声大小不同(如一个镜像频段用于低信号功率通信,而另一个镜像频段用于高功率无线标准),那么ω_{LO}的选择应该避开噪声更大的镜像频段。

(2)半中频问题。超外差式接收机中,一种有趣的现象就是半中频干扰。设想如图 8-10 所示,在ω_{in}频带处为有用信号,在$(\omega_{in}+\omega_{LO})/2$处为干扰信号,即距离有用信号半中频处的干扰信号也会被接收到。如果在下混频路径上,该干扰信号经历偶阶失真,同时本振 LO 包含较大的 2 阶谐波,那么中频输出将在$|(\omega_{in}+\omega_{LO})-2\omega_{LO}|=\omega_{IF}$处产生一个分量。另一种可能就是干扰信号变频为$(\omega_{in}-\omega_{LO})/2=\omega_{IF}/2$,随后在基带中受到 2 阶失真干扰,使其 2 次谐波干扰进入所需下混频频段。

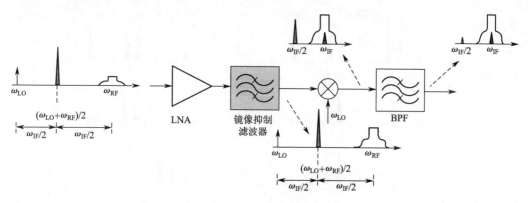

图 8-10　接收机中的半中频信号

为了抑制半中频,必须降低在射频 RF 和中频 IF 路径上的 2 阶失真,并严格保持50%的本振工作周期,同时还需要使镜像抑制滤波器在$(\omega_{in}+\omega_{LO})/2$处具有足够的衰减。

4. 双中频方案

在一次混频结构中,选择性与灵敏度的折中往往比较困难。如果选择高中频,镜像会得到足够抑制,但完成信道选择将会具有相当大的难度;反之亦然。为了解决这一问题,外差的概念可以扩展到多次下混频,每次混频都经过滤波和放大,这种变频方案以逐步降低的中心频率完成部分信道选择,同时降低了对于每个滤波器的 Q 值要求。

如今绝大多数射频接收机使用 2 次混频结构,也称为双中频方案。需要注意的是,第二次混频同样涉及镜像的问题。对于窄带标准,第二中频通常取值 455kHz,而对于宽带应用,第二中频可能达到几 MHz。当然,在如今的系统中,中频选择有着很大的不同。在多级级联系统中,在前端噪声系数是最重要的参数,而在后端线性度是最重要的参数,因此,最佳设计需要考虑前级的总增益,同时也要考虑每一级的噪声系数。

对于超外差式接收机的分析表明,接收链路的每一级的噪声系数、IP3、增益都与该级前后级有关,因而必须反复考虑接收机结构和电路结构,以期达到接收机各模块增益的合理分配。另外,混频器会产生很多杂散噪声分量,该噪声分量与射频、中频信号及振荡器均会互相影响。其中一些分量可能落入所需频段,造成信号质量下降。因此,接收机的频率规划对于整个接收机性能有很大影响。

假设图 8-11 中,接收机从 A 点到 G 点总增益为 40dB。如果图中两个中频滤波器不提供任何信道选择性,那么中频放大器的 IP3 需要比低噪声放大器的 IP3 高 40dB。例如,需要达到 30dBm 左右,考虑到噪声、功率消耗及增益等因素,很难达到如此的高线性度,尤其是电路通常必须在低电压供电的情况下工作。实际中,由于每个中频滤波器都会在某种程度上抑制一部分邻道干扰信号,使得滤波器后级联的放大器的线性度成比例地降低,这种现象通常可以称为"每 dB 增益需要 1dB 预滤波"。

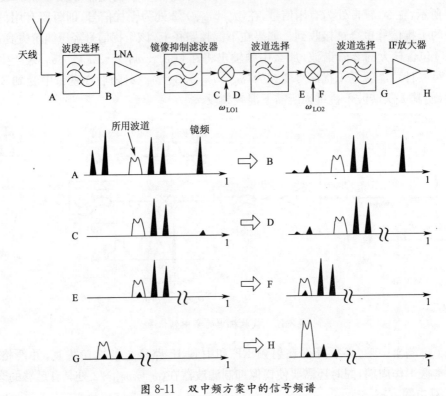

图 8-11　双中频方案中的信号频谱

在图 8-11 中给出了双中频接收机中不同频点的频谱。前端滤波器进行频段选择的同时也完成部分镜像抑制的功能,信号经过放大和镜像抑制滤波后,得到 C 点频谱;线性度足够好的混频器将有用信号和有用信号附近的干扰信号混频至第一中频;BPF3 的部分频段选择性允许对第二混频器的线性度要求有所放松;接下来,信号变频为第二中频,BPF 将干扰信号抑制到可以接收的水平。

当完成第二中频处理后,后续电路继续进行变换。在模拟调频 FM 系统中,解调在此频率进行,从而重建模拟基带信号;在数字调制系统中,2 次下混频主要是产生信号 I 路和 Q 路分量的同时将频谱搬移至零频点处。

超外差式接收机的灵敏度和选择性使之在射频系统中处于统治地位。尽管结构复杂并需要大量外部元件,超外差仍被认为是最可靠的接收技术。由于超外差式射频接收机具有相当良好的射频特性,在实现上配合外部无源器件与线路布局的特性,可以适当地调整模块的性能。同时,经由适当的频率规划后,可以避开干扰和杂散信号,并能与发射机共享信号产生源。此外,由于该结构已普遍应用于移动通信系统上,使得各电路器件在集成电路的整合上已有相当成熟的技术和经验。对于制作程序中的特性与偏差,以及可能造成的杂散效应也都可以准确地掌握,因此使用超外差式接收机结构可以大大降低射频芯片组在芯片内部设计上的困难,提升产品模块进入市场的速度。

P. Orsatti 等采用超外差结构实现了应用于 GSM 环境的接收机模拟前端,在同一块芯片上集成的模块包括低噪声放大器、下变频器、中频可变增益放大器及解调模块,镜像抑制功能和信道选择功能分别由外接的声表面波滤波器(SAW)和 LC 中频滤波器来完成。输入的射频信号频率约为 915MHz,下变频后的中频频率为 71MHz。该接收机已经采用 $0.25\mu mCMOS$ 工艺实现,完整接收机模拟前端的增益可以达到 101dB,单边带噪声系数约为 8.1dB,输入 1dB 压缩点为 $-16dBm$,输入 3 阶交调点约为 $-4dBm$,功耗仅为 $19.5mA\times2.5V$。

为了解决超外差式接收机中镜像抑制滤波器难以集成的问题,Hartley 和 Weaver 提出了镜像抑制接收机结构,如图 8-12 所示。这两种结构利用正交性混频可以区分正频率成分和负频率成分的特点,对有用信号和镜像信号进行不同的处理,然后通过叠加来增强有用信号,并同时抑制镜像信号。下面以 Hartley 结构为例来说明镜像抑制接收机的原理。

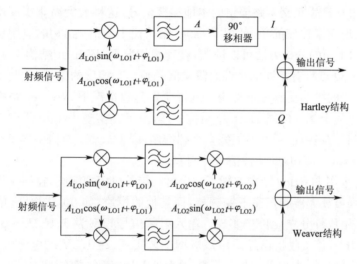

图 8-12　Hartley 和 Weaver 镜像抑制接收机的系统结构

假设输入射频信号由有用信号和镜像信号组成,并表示为

$$u_{in}(t)=A_{RF}\cos(\omega_{RF}t+\varphi_{RF})+A_{Img}\cos(\omega_{Img}t+\varphi_{Img}) \tag{8-2}$$

式中,A_{RF} 和 A_{Img} 分别为有用信号和镜像信号的幅度;ω_{RF} 和 ω_{Img} 分别为有用信号和镜像信号的频率;φ_{RF} 和 φ_{Img} 分别为有用信号和镜像信号的相位。

在同相通道(I 通道)中,输入信号首先和同相本地振荡信号 $A_{LO1}\sin(\omega_{LO1}t+\varphi_{LO1})$ 在混频器中进行混频,混频后的结果经低通滤波后得到中频信号,即

$$u_{A}(t)=-\frac{A_{RF}A_{LO1}}{2}\sin(\omega_{IF}t+\varphi_{IF1})+\frac{A_{Img}A_{LO1}}{2}\sin(\omega_{IF}t+\varphi_{IF2}) \tag{8-3}$$

中频信号经 90°移相器移相后,得到下列信号,即

$$u_{I}(t)=\frac{A_{RF}A_{LO1}}{2}\cos(\omega_{IF}t+\varphi_{IF1})-\frac{A_{Img}A_{LO1}}{2}\cos(\omega_{IF}t+\varphi_{IF2}) \tag{8-4}$$

在正交通道(Q 通道)中,输入信号首先和正交本地振荡信号 $A_{LO1}\cos(\omega_{IF}t+\varphi_{IF1})$ 在混

143

频器中进行混频,混频后的结果经低通滤波后得到中频信号,即

$$u_Q(t) = \frac{A_{RF}A_{LO1}}{2}\cos(\omega_{IF}t + \varphi_{IF1}) + \frac{A_{Img}A_{LO1}}{2}\cos(\omega_{IF}t + \varphi_{IF2})$$ (8-5)

$$u_{IF}(t) = A_{RF}A_{LO1}\cos(\omega_{IF}t + \varphi_{IF1})$$ (8-6)

可以看到,在理想情况下,I、Q 通道的有用信号在 I、Q 点具有相同的极性,而镜像信号则具有相反的极性。故两个支路的信号叠加后,镜像信号受到完全抑制。这说明在理想情况下,这种结构的接收机不会受到镜像信号的干扰。但是,由于在实际实现中 I、Q 两个支路存在幅度和相位不匹配的问题,镜像信号并不能完全受到抑制。下面就来讨论 I、Q 两个支路的幅度和相位不匹配程度对镜像抑制能力的影响。

在 Hartley 结构中,90°移相器是放在信号通路上的,它必须在整个信号带内(包括有用信号带和镜像信号带)都能实现 90°移相,这是非常难以实现的。若能将移相器从信号通道移去,则接收机实现起来就会容易很多。Weaver 结构就是从这种考虑出发而提出的一种镜像抑制接收机。它将移相器放在本地振荡信号通路上,通过采用两级变频结构来实现镜像抑制。由于本地振荡信号仅是单频信号,移相器的实现将容易很多,而且目前已经有多种方法直接产生正交两路输出的本地振荡信号,这将大大简化实现难度。正因为 Weaver 结构实现起来比较简单,使得 Weaver 结构比 Hartley 结构的应用更广泛。采用与 Hartley 结构相同的分析方法可以证明,在理想情况下,Weaver 结构中 I、Q 两个通道的有用信号在 I、Q 点具有相同的极性而镜像信号则具有相反的极性,故两个支路的信号叠加后,镜像信号的影响受到完全抑制。这说明在理想情况下,Weaver 结构的接收机不会受到镜像信号的干扰。但同 Hartley 结构一样,由于在实现中 I、Q 两个支路存在幅度和相位不匹配问题,镜像信号并不能完全受到抑制;同 Hartley 结构一样,Weaver 结构通常也只能达到 25dB~40dB 的镜像信号抑制率。

J. R. Long 采用 Hartley 结构实现了一个射频接收机模拟前端,在同一块芯片上集成的模块包括低噪声放大器和正交下变频器,而其他的模块(如 90°移相器、单端—差分变换电路等)都采用片外分立元件来实现。输入射频信号频率为 5.1GHz~5.8GHz,中频频率约为 250MHz,该接收机已经采用双极型工艺实现,在 1.8V 的电源电压下,射频前端的功率增益可以达到 14dB,噪声系数约为 6.9dB,镜像抑制率约为 36.5dB,功耗为 18.5mW。

由于 Hartley 结构和 Weaver 结构的接收机仅能提供有限的镜像抑制功能,为了满足实际应用对镜像抑制率的要求,该类接收机必须加入另外的滤波器对镜像信号进行进一步抑制。由于这些滤波器仅需提供 30dB~40dB 的镜像抑制率,在目前的技术条件下,它们已经可以集成在芯片上。片上集成的这类滤波器通常与低噪声放大器或者下变频器耦合在一起,组成具有镜像抑制功能的低噪声放大器或者下变频器。它们的阻带通常很窄,阻带中心频率可以随着输入频率的变化而变化。由于阻带频率调谐的需要,这类接收机必须集成一个片上调谐网络。LA. Macedo 等就采用硅双极型工艺实现了一个具有镜像抑制功能的低噪声放大器,它应用于 1.9GHz 的接收机中,可以提供大于 65dB 的镜像抑制率,并且镜像频率可以在 2.34GHz~2.55GHz 范围内调节。将这些具有镜像抑制功能的模块与镜像抑制接收机结构相结合,可以达到很高的镜像抑制率,同时又具有很高的集成度,引起了广泛关注。

除了以上提到的基本结构外,某些超外差式接收机还能够给基带处理电路提供 I、Q 两个支路的信号。如图 8-13 所示,这种结构实际上是一个两级超外差式接收机,只是第二级变频采用了正交下变频结构,从而可以给基带处理电路提供 I、Q 两个支路的信号。采用这种结构的好处是基带处理电路可以采用比较复杂的调制、解调方案,可以提高通信系统的数据率。将这种结构和 Weaver 结构相结合,可以实现一种具有镜像抑制功能,同时又能提供 I、Q 两个支路信号的接收机结构,如图 8-14 所示。同 Weaver 结构一样,该类接收机也受到幅度和相位不匹配的影响,镜像抑制率通常也只能达到 25dB～40dB,不能满足实际应用的需要,需要加入其他的镜像抑制功能模块。

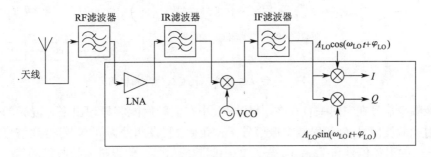

图 8-13　具有正交输出的超外差式接收机

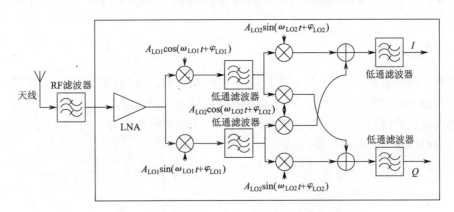

图 8-14　具有正交输出的 Weaver 镜像抑制接收机

Armstrong 在 1917 年获得了超外差接收机的专利。首先,他采用外差的方法把射频信号经过混频搬移到中间频率。然后,在中间频率对信号进行处理,比如放大和滤波,最后将信号解调出。在这种结构下,接收机往往具有较高的增益,对于干扰信号也具有较好的抑制能力。因此,采用超外差结构的接收机灵敏度很高,只有当空间路径损耗较大时接收到的信号质量会明显变差。图 8-15 所示为一种双工超外差收发机的结构框图。

超外差接收机具有较强的抗干扰能力,是因为中间频率的存在对主要的干扰信号具有较强的抑制能力。对于超外差接收机,主要的干扰来源是镜像频率和邻近信道干扰频率。它们在很大程度上影响了接收机的性能。从经过 ADC 采样得到的频谱来看,当干扰信号落入有用信号频带内时,直接增加了带内噪声,降低接收灵敏度;当干扰信号在有用信号频带旁边时,一方面,其互调产物可能落入有用信号带内,成为噪声。另一方面,当邻近干扰信号很强时,可能会使器件进入饱和工作区,形成阻塞信号。

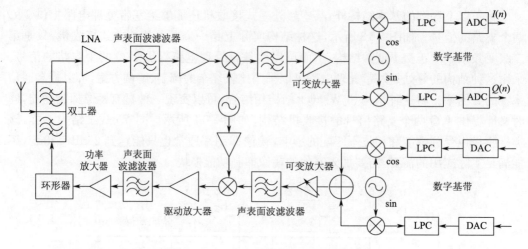

图 8-15　一种双工超外差收发机的结构框图

镜像频率信号在空间一直存在,其影响大小在混频后能够显现出来。混频的过程实质上是射频载波信号 f_s 和射频本振信号 f_{LO} 相乘。假设此处为高本振,得到信号的频率为 $f_{LO}+f_s$ 的射频信号和 $f_{IF}=f_{LO}-f_s$ 的中间频率信号。假设进入接收机的另一个信号频率为 $f_m=f_{IF}+f_{LO}$,如果未经滤波便同混频器相乘,其得到的中间频率和有用信号的中间频率相同。

8.1.2　零中频接收机

在零中频接收机中,有用信号被直接下变频到基带。这样,镜像信号是有用信号本身,可以减轻对镜像抑制的要求,但是并没有消除镜像抑制问题。若射频信号仅和一个正弦本地振荡信号进行混频,则下变频后信号的上、下边带将叠加到一起,不可分离,从而影响接收机的性能,如图 8-16 所示。

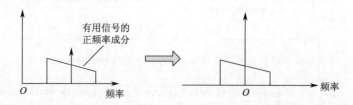

图 8-16　仅与一个正弦本地振荡信号进行混频的零中频接收机频域转换示意图

但这个问题可以采用正交下变频的方法来解决,图 8-17 给出了零中频接收机的系统结构。从天线来的信号由射频带通滤波器滤除带外噪声,然后由低噪声放大器进行放大,放大后的射频信号同时与一对正交本地振荡信号相混频,这一对正交本地振荡信号组成一个只具有正频率成分的复信号,该复信号与射频信号混频后,使得射频信号的负频率成分和正频率成分同时向正频率轴方向移动,经低通滤波和放大后,可以得到 I、Q 两路正交的基带信号,其频率转换过程如图 8-17 所示。从图中可以看出,在理想情况下,零中频接收机没有镜像抑制问题,所以不需要难以集成的高 Q 值高频或者中频带通滤波器,消除了超外差式接收机的主要问题;此外,由于有用信号被直接下变频到基带,下变频后的低通滤波器和模数变换器都工作在很低的频率下,降低了集成电路实现的难度。这些优点都使零中频接收机成为一种易于集成的接收机结构。而且由于集成度很高,接收链路上的各模块不需要驱动外部低阻抗负载,零中频接收机的功耗可以做得很低。但由于 I、Q 两个支路可能存在幅度和相位不匹配,输入下变频器的本地振荡信号也不是理想的正交信号,零中频接收机也会受到镜像信号的干扰。低噪声放大器前的射频带通滤波器是必需的,它可以滤除带外干扰信号,避免带外强干扰信号经低噪声放大器放大后使混频器饱和,该滤波器还可以阻止天线接收到的高频信号通过,避免高频信号与本地振荡器产生的高次谐波混频而对有用信号造成干扰。

早在 20 世纪 90 年代中期,人们就开始研究零中频接收机,但到目前为止,在实际产品中采用零中频结构的接收机还比较少见。这主要是由于零中频接收机存在一系列的问题,影响了接收机的性能。下面就来讨论零中频结构接收机存在的主要问题。

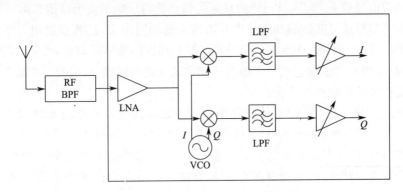

图 8-17   零中频接收机的系统结构

1. I、Q 支路不匹配

如前所述,零中频接收机对镜像信号的抑制是在基带处理电路中完成的,如果 I、Q 两个支路完全匹配,则基带处理电路能完全抑制镜像信号。但在具体实现中,由于 I、Q 两个支路存在幅度和相位不匹配,使得输入到基带处理电路的 I、Q 两路信号存在幅度和相位偏差,这时基带处理电路并不能完全抑制镜像信号,有用信号仍然会受到镜像信号的干扰,导致接收机的误码率(BER)上升,降低了接收机的性能。虽然在这种结构中,镜像信号就是有用信号本身,它们具有相同的能量,接收机对镜像抑制的要求不像超外差结构那么高,但高性能的零中频接收机仍然需要 25dB 以上的镜像抑制率,这就对 I、Q 支路的匹配程度提出了要求。

考虑到 I、Q 支路的不匹配程度随时间的变化很缓慢,可以采用数字电路或者模拟电路的方法对 I、Q 支路存在的不匹配程度进行校准,以降低 I、Q 支路不匹配程度对接收机性能的影响。

2. 直流失调

零中频接收机将射频信号直接转换到基带,降低了对镜像抑制率的要求,但却带来了另一方面的问题。下变频器及后面各模块引入的直流失调成分将直接叠加在有用信号上,对有用信号造成干扰。这些直流失调成分的能量可能比有用信号强很多,会淹没有用信号,并使得后面的各级处理模块出现饱和。直流失调是阻碍零中频接收机广泛应用的一个主要因素。

造成直流失调的因素很多,其中本地振荡信号泄漏是很重要的一种因素。由于本地振荡信号通路与射频信号通路之间可以通过寄生电容或者衬底等方式耦合,造成本地振荡信号泄漏到低噪声放大器和下变频器的输入端,如图 8-18(a)所示,这些泄漏到射频信号通路的信号与本地振荡信号频率相同,它们经过下变频器混频后,转变为直流信号,叠加在有用信号上,对有用信号造成干扰,并且可能使后面的处理模块出现饱和。为了说明本地振荡信号泄漏对零中频接收机的影响,来看一个具体数据实例。假设接收机模拟前端的增益为 100dB,其中前面的低噪声放大器和下变频器的增益为 30dB,本地振荡信号的幅度约为 0.315V(相当于 0dBm 的信号功率)。进一步假设接收机对本地振荡信号到低噪声放大器输入端泄漏的抑制率约为 60dB,则该泄漏信号与本地振荡信号混频后在混频器输出端造成的直流失调约为 10mV。而混频器输出端的有用信号可能仅为 $30\mu V_{rms}$,直流失调比有用信号强 50dB,有用信号将完全淹没在直流失调成分中。后级低频处理模块会再将基带信号放大 70dB,10mV 的直流失调会使得后级模块出现饱和而不能工作。

本地振荡信号还可能泄漏到天线中并通过天线辐射出去,这些辐射出去的信号会对其他信道的信号造成干扰,而且辐射信号经接收机周围的物体反射后,可能又返回到接收机天线,会在混频器输出端造成一个随时间变化的直流失调成分,这使得本地振荡信号泄漏对接收机性能的影响更加严重。

造成直流失调的另一个因素是射频信号到本地振荡信号通路的泄漏,如图 8-18(b)所示。这些射频信号包括有用信号及接收机环境中存在的各种干扰信号,由于干扰信号的能量可能很高,故泄漏信号的能量也可能较高。这些泄漏信号与射频信号频率相同,它们经过下变频器混频后,也转变为直流信号,叠加在有用信号上,对有用信号造成干扰,并且也可能使后面的处理模块出现饱和。

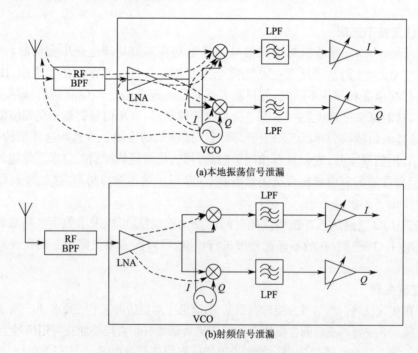

(a)本地振荡信号泄漏

(b)射频信号泄漏

图 8-18　信号泄漏造成直流失调

造成直流失调的第三个因素是接收机射频前端的偶数阶非线性。在讨论线性度问题时曾经提到,射频信号通过非线性系统后,直流项会受到2阶非线性的影响,并且会出现一个低频的2阶交调项。这些直流项和低频交调项也叠加在有用信号上,形成直流失调。一般用2阶交调点来描述系统受2阶非线性影响的程度。低噪声放大器的2阶非线性造成的直流失调通过寄生电容耦合或者衬底耦合泄漏到基带,而下变频器的2阶非线性造成的直流失调则直接叠加到基带信号上。所以,相对说来,下变频器的2阶非线性所造成的影响更大。此外,射频模块非线性所产生的谐波与本地振荡信号所产生的谐波在下变频器中混频后也会产生直流失调,但由于谐波的频率越高,能量就越弱,一般情况下可以忽略这些谐波所造成的直流失调的影响。需要特别指出的是,2阶交调所产生的低频项可能与有用基带信号的频率相同,而且也会随时间变化,一般的消除直流失调的方法并不能消除这些低频项的影响,而只能通过提高射频模块的偶数阶线性度来抑制这些低频项。

造成直流失调的第四个因素是 $1/f$ 噪声的影响。如同我们所知,MOS 晶体管具有比较大的 $1/f$ 噪声,这类噪声与频率成反比,频率越低,$1/f$ 越大。由于零中频接收机将射频信号转换到基带,$1/f$ 噪声对电路造成的影响是很大的。

为了消除直流失调,人们提出了多种方案。应用最广泛、也是最简单的一种方案是在射频前端和后级的基带模块之间加入一个截止频率很低的高通滤波器,滤除直流失调的影响。为了不干扰有用信号,这些高通滤波器的截止频率很低(通常应低于数据率的0.1%),这将占用大量的芯片面积,而且对于某些调制方案来说,有用信号的能量就集中在 0Hz 附近,这时就不能采用这种消除直流失调的方案。消除直流失调的第二种方案是针对 TDMA 系统而提出的一种方案,在 TDMA 系统中,接收机在某些时隙中处于空闲状态,这时就可以利用这些空闲时隙对直流失调进行采样并存储起来,在接收机转为工作状态后,将接收到的基带信号和存储的直流失调信号相减,就可以消除直流失调的影响。第三种方案是利用成熟的数字信号处理技术来确定直流失调的大小,并将结果反馈回模拟前端来消除直流失调,如图 8-19 所示。

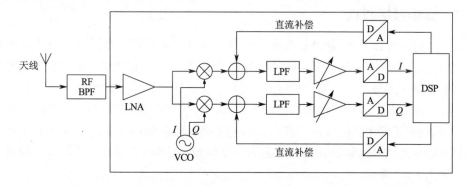

图 8-19　利用数字信号处理技术消除零中频接收机中的直流失调

由于零中频接收机具有很高的集成度,并且随着数字信号处理技术的发展,可以实现复杂的数字信号处理算法来消除直流失调和 I、Q 支路不匹配对接收机的影响,故采用零中频结构来实现无线接收机引起了人们的广泛关注。

对于零中频接收机,其结构如图 8-20 所示,其工作机理是将进入接收机的射频信号经过预选滤波器和放大器后,直接分为 I、Q 两路进行下变频。与超外差接收机不同的是,信号的中心频率和下变频本振的频率保持一致。经过 I、Q 混频器的频率转换后,直接得到基带信号。图 8-20 所示为一种双工零中频收发机的结构框图。

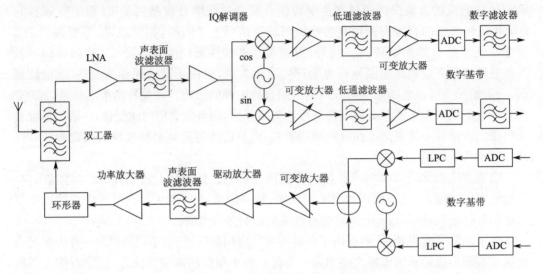

图 8-20　一种双工零中频收发机的结构框图

超外差接收机需要进行多次变频才能将信号的频谱搬移到基带,因此需要较多的器件来构成电路。零中频接收机的直接混频使其电路结构得到简化。集成电路采用零中频结构可以大大降低开发难度。特别是在手持设备的应用中,对于功耗和体积的要求很高,但是不需要太高的灵敏度和抗干扰能力,采用零中频接收机是最佳的选择。零中频接收机的射频频率和本振频率相同,所以其不存在镜像干扰。预选滤波器不需要额外考虑镜像频率的抑制,而在共址干扰等频点加大衰减量。

8.1.3　低中频接收机

从以上讨论可以看出,超外差式接收机的本地振荡信号是一个同时具有正频率成分和负频率成分的实信号,故会受到镜像信号的干扰,而零中频接收机的本地振荡信号是一个仅具有正频率成分的复信号,故理想情况下不会受到镜像信号的干扰。那么是否存在一种接收机结构既不会受到镜像信号的干扰,又不会受到直流失调的影响呢?从此思路出发,人们提出了低中频接收机的概念。低中频接收机的核心是用一个仅具有正频率成分的复本地振荡信号来将射频信号转换到一个较低的中频,如图 8-21 所示,它的频率转换操作如图 8-22 所示。

从图 8-22 可以看出,下变频后有用信号位于负频率处,镜像信号位于正频率处,它们是分开的,只要低频处理模块能抑制位于正频率处的镜像信号,就可以使有用信号不受镜像信号的干扰。低中频接收机将镜像抑制问题由射频转移到比较低的中频,缓解了实现压力,使得该类接收机比较容易集成,同时下变频后的信号不位于基带,避免了零中频接收机所遇到的直流失调问题,是一种比较好的接收机结构。

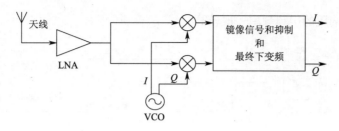

图 8-21　低中频接收机的系统结构

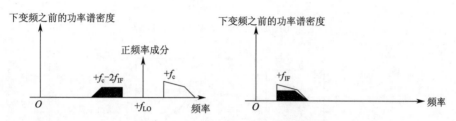

图 8-22　低中频接收机的频域转换示意图

但在实际实现中,由于本地振荡信号的 I、Q 两个支路存在幅度和相位不匹配,使得本地振荡信号不是一个纯净的、仅具有正频率成分的复信号,而可能还会存在一定的负频率成分。图 8-23 所示为幅度和相位不匹配对低中频接收机的影响,频域转换如图 8-23 所示。从图中可以看到,混频后位于负频率处的有用信号会受到镜像信号的干扰。由于中频不为零,镜像信号与有用信号不位于同一信道内,它们能量的大小是不可预知的,镜像信号的能量可能会比有用信号高 50dB～70dB,这样有用信号会受到镜像信号的极大干扰,影响接收机性能。I、Q 两个信号支路之间也可能存在幅度和相位不匹配,这些不匹配对接收机性能的影响同本地振荡信号 I、Q 支路不匹配的影响是一样的,这会进一步恶化接收机的性能。

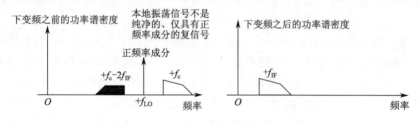

图 8-23　幅度和相位不匹配对低中频接收机的影响

为了减少 I、Q 两个信号支路和正交本地振荡信号通路不匹配对接收机性能的影响,低中频接收机在下变频之前也必须对镜像信号进行一定程度的抑制。这时的接收机结构如图 8-24 所示。

第一种结构采用了与超外差结构一样的办法,利用一个射频带通滤波器来抑制镜像信号。这种结构需要一个射频带通滤波器,这种滤波器一般是很难集成的,影响了集成度。但同超外差结构相比,它将很大一部分镜像抑制功能推迟到低中频部分来实现,在射频频段对镜像抑制率的要求降低了,故不需要在下变频器之前再引入镜像抑制滤波器,而是可以利用低噪声放大器前的射频带通滤波器来完成镜像抑制功能。为了提高镜像抑制率,这种结构所选用的中频频率一般较高。

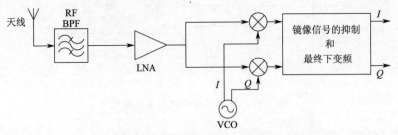

(a)利用射频带通滤波器来抑制镜像信号

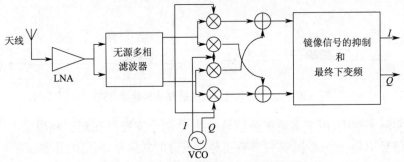

(b)利用无源多相滤波器来抑制镜像信号

图 8-24　引入额外的镜像信号抑制模块的低中频接收机系统结构

　　第二种结构利用了一个无源多相滤波器来抑制位于正频率处的射频信号。无源多相滤波器仅抑制位于正频率处的射频信号,这样在下变频后,与有用信号叠加在一起的镜像信号能量减弱了,可以减小对有用信号的干扰。由于无源多相滤波器仅需抑制位于正频率处的射频信号,它不需要具有很高的品质因子,适于集成电路实现,故这种结构具有很高的集成度,而且这种结构对中频频率没有要求,可以采用比较低的中频频率。

　　下变频后的中频信号是由位于正频率处的镜像信号和位于负频率处的有用信号组成的,中频处理模块必须抑制位于正频率处的镜像信号。通常可以采用两种方法来抑制镜像信号。一种方法是采用复带通滤波器来抑制位于正频率处的镜像信号,然后经模数变换后转到数字部分进行处理,如图 8-25(a)所示。在这种结构中,由于复带通滤波器能抑制镜像信号和带外的其他信号,降低了对模数变换器动态范围的要求,使得模数变换器很容易实现。但由于复带通滤波器采用模拟电路实现,实现精度不能准确控制,电路性能会受到一定程度的影响。

　　另一种方法是先将中频信号转换到数字域,然后在数字部分将它和仅具有正频率成分的振荡信号混频,经低通滤波后,得到所需要的基带信号,如图 8-25(b)所示。在这种结构中,镜像抑制是在数字域进行的,可以准确控制实现精度,但由于模数变换器之前仅有一抗混叠低通滤波器,对镜像信号和带外信号仅有少量抑制,模数变换器必须具有很宽的动态范围,从而会增加模数变换器的实现难度。但随着模数变换器技术的发展,模数变换器的动态范围已经可以做得很宽。故相对说来,图 8-25(b)所示的结构具有更大的吸引力。

152

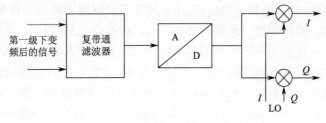

(a)在模拟域抑制镜像信号

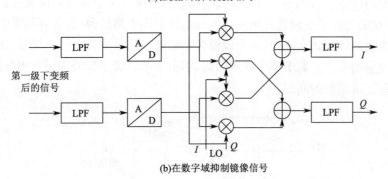

(b)在数字域抑制镜像信号

图 8-25　低中频接收机的中频处理模块

8.1.4　其他结构的接收机

除了以上几节提到的各种接收机结构外,还有几种接收机结构在实际应用中也经常遇到,本节就对这几种接收机结构进行简单的讨论。

超再生式(Super-regenerative)接收机是在 1922 年由 Armstrong 提出的超再生原理的基础上发展起来的一种接收机结构,其系统结构如图 8-26 所示。

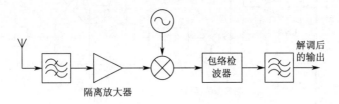

图 8-26　超再生式接收机的系统结构

从天线接收到的射频信号由射频带通滤波器滤除带外干扰信号后送往隔离放大器,隔离放大器除了对射频信号进行放大外,还起到隔离作用,防止后级振荡器的输出信号耦合到天线。

振荡器是超再生式接收机中的核心模块,它受两个信号的控制(射频输入信号 RFin 和淬火信号 Quench),如图 8-27 所示。

宽带中频接收机是 20 世纪 90 年代中期提出的一种既具有高性能,又具有高集成度的宽带中频接收机结构,它的系统结构如图 8-28 所示。

从天线来的信号经射频带通滤波器滤除带外干扰信号后(同时也滤除一部分镜像信号),由低噪声放大器进行放大,放大后的信号和固定频率的本地振荡信号进行正交混频,将整个信号带转换到中频。经低通滤波后,由中频复正交混频器将信号转移到基带,经低通滤波和模数变换后,转换到数字域进行处理。同其他接收机结构相比,宽带中频接收机的最大特点是,射频本地振荡信号的频率是固定的。这有利于射频振荡器的实现,而且该振荡器可以提供比较好的相位噪声性能。在该接收机结构中,信道选择功能是在第二级下变频时完成的,该下变频器的本地振荡信号在频率上应是可调的。为了使中频本地振荡信号发生器具有合适的相对调谐范围,这种结构选用的中频频率一般较高。宽带中频接收机的最大问题在于:整个信号带都被转移到中频,这要求中频处理模块具有很高的动态范围,而且从第二级下变频器开始的各模块组成了零中频结构,也会遇到零中频接收机所遇到的直流失调等问题。此外,由于镜像信号和有用信号不处于同一频带,使得该类接收机对镜像抑制的要求要高于零中频接收机,但由于第二级下变频的频率相对较低,在一定程度上减缓了所遇到的问题。

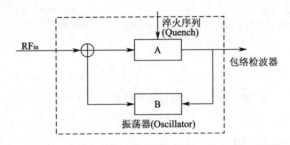

图 8-27 超再生式接收机中的振荡器结构

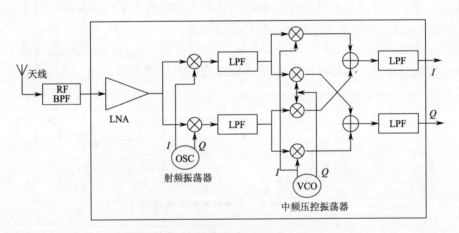

图 8-28 宽带中频接收机的系统结构

  亚采样接收机是基于奈奎斯特带通采样定理而提出的一种接收机结构。奈奎斯特带通采样定理指出,一个中心频率为 f、带宽为 Δf 的带通信号,可以用一个采样率为 $f_s >$ $2\Delta f$ 的采样电路进行采样,而不损失任何信息。由于射频应用的带宽通常很窄,由奈奎斯特带通采样定理可知,只要对射频信号以高于两倍带宽的速率进行采样,就可以将射频信号所包含的信息转移到低频,即相当于完成了通常意义上的下变频操作。图 8-29 给出了亚采样接收机的系统结构。从天线来的射频信号经射频带通滤波器滤除带外干扰信号后由低噪声放大器进行放大,然后由一个抗混叠滤波器进行滤波,得到的带通信号由采样保持电路以高于两倍带宽的速率进行采样,并由模数变换器将信号转换到数字域进行信道选择和解调等后续处理。虽然亚采样接收机具有高线性度、高集成度、系统结构简单等优点,但由于采样过程会引入很大的噪声,严重影响接收机的性能,使得亚采样接收机只能应用于某些对性能要求不高的场合。

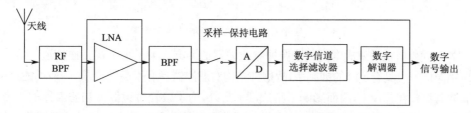

图 8-29　亚采样接收机的系统结构

　　超宽带(UWB)接收机是最近发展起来的一种接收机结构。与上面介绍的窄带接收机不同,超宽带接收机所处理的射频信号是一个超宽带信号(瞬时带宽大于中心频率的 20% 或者大于 500MHz)。超宽带信号由受信息调制的短周期脉冲组成(这里的调制是指根据信息的不同,改变短周期脉冲的位置、幅度或者相位),从而形成一个很宽的频谱(目前所占用的频段可以为 3.1GHz～10.6GHz),信号能量均匀分布在这个很宽的频段内,使得单位带宽内的信号能量很低,可以降低各种干扰对接收机的影响(如多径衰落、信道间干扰等),并避免对其他射频应用造成干扰。超宽带接收机的系统结构很简单,如图 8-30 所示。超宽带信号由天线接收后,经带通滤波器滤除带外噪声,然后由超宽带低噪声放大器和可变增益放大器进行放大,放大后的信号和一个本地相关模板在相关器中进行相关处理,恢复原始信息,然后由一个模数变换器将信息变换到数字域进行处理。虽然超宽带接收机的结构很简单,但由于它所处理的是一个频率很宽的信号,低噪声放大器和可变增益放大器的带宽都必须很宽,实现起来存在一定的困难;而且在进行相关处理时如何做到精确的时钟同步以保证信息的正确接收和解码是目前还没有解决的问题,这些都使得实现超宽带接收机面临很大的挑战。尽管设计一个高性能的超宽带接收机会面临很多困难,但由于超宽带接收机可以在短距离内(10m 内)提供很高的数据率(大于 100Mb/s),具有很大的应用前景,故人们对超宽带接收机的研究具有浓厚的兴趣。

图 8-30　超宽带接收机的系统结构

8.2　发射机射频前端的系统结构

　　在发射机中,由于输入的唯一信号是有用信号,因此不会面临接收机所遇到的各种干扰问题,而且有用信号的能量较高,动态范围也较小,所以相对来说,发射机比较容易实现。图 8-31 所示为超外差式发射机的频域转换示意图。

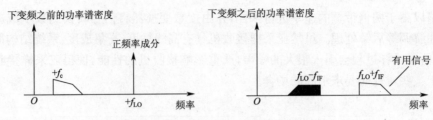

图 8-31 超外差式发射机的频域转换示意图

超外差式发射机的集成度受到镜像抑制滤波器的影响。为了不干扰其他信道的信号,发射机对镜像信号应具有足够的抑制率,故这种结构对滤波器具有很高的要求,一般不能将镜像抑制滤波器集成在芯片上,因而影响了集成度。另外,为了减轻对镜像抑制滤波器的压力,超外差式发射机的中频频率一般较高,这样增加了数字域处理和数模变换器的实现难度。虽然可以采用多级上变频来解决超外差式发射机中频频率较高的问题,但这样将需要很多片外带通滤波器来抑制镜像信号,进一步降低了集成度,增加了成本,系统的功耗也会相应增大。

8.2.1 直接上变频发射机

直接上变频发射机将基带信号直接正交上变频到载波频段,在上变频过程中不会产生镜像信号,从而避免了镜像抑制问题。这种发射机的系统结构如图 8-32 所示。从数字域来的基带信号经数模变换和低通滤波后,由正交上变频器转换到射频频段,然后由功率放大器进行放大,由片外射频带通滤波器滤除谐波成分后,经天线辐射出去。这种发射机的频域转换示意图如图 8-33 所示。从图中可以看出,在完全理想的情况下,这种发射机不会产生镜像信号。虽然在实际电路中,由于 I、Q 两支路不匹配的影响,该发射机也会产生一定大小的镜像信号,但这些镜像信号的能量很弱,功率放大器后的射频带通滤波器可以抑制这些镜像信号。

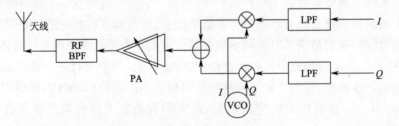

图 8-32 直接上变频发射机的系统结构

在直接上变频发射机中,本地振荡信号频率和有用信号频率完全相同,本地振荡信号和有用信号之间会互相干扰。一方面,本地振荡信号经由衬底耦合等方式会泄漏到射频信号通道,叠加在频率完全相同的射频信号上,不可分离,直接干扰有用信号。另一方面,射频信号经功率放大器放大后,成为一个强信号,该信号也会通过衬底耦合等方式泄漏到本地振荡器中,使本地振荡器产生频率牵引效应。为了减小本地振荡信号

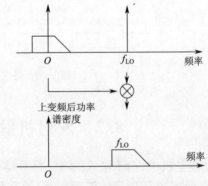

图 8-33 直接上变频发射机的频域转换示意图

和射频信号之间的互相干扰,可以采用两种办法:一种办法是加大提供本地振荡信号的锁相环的环路带宽,使锁相环对外来干扰具有很好的抑制作用;另一种办法是采用与载波频率不同的本地振荡信号频率,比较常见的是使本地振荡器的振荡频率仅为载波频率的一半或者两倍,然后通过倍频或者分频的方法来得到与载波频率相同的本地振荡信号。

8.2.2　两步发送器

另一个解决发送器中 LO 上拉问题的方法是,用两步(或多步)来上变频基带信号,以使 PA 的输出频谱远离 VCO 的频率。作为一个例子,考虑图 8-34 所示的电路。这里基带的 I 和 Q 信道在较低的频率 ω_1(称为中频)外进行正交调制,然后经过混频和带通滤波上变频到 $\omega_1 + \omega_2$。第一个 BPF(带通滤波器)抑制了 IF 信号的谐波,而第二个则滤掉了中心频率在 $\omega_1 - \omega_2$ 处的无用边带。

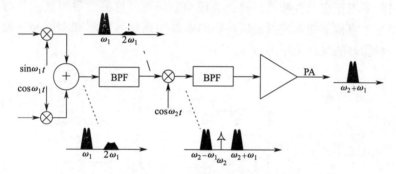

图 8-34　两步发送器

两步上变频与直接变频相比,优点在于由于正交调制是在较低的频率完成的,I 和 Q 的匹配很好,从而使两个比特流之间的串扰很少。同时,一个信道滤波器可以用在第一个 IF 处,以限制相邻信道中发送的噪声和毛刺。

两步发送器中的困难在于,第二个上变频后面的带通滤波器必须用一个很大的倍数,一般是 50dB～60dB,来抑制无用的边带。这是因为,简单的上变频混频操作同时产生相同幅度的有用和无用的边带。由于较高的中心频率,这一滤波器一般是无源的,而且是相对昂贵的片外器件。

8.2.3　其他结构的发射机

除了以上几节提到的发射机结构外,还有几种发射机结构在实际应用中也经常遇到,本节就对这几种发射机结构进行简单的讨论。

中频上变频结构是与宽带中频接收机相对应的一种发射机结构,它将基带信号直接正交上变频到一个较高的中频,然后由第二级上变频器上变频到载波频率,如图 8-35 所示。第二级上变频的本振信号频率固定,信道选择功能在第一级上变频过程中完成。这种发射机结构避免了直接上变频发射机所遇到的本地振荡信号泄漏和本地振荡器的频率牵引效应,但同超外差结构一样,这种发射机也会遇到镜像抑制问题,需要在发射链路中插入片外镜像抑制滤波器,从而降低了集成度。

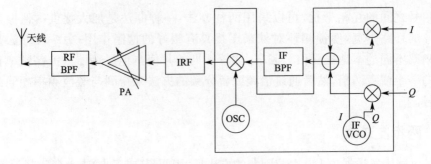

图 8-35　中频上变频发射机的系统结构

正交中频上变频结构是从中频上变频结构发展而来的一种发射机结构,其系统结构如图 8-36 所示。它也采用两级上变频结构,第一级上变频采用复正交上变频器来避免产生镜像信号,同时给第二级上变频提供 I、Q 两个支路的信号;第二级上变频同直接上变频发射机一样,采用正交上变频器来避免镜像抑制问题。这种发射机结构具有较高的集成度,同时避免了直接上变频发射机所遇到的本地振荡信号泄漏和本地振荡器的频率牵引效应,是一种较好的发射机结构。

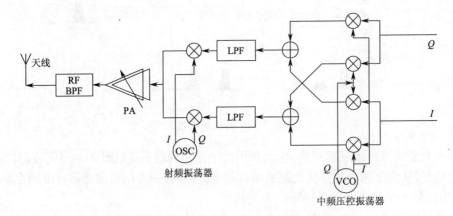

图 8-36　正交中频上变频发射机的系统结构

8.3　接收发送器

8.3.1　Philips DECT 接收发送器

Philips 提供一个芯片组可以用来构成一个 DECT 接收发送器。图 8-38 是整个 1.89GHz 的 TDD 系统,其中指明了每个芯片。在接收路径中,信号被转换成差分形式,然后加在一个镜像抑制 LNA/混频器上。为了使镜像抑制达到大于典型的失配限制值 30dB,电路通过几个 DAC 转换器为 J 和 Q 路径中的相位和增益提供了数字控制。第一个 IP 信号为 110MHz,它通过一个 SAW(表面声波)滤波器,然后被下变频到 9.8MHz 的第二个 IF。接着它由两个陶瓷器件进行带通滤波,由一个限制级进行放大,再加到一个 FM 解调器上。

发送路径由一个 VCO、一个缓冲器和一个功放构成。在发送的时候,基带 Gauss 型脉冲直接调制 VCO,产生 Gauss 频移键控。

在接收模式结束的时候,发送 VCO 就被放在反馈回路(频率综合器)中用来稳定频率。由于回路需要大约 $250\mu s$ 才能稳定下来,所以盲槽被置于信号发送之前,以避免频谱泄漏到邻近的信道中。在盲槽结束的时候,VCO 就从反馈回路中断开,于是它可以被调制,同时功放也开始工作。图 8-37 中发送器的根本问题是,由 3 个干扰引起的 VCOTX 频率的误差。首先,当 VCO 脱离反馈回路的时候,它的控制线上会有一定的电荷注入误差。其次,当功放开始工作时,它的输入阻抗会发生变化,从而改变了 VCO 的负载阻抗,并且因此振荡频率也发生变化。第三,功放的有效工作电流大约为 250mA,这可以使电池电压下降几百个毫伏,从而影响 VCO 的输出频率。这些误差之和不得超过 50kHz(相当于在 1.9GHz 时误差率为 2.6×10^{-5})。各种隔离和电源调节技术用来减小这些效应减到最小。实际上,系统时钟频率的时效问题会把预算限制到 30kHz 以下。

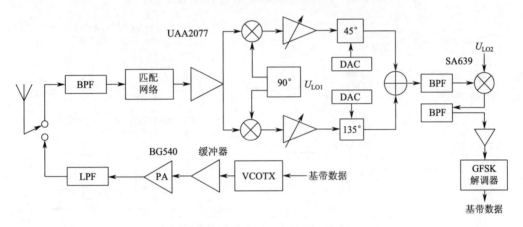

图 8-37 Philips DECT 收发器

8.3.2 朗讯(Lucent)GSM 接收发送器

Lucent Microelectronics(前身是 ΛTSLT Microelectronics)提供一个单片解决方案,它连同一个低噪声放大器和一个功率放大器可以组成一个完整的 GSM 接收发送器(到基带接口)。图 8-38 描述了整个系统。接收路径把 900MHz 的输入变频到 71MHz 的 IF,由一个 SAW 滤波器完成部分的信道选择,由一个可编程增益把信号放大,然后被下变频成正交的基带分量。

这种结构只需要在接收路径中使用两个外部的滤波器(不包括双工器),但是,如果 IFSAW 器件必须把相邻信道过滤到足够低的电平,那么它往往会有较高的损耗(及较高的成本)。

发送路径把基带 Gauss 型的数据直接上变频到 900MHz,为了避免 VCO 上拉,所需的载波信号是由 VCO_1 和工作在 117MHz 的第二个振荡器 VCO_2 的频率相加产生的。调制器后面的缓冲器把 0dBm 的功率传输给 50Ω 的负载。

这个结构中使用的 3 个 VCO 是嵌入在综合器环路中的,VCO_3 所需的正交信号和发送的载波信号是使用有相当的工作频率和复杂度的不同的电路技术产生的。用 12GHz 的双极型工艺制造的 GSM 芯片工作在 2.7V 电源时,吸收大约 60mA 的电流。图 8-39 和图 8-40 所示为接收电路实例。

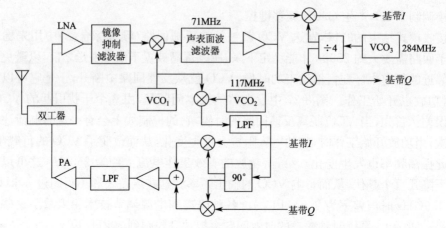

图 8-38 Lucent Technologies 的 GSM 收发器

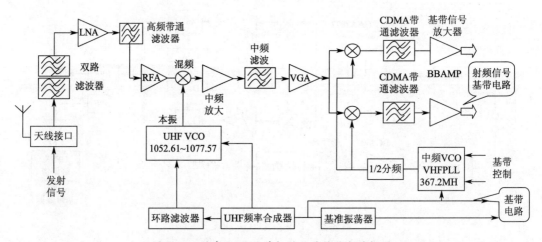

图 8-39 诺基亚 3105 手机的信号接收电路框图

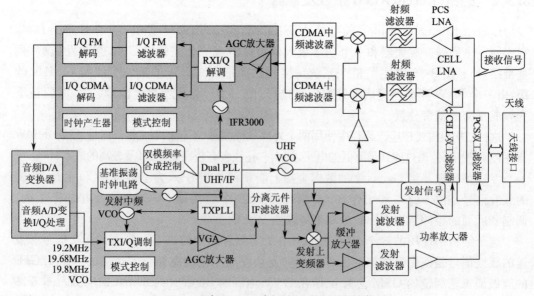

图 8-40 诺基亚 3105 手机的信号接收电路框图

8.4 软件无线电接收机和数字中频接收机

8.4.1 软件无线电接收机的结构及其特点

软件无线电接收机(SDR)作为一种理想的接收机方案,需要高性能的器件来搭建电路。在收发机电路中,数字信号和模拟信号进行转换的功能由 ADC 模块和 DAC 模块实现。SDR 收发机的特点是把收发机尽可能数字化,即 ADC 和 DAC 模块尽量靠近天线口,如图 8-41 所示。对接收机来说,ADC 位于射频预选滤波器和放大器之后。ADC 直接对于射频信号采样得到数字信号序列,并把数据送至数字处理模块进行下变频和解调。实现这样的接收机结构需要两个前提:ADC 的输入带宽高于射频信号的频率,即射频信号可以被 ADC 检测到;ADC 的采样速率要高于射频信号带宽或其最高频率的 2 倍。例如,需要使用奈奎斯特第一采样定理的软件无线电接收机接收 WCDMA 信号。已知信号最高上行频率为 1980MHz,则需要 SDR 接收机中的 ADC 采样频率大于 3960MHz,同时 ADC 输入模拟信号频率高达 1980MHz。另外,ADC 需要保证一定的有效采样位数来保证信噪比足够高。

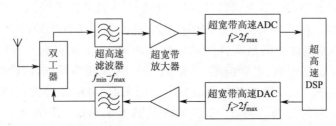

图 8-41 软件无线电接收机结构

最近 30 年,A/D 变换器领域取得了快速地发展,A/D 变换器的分辨率每 6 年~8 年就会提高 1bit。但是,目前的技术水平仍无法提供射频采样的 ADC 和相应的高速数字信号处理器件。同时,SDR 接收机在模拟域没有进行中频滤波。所有的带外杂波经过射频预选滤波器后,直接进入 ADC。因此对于预选滤波器的性能提出了严格的指标要求,而此指标在现有的技术水平下可能是无法实现的,如图 8-42 所示。综上,对于民用通信,SDR 接收机是发展的方向,但目前仍停留在理论阶段。数字中频接收机的发展也依赖于数字器件水平的提高。

图 8-42 软件无线电接收机系统接收框图

经过系统框图的比较,可看出 SDR 与传统结构数字无线电在结构上的区别主要在于以下两点:

(1)数模、模数转化部分紧邻或接近射频端。

(2)用高速的 DSP/FPGA 模块代替传统的专用数字电路与低速 DSP/FPGA 配合做数字化后的数据处理。可以把 SDR 的主要特点归纳如下：

①开放性强。SDR 将传统"功能单一，灵活性差"系统转变为了新型"通用标准模式化"的结构。模块硬件可根据自身技术的发展来进行功能扩展；软件部分随着新的需求可以自主进行更新升级，这无疑保证了 SDR 相对较长的生命周期。与此同时，SDR 的强开放性更体现于 SDR 对新、旧体制电台的兼容，更好地解决现实中出现的问题。

②灵活性高。SDR 充分突出软件部分延拓性好的特点，使得 SDR 可以和其他任意电台建立通信关系，并可将其视为其他电台的射频中继。不仅如此，根据所实现功能的不同，SDR 可选取适合的软件模块，同时可以通过无线加载进行软件模块的更改与升级，节省开支。

8.4.2　软件无线电接收机区域模块特点

SDR 对平台整体架构的开放性和可编程性要求很高，必须使用更新软件的方式来修改硬件的配置，从而实现新功能的扩展。其设计基本思想可以概括为以下 4 点：

(1)必须通过编程的方式来实现和拓展无线电台的各项功能。

(2)以一个标准的、模块化的、通用的硬件平台为基础。

(3)减少模拟环节，A/D/A 器件(数字化处理)尽可能靠近天线。

(4)设计者要从传统的基于硬件、面向用途的电台设计方法中解脱出来。

SDR 的总线结构必须满足高性能和标准化的特点，更加有利于升级与拓展硬件模块。SDR 的组成包括天线、射频前端、宽带 A/D－D/A 转换器、通信和数字信号处理及各种软件几个部分。SDR 要求具有覆盖频段宽的天线、各频段特性均匀的特点，以达到满足各种业务需求的目的。例如，天线频段范围为 1MHz～2000MHz，可以为 VHF/UHF 的视距通信、UHF 卫星通信，HF 通信服务。为了实现的方便，可在全频段甚至每个频段使用多副天线，必要时采用智能化天线技术。比如在发射时，滤波、功率放大等任务主要由 RF 部分完成，在接收时实现滤波放大等功能。或者可以将天线模块化，由其工作的频段来切换不同的天线模块。为满足射频直接带通采样的功能，要求系统的 A/D 转换器的工作带宽足够高(如 2000MHz 以上)，而且为了提高动态范围 A/D 转换精度也要达到一定高度。

DSP 和 FPGA 来承担将模拟信号转化为数字信号。通常把 A/D 转换器传来的数字信号，经过专用数字信号处理器件(如数字下变频器 DDC)处理，使其数据流速率降低，同时把信号变至基带后，再把数据送给通用 DSP 进行处理，这样能减轻处理器的压力。

经过上述过程处理的数据率相对较低的基带信号再经过 DSP 完成信号的调制解调、各种抗干扰、抗衰落、自适应均衡算法的实现、信源编码后的前向纠错(FEC)、帧调整、比特填充和链路加密等过程。如果要求系统有更高的数据处理能力，可以采用多 DSP 芯片并行处理。

8.4.3　软件无线电接收机的硬件结构及实现

SDR 中的硬件是由模块化、标准化的硬件通过标准总线连接而成通用平台，是系统

162

软件运行的物理平台。SDR 的目的就是要使 SDR 系统的功能能够摆脱硬件平台的束缚，通过软件来改变物理层的行为，使得系统改进和升级非常方便，而且代价最小，不同的系统间可以互联和兼容。理想 SDR 从天线到 D/A、A/D 转化是存在模拟信号，中频和基带信号的处理全部采用数字逻辑运算来实现。SDR 的数字化结构基本上可以分为 3 大类型：射频低通采样数字化结构、射频带通采样数字化结构、宽带中频带通采样数字化结构。其中射频低通采样数字化结构最接近理想的 SDR，但是采样数字化结构适用范围较窄而且需要较高的采样频率，使得工程实现难度较大；宽带中频带通采样数字化结构虽然可实施性较强，但不符合理想软件无线电的要求；射频带通采样数字化结构要求 A/D 转化器有足够高的工作带宽，与射频低通采样数字化结构相比，射频带通采样数字化结构采用了前置滤波器，实现可行性较强。对 A/D 的采样速率和 FPGA 的处理速度要求相对较低，虽然前置窄带电调滤波器以及具有高工作带宽的高性能采样保持放大器导致该系统的可实施性降低，但是相比较之下，这种结构基本符合理想 SDR 的思想，而且具有一定的可实施性，是现在研究的重点。

从模拟信号转化为数字信号后，SDR 实现的关键在于其数字硬件平台的选择。数字硬件的选择需要考虑灵活性、模块化、可扩展性和性能。数字硬件实现的类型有 3 种：专用集成电路（ASIC）、现场可编程门阵列（FPGA）和数字信号处理器（DSP）。其中，DSP 采用微处理器的体系结构并支持高级软件变长，具有最大的灵活性；而 ASIC 的设计在固定的芯片上实现系统电路，在速度和功耗上具有最大的优势，但是 ASIC 的设计需要复杂的电路设计和布局软件工具；FPGA 提供了许多硬件底层的重构能力，灵活性比 ASIC 强，但不如 DSP。在 SDR 系统的设计中 DSP 和 FPGA 因其更强的灵活性而被广泛采用。

SDR 关键技术难点有以下 3 个方面：

(1)宽带天线与前置放大技术。

(2)高速采样技术。

(3)数字处理技术。

SDR 作为当今无线通信领域的新技术，正在引起国内、外越来越多的关注，在通信领域是继模拟技术到数字技术、固定通信到移动通信之后的新的无线电通信体制。随着通信技术的发展，兼容各种不同制式类型的设备已经日益显露出其需求性，与传统的无线电系统相比，SDR 系统具有结构通用、功能软件化、互操作性好及灵活性和适应性强等一系列优点，这能够让不同的网络接口和空中接口共存，能够支持采用不同空中接口的多模式手机和基站。随着 SDR 技术的不断成熟，在不久的将来，新一代移动通信技术可以提供更有效的多种业务，最终实现无线网络、以太网、广电网、蓝牙的无缝连接和互相兼容。

本 章 小 结

本章讨论了各种无线收发机的系统结构及其优、缺点。可以看出，每种系统结构都具有其他结构所不具有的优点，同时也遇到了其他结构所没有遇到的问题。在实际应用中，应从无线收发机的应用环境对无线收发机性能提出的要求以及成本和系统功耗等方面出发,在各方面进行折衷,确定一个最优的系统结构。纵观无线收发机系统结构的发展历程,可以看出无线收发机具有以下发展趋势。

1. 寻求新的可高度集成、性能良好的系统结构

虽然现在存在多种系统结构,但是都存在很多缺点。超外差式收发机是目前最广泛应用的系统结构,但它要求有很好抑制能力的镜像抑制滤波器和高 Q 值的中频信道选择滤波器。在目前的集成电路工艺下,这些滤波器是不可能集成的。零中频收发机的集成度很高,但却受到直流失调和偶数阶非线性的影响。低中频收发机不存在直流失调问题,但由于 I、Q 支路不可能完全匹配,镜像抑制性能会受到很大影响,只能应用于对镜像抑制率要求不高的系统中。这些表明了研究新的可高度集成、性能良好的收发机系统结构的必要性。

2. 用数字处理技术来实现部分以前由模拟或射频电路来完成的功能

随着 A/D、D/A 变换器及数字信号处理技术的发展,部分以前由模拟或射频电路实现的功能可以转到数字域进行处理。用数字技术来实现模拟前端的功能,可以提高实现精度、加快设计过程并且减少噪声、衬底耦合等对电路性能的影响。

3. 开发适用于各种通信体制的无线收发机

在现今的通信领域中,各种各样的通信体制并存,收发机信号的传输环境也各不相同,现在的收发机一般只针对某个具体的应用。设计出适合于各种通信体制和传输环境的单片收发机一直是人们的梦想。基于此,人们提出了"软件无线电"(SDR)的概念,它是利用软件的方法来控制射频前端模块和基带处理电路的功能,使之适用于各种通信体制和传输环境。虽然 SDR 还只是处于概念阶段,但目前出现的多模多带收发机研究热潮朝这一方向迈出了重要的一步。

习 题

8.1 请总结本章所提到的各种接收机结构在用 CMOS 集成电路实现时的优、缺点。

8.2 试利用复信号的概念分析 Hartley 和 Weaver 结构接收机的频域转换关系,并说明在理想情况下这两种结构的接收机不存在镜像信号抑制问题。

8.3 在 Weaver 结构的接收机中,当第一级下变频器 I、Q 两路本地振荡信号的幅度差和相位误差分别为 ε 和 $\Delta\varphi$ 时,试分析该接收机的镜像信号抑制性能。

8.4 试分析零中频接收机在用 CMOS 集成电路实现所遇到的问题及其解决办法。

8.5 试比较超外差式接收机、零中频接收机和低中频接收机在解决镜像抑制问题所采用方法的异同点。

8.6 画出射频发射机的基本组成结构及其完成的主要功能。

8.7 画出零中频接收机的结构方框图,并写出其优、缺点。

8.8 某超外差式接收机射频部分各模块间均互相匹配,它们的增益、噪声系数如图 8-43 所示,求:

(1)系统总的增益;(2)系统总的噪声系数。

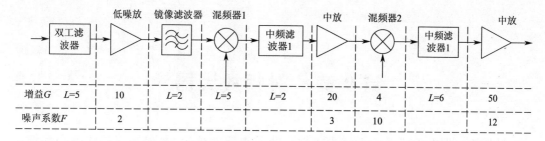

增益 G	$L=5$	10	$L=2$	$L=5$	$L=2$	20	4	$L=6$	50
噪声系数 F		2				3	10		12

图 8-43　习题 8.10 用图

8.9　已知某二次混频超外差接收机的输入电阻为 $R_i=50\Omega$,射频部分的噪声系数 $F=3$dB,带宽为 $B=200$kHz,天线等效噪声温度为 $T_a=150$K,要求解调器前端的最低输入信噪比为 10dB,解调器要求的最低输入电压为 0.5V。求接收机的最低输入功率 $P_{in,min}$。

8.10　画出射频接收机的基本组成结构及其完成的主要功能。

8.11　说明单次变频超外差式接收机的优点和缺点。

8.12　为什么要用二次变频方案?对 I 中频和 II 中频的选择有何要求?

8.13　已知某二次变频超外差式接收机的输入电阻为 50Ω,射频部分的噪声系数为 3dB,带宽为 200kHz,天线的等效噪声温度为 180K,系统要求解调器的输入信号的最低信噪比为 8dB。

8.14　图 8-44 所示为一无线接收机前端框图,已知馈入天线的噪声功率为 $N_i=kT_aB$,$T_a=15$K。假设系统温度为 T_0,输入阻抗为 50Ω,中频带宽是 10MHz。

求:(1)系统增益;(2)系统噪声系数;(3)系统等效噪声温度;(4)输出噪声功率。

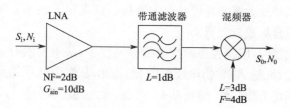

图 8-44　习题 8.14 用图

8.15　简述无线通信发射机的主要性能指标,并比较发射机主要结构的优、缺点,最后对设计发射机时应当注意的问题做一个简要说明。

第 9 章　射频放大器

　　射频放大器在无线通信系统中占据了非常重要的地位,是射频前端的核心部件。例如,射频低噪声放大器和功率放大器在无线通信收发信机中起到了非常关键的作用。就射频放大器的分类而言,分类的形式有很多种。在近代 RF 和微波系统中,放大是最基本和广泛存在的微波电路功能之一。早期的微波放大器依赖于电子管(诸如速调管和行波管)或基于隧道二极管或变容二极管的负阻特性的固态反射放大器。但自 20 世纪 70 年代以来,固态技术已发生了惊人的进步和革新,导致今天大多数 RF 和微波放大器使用的均是晶体管器件,诸如 SiGe BJT、GaAs HBT、GaAs 或 InP FET 抑或 GaAsHEMT。微波晶体管放大器具有结实、价格低、可靠和容易集成在混合和单片集成电路上等优点。晶体管放大器可以在频率超过 100GHz 的范围内,于需要小体积、低噪声系数、宽频带和中小功率容量的范围内使用。虽然在很高功率和/或很高频率的应用中仍需要微波电子管,但随着晶体管性能的不断提高,对微波电子管的需求在稳定地下降。

　　按导通角来分类,放大器可以分为 A 类、B 类和 C 类放大器。按晶体管的配置来分类,对场效应管而言,可分为共源、共栅和共漏 3 种基本类型;相应地,对双极型晶体管而言,又可分为共射、共基和共集 3 种基本类型的放大器。按应用来分类,可分为低噪声放大器、功率放大器、宽带放大器和高增益放大器等。按实现方式来分类,可分为单片射频微波集成放大器和混合集成放大器。

　　在设计一个放大器时,应当考虑的性能指标比较多,最重要的有功率增益、中心频率带宽、噪声系数、稳定性、输入/输出电压驻波比、输出功率、1dB 压缩点、交调特性和动态范围等。本章将详细讲解稳定性、输出功率、增益、噪声的经典分析与计算方法,射频放大器的直流偏置电路、阻抗匹配、稳定电路的功能、基本拓扑类型与特点,低噪声放大器、功率放大器的电路拓扑、设计要点、设计步骤和性能仿真技术,线性化技术、效率增强技术等各种现代功率放大器技术。

　　对晶体管放大器设计的讨论将依赖于晶体管的端口特性,该特性用 S 参量。首先介绍对放大器频率增益的定义,然后讨论稳定性问题。再后,将把这些结果应用到单级晶体管放大器中,包括最大增益、指定增益和低噪声系数。简要介绍宽带平衡和分布放大器,最后论述晶体管功率放大器。

9.1　射频放大器的相关理论

　　在进行射频放大器设计时,需要用到稳定性分析、功率增益的计算、单向化设计法和噪声系数圆等相关理论。因此,本节将对这些经典分析与计算方法进行系统介绍。

9.1.1 放大器的稳定性

本小节讨论晶体管放大器电路的稳定性。容易得知,当晶体管放大器的输入阻抗或输出阻抗实部为负,即呈现负阻特性时,输入反射系数$|\Gamma_{\text{in}}|>1$或输出反射系数$|\Gamma_{\text{out}}|>1$,放大器电路就会发生振荡。由

$$\Gamma_{\text{in}}=S_{11}+\frac{S_{12}S_{21}\Gamma_{\text{L}}}{1-S_{22}\Gamma_{\text{L}}} \tag{9-1}$$

$$\Gamma_{\text{out}}=S_{22}+\frac{S_{12}S_{21}\Gamma_{\text{S}}}{1-S_{11}\Gamma_{\text{S}}} \tag{9-2}$$

可知,由于Γ_{in}和Γ_{out}依赖于源和负载匹配网络,放大器的稳定性与Γ_{S}和Γ_{L}有关。因此,可定义两类稳定性。

(1)绝对稳定。无论晶体管放大器接什么样的无源负载阻抗和源阻抗,均有$|\Gamma_{\text{in}}|<1$和$|\Gamma_{\text{out}}|<1$。

(2)条件稳定。不是所有的无源负载阻抗和源阻抗,均使晶体管放大器的$|\Gamma_{\text{in}}|<1$和$|\Gamma_{\text{out}}|<1$。

由于输入/输出网络的匹配特性随频率而改变,晶体管放大器的稳定性具有频率依赖性。因此,晶体管放大器可能在某个频带内稳定,而在带外出现振荡。在设计放大器时,应当特别注意这种情况。

$$\left|\Gamma_{\text{in}}\right|=\left|S_{11}+\frac{S_{12}S_{21}\Gamma_{\text{L}}}{1-S_{22}\Gamma_{\text{L}}}\right|=\left|\frac{S_{11}-\Gamma_{\text{L}}\Delta}{1-S_{22}\Gamma_{\text{L}}}\right|=1 \tag{9-3}$$

$$\left|\Gamma_{\text{out}}\right|=\left|S_{22}+\frac{S_{12}S_{21}\Gamma_{\text{S}}}{1-S_{11}\Gamma_{\text{S}}}\right|=\left|\frac{S_{22}-\Gamma_{\text{S}}\Delta}{1-S_{22}\Gamma_{\text{S}}}\right|=1 \tag{9-4}$$

$$k=\frac{1-\left|S_{11}\right|^{2}-\left|S_{22}\right|^{2}+\left|\Delta\right|^{2}}{2\left|S_{12}\right|\left|S_{21}\right|}>1 \tag{9-5}$$

放大器的稳定措施,如果在工作频段内,场效应晶体管或双极型晶体管处于非稳定状态,则应当采取适当措施使晶体管进入稳定状态。

1. 电阻性加载

电阻性加载是场效应晶体管或双极型晶体管的一种常用稳定措施。这种方法即为在有源器件的不稳定端口增加一个串联或并联的电阻,这些有耗器件使放大器无论接什么值的源和负载阻抗,提供给晶体管输入和输出端口的阻抗都不会落入不稳定区域。由于电阻是有耗器件,它会产生热噪声,故电阻性加载这种稳定措施不适用于低噪声放大器设计。

2. 并联反馈

通过在晶体管的输出端到输入端之间添加一个电阻器,如图 9-1(a)所示,引入负反馈,能很好地改善晶体管的稳定性。此外,反馈效应使输入和输出阻抗更易于匹配。但由于这种电阻性反馈稳定措施会恶化放大器的噪声系数,故通常不用于低噪声放大器设计。

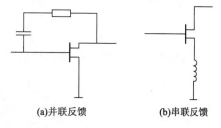

(a)并联反馈　　　　(b)串联反馈

图 9-1　放大器的反馈型稳定措施

3. 串联反馈

串联反馈要求在器件的公共端接入一个电阻器或者电感器。通常是将一个电感器插

入到 FET 的源极与地之间,如图 9-1(b)所示。一般来说,晶体管在低频段不稳定,串联电感器可使放大器在低频段稳定,且可以改善噪声系数。同时,串联反馈也可以使噪声匹配阻抗点向功率匹配点靠近,从而改善放大器输入端的电压驻波比(VSWR)。鉴于以上特性,串联反馈在低噪声放大器设计中经常使用。然而,由于电感器的负反馈作用,没能使晶体管的源极或发射极尽早接地,故串联反馈很少用于功放设计。

9.1.2 射频放大器的功率增益

这一节将给出几种常用的二端口放大器增益的定义,并且根据晶体管的 S 参数推导出相应的计算公式,介绍单向化设计法、最大增益设计法、工作功率增益和资用功率圆、等噪声系数圆等放大器经典分析设计理论。

1. 放大器功率增益定义

射频放大器的增益有多种定义,有电流增益、电压增益和功率增益等。根据放大器二端口的 S 参数以及源和负载反射系数 Γ_S 与 Γ_L,可推导出功率增益的表达式。假设两个匹配网络分别包含在信号源和负载阻抗中,单级放大器网络的功率传输关系如图 9-2 所示。容易求得源反射系数和负载反射系数为

$$\Gamma_S = \frac{Z_S - Z_0}{Z_S + Z_0}, \Gamma_L = \frac{Z_L - Z_0}{Z_L + Z_0} \tag{9-6}$$

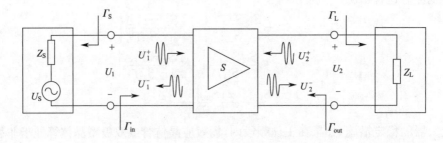

图 9-2 单级放大器网络的功率传输

由于 $U_2^+ = \Gamma_L U_2^-$,端口 1 和端口 2 的反射电压 U_1^- 和 U_2^- 可以表示为

$$U_1^- = S_{11}U_1^+ + S_{12}U_2^+ = S_{11}U_1^+ + S_{12}\Gamma_L U_2^- \tag{9-7}$$

$$U_2^- = S_{21}U_1^+ + S_{22}U_2^+ = S_{21}U_1^+ + S_{22}\Gamma_L U_2^- \tag{9-8}$$

联立式(9-7)和式(9-8),解出 U_1^-/U_1^+,并定义二端口网络的输入反射系数为

$$\Gamma_{in} = \frac{U_1^-}{U_1^+} = S_{11} + \frac{S_{12}S_{21}\Gamma_L}{1 - S_{22}\Gamma_L} \tag{9-9}$$

同理,二端口网络的输出反射系数为

$$\Gamma_{out} = \frac{U_2^-}{U_2^+} = S_{22} + \frac{S_{12}S_{21}\Gamma_S}{1 - S_{11}\Gamma_S} \tag{9-10}$$

通过分压

$$U_1 = U_S \frac{Z_{in}}{Z_S + Z_{in}} = U_1^- + U_1^+ = U_1^+(1 + \Gamma_{in}) \tag{9-11}$$

有 U_1^+ 和 U_S 的关系为

$$U_1^+ = \frac{U_S}{2} \frac{1 - \Gamma_S}{1 - \Gamma_{in}\Gamma_S} \tag{9-12}$$

168

可求出二端口网络的平均输入功率为

$$P_{in} = \frac{|U_1|^2}{2Z_0} = \frac{|U_1^+|^2}{2Z_0}(1-|\Gamma_{in}|^2) = \frac{|U_S|^2}{8Z_0}\frac{|1-\Gamma_S|^2}{|1-\Gamma_{in}\Gamma_S|^2}(1-|\Gamma_{in}|^2) \quad (9\text{-}13)$$

传送到负载的平均功率为

$$P_L = \frac{|U_2|^2}{2Z_0} = \frac{|U_2^-|^2}{2Z_0}(1-|\Gamma_L|^2) = \frac{|U_1^+|^2 |S_{21}|^2 (1-|\Gamma_L|^2)}{2Z_0 |1-S_{22}\Gamma_L|^2}$$

$$= \frac{|U_S|^2}{8Z_0}\frac{|S_{21}|^2 |1-\Gamma_S|^2 (1-|\Gamma_L|^2)}{|1-S_{22}\Gamma_L|^2 |1-\Gamma_{in}\Gamma_S|^2} \quad (9\text{-}14)$$

将信号源传送到放大网络的最大功率定义为资用功率 P_A，它是在输入共轭匹配（$\Gamma_{in} = \Gamma_S^*$）的条件下取得的，表达式为

$$P_A = P_{in}|_{\Gamma_{in}=\Gamma_S^*} = \frac{|U_S|^2}{8Z_0}\frac{|1-\Gamma_S|^2}{1-|\Gamma_S|^2} \quad (9\text{-}15)$$

而输出共轭匹配（$\Gamma_{out} = \Gamma_L^*$）时，得到传送到负载的最大功率为

$$P_{L,max} = P_L|_{\Gamma_{out}=\Gamma_L^*} = \frac{|U_S|^2}{8Z_0}\frac{|S_{21}|^2 |1-\Gamma_S|^2 \cdot (1-|\Gamma_{out}|^2)}{|1-\Gamma_{in}\Gamma_S|^2 |1-S_{22}\Gamma_{out}^*|^2} \quad (9\text{-}16)$$

1）功率转换增益

功率转换增益 G_T 定量地描述了放大器对信号的增益特性，它定义为负载吸收功率和信号源资用功率之比，由式（9-15）和式（9-16）可得

$$G_T = \frac{P_L}{P_A} = \frac{(1-|\Gamma_S|^2) \cdot |S_{21}|^2 \cdot (1-|\Gamma_L|^2)}{|1-\Gamma_{in}\Gamma_S|^2 |1-S_{22}\Gamma_L|^2} \quad (9\text{-}17)$$

在实际工程应用中，许多放大器晶体管的 S_{12} 很小，为了计算简便，通常忽略放大器反馈效应的影响（令 $S_{12}=0$）。此时的功率增益定义为单向化功率增益 G_{TU}，由于 $S_{12}=0$，则 $\Gamma_{in} = S_{11}$，并且式（9-17）可改写为

$$G_{TU} = \frac{(1-|\Gamma_S|^2) \cdot |S_{21}|^2 \cdot (1-|\Gamma_L|^2)}{|1-S_{11}\Gamma_S|^2 |1-S_{22}\Gamma_L|^2} \quad (9\text{-}18)$$

2）资用功率增益和工作功率增益

不同的匹配条件下，功率转换增益有不同的称谓。例如，在输出端口共轭匹配（$\Gamma_L = \Gamma_{out}^*$）条件下，这个特殊的功率转换增益称为资用功率增益，定义为

$$G_{TU} = \frac{(1-|\Gamma_S|^2) \cdot |S_{21}|^2 \cdot (1-|\Gamma_L|^2)}{|1-S_{11}\Gamma_S|^2 |1-S_{22}\Gamma_L|^2} \quad (9\text{-}19)$$

另外，在输入匹配（$\Gamma_S = \Gamma_{in}^*$）条件下，定义工作功率增益为负载吸收功率与放大器输入功率的比值为

$$G_P = \frac{P_L}{P_{in}} = \frac{|S_{21}|^2 \cdot (1-|\Gamma_L|^2)}{(1-|\Gamma_{in}|^2)|1-S_{22}\Gamma_L|^2} \quad (9\text{-}20)$$

例 9-1 功率增益定义的比较，一个带有 50Ω 参考阻抗的微波晶体管在 10GHz 时有下列 S 参数，即

$$S_{11} = 0.45e^{j150°}, S_{12} = 0.01e^{-j10°}$$

$$S_{21} = 2.05e^{j10°}, S_{22} = 0.4e^{-j150°}$$

源阻抗 $Z_S = 20\Omega$，负载阻抗 $Z_L = 20\Omega$，计算功率增益、可用功率增益和变换功率增益。

解

$$\Gamma_S = \frac{Z_S - Z_0}{Z_S + Z_0} = \frac{20-50}{20+50} = -0.429$$

$$\Gamma_L = \frac{Z_L - Z_0}{Z_L + Z_0} = \frac{30 - 50}{30 + 50} = -0.25$$

$$\Gamma_{in} = S_{11} + \frac{S_{12}S_{21}\Gamma_L}{1 - S_{22}\Gamma_L} = 0.45e^{-j150°} + \frac{(0.01e^{-j10°})(2.05e^{j10°})(-0.25)}{1 - (0.4e^{-j150°})(-0.25)} = 0.455e^{-j150°}$$

$$\Gamma_{out} = \frac{U_2^-}{U_2^+} = S_{22} + = 0.4e^{-j150°} + \frac{(0.01e^{-j10°})(2.05e^{j10°})(-0.429)}{1 - (0.45e^{j150°})(-0.429)} = 0.408e^{-j151°}$$

$$G_P = \frac{P_L}{P_{in}} = \frac{|S_{21}|^2 \cdot (1 - |\Gamma_L|^2)}{(1 - |\Gamma_{in}|^2)|1 - S_{22}\Gamma_L|^2} = 5.94$$

$$G_T = \frac{P_L}{P_A} = \frac{(1 - |\Gamma_S|^2) \cdot |S_{21}|^2 \cdot (1 - |\Gamma_L|^2)}{|1 - \Gamma_{in}\Gamma_S|^2 |1 - S_{22}\Gamma_L|^2} = 5.49$$

2. 放大器的功率增益特性

定义了功率增益及其特殊的形式之后,下面基于这些功率增益特性介绍两种基本的放大器分析设计方法:单向化设计法和双共轭匹配最大增益设计法。

1)单向化设计法

设计射频放大器时,除了保证稳定外,还需获得预定的功率增益。通常情况下 S_{12} 很小,故可忽略晶体管自身反馈的影响,在实际情况下经常令 $S_{12} = 0$,则可得到 $\Gamma_{in} = S_{11}$,$\Gamma_{out} = S_{22}$。参考图 9-3 所示的单向化功率转换增益的原理,单向化功率转换增益可改写成下列形式,即

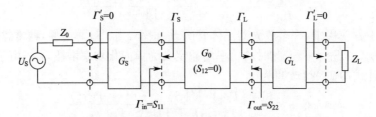

图 9-3 单向化功率转换增益的原理

$$G_{TU} = \frac{(1 - |\Gamma_S|^2) \cdot |S_{21}|^2 \cdot (1 - |\Gamma_L|^2)}{|1 - S_{11}\Gamma_S|^2 |1 - S_{22}\Gamma_L|^2} \tag{9-21}$$

可定义输入匹配网络增益 G_S、晶体管的固有增益 G_0 和输出匹配网络增益 G_L 为

$$G_S = \frac{(1 - |\Gamma_S|^2)}{|1 - S_{11}\Gamma_S|^2}, G_0 = |S_{21}|^2, G_L = \frac{(1 - |\Gamma_L|^2)}{|1 - S_{22}\Gamma_L|^2} \tag{9-22}$$

则式(9-21)也常常写为

$$G_{TU} = G_S G_0 G_L \tag{9-23}$$

当 $|S_{11}|$ 和 $|S_{22}|$ 都小于 1,且在输入和输出端口都匹配的条件下,单向化功率增益 G_{TU} 达到最大值,此时输入匹配网络增益 G_S 和输出匹配网络增益 G_L 也为最大值,即

$$G_{Smax} = \frac{1}{1 - |S_{11}|^2} \tag{9-24}$$

$$G_{Lmax} = \frac{1}{1 - |S_{22}|^2} \tag{9-25}$$

$$g_S = \frac{G_S}{G_{Smax}} = \frac{1 - |\Gamma_S|^2}{|1 - S_{11}\Gamma_S|^2}(1 - |S_{11}|^2) \tag{9-26}$$

$$g_L = \frac{G_L}{G_{Lmax}} = \frac{1 - |\Gamma_L|^2}{|1 - S_{11}\Gamma_L|^2}(1 - |S_{22}|^2) \tag{9-27}$$

用 G_{Smax} 和 G_{Lmax} 归一化 G_S 和 G_L 得到

在设计放大器时,要求具有特定的增益。Γ_S 和 Γ_L 在什么范围内取值才可以得到预定的增益,这可在输入和输出网络反射系数对应的 Smith 圆图上用等增益曲线来表征。

2)双共轭匹配最大增益设计法

实际的放大器电路设计中,当 S_{12} 大到不能忽略时,采用单向化设计法导致的误差不能容忍,此时应采用双共轭匹配法做放大器的最大增益设计。由于双共轭匹配设计法考虑了晶体管的反馈效应,匹配条件不再是单向化设计法中的简单形式 $\Gamma_S^* = S_{11}$ 和 $\Gamma_L^* = S_{22}$。推导该匹配条件时,需要利用输入和输出端口反射系数的完整方程

$$\Gamma_S^* = S_{11} + \frac{S_{12}S_{21}\Gamma_L}{1 - S_{22}\Gamma_L} \tag{9-28}$$

$$\Gamma_L^* = S_{22} + \frac{S_{12}S_{21}\Gamma_S}{1 - S_{11}\Gamma_S} \tag{9-29}$$

要从上面的两个方程中解出 Γ_S,展开并整理,解关于 Γ_S 的二次方程得

$$\Gamma_S = \frac{B_1 \pm \sqrt{B_1^2 - 4|C_1|^2}}{2C_1} \tag{9-30}$$

同样,可得 Γ_L 的表达式为

$$\Gamma_L = \frac{B_2 \pm \sqrt{B_2^2 - 4|C_2|^2}}{2C_2} \tag{9-31}$$

其中,B_1、C_1、B_2 和 C_2 定义为

$$\begin{aligned} B_1 &= 1 + |S_{11}|^2 - |S_{22}|^2 - |\Delta|^2 \\ B_2 &= 1 + |S_{22}|^2 - |S_{11}|^2 - |\Delta|^2 \end{aligned} \tag{9-32}$$

$$\begin{aligned} C_1 &= S_{11} - \Delta S_{22}^* \\ C_2 &= S_{22} - \Delta S_{11}^* \end{aligned} \tag{9-33}$$

只有 Γ_S 和 Γ_L 平方根内的数为正数时,上面的二次方程才有解,可证明这等效于稳定因子 $k > 1$,即晶体管是绝对稳定的。采用双共轭匹配法设计放大器,得到最大增益与稳定因子 k 的关系为

$$G_{Tmax} = \frac{|S_{21}|}{|S_{12}|}(k - \sqrt{k^2 - 1}) \tag{9-34}$$

最大功率转换增益有时也称为匹配增益。当 $k = 1$ 时可以得到有用的数值,它通常被称为最大稳定增益,最大稳定增益计算简便,它能提供晶体管在特定频点下的最大功率转换增益,这对放大器的设计有很好的指导作用。

9.2 射频放大器偏置电路

所有射频电路不可缺少的电路单元是有源或无源偏置网络。偏置的作用是在特定的工作条件下,为有源器件提供合适的静态工作点,并抑制晶体管参数的离散性及温度变化的影响,从而保证恒定的工作特性。

偏置电路网络通常有无源偏置和有源偏置两种。无源偏置电路结构简单,最为常用。

这种偏置网络的主要缺陷是对晶体管的参数变化十分敏感,温度稳定性较差。有源偏置电路有效地解决了这些问题,但它的结构较为复杂,且功耗较大。下面首先介绍双极型晶体管的直流偏置电路设计,然后再考虑场效应管的直流偏置电路。

9.2.1 双极型晶体管的偏置电路

对于射频双极型晶体管的无源偏置电路,常见的有固定基流偏置电路和基极分压射极偏置电路两种,它们的拓扑结构如图 9-4 所示。

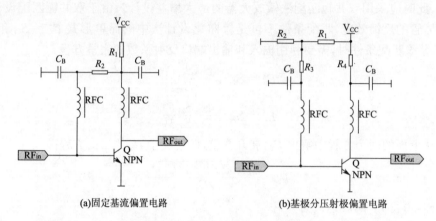

(a)固定基流偏置电路　　　　(b)基极分压射极偏置电路

图 9-4　双极型晶体管的无源偏置电路

固定基流偏置电路结构较为简单,如图 9-4(a)所示。图中电阻 R_1 主要起限流作用,而电阻 R_2 用于分压;射频扼流圈(RFC)阻止射频信号流向电源,旁路电容 C_B 用来对电源进行滤波。固定基流偏置电路虽然结构简单,但当温度、电源电压变化时,直流工作点 $Q(I_C, U_{CE})$ 会明显变化。工作点电流与电压的改变会使双极型晶体管小信号参数改变,从而使放大器的性能指标不稳定,甚至振荡。

相比固定基流偏置电路而言,基极分压射极偏置电路可以提供更为稳定的工作电压,它的结构如图 9-4(b)所示。由于 R_1 和 R_2 的阻值比较大,通过它们的分压能给双极型晶体管提供一个稳定的基极电压,从而使这种偏置电路具有更好的稳定性。为了得到更好的稳定性,通常会在 BJT 射极加一个电阻 R_E。利用 R_E 引入电流采样电压求和式的负反馈,当某种原因(如温度升高或电源电压增加)使得工作点的 I_C 增加时,电路中直流负反馈作用会抑制 I_C 的增加,使得放大器的直流工作点相当稳定。

下面的例题将介绍如何计算图 9-4 所示的两种偏置网络的电阻值。

在射频工作状态下,图 9-4 所示的高频扼流圈可以更换为 $\lambda/4$ 的传输线,具体如图 9-5 所示。利用 $\lambda/4$ 传输线的阻抗变换作用,将 C_B 端口的短路状态变换为晶体管端口的开路状态,这种方法通常称为传输线偏置法。它不仅能阻止射频信号流入直流源,还具有抑制偶次谐波、改善放大器稳定性的作用。由于 $\lambda/4$ 传输线对频率的依赖性,这种偏置方法适合用于窄带放大器。

图 9-6 是双极型晶体管共发射极电路的一种有源偏置典型结构。图中低频晶体管 Q_1 为射频晶体管 Q_2 提供必要的基极电流。电阻 R_{E1} 与晶体管 Q_1 的发射极相连,改善了静态工作点的稳定度。如果晶体管 Q_1 和 Q_2 具有相同的温度特性,则这种偏置网络具

有良好的温度稳定性。

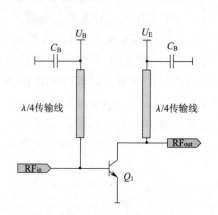

图 9-5　传输线偏置

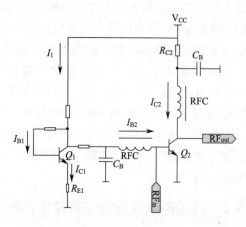

图 9-6　双极射极型晶体管的有源偏置网络

相对于无源偏置网络,虽然有源偏置网络具有许多优点,但它也存在一些问题,即增加了电路尺寸、电路排版的难度及功率消耗。

9.2.2　场效应晶体管的偏置电路

场效应晶体管的偏置电路和双极型晶体管的偏置电路的拓扑结构基本相同。由于场效应管的偏置条件许多时候需要负的栅极电压,通常采用双电源供电。典型的双电源场效应晶体管无源偏置网络如图 9-7 所示。

与双极型晶体管一样,在高频工作状态下,高频扼流圈通常可更换为 $\lambda/4$ 的传输线,如图 9-8 所示的场效应管传输线偏置法,它也具有抑制偶次谐波和改善放大器稳定性的优点。

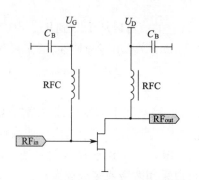

图 9-7　场效应晶体管的双极性无源偏置网络

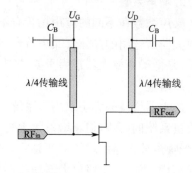

图 9-8　传输线偏置

9.3　低噪声放大器设计

9.3.1　低噪声放大器简介

低噪声放大器(LNA,Low-Noise Amplifier)是射频接收机前端的重要组成部分。通常低噪声放大器位于接收机的最前端,它对微弱的接收信号进行放大并尽可能少地引入本地噪声。为了给后面的下变频器提供合适的输入信号功率,同时抑制后面各级噪声对接收系统的影响,要求低噪声放大器具有一定的增益。为了使接收信号无失真地放大,要求低噪声放大器具有足够好的线性度。由于接收机输入信号的变化范围较大,如从 μV 量级到 mV 量级的变化,这要求低噪声放大器具有较宽的线性范围,并且希望增益是可调的且具有自适应性。由于受传输路径的影响,在接收信号的同时又可能伴随许多强干扰信号混入,因此要求低噪声放大器具有一定的选频功能,从而抑制带外和镜像频率干扰。为实现功率最大传输和优化的噪声系数,要求低噪声放大器输入和输出端口有良好的匹配。由于前接的天线或频带选择滤波器的输出阻抗通常为 50Ω,低噪声放大器的输入阻抗应与之相等。

9.3.2 低噪声放大器的主要技术指标

低噪声放大器的主要性能要求是:低的噪声系数、足够的线性度、高增益、良好的输入/输出端口匹配特性及较高的输入和输出之间的隔离度。对于移动通信终端应用,还要求低电源和低功耗。低噪声放大器的这些指标彼此关联,甚至互相制约,在设计中应当合理折中以便兼顾各项指标。

1. 工作频率

放大器能够工作的频率取决于晶体管的特征频率 f_T,常选择 f_T 是工作频率的 5 倍~10 倍。BJT 和场效应晶体管的 f_T 用下面的公式表示,即

$$f_T \approx \frac{g_m}{2\pi C_\pi} \text{ 或 } f_T \approx \frac{g_m}{2\pi C_{gs}} \tag{9-35}$$

由此可见,降低偏置电流,将降低 g_m,从而降低晶体管的特征频率,相应地降低放大增益。

2. 噪声系数

噪声系数在不同的应用场合有不同的要求,它的值可以从 1dB 到几个 dB。噪声系数与放大器所选用的晶体管噪声特性、静态工作点、输入/输出匹配特性、工作频率和工艺等有关,是低噪声放大器最为重要的指标。

3. 增益

放大器增益的大小取决于系统的要求,较大的增益利于抑制后续电路的噪声对整个接收机系统的影响,但是增益太大会导致后面的下变频器输入过载,产生非线性失真。因此,低噪声放大器的增益应当适中,一般应在 25dB 以下。由于接收信号通常比较微弱,需要高增益放大,单级放大器增益不易做高,可以采用两级或多级放大。

4. 输入/输出阻抗匹配

低噪声放大器的设计重点在于输入匹配电路,因为它的噪声系数和增益密切相关。输入匹配电路一般有两种,一种是实现噪声系数最小的噪声匹配,另一种是实现最大功率增益和最小回波损耗为目的的共轭匹配。通常最小噪声系数和最大功率增益的匹配点不重合,故需要在噪声系数和功率增益之间进行折中,选取优化的匹配点进行输入阻抗匹配,常见的做法是在满足噪声系数要求的情况下使增益尽可能地大。低噪声放大器的输出匹配通常采用共轭匹配方式,以实现最大功率传输。

5. 线性度

低噪声放大器的线性范围主要由 3 阶互调截点输入功率 IIP3 或输出功率 OIP3 和 1dB 压缩点的输入或输出功率来衡量。当未经滤除掉的干扰信号送入低噪声放大器时，由于放大器的非线性效应，会产生互调分量，其中一部分将进入有用信道，对有用信号造成干扰，导致接收质量降低。

6. 反向隔离度

反向隔离度反映了低噪声放大器输出端与输入端的隔离程度，良好的反向隔离可以减少本振信号到天线的泄漏。提高反向隔离度，可增强放大器的稳定性，避免由本振信号泄漏引起的频率牵引。同时，低噪声放大器的反向隔离度好，减小了输出负载变化对输入阻抗的影响，从而可以简化其输入匹配的难度。

9.3.3 低噪声放大器基本电路

通过低噪声放大器放大过后的射频信号功率，不是由放大器件本身提供的，而是由电路的直流电源提供的能量转化得来的。放大器的作用是在输入信号的控制下，将一部分直流功率转换为射频功率。因此，射频低噪声放大器实质上是一个可控的直流到射频能量的转换器，并且引入尽可能小的本地噪声。低噪声放大器基本电路，主要包括偏置电路、输入/输出匹配电路和控制保护电路 3 部分。

1. 直流（电压/电流）偏置电路

一个放大器要实现特定的功能，首先要选择合适的直流工作点。偏置电路的作用就是给放大器提供需要的直流电压或电流，它通常有固定基极、基极分压、传输线和有源偏置等形式。不同的应用要求，将选择不同的偏置方式。

2. 阻抗匹配/转换电路

为了实现最大增益、最小噪声系数或最大功率传输，放大器相应有增益、噪声和功率匹配网络。由于直接关系到放大器的性能，匹配电路设计非常关键，当然也是放大器设计的一个难点。就匹配电路的实现方式来看，主要有 L 形、π 形、T 形、单短截线/双短截线匹配电路。针对不同的应用场合和放大器的特点，选择相应的匹配电路。

3. 控制和保护电路

控制电路通常由开关、衰减器、移相器和限幅器等器件构成，它的主要作用是提高放大器线性度和控制增益。而保护电路主要由稳压和稳流模块组成，目的是使放大器工作更加稳定，并且避免放大器意外受损。

9.3.4 常见的 LNA 电路配置

复杂的电路设计可以用简单的基本电路配置来描述。通常，晶体管是 3 端器件，一种例外是含有 bulk 端的 MOSFET，它有 4 个端口，假设 bulk 端接地，此时这种晶体管也可视为 3 端器件。从端口接地充当参考点这个角度来看，对场效应管而言，电路配置可以分为共源极、共栅极、共漏极和共源极—共栅极（Cascode）4 种基本类型；相应地，对双极型晶体管而言，电路配置又可以分为共射极、共基极、共集极和共射极—共基极（Cascode）4 种基本类型，具体见图 9-9。双极型晶体管与场效应管的对应电路配置的特性非常相似，本书仅简要说明场效应管基本电路配置的特性。

总体而言,共源极电路配置同时具有电压和电流增益,故这种电路配置具有优异的功率增益性能。由于这种配置的输入/输出阻抗呈容性且高阻抗,为了获得最好的功率传输性能,应当将输入/输出阻抗匹配到 50Ω 的终端。由于从共源极电路配置的输入端看进去,呈现一个比较大的米勒电容,此电路配置等效为一低通滤波器,因此,共源极电路配置不适合用于频率的高端。由于受米勒效应的影响,较小和高输出阻抗减小了晶体管的输出损耗,共源—共栅电路配置在频率的高端具有最好的性能。

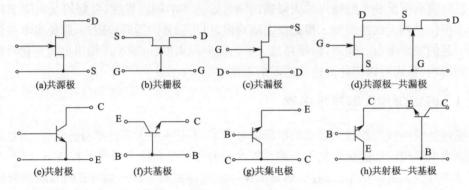

图 9-9 FET 和 BJT 的基本电路配置

共栅极电路配置只有电压增益而无电流增益,故其功率增益比共源极电路配置要小。由于输入阻抗较低,且呈阻性,共栅极电路配置的输入匹配变得较为简单,这种特性使得其非常适合用在宽带放大器的输入级。

共漏极电路配置具有高的电流增益,但是没有电压增益。这种结构的特点是其输出阻抗呈阻性且阻值较低,故容易简化输出匹配网络。因此,共漏极电路配置适合用在宽带放大器的输出级。

9.3.5 低噪声放大器的设计步骤

(1)依据应用要求(噪声、频率、带宽、增益、功耗等)选择合适的晶体管或工艺。在设计低噪声放大器之前,制订好所需要实现的性能指标。然后选择满足性能要求的晶体管或工艺,应当注意让所选择的晶体管或工艺保留一定性能的余量。例如,要实现噪声系数为 2dB 的性能指标,通常选择单管噪声系数不超过 1.5dB 的晶体管或工艺。

(2)确定 LNA 电路拓扑。在这个步骤中,主要考虑的是放大器的级数,对于有输出功率要求的低噪声放大器,还应考虑其路数。由于单管的增益和功率容量有限,要实现较高的增益,单管不够需要多级才行。同样,单管的功率容量不够,应当使用功率合成的方法,实现所需的输出功率。

(3)确定放大器的直流工作点和设计偏置电路。直流工作点与放大器的噪声系数和增益等性能指标有关,通常情况下,当晶体管的漏源电流或集电极电流为饱和的 10%～20% 时,噪声系数最低。而晶体管的增益是随漏源电流或集电极电流增大而增大的,因此在选择直流工作点时在增益和噪声系数之间有个折中。直流偏置点选好后,就应当设计偏置电路。偏置电路有固定基极、基极分压、传输线偏置等,根据所设计放大器的特点选择合适的偏置电路,并在设计偏置电路时,使晶体管在工作频带内稳定。

(4)确定最小噪声输入阻抗。直流工作点和偏置电路确定后,就应当计算出最小噪声输入阻抗。计算时可以用解析法推导,也可以使用 EDA 工具辅助计算,如在 ADS 中就有专门计算最小噪声输入阻抗的模板。

(5)将最小噪声输入阻抗匹配到信号源阻抗,即输入匹配网络设计。由于实际的信号源阻抗通常为 50Ω,应把第(4)步计算出的最小噪声输入阻抗匹配到 50Ω。根据不同的需要,可以选择集中参数元件或传输线匹配网络。

(6)确定放大器输出阻抗。输入匹配网络设计好以后,在放大器的输出端可以分析计算其输出阻抗。

(7)将放大器输出阻抗匹配到负载阻抗,即输出匹配网络设计。实际的负载通常为 50Ω,因此应把第(6)步求得的输出阻抗共轭匹配到 50Ω,以减小回波损耗。

(8)低噪声放大器性能仿真和优化。放大器的偏置电路、输入/输出匹配网络设计好以后,可以得到一个初步的性能。下面要做的就是不断优化)放大器电路,使其能发挥最好的性能。如果优化后仍不能达到性能指标,就需要退回到前面的步骤,进行重新设计,甚至是整个设计过程推倒重来。

(9)电路制作和性能调试。低噪声放大器电路仿真优化达到性能指标后,将生成的版图加工成实际的电路板,再焊装好元器件,测量并调试放大器的性能。

(10)性能的测量和标定。经调试后,低噪声放大器实体如果能满足所需的性能指标,则标定其性能,整个设计过程结束。如果不满足要求,则需要修改电路甚至重新设计。

9.3.6 低噪声放大器设计举例

通常情况下,对于一个放大器而言,不可能同时获得最小的噪声系数和最大的增益。为了对噪声系数和增益两个性能指标进行某种程度的兼顾,在它们之间进行有效的折中,可以利用等增益圆和等噪声系数圆来完成。由于等增益圆和等噪声系数圆在前面已经详细介绍了,在这里就不再赘述。下面是某低噪声放大器的简要设计过程。

1. LNA 设计的性能指标

在设计低噪声放大器之前,应确定所设计的低噪声放大器预期的性能指标。

2. 晶体管的选择

本例选用的晶体管为英飞凌公司的 BFP405BJT,这种晶体管适合用来设计小信号放大器。单管在 2.0GHz~2.3GHz 处的最小噪声系数大于 1.5dB,能达到的最大资用增益为 17dB。

3. LNA 电路方案的确定

根据设计的性能指标,LNA 的电路方案为两级放大,为简便起见,前、后两级采用对称结构。晶体管的工作点选在负载线的中点,使放大器工作在 A 类。输入匹配网络采用最小噪声匹配,输出匹配网络采用共轭匹配。

4. 偏置电路设计

本例的低噪声放大器采用基极分压射极偏置电路,但将它的射频扼流圈换为一端射频短路的 $\lambda/4$ 传输线。这样就综合了基极分压射极偏置电路和传输线偏置法的优点,既能使放大器的工作点稳定,又能抑制偶次谐波,还能改善放大器的稳定性。

9.4　射频功率放大器

射频功率放大器是无线发射机中的核心模块之一，要求输出大功率给外部负载。功率放大器通常是无线收发机中功耗最大的模块，为了降低功耗，延长电池寿命，要求它具有较高的效率。前面介绍的小信号放大器输出功率和效率都不能满足无线通信的要求，必须研究其他的大功率放大器技术。此外，随着通信技术的发展，信道容量急剧增加，许多无线通信系统都采用了幅度/相位组合调制技术，功率放大器在输出大功率时要防止发生幅度失真，这就对功率放大器的线性度提出了很高的要求。

本节将介绍功率放大器的分析和设计技术。首先介绍晶体管的非线性模型；然后引入负载线匹配概念、衡量功率放大器性能的指标、负载线理论及 Loadpull 技术；之后，将详细讨论两类不同的功率放大器：传统功率放大器（A、AB、B、C 类功放）和开关模式功率放大器（D、E、F 类功放），分析它们的工作原理和设计技术；接着讨论采用 CMOS 工艺来实现集成功率放大器所面对的挑战及解决方案；最后介绍功率放大器的线性化技术。

9.4.1　晶体管非线性模型

晶体管的非线性可以分为弱非线性和强非线性两种类型，弱非线性是由晶体管的高阶非线性效应引起的，所产生的交调失真很小（小于 30dBc），可以用下面的功率序列进行分析，即

$$u_0 = a_1 u_i + a_2 u_i{}^2 + a_3 u_i{}^3 + a_4 u_i{}^4 + \cdots \tag{9-36}$$

式中，$a_i (i=1,2,3,\cdots)$ 为晶体管的高阶非线性系数，它与晶体管的偏置电压以及输入信号和输出信号的功率有关。当输入信号功率很小时，可以用截断后的功率序列（如只考虑到 3 阶）来分析直流工作点附近小信号范围内晶体管的非线性特性。该功率序列只考虑了信号传输的幅度特性，而没有考虑信号传输的相位特性，如要考虑相位特性，可以使用 Volterra 序列。

但用功率序列和 Volterra 序列分析功率放大器会受到一定的限制，这是由于功率放大器处理的都是大信号，放大器通常工作于压缩点附近，晶体管会发生截止或者饱和等强非线性行为，而且考虑到处理的是大信号，仅考虑低阶非线性（如仅考虑 2、3 阶非线性）而忽略更高阶的非线性会引入极大的误差。在大信号情况下，5 阶甚至更高阶非线性对功率放大器的饱和或者压缩点效应都有很大的影响。

强非线性效应是指由于晶体管发生截止或者饱和等限幅行为所引起的波形失真。另一种更接近现实情况的模型是将弱非线性模型和强非线性模型结合起来表示副管的非线性行为。它不同于理想强非线性行为的地方在于，在晶体管的饱和与截止之间的区间，晶体管的 $I-U$ 曲线不是理想线性的（直线），而是用 3 阶功率序列表示的弱非线性行为，这种模型称为晶体管的强弱非线性模型。

9.4.2　性能参数

衡量功率放大器的性能参数可以分为两类，一类是由无线通信系统标准规定的性能参数，具有明确的数值要求，如最大输出功率及带外辐射等参数，另一类是无线通信系统

标准没有规定的参数,但通常用来比较不同功率放大器的相对性能,如效率等。本节就对衡量功率放大器的性能参数进行简单介绍。

1. 输出功率

射频功率放大器的输出功率定义为功率放大器驱动给负载的带内射频信号的总功率,它不包括谐波成分及杂散成分的功率。射频功率放大器的负载通常为天线,射频天线的等效阻抗一般为 50Ω。

如果功率放大器的输出是一个包络为常数的正弦形信号,则它的输出功率为

$$P_{out}=U_{out}^2/2R_L \tag{9-37}$$

式中,U_{out} 为输出射频信号的幅度;R_L 为负载阻抗值。

在发射机中,功率放大器处理的信号是经过调制后的信号,它的包络可能随着信源(随机二进制序列)的变化而变化,因此式(9-37)计算的是功率放大器的瞬时输出功率。但无线通信系统标准通常仅规定了发射机的平均输出功率,因此需要知道输出功率的统计特性,而平均输出功率 $\overline{P}_{out}$ 是瞬时输出功率的统计平均,如果功率放大器是理想线性的,那么 $\varphi(P)$ 由信号的调制方式和信源的概率分布函数唯一决定,但功率放大器的非线性会改变输出功率的统计特性,这时 $\varphi(P)$ 的计算就会比较复杂。计算平均输出功率的另一种办法是对瞬时输出功率在时间上平均,它可以将功率放大器的非线性效应对输出功率的影响考虑在内,这种计算办法需要较长的观察时间,通常用在计算机仿真。

功率放大器的输出功率是由无线通信系统标准规定的一个性能参数,但标准通常仅规定系统允许的最大输出功率。为了降低功耗,功率放大器的实际输出功率通常会根据通信距离及通信信道质量进行自动调节。在绝大多数通信时段内,功率放大器的输出功率会远小于最大输出功率。为了保证即使在最坏情况下,通信系统依然有较好的通信质量,功率放大器必须按最大输出功率进行设计和优化,但在实际工作的绝大部分时间内,功率放大器的实际输出功率远小于最大输出功率,这样功率放大器不是以最优的性能工作,会引起效率降低。

2. 效率

功率放大器的效率用来衡量放大器将电源消耗的功耗转化为射频输出功率的能力。无线通信系统标准没有对效率作出规定,但它是衡量功率放大器性能的一个主要参数。效率有两种不同的定义方式,一种是功率增加效率(PAE,Power-Added Efficincy),其定义式为

$$PAE=\frac{P_{out}-P_{in}}{P_{supply}}$$

式中,P_{out} 为放大器输出到负载上的射频输出功率;P_{in} 为放大器的驱动信号功率;P_{supply} 为电源上消耗的功耗。

另一种是漏端效率,它可以用来衡量功率增益级的效率,其定义式为

$$\eta_{drain}=\frac{P_{deliverred}}{P_{supply}}$$

式中,$P_{deliverred}$ 为功率增益级输出到下一级电路(不是负载,通常为阻抗匹配电路)的射频信号功率。漏端效率可反映有源器件所消耗的功耗与电源消耗的功耗的比值。漏端效率仅考虑了电源上的直流功耗转化为射频输出功率的能力,而功率增加效率将功率放大器

的驱动信号功率也考虑在内,因此功率增加效率能更准确地反映功率放大器的效率性能。

3. 功率利用因子

功率利用因子(PUF,Power Utilization Factor)是用来衡量功率放大器是否充分发挥了晶体管输出功率潜能的一个性能参数,它定义为功率放大器的实际输出功率与利用同一晶体管构成的理想 A 类功率放大器输出功率的比值。在选择功率放大器的工作类别时,功率利用因子是要考虑的一个重要因素。某些类型的功率放大器具有很高的效率,但它的功率利用因子很低,这会限制它们的实际应用。如 C 类功放在导通角为 0 时,效率达到 100%,但输出功率也降为 0,很明显,这种功放是没有任何用处的。

4. 功率增益

放大器的功率增益定义为放大器的输出信号功率与驱动信号功率的比值,即

$$G = \frac{P_{out}}{P_{in}} \tag{9-38}$$

无线通信系统标准也没有对功率增益作出规定,但考虑到功率放大器的驱动级一般仅能输出几 mW 的功率,功率放大器的功率增益必须满足一定的要求。例如,如果要求功率放大器能输出 20dBm～30dBm 的功率,该功率放大器必须具有 20dB～30dB 的功率增益。

5. 线性度

现代无线通信系统采用了各种各样的调制方式,而调制方式不同,对功率放大器的线性度就有不同的要求。从射频设计的角度看,调制方式可以分为两种不同的类型:恒包络调制方式和非恒包络调制方式。非恒包络调制方式包括 π/4—DQPSK、OQPSK 等,它们的包络是变化的,包络中携带有信息,因此功率放大器必须具有足够的线性度,保证射频信号仅被线性放大;而恒包络调制方式包括 GFSK、GMSK 等,它们的包络是恒定的,信息仅包含在信号的相位上,这种调制方式可以使用高效率的非线性功率放大器。在数据率一定时,恒包络调制方式会占用更宽的带宽。因此,在选择系统的调制方式时,要在功放的线性度、效率和信道容量之间进行折衷考虑。

功率放大器的线性度可以根据应用的不同,采用不同的衡量参数,下面对这些常用的线性度参数进行介绍。

(1)1dB 压缩点和 3 阶交调点。同小信号放大器一样,功率放大器也可以用 1dB 压缩点和 3 阶交调点来描述它的线性度性能,它们的定义方式同小信号电路是一样的,此处不再重复。1dB 压缩点是衡量功率放大器最大输出功率的一个参数,但实际上在 1dB 压缩点附近,放大器的增益受到压缩,会产生 AM-AM 失真,而且输入信号与输出信号之间的相移也会随着输入信号功率的变化而发生变化,产生 AM-PM 失真。为了满足一定的线性度要求,放大器工作时的输出功率要小于它的最大设计输出功率(输出 1dB 压缩点),两者之间的差别称为功率回退。

(2)ACPR。在测量电路的 3 阶交调点时,常采用 two-tone 测试方案,但这种测试方案不能衡量采用复杂数字调制方式的发射机的非线性,因此需要引入一个新线性度参数,即相邻信道功率比(ACPR,Adjacent Channel Power Ratio),它是发射机在相邻信道某一频率的一定带宽范围内引入的信号功率与发射机本身信道内的总信号功率的比值,它可以衡量发射机因非线性对相邻信道所产生的干扰。如何测试 ACPR,目前还没有统一的标准,在 IS-95CDMA 通信系统标准中,ACPR 定义为

$$ACPR = \frac{1.23MHz\ 带宽范围内总带内信号功率}{偏离载波\ 1.25MHz\ 处\ 30kHz\ 带宽范围内总信号功率}$$

图 9-10 给出了 IS－95CDMA 通信系统的 ACPR 描述,该系统要求在偏移载波 885kHz 频率处的 ACPR 为－42dBc,即要求在偏移载波频率 885kHz 频率处 30kHz 带宽 范围内的信号功率比信道内(1.23MHz 带宽)的总信号功率最少低 42dB。

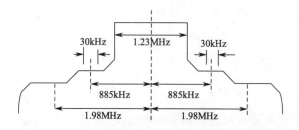

图 9-10　IS－95 CDMA 通信系统的 ACPR 描述

(3)频谱掩模板。发射机输出信号的功率谱密度称为谱辐射。当信号被非线性放大 时,信号可能在频域上扩展到相邻信道里,产生带外辐射。每一种通信系统标准都会对带 外辐射作出规定,避免通信系统之间的相互干扰。发射机的输出功率谱密度随频率的变 化,是由信号的调制方式及信源的统计特性决定的。当发射机中存在非线性时,非线性会 扩展发射信号的带宽,提高相邻信道内的功率谱密度,这种现象称为频谱扩展。无线通信 系统标准常用频谱掩模板给发射机的功率谱密度扩展和带外辐射设置下限值,发射机的 输出功率谱密度必须在掩模板设定的范围内。几种无线通信标准的频谱掩模板,揭示了 对信号带内的功率谱密度进行归一化后,发射机最大允许的功率谱密度与频率偏移之间 的关系。与 ACPR 不同,频谱掩模板规定的是在所有频率处对发射机功率谱密度的要 求,而 ACPR 仅规定了在某些离散频率点对发射机功率谱密度的要求。

(4)错误向量幅度。发射机发射的信号除了不在相邻信道内产生干扰外,对它的本质 要求是信道内的信号具有很高的质量,能被接收机准确解调。错误向量幅度(EVM,Er-ror-Vector Magnitude)就是为了衡量发射机的信号质量而引入的参数。EVM 就是发射 机发射信号错误向量的归一化长度,如图 9-11 所示。对于数字调制系统来说,每一个符 号都会产生随机的错误向量,但无线通信系统标准仅对一定数量的符号所产生的错误向 量幅度的平均值作出规定。测量 EVM 时,要用设备打印出星图。图 9-12 给出了一个星 图的例子,理想情况下,星点应位于 4×4 的格点上,信号质量不好时,这些星点会偏离格 点,出现扩展后的点,归一化后的平均扩展距离就是 EVM 的值。

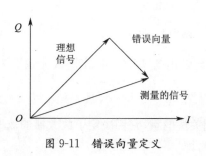

图 9-11　错误向量定义

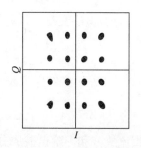

图 9-12　利用星图来测量 EVM

9.5 传统功率放大器

传统功率放大器(Classical PA)是最早出现的功率放大器结构,依据导通角的不同,可以分为 A 类、AB 类、B 类和 C 类 4 种类型。它们具有较高的线性度,在实际中得到广泛应用。由于这 4 种类型的放大器仅仅是导通角有所不同,而电路结构、设计思想等都是一样的,因此本节将这 4 种功率放大器作为一个整体进行介绍。在得到结果后,令导通角取不同的数值,就可以得到各种功率放大器自己的特性。

9.5.1 波形分析

传统功率放大器的驱动电压波形和输出电流波形。U_q、I_q 是输出晶体管的静态偏置电压和静态偏置电流。当偏置电压较 A 类功放低时,只要驱动电压幅度足够高,在信号周期的某一部分时间内,晶体管的驱动电压将小于晶体管的阈值电压,晶体管将进入截止区,输出电流为 0,即晶体管不是整个周期内都导通的。在分析中,假设当静态工作点变化时,驱动电压的幅度也跟着变化,使得输出电流的最大值保持 I_{max} 不变。当 U_q 减小时,驱动电压的幅度必须增加,以保持流过晶体管的最大电流 I_{max} 不变。

在一个周期内,晶体管导通部分所占的比例,称为导通角 θ。依据导通角的不同,可以将传统功率放大器划分为 4 种不同的类型,即 A 类、AB 类、B 类和 C 类功放,如表 9-1 所列。

表 9-1 传统功率放大器分类

类型	偏置点	静态电流	导通角	类型	偏置点	静态电流	导通角
A	0.5	0.5	2π	B	0	0	π
AB	0~0.5	0~0.5	π~2π	C	<0	0	0~π

输出电流可以用数学表达式表示为

$$I_d(\theta) = \begin{cases} I_q + I_{pk}\cos\theta & -\alpha/2 < \theta\alpha/2 \\ 0 & -\pi < \theta < \alpha/2, -\alpha/2 < \theta < \pi \end{cases} \tag{9-39}$$

其中,$\theta = \omega t$,$\cos\alpha/2 = -\dfrac{I_q}{I_{pk}}$,$I_{pk} = I_{max} - I_q$

$$I_d(\theta) = \begin{cases} \dfrac{I_{max}}{1-\cos(\alpha/2)}[\cos\theta - \cos(\alpha/2)] & -\alpha/2 < \theta\alpha/2 \\ 0 & -\pi < \theta < \alpha/2, \quad -\alpha/2 < \theta < \pi \end{cases} \tag{9-40}$$

对该式进行傅里叶变换,可以得到输出电流的平均值为

$$I_{dc} = \frac{1}{2\pi}\int_{-\alpha/2}^{\alpha/2} \frac{I_{max}}{1-\cos(\alpha/2)}[\cos\theta - \cos(\alpha/2)]d\theta \tag{9-41}$$

考虑到式(9-39)给出的电流波形为偶函数,因此电流 I_{dc} 的 n 阶谐波成分幅度为

$$I_{dc} = \frac{1}{\pi}\int_{-\alpha/2}^{\alpha/2} \frac{I_{max}}{1-\cos(\alpha/2)}[\cos\theta - \cos(\alpha/2)]\cos(n\theta)d\theta \tag{9-42}$$

其中,直流成分和一阶谐波成分是需要特别关注的量,它们决定了放大器的效率和输出功率(其他谐波成分都短路到地,见后面内容),即

$$I_{dc} = \frac{I_{max}}{2\pi} \frac{2\sin(\alpha/2) - \alpha\cos(\alpha/2)}{1 - \cos(\alpha/2)} \tag{9-43}$$

$$I_1 = \frac{I_{max}}{2\pi} \frac{\alpha - \sin\alpha}{1 - \cos(\alpha/2)} \tag{9-44}$$

对于输出电流中直流成分以及 1 阶~5 阶谐波成分幅度随导通角的变化曲线,当导通角减小时,输出电流中直流成分是单调减小的;而当导通角位于 2π~π 之间时,基频成分随导通角的减小而单调增加,仅当导通角小于 π(C 类功放)时,基频成分才转为随导通角的减小而单调下降。当 $\pi < \theta < 2\pi$ 时,高阶谐波成分中仅有 2 阶谐波成分比较高,其他的谐波成分都很小,而且随着导通角的减小,高阶谐波成分逐渐增加。另外,当 $\alpha = \pi$ 时(B 类功放),奇数阶谐波成分都等于 0。随着导通角的减小,功率放大器的非线性是逐渐增加的,这是提高功率放大器的效率所付出的代价。

9.5.2 输出终端

功率放大器的输出电流中包含有大量的谐波成分,对于传统功率放大器来说,2 阶以上的谐波成分应该被短路到地,使得晶体管输出端的电压仅由输出电流的基频成分和负载阻抗决定。图 9-13 给出了实现该思想的一个简单电路。高品质因子的并联 LC 谐振网络在工作频率处谐振,将 2 阶以上的谐波都短路到地,扼流圈电感给晶体管提供偏置电流,R_L 为负载阻抗。由于高阶谐波都短路到地,输出电压是一个理想的正弦波形,其幅度为 $I_1 R_L$,如图 9-14 所示。

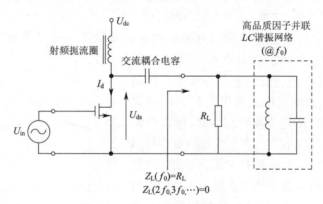

图 9-13　传统功率放大器的电路

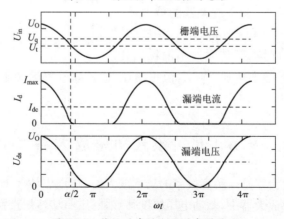

图 9-14　传统功率放大器的各种波形

考虑到这一点,功率放大器的输出功率为

$$P_{out} = \frac{1}{2} I_1^2 R_L \qquad (9\text{-}45)$$

而电源上消耗的功耗为

$$P_{supply} = I_{dc} U_{dc} \qquad (9\text{-}46)$$

功率放大器的漏端效率为

$$\eta = \frac{I_1^2 R_L}{2 I_{dc} U_{dc}} \qquad (9\text{-}47)$$

因此功率放大器的输出功率及漏端效率都与 R_L 值成正比,而电源上消耗的功耗则与 R_L 值无关。通过增加 R_L,可以提高功率放大器的输出功率和漏端效率。但 R_L 的取值受到晶体管漏端最高电压的限制。晶体管漏端的最高电压为 $2U_a$,因此 R_L 的最大值由负载线匹配条件决定,即

$$R_{opt} = \frac{U_{dc}}{I_1} \qquad (9\text{-}48)$$

将式(9-48)代入式(9-45),可得功率放大器的最大输出功率为

$$P_{out} = \frac{1}{2} I_1 U_{dc} = \frac{1}{2} \frac{I_{max}}{2\pi} \frac{\alpha - \sin\alpha}{1 - \cos(\alpha/2)} U_{dc} \qquad (9\text{-}49)$$

功率放大器的最高效率为

$$\eta_{max} = \frac{I_1}{2 I_{dc}} = \frac{\alpha - \sin\alpha}{2[2\sin(\alpha/2) - \alpha\cos(\alpha/2)]} \qquad (9\text{-}50)$$

图 9-15 给出了功率放大器的相对输出功率和漏端效率随导通角的变化曲线。从图 9-15 中可以看出,B 类功放具有与 A 类功放相同的输出功率,但 B 类功放的效率最高可以达到 78.5%,而 A 类功放的效率最高仅为 50%,AB 类功放的输出功率比 A 类功放稍高一些,可以近似地认为 A 类、AB 类和 B 类功率放大器具有相同的输出功率能力。而 C 类功放具有最高的效率,而且随着导通角的减小,效率也逐步提高。在极限情况下,当导通角趋近于 0 时,C 类功放的效率趋近于 100%,但导通角减小,功率放大器的最大输出功率也急剧减小,当导通角趋近于 0 时,功放的输出功率也趋近于 0,这时功率放大器不消耗功耗,

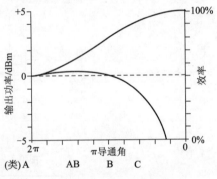

图 9-15 传统功率放大器的输出功率和效率随导通角的变化曲线

也不输出功率给负载,效率达到 100%,但很明显,这种高效率的功率放大器是没有任何用处的。

9.6 开关模式功率放大器

开关模式功率放大器是一种高效率的功率放大器,在理想情况下,它可以达到 100% 的效率。在这种功率放大器中,驱动电压幅度足够强(过驱动),使得输出晶体管相当于受控开关,在完全导通(晶体管工作于线性区)和完全截止(晶体管工作于截止区)之间瞬时

切换。由于流过理想开关的电流波形和开关上的电压波形没有重叠,理想开关不消耗功耗,电源提供的直流功耗都转换为输出功率,达到100%的效率。依据实现思想的不同,可以将开关模式功率放大器分为D类、E类和F类放大器,本节将分别介绍这3种模式的放大器。

开关模式功率放大器涉及高度非线性过程,因此它们都是非线性放大器,只能应用于采用恒包络调制方式的发射机系统中,但由于它们能提供相对较高的效率,通过采用各种线性化技术后它们也被大量应用于各种非恒包络调制方式的发射机系统中。开关模式功率放大器的驱动电压必须具有足够的强度,使得输出晶体管近似为一个开关,因此,与传统功率放大器相比,它们的功率增益相对较低。

需要说明的是,本节的讨论都假设晶体管是理想开关,而实际上,晶体管导通时存在一个导通电阻,而且晶体管在导通和截止之间切换时不是瞬时就能完成的,需要一段延迟时间,这段时间内电流和电压波形会发生重叠,这些都会带来额外的损耗,使得开关模式功率放大器的实际效率并不能达到理想的100%。

9.6.1 D类功率放大器

D类功率放大器如图9-16所示。它的结构与推挽B类放大器的结构很接近,但它的输出端不是一个宽带的电阻负载,而是 RLC 串联谐振电路。它在工作频率处谐振,使得流过它的电流仅含有基频成分,是一个理想的正弦形信号。驱动信号 U_{in} 通过输入变压器 T_1,变换为差分信号,使得两个晶体管各导通半个周期,而在另半个周期内截止。与B类推挽放大器不同的是,驱动信号是过驱动的,使得晶体管可近似作为一个理想开关。在某半个周期内,晶体管 VT_1 导通 VT_2 截止,输出变压器 T_2 的初级线圈的一端接地,变压器特性使得该线圈的另一端电压摆到

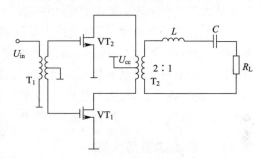

图9-16　D类功率放大器的电路

$2U_{dc}$,变压器初级线圈上的电压差为 $2U_{dc}$,晶体管 VT_2 需要承受 $2U_{dc}$ 的电压;在另半个周期内,晶体管 VT_2 导通、VT_1 截止,输出变压器 T_2 初级线圈上的电压改变方向,为一 $2U_{dc}$,晶体管 VT_1 需要承受 $2U_{dc}$ 的电压。因此,T_2 初级线圈上的电压是一个幅度为 $4U_{dc}$ 的理想方波。输出变压器为 $2:1$ 的理想变压器,T_2 次级线圈上的电压信号为幅度等于 U_{dc} 的方波。

RLC 串联谐振电路使得流过 T_2。的次级线圈的电流为理想正弦波信号,变压器特性使得流过 T_2 初级线圈的电流也为相同幅度的正弦波信号,因此在每个开关导通的半个周期内,流过它的电流为半个周期的正弦波信号,而在另半个周期内流过该开关的电流为0,而电源 U_{dc} 提供的电流为一个完整的基频正弦形信号。

理想D类放大器的输出电流 I。是理想正弦波信号,流过负载的电流中没有高阶谐波成分,因此不存在高阶谐波损耗,而开关上的电压波形和流过开关的电流波形没有重叠,开关不会引入损耗,再加之无源元件都是理想的,也不会引入损耗,因此理想D类放大器的效率为100%,电源所消耗的功耗都转化为有用的基频输出功率。

T_2 次级线圈上的电压为 U_{dc} 的方波信号,其基频成分的幅度为

$$U_1 = \frac{2}{\pi} U_{dc} \qquad (9\text{-}51)$$

假设流过 RLC 谐振电路的电流幅度为 I_{pk},基频电流成分的幅度为 $I_1 = I_{pk}$,基频信号功率(放大器的输出功率)为

$$P_1 = \frac{1}{2} U_1 I_1 = \frac{1}{\pi} U_{dc} I_{pk} \qquad (9\text{-}52)$$

下面来计算该放大器的直流功耗。电源 U_{dc} 提供的直流电流成分为

$$I_{dc} = \frac{1}{\pi} I_{pk}$$

因此,该放大器的直流功耗为

$$P_{dc} = U_{dc} I_{dc} = \frac{1}{\pi} U_{dc} I_{pk}$$

因此理想 D 类放大器将消耗的直流功耗都转化为了基频输出功率,效率为 100%,它的输出功率与 I_{pk} 成正比。

以上的分析都假设晶体管是理想开关,串联谐振电感 L 和电容 C 都为理想元件,没有损耗。当工作频率远小于晶体管的特征频率时,晶体管的开关延时可以忽略,晶体管可近似为一个理想开关,流过晶体管的电流波形和电压波形没有重叠,不会产生损耗,因此,D 类放大器主要适用于频率较低的应用(如音频)。这时,虽然它的导通电阻和串联谐振元件的损耗会降低效率,但 D 类放大器仍然可以达到近似 100% 的效率。在高频下,晶体管的开关延时不可忽略,流过晶体管的电流波形和电压波形将出现很大的重叠区。而且在晶体管没有完全导通或完全截止时,晶体管上的电压很高(近似为 $2U_{dc}$),$I-U$ 积很大,引入的损耗也高,极大地降低了 D 类放大器的效率。再考虑到晶体管导通电阻的损耗以及串联谐振元件的损耗,D 类功率放大器并不适合于射频领域的应用。

9.6.2　E 类功率放大器

如同前面所说,D 类放大器受到非理想开关的影响,并不适合于高频应用。在高频下,输出晶体管在不完全导通和不完全截止过程中会引入很大的损耗,使放大器的效率急剧下降。如果能在开关导通瞬间,使开关上的电压近似保持为 0,那么就可以减小开关损耗,提高效率。E 类功率放大器就是基于这种思想提出来的,它通过对开关上的电压进行整形,使得在开关导通瞬间,开关上的电压和电压变化的斜率都近似为 0(软开关),减小了开关在不完全导通过程中的损耗。但 E 类放大器没有对开关截止时开关上的电压波形进行控制,因此,晶体管在不完全截止过程中的损耗仍然会降低放大器的效率。

图 9-17 给出了 E 类功率放大器的电路。驱动电压过驱动使得晶体管可近似为开关来使用,choke 电感 L_1 阻止交流信号通过,并给晶体管提供直流电流 I_{dc},L_2、C_2 组成一个串联谐振网络,当该谐振网络的品质因子足够高时,流过该网络的电流为理想的正弦信号(同 D 类放大器输出端一样),所有的谐波成分都被滤除。并联电容 C_1 由两部分

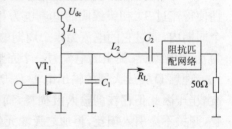

图 9-17　E 类功率放大器的电路

186

组成,一部分是晶体管的寄生电容,另一部分是实际引入的电容。在分析 E 类放大器时,通常将晶体管作为理想开关,当它导通时,晶体管上的压降为 0;而当它截止时,流过晶体管的电流为 0。并且晶体管的寄生电容及实际引入的电容(C_1)都是理想线性电容,电容量与电容上的电压无关。

从 E 类放大器的特点出发,可以推导出 E 类放大器的设计方程,但该过程是很复杂的,这里不进行详细的推导。此处给出的设计方程假设驱动信号是一个占空比为 50% 的方波,并考虑了晶体管的 knee 电压和驱动信号的上升时间所带来的非理想效应。

假定要设计一个输出功率为 P_{out},工作频率为 $\omega = 2\pi f$ 的 E 类放大器,晶体管导通时的最小漏源电压(knee 电压)为 U_{knee},驱动信号是一个上升时间为 t_r 的理想方波信号。

9.6.3 F 类功率放大器

E 类功率放大器通过对开关导通时的电压波形进行整形,减小了开关在不完全导通过程中的损耗,提高了效率。但如前所述,E 类功率放大器的输出晶体管要承受很高的电压压力,这是与现代集成电路工艺技术的发展趋势(晶体管耐压能力逐渐下降)不兼容的,而且 E 类功率放大器要求驱动信号必须有很快的上升时间,否则会引入额外的损耗,这些都限制了集成 E 类功率放大器的应用。因为这些原因,人们开始研究另一种开关模式功率放大器,这就是 F 类功率放大器。

F 类功率放大器使用输出滤波器对晶体管漏端电压或者电流中的谐波成分进行控制,归整晶体管漏端的电压波形或者电流波形,使得它们没有重叠区,减小开关的损耗,提高功率放大器的效率。图 9-18 给出了一个 F 类功率放大器的电路。高品质因子的并联谐振网络在工作频率处谐振,在基频处提高一个无穷大的阻抗,而在其他谐波频率处,该并联谐振网

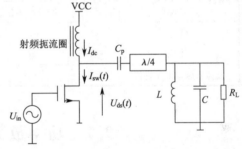

图 9-18　F 类功率放大器的电路

络的阻抗为 0,即实现了传统功率放大器中的短路终端功能。在基频频率处,传输线的长度正好为 $\lambda/4$,它的特性阻抗为 $Z_c = R_L$。考虑到 $\lambda/4$ 传输线的特殊性质,传输线输入端(晶体管漏端)看到的阻抗为

$$Z_{in} = \frac{Z_c^2}{Z_L}$$

式中,Z_L 为传输线的终端阻抗。

在工作频率处,$Z_c = R_L = Z_L$,因此晶体管漏端看到的基频阻抗为纯电阻性阻抗 R_L。在高阶奇次谐波频率处(阶次 $n \geqslant 3$),传输线的长度为 $n\lambda/4 (n = 3, 5, 7, \cdots)$,是半波长的整数倍和 $\lambda/4$ 之和。由于传输线以 λ 为周期,在高阶奇次谐波频率处,但这时传输线的终端阻抗短路到地,因此,晶体管漏端看到的高阶奇次谐波阻抗为无穷大,即开路。而在高阶偶次谐波频率处(阶次 $n \geqslant 2$),传输线的长度为 $n\lambda/4 (n = 2, 4, 6, \cdots)$,是半波长的整数倍。由于半波长传输线的输入阻抗和终端阻抗是一样的,在高阶偶次谐波频率处,传输线的输入阻抗等于终端阻抗,但这时传输线的终端阻抗短路到地,因此晶体管漏端看到的高阶偶次谐波阻抗为 0,即短路。

如果驱动信号是一个占空比为 50% 的方波信号,晶体管可近似为一个理想开关,漏端看到的基频阻抗为 R_1,高阶奇次谐波阻抗为无穷大,而高阶偶次谐波阻抗为 0。因此晶体管漏端的电压波形中将包含有各奇次谐波成分,它是一个理想的方波。

9.6.4 不同类型功率放大器性能比较

前面已经介绍了各种类型的功率放大器,包括传统功率放器(A、AB、B、C 类放大器)和开关模式功率放大器(D、E、F 类放大器),它们具有不同的性能,表 9-2 对各种类型功率放大器的性能进行了总结。传统功率放大器具有相对较高的增益和线性度,但效率低,而开关模式功率放大器具有很高的效率和高输出功率,但线性度很差。功率放大器的线性度和效率是一对互相折中的参数,后面还会看到这种折中关系。

表 9-2 各种类型功率放大器的性能总结

类 型	A	AB	B	C	D	E	F
晶体管工作模式	电流源	电流源	电流源	电流源	开关	开关	开关
晶体管导通角	2π	$\pi \sim 2\pi$	$0 \sim \pi$	$0 \sim \pi$	π	π	π
输出功率	中	中	中	小	大	大	大
理论效率	50%	$50\% \sim 78.5\%$	78.50%	$78.5\% \sim 100\%$	100%	100%	100%
典型效率	35%	$35\% \sim 60\%$	60%	70%	75%	80%	75%
增益	高	中	中	低	低	低	低
线性度	极好	好	好	差	差	差	差
晶体管漏端电压峰值	$2U_{dc}$	$2U_{dc}$	$2U_{dc}$	$2U_{dc}$	$2U_{dc}$	$2U_{dc}$	$2U_{dc}$

9.7 功率放大器电路设计技术

前面讨论了采用 CMOS 工艺来实现集成功率放大器时所面对的挑战。虽然存在一些实现难题,但经过多年的研究探索,人们已经总结出一套有效的电路设计技术来解决这些难题,使集成功率放大器的性能得到很大提高。本节就介绍这些电路设计技术。这些技术都是针对传统功率放大器的设计提出来的,但通过修改后,也可以应用于开关模式的功率放大器中。

9.7.1 差分结构

差分结构是模拟电路中最常采用的一种电路设计技术,它对差模信号具有放大作用,对共模噪声却具有抑制作用。使用差分结构,可以有效抑制电源上存在的噪声和从衬底或连线耦合过来的噪声,这一点对与数字电路或者功率放大器集成在同一块芯片上的小信号电路或者振荡器来说是很重要的。虽然射频功率放大器处理的信号能量很强,各种共模噪声或者干扰对功率放大器的影响很小,但采用差分结构,可以提高放大器的输出电压摆幅,降低功率放大器对封装寄生效应的灵敏度,采用差分结构还可以降低功率放大器对其他电路的干扰。

图 9-19 给出了差分放大器的电路和单端输出电压波形及差分输出电压波形,对于功

率放大器来说,击穿电压限制了输出晶体管漏端的电压摆幅,采用差分结构时,每一个支路的输出电压都受到击穿电压的限制,具有与单端放大器相同的电压摆幅,但差分输出电压摆幅增加为单端输出电压摆幅的2倍。这是采用差分结构的最大好处。在输出功率一定的情况下,采用差分结构可以使得每一个支路的晶体管都输出一半的功率,在晶体管漏端输出电压摆幅不变的情况下,流过每一个支路晶体管的最大电流可降低一半,晶体管宽度可降低为原来的一半,便于驱动级电路的实现。需要注意的是,采用差分结构并不能提高功率放大器的效率,电源仍需提供与单端电路相同的电流,但这些电流分为两半,分别流过每个支路,降低了对输出晶体管最大电流的要求。

图 9-19 所示的差分结构并不能应用于功率放大器中,这是由于尾电流源引入了额外的限制。当有信号存在时,差分结构中一个支路的电流增加,而另一个支路的电流减小,输出差分电流增加,但两个支路的总电流等于尾电流源提供的电流。当信号强度逐渐增加时,一个支路的电流持续增加,而另一个支路的电流相应减小,差分输出电流进一步增加。此后信号进一步增加时,输出差分电流将不会再增加,增益受到压缩。

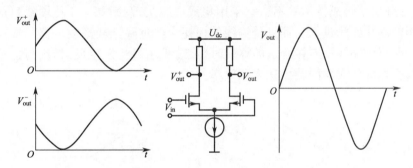

图 9-19 差分放大器的电路和单端输出、差分输出电压波形

由于尾电流源有这些不利影响,可以考虑将尾电流源删去。每一个晶体管的源极都直接接地,形成一个伪差分结构,这种结构没有共模噪声抑制能力,但考虑到共模噪声对功率放大器的影响近似可以忽略,因此采用伪差分结构并不会影响功率放大器的性能。在伪差分结构中,每一个晶体管的直流偏置可通过偏置电压来控制,与负载上的最大电流没有关系。只要晶体管工作于饱和区,流过晶体管的电流会随着输入信号强度的增加而增加,避免了尾电流源的影响。

采用差分结构的第二个好处是可以降低功率放大器对共源端直接接地的差分放大器封装寄生效应的灵敏度。在系统中,功率放大器的地线和电源线都必须通过键合线连接到PCB板上,在射频情况下,这些键合线等效为一个高品质因子的电感。

虽然采用差分结构有很多优点,但它也存在一个很明显的缺点,它的输出是差分信号。由于功率放大器的负载一般都是单端形式的,因此采用差分结构功率放大器的输出端必须额外增加一个差分到单端的变换电路(功率合成器),功率合成器很难集成,而且会引入额外的损耗(0.5dB~1dB),降低了放大器的效率。

9.7.2 功率合成

随着 CMOS 工艺技术的发展,晶体管的击穿电压和漏端电压摆幅越来越低,达到一定的输出功率时功率放大器的优化负载阻抗值也越来越小。例如,晶体管漏端电压允许的峰峰值为 2V 时,输出功率为 2W 的功率放大器的优化负载阻抗值约为 0.5Ω。如此低的阻抗值要匹配到 50Ω 是非常困难的,而且若输出网络中各元件稍有损耗,那么输出功率和效率的严重降低是不可避免的。解决这个问题的办法有两种,一种是提高功率放大器的输出电压摆幅(如换一种工艺技术、采用 Cascode 结构等),另一种办法就是采用功率合成技术。功率合成技术将所要求的输出功率分为几个相等的部分,每一部分由一个单独的功率放大器来提供,然后采用功率合成器将各功率放大器的输出功率合成在一起,给外界负载提供一个大输出功率。图 9-20 给出了最常采用的、基于 Wilkinson 技术的功率合成原理。单端输入信号先由 Wilkinson 合成器(又称功分器),分为两路,每一路的功率为输入功率的一半,分别驱动两个功率放大器,两个功率放大器的输出又由 Wilkinson 合成器合为一路,提供给外部的负载。Wilkinson 合成器由两个特性阻抗为 $\sqrt{2}Z_0$ 的 $\lambda/4$ 传输线组成,两个传输线之间以 $2Z_0$ 的桥式电阻连接,合成器的每一个端口看到的阻抗均为 Z,端口上不会发生反射,因此是一种很好的功率合成技术。但这种功率合成技术并不适宜采用集成电路实现,射频 $\lambda/4$ 传输线目前还很难集成(占用的芯片面积过大),而且传输线的损耗会严重降低功率放大器的输出功率和效率。此外,当传输线没有接合适的终端时,传输线端口将发生反射,反射能量被桥式电阻吸收,会降低放大器的输出功率和效率。

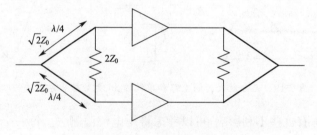

图 9-20 Wilkinson 功率合成原理

最近提出的一种便于集成电路实现的功率合成技术是分布式有源变压器技术(DAT,Distributed Active Transformer)。这种技术采用了多个变压器,这些变压器的输入端是并联的,输入端电压的摆幅受到晶体管击穿电压的限制,但变压器的输出端是串联的,因而功率放大器负载上的电压可以成倍增加。它由 4 个差分对组成,每一个差分对的输出连接到一个变压器的初级线圈上,而变压器的次级线圈则串联起来,负载上的电压摆幅为每个变压器次级线圈上的电压摆幅之和。电源电压从变压器初级线圈的中心点接入,初级线圈上的电压摆幅为 $4U_{dc}$,假设变压器采用 1:1 的变换比,负载上的电压摆幅为 $16U_d$,将负载上的电压摆幅提高到了原来的 4 倍。在这种方案实现中,流过初级线圈的电流是次级线圈的 4 倍,初级线圈必须能承受这么高的电流,而且为了保证次级线圈上的电压是同相相加的,各支路的延时必须精确一致。在集成电路实现方案中,变压器是以耦合线的方式来实现的,次级线圈是一个圈数为 1 的电感,它耦合到中心抽头的初级传输线上,形成变换比为 1:1 的变压器,该实现方案中各支路是对称的,保证了各支路延时的一致性。最近已经有研究人员采用 0.35μmCMOS 工艺实现了一个 2.4GHz 的功率放大器,它可以输出 2.2W 的功率,漏端效率约为 35%,功率增益约为 8.5dB。该方案可以很

190

容易推广到有 N 个差分对和 N 个变压器的情况,输出电压可以提高 $2N$ 倍,而输出功率可以提高 $4N$ 倍。

在平衡放大电路中使用的 3dB 耦合器可以作为功率合成网络,把两个端口输入的功率在一个端口输出。3dB 耦合器可以基于微带线、波导、同轴线系统进行设计,因此功率合成的方法在很多场合都可以得到应用。图 9-21 给出了一个实际的功率合成放大电路。电路为上、下对称的两部分,左侧射频输入信号经过 3dB 耦合器分为两路,分别送入上部和下部两个放大电路。输出的信号则通过转换接头输出,电阻 R 为 3dB 耦合器输出端的匹配电阻。

图 9-21　功率合成技术

9.8　线性化技术

采用不同调制方式的系统对功率放大器的线性度有不同的要求,随着通信技术的发展,为了提高频谱效率,现代通信系统利用了越来越复杂的调制方式,使得对功率放大器的线性度要求越来越高。线性功率放大器的效率很低,而非线性(如开关模式)功率放大器虽然线性度很差,但效率很高。为了充分利用高效率放大器的优点,人们提出了各种线性化技术对采用高效率放大器的发射机系统进行线性化,使得整个发射机系统既具有较高的线性度,又具有较高的效率。

本节就将介绍与功率放大器线性化相关的内容。首先讨论功率放大器非线性的影响,然后介绍不同调制方式与功率放大器线性度要求之间的关系,最后介绍常用的线性化技术。

9.8.1 功率放大器非线性的影响

功率放大器的非线性对发射机性能的影响可以分为以下 5 个方面:产生高阶交调积和谐波,引起发射机频谱增生,降低信道内的信噪比,引起 AM-AM 效应和 AM-PM 效应及引起发射机的星图变形。

1. 功率放大的交调失真

功率放大电路工作在大信号状态,晶体管工作在非线性区域,出现较多的非线性失真。因此,功率放大电路失真主要是交调失真。理想的线性放大电路没有交调失真,对于小信号射频放大电路也往往不考虑其交调失真。在功率放大电路中,交调失真是衡量放大电路性能的一个重要参数。

在有两个或多个单频信号输入的情况下,非线性放大电路会输出除这些单频外的新频率信号。这些新出现的单频信号就是非线性系统交调失真的产物。如果输入信号的频率是 f_1 和 f_2,幅度相同的两个单频信号为

$$U_i(t) = \cos(2\pi f_1 t) + \cos(2\pi f_2 t) \tag{9-53}$$

放大电路的非线性幅度响应用幂函数逼近表示为

$$U_0(t) = AU_i(t) + BU_i^2(t) + CU_i^3(t) + \cdots \tag{9-54}$$

式中,A、B、C 为常数。如果只取到 2 次方项,则输出电压为

$$U_0(t) = A\cos(2\pi f_1 t) + A\cos(2\pi f_2 t) + B\cos^2(2\pi f_1 t) +$$
$$B\cos^2(2\pi f_2 t) + 2B^2\cos(2\pi f_1 t)\cos(2\pi f_2 t) + \cdots \tag{9-55}$$

将式(9-53)展开后,可以发现输出电压 $U_0(t)$ 包含频率 DC、f_1、f_2、$2f_1$、$2f_2$、$2f_1 \pm f_2$、$2f_1 \pm f_2$。如果放大电路的非线性幅度响应中取到 3 次方项,除 2 次方展开输出电压 $U_0(t)$ 得到的频率外,还得到包含 $3f_1$、$3f_2$、$2f_1 \pm f_2$、$f_1 \pm 2f_2$ 的频率。这些频率可以分类为:2 次谐波 $2f_1$、$2f_2$(U^2 项引起);3 次谐波 $3f_1$、$3f_2$(U^3 项引起);2 阶交调 $f_1 \pm f_2$(U^2 项引起);3 阶交调 $2f_1 \pm f_2$、$f_1 \pm 2f_2$(U^3 项引起)。放大电路输出信号的频率分布示意图如图 9-23 所示,这些频率中距离输入信号频率 f_1 和 f_2 最近的频率是 3 阶交调失真的产物 $2f_1 - f_2$ 和 $2f_2 - f_1$。其他频率距离基频 f_1 和 f_2 较远,很容易使用滤波器滤除,但 3 阶交调的产物 $2f_1 - f_2$ 和 $2f_2 - f_1$ 会落在放大电路的有效带宽内,不能使用滤波器滤除。3 阶交调失真是射频功率放大电路的一项主要失真,也是衡量功率放大电路性能的一项重要指标。

3 阶交调失真产物的输出功率 $P_{2f_1-f_2}$ 随 f_1 的输入功率 P_{f_1} 变化,近似有线性关系。定义 3 阶截点(用 P_{IP} 表示):对于两端口线性网络,输入功率 P_{f_1} 和交调失真产物 $P_{2f_1-f_2}$ 的交叉点。3 阶截点 P_{IP} 是一个理论上存在的功率值。3 阶截点 P_{IP} 的值越高,放大电路就具有越高的动态范围。理论和实验都可以得到 3 阶截点在 1dB 增益压缩点以上 10dB,关系表示为

$$P_{IP}(\text{dBm}) = P_{1dB}(\text{dBm}) + 10\text{dB} \tag{9-56}$$

对于线性两端口网络,根据式(9-54)可以得到输入功率与不同频率分量的输出功率之间的关系。在频率 f_1 下输入的射频功率 P_{in} 和在频率 f_1 和 $2f_1 - f_2$ 下的输出功率 P_{OUT} 的关系图上,P_{f_1} 对应直线的斜率为 1,$P_{2f_1-f_2}$ 对应直线的斜率为 3,并可以得到关系

$$\frac{P_{\text{IP}} - P_{f_1}}{P_{\text{IP}} - P_{2f_1 - f_2}} = \frac{1}{3} \tag{9-57}$$

$$P_{2f_1 - f_2} = 3P_{f_1} - 2P_{\text{IP}} (\text{dBm}) \tag{9-58}$$

随着输入功率 P_{in} 的增加,当 3 阶交调产物的功率 $P_{2f_1 - f_2}$ 达到了最小可以检测的信号功率(类似于 1dB 增益压缩点对放大电路动态范围的定义),可以得到基于交调失真定义的动态范围 DR_{f} 为

$$\text{DR}_{\text{f}} = (P_{f_1} - P_{2f_1 - f_2})\big|_{P_{2f_1 - f_2} = P_{\text{o,mds}}} = \frac{2}{3}(P_{\text{IP}} - P_{\text{o,mds}}) \tag{9-59}$$

一般基于交调失真定义的动态范围 DR_{f} 小于基于 1dB 增益压缩点定义的动态范围 DR。实验中可以使用射频信号源和频谱分析仪进行 3 阶截点的测量。射频信号源产生两个相近的频率 f_1 和 f_2,经过功率放大器电路后使用频谱分析仪测量基频输出的功率 P_{f_1} 和一个 3 阶交调输出功率 $P_{2f_1 - f_2}$ 可以计算得到 3 阶截点,即

$$P_{\text{IP}} = P_{f_1} + \frac{1}{2}(P_{f_1} - P_{2f_1 - f_2}) \tag{9-60}$$

为测量 3 阶交调失真提供了一个切实可行的方法,而且在得到了 3 阶截点后,还可以得到 1dB 压缩点。

2. 3 阶截断点

式(9-55)表明,当输入电压 U_0 增加时,与 3 阶产物相关联的电压按 U_0^3 增长。由于功率正比于电压平方,因此还可以说 3 阶产物的输出功率须按输入功率的立方增长。所以对于小的输入功率,3 阶交调产物应当是很小的;但当输入功率增大时,它就迅速增长。通过画出 1 阶和 3 阶产物的输出功率随输入功率变化的曲线(在双对数坐标上或用 dB 表示),如图 9-22 所示,就可以在图形上看出。

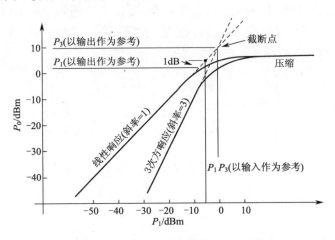

图 9-22 非线性放大器 1dB 压缩点的确定

1 阶(或线性)产物的输出功率正比于输入功率,所以描述这种响应的直线的斜率为 1(在压缩开始之前)。而描述了 3 阶产物响应的直线的斜率为 3(2 阶产物会有斜率为 2 的响应,但由于这些产物通常不在元件的通带内,所以在图 9-22 中未画出其响应)。线性和 3 阶产物响应两者在高输入功率下会出现压缩现象,所以把理想响应的延伸用虚线表示。由于这两条直线有不同的斜率,因此它们会相交,其交点典型地在压缩开始点的上面。这

个假想的交点(在此1阶和3阶功率相等)称为3阶截断点,用P_3表示,它指定为输入功率或指定为输出功率。通常对于放大器,P_3以输出作为参考;而对于混频器P_3,则以输入作为参考。正如图9-22所示,通常P_3发生在比P_1(1dB压缩点)更高的功率电平上。很多实际的元件遵照这样一个近似的惯例,即假定P_3比P_1大12dB~15dB(假定这些功率以同一个点作为参考)。

可以用泰勒系数展开式把P_3为ω_1频率下想要信号的输出功率,可得

$$P_{\omega1}=\frac{1}{2}a_1^2U_0^2 \tag{9-61}$$

类似地,定义$P_{2\omega_1-\omega_2}$为频率$2\omega_1-\omega_2$的交调产物的输出功率,可得

$$P_{2\omega_1-\omega_2}=\frac{1}{2}\left(\frac{3}{4}a_3U_0^2\right)^2=\frac{9}{32}a_3^2U_0^6 \tag{9-62}$$

按此定义,这两个功率在3阶截断点相等。若定义在截断点处的输入信号电压为U_{IP},则使式(9-61)和式(9-62)相等,可得

$$\frac{1}{2}a_1^2U_0^2=\frac{9}{32}a_3^2U_0^6 \tag{9-63}$$

解出U_{IP}

$$U_{IP}=\sqrt{\frac{4a_1}{3a_3}} \tag{9-64}$$

3. 功率放大器的非线性

功率放大器的非线性会使得放大器的输出产生各阶交调积和谐波成分,如图9-23所示。频带范围内的两个频率稍有不同的基频成分通过非线性放大器后,会产生各阶谐波成分和各阶交调成分。其中,谐波成分离应用频带很远,对发射机性能的影响有限,而某些交调成分则靠近应用频带,特别是3阶交调积,就位于应用频带范围内,而且它主要由3阶非线性引起,能量相对较高,对发射机性能的影响最大。因此,3阶交调积与基频成分之比是考察功率放大器线性度的很重要指标。

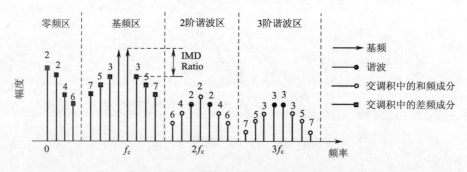

图9-23　非线性功率放大器的输出包含各阶交调积和谐波成分

通常信道频带范围内会存在各种频率成分的信号,那么各阶交调积就会组成一个连续的扩展频谱,如图9-23所示。图中较窄的频谱是理想的发射机频谱,它的信号能量主要集中于信道带宽范围内,泄漏到相邻信道的能量很小。从而有效地避免了各个信道之间的互相干扰,ACPR很小。图中较宽的频谱是经非线性功率放大器放大之后的发射机频谱,由于各阶交调积的影响,信号频谱扩展(又称为频谱增生),能量泄漏到相邻信道内,

对其他信道的信号产生干扰,ACPR 降低。

功率放大器的非线性效应还会降低信道内的信噪比,这是由于位于信道频带范围内的各阶交调积对有用信号来说都相当于噪声,噪声能量增加,使得信道内的信噪比下降,会恶化接收机的解调性能(增加误码率)。

功率放大器的非线性除了产生各阶交调积和谐波成分外,还会引起 AM－AM 效应和 AM－PM 效应。当输入功率增加到一定程度时,放大器的增益发生压缩,引起 AM－AM效应,而且放大器的相移也不再是一个常数,它随着输入功率的变化而变化,引起 AM－PM 转换效应。这些效应会使得调制信号的幅度和相位之间互相耦合,改变了它们之间的正交关系,恶化接收机的解调性能,增加误码率。图 9-24 给出了因 AM－AM和 AM－PM 效应而引起的星图变形。图 9-24(a)是理想的 16-QAM 星图,该星图表示的信号输入到非线性功率放大器后得到右边的星图,星图已经发生严重的变形,EVM 大大增加,增加了接收机的误码率。

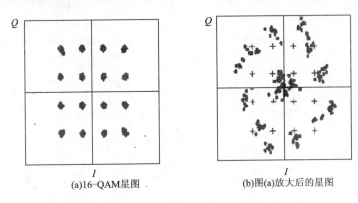

图 9-24　功率放大器的非线性引起星图变形

9.8.2　调制方式

目前各通信系统采用的调制方式可以分为两种不同的调制类型:恒包络调制和非恒包络调制。在恒包络调制中,信息仅调制载波的相位,而不改变载波的幅度,调制后信号波形的包络是一个常数。这类调制方式包括模拟频率和相位调制、数字相位和频率调制(PSK、FSK、GMSK)等。非恒包络调制又可以分为两个子类:一类是信息仅调制载波的幅度(如模拟幅度调制和 ASK 调制);另一类是信息同时调制载波的幅度和相位(线性调制方式,如 QAM 调制等),这两类调制方式都会改变载波的幅度,调制后信号波形的包络会随着时间而变化,如图 9-25 所示。线性调制方式具有最高的频谱利用效率(单位带宽所能达到的最高数据率),是现代通信系统最常采用的调制方式之一,但这种调制方式对发射机的线性度要求也最高。

但即使是采用恒包络调制方案的系统,当信号在不同符号之间转换时,信号的幅度也会发生变化。图 9-26 给出了 QPSK 调制系统的星图,每一个点对应于一个可能的符号,图中各条线代表了符号转换的可能路径。在各个符号处,载波的包络是一样的,但在符号转换过程中,载波的幅度会发生变化。为了减小包络的变化,可以采用 OQPSK 调制方式,如图 9-27 所示。在这种调制方式中,符号转换只能在相邻符号间进行,符号转换路径

195

不会经过原点,极大地减小了包络的变化,但并不能完全消除包络的变化。在符号转换过程中能完全消除包络变化的调制方式是 GMSK 调制,它的星图如图 9-28 所示,符号转换是沿着一个圆周进行的,因此在符号转换过程中载波的包络也不会发生变化,是一个理想的恒包络调制方式。

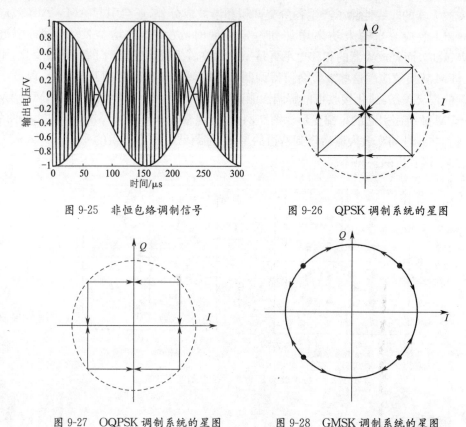

图 9-25　非恒包络调制信号　　　　　　　　　图 9-26　QPSK 调制系统的星图

图 9-27　OQPSK 调制系统的星图　　　　　图 9-28　GMSK 调制系统的星图

采用恒包络调制方式的发射机可以采用高效率的非线性功率放大器,而采用非恒包络调制方式的发射机必须采用线性化的功率放大器,否则信号的幅度会发生失真,恶化接收机的解调性能。可见,功率放大器的线性度要求与系统采用的调制方式密切相关。

在非恒包络调制方式中,信号的能量会发生变化,信号的峰值能量与平均能量的比值定义为峰值－平均能量比(Peak-to-Average Ratio)。峰值－平均能量比对于衡量功率放大器的线性度要求来说,是非常重要的一个参数。如果信号的峰值能量高于功率放大器的最大输出功率,信号将发生失真,引起交调失真和频谱增生等非线性效应。通常放大器的最大输出功率设计为不低于信号的峰值能量,但对于采用数字调制方案的发射机来说,由于信源是随机的,信号的峰值－平均能量比与信源的概率密度有关。

例如,对于采用 π/4-DQPSK 调制方案的发射机来说,信号的峰值－平均能量比可能达到 3.5dB,但信号能量出现这个峰值的概率很小,在绝大部分时间内,信号能量仅比平均能量高 3dB。它是采用随机数发生器来产生 I、Q 两路随机数据流,经 DQPSK 调制后生成的星图。对于这种发射机系统来说,由于峰值信号仅仅是偶然出现的,将功率放大器的最大输出功率设计为比信号平均能量高 3dB 是比较合理的。当信号能量达到峰值时，功率放大器会发生失真，但由于信号出现峰值的概率很低，因此对系统性能的影响有限，但却可以大大降低对功率放大器的要求。

在现代通信系统中，还有一种调制方式得到广泛的应用，这就是多载波调制方式。它采用多个在频域上均匀分布的载波来调制信息。对于采用恒包络调制的多载波系统来说，如果载波数目为 N，频率间隔为 A_m，各载波之间是同相的，则调制后的信号可以表示为

$$U = \sum_{n=0}^{N-1} U_0 \cos(\omega t + n\Delta\omega t) \tag{9-65}$$

$$U = U_0 \frac{\sin(N\Delta\omega t/2)}{\sin(\Delta\omega t/2)} \cos[\omega t + (N-1)\Delta\omega t/2] \tag{9-66}$$

很明显，这是一个包络调制信号，前一项表示它的包络。当 $\Delta\omega t = 0$ 时，信号出现峰值，信号峰值能量和包络峰值能量均为

$$P_{peak} = \frac{(\sum_N U_0)^2}{R} = \frac{N^2 U_0^2}{R} \tag{9-67}$$

信号平均能量为各个载波信号的平均能量之和，即

$$P_{signalav} = \sum_N \frac{U_0^2}{R} = \frac{N U_0^2}{2R} \tag{9-68}$$

因此，信号峰值－平均能量之比为

$$\frac{P_{peak}}{P_{signalav}} = 2N$$

而信号包络的平均能量为信号在一个周期内的积分，即

$$P_{env\_av} = \int_0^T \frac{U_{env}^2(t)}{R} dt = \frac{N U_0^2}{R} \tag{9-69}$$

包络峰值－平均能量之比为

$$\frac{P_{peak}}{P_{signalav}} = N$$

因此，信号峰值－平均能量之比比包络峰值－平均能量之比高 3dB。

当多载波系统采用非恒包络调制时，由于信源的随机性，各个载波之间的相位也是随机的，因此大大减小了信号峰值能量出现的概率，同样，对功率放大器最大输出功率的要求可以在系统性能和功率放大器实现难度之间取得一个平衡。

9.8.3 线性化技术和提高效率的技术

对非线性功率放大器进行线性化，使得它们满足发射机系统对线性度的要求，可以充分利用非线性功率放大器的高效率特性，是目前人们研究较多的内容之一。本小节将介绍常用的线性化技术。如前所述，对非线性功率放大器进行线性化是为了充分利用非线性功率放大器的高效率特性，因此线性化技术和提高效率的技术并不能明显区分，本小节将线性化技术和提高效率的技术放在一起进行介绍。

1. 功率回退技术

当放大器的输出功率接近 1dB 压缩点时，输出信号中将出现严重的失真。为了提高

线性度,功率放大器的输出功率通常被限制于 1dB 压缩点以下的能量范围内,这种技术被称为功率回退(Power Back-off)技术,如图 9-29 所示。功率回退技术是最简单、最常用的线性化技术。它的基本原理是:当输入功率减小时,各阶交调积成分和谐波成分都会以指数减小,而输出功率仅线性减小,因而可以提高线性度。

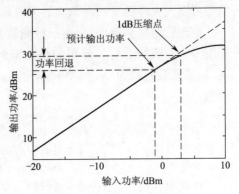

图 9-29　功率回退技术

典型的功率回退值在 6dB～8dB 之间,在某些极端情况下,回退值甚至可能高达 10dB～20dB。应用要求的功率回退值与系统采用的调制方式以及功率放大器的 AM－AM、AM－PM 失真有关,特别是当系统对相位失真很敏感时,功率回退值会要求更高。在利用功率回退技术时,功率放大器的最大输出功率必须设计为比应用实际需要的输出功率高一个功率回退值,这会增加功率放大器的设计难度,而实际工作时,并没有充分利用功率放大器输出功率的能力。而且功率回退技术会降低放大器的效率,这是因为功率放大器通常设计为在 1dB 压缩点附近具有最高的效率。

2. 包络反馈技术

负反馈技术是提高模拟电路线性度常用的一种技术,它也可以用作射频功率放大器的线性化技术之一。但直接对射频信号进行负反馈处理在技术上并不容易实现,考虑到线性化处理仅需在调制带宽范围内有效,反馈信号可以只是调制信号的包络,因而称为包络反馈技术,它的原理如图 9-30 所示。功率放大器的输出经解调器解调后,恢复出调制信号,反馈到系统的输入,与原始调制信号进行比较,比较后的误差量经放大和上变频后,送入功率放大器进行放大。这是一个负反馈系统,当环路增益大于 1 时,只要反馈回路是线性的,系统的线性度就可以得到改善。线性度改善的程度与环路增益成正比,当环路增益达

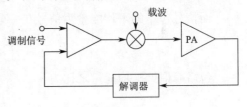

图 9-30　包络反馈技术

到无穷大时,该系统可以实现一个理想的线性发射机。

包络反馈技术虽然在理论上可以实现一个近似理想的线性发射机,但它在实际实现中会遇到以下的问题,这些实现问题限制了包络反馈技术在线性发射机系统中的应用:①同所有负反馈系统一样,包络反馈系统也会遇到稳定性问题;②整个系统的闭环增益与环路增益是成反比的,当增加环路增益来提高线性度时,系统的闭环增益也成比例下降,因此环路增益并不能无限高;③环路的增益带宽积也是限制线性度提高程度的一个因素;④包络反馈技术要求反馈回路是完全线性的,解调器引入的非线性和相移会严重影响线性度性能。

3. 前馈技术

前馈技术也是一个古老的线性化技术,它的基本原理如图 9-31 所示。信号从输入传输到输出,中间没有任何反馈。它由两个完全相同的放大器组成,放大器的增益为 A。可能存在一定的非线性,因此主放大器的输出为 $AU_{in}+\varepsilon$,ε 是放大器非线性引入的失真。

两个延时模块可以补偿放大器的延时,使得进行减法操作时,两个支路的信号是完全同相的。主放大器的输出经过一个理想线性的衰减器,它的增益为 $1/A_0$,衰减器的输出与延时后的输入信号相减,得到一个仅与放大器失真成正比的信号,该信号幅度很小,送入辅助放大器进行放大,输出为 $\varepsilon+\delta,\delta$ 是辅助放大器引入的失真。由于辅助放大器的输入信号幅度很小,可以认为它是一个线性放大器,因此 $\varepsilon \gg \delta$。两个支路的信号最后相减后,得到的信号为 $AU_{in}+\varepsilon A$,信号失真大大减小。

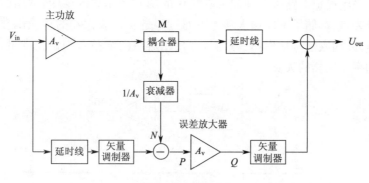

图 9-31 前馈技术

在前馈技术的实现过程中,主放大器的电压增益应与辅助放大器的电压增益及衰减器的损耗精确匹配,考虑到时间、温度、电源电压和工艺的变化,实现精确匹配是非常困难的。前馈技术的另一个问题是两个放大器都会引入延时,因此需要使用延时元件进行补偿,延时元件可以采用传输线或者无源集总网络来实现,但放大器的延时会随着输入信号功率、放大器的偏置条件、温度、电源电压和工艺的变化而变化,因此,实现延时元件与放大器的延时匹配也是很困难的。此外,延时元件和实现信号相减功能的功率合成器都会引入额外的损耗,降低放大器的效率。目前的前馈技术能将功率放大器的线性度提高30dB~40dB,如果能采用自动校准技术进行精确匹配,功率放大器的线性度还能得到更大地提高。由于前馈技术需要两个完全一样的放大器,放大器的效率至少下降一半,这是前馈技术的另一个缺点。

4. 预失真技术

功率放大器的自适应预失真线性化技术研究始于 20 世纪 80 年代初期。随着数字移动通信技术的飞速发展,该技术的发展也极为迅速。目前该技术主要分为射频预失真和基带预失真两种方案。射频预失真方法具有电源效率高、成本低等优点,是很有发展前途的一种方法。但这种方法仍然需要使用射频非线性有源器件,它们的控制和调整是一个不易处理的过程。基带预失真技术不涉及难度大的射频信号处理,只在低频部分对基带信号进行补偿处理,因此,这种方法便于采用现代的数字信号处理技术。采用基带信号预失真方法,适应性较强,而且可以通过增加采样率和增大量化级数的办法来抵消高阶互调失真。因此,通常采用基带预失真技术来抑制背景信号模拟器和标准信号模拟器中的谐波和互调分量。

预失真技术也是一种开环线性化技术,它通过一个预失真模块给功率放大器的输入引入一定的失真,预失真模块的设计要使得功率放大器引入的失真完全补偿预失真模块引入的失真,得到一个理想线性化的传输函数。预失真补偿可以在射频或者基带完成,但由于在基带处理时,工作频率较低,而且可以采用数字或者模拟技术来实现,因此在基带进行预失真补偿是一种常用的技术。同时,在基带进行预失真补偿还可以补偿上变频过程引入的非线性,这是在基带处理的另一个优点。

如果功率放大器传输函数的幅度和相位能够确定,那么可以通过在基带补偿的办法纠正功率放大器的任何失真,如图 9-32 所示。预失真模块的幅度和相位随输入功率的变化曲线与功率放大器完全相反,级联后就可以得到一个与输入信号功率无关的常数增益和恒定相移。采用模拟电路来实现预失真模块的功能是非常困难的,常用的办法是建立一个数字查找表,它存储了不同输入功率下通过测量功率放大器的传输函数得到的增益和相位校准值,以输入信号功率作为索引,查找相对应的增益和相位校准量,控制预失真模块来补偿功率放大器的失真。

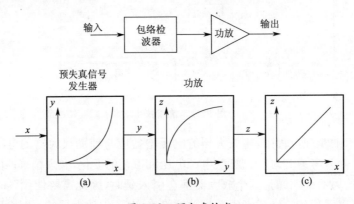

图 9-32　预失真技术

但为了建立查找表,必须知道功率放大器的传输函数,而通常功率放大器的传输函数是温度、电源电压、偏置条件和工艺条件的函数,一个预先建立的查找表并不能包含这些因素的影响,降低了预失真补偿所能达到的性能。虽然可以采用自适应预失真技术来补偿这些漂移因素的影响(这种技术通过周期性的计算功率放大器的传输函数的反函数来更新查找表),但这种技术需要建立功率放大器的系统模型,这是一个非常困难的任务。正是因为这些缺点,预失真技术在设计实现中并不能使功率放大器的线性度得到大幅度地提高。图 9-33 所示为预失真前、后输出信号的功率谱。

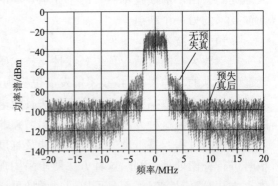

图 9-33　预失真前、后输出信号的功率谱

射频输入信号经过耦合器后分为两路,一路信号进入射频预失真信号发生器,射频预失真信号发生器输出预失真信号,其中既有基波信号又有幅度、相位受控的 3 阶交调信号。图 9-34 所示为射频预失真线性化功率放大器结构框图;另一路信号输出至混频器,经下变频后输出无失真的中频参考信号。预失真信号经功放非线性放大后输出,经耦合器分为两路,一路为功放输出信号,另一路信号输入混频器,经下变频后输出中频信号的频谱特性代表了功放输出信号的频谱特性。分别计算和的频谱特性,求出两者

的频谱之差功放非线性产生的交调频谱分量,将差谱幅度转化为控制射频预失真信号发生器输出中的 3 阶交调信号的幅度和相位的控制电压,实时地控制电压调节射频预失真信号发生器输出中 3 阶交调信号的幅度和相位,最大化地使其对消掉功放自身的 3 阶交调分量,改善功放线性度。

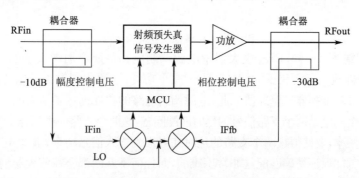

图 9-34　射频预失真线性化功率放大器结构框图

输入射频信号经功分器后一分二,一路经延迟线后输入到功率合成器的一个输入端口。另一路经半自动电平控制电路后,输入到 3 阶交调信号发生器。3 阶交调信号发生器输出的 3 阶交调信号经过幅度衰减器和移相器后,输入到功率合成器的另一个输入端口。功率合成器将其两个输入端口的信号合成后,输出预失真的射频信号,如图 9-35 所示。衰减器和移相器控制射频预失真信号发生器输出中 3 阶交调信号的幅度和相位,使其能够对消掉功放自身的 3 阶交调分量。衰减器的衰减量、移相器的相移量分别受到来自幅度控制电压和相位控制电压的调节。

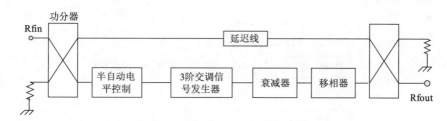

图 9-35　射频预失真信号发生器原理框图

5. 包络恢复和消除技术

如果能将调制的射频信号分解为一个携带有幅度信息的包络调制信号和一个携带有相位信息的恒包络信号,那么就可以用不同的放大器分别对它们进行放大,然后在输出端重新组合为非恒包络信号,这样主放大器可以采用高效率的非线性放大器,因此可以在保持非线性放大器的高效率特性基础上得到比较高的线性度。这种技术称为包络恢复和消除技术(EER 技术),如图 9-36 所示。输入信号通过一个限幅器来获得一个携带有相位信息的恒包络信号,这个信号由高效率的非线性放大器进行放大,输出的高功率信号中仅携带有相位信息。同时,输入信号由一个包络检波器进行检波,得到的低频包络信号调制非线性放大器的电源端(漏端调制),使得信号的幅度信息和相位信息在功率放大器的输出组合在一起。

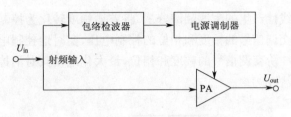

图 9-36　包络恢复和消除技术

同漏端调制技术一样,EER 放大器中电源调制电路可能会消耗大量的功耗,降低了使用高效率非线性放大器所获得的好处。为了减小功耗,电源调制电路可以使用开关模式的调制器(如 DC-DC 变换器),但即便如此,电源调制电路的功耗仍然是很大的。包络恢复和消除技术的另一个问题是两个支路信号的延时匹配问题,这两个支路一个工作于射频频率,另一个工作于低频频率,要使得这两个支路的延时在考虑到输入信号功率、温度、电源电压和工艺变化等因素时都能保证精确匹配是非常困难的,而任何不匹配都会在放大器输出造成信号的幅度和相位不同步,引入信号失真。这是限制包络恢复和消除技术性能的主要障碍。

6. 极坐标反馈技术

调制信号可以以极坐标形式分解为幅度成分和相位成分,如同包络恢复和消除技术所采用的那样。为了同时纠正幅度非线性和相位非线性,可以采用两个反馈环分别提高功率放大器的幅度线性度和相位线性度,这就是极坐标反馈技术,如图 9-37 所示。

幅度反馈环路将功率放大器的输出包络和输入信号的包络进行比较,误差信号驱动功率放大器的漏端调制器,$H(s)$ 是一个滤波器,对反馈环路的动态行为进行控制。由于包络信号的频率相对较低,幅度反馈环路的环路增益可以做得很高,可以极大地压缩功率放大器的幅度非线性。

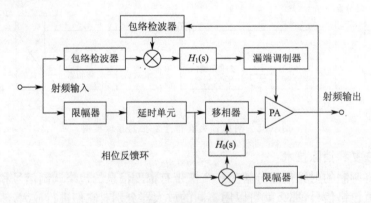

图 9-37　极坐标反馈技术

相位反馈环路将功率放大器的输出信号的相位同输入信号的相位进行比较,误差信号控制与功率放大器输入串联的移相器,改变功率放大器输入的相位。$H_0(s)$ 也是一个滤波器,用来对相位反馈环路的动态行为进行控制。为了避免 AM－PM 效应,相位反馈环路还利用了限幅器来限制进行相位比较前信号的幅度。

由于相位反馈环路的带宽一般大于幅度反馈环路的带宽,相位反馈环路的延时要小于幅度反馈环路,在相位反馈环路中通常要插入一个延时元件对信号进行延时,使得送到功率放大器的幅度信号和相位信号同步。由于极坐标反馈技术采用两个不同的环路分别控制信号的幅度和相位,这两个环路的延时之间的匹配是非常困难的,同 EER 技术一样,两个环路之间延时的不匹配会恶化系统的线性度性能。这是极坐标反馈系统遇到的最大障碍。

极坐标反馈系统的另一个问题来自于功率放大器非线性引起的 AM－PM 转换,而且这种转换与输入信号功率有关,这使得幅度反馈环路和相位反馈环路之间产生一定的相关性,降低了系统的稳定性。

如何实现两个反馈环路之间延时的精确匹配(在各种温度、电源电压和工艺条件下)和在整个带宽及输入信号动态范围内确保系统的稳定性,是极坐标反馈系统面临的两个挑战。这阻碍了该系统的商业化进程。

7. 笛卡儿反馈技术

调制信号也可以以笛卡儿坐标形式分解为同相成分(I)和正交成分(Q)。同极坐标一样,每一个成分也可以形成一个单独的反馈环路,这就是笛卡儿坐标反馈技术,如图 9-38 所示。功率放大器的输出经正交下变频后,解调出 I、Q 两路基带信号,这两路信号同输入的两路基带信号独立进行比较,误差信号经放大、上变频后在功率放大器的输入合并为一个信号。$H(s)$ 是一个基带滤波器,对反馈环路的动态行为进行控制,由于

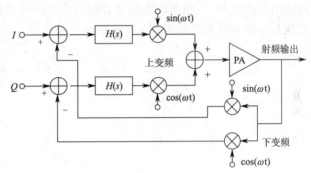

图 9-38　笛卡儿坐标反馈技术

它的工作频率很低,可以提供大的增益,因此便利了环路的设计。

笛卡儿坐标反馈技术的两个反馈环路是完全对称的,因此不会遇到极坐标反馈系统中两环路之间的匹配问题,这是笛卡儿坐标反馈技术相对于极坐标反馈技术的优点。笛卡儿坐标反馈系统的最大问题是两个环路之间的不完全正交所导致的系统不稳定问题,引起两个反馈环路之间不完全正交的主要原因包括,上变频器和下变频器本振信号的相位不匹配,以及进行频率变换的本振信号的非正交性。解决这个问题的方法是采用自动相位校准技术,对 I、Q 两路本振信号的相位以及上变频器和下变频器的本振信号相位进行校准。

几种主要线性化技术的比较见表 9-3。

表 9-3　几种主要线性化技术的比较

线性化技术	线性化改善度	工作带宽	电路结构	成本	集成化	直流效率
正向前馈	大	中等	复杂	高	难	中
射频预失真	中等	宽	简单	低	易	高
基带预失真	中等	窄	简单	低	易	高
笛卡儿反馈	中等	中等	简单	低	易	高

8. 偏置自适应技术

如果功率放大器的直流偏置电流不为 0,那么当输入信号功率降低时,放大器的效率也会降低,A 类放大器就是一个最好的例子。但是,许多功率放大器在实际应用中,绝大部分时间内都不需要输出最大功率。如手机中的功率放大器,当信道质量很好或者手机

与基站很近时,通过功率管理模块的控制,发射机的输出功率可以很低,这样可以根据通信质量自动调节功率放大器的输出功率,节省功耗,提高电池的使用寿命。如果功率放大器的直流偏置电流仍按照最大输出功率来设计,并保持固定不变,那么功率放大器的平均效率将是很低的。为了提高功率放大器的平均效率,人们提出了偏置自适应技术,它根据输入信号功率自适应地调整功率放大器的偏置电流和电源电压。图 9-39 给出了自适应偏置电路的原理。包络检波器检测输入信号的包络,经放大后控制偏置控制模块,自适应地调节功率放大器的电源电压或者直流偏置。当输入信号功率较低时,偏置控制模块降低放大器的电源电压或者偏置电流(通过降低偏置电压),功率放大器的输出功率减小,但功率放大器的直流功耗也同样减小,放大器的效率不会下降很多;当输入信号功率较高时,偏置控制模块提高放大器的电源电压或者偏置电流(通过提高偏置电压),功率放大器的输出功率增加,但功率放大器的直流功耗也同样增加。这样功率放大器的平均效率可以保持一个相对较高的数值。

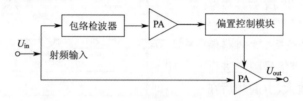

图 9-39　偏置自适应技术

偏置电压和电源电压对功率放大器来说是极为重要的设计参数,在工作过程中自适应地调整它们,不可避免地会对放大器的线性度性能产生很大影响,这是采用偏置自适应技术需要考虑的问题。但是,偏置自适应技术提供了一种在效率和线性度之间进行折中考虑的自由度。

9. Doherty 技术

Doherty 技术被看成是一种提高功率放大器效率的技术,它的工作原理如图 9-40 所示。主功率放大器的输出功率较大,而辅助功率放大器的输出功率相对较小,这两个放大器被设计为当输入信号功率很低时,主功率放大器工作,辅助功率放大器不工作;当输入信号功率增加到一定程度时,辅助功率放大器输出一定的功率,用来补偿主功率放大器的增益压缩,而且随着输入功率的提高,辅助功率放大器的输出功率也逐渐增加。两个功率放大器的输出功率合成后,得到一个近似线性化的输出功率。采用 Doherty 技术可以提高功率放大器的平均效率,并且在一定程度上可以提高功率放大器的线性度。

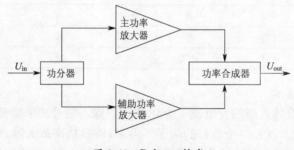

图 9-40　Doherty 技术

Doherty 技术存在的主要问题是如何划分主功率放大器和辅助功率放大器分别起作用的阈值,该阈值与系统采用的调制方式及信源的概率分布有关,需要根据系统应用选定;它的另一个问题是如何避免两个放大器之间的耦合。Doherty 功率放大器一般要用到 λ/4 传输线,并不适合于集成电路实现。

近年来,Doherty 放大器受到越来越多的关注,它应用在无线通信系统的基站中,可以取得比一般功率放大器高得多的效率,它通常由两个放大管组成:一个主放大器,工作在线性状态,即 AB 类工作模式;另一个为辅助放大器,配置为非线性工作状态,即 C 类工作模式。动态负载牵引技术的引入,使得主放大器的输出电压在后半区域始终保持最大值,这样在较小的功率回退条件下获得比一般放大器高的功率效率。

基于数字预失真的 Doherty 功率放大器,可以看到,效率与线性度的矛盾仍然存在于 Doherty 放大器中,因为其中的主放大器采用了较小的功率回退,整体的线性度会下降,3 阶互调失真会比通常的放大器高出 6dB。把数字预失真技术应用到 Doherty 放大器的线性化中预示了良好的前景,可以兼得高效率和良好的线性度。把记忆多项式模型应用到基于 GaN 的 Doherty 放大器,在 OPBO(输出功率回退)等于峰均比(PAR,Peak Average Ratio)的情况下,对于单载波和四载波 WCDMA 信号,分别得到了 −63dB 和 −53dB 的 ACPR。

对未加入和加入了射频预失真信号发生器的功率放大器分别输入中心频率为 2.1375GHz 和 2.1425GHz,间隔为 5MHz 的 W−CDMA 双载波信号,在输出功率均为 42dBm 的两种状态下,实验测得各自的输出信号频谱特性如图 9-41 所示。

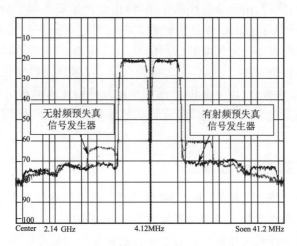

图 9-41 双载波信号功放输出信号的频谱特性

9.8.4 功率放大器的主要性能指标

功率放大器的主要性能指标是工作频率、输出功率、效率、功率增益、线性度和频带外的寄生输出与噪声。

1. 工作频率

与低噪声放大器一样,工作频率也是功率放大器的一项重要指标。随着频率的上升,不仅放大器的增益会降低,而且输出功率也会减小。例如,目前工作在 2GHz 附近的单个晶体管的饱和输出功率达到几百瓦,但工作在 35GHz 的单片功放的最大输出功率也只有几瓦。

2. 输出功率

输出功率是功放最为重要的性能指标之一,通常用饱和输出功率的大小来衡量。它的大小主要根据用途而定。例如,移动通信终端的输出功率一般为 0.3W～0.6W,而基站一般为 10W～100W。

3. 效率

效率和输出功率一起构成了功率放大器最重要的性能指标。提高效率可以延长电池的工作时间,这对移动通信终端尤为重要。功放效率有集电极效率 v_c 和功率增加效率(PAE,Powe-Added Efficiency)两种定义方式,它们各自的表达式为

$$\eta_c = \frac{P_{\mathrm{out}}}{P_{\mathrm{dc}}} \tag{9-70}$$

显然,功率增加效率 PAE 的定义更准确,它直接表征功放从直流到射频能量的转换能力。设计功率放大器的主要工作就是保证高效率和高输出功率。

4. 功率增益

在考虑高效率和高输出功率性能指标的同时,还需要关注功率放大器的放大特性。功率增益的定义为输出功率与输入功率之比。

5. 线性度

在大信号工作条件下,功率放大器的非线性效应较为明显,导致所放大的信号失真。这个失真从频谱的角度看,由于非线性的作用,输出会产生新的频率分量,如 3 阶互调和 5 阶互调分量等,它干扰了有用信号并使被放大的信号频谱发生变化,频带展宽;而从时域角度来看,对于波形为非恒定包络的已调信号,由于非线性放大器的增益与信号幅度有关,则使输出信号的包络发生了变化,引起波形失真,同时频谱也变化,引起频谱再生现象。通常可用 3 阶互调截点(IP$_3$)、1dB 压缩点和谐波抑制度来衡量功放的线性度。在工程应用中,还可用邻道功率比(ACPR)来表征功放非线性引起的频带再生对邻近信道的干扰程度。

9.8.5 功率放大器的设计步骤

(1)依据应用要求(噪声、频率、带宽、增益、功耗等)选择合适的晶体管。对于功率放大器,主要考虑其输出功率和效率两个最为重要的性能指标。

(2)确定功率放大器的电路拓扑。由于单管的功率和增益容量有限,如果单管的功率容量不够,应当使用功率合成的方法,实现所需的输出功率。同样,要实现较高的增益,单管不够,可能需要多级。

(3)确定放大器的直流工作点和设计偏置电路。直流工作点与功率放大器的输出功率、效率、增益和线性度等性能指标有关,而这些指标之间有的相互冲突,如效率和线性度,故需要折中考虑。直流偏置点选择好后,就应当设计偏置电路。偏置电路有固定基极、基极分压、传输线偏置等,根据所设计放大器的特点选择合适的偏置电路,并在设计偏置电路时,使晶体管在工作频带内稳定。

(4)确定最大功率输出阻抗。偏置电路设计好后,就应当确定最大功率输出阻抗。通

常可以负载牵引机实验获得晶体管的最大功率输出阻抗,也可以用仿真模拟的方法计算出最大功率输出阻抗。

(5)将最大功率输出阻抗匹配到负载阻抗,即输出匹配网络设计。实际的负载阻抗通常为50Ω,因此应将第(4)步得到的最大功率输出阻抗匹配到50Ω。

(6)确定放大器输入阻抗。输入匹配网络设计好以后,在放大器的输入端可以分析计算其输入阻抗。

(7)将放大器输入阻抗匹配到源阻抗,即输入匹配网络设计。实际的信号源阻抗通常为50Ω,因此就把第(6)步求得的输入阻抗共轭匹配到50Ω。

(8)功放性能仿真和优化。放大器的偏置电路、输入/输出匹配网络设计好以后,可以得到一个初步的性能。下面要做的就是不断优化放大器电路,使其能发挥最好的性能。如果优化后仍不能达到性能指标,就需要退回到前面的步骤,进行重新设计、仿真和优化。

(9)电路制作和性能调试。功率放大器电路仿真优化达到性能指标后,将生成的版图加工成实际的电路板,再焊装好元器件,测量并调试放大器的性能。

(10)性能的测量和标定。经调试后,功率放大器实体如果能满足所需的性能指标,则标定其性能,整个设计过程结束。如果不满足要求,则需要修改电路甚至重新设计。

功率放大器实物如图 9-42 所示。

图 9-42　功率放大器实物

本 章 小 结

本章首先详细地讲解了射频放大器的稳定性、增益、噪声、输出功率的相关基础理论,接着介绍了射频放大器的 DC 偏置电路、阻抗匹配、稳定电路的功能、基本拓扑类型及相应的特点,最后介绍了低噪声放大器、功率放大器的各种电路拓扑与特点、设计要点、设计步骤和设计实例,以及功放的线性化技术、效率增强技术。

本章讨论了射频功率放大器的分析和设计问题。介绍了晶体管的非线性模型,它是分析功率放大器非线性的基础;然后介绍一负载线设计技术和 Loadpull 理论,并引入衡量功率放大器性能的参数;以此为基础,分析了传统功率放大器和开关模式功率放大器的工作原理和设计技术,前者效率较低,但线性度相对较好,而后者是一个高效率的非线性放大器;然后介绍了采用 CMOS 工艺来实现集成功率放大器所面对的挑战及解决方案,最后简单介绍了功率放大器的各种线性化技术。

功率放大器是一个大信号电路,具有与小信号电路不一样的分析和设计方法。通过本章的介绍,读者可以了解设计功率放大器的基本思路及提高性能的基本措施,可以进行简单的功率放大器设计。功率放大器的集成化是目前射频电路领域还没有解决的问题,有待于科研人员的继续努力。

习　题

9.1　简述低噪声放大器在通信射频前端的位置及其主要特点。

9.2　简述低噪声放大器的主要性能指标。

9.3　画出传输线偏置电路的结构,并说明各组成元件的功能及此偏置电路的优点。

9.4　简述阻抗匹配/转换电路设计的基本步骤。

9.5　低噪声放大器电路主要由哪几部分构成? 它们各自的功能是什么?

9.6　归纳设计低噪声放大器的基本步骤。

9.7　低噪声放大器设计中,常将晶体管的直流工作点 Q 选在直流负载线的中点,这样做的目的是什么?

9.8　在设计低噪声放大器时,如何确定它的最佳噪声源阻抗? 如何在噪声系数和增益之间进行折中?

9.9　对低噪声放大器噪声系数产生影响的因素有哪些? 如何减小 LNA 的噪声系数?

9.10　简述功率放大器在通信射频前端电路中的位置。

9.11　简要说明功率放大器的主要性能指标。

9.12　写出 A 类功率放大器的最大输出功率表达式,并证明其效率为 50%。

9.13　归纳设计功率放大器的基本步骤。

9.14　功率放大器有哪几种类型? 分别叙述它们的特点,并写出它们的异同点。

9.15　在设计功率放大器时,如何确定它的最大功率传输负载阻抗来完成输出匹配?

9.16　对功率放大器输出功率产生影响的因素有哪些? 如何增大功率放大器的输出功率?

9.17　在特定频率点晶体管具有下列 S 参数:$S_{11}=0.34\angle-170°$, $S_{12}=0.06\angle-70°$, $S_{21}=3.4\angle 80°$, $S_{22}=0.45\angle-25°$。根据这些 S 参数,确定晶体管的稳定性,并画出稳定圆。

9.18　已知一种 GaAs 场效应管在频率为 2GHz 的特定偏置条件下,S 的参数为:$S_{11}=0.89\angle-61°$, $S_{12}=0.02\angle 62°$, $S_{21}=0.78\angle-28°$, $S_{22}=0.78\angle-28°$。用 k 和 Δ 判

断该晶体管的稳定性,并画出稳定圆。

9.19 设计一个放大器,使它工作在 5.7GHz,且具有 18dB 的增益。已知所用的 MES-FET 在 5.7GHz 频点下的 S 的参数为:$S_{11}=0.5 \angle -60°$,$S_{12}=0.02 \angle 0°$,$S_{21}=6.5 \angle 115°$,$S_{22}=0.6 \angle -35°$。

(1)放大器是否无条件稳定?

(2)用单向化法,求最佳反射系数条件下的最大功率转换增益,并计算单向品质因数,判断采用单向化设计法引入的误差大小。

(3)根据等增益圆的定义,调整反射系数,实现放大器的预定增益指标。

9.20 设计一个放大器,使它在工作频率 5.0GHz 上增益为 10dB。已知在该频点选用的晶体管的 S 参数为 $S_{11}=0.61 \angle -170°$,$S_{12}=0$,$S_{21}=2.24 \angle 32°$,$S_{22}=0.72 \angle -83°$。要求 $G_s=1dB$ 和 $G_L=2dB$,画出相应的等增益圆,并使用传输线进行匹配。

第 10 章　射频信号产生电路

在雷达、通信、导航和电子对抗等微波系统中,射频信号产生电路是必要的,其中,振荡器是其核心器件,它也可以称为直流—射频变换器或无限增益放大器。一个典型的微波振荡器基本上是由一个有源器件(二极管或三极管)和确定频率的无源谐振元件组成的。后者加微带线、声表面波(SAW)器件、谐振腔,或用于固定调谐振荡器的介质谐振器和用于可调谐振荡器的变容二极管或钇铁石榴石(YIG)球。随着微波技术的迅速进展,对振荡器的性能要求也越来越高,重点要求所有振荡器都能达到噪声低、体积小、成本低、效率高、温度稳定性高和可靠性高。对可调振荡器,还要求带宽更宽、调谐线性度更佳和建立时间更短等。

现代技术利用纯净微波信号特性参数的能力越来越强,因此需要研制高稳定信号源,这里就要用到先进的频率综合技术。频率合成器具有频率精确、稳定和易于改变等优点,广泛应用于通信、导航、频率时间标准等各个领域。

10.1　射频振荡器

在现代无线通信系统中,RF 和微波振荡器通常被用做频率变换和产生载波的信号源,它们可以称为直流—射频变换器或具有无限增益的放大器。随着技术的发展,现在要求振荡器具有噪声低、成本低、体积小、效率高、调谐线性度好、建立时间短、温度稳定性高、可靠性好、频带宽等特点。当前,人们通常使用 CAD 工具对振荡器进行分析和设计。

10.1.1　振荡器电路分析方法

振荡器的核心电路是一个能够在特定的频率上实现正反馈的环路。图 10-1(a)所示是通常闭环系统的特征描述,为闭环电路模型。图 10-1(b)所示是双端口网络的表达形式,为网络表达方式。

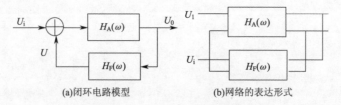

(a)闭环电路模型　　　　　　　(b)网络的表达形式

图 10-1　基本振荡器结构

下面推导一个电路发生振荡的数学条件。具体可由电路的闭环传递函数导出,闭环传递函数则由一个前向支路传递函数 $H_A(\omega)$ 和反馈支路传递函数 $H_F(\omega)$ 构成,即

$$H_F(\omega) = \frac{U_0}{U_i} = \frac{H_A(\omega)}{1 - H_F(\omega)H_A(\omega)} \tag{10-1}$$

由于振荡器输入信号 $U_i = 0$，所以要得到非零电压输出 U_o，则要求式(10-1)的分母为零。即满足环路增益方程为

$$H_F(\omega) H_A(\omega) = 1 \qquad (10\text{-}2)$$

现将反馈传递函数 $H_F(\omega)$ 写为复数形式，即 $H_F(\omega) = H_{FR}(\omega) + jH_{FI}(\omega)$，且前向增益传递函数为实数增益，即 $H_A(\omega) = H_{A0}$，则式(10-2)可以改写为

$$H_{A0} = \frac{1}{H_{FR}(\omega)} \qquad (10\text{-}3a)$$

$$H_{FI}(\omega) = 0 \qquad (10\text{-}3b)$$

条件式(10-2)和式(10-3)只适用于稳态情况。振荡初始条件必须满足 $H_{A0} H_{FR}(\omega) > 1$。也就是说，环路的增益必须大于 1 才能保证输出电压 U_o 逐步增加，但最终输出电压必须能够达到稳定状态。图 10-2 描述了振荡器的这种非线性特征。

曲线的负值斜率保证增益随着电压的增加而下降。$H_{A0} = H_Q = H_{FR}(\omega)$，$|U_o| = U_Q$，所对应的点就是稳定振荡点。对于稳定点谐振频率 f_Q，也可以画出频率和环路增益的类似曲线。

现在讨论负电阻分析方法。当电流增加时，电压反而减少而不是增加，称为负电阻。通过负电阻的产生来揭示振荡器的内在机理，具体通过考察一个包含电阻 R、电感 L 和电容 C 的串联谐振电路来说明。如图 10-3 所示，输入信号为电流控电压源，这种电压源可以描述 JT 或 BT 等有源器件的输出。

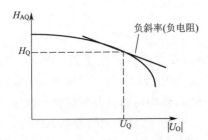

图 10-2　传输电压与增益特性的关系

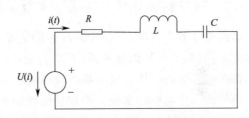

图 10-3　压控源的串联谐振电路

根据图 10-3，写出电流遵循的方程为

$$L \frac{d^2 i(t)}{dt^2} + R \frac{di(t)}{dt} + \frac{1}{C} i(t) = \frac{du(t)}{dt} \qquad (10\text{-}4)$$

如果令方程的右端为零(即电路进入稳态，电压幅度不变)，则可得标准解为

$$i(t) = e^{\alpha t} (I_1 e^{j\omega_Q t} + I_2 e^{-j\omega_Q t}) \qquad (10\text{-}5)$$

其中，$\alpha = -R/2L$，$\omega_Q = \sqrt{1/(LC) - (R/2L)^2}$。一般情况下，由于 α 是负值，谐振电路的谐波响应将随时间逐渐降低并趋于零，而在 R 趋于零的极限状态下，就会出现无阻尼的正弦振荡。振荡器中有源器件的作用是提供能量来补偿电路中电阻的耗能，这种状态只有当出现负电阻时才能实现。所以，要找到电压—电流响应为 $u(i) = u_0 + R_1 i + R_2 i^2 + \Delta y/\Delta x + \cdots$ 的非线性器件，然后将此表达式中的某些项进行调整以便恰好补偿 R。将此级数展开式中的前两项代入式(10-4)，即

$$L \frac{d^2 i(t)}{dt^2} + R \frac{di(t)}{dt} + \frac{1}{C} i(t) = -\frac{du(t)}{dt} = -R_i \frac{du(t)}{dt} \qquad (10\text{-}6)$$

可得合并一阶导数的系数,并根据要求令衰减系数为零,可得

$$R_1 = -R$$

显然,该器件具有负的微分电阻,即

$$R_1 = -R$$

另外,如果要建立初始振荡,需要衰减系数具有正值。这种状态对应于传递函数在复频域平面右侧有极点的情况。实现负阻的最直接方法是利用隧道二极管,这种二极管是以隧道效应电流为主要电流分量的晶体二极管,一般应用在某些开关电路或高频振荡电路中,它由极高掺杂产生极窄的空间电荷区。图 10-4 所示是隧道二极管振荡器的电路原理和相应的小信号电路模型。

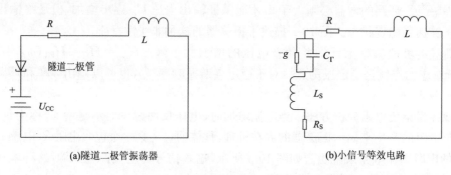

(a)隧道二极管振荡器　　　　　　　　(b)小信号等效电路

图 10-4　隧道二极管振荡电路及其小信号等效电路

10.1.2　共发射极的双极型晶体管振荡器

微波振荡器有多种,其中按谐振腔的类型可分为介质谐振腔振荡器(DRO)、传输线谐振腔振荡器、YIG 可调振荡器(YTO)、集中元件振荡器、VCO 和声表面波(SAW)振荡器。许多振荡电路采用双极型晶体管或场效应晶体管,结构可以是共发射极—源极、共基极—栅极或共集电极—漏极。根据反馈网络形式的不同,可分为哈特莱(Hartley)、考毕兹(Colpitts)、克拉普(Clapp)和皮尔斯(Pierce)振荡器。图 10-5 所示的振荡电路可用来描述所有这些不同的电路。

如图 10-5 所示,电路左边是一个反馈网络,它由 T 形桥结构中的 3 个导纳组成(为简化分析,用晶体管的跨导 g_m 分别定义出晶体管的输入和输出实导纳 G_i 和 G_0)。

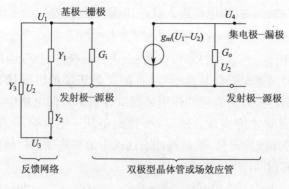

图 10-5　一般晶体管振荡电路

右边是双极结型或场效应晶体管的等效电路模型(此外,假定晶体管是单向的)。电路中未引入反馈路径,但只要将节点 U_3 和节点 U_4 连接就可得到。这些元件通常是电抗性的(电容或电感),它们可以得到具有频率选择性的高 e 值传递函数。当 $U_2=0$ 时,对应共发射极-源极结构,而当 $U_1=0$ 或 $U_4=0$ 时,分别对应共基极-栅极或共集电极-漏极结构。

将图 10-5 所示电路中的 4 个电压节点的基尔霍夫方程写成矩阵形式,对于不同的情况,求解矩阵方程即可。将以共发射极结构的双极结型晶体管的振荡器和共栅极 FET 振荡器为例进行讨论。

10.2　压控振荡器的相位域模型

任何一个信号的瞬时频率是它的相位对时间的微分,即

$$\omega = \frac{\mathrm{d}\phi}{\mathrm{d}t}$$

因此,信号的相位是瞬时频率的积分,即

$$\phi = \int \omega \mathrm{d}t + \phi_0$$

对于 VCO 来说,$\omega_{\text{out}} = \omega_0 + K_{\text{VCO}} U_{\text{cont}}$,因此 VCO 输出信号的相位为

$$\phi = \omega_0 t + K_{\text{VCO}} \int U_{\text{cont}} \mathrm{d}t + \phi_0 \tag{10-7}$$

式中,ϕ_0 为振荡信号的初始相位。

当 VCO 应用于锁相环中时,作为一个输入信号为控制电压 U_{cont}、输出信号为余量相位 $\phi_{\text{ex}} = K_{\text{VCO}} \int U_{\text{cont}} \mathrm{d}t$ 的模块。因此 VCO 的相位域模型是一个理想的积分器,它的传输函数为

$$\frac{\phi_{\text{ex}}}{U_{\text{cont}}}(s) = \frac{K_{\text{VCO}}}{s} \tag{10-8}$$

10.3　相位噪声和抖动

相位噪声和抖动是用来衡量振荡器噪声性能的参数,相位噪声是在频率域来衡量振荡器的频谱纯度,而抖动是在时间域来衡量振荡器振荡信号过零点的时间不确定性,它们是对同一种现象的不同表述,从原理上来说,它们是等效的。当振荡器用作本地振荡信号时,一般用相位噪声来描述它的噪声性能,而当振荡器用作时钟发生器时,一般用抖动来描述它的噪声性能。

本节先说明相位噪声和抖动的概念及其等效关系,然后介绍到目前为止提出的几种常用相位噪声模型,并对这几种相位噪声模型的优点和存在的问题进行简单说明。

10.3.1　相位噪声

一个理想振荡器的输出信号是一个频率为 ω_0 的理想正弦波信号,可以用数学表达式表示为

$$U_{\text{out}}(t) = A\sin(\omega_0 t + \theta) \tag{10-9}$$

式中，A 为振荡信号的幅度；θ 为一个参考相位，它们都是常数，它的输出频谱是一个在 ω_0 的 Dirac 无限冲激函数 $\delta(\omega-\omega_0)$，如图 10-6 所示。

但在实际的振荡器中，噪声会对振荡信号的相位和幅度造成扰动，这时的振荡信号应表示为振荡信号的幅度和相位是一个随时间变化的量，它的输出频谱不再是 Dirac 无限冲激函数，在靠近振荡频率 ω_0 处出现扩展的边带，如图 10-7 所示。由于稳定工作的振荡器都存在一个幅度稳定机制（通过有源器件的非线性特性），幅度扰动会受到高度衰减，因此噪声对振荡器性能的影响主要表现在对相位的扰动上。相位噪声就是用来衡量噪声对相位的扰动性能的，它定义为在偏离载波频率 ω_0 一定频率 $\Delta\omega$ 处单位带宽内的噪声功率与载波功率之比，其单位为 dBc/Hz，即

$$L(\Delta\omega)=10\lg\left(\frac{\text{在偏离载波频率 } \omega_0 \text{ 一定频率 } \Delta\omega \text{ 处单位带宽内的噪声功率}}{\text{载波功率}}\right) \tag{10-10}$$

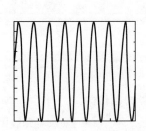
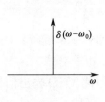
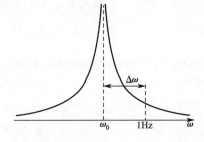

图 10-6　理想正弦波信号的频谱　　　　　图 10-7　非理想正弦波信号的频谱

由噪声引起的扩展边带关于载波频率 ω_0 是对称的，式(10-10)仅针对 $\Delta\omega>0$ 进行定义，称为单边带相位噪声。很明显，单边带相位噪声满足以下条件，即

$$\int_0^\infty \phi(\Delta\omega)\mathrm{d}\Delta\omega = \frac{1}{2} \tag{10-11}$$

那么正弦波信号的相位扰动是怎么转化为频率域上的相位噪声的呢？假设式(10-9)中的相位扰动信号是一个正弦波信号，$\theta(t)=\theta_\mathrm{m}\sin(\omega_\mathrm{m}t)$，其中，$\theta_\mathrm{m}\leqslant 1$，则振荡器的输出信号为

$$U_\mathrm{out}(t)\approx A\sin(\omega_0 t)+A\frac{\theta_\mathrm{m}}{2}\left[\sin(\omega_0+\omega_\mathrm{m})t+\sin(\omega_0-\omega_\mathrm{m})t\right] \tag{10-12}$$

它的输出频谱中包含了一个调制指数为 θ_m 的窄带调频信号，在 ω_0 处存在一个强信号成分，而在 $\omega_0\pm\omega_\mathrm{m}$ 处存在两个小旁瓣。由于相位扰动可以分解为一系列正弦波信号之和，因此，因噪声引起的相位扰动可以直接转化为载波频率周围的两个噪声旁瓣，如图 10-8 所示。

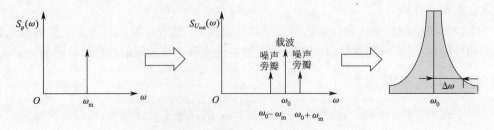

图 10-8　相位扰动转化为输出频谱

214

由于瞬时频率是相位的微分,因此振荡器的瞬时频率偏差 $\Delta f(t)$ 的功率谱密度与相位噪声之间的关系为

$$S_{\Delta f}(\omega) = \omega^2 S_\theta(\omega) = 2\omega^2 10^{L(\omega)/10} \tag{10-13}$$

相位噪声限制了通信系统的质量。在一个通信系统中,有用信号可能很微弱,而相邻信道内可能存在很强的干扰信号。在接收路径上,射频信号与本地振荡信号在下变频器中进行混频,转变为中频信号。由于在下变频之前接收机对相邻信道干扰信号的抑制能力通常很弱(频率间隔太近),因此相邻信道的干扰信号也会被转移到中频,而且能量要强于有用信号。如果本振信号是一个理想的正弦波信号,那么下变频后的信号频域分布保持了原来的分布状态,只是进行了简单的频率搬移,有用信号和相邻信道干扰信号没有发生混叠,在中频部分采用中频滤波网络可以滤除干扰信号,得到干净的有用信号。但如果本地振荡信号受到噪声的干扰,那么本地振荡信号的噪声边带可以将相邻信道内的干扰信号转移到当前所用信道上,使得有用信号和相邻信道内的干扰信号发生混叠,如图 10-9 所示。交叠部分代表了混叠进有用信号带内的干扰信号。如果在偏离载波频率 $\Delta f(t)$ 处的相位噪声不是足够低,那么混叠进有用信号带内的干扰信号会极大地降低信号的信噪比,导致通信系统的误码率上升。在发射路径上,功率放大器的输出频谱应该满足通信系统标准规定的频谱掩模板要求,使得发射机不干扰其他的无线信号。但在上变频器中,非理想的本振信号会引起发射机的频谱扩散,如图 10-10 所示。因此在发射机中给上变频器提供本地振荡信号的振荡器的输出频谱最低也必须满足通信系统标准规定的频谱掩模板要求,这就对振荡器的相位噪声性能提出了要求。通常,在同一种通信系统中,接收机对振荡器相位噪声的要求要比发射机对相位噪声的要求来得苛刻。

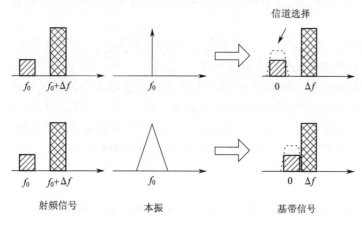

图 10-9　相位噪声对通信系统质量的影响

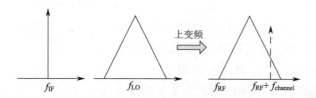

图 10-10　相位噪声造成发射机频谱扩散

从通信系统标准规定的相邻信道抑制率可以推导出对本地振荡信号的相位噪声要求。在保证系统通信质量的情况下(误码率小于某一值,如 10^{-3}),输入到模数变换器(A/D)的信号的信噪比(SNR)存在一个最小值 $\text{SNR}_{\min}$,则相邻信道的总载波功率必须满足

$$P_C \leqslant -\text{IR} - \text{SNR}_{\min} \tag{10-14}$$

式中,IR 为通信系统规定的相邻信道抑制率。假设信道带宽为 B,则本地振荡信号在偏离载波频率 B 处的相位噪声必须满足

$$L(B) \leqslant P_C - 10\lg(B) \tag{10-15}$$

例如,无线局域网标准 IEEE802.11b 规定:当采用数据传输率为 11Mb/s 的 CCK 调制方式时,在保证接收机的误帧率达到 8×10^{-2} 的情况下,中心频率相差大于 25MHz 的两个信道,其信道抑制率最小应达到 35dB。信道抑制率的测试方法是:在相邻信道输入功率为 -35dBm 的阻塞信号,接收机应该在保证误帧率小于 8×10^{-2} 的情况下解调功率为 -70dBm 的信号。若假设输入到模数变换器(A/D)的信号的信噪比(SNR)为 10dB 就能满足服务质量的要求,则相邻信道的总载波功率必须满足由于信道带宽为 25MHz。接收机对振荡器相位噪声的要求必须满足

$$L(B) \leqslant -35\text{dBc} - 10\text{dB} = -45\text{dBc}$$

10.3.2 相位噪声分析模型

振荡器在刚开始起振的时候,它的环路增益幅度必须大于 1,将振荡器内部的噪声或者外部干扰进行放大,使得振荡幅度不断增加。当振荡幅度增加到一定程度时,有源器件的非线性会使得环路增益开始下降,只有当环路增益幅度下降到 1,振荡信号幅度才能达到稳定。因此,为了保证振荡器能正常起振,并维持稳定的振荡,所有的振荡器都是非线性系统。

而且,振荡器的振荡幅度一般都很高,会使得有源器件周期性的导通或者截止,这使得振荡器的开环传输函数是一个时变函数。

所以振荡器是一个非线性时变系统,不能采用线性时不变模型来分析它的相位噪声性能。如与线性电路不同,在振荡器中,低频噪声能上变频到载波附近,而且谐波附近的噪声也能混叠到载波附近,因此对振荡器进行相位噪声分析是一个非常困难的任务。

由于器件是周期性的导通和截止,器件噪声以同样的调制方式对相位噪声产生影响,因此,振荡器噪声不是一个稳态过程,其自相关函数是时间的周期性函数,它是一个周期性稳态过程。

到目前为止,人们提出了多种模型来分析振荡器的相位噪声。本节将分析一些常用的相位噪声模型。

1. Leeson 模型

如前所述,负阻型振荡器用一个负阻来补偿 LC 谐振回路的损失。在谐振时,负阻提供的能量等于谐振回路损失的能量。使用图 10-11 所示来分析振荡器的相位噪声性能。为了分析简单,假设负阻是无噪的,只是电路中唯一的噪

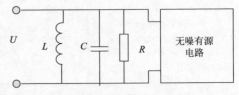

图 10-11 理想负阻振荡器

声源,它产生的噪声是一个白色热噪声,可等效为一个噪声电流源,其功率谱密度为

$$\frac{\overline{i_n^2}}{\Delta f}=\frac{4kT}{R} \tag{10-16}$$

LC谐振电路上的噪声电压成分为噪声电流源与噪声电流源所看到的有效阻抗的乘积。在振荡器稳定振荡时，负阻提供的能量等于谐振回路损失的能量，因此负阻与R互相抵消，噪声电流源看到的有效阻抗为理想无损LC网络的阻抗。

在稍微偏离振荡频率ω_0处（偏移量为$\Delta\omega$），考虑到并联LC谐振回路的品质因子，LC回路的阻抗近似为

$$|Z(\omega_0+\Delta\omega)|\approx R\,\frac{\omega_0}{2Q\Delta\omega} \tag{10-17}$$

LC谐振电路上的噪声电压功率谱密度为噪声电流源的功率谱密度与LC回路阻抗平方的乘积，由于LC谐振电路提供了滤波功能，输出噪声电压的功率谱密度与频率相关，它与载波频率ω的平方成正比，而与频率偏移量$\Delta\omega$的平方成反比，而且输出噪声电压的功率谱密度与LC谐振回路的品质因子平方成反比。

在这种理想模型中，电阻及负阻的热噪声引起振荡信号的幅度和相位扰动。在没有幅度控制的情况下，根据热动力学平分定律，噪声能量将平等地转化为幅度扰动和相位扰动。实际的振荡器都存在幅度控制措施，因此输出噪声电压仅对相位扰动产生贡献。按照相位噪声的定义，这种理想振荡器的相位噪声为

$$L(\Delta\omega)=10\lg\left[\frac{2kT}{P_{\text{sig}}}\cdot\left(\frac{\omega_0}{2Q\Delta\omega}\right)^2\right] \tag{10-18}$$

式中，P_{sig}为振荡信号能量，它与振荡信号幅度U_{osc}之间的关系为$P_{\text{sig}}=U_{\text{osc}}^2/2R$。从式(10-18)可以看出，提高振荡信号幅度可以提高振荡器的相位噪声性能。对于实际的振荡器来说，振荡幅度与振荡器的偏置电流有关，并可以分为两个不同的工作区域：电流受限区和电压受限区。后面还会对此进行讨论。为了最大化振荡器的相位噪声性能，同时避免浪费电流，一般将振荡器偏置于电流受限区和电压受限区的分界点上。

从式(10-18)还可以看出，振荡器的相位噪声与LC谐振回路的品质因子平方成反比，因此提高LC谐振回路元件的质量是振荡器设计中一个很重要的任务。

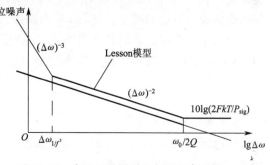

式(10-18)表明振荡器的相位噪声与频率偏移量平方成反比，但实际测量得到的相位噪声与频率偏移量之间的关系曲线如图10-12所示。它分为

图 10-12　实际测量得到的相位噪声曲线

3个不同的区域：与偏移频率无关的区域称为平坦区；与偏移频率平方呈反比区称为$(\Delta\omega)^{-2}$区；与偏移频率立方成反比区称为$(\Delta\omega)^{-3}$区。而且实际测量得到的相位噪声要高于所预测的结果。

这主要是由于所采用的模型太简单所造成的。实际上，电路中除了R会产生噪声外，负阻电路也会引入噪声，使相位噪声变差，而且MOS器件会引入$1/f$噪声，$1/f$噪声经上变频后会转移到载波频率附近，造成偏移频率量很小时的$(\Delta\omega)^{-3}$区。为了避免负载

效应(负载变化时,振荡频率发生变化),振荡器一般都有一个输出缓冲电路,该缓冲电路会限制可以观测到的振荡器噪声基底,测试设备本身也存在可测量噪声基底,当偏移频率较大,振荡器噪声谱低于输出缓冲电路或者测试设备的噪声基底时,振荡器本身的噪声是测量不出来的,这就形成了平坦区。

考虑到以上因素后,Leeson 提出了一种相位噪声模型,称为 Leeson 模型,它是迄今为止最有名的相位噪声模型,即

$$L(\Delta\omega) = 10\lg\left[\frac{2FkT}{P_{\mathrm{sig}}} \cdot \left[1 + \left(\frac{\omega_0}{2Q\Delta\omega}\right)^2\right]\right]\left[1 + \frac{\Delta\omega_{1/f^3}}{\Delta\omega}\right] \qquad (10\text{-}19)$$

式中,F 为负阻电路在 $(\Delta\omega)^{-2}$ 区对相位噪声的贡献,它是一个实验参数;$[1 + (\omega_0/2Q\Delta\omega)^2]$ 中的 1 表示输出缓冲电路或测试设备本身所引入的噪声基底;$(1 + \Delta\omega_{1/f^3}/\Delta\omega)$ 为振荡器在 $(\Delta\omega)^{-3}$ 区的相位噪声性能,$\Delta\omega_{1/f^3}$ 是 $(\Delta\omega)^{-3}$ 与 $(\Delta\omega)^{-2}$ 区的分界点,Leeson 认为它等于振荡器中有源器件的 $1/f$ 角频率。

2. Razavi 模型

Leeson 模型是针对 LC 振荡器提出来的,对于环形振荡器并不适用。对于环形振荡器,Razavi 提出了一种新的模型,可以用来描述环形振荡器的相位噪声性能。这种模型的关键是定义环形振荡器的品质因子,一旦定义了品质因子,就可以利用 Leeson 模型来求取环形振荡器的相位噪声。Razavi 将振荡器的开环品质因子定义为

$$Q = \frac{\omega_0}{2}\sqrt{\left(\frac{\mathrm{d}A}{\mathrm{d}\omega}\right)^2 + \left(\frac{\mathrm{d}\phi}{\mathrm{d}\omega}\right)^2} \qquad (10\text{-}20)$$

式中,A 为环路增益的幅度;ϕ 为环路增益的相位。式(10-20)测量电路参数变化对环路增益的幅度和相位的影响程度,影响越大,则说明振荡判据越容易受到电路参数的影响,因此振荡器的品质因子很低。如果噪声引起电路参数变化,环路增益的幅度和相位必然会发生变化,Barkhausen 判据不再满足,迫使振荡频率发生变化,但如果振荡器的品质因子很高,则电路中将出现很强的反馈,将环路增益的幅度和相位拉回到稳定状态,使振荡频率受到噪声的影响减小。这与 LC 振荡器的品质因子定义在本质上是一样的。

定义了环形振荡器的品质因子并考虑到环形振荡器一般由多个延迟单元组成后,应用 Leeson 模型,可以得到环形振荡器在 $(\Delta\omega)^{-2}$ 区的相位噪声为

$$\phi(\Delta\omega) = \frac{2NFkT}{P_{\mathrm{sig}}}\left(\frac{\omega_0}{2Q\Delta\omega}\right) \qquad (10\text{-}21)$$

式中,N 为延迟单元级数的函数。如果假设振荡器是线性工作的,则对于 3 级环形振荡器,$N = 3\sqrt{3}/4 \approx 1.3$,对于 4 级环型振荡器,$N = \sqrt{2} = 1.4$。考虑到因子 N,环形振荡器一般采用最少的级数为 3 级或者 4 级。

Razavi 模型假设了延迟单元是线性(或近似线性)工作的,但从该模型可以看出,为了优化相位噪声,要求振荡信号摆幅很大,延迟单元中的晶体管将工作于开关状态,这是一种非线性工作状态,上述模型并不能适用。考虑到这一点,Liang Dai 对该模型进行了修改,使它可以应用于振荡幅度很大引起电路非线性工作的情况。

10.3.3 振荡器相位噪声分析

相位噪声一般是指在系统内各种噪声作用下引起的输出信号相位的随机起伏。通常

相位噪声又分为频率短期稳定度和频率长期稳定度。通常,主要考虑的是频率短期稳定度问题,也就是(正弦)频率的短期稳定性。由于相位噪声的存在,引起载波频谱的扩展,其范围可以从偏离载波小于 1Hz 一直延伸到几千兆赫(加性噪声的影响)。频率稳定性是振荡器在整个规定的时间范围内产生相同频率的一种量度。如果信号频率存在瞬时的变化,不能保持其不变,那么信号源就存在不稳定性。这种现象就是由相位噪声引起的。

为了更好地理解频率稳定性和相位噪声之间的关系,首先假定信号源输出单一频率的正弦波,表达式为

$$u(t) = U_0 \sin 2\pi f_0 t \tag{10-22}$$

式中,$u(t)$ 为信号的瞬间电压;U_0 为信号的标称峰值电压幅度;f_0 为信号的标称频率。在时域上,这样的一个信号表现为完全的正弦波,用示波器观察如图 10-13 所示(出现零交叉变化之前)。在频域中表现为一根信号谱线,如图 10-14(a)所示。

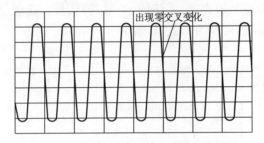

图 10-13　时域中的正弦信号及零交叉

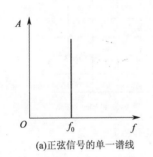 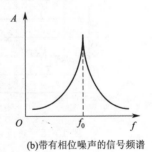

(a)正弦信号的单一谱线　　　　　　　(b)带有相位噪声的信号频谱

图 10-14　正弦信号的频谱

在实际应用中,所有的信号源都存在着不稳定性,即存在着无用的信号幅度、频率或相位起伏,不会产生理想的单一正弦信号。这样的不纯净信号可表示为

$$u(t) = [U_0 + \varepsilon(t)] \sin(2\pi f_0 t + \Delta\phi(t)) \tag{10-23}$$

式中,$\varepsilon(t)$ 为瞬时幅度起伏;$\Delta\phi(t)$ 为瞬时相位起伏。

通常,信号源输出的信号都会有 $\varepsilon(t)$ 存在,它不直接造成频率起伏或相位起伏,这里可以忽略不计,但在倍频器和其他非线性器件中可能会产生幅度调制(AM)至相位调制(PM)的转变,或相反的过程。这里主要讨论相位起伏 $\Delta\phi(t)$ 作为时间的函数。这样,式(10-23)可改写成

$$u(t) = U_0 \sin(2\pi f_0 t + \Delta\phi(t)) \tag{10-24}$$

由于频率是相位对时间的导数,所以这些不稳定性可以等效地视为无用的频率或相对起伏。这些相位起伏的特性描述通常称为相位噪声。相位噪声在时域中是很难看到

219

的,它相对于没有相位噪声的完全纯的正弦信号表现为零交叉的变化。因为相位噪声是由低频信号(比载波频率低得多)的混合而产生的,所以在时域要经过许多载波周期之后才能观察到零交叉的变化出现。

在频域用频谱分析仪观察,相位噪声表现为噪声边带连续地分布在载波频率的上、下两边,如图 10-14(b)所示。频域表示的相位噪声可以简单地视为无限数目的相位调制边带,每一个相位调制边带又是由一个低频调制信号产生的。

信号源的噪声是由因果产生的信号(即与确定的因果有关)和随机的、不确定的噪声叠加而形成的。某些因果效应,如振荡器元件的变化或老化过程导致长期不稳定性,它是一种慢变化过程,通常也称为频率漂移。长期不稳定性描述长时间内发生的频率变化,这个时间一般是指小时、天、月,甚至到年,经常用 $10^{-6}/\mathrm{d}$ 来表示。

另外一些因果效应如电源起伏或振动会导致短期不稳定,即发生在小于 1s 时间内的频率变化。这些因果效应是确定的(系统的、离散的)信号。这些信号在 RF 边带频谱上表现为截然不同的分量,通常称为杂散,如图 10-15 所示。

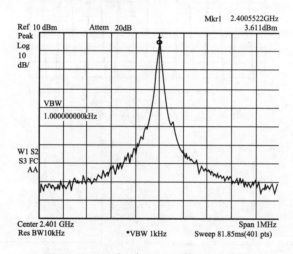

图 10-15　频谱分析仪下观察的 RF 频谱

随机效应,即信号源的短期不稳定性,就是通常所说的相位噪声(参见图 10-15)。随机噪声源包括热噪声、散噪声和闪烁噪声。这里主要讨论信号源的随机噪声——相位噪声。

综上所述,频率不稳定性是由因果效应和随机效应共同作用的结果,可表示为频率不稳定性＝因果效应＋随效机应,由于应用的不同,定量分析相位噪声既可以在时域中进行,也可以在频域中进行。时域分析有助于确定时钟的精度,而频域分析则常常用来确定所需载波跟踪环路的带宽。大多数相位噪声分析都是在频域中进行的。当然,频域和时域之间是可以相互变换的。

在频域中,用功率谱密度函数描述相位噪声特征,常用相对起伏功率、频率起伏功率或 RF 边带功率来表示。这些概念在数学上全都是等效的,之所以不同,是由于测量的方法不同。

功率谱密度函数 $S(f_\mathrm{m})$ 是功率作为频率偏离载波函数的一种后检波分布。频率或相位起伏功率是相位调制速率的函数。调制信号的速率,即偏离载波的频率,常用 f_m 表示。功率谱密度函数常用归一化 1Hz 带宽来表示,而其幅度变化用 dB 来表示。

这里假定信号从放大器输出端取出,并着重考虑半带宽的单边带相位噪声上 $L(f_m)$。当 $f_m < f_0/2Q$ 时,$L(f_m)$ 可表示为

$$L(f_m) = \frac{1}{2} \frac{1}{\omega_m} \left(\frac{\omega_0}{2Q_L}\right)^2 \left(1+\frac{f_0}{f_m}\right) \frac{FkT}{P_m} \tag{10-25}$$

谐振回路的有载品质因数 Q_L 可由式(10-26)给出,即

$$Q_L = \frac{电抗功率}{总消耗功率} = \frac{\omega_0 W_e}{P_i+P_R+P_0} \tag{10-26}$$

式中,W_e 为存储在 L 和 C 中的最大电抗能量,即

$$W_e = \frac{1}{2} CU^2, P_R = \frac{\omega_0 W}{Q_{UL}} \tag{10-27}$$

把式(10-26)代入式(10-25),最后得出实际振荡器的 $L(f_m)$

$$L(f_m) = \frac{1}{8} \frac{FkT}{P_m} \left(\frac{f_0}{f_m}\right)^2 \left(\frac{P_i}{\omega_0 W_e}+\frac{1}{Q_{UL}}+\frac{P_i}{Q_{UL}}\right)^2 \left(1+\frac{f_0}{f_m}\right) \tag{10-28}$$

式中,$\omega_0 W_e$ 为电抗功率;ω_0 为谐振输出频率;P_0 为信号输出功率;P_i 为反馈输入的信号功率;P_R 为谐振回路电阻 R 消耗的功率。

式(10-28)就是实际振荡器相位噪声最佳化的表示式,是设计中的最重要公式,它包含了振荡器产生相位噪声的大部分原因。根据这些原因,可以找到使振荡器相位噪声最小的办法。在设计考虑时,必须遵循下列设计原则:

(1)使谐振回路的 Q_{UL} 最大。

(2)使存储在谐振回路中的电抗能量最大。为此,必须提高谐振回路两端的 RF 电压 U,同时使用最大可能的电容量 C。当然,提高 RF 电压 U 是有条件的,要受有源器件和变容二极管的击穿电压及变容正向偏移状态的限制。

(3)要尽量使振荡器的限幅不降低 Q_{UL}。因此,可在限幅端与谐振回路之间加一级隔离放大器,同时要防止由于高 RF 电压使变容二极管出现正向偏移的现象。

(4)选择低噪声系数 F 的有源器件。注意,F 是在实际阻抗环境器件下有源器件的噪声系数。在许多应用中,经常讨论与源阻无关的等效噪声电压或电流,而不讨论阻抗。在图 10-16 中,放大器的输入与谐振回路相连接,因此源阻抗是作为频率偏离的函数而剧烈变化的。

(5)使加性噪声与最低可用信号功率之比给出的相位噪声(起伏)最小。由于 FET 晶体管的电压控制特性,现在的振荡器常用

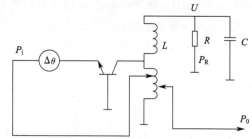

图 10-16　实际振荡器电路

级联(两级)FET 作为放大器。它的高输入阻抗允许忽略输入功率。这样,FkT/P_m 就可以用限幅端口的噪声电压与信号电压之比来代替,即 $(U_n/U_{sL})^2$。

(6)选择低闪烁噪声 f_m^{-1} 的有源器件。

(7)使闪烁噪声调制有源器件的跨导、输入和输出阻抗的影响最小。最好的办法是加低频负反馈和合适的偏置。要使调制输入、输出阻抗的影响进一步减小,还可以使稳定的谐振回路电容值尽可能地大。可见,大的谐振回路电容对几方面都是有利的。

(8)从谐振回路耦合输出信号(功率)。当超出谐振回路半带宽时,相位噪声可以迅速地下降。

以上这些设计原则是在有效的 Leeson 模型上得到的。在实际设计中,使用这些原则已经设计出了实际测量与理论计算非常接近的谐振器。

10.4 微波频率振荡器

固定频率振荡器通常要求低温度频率漂移和低相位噪声,为此需要一个在要求频率范围内能够产生负阻抗的有源器件和谐振腔。低 Q 值传输线谐振腔(如微带线和同轴线谐振腔)和高 Q 值谐振腔(如金属腔和介质谐振腔)都可以应用于固定频率。微带线或平面谐振腔能提供紧凑的尺寸,同时相位噪声和频率稳定特性都特别突出。金属腔体谐振腔可以提供最高品质因数,但是它们的成本偏高,尺寸也过大,在应用上受到了限制。

低噪声和温度稳定的固定频率振荡器通常使用介质谐振器(DR)来实现。介质谐振器既适用于各种微波结构和配置,也可填充波导和微带线的间隙。这种器件是一种高 Q 值的陶瓷谐振器,便于尺寸加工,广泛应用于 MIC。介质谐振器可用来实现图 10-17 所示的一种或几种导抗。常用介质谐振型晶体管振荡器(TDRO)可分为两类:一类用做串联反馈元件;另一类用做并联反馈元件。下面将对这两类振荡器的分析和设计方法进行讨论。

晶体管微波振荡器通常是串联或并联多端口电路形式。在设计振荡器时,可使其中任何一个导抗包含输出电阻性负载成分,而其余两个通常为电抗性的。在固定频率振荡器中,导抗都是固定的,但如果通过采用变容二极管或 YIG 谐振器形式,则可将一个或几个导抗做成可调谐的。

10.4.1 TDRO 作为串联反馈元件

图 10-17 是采用介质谐振器作为串联反馈元件的各种结构。在图 10-17(a)至图 10-17(c)中,介质谐振器只位于晶体管的一个端口,而图 10-17(d)中晶体管的两个端口均采用介质谐振器作为串联反馈元件。下面以典型的 $0.5\mu m$ GaAsFET 的三端口 S 参数来逐步实现图 10-17(a)的结构。

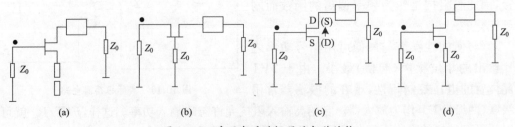

图 10-17 采用介质谐振器的各种结构

首先确定图 10-17 中的阻抗 Z_3。当阻抗 Z_3 与信号源连接时,反射系数 Γ_3 为

$$\Gamma_3 = \frac{Z_3 - Z_0}{Z_3 - Z_0} \tag{10-29}$$

在三端口 S 参数模型中,其入射波和反射波的 S 矩阵为

$$\begin{bmatrix} b_1 \\ b_2 \\ b_3 \end{bmatrix} = \begin{bmatrix} S_{11} & S_{12} & S_{13} \\ S_{21} & S_{22} & S_{23} \\ S_{31} & S_{32} & S_{33} \end{bmatrix} \begin{bmatrix} a_1 \\ a_2 \\ a_3 \end{bmatrix} \tag{10-30}$$

由式(10-29)和式(10-30)得

$$b_1 = S_{11}a_1 + S_{12}a_2 + S_{13}a_3$$
$$b_2 = S_{21}a_1 + S_{22}a_2 + S_{23}a_3 \tag{10-31}$$
$$b_3 = S_{31}a_1 + S_{32}a_2 + S_{33}a_3$$

联立式(10-31)至式(10-29),可得到简化的二端口矩阵:

$$\boldsymbol{S}^{\mathrm{T}} = \begin{bmatrix} S_{11} + \dfrac{S_{31}S_{13}\Gamma_3}{1-S_{33}\Gamma_3}S_{12} & \dfrac{S_{13}S_{32}\Gamma_3}{1-S_{33}\Gamma_3} \\ S_{21} + \dfrac{S_{31}S_{23}\Gamma_3}{1-S_{33}\Gamma_3}S_{22} & \dfrac{S_{23}S_{32}\Gamma_3}{1-S_{33}\Gamma_3} \end{bmatrix} \tag{10-32}$$

耦合于微带线的介质谐振器也可替换图 10-17 中的阻抗 Z_3。这种情况下,反射系数 Γ_3 是耦合系数 β_3 及晶体管平面与谐振器平面间距 θ_3 的函数,如图 10-18 所示,求出使漏极端口反射系数 Γ_d 为最大值的反射系数 Γ_1,如图 10-19 所示。此时的反射系数 Γ_1 由耦合到一段微带线的介质谐振器来实现,并通过耦合系数 β_1 和晶体管平面与谐振器平面之间的距离 θ_1 来表征。

最初使用的映射技术在确定介质谐振器的位置上遇到困难。这里改用等反射系数圆的方法,即将等反射系数幅度 Γ_d 的轨迹绘于反射系数 Γ_1 平面。可得到等反射系数圆的半径和圆心如图 10-19 所示。

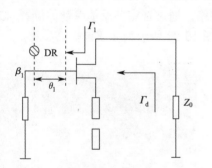

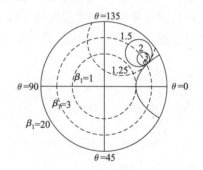

图 10-18 在栅极端口 DR 位置的确定   图 10-19   DR 反射系数 Γ 平面上的各个等 $|\Gamma|$ 圆

器件线性法的基本原理是在不同的输入功率下,测量同一端口的反射系数倒数并返回增加功率,使振荡器输出最大功率的负载阻抗可由器件线性来确定。但此方法要求源极电阻大于器件电阻的模值;否则,就会产生振荡而使器件线性无法测得。

10.4.2 TDRO 用做并联反馈元件

同时将耦合于两根微带线的介质谐振器用做晶体管的并联反馈元件,同样能实现稳定的振荡器。在图 10-20 中,根据振荡器频率 f_0 设计共源极晶体管放大器的输入和输出匹配电路,使其具有最大的增益。此时,将晶体管视为二端口器件来处理。由于 DR 传输型滤波器对输入端和输出端信号的高选择性,通过这种正反馈可以建立稳定振荡。调节 l_1 和 l_2 的大小,使振荡器频率在 f_0 时由放大器和反馈电路组成的环路总相移为 2π 的整

数倍:

$$\phi_A + \phi_B + \phi_C = 2\pi k \quad k = 1,2,3 \quad (10\text{-}33)$$

式中,ϕ_A、ϕ_B 和 ϕ_C 分别为放大器、谐振器和反馈电路其余部分在 f_0 的插入相位。振荡建立的另一条件是,在振荡频率 f_0 时的开环小信号增益必须大于1,即

$$G_A - L_R - L_C > 0 \text{dB} \quad (10\text{-}34)$$

式中,G_A,L_R,L_C 分别为放大器增益、谐振器、滤波器插入损耗,dB。

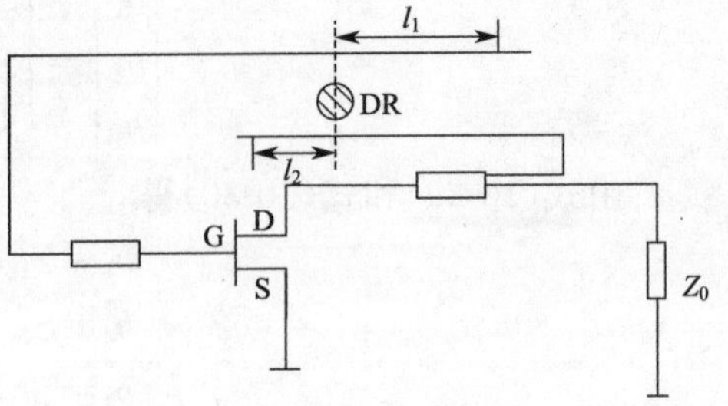

图 10-20 并联反馈的 TDRO 晶体管用做二端口器件

谐振器的插入相位 ϕ_R 为

$$\phi_R = \arctan\left(\frac{1 - j2Q_u\delta}{1 + \beta_1 + \beta_2}\right) \quad (10\text{-}35)$$

插入损耗 L_R 为

$$L_R = 10\lg \frac{(1 + \beta_1 + \beta_2)^2}{4\beta_1\beta_2} \quad (10\text{-}36)$$

由式(10-30)可知稳态振荡条件下,放大器的增益压缩量将会影响振荡器的输出功率及噪声性能。增益压缩过大,使放大器噪声系数增大,调幅至调相变换增加,这将给振荡器噪声带来不利的影响。

并联反馈介质谐振器振荡器的另一种结构如图 10-21 所示。此时的介质谐振器传输型滤波器耦合于晶体管两端之间,输出信号从第三端输出,可将这一结构视为含有介质谐振器的二端口网络作为晶体管器件的并联反馈网络。通过选定各反馈参数的位置及其与微带线的耦合度,可使输出端的反馈增益最大。图 10-22 所示为介质谐振器实物。

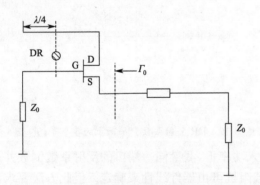

图 10-21 并联反馈介质谐振器振荡器的一种结构

图 10-22 介质谐振器实物

10.4.3 振荡器最大输出功率

一个放大器中,给定晶体管的输出功率近似为

$$P_{\text{out}} = P_{\text{sat}}\left[1 - \exp\left(-\frac{G_0 P_{\text{in}}}{P_{\text{sat}}}\right)\right] \quad (10\text{-}37)$$

式中,P_{sat} 为饱和输出功率;P_{in} 为输入功率;G_0 为小信号增益。对于一个振荡器来说,当 P_{out} 与 P_{in} 的差值最大时,其输出功率最大。因此,可得到最佳输入功率为

$$(P_{in})_{opt} = \frac{P_{sat} \lg G_0}{G_0} \tag{10-38}$$

从而有

$$(P_{osc})_{max} = P_{sat} \left(1 - \frac{1}{G_0} - \frac{\lg G_0}{G_0} \right) \tag{10-39}$$

10.4.4　压控振荡器

用来实现电子调谐的变容二极管可以是硅二极管,也可以是 GaAs 二极管。硅与 GaAs 之间的主要区别是:GaAs 器件能实现较高的 Q 值(这是由于对于给定掺杂级 N,GaAs 的电阻率较低),其热阻也比硅器件的高,这使得 GaAs 器件的频率稳定时间比硅器件长得多。

图 10-23 是变容二极管调谐晶体管振荡器的一般结构。在压控振荡器(VCO)中,电纳比 $C_{min}\omega_{max}/C_{max}\omega_{min}$ 限制了它的调谐带宽。假定转换至变容二极管平面的晶体管及反馈电路的导纳为 $Y(\omega) = G(\omega) + jB(\omega)$,其中,$G(\omega) < 0, B(\omega) > 0$。

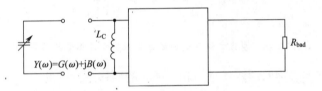

图 10-23　变容二极管调谐振荡器中的电抗补偿

电子调谐带宽受频率上、下限的限制,即

$$C_{min}\omega_{max} = -B(\omega_{max}) \tag{10-40}$$

$$C_{max}\omega_{min} = -B(\omega_{min}) \tag{10-41}$$

由图 10-23 可以看到,即使在负电导带宽宽得多的情况下,这一限制将依然存在。在比值 C_{max}/C_{min} 一定时,为了增加电子调谐带宽,必须减小比值 $B(\omega_{min})/B(\omega_{max})$,且将 $B(\omega)$ 的变化改变为集总自电感的电纳变化。为此,需要在晶体管两端并联一个自电感 L_c,如图 10-23 所示。这种情况下由变容二极管看到的总电纳比为

$$\frac{B_T(\omega_{min})}{B_T(\omega_{max})} = \frac{B_T(\omega_{min}) + 1/(L_c\omega_{min})}{B_T(\omega_{max}) + 1/(L_c\omega_{max})} \tag{10-42}$$

若 L_c 较小,式(10-42)的比值就较大,且接近于 $\omega_{max}/\omega_{min}$,令这一比值等于由变容二极管呈现的电纳比,可得

$$\frac{\omega_{max}}{\omega_{min}} = \sqrt{\frac{C_{max}}{C_{min}}} \tag{10-43}$$

由于电路中存在寄生电感,因此通常必须优化 C 的值以使带宽最大。

图 10-24 所示为使用双极型晶体管和变容二极管的典型 VCO 电路。对于一个 GaAs FETVCO,采用如图 10-25 所示的电路结构可以实现更大的带宽。图 10-26 所示为用双极型晶体管和硅突变结二极管的低噪声 VCO 结构。该振荡器在 8GHz 调谐带宽为 8%,在偏离载频 100kHz 处有低达 210dBc 的出色相位噪声。可以通过采用图 10-26 所示的推挽型 VCO 结构来扩展晶体管 VCO 的宽频带。该电路抵消了基频,而使二次谐波在输出端达最佳状态。

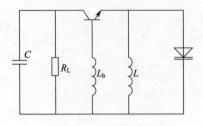

图 10-24 变容二极管调谐的双极型
晶体管振荡器

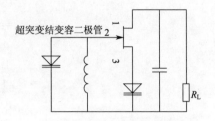

图 10-25 变容二极管调谐的
GaAsFET 振荡器

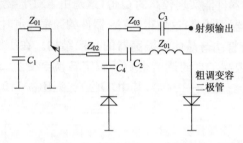

图 10-26 变容二极管调谐的宽带双极型晶体管振荡器

下面对频率可调振荡器的建立时间和调谐后的漂移进行讨论。

在频率可调谐振荡器中,建立时间定义为:输入调谐驱动波形达到其最终值的时间与 VCO 率落入规定最终值的给定容差范围的时间间隔。定义了建立时间和调谐后漂移 (PTD)。t_0 是输入驱动波形达到最终值的时刻,t_{st} 和 t_0 之间的间隔即为建立时间。调谐后漂移的主要因素是偏压漂移和热效应的作用。在调谐 VCO 期间,晶体管和变容二极管二者的结温随射频电路效率及负载的改变而变化。这就引起阻抗的改变,后者导致频率漂移。上述现象发生的时间由器件的热阻抗决定。硅突变结和超突变结二极管在建立时间方面具有极好的性能。与硅突变结变容二极管相比,GaAs 突变结变容二极管具有中等的建立时间,而 GaAs 超突变结变容二极管则具有较长的建立时间。图 10-27 是 Ku 波段变容二极管控制的硅双极型晶体管振荡器的典型建立时间,输出稳定于 1MHz 的建立时间不到 2 μs。

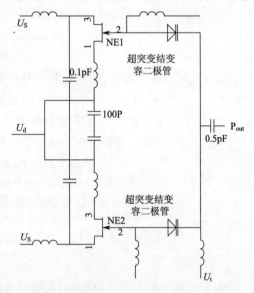

图 10-27 VCO 电路原理

表 10-1 所列为对前面讨论的 YIG 调谐技术和变容二极管调谐技术的一些重要参数做了比较。在 10GHz 下采用 Agilent 硅双极型晶体管 Agilent 的 2GHz～20GHz 的 YTO、9GHz～11GHz 的 VCO、10GHz 的 TDRO(0.25％的调节带宽)及一个 10GHz 微带传输线谐振腔振荡器(0.5％调节带宽)的典型相位噪声。

表 10-1　变容二极管控制的振荡器与 YIG 调谐振荡器的比较

参　数	YIG 调谐	变容二极管调谐
带宽	一个或多个倍频程(宽)	一个或不到一个倍频程(窄)
相位噪声	优	在窄频带内较好
调谐	电流	电压
线性度	优秀(引%)	好(10%～30%)
变化率	小于 1MHz/ms	1GHz/μs～10GHz/μs
阶跃响应时间	1ms～3ms	小于 0.1μs
调谐后漂移常数	几秒	μs 至 ms
温度稳定度	50～100pp/℃	100ppm/℃～300ppm/℃
推频	低	高
振荡器 Q 值	高(大于 1000)	低(小于 100)
功率消耗	高(10W 最大)	低(1W 最大)
调制带宽	低(小于 3MHz)	高(大于 30MHz)
控制驱动	复杂的电流源	简单的电压源

10.4.5　压控振荡器 HMC513LP5

HITTITE 公司的 HMC513LP5 压控振荡器,集成了谐振器、负阻器件、变容二极管、除二和四分频器,其输出功率为 7dBm,输出频率为 10.43GHz～11.46GHz,相位噪声为－110dBc/Hz@100kHz,$F_0/2$ 输出为 5.21GHz～5.73GHz,$F_0/4$ 输出为 2.6GHz～2.86GHz,调谐电压为 2V～13V,电流为 270mA。由于 VCO 的输出功率较低,故为保证有足够的功率,在 VCO 输出加一级放大器。不需要外部匹配器匹配,压控振荡器是无引脚 QFN5mm×5mm表贴器件。图 10-28 为压控振荡器 HMC513LP5 管脚排列;图 10-29 所示为输出频率和调谐电压的关系;图 10-30 为调谐灵敏度和调谐电压的关系。表 10-2 所列为 HMC513 技术参数。

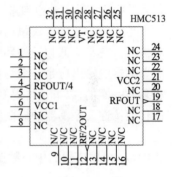

图 10-28　压控振荡器
HMC513LP5 管脚排列

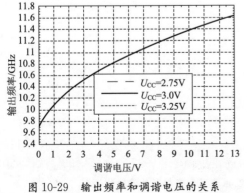

图 10-29　输出频率和调谐电压的关系

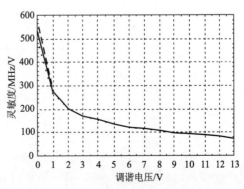

图 10-30　调谐灵敏度和调谐电压的关系

227

表 10-2　压控振荡器 HMC513 技术参数($V_{dd}=5V$)

F_0 频率范围/GHz	$10.43\sim11.46$	电流/dB	275
$F_0/2$ 输出频率范围/GHz	$5.215\sim5.73$	二次谐波抑制/dBC	15
射频输出功率/dBm	$5\sim10$	二次谐波抑制/dBC	28
$F_0/2$ 射频输出功率/dBm	$5\sim11$	输出回波损耗/dB	2
$F_0/4$ 射频输出功率/dBm	$-10\sim-4$	灵敏度($U_{tune}=5V$)/(MHz/V)	25
调谐电压/V	$2\sim13$		

10.5　锁相环的基本概念

10.5.1　锁相环的基本原理

锁相环是很重要的一类反馈系统,在调制、解调、频率合成、载波同步、重定时等很多方面具有广泛的应用,本节将介绍锁相环路的基本原理,并进行简单的性能分析。

锁相环是将由振荡器产生的输出信号与一个输入参考信号在相位和频率上实现同步的电路。在同步状态(通常称为锁定)时,振荡器的输出信号和输入参考信号之间的相位差为 θ_e,或某一个固定的常数。如果两者之间的相位差发生变化,锁相环中存在一个反馈控制机制来调节振荡器的输出,使得相位差减小,并最终达到锁定状态。在这个控制系统中,输出信号的相位实际上锁定到输入参考信号的相位上,这也是该电路被称为锁相环的原因。

锁相环的基本模块包括电压控制振荡器(VCO)、鉴相器(PD,Phase Detector)和环路滤波器。在某些低频锁相环中,振荡器的频率是由电流控制的,称为电流控制振荡器,这时鉴相器的输出应是一个受控电流而不是受控电压,但这些锁相环的工作原理同普通锁相环是一样的,以下不再提及。图 10-31 给出了锁相环的基本方框图及振荡器和鉴相器的传输特性。振荡器的振荡频率 ω_{out},由环路滤波器的输出信号所控制,即

$$\omega_{out}(t)=\omega_0+K_0'u_f(t) \tag{10-44}$$

式中,ω_0 为振荡器的中心频率;K_0 为振荡器的增益,rad/s/V。

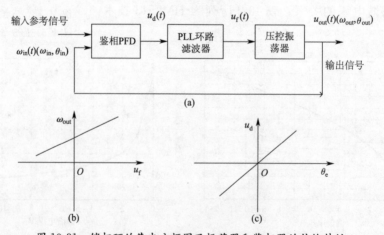

图 10-31　锁相环的基本方框图及振荡器和鉴相器的传输特性

鉴相器将输出信号的相位和输入参考信号的相位进行比较,它的输出在一个有限的输入范围内正比于两者之间的相位差 θ_e,即

$$u_d(t) = K_d\theta_e \qquad (10\text{-}45)$$

式中,K_d 为鉴相器的增益,V/rad。鉴相器的输出信号 $u_d(t)$ 包含有直流成分和叠加的交流成分,压控振荡器的控制电压应是直流信号,因此 $u_d(t)$ 中的交流成分应该被滤除,这是由环路滤波器来实现的。环路滤波器是一个低通滤波器,由它滤除交流成分,产生直流控制电压调节振荡器的振荡频率,它可以是各种阶数的。

下面来分析锁相环路的基本工作原理。首先,假设输入参考信号 $u_{in}(t)$ 的频率和振荡器的振荡频率均为 ω_0,如果两者之间的初始相位差 $\theta_e = 0$,则鉴相器和环路滤波器的输出均为 0,振荡器的输入控制电压为 0,振荡频率维持 ω_0 不变,锁相环维持稳定的工作状态。如果两者之间的初始相位差 $\theta_e \neq 0$,鉴相器将产生一个非零的输出信号 $u_d(t)$,该信号由低通滤波器进行滤波,在一定的延迟后,产生一个直流控制电压 u_f,非零的控制电压将调节振荡器的振荡频率,该调节将逐渐减小振荡器输出信号和输入参考信号之间的相位差,直至最终两者之间没有相位差。

如果在某一时刻 t_1 处于锁定状态的锁相环的输入参考信号的频率改变了 $\Delta\omega$,则输入信号的相位将开始领先于输出信号。两者之间的相位差将开始随着时间增加,导致鉴相器产生一个随时间增加的输出信号 $u_d(t)$,该信号由低通滤波器进行滤波,经一定延迟后,产生 VCO 的控制信号 $u_f(t)$,它也随时间而增加。因此 VCO 的频率也会逐渐增加,这会减小输出信号与参考信号之间的相位差。经过一定的时间之后(该时间称为建立时间,振荡器的振荡频率将调节到与输入参考信号的频率相同。根据所用环路滤波器的不同类型,锁相环锁定时鉴相器两输入之间的相位差 $\theta_e = 0$ 或者为某一个固定的常数。

下面来定性地分析锁相环。我们知道,瞬时频率与瞬时相位之间的关系为

$$\omega(t) = \frac{d\theta(t)}{dt}$$

$$\theta(t) = \int\omega(t)dt + \theta_0 \qquad (10\text{-}46)$$

式中,θ_0 为初始相位。

由上面的讨论可知,加到 PD 的两个信号的频率差为

$$\Delta\omega(t) = \omega_{out} - \omega_{in} \qquad (10\text{-}47)$$

此时的瞬时相差为

$$\theta_e(t) = \int\Delta\omega(t)dt + \theta_0 \qquad (10\text{-}48)$$

即当输入信号与输出信号的频率相等时,两者之间的瞬时相位差是一个常数。

如果 $\theta_e(t) = \theta_0$,则有

$$\Delta\omega(t) = \frac{d\theta_e(t)}{dt} = 0$$

因此,$\omega_{out} = \omega_{in}$,即输入参考信号和输出信号的相位差为常数时,两者的频率必然相等。

总之,在锁相环中,当输入信号和输出信号频率相等时,则它们之间的相位差保持不变;反之,若两个信号的相位差是个恒定值,则它们的频率相等。在锁定后,输出信号的频率等于输入信号的频率,但两者之间存在恒定相位差,这恒定相位差经鉴相器和环路滤波

器后转化为直流控制电压去控制 VCO 的振荡频率(若直流环路增益为无穷大,则该恒定相位差为 0),使 $\omega_{out}=\omega_{in}$。在闭环条件下,如果由于某种原因使 VCO 的频率发生变化,那么输出信号和输入参考信号之间的相位差不再为恒定值,鉴相器的输出电压也就跟着发生变化,这变化不断调整 VCO 的振荡频率,直到输出信号的频率与参考信号的频率相等为止。这就是锁相环的基本工作原理。

因此,锁相环能够使得输出信号的相位跟踪输入参考信号的相位,使两者之间的频率保持一致。这是锁相环的优点。锁相环的另一个优点是它能够抑制叠加在输入参考信号上的噪声。如果锁相环的输入参考信号包含有噪声,鉴相器将测量输入信号和输出信号的相位差,叠加在参考信号上的噪声将使得输入信号 $u_{in}(t)$ 的过零点以一种统计的方式被提前或者推迟。这使得鉴相器的输出信号 $u_d(t)$ 在某一个平均值附近抖动。如果环路滤波器的截止频率足够低,噪声将全被环路滤波器所滤除,输出信号 $u_f(t)$ 中几乎不包含噪声成分,因此 VCO 的控制电压也就不包含有噪声成分,工作于无噪状态。在稳定时,输出信号的相位将等于输入参考信号的平均相位或者两者之间维持一个常数的相位差。因此,锁相环能够筛选出淹没在噪声中的信号。

1. 锁定状态

当在环路的作用下,调整控制频差等于固有频差时,瞬时相差趋向于一个固定值,并一直保持下去,即满足 $\varphi_e(t)=\varphi_{\infty}$。

2. 环路的跟踪过程

在环路锁定之后,若输入信号频率发生变化,产生了瞬时频差,从而使瞬时相位差发生变化,则环路将及时调节误差电压去控制 VCO,使 VCO 输出信号频率随之变化,即产生新的控制频差,使 VCO 输出频率及时跟踪输入信号频率。当控制频差等于固有频差时,瞬时频差再次为零,继续维持锁定,这就是跟踪过程。

3. 失锁状态

失锁状态就是瞬时频差 $\omega_r-\omega_v$ 总不为零的状态。这时,鉴相器输出电压 $u_d(t)$ 为一个上下不对称的稳定差拍波,其平均分量为一恒定的直流。这一恒定的直流电压通过环路滤波器的作用使 VCO 的平均频率 ω_v,偏离 ω_0 向 ω_r 靠拢,这就是环路的频率牵引效应。

4. 环路的捕捉过程

环路由失锁状态进入锁定状态的过程称为捕捉过程。设 $t=0$ 时环路开始闭合,此前输入信号角频率 ω_i 不等于 VCO 的固有振荡频率 ω_0。

5. 鉴相增益

鉴相器所产生的信号通常为 $u_d(t)=k_d\sin\theta_c$,式中,k_d 为鉴相增益,它是衡量鉴相器的主要指标,其表达式为

$$k_d=k_m U_1 U_2/2 \tag{10-49}$$

式中,k_m 为鉴相器本身的增益系数;$U_1 U_2$ 为输入两个信号的幅度。

6. 鉴相信号的漏泄度

如果鉴相器漏泄度差,则可能引起鉴相器输出中漏入输入信号。对于在鉴相器中输入信号漏入输出信号的现象,称为泄漏现象。泄漏增加了环路滤波器的负担,同时因为环路滤波器能力的限制,使得 VCO 输出信号变成被输入信号调制的信号,降低了输出信号

的频谱纯度,增大了输出信号的相位抖动。

7. 鉴相特性曲线

鉴相特性曲线是表示鉴相器的输出电压 u_d 与两个输入比相信号之间相位差 θ_e 的关系曲线,要求线性且线性范围大。

8. 鉴相灵敏度

鉴相灵敏度是指单位相位差产生的输出电压,其单位为 V/rad。一个理想鉴相器的鉴相灵敏度是与输入信号的幅度无关的。对于实际使用时,常采用 $\theta_e = 0$ 上的输出电压为鉴相灵敏度。

9. 鉴相范围

输出电压随相位差线性变化的相位范围即是鉴相范围。

10. 环路带宽

环路带宽是指开环传递函数幅度等于 1 时的频率,它是环路滤波器设计的关键指标。ω_c 为环路带宽。环路带宽越小,则参考杂散和相位噪声越小,锁定速度越慢;环路带宽越大,锁定速度越快,但参考杂散和相位噪声越大。一般采用在选择环路带宽充分满足锁定时间的要求下,保证足够的相位裕量的方法来设计环路滤波器。在锁定时间不严格的情况下,PLL 噪声和 VCO 噪声交点处的频率作为环路带宽。对于最小参考杂散要求的设计,环路带宽越窄,杂散越小。然而在某些点上,环路滤波器元件值将会变得无限大,实际这是不可能的。

11. 相位裕量

开环传递函数幅度等于 1 时,如果此时相位为 $-180°$,系统就不会稳定。相位裕量是指在开环传递函数幅度等于 1 时的相位加上 $-180°$ 的和。它与系统的稳定性有关,是环路滤波器的重要参数。相位裕量越低,系统就越不稳定;相位裕量选择得越大,系统越稳定,但是系统的阻尼振荡越小,锁定时间越长。因此常将相位裕量选择在 $40° \sim 55°$ 之间,最优取 $48°$。

12. 相位噪声

相位噪声是指各种随机噪声所造成的瞬时频率或相位的起伏,它决定着频率锁相环的短期频率稳定度。由于干扰和噪声的存在,输出信号不可能是一个理想的正弦波,而是受调制的调幅－调频波,即

$$L(\Delta\omega) = 10\lg\left(\frac{\text{在偏离载波频率 } \omega_0 \text{ 一定频率 } \Delta\omega \text{ 处单位带宽内的噪声功率}}{\text{载波功率}}\right) \tag{10-50}$$

相位噪声是由噪声和一个纯净载波相叠加引起的。一半的噪声功率转换到调相边带中,成为相位噪声功率密度,另一半噪声功率密度转换到调幅边带中相位噪声的功率密度上;下边带是对称的。相位噪声将引起载波相位抖动。

10.5.2 锁相环的噪声分析

锁相环中的噪声来源主要有两类:一类是伴随输入信号一起进入环路的输入噪声与谐波干扰,输入噪声包括信号源或信道产生的白高斯噪声、环路作载波提取时信号调制形成的调制噪声;另一类是环路部件产生的内部噪声与谐波干扰,以及压控振荡器控制端感应的寄生干扰等,其中压控振荡器内部噪声是主要的噪声源。

噪声与干扰增加了环路捕获的困难,降低了跟踪性能,使环路输出的相位做随机的抖动。噪声太大甚至会使环路跳周或失锁,以至环路不能正常工作。若用作解调器时,则输出信噪比降低,甚至出现门限效应;若用作频率合成器,则输出频率成分不纯,影响输出信号频率的短期频率稳定度及频谱纯度。因此,分析噪声与干扰对环路性能的影响,并在工程上进行优化设计与性能估算是完全必要的。

锁相环内部的各个部件均会产生噪声。一般来说,锁相环的带内($\omega<\omega_c$)噪声主要取决于晶体振荡器、鉴相器、N 分频器及分频器的噪声大小;而其带外($\omega>\omega_c$)噪声则主要取决于 VCO 的噪声指标。也即是 PLL 对参考晶体、鉴相器等带内噪声源呈现低通特性,而对 VCO 噪声呈现高通特性。在实际应用中,VCO 的噪声指标还是会影响锁相环的带内噪声,特别在 VCO 的噪声指标较差或在窄带环(环路带宽小于理论上理想的环路带宽)应用中影响会更大。

由以上分析可知,环路对带内噪声源呈低通过滤,故希望环路带宽 ω_c 越窄越好;但环路对 VCO 呈高通过滤,又希望环路 ω_c 越宽越好。为了兼顾这一对矛盾,能够使两种相位噪声都得到合理的抑制,可以选择环路带宽 ω_c 在两噪声源谱密度线的交叉点附近,这是比较接近于最佳状态的。但是考虑到晶体振荡器噪声要恶化 $20\lg(N/R)$,所以实际带宽要略小一些。图 10-32 为 PLL 典型的相噪频谱。

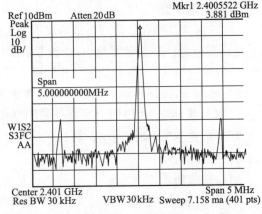

图 10-32　PLL 典型的相噪频谱

由前面的方程可知,在环路带宽内 VCO 的噪声贡献很小,而带内噪声源电压源应乘以 N,那么噪声功率应与 N^2 成正比,因此通常会错误地认为相位噪声随 $20\lg N$ 变化。这个理论本身没有错,但是它忽略了鉴相器噪声的影响。

鉴相器也是 PLL 的一个重要的噪声源。以一个数字三态鉴频鉴相器为例,在比较频率较高时,输出的相位噪声就更大。由此可以看出,鉴相器的相位噪声影响与比较频率有关,且按 $10\lg N$ 变化。为了更好地说明鉴相器噪声对整个 PLL 的噪声影响,下面先对相位噪声基底做一定义,即

$$相位噪声基底=相位噪声(用分析带宽表示)-20\lg N$$

需要特别强调的是,上式定义的相位噪声基底是在一定比较频率下定义的,而相位噪声基底与比较频率和 N 成反比,且相位噪声基底是由鉴相器引起的噪声按 $10\lg N$ 恶化的。

10.5.3　相位噪声产生的机理

电路参数的非线性和周期性变化等效应使相位噪声的分析非常困难,而对于简单的 LC 振荡器,线性化分析可以在允许误差范围内给出相位噪声的预测。

振荡器的相位噪声主要有两种产生机理,通过噪声注入的通路来区分,包括信号反馈通路和频率控制通路。下面采用线性化方法对它们分别进行分析。

1. 信号反馈通路中的噪声

信号反馈通路存在的噪声可以用模型来表示,噪声信号 $x(t)$ 的传输函数为

$$T(s) = \frac{Y(s)}{X(s)} = \frac{H(s)}{1-H(s)} \tag{10-51}$$

信号反馈通路存在噪声的振荡器模型在 ω_0 附近,可以将 $H(j\omega)$ 展开为

$$H(j\omega) \approx H(j\omega) + \Delta\omega \left. \frac{dH}{d\omega} \right|_{\omega = \omega_0} \tag{10-52}$$

输出噪声谱密度等于噪声 $x(t)$ 的功率谱密度乘以噪声功率传输函数,换句话说,噪声 $x(t)$ 的功率谱密度将被噪声功率传输函数成型。

因此,输出噪声与谐振电路 Q 值、中心频率 ω_0 和偏移频率 $\Delta\omega$ 有关。噪声将对载波的幅度和相位同时产生影响,相位噪声近似为一半。

2. 频率控制通路中的噪声

与信号反馈通路中的噪声不同,频率控制通路中的噪声将直接影响 VCO 的工作频率,相当于对 VCO 进行了频率调制。

3. 相位噪声的计算

1)相位噪声的定义

相位噪声定义为噪声功率密度与载波功率之比的分贝数,即

$$L(\Delta\omega) = (P_n)_{dBm} - (P_{sig})_{dBm} - 10\lg(\Delta f) \tag{10-53}$$

式中,$\Delta\omega$ 为相对于中心频率 ω_0 的偏移量;Δf 为噪声功率的测量带宽,Hz;P_n 为噪声功率;P_{sig} 为载波功率或信号功率。注意相位噪声的单位为 dBc/Hz。

根据频谱可以计算出 VCO 的相位噪声,由图读出频谱分析仪的分辨率带宽(即测量带宽 Δf)为 Res BW=91kHz,振荡频率为 1.14136GHz,振荡信号功率为 -2.64dBm,在偏移振荡频率 1MHz 处的噪声功率约为 -87dBm,根据式(10-53)可以方便地计算出在偏移振荡频率 1MHz 处的相位噪声为

$$L(\Delta\omega) = (P_n)_{dBm} - (P_{sig})_{dBm} - 10\lg(\Delta f) \approx -87 + 2.64 - 10\lg(91 \times 10^3) = -133.9(dBc/Hz)$$
$$\tag{10-54}$$

根据相位噪声测试曲线可以直接读出不同频率偏移下的相位噪声。

2)相位噪声的 Leeson 公式

$$L(\Delta\omega) = 10 \left\{ \frac{2fKt}{P_{sig}} \left[1 + \left(\frac{\omega_0}{|2Q\Delta\omega|} \right)^2 \right] \left(1 + \frac{\Delta\omega_{1/f^3}}{|\Delta\omega|} \right) \right\} \tag{10-55}$$

式中,F 为经验值,由测量确定;$\Delta\omega_{1/f^3}$ 为与器件噪声特性相关的一个拟合参数;Q 为谐振电路的 Q 值;ω_0 为振荡频率;$\Delta\omega$ 为频率偏移量。

10.5.4 相位噪声带来的问题

VCO 的相位噪声会给无线通信系统带来一系列问题,先考虑相位噪声对邻近信道造成的干扰,假设接收机接收一个中心频率为 ω_2 的微弱信号,其附近有一个发射机发射一个频率为 ω_1 的大功率信号并伴随着相位噪声。此时接收机希望接收的微弱信号会受到发射机相位噪声的干扰,如图 10-33 所示。在 900MHz 和 1.9GHz 周围频率 ω_1 和 ω_2 的差可以小到几十千赫,因此 LO 的输出频谱必须非常尖锐以减小对有用信号的影响。例如,相位噪声在 60kHz 频率偏移量上必须小于 -115dBc/Hz。

下面举例说明相位噪声对接收信号的影响。考虑图 10-34 所示情况,其中有用信道的带宽是 30kHz,信号功率与相距 60kHz 干扰信道相比低 60dB。为了使信噪比达到 15dB,干扰信道的相位噪声在偏移量为 60kHz 时应为多少? 干扰信道在有用信道上产生的总噪声功率等于

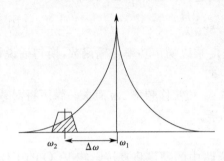

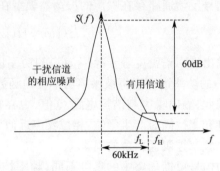

图 10-33 相位噪声对接收信号的影响　　图 10-34 相位噪声和有用信道的分布

$$P_{\mathrm{n,tot}} = \int_{f_{\mathrm{L}}}^{f_{\mathrm{H}}} S_{\mathrm{n}}(f)\mathrm{d}f \tag{10-56}$$

式中,$S_{\mathrm{n}}(f)$ 为干扰信道的相位噪声;f_{L} 和 f_{H} 分别为有用信道的低端和高端截止频率。为了计算方便,假设 $S_{\mathrm{n}}(f)$ 在有用信道带宽内等于 S_0,故有

$$P_{\mathrm{n,tot}} = S_0(f_{\mathrm{H}} - f_{\mathrm{L}}) \tag{10-57}$$

若信号功率用 P_{sig} 表示,干扰信道的功率用 $P_{\mathrm{n,tot}}$ 表示,则信噪比可以表示为

$$\mathrm{SNR} = \frac{P_{\mathrm{sig}}}{P_{\mathrm{n,tot}}} = \frac{P_{\mathrm{sig}}}{S_0(f_{\mathrm{H}} - f_{\mathrm{L}})} \tag{10-58}$$

$$\frac{S_0}{P_{\mathrm{sig}}} = \frac{1}{\mathrm{SNR}(f_{\mathrm{H}} - f_{\mathrm{L}})} \tag{10-59}$$

将相关的数值代入式(10-59),得

$$相位噪声 = 10\lg\frac{P_{\mathrm{n,tot}}/(f_{\mathrm{H}} - f_{\mathrm{L}})}{P_{\mathrm{int}}} = 10\lg\frac{S_0}{P_{\mathrm{sig}}} = -\mathrm{SNR}_{\mathrm{dB}} - 10\lg(f_{\mathrm{H}} - f_{\mathrm{L}}) - 60\mathrm{dB}$$

经过以上分析得出结论:为了使信噪比达到 15dB,干扰信道的相位噪声在偏移量为 60kHz 时应小于 -120dBc/Hz。

下面来分析当接收机同时收到有用信号和相邻信道的强干扰信号时,LO 的相位噪声对接收信号造成的干扰,如图 10-35 所示。

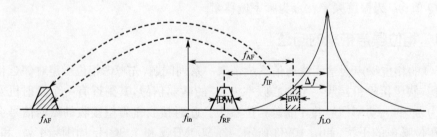

图 10-35 LO 的相位噪声对接收信号的干扰

234

图 10-35 中的有用信号（f_{RF}）和本振信号（f_{LO}）经混频后产生中频信号（f_{IF}），同时 LO 的相位噪声和相邻信道（f_{int}）的强干扰信号经混频后，相位噪声也被搬移到中频，从而对有用信号形成干扰，这种干扰称为倒易混频（Reciprocal Mixing）。另外，LO 的相位噪声显然会影响载波相位上携带的信息，如图 10-36 所示。理想情况下，星座图的各点应在各个方格的中心，但由于 LO 存在相位噪声，所以星座图的各点相对于中心会发生旋转，这会造成误码率的上升。

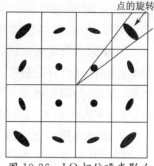

图 10-36　LO 相位噪声影响载波相位上携带的信息

10.6　频率合成的基本概念

随着电子技术的发展，要求信号的频率越来越准确与稳定，一般振荡器已不能满足要求，于是出现了高准确度和高稳定度的晶体振荡。但晶体振荡器的频率是单一的或只能在一个极小的范围内微调，然而在通信、雷达、宇航、仪表等应用领域，往往需要在一个频率范围内提供一系列高准确度和高稳定度的频率，这就需要应用频率合成。

频率合成是指从一个高稳定度和准确度的参考频率，经过各种技术处理，生成大量离散的频率输出。这里的技术处理方法，可以是传统的用硬件实现频率的加、减、乘、除基本运算，也可以是锁相技术，还可以是各种数字技术和计算技术；而这里的参考频率可由高稳定的参考振荡器（一般为晶体振荡器）产生，所生成的一系列离散频率输出与参考振荡器频率有严格的比例关系，且具有同样的准确度和稳定度。

10.6.1　频率合成器的基本原理

将一个高稳定度和高精度的标准频率信号经过加、减、乘、除的四则算术运算，产生有相同稳定度和精度的大量离散频率，这就是频率合成技术。根据这个原理组成的电路单元或仪器称为频率合成器。虽然只要求对频率进行算术运算，但是，由于需要大量有源和无源器件，使频率合成系统相当复杂，导致这项技术一直发展缓慢。直到电子技术高度发达的今天，微处理器和大规模集成电路大量使用，频率合成技术才迅速发展，并得到广泛应用。频率合成器的实现方式有 4 种，即直接式频率合成器、锁相环频率合成器（PLL）、数字直接综合器（DDS）、PLI＋DDS 混合结构。其中第一种已很少使用，第 2～4 种仍有广泛的使用，要根据频率综合器的使用场合、指标要求来确定使用哪种方案。下面分别简单介绍。

1.直接频率合成器

直接频率合成器是早期的频率合成器。基准信号通过脉冲形成电路产生谐波丰富的窄脉冲。经过混频、分频、倍频、滤波等进行频率的变换和组合，产生大量离散频率，最后取出所要频率。

例如，为了从 10MHz 的晶体振荡器获得 1.6kHz 的标准信号，先将 10MHz 信号经 5 次分频后得到 2MHz 的标准信号，然后经 2 次倍频、5 次分频得到 800kHz 标准信号，再经 5 次分频和 100 次分频就可得到 1.6kHz 标准信号。同理,如果想获得标准的 59.5MHz 信号,除经倍频外,还将经两次混频、滤波。

直接频率合成方法的优点是频率转换时间短,并能产生任意小数值的频率步进。但是它也存在缺点,用这种方法合成的频率范围将受到限制,更重要的是由于采用了大量的倍频、混频、分频和滤波等电路,给频率合成器带来了庞大的体积和重量,而且输出的谐波、噪声和寄生频率均难抑制。

2. 锁相环频率合成器

锁相环频率合成器(PLL)是利用锁相环路实现频率合成的方法,将压控振荡器输出的信号与基准信号比较、调整,最后输出所要求的频率,它是一种间接频率合成器。

1)基本原理

压控振荡器的输出信号与基准信号的谐波在鉴相器里进行相位比较,当振荡频率调整到接近于基准信号的某次谐波频率时,环路就能自动地把振荡频率锁到这个谐波频率上。这种频率合成器的最大优点是简单,指标也可以做得较高。由于它是利用基准信号的谐波频率作为参考频率,故要求压控振荡器的精度如超出这个范围,就会错误地锁定在邻近的谐波上,导致选择频道困难。对调谐机构性能要求也较高,倍频次数越多,分辨力就越差。因此,这种方法提供的频道数是有限的。

2)数字式频率合成器

数字式频率合成器是锁相环频率合成器的一种改进形式,即在锁相环路中插入一个可变分频器。这种频率合成器采用了数字控制的部件,压控振荡器的输出信号进行 N 次分频后再与基准信号相位进行比较,压控振荡器的输出频率由分频比 N 决定。当环路锁定时,压控振荡器的输出频率与基准频率的关系是 $f_o = N/R$,从这个关系式可以看出,数字式频率合成器是一种数字控制的锁相压控振荡器,其输出频率是基准频率的整数倍。通过控制逻辑来改变分频比 N,压控振荡器的输出频率将被控制在不同的频率上。

因此,数字式频率合成器可以通过可变分频器的分频比 N 的设计,提供频率间隔小的大量离散频率。这种频率合成法的主要优点是锁相环路相当于一个窄带跟踪滤波器,具有良好的窄带跟踪滤波特性和抑制输入信号的寄生干扰的能力,节省了大量滤波器,有利于集成化、小型化。另外,它还有很好的长期稳定性,从而使数字式频率合成器有高质量的信号输出,因此,数字锁相合成法已获得越来越广泛的应用。

由于微电子技术的快速发展,使得 PLL 锁相环频率合成器有了很高的集成化程度。图 10-37 所示的是数字式频率合成器电路框图,组成元器件有标准晶振频率源、频率合成器芯片、滤波器、压控振荡器、单片机等。

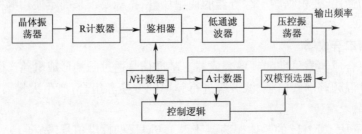

图 10-37　PLL 基本结构框图

3. 直接数字频率合成器（DDS）

直接数字频率合成技术是从相位概念出发，直接合成所需要波形的一种新的频率合成技术。近年来技术和器件水平的不断提高，使 DDS 技术得到了飞速的发展，它在相对带宽、频率转换时间、相位连续性、正交输出、高分辨率及集成化等一系列性能指标方面已远远超过了传统的频率合成技术，是目前运用最广泛的频率合成方法。

DDS 有别于其他频率合成方法的优越性能和特点，具体表现在相对带宽宽、频率转换时间短、频率分辨率高、输出相位连续、可产生宽带正交信号及其他多种调制信号、可编程和全数字化、控制灵活方便等方面，并具有极高的性价比。

1）DDS 的工作原理

实现直接数字频率合成的办法是用一通用计算机或微计算机求解一个数字递推关系式，也可以是在查找表的表格上存储正弦波值。现代微电子技术的进展，已使 DDS 能够工作在高约 10MHz 的频率上。这种频率合成器的体积小、功耗低，并可以几乎是实时的、相位连续的频率变换，具有非常高的频率分辨力，能产生频率和相位可控的正弦波。电路一般包括基准时钟、频率累加器、相位累加器、幅度/相位转换电路、D/A 转换器和低通滤波器。

DDS 的结构有很多种，其基本的电路原理可用图 10-38 来表示。相位累加器由 N 位加法器与 N 位累加寄存器级联构成。每来一个时钟脉冲，加法器将控制字 k 与累加寄存器输出的累加相位数据相加，把相加后的结果送到累加寄存器的数据输入端，以使加法器在下一个时钟脉冲的作用下继续与频率控制字相加。这样，相位累加器在时钟作用下，不断对频率控制字进行线性相位累加。可以看出，相位累加器在每一个时钟输入时，把频率控制字累加一次，相位累加器输出的数据就是合成信号的相位，相位累加器的输出频率就是 DDS 输出的信号频率。用相位累加器输出的数据作为波形存储器（ROM）的相位取样地址。可把存储在波形存储器内的波形抽样值（二进制编码）经查找表查出，完成相位到幅值的转换。波形存储器的输出送到 D/A 转换器，D/A 转换器将数字形式的波形幅值转换成所要求合成频率的模拟量形式信号。低通滤波器用于滤除不需要的取样分量，以便输出频谱纯净的正弦波信号。改变 DDS 输出频率，实际上改变的是每一个时钟周期的相位增量，相位函数的曲线是连续的，只是在改变频率的瞬间其频率发生了突变，因而保持了信号相位的连续性。这个过程可以简化为 3 步：

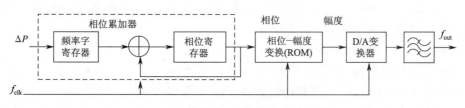

图 10-38 直接数字频率合成器的原理

（1）频率累加器对输入信号进行累加运算，产生频率控制数据或相位步进量。

（2）相位累加器由 N 位全加器和 N 位累加寄存器级联而成，对代表频率的二进制码进行累加运算，产生累加结果。

（3）幅度/相位转换电路实质是一个波形存储器，以供查表使用。读出的数据送入 D/

A 转换器和低通滤波器。

2）DDS 的优点

（1）输出频率相对带宽较宽。输出频率带宽为 50%（理论值）。但考虑到低通滤波器的特性和设计难度及对输出信号杂散的抑制,实际的输出频率带宽仍能达到 40%。

（2）频率转换时间短。DDS 是一个开环系统,无任何反馈环节,这种结构使得 DDS 的频率转换时间极短。事实上,在 DDS 的频率控制字改变之后,需经过一个时钟周期之后按照新的相位增量累加,才能实现频率的转换。因此,频率时间等于频率控制字的传输,也就是一个时钟周期的时间。时钟频率越高,转换时间越短。DDS 的频率转换时间可达 ns 数量级,比使用其他的频率合成方法都要短数个数量级。

（3）频率分辨率极高。若时钟的频率不变,DDS 的频率分辨率由相位累加器的位数 N 决定。只要增加相位累加器的位数 N,即可获得任意小的频率分辨率。大多数 DDS 的分辨率在 1Hz 数量级,许多小于 1mHz 甚至更小。

（4）相位变化连续。改变 DDS 输出频率,实际上改变的每一个时钟周期的相位增量,相位函数的曲线是连续的,只是在改变频率的瞬间其频率发生了突变,因而保持了信号相位的连续性。

（5）输出波形的灵活性。只要在 DDS 内部加上相应控制（如调频控制 FM、调相控制 PM 和调幅控制 AM）,即可以方便、灵活地实现调频、调相和调幅功能,产生 FSK、PSK、ASK 和 MSK 等信号。另外,只要在 DDS 的波形存储器存放不同波形数据,就可以实现各种波形输出,如三角波、锯齿波和矩形波甚至是任意的波形。当 DDS 的波形存储器分别存放正弦和余弦函数表时,即可得到正交的两路输出。

（6）其他优点。由于 DDS 中几乎所有部件都属于数字电路,易于集成,功耗低、体积小、重量轻、可靠性高,且易于程控,使用相当灵活,因此性价比极高。

3）DDS 的局限性

（1）最高输出频率受限。由于 DDS 内部 DAC 和波形存储器（ROM）的工作速度限制,使得 DDS 输出的最高频有限。目前市场上采用 CMOS、TTL、ECL 工艺制作的 DDS 芯片,工作频率一般在几十兆赫至 400MHz,采用 GaAs 工艺的 DDS 芯片工作频率可达 2GHz 左右。

（2）输出杂散大。由于 DDS 采用全数字结构,不可避免地引入了杂散。其来源主要有 3 个:相位累加器相位舍位误差造成的杂散、幅度量化误差（由存储器有限字长引起）造成的杂散和 DAC 非理想特性造成的杂散。

4. DDS+PLL 频率合成器

DDS 的输出频率低,杂散输出丰富,这些因素限制了它的使用。间接 PLL 频率合成虽然体积小、成本低,但各项指标之间的矛盾也限制了其使用范围。可变参考源驱动的锁相频率合成器对于解决这一矛盾是一种较好的方案。可变参考源的特性对这一方案是至关重要的,作为一个频率合成器的参考源,首先应具有良好的频谱特性,即具有较低的相位噪声和较小的杂散输出。虽然 DDS 的输出频率低,杂散输出丰富,但是它具有频率转换速度快,频率分辨率高,相位噪声低等优良性能,通过采取一些措施可以减少杂散输出。用 DDS 作为 PLL 的可变参考源是理想方案。图 10-39 为 DDS+PLL 频率合成器实物。

图 10-39　DDS＋PLL 频率合成器

10.6.2　频率合成器的常用技术方案

锁相频率合成是应用锁相环路的频率合成方法,从一个高稳定度和高准确度的基准频率合成大量的离散频率。基准频率产生器提供一个或几个参考频率,锁相环路利用其良好的窄带跟踪特性,使压控振荡器的输出频率准确地稳定在参考频率或某次谐波上。

1)单环频率合成器

单环频率合成器是最基本的频率合成器。常见的单环频率合成器有带有前置分频器的数字频率合成器、设置前置混频器和吞脉冲频率合成器。

图 10-40 所示为带有前置分频器的数字频率合成器。固定分频器的工作频率一般高于可变分频器的工作频率。

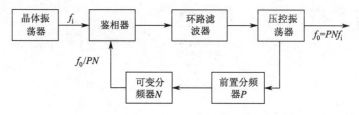

图 10-40　带有前置分频器的数字频率合成器

环路锁定时,输出频率为

$$f_0 = PNf_i$$

当改变可变分频器时,就可以输出不同的合成频率。频率合成器的频率分辨率为

$$\Delta f = Pf_i$$

即频率分辨率降低到原来的 $1/P$,可以把参考频率也降低到原来的 $1/P$ 来克服这一缺点,但降低鉴相器的参考频率会使锁相环路的许多性能变坏,可见它是以加大频率间隔、降低分辨率为代价换取输出频率的提高。解决这一问题的方法,是采用下变频和双模前置分频法来保持频率分辨率不变。

图 10-41 为设置前置混频器的频率合成器。从图 10-41 中可以看出,电路是对压控

振荡器的输出频率进行混频并取差频,从而降低可变分频器的输入信号的频率。

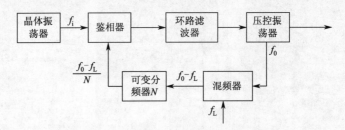

图 10-41　设置前置混频器的频率合成器

由图 10-41 可知,可变分频器的输入信号的频率为 f_0-f_L。当环路锁定时为 $f_i=(f_0-f_L)/N$,输出频率为 $f_0=f_L+Nf_i$,可见这时频率分辨率仍然为 f_i,这种方法提高了频率合成器的输出频率,但并没有降低频率分辨率,这种频率合成器只是用混频器把频率 Nf_i 搬移到了 f_L 频率两边,因此环路性能和本地载频没有直接关系,环路的分析和参数的计算和基本单环合成器相同。

在锁相环路中插入混频器和滤波器,使锁相环路的电路复杂,滤波器会使环路性能变坏,混频过程必然会产生组合频率分量,造成输出信号的频谱纯度下降,为此可以采用吞脉冲频率合成器。

吞脉冲频率合成器(双模前置分频器型单环频率合成器)将前置分频器用双模分频器取代,以保持频率间隔为 f_i 的前提下提高输出频率。图 10-42 为吞脉冲频率合成器组成框图。

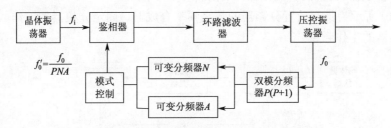

图 10-42　吞脉冲频率合成器组成框图

在一个计数周期内,总计脉冲数即分频比为

$$N_t=(P+1)A+P(N-A)=A+PN \tag{10-60}$$

频率合成器的输出频率为

$$f_0=N_tf_i=(A+PN)f_i \tag{10-61}$$

式(10-61)表明,与简单的频率合成器相比,f_0 提高了 P 倍,而频率分辨率仍保持为 f_i,其中 A 为个位分频器,又称尾数分频器。

2)多环频率合成器

在不降低参考频率的情况下,提高频率分辨率的一个方法就是采用多环频率合成的方法,常见的有双环和 3 环的频率合成器。

图 10-43 所示为一个 3 环频率合成器框图,它由 3 个锁相环路和一个混频电路构成,设 A 环路输出频率为 f_a。

240

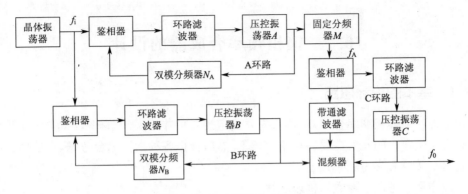

图 10-43 3 环频率合成器框图

经过一个 M 倍的固定分频器后得到 f_A

$$f_A = f_a/M = N_A f_i/M \tag{10-62}$$

频率分辨率为 $\Delta f_A = f_i/M$。

显然比单环合成器的频率分辨率提高了 M 倍,因此一般称 A 环路为高分辨率环。设 B 环路的输出频率为 $f_B = N_B f_i$,频率分辨率为 $\Delta f_B = f_i$,C 环路是混频相加环,将 B 环路的输出频率和 C 环路的输出频率混频之后得到 $f_0 - f_B$,并送到鉴相器和 f_A 做相位比较,可得到输出频率为

$$f_0 = f_A + f_B = \frac{N}{M} f_i + N_B f_i \tag{10-63}$$

10.6.3 频率合成的主要参数

1. 频率范围

频率合成器的输出频率最小值 f_{omin} 和最大值 f_{omax} 之间的变化范围,即频率合成器的工作频率范围,也可以用频率覆盖系数 $k = f_{omax}/f_{omin}$ 来表示。

2. 频率分辨率

频率分辨率是指相邻频率之间的最小间隔,它是频率合成器的频率间隔。用途不同,要求的频率间隔不同。比如,对短波单边带通信来说,多取频率间隔为 100Hz,有的甚至取为 10Hz、1Hz 乃至 0.1Hz;对超短波通信来说,频率间隔多取为 50kHz 或 10kHz。

3. 频率转换时间

频率转换时间是指从一个工作频率转换到另一个工作频率并达到稳定工作所需要的时间。

4. 频率稳定度与准确度

频率稳定度是指在规定的时间间隔内,合成器频率偏离标称值的程度。频率准确度是指实际工作频率偏离标称值的数值,即频率误差。

5. 频谱纯度

频谱纯度是指输出信号接近正弦波的程度,是频域指标。理想的正弦信号的频谱只有一根谱线,但实际的正弦信号由于噪声的影响不可能只有一根谱线。在有用信号频谱的两边,总有一些不需要的离散谱和连续谱,这些离散谱称为杂波,连续谱称为噪声。

10.7 锁相频率合成器的设计

10.7.1 基本的设计思路

在设计一个锁相频率合成器时,首先要确定想要的中心频率、频率的范围(最低和最高的频率)、锁定时间及所需要的频率分辨率,然后根据各种指标综合考虑,来选择合适的 PLL 芯片、VCO 和参考频率。

一般主要参考以下参数来挑选芯片。

(1)最大输出频率和最小输出频率。一般来说最大输出频率不能大于设计规定的 VCO 安全容限的 20%,最小输出频率不能小于设计规定的 VCO 安全容限的 20%,同时尽量使用可调带宽小的 VCO 来减小它的相位噪声。

(2)VCO 的增益灵敏度 K_{vco}。一般选择在 5MHz/V~70MHz/V 之间。

(3)电荷泵增益 K_φ,用 mA/2π 来表示。为了在 VCO 输出端获得最低的相位噪声,应该选择 K_φ 为 PLL 芯片所允许的最大值,该值通常为 1mA/2π 或 5mA/2π。在不考虑电流消耗的情况下,可以选择 5mA/2π 的电荷泵。

(4)频率分辨率。一般频率分辨率越高,PLL 的相位噪声就越小。

(5)PLL 环路滤波器的环路带宽 f_c。f_c 应该尽可能地窄,以减少伪噪声,但其代价是响应速率的下降。通常应该在 1kHz~20kHz 之间,但是必须至少为 1/20 的频率分辨率。一般来说,环路带宽是参考边带抑制和锁定时间的一个折中,关于这一点将在环路滤波器的设计中进行介绍。

(6)相位容限 ϕ,通常选择在 30°~70°之间。相位裕量越高,PLL 的稳定性越高,但是锁定时间也将相应变慢,所以常选择 45°作为环路稳定性和环路相位之间的一个折中选择。

(7)参考频率。参考频率必须为频率分辨率的倍数,通常选用 10MHz。

通过以上几个参数,就可以选择出合适的集成芯片。

如果频率合成器需要宽带的 VCO,就需要更高的直流调节电压,因为超宽频的 VCO 大概需要接近 20V 或者更大的控制电压,但是一个典型的窄带 PLL 芯片只能提供 5V 左右的调节电压。为了解决这个问题,常采用的方法是在 VCO 的控制输入电压端口和环路滤波器的输出端口之间插入一个低噪声、高电源电压的运算放大器。

在设计阶段结束以后,通常要进行调测。下面简单介绍如何调试锁相环频率合成器。

1. VCO 部分

因为 VCO 由 PLL 频率合成器来生成信号输出,所以 PLL 的绝大部分性能都是由它决定的。如果 VCO 未能正确地运作,则许多性能参数都将受到影响。在调试阶段的初期应对 VCO 进行测试,以确保其提供预定的频率范围、增益和输出电平。如果只是想测试 VCO,则需对 PLL 进行修正,以取消闭环控制。这是"断开"环路的一种常用方法,可使 VCO 调谐电压在期望的范围内改变。当调谐电压改变时,应在一个频率计数器(或频谱分析仪)上监视 VCO 的工作频率,记录若干调谐电压设定值条件下的 VCO 工作频率。

利用由上述的简单测试所获得的数据,可以对 VCO 能否工作于期望的频率之上做出快速评估。为了对该条件进行校正,应核实 VCO 振荡回路中的所有谐振元件均具有所需的参数值。

电抗元件的尺寸非常小,以至于无法印上可见标签。这就意味着对 VCO 元件最容易的测试方法是采用已知数值的元件来进行替换。由于第一块电路板的组装可能是手工完成的,因此很有可能在 PCB 上焊接了参数值不正确的元件。可根据需要替换振荡回路中的元件,以使 VCO 频率接近期望的工作点。

如果在对 VCO 进行校正后,PLL 仍然有可能出现问题。譬如 VCO 的调谐增益与计算环路滤波元件参数值时所采用的数值相差较大,则环路有可能发生振荡。反馈环路稳定性的获得,要求环路增益位于特定的范围内。如果 VCO 处于正确的频率上但增益误差较大,则环路本身将发生振荡,并导致 VCO 在众多的频率上被调制。应在开环条件下使用 VCO 数据,以验证环路增益接近设计目标值。如果 VCO 的调谐增益过高,则变容二极管将被过于紧密地耦合至谐振电路(应确认安装了正确的变容二极管)。

2. 分频器

PLL 设计往往会忽视数字分频器的规格。分频器的工作状况一般是良好的,但由于不能始终保持这种良好的工作状态,因此 PLL 有时无法获得预期的工作性能。所有的分频器都具有针对最大输入频率和最小输入电平的规格。在一个忽视了最大输入频率规格的设计中,分频器将"丢失脉冲"。闭环随后将检测出 VCO 的频率过低,并使调谐电压进一步走高。分频器将丢失更多的脉冲,并且环路将试图把 VCO 提升至一个更高的频率上。环路将进入一个"闭锁"状态,此时,VCO 调谐电压被保持在正电源电压上。这里,在工作上容易使人产生误解的问题是,反馈分频器不仅必须对 VCO 的预期输出进行分频,而且还必须对 VCO 在锁定和解锁条件下有可能产生的最高频率进行正确的分频。为了使环路可靠地运行,在启动或信道变更时所遇到的瞬变条件不得引发反馈极性反转。

一般对分频器的设计主要考虑以下两个方面:

(1)VCO 的幅度是否足以驱动分频器。反馈分频器的运作也有一个最小信号幅度要求,应确保到达分频器的 VCO 信号电平在 VCO 的整个频率范围内都远远高于数据表所给出的最小值。当信号电平过低时,分频器通常将丢失脉冲,从而使得 PLL 无法获得稳定的稳态操作。

(2)是否采用了正确的数值对分频器进行编程。如果分频器控制寄存器被装入了错误的数值,则 PLL 将不会产生正确的频率。在许多接收机嵌入型 PLL(尤其是那些采用正交发生电路的应用)中,常见的固定 1∶2 分频器往往会被忽视。最后,由于串行总线上的故障数据传输的缘故,PLL 控制寄存器有可能被装入错误数据。设置于串行总线线路之上、用于对噪声和干扰控制提供帮助的 RC 网络,有可能导致不正确的数据传输。需要采用一个示波器来确认总线定时要求得到满足,而且被提供至 PLL IC 引脚的数据是有效的。

3. 环路滤波器

环路滤波器用于设定 PLL 的带宽、瞬态响应,并对噪声频谱进行整形。设计环路滤波器主要考虑以下两个方面。

（1）环路滤波器中是否安装了正确的元件。如果安装了错误的元器件，带宽就有可能过宽，从而导致在 PLL 输出端上产生基准频率寄生边带。带宽也有可能过窄，造成 VCO 相位噪声充斥输出频谱且稳定时间过长。如果阻尼因数过低，则环路将发生振荡。极化滤波电容器具有很高的漏电流，因而会导致环路持续地采用大电荷泵脉冲来进行校正。这种持续的校正操作将使得基准频率寄生边带比预想的要大，应安装低漏电电容器（陶瓷、云母、聚合物薄膜电容器）来改善此性能。

（2）有源滤波器中的运算放大器是否处于饱和状态。不带片上电荷泵的 PLL 将具有用于控制升压、降压条件的相位检波器输出，这些 PLL 常常采用一个有源环路滤波器。在采用有源环路滤波器的场合，运算放大器的输入级有可能在每个来自相位频率检波器的校正脉冲上发生饱和。由于并未对退出这种饱和状态做出精确的规定或控制，因此环路动态性能将无法达到设计指标。解决方案是"分离"运算放大器的输入电阻器，并在响应中设置一个极点。这将防止快速脉冲边沿到达运算放大器输入端，从而避免发生脉冲式的饱和现象。必须检查该附加极点对环路稳定性的影响，因为它将减少设计的相位裕量。

同样，有些运算放大器输入级也会在加电条件下改变极性，从而导致环路因为过量的正反馈而发生饱和，解决方案是选择一个不受加电瞬变条件干扰的运算放大器。

4. 相位频率检波器和电荷泵

相位频率检波器和电荷泵通常是与其他 PLL 电路集成在一起的，因此，如果它们设计得过于严格的话，则几乎没有应付困难情形的余地，所以不得不期待着留有一些容错空间。

大多数 IC 中的相位－频率检波器，其操作的某些方式都是由寄存器值来设置的。检波器的极性可在软件控制下进行设定，而且电荷泵电流的大小可以具有多个用户定义值。

（1）相位检波器的极性设定是否正确。相位检波器控制允许 PLL IC 在 VCO 增益为正值或负值的情况下运行，或对一个有源环路滤波器中的信号反相进行补偿。应确认相位检波器的极性是正确的，以使其能够与指定的 VCO 和环路滤波器一起运作。如果采用以地电位或电源为基准的控制电压来使环路闭锁，则执行一个简单的位反转，即可完成使 PLL 运行的全部工作。

（2）电荷泵电流是否为期望值。电荷泵同样（常常）也是由用户来控制的。这样很方便，因为它允许频率合成器在一个很宽的调谐范围内操作，并可在所关心的频带内对 PLL 的增益变化进行校正，如此可在低、中及高 VCO 频率条件下获得相似的环路动态性能和噪声特性。如果当频率合成器在其频带内进行调谐时电荷泵电流未被改变，则噪声边带和调谐时间均会发生变化。如果在一个工作性能良好的 PLL 中出现上述任何一种现象，则表明电荷泵电流可能设定得过低、过高，或正在进行与应用不相适合的改变。

5. 印制电路板

PLL 通常需要考虑的最后一个方面便是印制电路板（PCB）的影响。正如许多 RF 工程师所熟知的那样，PCB 是系统至关重要的一个部分，因此正确的设计准则是必须遵循的。通常，需在滤波器区域采用正确的净化处理工艺清除污染物，改善 PLL 性能。另外，以下方面也需注意：

(1)VCO 调谐线路是否采取了屏蔽措施。调谐电压非常微小的变化也会使一个高增益 VCO 产生很大的频率偏移。VCO 调谐线路具有高阻抗,而且噪声会很容易地耦合至线路上,并对 VCO 进行调制。数字信号走线不得布设在 VCO 调谐线路的附近。经验丰富的工程师将会避免在 VCO 调谐线路的近旁排布任何信号走线,其目的就是要防止频率合成器的性能受到任何的影响。

(2)VCO 是否被屏蔽。VCO 的作用相当于一个具有增益的窄带带通滤波器,任何具有靠近 VCO 谐振点的频率内容的噪声都会很容易地被耦合至 VCO 并对其进行调制。如果 VCO 在一个"稳固的"晶体振荡器的某个谐波上进行调谐,则可以预料,当谐波能量被耦合至 VCO 振荡回路中时,就会产生寄生输出。

在经过上面的调试后,基本上频率合成器就能工作,但仍有可能出现诸如噪声输出、频率输出不正确、伪输出和间歇或连续的锁定拒绝的问题。下面对这些问题进行分析,以帮助大家在调测的过程中尽快发现问题和解决问题。

在实际中,有许多问题可以导致噪声输出,因为在一个设计好的 PLL 电路中,相位噪声的最大来源是 PLL 内部的鉴相器,但是这个内部的自生噪声可以被下列任何现象所淹没:

(1)所采用的 VCO 设计不当,具有较多噪声。

(2)环路滤波器不够宽,不足以滤除 VCO 添加的额外噪声。一般在环路带宽之内 VCO 噪声很小,但是在环路带宽之外 VCO 噪声非常大。

(3)采用的参考振荡源为有噪声的或者非晶体振荡器。

(4)电荷泵为低电流型或者低电压型。

(5)输入到分频器的信号幅度电平不对。

当遇到参考寄生频率时,即频率中的伪信号以一定间隔出现时,其间隔和比较频率与载波频率的间隔相同。这些噪声可能在参考频率的谐波附近发生,其产生原因有电荷泵泄漏、匹配不当、PCB 串扰、输入 PLL 的直流电源耦合不当、外部噪声和信号源不纯等。

如果 PLL 电路锁定不可靠,或者其各种性能指标都不是很好,则可以执行以下的步骤:

(1)确认参考振荡器是否在运行,并且是否在适当的功率量级上。

(2)确认输入到 PLL 芯片的数据正确。

(3)确认 PCB 的设计是否有问题,从而引起参考寄生频率的产生和噪声的输出。

(4)保证不会提供给 VCO 一个 0V 的直流调整电压,并且保证 VCO 是在它的设计调整范围内被操作。同时当对大于 f_{max} 或者低于要求的 f_{min} 为 15%~20% 的频率进行锁定时,需要对超过范围的情况留下足够的空间。在实际中,电荷泵和 VCO 利用分离器件搭建比较少用,但是设计环路滤波器在很多锁相频率合成器中出现。

10.7.2 环路滤波器的设计

环路滤波器的设计和调试在锁相环设计中占很重要的位置,它直接关系到相位噪声、杂散抑制、跳频时间和环路稳定等。在现代锁相环设计中,采用电荷泵锁相环已成为主流,它使得有源环路滤波器较无源环路滤波器已失去传统意义上的优势。如要获得较高的边带抑制度,无源环路滤波器仅需简单的 RC 滤波,而有源环路滤波器则需使用具有传输零点的高阶 LC 滤波。

无源环路滤波器最基本的是 2 阶无源环路滤波器,由 L、C 元件组成,3 阶、4 阶都是在 2 阶无源环路滤波器的基础上加上低通滤波器形成的。理论上,无源环路滤波器的阶数越高,对杂散抑制越好,因为从波特图上可以看到,阶数高的无源环路滤波器的传递函数能以更快的速度衰减。但是由于其采用了更多的无源器件,必然会增大损耗,增加噪声,导致系统的稳定性下降。

10.7.3 PLL 的各个部件选购和设计

可以直接购买专业厂家的产品有晶体振荡器、PLL 集成电路、单片计算机和 VCO 压控振荡器。需要设计的部分是低通滤波器 LPF 和单片机的程序。

1. 晶体振荡器

目前,使用最多的标准频率源是晶体振荡器。专业生产厂家的产品指标越来越高,体积越来越小。常用的有恒温晶振 OCXO、温补晶振 TCXO、数字温补 DCXO。常用标准频率有 10MHz、20MHz、40MHz 等。频率稳定度可以达到 $\pm 1 \times 10^{-6}$,各种标准封装都有。国内技术已经成熟,可根据 PLL 集成电路的情况和频率合成器整机设计要求选购。

2. PLL 集成电路

PLL 集成电路以国外公司生产为主,性能稳定、可靠。工作频率涵盖 VCO 频率。芯片内包括参考标准频率源的分频器、VCO 输出信号频率的分频器、鉴相器、输出电荷泵等。两个分频器可以将标准频率和输出频率进行任意分频,满足频率合成器的频率分辨率要求,不同信号经不同分频后,得到两路同频率信号,再进行比相,相位差送入电荷泵,电荷泵的输出电流与相位差成比例,进一步输出给 LPF,控制 VCO。

国外几个主要的 PLL 集成电路生产厂家分别为 AD 公司、PE 公司、HITTITE 公司、Motorola 公司等。每个型号的 PLL 芯片都有相应的设计软件,选定参考标频、输出信号频率范围和步进等设计条件,可以方便地得出芯片的控制逻辑关系。

3. 单片计算机

单片机用来调整频率合成器的输出频率,也就是控制 PLL 芯片的逻辑关系。控制码对应关系可以是依据整机给定的控制码,也可以是芯片内部软件给出的控制码。总之,计算机提供一个变换输出频率的指令。可选用的单片机,如许多公司的 51 系列,也可以用可编程控制器件 FPGA 或 CPLD,如 MicroChip 公司的 PCIl8 系列。使用时应依据编程习惯来选择。

4. 压控振荡器(VCO)

压控振荡器输出所需要的微波信号。VCO 的基本电路是一个变容二极管调谐振荡器。为了实现宽范围调谐,通常要求较高的电压,供电电源为 12V 或更高。在频率合成器中,VCO 的压控电压来自于低通滤波器,与 PLL 芯片的输出电流有关。

VCO 也有大量产品可供选购,在微波频段,VCO 已经成为微封装电路,指标稳定可靠,使用方便。国外 MINI-CIRCUITS、SYNERGY、HITIITE 等公司的 VCO 在国内也有许多代理商。图 10-44 为采用 ADF4106 的频率合成器电路。

图 10-44　采用 ADF4106 的频率合成器电路

5. 低通滤波器 LPF

现代频率合成器的设计中,硬件的主要工作就是低通滤波器,其性能的优劣直接影响到频率合成器的相位噪声和换频速度。因为其他元件在选购时,特性指标已经确定,所能调整的只有低通滤波器。低通滤波器在频率合成环路中又被称为环路滤波器。低通滤波器通过对电阻、电容进行适当的参数设置,使高频成分被滤除。由于鉴相器 PD 的输出,不但包含直流控制信号,还有一些高频谐波成分,这些谐波会影响 VCO 电路的工作。低通滤波器就是要把这些高频成分滤除,以防止对 VCO 电路造成干扰。滤波器的结构可以是无源 RC 滤波器,也可以是有源运放低通滤波器。

10.7.4　PLL 的锁定过程

举个简单的锁相环例子说明上述部件的工作过程。假定最初环没有被锁定,参考频率是 100MHz,把 VCO 的电压调到 5V,输出频率为 100MHz,鉴相器能产生 1V 峰峰值的余弦波。

使用一类环路滤波器,如图 10-45 所示,它在低频时增益为 100,在高频时增益为0.1。环路没有锁定时,VCO 的工作频率可能在工作范围内的任何位置。假定工作频率为 101MHz,当参考频率工作的前提下,在鉴相器输出端有 1MHz 的差频,对环路滤波器而言,这个频率是高频,滤波器的增益只有 0.1。在 VCO 的电压上有鉴相器的输出 0.1V 峰峰值的调制,但这个电压对 VCO 频率影响不大。

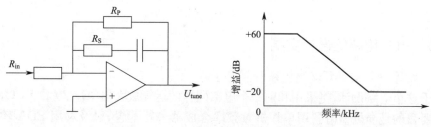

图 10-45　一类环路滤波器及其响应特性

如果 VCO 频率距离参考频率越来越远，环内就没有足够的增益将环锁定。如果 VCO 频率是 100.1MHz，差频就是 100kHz，使环路滤波器处在高增益频率范围是恰当的。调节 VCO 频率增大差频电压，随着 VCO 的频率接近参考频率，差频变得更低，它进入了环滤波器的高增益范围，加速了 VCO 频率的改变，直到它和参考频率相同。此时，差频是 0。锁定后，锁相环成为一个稳定的闭合环路系统，VCO 频率与参考频率相同。鉴相器输出瞬时电压与 VCO 输出瞬时电压如图 10-46 所示。

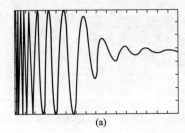 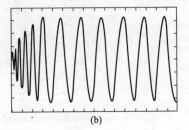

图 10-46　鉴相器输出瞬时电压与 VCO 输出瞬时电压

鉴相器的输出电压与两路输入电压的关系为

$$2U_e = kU_aU_b\cos(\Delta\phi) \tag{10-64}$$

当锁相环频率锁定时，VCO 输入电压达到 5V。因为环滤波器的增益为 100，故鉴相器输出的电压为 $U_e = -50\text{mV}$，鉴相器最大电压是 1V 峰峰值，由式(10-64)得鉴相器的输出相位为 95.7°，环路滤波器保持 VCO 输出为 100MHz，并维持鉴相器两端信号有 95.7° 的相位差。

振荡器在一个周期的相位移为 360°，在一个特定的时间，如果频率增大，会积累更多的相位移。如果 VCO 的频率改变得更多，将快速地积累更多的相位移。鉴相器输出电压上升，环路滤波器会增强这个改变量并且降低 VCO 的控制电压，VCO 输出频率会降到 100MHz，VCO 频率偏低的情况与此类似。这个控制过程是能够维持下去的。

由于温度、噪声、地心引力等外部因素引起的 VCO 频率微小改变，锁相环也能够稳定地输出。鉴相器输出一个误差电压，环滤波器将使它增强，VCO 频率和相位将回到正确值。环的矫正作用就是保持频率和相位为恒量。

PLL 环路在某一因素作用下，利用输入与输出信号的相位差 $\varphi_e(t)$ 产生误差电压，并滤除其中非线性成分与噪声后的纯净控制信号 $u_c(t)$ 控制压控振荡器，使 $\varphi_e(t)$ 朝着缩小固有角频差方向变化。一旦 $\varphi_e(t)$ 趋向很小常数 $\varphi_{e\infty}$（称为剩余相位差）时，则锁相环路被锁定了，即 $\omega_0(t) = \omega_i(t)$。

环路锁定的充分必要条件是

$$\varphi_e(t) = \varphi_{e\infty}$$

10.7.5　PLL 电路的设计实例

例　设计一个 410MHz 锁相频率合成电路。

对于这个电路设计，将采用和前一个电路同样的运算放大器 AD820 和 VCO，这个设计的主要目的是介绍如何利用单片机对频率合成器进行配置，以及利用 EDA 软件对电路进行设计。该设计锁相频率合成电路的具体实现结构图如图 10-47 所示。

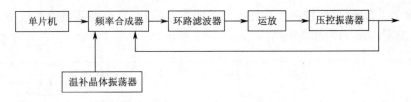

图 10-47　锁相频率合成电路的具体实现结构

此锁相环的核心是频率合成器芯片 ADF4106。使用单片机 AT89C2051 对内部寄存器进行操作,设定参考分频器和程序寄存器分频比及其他工作状态。参考频率选择高稳定度±1×10^{-6}的 10MHz 温度补偿晶体振荡器,输入 ADF4106 后首先经过参考分频器,分频后作为鉴相器的参考频率。鉴相器输出的电流大小反映了反馈频率和参考频率的差别,环路滤波器采用 RC3 阶环路滤波器,由于压控振荡器的输入端的电压较大,而频率合成器输出电压小,所以选择了运算放大器芯片 AD820 把误差电压信号放大。控制压控振荡器 POS-535,输出信号即为 410MHz 的本地振荡器信号。此信号的频率稳定度和 10MHz 参考频率信号一样。

该 410MHz 频率合成电路的技术指标是:输出信号为 410MHz 余弦波(CW),频率稳定度为±10^{-6},相位噪声为 90dBc/Hz@10kHz,相位裕量为 45°,幅度裕量为-10dB,调谐灵敏度为 20MHz/V,输出功率为 0dBm(发射机)、5dBm(接收机)。

用 ADI 公司的 ADIsimPLL 软件对锁相环进行仿真,其结果符合设计要求。

下面具体介绍每一个电路或芯片的功能。

(1)频率合成器在实际设计中,选择了 ADI 公司的频率合成器芯片 AD4106。ADF4106 是美国 ADI 公司最新生产的锁相环芯片。它是一种频率上限高、性能好的集成数字锁相环频率合成器芯片,在一块很小的芯片中集成了锁相环频率合成器的多种重要部件。只需再合理搭配上一两块集成电路和少量的外围电路,即可构成一个完整的低噪声、低功耗、高稳定度和高可靠性的频率合成器,设计应用简单灵活,且易于减小系统体积。它集成了一个低噪声的数字鉴相器、一个可编程的分频器及其他模块。另外,可以通过简单的 3 线接口控制片内的寄存器,从而方便地控制芯片的工作状态。

集成锁相环芯片 ADF4106 具有较高的工作频率,最高可达到 6.0GHz。它主要应用于无线发射机和接收机中,为上、下变频提供本振信号。该芯片主要由低噪声数字鉴相器、精确电荷泵、可编程参考分频器、可编程 A/B 计数器及双模前置分频器(P/P+1)等部件组成。

数字鉴相器用来对 N 计数器和 N 计数器的输出相位进行比较,然后输出一个与两者相位误差成比例的误差电压。鉴相器内部还有一个可编程延迟单元,用来控制翻转脉冲的宽度。这个翻转脉冲保证鉴相器的传递函数没有死区,因此降低了相位噪声和参考杂散。精确电荷泵采用可编程电流设置完成输出。可编程参考分频器实际上是一个 14 位的 N 计数器,主要完成对外部恒温晶体振荡器进行分频,分频比的范围是 1～16383,从而得到参考频率。可编程 A/B 计数器及双模前置分频器(P/P+1)共同完成主分频比 N(/N=BP+A),双模前置分频器(P/P+1)也是可编程的,它的取值有 8/9、16/17、32/33 和 64/65 几种模式。

ADF4106 的最大特点就是其极高的工作频率,这使得许多高频系统的倍频装置得以精简,还简化了系统结构,降低了功耗和设备成本。因此,它在高频电路系统中得到了广泛应用。ADF4116 的内部功能结构如图 10-48 所示。

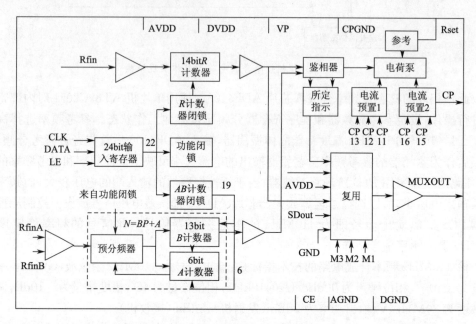

图 10-48   ADF4106 的内部功能结构

单片机通过功能控制字 CLK、DATA、LE 这 3 个管脚进行串行通信,可以对锁相芯片进行配置。单片机需要写入的控制字包括初始化控制字、参考分频器控制字和 N 分频器控制字,如表 10-3 至表 10-6 所列。

其主要技术参数是:可输出频率小于 550MHz;双模因子为 8/9($P=8$);参考频率为 $5M<f_r<100M$;锁定频率为 $f=Nf_r/R$,其中 $N=(BP+A)$;A、B、R 为内部可编程计数器,A 为 5 位,B 和 R 为 14 位。

(2)单片机选用 Atmel 公司的 AT89C2051 对频率合成器进行控制,其主要技术指标是:8 位单片机,2KB 可擦除编程闪存,5V TTL 电平,15 个编程 I/O 口。

单片机把控制字写入 24 位的输入寄存器,继而根据控制字的地址信息位分配到各个不同的寄存器。这些寄存器有初始化寄存器、功能寄存器、R 分频寄存器和 A/B 分频寄存器。首先加载初始化控制字到初始化寄存器,该控制字指定了比例因子 $P/P+1$,指定电荷泵的电流设置位、定时器计数控制位、快锁模式控制及其他芯片初始化控制位。

继而自动加载功能控制字到功能寄存器,内部将产生一个脉冲来复位各个分频器值,此时电荷泵处于三态状态。初始化结束后,将参考分频器控制字、分频器控制字分别写入对应寄存器中,用以指定分频比。

需要注意的是,ADF4106 采用电荷泵锁相技术,电荷泵将反映两信号相位差的脉冲转换成反映相位差的平均电压或电流,可以提供无限牵引范围和零稳态相位误差。

(3)环路滤波器在本系统中,环路滤波器的主要作用就是衰减误差电压的高频分量,提高抗干扰能力。采用 3 阶环路滤波器,其环路带宽为 20kHz。此环路滤波器的设计主要利用 ADI 公司的 ADIsim-pll 软件来完成。

250

表 10-3 初始化控制字

功能描述		计数器重启	加电位1	MUXOUT控制			鉴相器极性	CP三态	快锁使能	快锁模式	时间计数器控制				电流设置1			电流设置2			加电位2	比例因子	
控制位	控制位																						
数据位	DB0	DB2	DB3	DB4	DB5	DB6	DB7	DB8	DB9	DB10	DB11	DB12	DB13	DB14	DB15	DB16	DB17	DB18	DB19	DB20	DB21	DB22	DB23
(DB1)	DB1																						
符号	1		PD1	M1	M2	M3	F2	F3	F4	F5	TC1	TC2	TC3	TC4	CP16	CP16	CP16	CP16	CP16	CP16	PD2	P1	P2
(DB1)=1	1																						

表 10-3 初始化控制字（整理）

功能描述	控制位	控制位	计数器重启	加电位1	MUXOUT控制	MUXOUT控制	MUXOUT控制	鉴相器极性	CP三态	快锁使能	快锁模式	时间计数器控制	时间计数器控制	时间计数器控制	时间计数器控制	电流设置1	电流设置1	电流设置1	电流设置2	电流设置2	电流设置2	加电位2	比例因子	比例因子
数据位	DB1	DB0	DB2	DB3	DB4	DB5	DB6	DB7	DB8	DB9	DB10	DB11	DB12	DB13	DB14	DB15	DB16	DB17	DB18	DB19	DB20	DB21	DB22	DB23
符号	1	1		PD1	M1	M2	M3	F2	F3	F4	F5	TC1	TC2	TC3	TC4	CP16	CP16	CP16	CP16	CP16	CP16	PD2	P1	P2

表 10-4 功能控制字

功能描述	控制位	控制位	计数器重启	加电位1	MUXOUT控制	MUXOUT控制	MUXOUT控制	鉴相器极性	CP三态	快锁使能	快锁模式	时间计数器控制	时间计数器控制	时间计数器控制	时间计数器控制	电流设置1	电流设置1	电流设置1	电流设置2	电流设置2	电流设置2	加电位2	比例因子	比例因子
数据位	DB1	DB0	DB2	DB3	DB4	DB5	DB6	DB7	DB8	DB9	DB10	DB11	DB12	DB13	DB14	DB15	DB16	DB17	DB18	DB19	DB20	DB21	DB22	DB23
符号	1	0		PD1	M1	M2	M3	F2	F3	F4	F5	TC1	TC2	TC3	TC4	CP16	CP16	CP16	CP16	CP16	CP16	PD2	P1	P2

表 10-5 参考分频器控制字

功能描述	控制位	控制位	14位参考分频器控制字														脉冲宽度	脉冲宽度	测试模式	测试模式	锁定检测	保留位	保留位	保留位
数据位	DB1	DB0	DB2	DB3	DB4	DB5	DB6	DB7	DB8	DB9	DB10	DB11	DB12	DB13	DB14	DB15	DB16	DB17	DB18	DB19	DB20	DB21	DB22	DB23
符号	0	0	R1	R2	R3	R4	R5	R6	R7	R8	R9	R10	R11	R12	R13	R14	ABP1	ABP2	T1	T2	LDP	0	0	X

表 10-6 N 分频器控制字

功能描述	控制位	控制位	6位A计数器						13位B计数器													CP增益	保留位	保留位
数据位	DB1	DB0	DB2	DB3	DB4	DB5	DB6	DB7	DB8	DB9	DB10	DB11	DB12	DB13	DB14	DB15	DB16	DB17	DB18	DB19	DB20	DB21	DB22	DB23
符号	1	1	A1	A2	A3	A4	A5	A6	B1	B2	B3	B4	B5	B6	B7	B8	B9	B10	B11	B12	B13	G1	X	X

由前面的分析知道,3 阶环路是有稳定条件的,而本锁相环又需要加一级运放来放大误差电压,因此以后设计中,可以将无源 3 阶滤波器和运放合二为一。采用 2 阶有源比例积分滤波器,既可以增加环路的稳定性,又可以有一定的高频增益,有利于环路的捕捉特性,又能够提供足够的电压驱动后级压控振荡器。

10.7.6 控制软件及仿真软件

控制软件操作简单,使用方便。只要选择整数或分数模式,在频率输入框输入合适的频率,就可以锁定。当然,如果需要也可以打开后台的寄存器去读、写寄存器的数值。这些寄存器的功能包括电荷泵控制、VCO 子系统控制及休眠模式等。

该锁相环的仿真软件,可以根据环路带宽、相位裕度要求给出环路滤波器的设计。也可以仿真给定环路滤波器情况下,锁相环的噪声情况。

该仿真软件功能强大,可以仿真多个因素对锁相环芯片相位噪声的影响,包括了 VCO、晶振、电荷泵、环路滤波器、分频器。运用该仿真软件,可以为设计提供指导,缩短设计时间。

环路滤波器所用的电容不应选择陶瓷类的,这是因为陶瓷类的电容具有自发产生压电噪声的特性,而低泄漏的薄膜电容器应成为首选。同样,环路电阻也不应选择易产生噪声的碳素混合类型,应使用薄膜类电阻。图 10-49 为锁相环频率合成器原理框图。

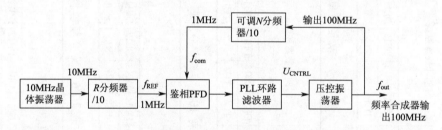

图 10-49 锁相环频率合成器

1. 压控振荡器

PLL 输出的 DC 电压 U_{CNTRL} 控制着 VCO 内部变容二极管的偏极,如果 VCO 输出频率有所偏移,U_{CNTRL} 能够立即使 VCO 的输出频率返回原值。上述这些性能使得变容 LC 振荡器能够在许多不连续的频率上实现可调控,同时保证晶体振荡器参考频率的稳定性。

2. 分频器

N 分频器由 3 个独立的计算器组成:前置分频器、A 计数器及 B 计数器。目前最为普遍的 N 分频器或者前置分频器都是双模类型的,它提供两个独立的分频比率,这使得频率合成器拥有快速的调谐速度及更高的合成频率。这些优点是通过用上述两种分频比率来划分输入频率而实现的,比如 8/9 或者 16/17。因此,用整除若干次 8 来达到一个特定频率的方法就被淘汰了,因为 PLL 的 8/9 前置分频器不但可以用整除 8 还可以用整除 9 来实现某个指定频率,这些性能使其能够合成更多的频率,并且能够获得一个更好的频率分辨率。

$$B = \frac{N}{P}, A = N - (B \times P), N = \frac{f_{out}}{f_{com}} \tag{10-65}$$

这个 N 值必须总是整数,因为 $N=PB+A$,所以最大 N 值由 B 计数器的大小确定。然而,双模前置分频器会有某些不合规定的分频比,对应这一分频比的频率将不能产生。

本 章 小 结

本章在简要地介绍射频振荡器的功能、主要性能指标参数定义及应用要求的基础上,详细介绍了射频振荡器起振条件与稳定振荡条件的反馈法和负电阻分析方法,以及二极管/三极管基射频振荡器的类型与结构,相位噪声的频谱特性与分析方法,杂散响应和相位噪声的抑制方法。接着介绍了固定频率式和可调谐式振荡器的类型,典型电路拓扑结构和特点,参数计算方法、性能仿真方法等设计技术。最后介绍了频率合成器的类型与原理,相位噪声产生的机理,基本电路拓扑结构与应用领域,锁相环频率合成器类型、基本电路拓扑结构和特点,频率合成器的常用技术方案,频率合成的主要参数锁相频率合成器的设计,环路参数选取依据与计算方法,性能分析方法,PLL 的各个部件选购和设计,PLL电路的设计实例控制软件及仿真软件。

习 题

10.1 已知 $u(i)=0$,初始条件为零,请导出图 10-3 所示串联谐振电路的传递函数。证明 $\omega_Q=(LC)^{-1/2}(1-R^2C/(4L))^{1/2}$ 及 $\alpha=-R/(2L)$。设 $R=5\Omega,L=50\mathrm{nH},C=270\mathrm{pF}$,画出谐振电路的频率响应。

10.2 根据题图 10-2 所示的负载电路,并设 $-r_n$ 为负载器件的等效电阻,LRC 为谐振回路。问 r_n 满足什么条件此电路分别产生衰减振荡、等幅振荡和增幅振荡?

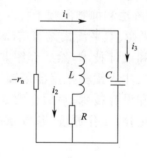

题图 10-2

10.3 单端口振荡器使用负阻二极管,对于 $f=6\mathrm{GHz}$,在要求的工作点处具有 $\Gamma_{in}=1.25\angle 40°(Z_0=50\Omega)$。为 50Ω 的负载阻抗设计匹配网络,并设计相应的负阻振荡器。

10.4 晶体管在相同偏置的条件下,采用相同的电感和电容分别构成电感三点式振荡器和电容三点式振荡器,请说出哪个输出波形好。

10.5 已知某晶体管的极间电容 $C_{be}=2\mathrm{pF}$,其余结电容均可忽略,用该晶体管构成电感三点式振荡器和电容三点式振荡器。设偏置相同,满足振幅起振条件,又设可采用的外接电容最小值为 $1\mathrm{pF}$,最小线圈电感为 $0.08\mu\mathrm{H}$,试分析两种振荡器的最高工作频率是多大。

第 11 章　频谱搬移电路

在各种通信电路中,频谱搬移电路得到广泛使用,这种电路主要是用做对信号进行频率变换。这样做的目的,主要是为了改善通信电路的性能。例如,通过频谱搬移可以产生特定频率或较高频率的本振信号;在超外差收、发信机对小信号进行下变频,可以在较低和较稳定的频率下对信号进行处理,这样可以提高放大器的增益大小和稳定度及提高滤波器的选频特性。此外,在测量仪器如频谱仪、网络分析仪等仪器中也广泛采用频谱搬移电路。

为了能使用射频信号传递信息,在射频通信系统的发射端,通常需要把含有信息的基带信号的频谱搬迁到中频,再把中频频率变换到射频频率,实现射频通信系统。在接收端,需要一个相反的过程把射频信号变换回基带信号,以恢复射频信号中所含有的信息。能够实现中频信号和射频信号相互之间频率转换的电路,通常称为混频电路。混频电路既包括将射频信号变换到中频信号实现下变频的功能,也包括将中频信号变换为射频信号实现上变频的功能。到目前为止,讨论过的元件和电路都是线性的,但在实际的微波系统中,总是需要某些非线性的元件,包括晶体二极管、三极管,可被用于信号的检测、混频、倍频、开关以及用于微波和射频信号源。

本章在简要地介绍射频混频器、倍频器、分频器等频谱搬移电路的功能、主要性能指标参数定义及应用要求的基础上,详细介绍频谱搬移的物理机理、类型和频谱特性;介绍非线性分析法、转换损耗矩阵法和抑制混频干扰和失真的方法。接着分别介绍常见的二极管/三极管基单端、单平衡、双平衡式无源/有源射频混频器的基本电路拓扑、工作原理、性能特点、分析方法和设计技术,然后介绍非线性电阻器件及无源/有源倍频器、非线性电抗器件及倍频器、注入锁相振荡器倍频器的基本电路拓扑、工作原理、参数条件、性能特点、分析方法和设计技术;最后介绍参量式、再生式、数字式、注入锁相振荡器式分频器的基本电路拓扑、工作原理、参数条件、性能特点、分析方法和设计技术。

11.1　频谱搬移原理及分析方法

频谱搬移主要是通过非线性电路产生的新的频率分量来实现的,常用在混频器、倍频器、分频器等器件中。在不同的条件下,一般可以使用两种不同的分析方法对频谱搬移电路进行分析——非线性分析法和时变电路分析法(或称为转换损耗矩阵法)。

1. 非线性分析法

对非线性器件的分析可以采用幂级数展开,并在一定条件下将非线性电路简化为时变电路。考虑非线性电路,假设其输入为 $u = E_Q + u_1 + u_2$,其中 E_Q 为静态偏置电压,u_1 为输入信号,u_2 为控制信号。任何电流输出都满足非线性方程,$i = f(u) = \alpha_0 + \alpha_1 u +$

$\alpha_2 u^2 + \alpha_3 u^3 + \cdots$，将 $f(u)$ 用泰勒级数展开为

$$i = f(u) = \alpha_0 + \alpha_1 x(u_1 + u_2) + \alpha_2(u_1 + u_2)^2 + \alpha_3(u_1 + u_2)^3 + \cdots + \alpha_n(u_1 + u_2)^n$$
(11-1)

因为 $a_n = \dfrac{1}{n!} f^{(n)}(E_Q)$ 是关于 E_Q 的微分函数，所以在 E_Q 不变的情况下 a_n 的值不变。假设两个输入信号分别为 $u_1 = A_1 \cos\omega_1 t, u_2 = A_2 \cos\omega_2 t$，且 A_1 与 A_2 的大小相差不大，则式(11-1)转化为

$$i = \sum_{p=-\infty}^{\infty} \sum_{q=-\infty}^{\infty} C_{p,q} \cos(p\omega_1 + q\omega_2)t$$
(11-2)

式中，p 和 q 为包含零的所有正整数，由式(11-2)可以看出输出信号包含无限多的频率分量，即

$$\omega_{p,q} = |\pm p\omega_1 + q\omega_2|$$
(11-3)

通常将 $p+q$ 称为组合频率的阶数。一般只需要这些频率分量中的很少部分，而其他频率分量是不需要的，并且这些其他的频率分量还会对系统性能造成影响，如降低功率效率、产生干扰等，所以需要加以抑制。

2. 时变电路的分析方法(转换损耗矩阵法)

时变电路的分析方法是在幂级数展开分析方法的基础上，当 u_1 足够小时的近似。在这一条件下，时变偏置电压变为 $E_Q(t) = E_Q + u_2$，用级数展开为

$$i = f(E_Q + u_2) + f'(E_Q + u_2)u_1 + \frac{1}{2!} f^{(2)}(E_Q + u_2)u_1^2 +$$

$$\frac{1}{n!} f^{(n)}(E_Q + u_2)u_1^3 + \cdots + \frac{1}{n!} f^{(n)}(E_Q + u_2)u_1^n \cdots$$
(11-4)

由于 u_1 很小，所以可以忽略高阶项，该式变为

$$i = f(E_Q + u_2) + f'(E_Q + u_2)u_1$$
(11-5)

式中，$f(E_Q + u_2)$ 为时变静态电流，用 $I_0(t)$ 表示；$f'(E_Q + u_2)$ 为时变增益或时变跨导，用 $g(t)$ 表示，它们都是与 u_1 无关但随 u_2 变化的量，因此称为时变系数或时变参量。从式(11-5)中可以看出，电路的输出和输入 u_1 呈线性关系，但系数是时变的，其工作状态称为线性时变工作状态，这种电路称为线性时变电路。

下面讨论电路的频谱特性。假设两个输入信号分别为 $u_1 = A_1 \cos\omega_1 t, u_2 = A_2 \cos\omega_2 t$，因为 u_2 是周期函数，则电路的时变系数可以化为

$$I_0(t) = I_{00} + I_{01}\cos\omega_1 t + I_{02}\cos\omega_2 t + \cdots + I_{0n}\cos\omega_n t + \cdots$$
(11-6)

$$g(t) = g_0 + g_1\cos\omega_2 t + g_2\cos\omega_2 t + \cdots + g_n\cos\omega_2 t + \cdots$$
(11-7)

将式(11-6)、式(11-7)代入式(11-5)中，可以得到输出 i 中的频率分量只含有以下两种：

$$\omega = n\omega_2$$

$$\omega = |n\omega_2 \pm \omega_1|$$
(11-8)

即时变电路的分析方法产生的频率与级数展开分析法产生的频率($\omega_{p,q} = |\pm p\omega_1 + q\omega_2|$)相比较，有部分频率分量在 u_1 足够小的假设下忽略了，这在工程上是允许的。两种方法的实质是一样的，并且在只考虑较低阶的非线性项如 2 次项时，两种方法在计算转换损耗、输入和输出阻抗、信号隔离度时，其结果是相等的。

11.2　射频混频器

混频器是实现频谱搬移的器件,在通信系统中有广泛的应用。目前大部分无线收、发机都采用超外差结构,该结构将输入的信号频率变换到一个固定的中频上,而这个频率变换的过程是由混频器实现的。另外,混频器在控制系统、锁相环的相位检波器、无线和射电天文、雷达等领域内也有广泛的应用。

混频器有两个输入端口和一个输出端口,且输出信号与两个输入信号的乘积成正比。为了达到这个目的,它采用非线性或时变元件。根据公式,利用非线性器件产生丰富的频率分量,再通过滤波器进行选频,得到希望的频率分量。

11.2.1　混频器的特性

1. 频谱特性

混频器工作时分为上变频和下变频两种,假设有本振信号 u_{LO} 工作在频率 ω_{LO},中频信号 u_{IF} 工作在频率 ω_{IF},射频信号 u_{RF} 工作在频率 ω_{RF},则当上变频时,输出信号为

$$u_{RF} = Ku_{LO}u_{IF} = K\cos\omega_{LO}t\cos\omega_{IF}t = \frac{K}{2}\left[\cos(\omega_{LO}-\omega_{IF})t + \cos(\omega_{LO}+\omega_{IF})t\right] \quad (11\text{-}9)$$

式中,K 为混频器的变频损耗。再将输出的信号通过滤波器滤掉 $\omega_{LO}-\omega_{IF}$(下边带)频率分量,得到 $\omega_{LO}+\omega_{IF}$,就实现了上变频。

同理,当下变频时,输出信号为

$$u_{IF} = Ku_{RF}u_{IF} = K\cos\omega_{RF}t\cos\omega_{LO}t = \frac{K}{2}\left[\cos(\omega_{LO}-\omega_{RF})t + \cos(\omega_{LO}+\omega_{RF})t\right] \quad (11\text{-}10)$$

将输出信号滤掉 $\omega_{LO}-\omega_{RF}$ 频率分量,得到 $\omega_{LO}+\omega_{RF}$ 分量,就实现了下变频。

2. 变频增益

混频器由于工作在 3 个频率上,且还存在一些不需要的频率分量,所以混频器的阻抗匹配很复杂。一般的做法是将 3 个端口在特定的频率下匹配,并且定义变频增益 G_P 为可用 IF 输出功率与可用 RF 输入功率之比,即

$$G_P = \frac{P_{IF}}{P_{RF}} \quad (11\text{-}11)$$

同时,定义电压增益 A_U 为

$$A_U = \frac{U_{IF}}{U_{RF}} \quad (11\text{-}12)$$

混频器的前端通常接抑制镜像频率滤波器,为了保证功率的最大传输,混频器的射频口阻抗必须和抑制镜像频率滤波器的输出阻抗相匹配。类似地,混频器的输出阻抗也需要和中频滤波器的输入阻抗相匹配。因此可以得到功率增益和电压增益的关系。

混频器可分为无源混频器和有源混频器,无源混频器的转换增益都小于 1,因此定义转换损耗 L_C 为转换增益的倒数,即

$$L_C = \frac{1}{G_P} \quad (11\text{-}13)$$

但是无源混频器具有线性范围大、转换快等优点。有源混频器的转换增益大于 1,在

级联系统中可以有效地降低后接链路的噪声系数。

3. 噪声系数

在接收机中,混频器紧跟在低噪声放大器之后,它的噪声性能对接收机的影响很大。混频器中的噪声是由二极管或晶体管元件及造成电阻性损耗的热源产生的。由于混频器的输入信号中也有噪声,所以混频器总的噪声输出等于混频器内部噪声加上外部噪声再乘以混频器的变频增益。需要注意的是,外部噪声分为两类,取决于输入是单边带信号还是双边带信号,其差别在于是否为零中频。

可以看出落入中频频带内的噪声除了射频频带内的噪声外,还附加了中频频带内的噪声,因此输出信噪比即使在混频器内部噪声为 0 的情况下也将降低 3dB,具体计算如下。

设输入射频信号如下:

$$u_{RF}=A\left[\cos(\omega_{LO}-\omega_{IF})t\right] \tag{11-14}$$

式中,A 为信号幅度。经过混频及滤波后,幅度变为原来的一半再乘以变频增益 A_U,即

$$u_{IF}=\frac{AA_U}{2}\cos\omega_{IF}t \tag{11-15}$$

所以输入信号的功率是 $S_i=\dfrac{A^2}{2}$,输出信号的功率是 $S_0=\dfrac{A^2A_U^2}{8}$ \hfill (11-16)

设射频频带内的输入噪声功率为 $N_i=kT_0B$,混频器自身的附加噪声为 N_{add},由上面的讨论可得总的输出噪声为

$$N_0=\frac{(2kT_0B+N_{add})}{L_c} \tag{11-17}$$

可以看出落入中频频带内的噪声只有射频频带内的噪声,由噪声系数的定义,有

$$F_{SSB}=\frac{S_iN_0}{S_0N_i}=\frac{4}{L_cA_U^2}\left(2+\frac{N_{add}}{kT_0B}\right) \tag{11-18}$$

4. 线性动态范围

与放大器类似,在小信号输入情况下,混频器的输入射频信号与输出中频信号间是线性关系。但是当信号变大后,由于互调分量和谐波的影响,同样存在变频增益压缩、中频通带内信噪比降低等现象。因此,与放大器类似,可以使用 P_{1dB} 和 IP$_3$ 来衡量混频器的非线性特性,它们的定义如图 11-1 所示。

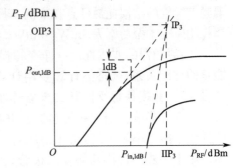

图 11-1　混频器的 1dB 压缩点和 3 阶截断点

定义混频器的线性动态范围为 $P_{in,1dB}$ 与噪声基底或灵敏度之比。在级联系统中,由于混频器的输入信号是 LNA 的输出信号,因此要求它的线性动态范围大于 LNA 的动态范围。

11.2.2　微波混频器的主要指标

混频器是微波接收机的前端电路,其以下性能指标直接关系到接收机的特性。

1. 变频损耗

混频器的变频损耗定义是:混频器输入端的微波信号功率与输出端中频功率之比。

以 dB 为单位时,表示式是

$$\alpha_m(dB) = 10\lg\frac{微波输入信号功率}{中频输出信号功率} = \alpha_\beta + \alpha_\gamma + \alpha_g(dB) \qquad (11\text{-}19)$$

混频器的变频损耗由 3 部分组成,包括电路失配损耗 α_β、混频二极管芯的结损耗 α_γ 和非线性电导净变频损耗 α_g。

(1)失配损耗。失配损耗 α_β 取决于混频器微波输入和中频输出两个端口的匹配程度。如果微波输入端口的电压驻波比为 ρ_s,中频输出端口的电压驻波比为 ρ_i,则电路失配损耗是

$$\alpha_\beta(dB) = 10\lg\frac{(1+\rho_s)^2}{4\rho_s} + 10\frac{(1+\rho_i)^2}{4\rho_i} \qquad (11\text{-}20)$$

混频器微波输入口驻波比 ρ_s 一般为 2 以下。α_β 的典型值为 0.5dB～1dB。

(2)混频二极管的管芯结损耗 α_γ。管芯的结损耗主要由电阻 R_s 和电容 C_j 引起。在混频过程中,只有加在非线性结电阻上的信号功率才参与频率变换,而 R_s 和 C_j 对 R_j 的分压和旁路作用将使信号功率被消耗一部分。

混频器工作时,C_j 和 R_j 值都随本振激励功率 P_P 大小而变化。P_P 很小时,R_j 很大,C_j 的分流损耗大;随着 P_P 加强,R_j 减小,C_j 的分流减小,但 R_s 的分压损耗要增长。因此,将存在一个最佳激励功率。当调整本振功率,使 $R_j = 1/\omega_s C_j$ 时,可以获得最低结损耗,即

$$\alpha_{min}(dB) = 10\lg(1 + 2\omega_s R_s C_j)(dB) \qquad (11\text{-}21)$$

可以看出,管芯结损耗随工作频率而增加,也随 R_s 和 C_j 而增加。

表示二极管损耗的另一个参数是截止频率 f_c 为

$$f_c = \frac{1}{2\pi R_s C_j} \qquad (11\text{-}22)$$

通常,混频管的截止频率 f_c 要足够高,希望达到 $f_c \approx (10\sim20)f_s$。根据实际经验,硅混频二极管的结损耗最低点相应的本振功率为 1mW～2mW,砷化镓混频二极管最小结损耗相应的本振功率为 3mW～5mW。

(3)混频器的非线性电导净变频损耗 α_g。净变频损耗取决于非线性器件中各谐波能量的分配关系,严格的计算要用计算机按多频多端口网络进行数值分析;但从宏观来看,净变频损耗将受混频二极管非线性特性、混频管电路对各谐波端接情况及本振功率强度等影响。当混频管参数及电路结构固定时,净变频损耗将随本振功率增加而降低。本振功率过大时,由于混频管电流散弹噪声加大,从而引起混频管噪声系数变坏。对于一般的肖特基势垒二极管,正向电流为 1mA～3mA 时,噪声性能较好,变频损耗也不大。

尽管混频器的器件工作方式是幅度非线性,但希望它是一个线性移频器。变频后的输出信号的幅度变化就是变频损耗或增益。一般地,无源混频器都是变频损耗。二极管混频器的变频损耗包括混合网络损耗(1.5dB 左右)、边带损耗(3dB 左右)、谐波损耗(1dB 左右)和二极管电阻损耗(1.5dB 左右),典型值为 7dB 左右。现代肖特基二极管,增加中频匹配电路,处理谐波,可以实现 4dB 变频损耗的混频器。

2. 噪声系数

描述信号经过混频器后质量变坏的程度。定义为输入信号的信噪比与输出信号的信

258

噪比的比值。这个值的大小主要取决于变频损耗,还与电路的结构有关。肖特基二极管的导通电流直接影响混频器的白噪声,这个白噪声随电流的不同而不同,在混频器的变频损耗上增加一个小量。如变频损耗为 6dB,白噪声为 0.413dB,则噪声系数为 6.413dB。这种增加量随本振功率的变化不是线性的。

双边带(DSB)与单边带(SSB)混频器的噪声问题是,本振与信号或本振与信号镜频都会输出中频信号,通常的微波系统都是用单边中频信号输出,镜频的存在必然带来损耗。在噪声测量中采用冷热噪声源,这种源的输出信号宽带包括了镜频,而微波滤波器又不可能滤除它,这样就会在中频系统中有镜频的贡献,而使信号增加 1 倍。讨论单边带接收机的特性,噪声测量值要加 3dB。

3. 线性特性

(1)1dB 压缩点。在输入射频信号的某个值上,输出中频信号不再线性增加,而是快速趋于饱和。拐点与线性增加相差 1dB 的信号电平。混频器的 1dB 压缩点与本振功率有关,因为混频器是本振功率驱动的非线性电阻变频电路。对于双平衡混频器,1dB 压缩点比本振功率低 6dB。

(2)1dB 减敏点。描述混频器的灵敏度迟钝的特性,与 1dB 压缩点有关,也是雷达近距离盲区的机理。对于双平衡混频器,1dB 减敏点比 1dB 压缩点低 2dB~3dB。

(3)动态范围。最小灵敏度与 1dB 压缩点的距离,用 dB 表示。通常的动态范围要大于 60dB。动态范围的提高,意味着系统的成本大幅度提高。

(4)谐波交调。与本振和信号有关的交调杂波输出。

(5)3 阶交调。输入两个信号时的 IP3,定义为 1dB 压缩点与 3 阶输出功率线的距离。

4. 本振功率

本振功率是指最佳工作状态时所需的本振功率,本振功率的变化将影响混频器的许多项指标。本振功率不同时,混频二极管工作电流不同,阻抗也不同,这就会影响本振、信号、中频 3 个端口的匹配状态,此外也将改变动态范围和交调系数。

不同混频器工作状态所需本振功率不同,原则上本振功率越大,混频器动态范围越大,线性度改善,1dB 压缩点上升,3 阶交调系数改善。但本振功率过大时,混频管电流加大,噪声性能要变坏,此外混频管性能不同时所需本振功率也不一样。截止频率高的混频管(即 Q 值高)所需功率小,砷化镓混频管比硅混频管需要较大功率激励。

本振功率在厘米波低端需 2mW~5mW,在厘米波高端为 5mW~10mW,毫米波段则需 10mW~20mW。双平衡混频器和镜频抑制混频器用 4 只混频管,所用功率自然要比单平衡混频管大 1 倍。在某些线性度要求很高、动态范围很大的混频器中,本振功率要求高达近百毫瓦。

5. 端口隔离

混频器隔离度是指各频率端口之间的隔离度,该指标包括 3 项,即信号与本振之间的隔离度、信号与中频之间的隔离度及本振与中频之间的隔离度。隔离度定义是本振或信号泄漏到其他端口的功率与原有功率之比,单位为 dB。例如,信号至本振的隔离度是一个重要指标,尤其是在共用本振的多通道接收系统中,当一个通道的信号泄漏到另一个通道时,就会产生交叉干扰。例如,单脉冲雷达接收机中的和信号漏入到差信号支路时将使跟踪精度变坏。在单通道系统中信号泄漏就要损失信号能量,对接收灵敏度也是不利的。

本振至微波信号的隔离度不好时,本振功率可能从接收机信号端反向辐射或从天线反发射,造成对其他电气设备的干扰,使电磁兼容指标达不到要求,而电磁兼容是当今工业产品的一项重要指标。此外,在发送设备中,变频电路是上变频器,它把中频信号混频成微波信号,这时本振至微波信号的隔离度有时要求高达 80dB～100dB。这是因为,通常上变频器中本振功率要比中频功率高 10dB 以上才能得到较好的线性变频。变频损耗可认为 10dB,如果隔离度不到 20dB,泄漏的本振将和有用微波信号相等甚至淹没了有用信号,所以还得外加一个滤波器来提高隔离度。

信号至中频的隔离度指标,在低中频系统中影响不大,但是在宽频带系统中就是一个重要指标了。有时微波信号和中频信号都是很宽的频带,两个频带可能边沿靠近,甚至频带交叠,这时,如果隔离度不好,就造成直接泄漏干扰。

单管混频器隔离度依靠定向耦合器,很难保证高指标,一般只有 10dB 量级。

平衡混频器则是依靠平衡电桥。微带式的集成电桥本身隔离度在窄频带内不难做到 30dB 量级,但由于混频管寄生参数、特性不对称,或匹配不良等因素的影响,不可能做到理想平衡,所以实际混频器总隔离度一般为 15dB～20dB,较好者可达到 30dB。

6. 端口 VSWR

在处理混频器端口匹配问题时,希望 3 个端口的驻波比越小越好,尤其是 RF 口。在宽频带混频器中很难达到高指标,不仅要求电路和混频管高度平衡,还要有很好的端口隔离,比如中频端口失配,其反射波再混成信号,可能使信号口驻波比变坏,而且本振功率漂动就会同时使 3 个端口驻波变化。例如,本振功率变化 4dB～5dB 时,混频管阻抗可能由 500 变到 1000,从而引起 3 个端口驻波比同时出现明显变化。

7. 直流极性

一般地,射频和本振同相时,混频器的直流成分为负极性。

8. 功率消耗

功率消耗是所有电池供电设备的首要设计因素。无源混频器消耗 LO 功率,而 LO 消耗直流功率,LO 功率越大,消耗直流功率越多。混频器的输出阻抗对中放的要求也会影响中放的直流功率消耗。

11.2.3 抑制混频干扰和失真的方法

混频器是非线性器件,所以要产生非线性失真,输出中频频带内不易滤除的交调产物。抑制这些寄生频率的方法有 3 种:

(1)使用理想乘法器(或平方律器件)。抑制高阶项产生的输出信号。

(2)采用平衡电路结构。利用相互抵消原理,抑制高阶奇次项,从而抑制交调频率的产生。

(3)采用线性时变工作状态。减少部分寄生频率分量。

输出中频频带内的干扰,除了来自自身的非线性失真外,还有来自外来的干扰信号与本振信号间的混频(可能是高次混频)产生的干扰。

(1)只有射频信号输入时,可能产生干扰噪声。射频 f_{RF} 的 p 次谐波和本振 f_{LO} 的 q 次谐波($p,q=0,1,2,\cdots$)混频后落入中频 f_{IF} 的通带内形成干扰,即

$$|pf_{LO}-qf_{RF}|=f_{IF}\pm F \tag{11-23}$$

式中，$F \ll f_{IF}$ 接近音频信号，因此会在解调后形成噪声。这一现象是由非线性器件的 $p+q$ 次项产生的。

（2）当外部干扰信号 f_m 较大时，可能产生寄生通道干扰。由于本振 f_{LO} 的 p 次谐波与干扰信号的 q 次谐波混频后落入中频 f_{IF} 的通带内形成干扰，即

$$|pf_{LO} - qf_m| = f_{IF} \tag{11-24}$$

包括中频干扰 $f_m = f_{IF}$，$q=1$，$p=0$，它将直接被混频器放大；镜像干扰 $f_m = f_{RF} + 2f_{IF}$，$q=1$，$p=1$，半中频干扰 $f_m = f_{RF} + \dfrac{f_{IF}}{2}$，$q=2$，$p=2$。

（3）当外部有两个较大的干扰信号 f_1、f_2 时，可能产生互调干扰。两个干扰信号之间的多次谐波与本振信号 f_{LO} 混频后落入中频的通带内形成干扰，即

$$\pm [f_{LO} - (rf_1 - sf_2)] = f_{IF} \tag{11-25}$$

可以看出这两个信号的混频产物再与本振信号混频后将进入中频通带输出，它由混频器的非线性高次项产生，高次项的幂次数越高，其幅度值越小，因此影响最严重的是 3 阶互调干扰，它由混频器的 4 次方项产生，并满足 $|(rf_1 - sf_2)| = f_{RF}$，$r+s=3$。

对于这些外来信号的干扰，必须通过提高射频前端电路的选择性来加以抑制，包括设置前级滤波器和镜像频率滤波器等。

在接收机中，混频器的各个端口间的隔离度也是一个需要注意的问题：当本振输入端向射频输入端的隔离不够时，会使本振信号进入 LNA 影响其工作的稳定性，并可能通过天线辐射出去。当射频输入端向本振输入端的隔离不够时，可能导致本振信号的频率输出不稳定。当本振输入端向中频输出端的隔离不够时，本振信号可能会使后级的放大器过载。

提高端口间隔离度的方法包括：采用平衡结构或环形晶体管结构设计的混频器改善端口隔离度；端口匹配时，使本端口的信号正常传输，而对另外两个端口的信号短路。

11.2.4 微波混频器的分析设计

1. 混频器的原理

理想的混频器是一个开关或乘法器，如图 11-2 所示，本振激励信号（LO，f_{LO}）和载有调制信息的接收信号（RF，f_s）经过乘法器后得到许多频率成分的组合，经过一个滤波器后得到中频信（IF，f_{IF}）。

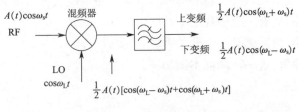

图 11-2　理想混频器

通常，RF 的功率比 LO 小得多，不考虑调制信号的影响，乘法器的输出频率为

$$f_d = nf_L \pm f_s \tag{11-26}$$

微波工程中，可能的输出信号为 3 个频率之一，即

差频或超外差	$f_{IF} = f_L - f_s$
谐波混频	$f_{IF} = n f_L - f_s$
和频或上变频	$f_{IF} = f_L + f_s$

最关心的是超外差频率,因为目前绝大部分接收机都是超外差式结构,采用中频滤波器取出差频,反射和频,使和频信号回到混频器再次混频。外差混频器的频谱 RF 的频率关于 LO 的频率对称点为 RF 的镜频。镜频的功率和信号的功率相同,由于镜频与信号的频率很近,可以进入信号通道而消耗在信号源内阻。恰当处理镜频,能够改善混频器的指标。

LO 控制的开关特性可以用几种电子器件构成,肖特基二极管在 LO 的正半周低阻,负半周高阻近似为开关。在 FET 中,改变栅—源电压的极性,漏—源之间的电阻可以从几欧变到几千欧。在射频或微波低端,FET 可以不要直流偏置,而工作于无源状态。BJT 混频器与 FET 类似。

根据开关器件的数量和连接方式,混频器可以分为 3 种,即单端、单平衡和双平衡。图 11-3 是 3 种混频器的原理结构。微波实现方式就是要用微波传输线结构完成各耦合电路和输出滤波器,耦合电路和输出滤波器具有各端口的隔离作用。

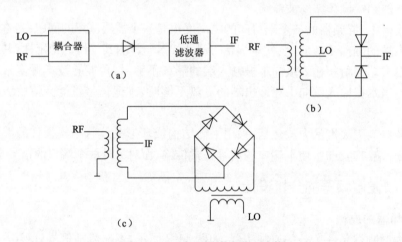

图 11-3　3 种混频器的原理结构

单端混频器的优点:

(1)结构简单、成本低,在微波频率高端,混合电路难以实现的情况下更有优势。

(2)变频损耗小,只有一个消耗功率。

(3)本振功率小,只需驱动一个开关管。

(4)容易直流偏置,进一步降低本振功率。

单端混频器的缺点:

(1)对输入阻抗敏感。

(2)不能抑制杂波和部分谐波。

(3)不能容忍大功率。

(4)工作频带窄。

(5)隔离较差。

平衡混频器和双平衡混频器的优、缺点与单端混频器相反。根据整机要求,选择合适的混频器结构,再进行详细设计。

2. 单端混频器设计

单端混频器是一种简单的混频器,它结构简单、经济,但因其性能较差,仅在一些要求不高的场合使用。单端混频器又分为波导、同轴、微带混频器,频率高于 4GHz 时常用波导结构,4GHz 以下多采用同轴结构,微带混频器常用于集成化的小型接收机中。

经典的单端混频器在宽频带、大动态的现代微波系统中极少使用,但在毫米波段和应用微波系统中还有不少使用场合。设计的主要内容就是为 3 个信号提供通道,如图 11-4 所示。

微带构成的单端混频器通常由功率混合电路、阻抗匹配电路、混频二极管及低通滤波器等部分组成。射频信号从左端输入,经定向耦合器和阻抗匹配段加到二极管上,本振功率由定向耦合器的另一端输入也加到二极管上。定向耦合器完成功率混合功能,在这里采用了平行耦合线定向耦合器。

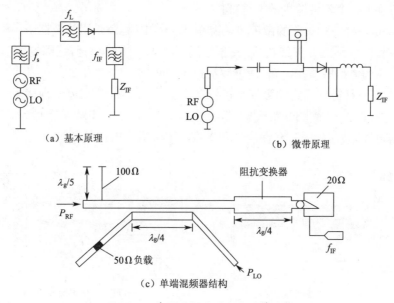

(a) 基本原理　　　　　　　　(b) 微带原理

(c) 单端混频器结构

图 11-4　单端混频器原理和微带结构

由于输入信号电平很低,经直通臂加到二极管上,本振由隔离臂加入,其功率一部分加到二极管,另一部分损耗在匹配负载上。定向耦合器的设计应同时兼顾耦合度和隔离度的要求,耦合过紧,隔离度差,信号功率被匹配负载吸收的就多;耦合过松,虽然减少了信号损失,但本振功率就需要加大,因此一般耦合度取 10dB 左右为宜。$\lambda_g/4$ 阻抗变换器和相移段组成的阻抗变换段完成信号和本振输入电路与二极管的匹配。通常二极管输入阻抗是复数,相移段将其变换成纯电阻,再经 $\lambda_g/4$ 阻抗变换器变换成信号,本振输入传输线特性阻抗为 50Ω。为了保证信号功率畅通,设计阻抗匹配段时应以信号频率为中心频率,在二极管后接 $\lambda_g/4$ 低阻抗开路线形成高频短路线,与谐振器一起组成低通滤波器,只允许中频输出。为了防止中频信号泄漏到高频输入电路中,可在二极管输入端接 $\lambda_g/4$ 高阻线,提供中频接地通路,而它对高频呈现开路,高频能量不会因此而损耗。本电路是未

263

加偏置的,工作于零偏压状态。关于混频二极管的选择,应注意选择管子的截止频率远高于工作频率,通常要求高出 10 倍以上。

单端混频器的设计困难是输入端的匹配,二极管的非线性特性使得混频器的输入阻抗是时变的,无法用网络分析仪测出静态阻抗,只能得到折中的估计值。

3. 单平衡混频器设计

单平衡混频器使用两只二极管,利用平衡混合网络将大小相等,满足一定相位关系的信号和本振功率加到两只性能完全相同的二极管上。充分地利用信号和本振功率,使两管混频后的中频叠加输出。同时,由于有两只混频管,无疑增加了混频器的动态范围,更重要的是平衡混频器能抑制本振噪声,改善噪声性能,因此得到了广泛的应用。

4. 镜频抑制混频器

在任何外差式微波系统中,由于镜像干扰信号与本振混频后与有用信号同时出现在中频端口而成为影响系统接收性能的主要干扰噪声,因此镜像抑制是系统的一个重要性能指标。镜像抑制混频器由于具有自动识别和抑制镜像噪声的功能而成为宽频带高速度微波接收系统中一个不可缺少的关键部件。

图 11-5 是一种镜频短路的微带单端混频器。其中,镜频带阻滤波器采用略小于 $\lambda_g/2$(对于镜频而言)的终端开路线构成,其顶端通过缝隙与主线耦合,缝隙电容和 $\lambda_g/2$ 开路线的输入电感构成串联谐振电路,使镜频在这里被短路。

图 11-6 是一种镜频开路的微带平衡混频器。在两二极管左边分别接入一个镜频带阻滤波器,它是由 $\lambda_g/2$ 终端开路线构成,其中有 $\lambda_g/4$ 长度与主线平行耦合,在耦合器入口处滤波器将镜频开路,同时允许信号和本振功率以极小的损耗通过。

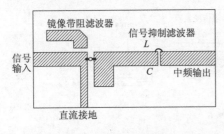

图 11-5 镜频短路混频器

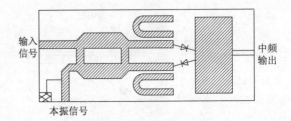

图 11-6 镜频开路混频器

这种利用前置滤波器实现镜频抑制的思想,仅适用于高中频的情况。因为信号频率必须处于通带内,而镜频必须处于阻带内。信号频率与镜频频率恰好相差 2 倍中频。而当信号频率很高,中频频率极低时,将导致滤波器的中心频率高,带宽极窄,这给实际制作带来极大的困难。微带线是一种不均匀介质的敞开式传输线,有效传导导体截面尺寸又比较小,故它的传播衰减比波导、同轴线大很多,本身的品质因数很低,用微带线节制作的带通、带阻滤波器频带很难做得很窄。一种比较实际的解决方案就是利用多次变频将中频逐渐提高,多次变频必然带来接收机体积的庞大。为了减小接收机的体积,一种新的解决方案就是根据相位关系,采用相位平衡式镜频抑制混频器。它能根据输入信号频率比本振频率高或低来识别是有用信号还是镜频噪声,输出有用的中频,而将镜频干扰抑制,并能在较宽的频带内快速选择有用信号,特别适用于宽带快速扫频系统和测试接收机。对于具有宽带低噪声放大器的接收机,它还可接于该放大器之后,抑制镜频通道的噪声,保证整机噪声性能。

图 11-7 为镜像抑制混频器的工作原理。它包括两个单平衡混频器、一个功率分配器、一个 3dB 分支电桥、两个低通滤波器、一个 90°移相电路和一个合路器。

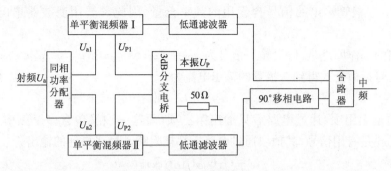

图 11-7　镜像抑制混频器工作原理

当本振电压 U_P 由本振输入端口馈入 3dB 分支电桥后,将分别在混频器 I、II 的输入端口产生两个大小相等、相位相差 90°的本振电压 U_{P1} 和 U_{P2},该电压与来自于信号端口,经同相功率分配器平分而得的信号电压 U_{s1} 和 U_{s2} 分别作用于混频器 I 和 II,在两混频器的中频输出端上产生大小相近、相互正交的两个中频电压,低通滤波后将信号 II 移相 90°,再与 I 信号通过合路器形成有用的中频输出信号。

设信号电压为 $u_s=\sqrt{2}U_{sm}\cos\omega_s t$,本振电压为 $u_p=\sqrt{2}U_{pm}\cos\omega_p t$,镜频电压为 $u_i=\sqrt{2}U_{im}\cos\omega_i t$,同时 $U_p>U_s$,频率之间的关系式为

$$\omega_s-\omega_p=\omega_p-\omega_i=\omega_{IF} \tag{11-27}$$

所以加到混频器 I 和 II 上的信号电压和本振电压分别为

$$u_{s1}=\sqrt{2}U_{sm}\cos\omega_s t,\ u_p=\sqrt{2}U_{pm}\cos\omega_p t \tag{11-28}$$

$$u_{s2}=\sqrt{2}U_{sm}\cos\omega_s t,\ u_p=\sqrt{2}U_{pm}\cos\left(\omega_p t-\frac{\pi}{2}\right)$$

由于混频管分别在两个相位差 90°的本振电压激励下的非线性电导为

$$g_1=g_0+2g_1\cos\omega_p t+2g_1\cos\omega_p t+\cdots$$

$$g_2=g_0+2g_1\cos\left(\omega_p t-\frac{\pi}{2}\right)+2g_2\cos2\left(\omega_p t-\frac{\pi}{2}\right)+\cdots \tag{11-29}$$

则当仅考虑基波混频时,混频器 I 和 II 上的电流分别为当信号输入端馈入镜像干扰信号 u_i

$$I_1=2g_1\cos\omega_p t \cdot U_{im}\cos\omega_i t=g_1 U_{im}\cos(\omega_p-\omega_i)t+g_1 U_{im}\cos(\omega_p+\omega_i)t$$

$$I_2=2g_1\cos\left(\omega_p t-\frac{\pi}{2}\right)\cdot U_{im}\cos\omega_i t$$

$$=g_1 U_{im}\cos\left[(\omega_p-\omega_i)t-\frac{\pi}{2}\right]+g_1 U_{im}\cos\left[(\omega_p+\omega_i)t-\frac{\pi}{2}\right] \tag{11-30}$$

混频器 II 的镜像中频电流相位滞后于混频器 I,经过 90°的移相器,可与 I_1 的中频电流通过合成器反相抵消。

11.2.5　单端二极管混频器

常见的单端二极管混频器的结构如图 11-4 所示。RF 和 LO 信号首先输入到同相

双工器中合成,输出的叠加信号驱动一个二极管,同相双工器的选择既需要考虑两路信号的合成,又要考虑防止 LO 信号耦合进 RF 信号中,一般可采用耦合器或混合器。二极管用直流电流偏置,为了防止直流电压与 RF 信号的耦合作用,需要加隔直电容和 RF 扼流圈。二极管输出的信号含无用的频率分量,因此需要用滤波器选出所需要的 IF 信号。

该电路的工作原理是:假设输入信号为 $u_{RF}=A_{RF}\cos\omega_{RF}t$ 和 $u_{LO}=A_{LO}\cos\omega_{LO}t$,根据二极管的小信号近似公式得到二极管的输出电流为

$$i=I_0+G_d(u_{RF}+u_{LO})+G_d'(u_{RF}+u_{LO})^2+\cdots \tag{11-31}$$

前两项是无用项,通过电路后只输出第三项,而这一项又包含多个频率分量,其中 $\omega_{IF}=\omega_{RF}+\omega_{LO}$ 是有用信号,其他项通过电路后都被阻断。最终得到的输出为

$$i_{IF}=G_{d'}U_{RF}U_{LO}\cos\omega_{IF}t \tag{11-32}$$

即得到了 IF 分量,实现了混频。二极管混频器虽然没有变频增益,但具有动态范围大、线性度好及使用频率高等优点。

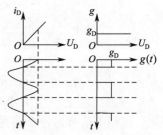

另一种情况是利用二极管在大信号输入时的近似线性特性,并采用线性时变电路的分析方法进行分析,此时本振信号的幅度远大于射频信号的幅度($U_{RF}\geqslant U_{LO}$),本振信号作为控制信号,如图 11-8 所示。

图 11-8 二极管的线性时变工作状态

根据前面介绍的线性时变电路的分析方法,忽略直流项,并假设静态偏置点 $E_Q=0$,则输出信号为

$$i_D=g_DS_1(\omega_{LO}t)U_{RF}(t) \tag{11-33}$$

式中 $S_1(\omega t)$ 为单向开关函数,其定义如图 11-8 所示。

其傅里叶展开式为

$$S_1(\omega t)=\frac{1}{2}+\frac{2}{\pi}\cos\omega t-\frac{2}{3\pi}\cos3\omega t+\frac{2}{5\pi}\cos5\omega t+\cdots \tag{11-34}$$

于是可以得到中频输出电流为

$$i_{IF}=g_DU_{RF}\frac{1}{\pi}\cos(\omega_{LO}\pm\omega_{RF})t \tag{11-35}$$

11.2.6 单端 FET 混频器

单端 FET 混频器利用了 FET 晶体管非线性最强的跨导 g_m 参量,一般采用共源极结构,并在栅极加负的偏置,使 FET 晶体管工作在夹断区。此时跨导接近零,小的正栅压变化就能导致大的跨导变化,产生非线性效应,如图 11-9 所示。

单端 FET 混频器的原理就是利用加在栅极上的 LO 信号驱动 FET 晶体管的跨导在高低间转换,提供所需要的频率。常用的电路结构如图 11-10 所示,与单端二极管混频器一样,RF 和 LO 信号首先输入到同相双工器中合成,再输入到 FET 晶体管的栅极上。漏极的 LO 电容用于提供 LO 信号的返回支路,而滤波器用于选择出所需要的 IF 频率分量。

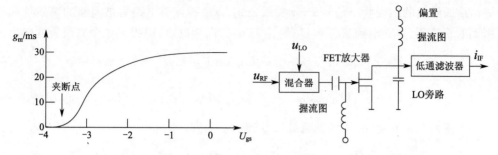

图 11-9　跨导 g_m 与栅—源电压 U_{gs} 的关系　　　　图 11-10　单端 FET 混频器电路

混频器工作时由于跨导是由 LO 信号驱动的,所以可以将时变的跨导用级数展开表示,设 $u_{LO}=A_{LO}\cos\omega_{LO}t$,则跨导可以表示为

$$g=g_0+2\sum_{n=1}^{\infty}g_n\cos n\omega_0 t \tag{11-36}$$

设输入 RF 信号为 $u_{RF}=A_{RF}\cos\omega_{RF}t$,根据 FET 的等效电路,在漏极的输出电流是 u_{RF} 在栅—源电容 C_{gs} 上的分压 u'_{RF} 乘以跨导 g 的信号。通过电路的选频作用,只关心能够产生 IF 信号的 g_1 项。最后需要说明的是,g_1 的值不能直接计算,而只能通过测量得到。

11.2.7　单平衡二极管混频器

单平衡二极管混频器的优点在于可以使 RF 信号的输入匹配,直流分量在 IF 端被抵消。如图 11-11 所示,该电路使用了一个 90°混合网络把两个单端口网络连接在一起。这种结构可使 RF 输入端口完全匹配。

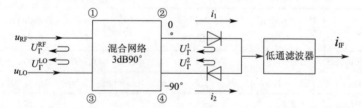

图 11-11　使用了 90°混合网络的单平衡二极管混频器电路

假设输入的 RP 信号为 $u_{RF}=A_{RF}\cos\omega_{RF}t$,输入的 LO 信号为 $u_{LO}=A_{LO}\cos\omega_{LO}t$,已知 90°混合网络的散射矩阵为

$$S=\frac{-1}{\sqrt{2}}\begin{bmatrix}0 & j & 1 & 0\\ j & 0 & 0 & 1\\ 1 & 0 & 0 & j\\ 0 & 1 & j & 0\end{bmatrix}.$$

使用二极管的小信号近似分析方法,则经过混合网络输入到两个二极管上的信号为

$$u_1=\frac{1}{\sqrt{2}}\Big[U_{RF}\cos\Big(\omega_{RF}t-\frac{\pi}{2}\Big)+U_{LO}\cos(\omega_{LO}t-\pi)\Big]=\frac{1}{\sqrt{2}}(U_{RF}\sin\omega_{RF}t-U_{LO}\cos\omega_{LO}t)$$

$$\tag{11-37}$$

$$u_2=\frac{1}{\sqrt{2}}\Big[U_{RF}\cos(\omega_{RF}t-\pi)+U_{LO}\cos\Big(\omega_{LO}t-\frac{\pi}{2}\Big)\Big]=\frac{1}{\sqrt{2}}(-U_{RF}\cos\omega_{RF}t+U_{LO}\sin\omega_{LO}t)$$

$$\tag{11-38}$$

由前面给出的二极管小信号 $i-u$ 关系公式,忽略掉经过电路后被阻断的高阶项和相互抵消的直流项,并考虑到二极管 D_2 的 i_2 与 u_2 方向相反,可以得到两个二极管的输出为

$$i_1 = Ku_1^2 = \frac{K}{2}\left[U_{RF}^2\sin^2\omega_{RF}t - 2U_{RF}U_{LO}\sin\omega_{RF}t\cos\omega_{LO}t + U_{LO}^2\cos^2\omega_{LO}t\right] \quad (11\text{-}39)$$

$$i_2 = -Ku_2^2 = \frac{-K}{2}\left[U_{RF}^2\cos^2\omega_{RF}t - 2U_{RF}U_{LO}\sin\omega_{LO}t\cos\omega_{RF}t + U_{LO}^2\sin^2\omega_{LO}t\right] \quad (11\text{-}40)$$

两电流再相加并化简,得到低通滤波器的输入电流:

$$i = \frac{-K}{2}(U_{RF}^2\cos 2\omega_{RF}t + 2U_{RF}U_{LO}\sin\omega_{IF}t - U_{LO}^2\cos 2\omega_{LO}t) \quad (11\text{-}41)$$

式中,K 为二极管的二次项系数,IF 输出的频率为 ω_{IF},此电流再经过滤波器的选频就得到 IF 信号:

$$i_{IF}(t) = -KU_{RF}U_{LO}\sin\omega_{IF}t \quad (11\text{-}42)$$

11.2.8 混频器件

HMC213 采用混频器是 GaAs MMIC 双平衡混频器,这种混频器可以用于上、下变频器,具有集成本振放大器,混频器需要的电平为 10dBm,无需供电,混频器转换损失为 8.5dB～9 dB。其功能框图如图 11-12 所示,技术参数见表 11-1。

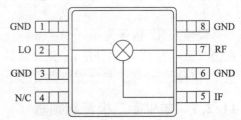

图 11-12　HMC213 功能框图

表 11-1　混频器 HMC213 技术参数

序号	参数	IF＝230MHz LO＝13dBm	IF＝230MHz LO＝10dBm	序号	参数	IF＝230MHz LO＝13dBm	IF＝230MHz LO＝10dBm
1	频率 RF、LO/GHz	1.4～4.5	1.7～3.6	5	RF-LO 隔离/dB	40	40
2	IF/GHz	DC～1.5	DC～1.5	6	LO-IF 隔离/dN	35	35
3	转换损失/dB	8.5	9	7	IP₃/dB	19	18
4	噪声系数/dB	8.5	9	8	1dB 压缩点/dBm	10	8

混频器 HMC422MS8 是 GaAs MMIC 双平衡混频器,这种混频器可以用于上、下变频器,具有集成本振放大器,混频器需要的电平为 0dBm,供电电压为 3V,电流为 30mA,混频器转换损失为 8dB～105 dB。其技术参数见表 11-2。

表 11-2　混频器 HMC422 技术参数($U_{dd}=3V$)

序号	参数	IF＝100MHz LO＝0dBm	序号	参数	IF＝100MHz LO＝0dBm
1	频率 RF、LO/GHz	1.2～2.5	5	RF-LO 隔离/dB	30
2	IF/GHz	DC～1.0	6	LO-IF 隔离/dB	15～20
3	转换损失/dB	8～10.5	7	IP₃/dB	15
4	噪声系数/dB	8～10.5	8	1dB 压缩点输入/dBm	8

混频器 HMC410MS8G 是 GaAs MMIC 无源双平衡混频器,这种混频器可以用于

上、下变频器,具有集成本振放大器,混频器需要的电平为 13dBm～19dBm,在全频段范围内混频器转换损失为 8dB,不需要外部偏置。其技术参数见表 11-3。

表 11-3　混频器 HMC410 技术参数

序号	参数	IF=1450MHz LO=17dBm	序号	参数	IF=1450MHz LO=17dBm
1	频率 RF、LO/GHz	9～12	5	RF-LO 隔离/dB	40～45
2	IF/GHz	DC～2.5	6	LO-IF 隔离/dB	30～37
3	转换损失/dB	8～11	7	IP_3/dB	24
4	噪声系数/dB	8～11	8	1dB 压缩点输入/dBm	14

11.3　射频倍频器和分频器

倍频器能产生基频振荡器难以获得的高频率,可以应用在工作频率很高的微波和毫米波电路的本振源中。倍频是由电路的非线性实现的,通过器件的非线性电阻或电抗特性,产生谐波达到倍频的效果。倍频器会带来较大的相位噪声,因为相位的倍增与频率倍增是等效的,当频率倍增了,相位噪声的变化也倍增了。例如,倍频 N 倍,相位噪声电平也会变为原电平的 N 倍,相位噪声功率则会变为原功率的 N 倍。

微波倍频器和分频器是一种微波信号产生方式,配合频率合成器使用,已经广泛用于各类微波系统和测试仪器中。

射频分频器主要用于方便地产生特定频率的本振信号,简化电路的复杂度和成本,因此要求射频分频器能够满足以下几项要求:工作频率高;工作频带宽;分频比可变;分频比高;没有射频输入时没有射频输出;成本低。但是,目前还没有一种射频分频器能够满足所有的要求。因此本节介绍 4 种射频分频器结构,并且指出每种结构的优、缺点。

11.3.1　非线性电抗器件倍频器

非线性电抗器件倍频器采用变容二极管或阶跃恢复二极管,在非线性结电容上加偏置而成。由于此类二极管的损耗小,所以其变换效率(需要的倍频输出信号与射频输入信号功率之比)较高,理论上可以达到 100%;另外由于它们的串联电阻很小,所以其自身附加的噪声很小。通常变容二极管倍频器多用于低谐频变换(倍频系数为 2～4),阶跃恢复二极管可以用于更高次谐频变换的情况。

假设有两个频率为 ω_1、ω_2 的输入信号作用于一个非线性无耗电容上,将产生 $n\omega_1 + m\omega_2$ 频率的产物,假设对应于这些频率信号的功率为 P_{nm},则这些 P_{nm} 满足 Manley-Rowe 关系,即

$$\sum_{n=0}^{\infty}\sum_{m=-\infty}^{\infty}\frac{nP_{nm}}{n\omega_1+m\omega_2}=0 \tag{11-43}$$

对于非线性电抗器件倍频器,则是在 $m=0$ 的条件下的特殊情况,即

$$\sum_{n=2}^{\infty}P_{n0}=-P_{10} \tag{11-44}$$

式中,P_{10} 为输入频率信号的功率,且 $P_{10}>0$;P_{n0} 为 n 次谐频对应的功率($n=0$ 是直流项

等于零）。由于无耗电容器上没有实功率的损耗,如果可以把除了想要的 n 次谐波以外的谐波分量都输出到无耗电抗性负载上,则可以使输入频率的功率全部传递到输出的第 n 次谐波上,即变换效率可以达到 100%。但实际上由于各种损耗,如二极管的损耗和频配电流的损耗,使转换效率明显下降。

常见的非线性电抗器件倍频器的电路框图如图 11-13 所示,通常采用变容二极管或阶跃恢复二极管。首先将频率为 f_0 的信号输入到二极管上,利用二极管结电容的非线性效应输出谐波分量,除了需要的谐频 nf_0 外,其他所有频率都输出到电抗性负载上,并用带通滤波器滤出需要的频率为 nf_0 的谐波。

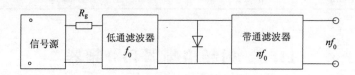

图 11-13　二极管倍频器结构

随着微波技术的发展,微波倍频器广泛用于通信、雷达、频率合成和测量等技术中,它在小功率高稳定的振荡器、频率综合器、锁相振荡器和纳秒脉冲产生器等技术中也得到了广泛应用。其主要作用可归纳如下。

(1)获得高稳定度的高频振荡源。由于微波电真空管器件和微波半导体振荡器的共同缺点是频率稳定度不高,而目前电路中多采用的高稳定度石英晶体振荡器振荡频率一般都低于 150MHz,所以采用倍频技术,将频率低的石英晶体振荡器所产生的稳定振荡进行倍频,可以得到稳定度较高的微波振荡源。

(2)扩展设备的工作频段。如扫频仪中的扫频振荡源,从一个振荡器得到两个或多个成整数比的频率。

最近 10 多年来,固态微波倍频器的发展十分迅速,由早期的非线性变阻二极管倍频器发展到变容二极管、阶跃管和雪崩管倍频器,又由双极晶体管倍频器发展到单栅和双栅微波场效应管倍频器。当倍频次数较小时,可以用变容二极管、晶体三极管、FET 及宽带放大器等方法来实现倍频。其中,变容二极管倍频效率比较低,但电路简单、成本低,容易调整实现;FET 倍频电路较复杂,但电路稳定,倍频效率高且有增益。当倍频次数较高时,应优先采用阶跃恢复二极管来倍频,但电路复杂、稳定性不高。

图 11-14 给出倍频器基本电路结构,倍频器输入信号 f_0,输出信号 nf_0。使用的器件是变容二极管,微波电路包括输入端低通滤波器和匹配电路、输出端带通滤波器和匹配电路。

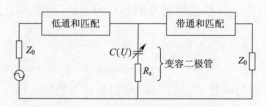

图 11-14　倍频器基本电路结构

微波倍频器分成两类,即低次倍频器和高次倍频器。

低次倍频器的单级倍数 N 不超过 5。使用器件为变容二极管，倍频次数增加后，倍频效率和输出功率将迅速降低(二倍频效率在 50％以上，3 倍频为 40％)。如需高次倍频，则必须做成多级倍频链，使其中每一单级仍为低次倍频。

高次倍频器的单级倍频次数可达 $10 \sim 20$ 以上，倍频使用的器件是阶跃恢复二极管(电荷储存二极管)。在高次倍频时，倍频效率约为 $1/N$。因为倍频次数高，可将几十兆赫的石英晶体振荡器一次倍频至微波，得到很稳定的频率输出。这种倍频器输出功率比较小，通常在几瓦以下，但利用阶跃管进行低次倍频时，输出功率在 L 波段也可达 15W 以上。

1. 变容二极管介绍

变容二极管是非线性电抗元件，损耗小、噪声低，可用于谐波倍频、压控调谐、参量放大、混频或检波。目前使用最多的只是倍频和调谐。

图 11-15 所示为肖特基势垒二极管的反向结电容随电压的变化，也就是变容二极管特性，变容二极管的电容与反向电压的关系为

$$C = C_{j0}\left(1 - \frac{U}{\phi}\right)^{-m}$$

式中，C_{j0} 为零偏压时结电容；ϕ 为结势垒电势；m 为等级因子。不同用途的变容二极管，m 值不同。$m = 1/3$ 为线性变容二极管，低次倍频或调谐。$m = 1/2$ 时为阶跃回复二极管，高次倍频或低次倍频。大多数情况下，变容二极管的 $m = 1/2 \sim 1/3$，变容二极管的等效电路为一个电阻与可变电容的串联。

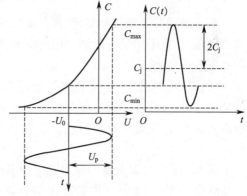

2. 门—罗关系

在输入信号激励下，变容二极管上存在

图 11-15 变容二极管特性

许多频率成分，除输入和输出有用信号外，其余频率称为空闲频率。这些空闲频率对于器件的工作是必不可少的。为了保证倍频器工作，必须使一些空闲频率谐波有电流。这个回路通常是短路谐振器，在所关心的频率上电流最大。

门—罗(Manley-Rowe)关系描述理想电抗元件上的谐波成分及其占有的功率。这种关系便于直观理解倍频器、变频器、分频器和参放的工作原理。用两个信号 f_p 和 f_s 来激励变容二极管。则有

$$\sum_{n=0}^{\infty}\sum_{m=-\infty}^{\infty}\frac{nP_{nm}}{n\omega_1 + m\omega_2} = 0 \tag{11-45}$$

$$\sum_{n=-\infty}^{\infty}\sum_{m=1}^{\infty}\frac{nP_{nm}}{nf_p + mf_s} = 0 \tag{11-46}$$

倍频器 $m = 0$，输入 f_p，输出 nf_p，$P_1 + P_n = 0$，理论效率 100％。

参量放大器和变频器 $m = 1$，泵源 f_p 的功率比信号 f_s 的功率大得多，忽略信号功率，且只取和频 $f_p + f_s$，则转换增益为

$$\frac{P_0}{P_s} = \frac{P_{11}}{P_{10}} = -\left(1 + \frac{f_p}{f_s}\right) \tag{11-47}$$

门—罗关系在实际应用中公式比较简单。

3. 倍频器设计

变容二极管倍频器的常用电路如图 11-16 所示,图 11-16(a)所示为电流激励,图 11-16(b)所示为电压激励。在电流激励形式中,滤波器 F_1 对输入频率为短路,对其他频率为开路;滤波器 F_N 则对输出频率为短路,对其他频率为开路;在电压激励中,F_1 谐振在输入频率,F_N 对输出频率为开路,对其他频率为短路。

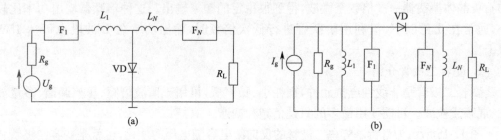

图 11-16　变容二极管倍频器的电路原理

电流激励的倍频器电路,变容二极管一端可接地以利于散热,故进行功率容量较大的低次倍频时,宜采用电流激励。用阶跃管作高次倍频时,因其处理的功率较小,一般多采用电压激励形式。

变容二极管微波倍频器的基本原理为:将稳态的正弦波电压加到变容二极管上,产生波形畸变的电流,这一畸变就意味着电路中产生了高次谐波,选用合适的滤波器滤出所需的谐波频率,即实现了倍频目的。变容二极管的等效电路如图 11-17 所示。

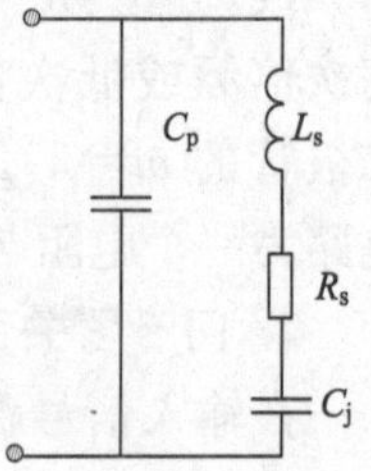

图 11-17 中,C_P 为管壳电容;L_s 为引线电感;R_s 为串联电阻;C_j 为结电容。通常,变容二极管微波倍频器由输入/输出匹配电路、输入/输出滤波电路、空闲回路和偏置电路等组成。各部分电路具体作用如下:输入/输出匹配电路是为了在输入和输出频率上得到较大的功率和传输效率,要求变容二极管在基波上的等效阻抗与输入回路阻抗匹配,而在输出谐波上的等效阻抗与输出回路阻抗匹配,同时为了提取输出功率,滤除无用频率和去耦,须在微波倍频器的输入端和输出端接入输入/输出滤波电路;空闲回路的设置是为了将变容二极管产生的空闲谐波能量回送到二极管中,再通过非线性变频作用,将低次谐波能量转换为高次谐波能量,以利于提高倍频效率和输出功率;偏置电路的合理设计对倍频效率和输出功率也有直接的影响,若设计不当会在某个频率上形成空闲回路,就有可能产生负阻效应,从而带来不稳定性。构成倍频器时,应注意以下几个问题。

图 11-17　变容二极管等效电路

(1)变容二极管的工作状态要合理选择,以得到较高的倍频效率和输出较大的功率。由于变容二极管倍频是利用其电容的非线性变化来得到输入信号的谐波,如果使微波信号在一个周期的部分时间中进入正向状态,甚至超过 PN 结的接触电位,则倍频效率可大大提高,因为由反向状态较小的结电容至正向状态较大的扩散电容,电容量有一个较陡峭的变化,有利于提高变容二极管的倍频能力。但是,过激励太过分时,PN 结的结电阻产生的损耗也会降低倍频效率,故对一定的微波输入功率,需调节变容二极管的偏压使其工作于最佳状态。

(2)变容二极管两侧的输入/输出回路,分别和基波信号源和谐波输出负载连接。为了提高倍频效率,减少不必要的损耗,尽量消除不同频率之间的相互干扰,要求输入/输出电路之间的相互影响尽量小。特别是倍频器的输入信号不允许泄漏到输出负载,而其倍频输出信号也不允许反过来向输入信号源泄漏。为此,在输入信号源之后及输出负载之前分别接有滤波器 F_1、F_N。此外,在滤波器 F_1、F_N 和变容二极管之间,还应加接调谐电抗 L_1、L_N。因为输入电路和输出电路接在一起,彼此总有影响,为使输出电路对输入电路呈现的输入电抗符合输入电路的需要,故在输入电路中加接调节电抗 L_1 加以控制。同理,在输出电路中加接 L_N 是为了调节输入回路影响到输出电路的等效电抗。

(3)为了在输入频率和输出频率上得到最大功率传输,以实现较大的倍频功率输出,要求对两个不同频率都分别做到匹配。即输入电路在输入频率上匹配,输出电路在输出频率上匹配。

(4)当倍频次数 $N>2$ 时,为了进一步提高倍频效率,除调谐于输入频率和输出频率的电路以外,最好附加 1 个到几个调谐于其他谐波效率的电路,但这些频率皆低于输出频率,称为空闲电路。由于空闲电路的作用,把 1 个或几个谐波信号的能量利用起来,再加到变容二极管这个非线性元件上,经过倍频或混频的作用,使输出频率的信号的能量加大,这样就把空闲频率的能量加以利用而增大了输出。

(5)变容二极管的封装参量 L_s、C_b 对电路的影响也不小,在进行电路设计时,应将它们包含进去。

4. 阶跃管高次倍频器

阶跃恢复二极管(简称阶跃管,又称电荷储存二极管)是利用电荷储存作用而产生高效率倍频的特殊变容二极管。$m=1/9\sim1/16$,$C\approx C_{j0}$。在大功率激励下,相当于一个电抗开关。工作频率范围可从几十兆赫至几十吉赫。这种倍频器结构简单,效率高,性能稳定,作为小功率微波信号源是比较合适的,可以一次直接从几十兆赫的石英晶体振荡器倍频到微波频率,得到很高的频率稳定度。阶跃管还可用于梳状频谱发生器或作为频率标记。因为由阶跃管倍频产生的一系列谱线相隔均匀(均等于基波频率),可用来校正接收机的频率,或作为锁相系统中的参考信号。阶跃二极管也可用来产生宽度极窄的脉冲(脉冲宽度可窄到几十皮秒),在纳秒脉冲示波器、取样示波器等脉冲技术领域得到应用。

最简单的阶跃恢复二极管是一个 PN 结,但与检波管或高速开关管不同。正弦波电压对它们进行激励时,得到的电流波形不同,如图 11-18(b)、(c)所示。其中,图 11-18(b)所示为一般 PN 结二极管的电流波形,依循正向导通、反向截止的规律;而图 11-18(c)所示为阶跃管的电流波形,其特点是电压进入反向时,电流并不立即截止,而是有很大的反向电流继续流通,直到时刻 t_m 才以很陡峭的速度趋于截止状态。这种特性的产生是和阶跃管本身特点有关的。

阶跃恢复二极管倍频器构成框图及其各级产生的波形如图 11-19 所示。频率为 f_0 的输入信号把能量送到阶跃管的脉冲发生器电路。该电路将每一输入周期的能量变换为一个狭窄的大幅度的脉冲,此脉冲能量激发线性谐振电路,该电路再把脉冲变换为输出频率 $f_N=Nf_0$ 的衰减振荡波形,最后,此衰减振荡经带通滤波器滤去不必要的谐波,即可在负载上得到基本上纯的输出频率等幅波。

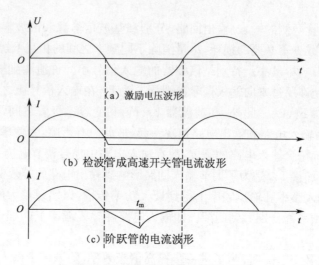

(a) 激励电压波形

(b) 检波管成高速开关管电流波形

(c) 阶跃管的电流波形

图 11-18　阶跃恢复管的电流波形

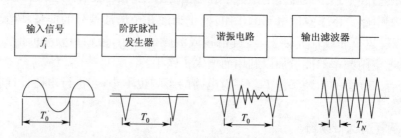

图 11-19　阶跃恢复二极管倍频器构成框图及其各级产生的波形

5. 三极管微波倍频器

三极管微波倍频器是利用 PN 结的非线性电阻产生谐波,即 C 类放大器输出调谐到 N 倍的输入频率上。这种微波倍频器单向性、隔离性好,并有增益。三极管微波倍频器一般由双极晶体管和场效应三极管构成,倍频次数一般小于 20,图 11-20 为三极管微波倍频器电路。

目前由于晶体三极管性能的提高,2GHz 以下的电路均可用集总参数来实现。用双极结晶体管微波倍频器产生 C 波段以下的输出频率是非常简单的,成本也较低,是频率源中常用的电路。用场效应三极管微波倍频器可产生几十吉赫的输出频率,同时提供较高的倍频效率和较宽的下工作频带,且不需要空闲电路,对输入功率要求较低。

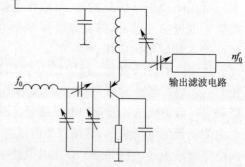

图 11-20　三极管微波倍频器电路

6. 宽带微波倍频器

宽带微波倍频器的主要机理是非线性电阻产生谐波,使输出调谐到谐波上,由于输入/输出电路都是宽带的,可实现宽带倍频。现代频率源中,常常要求宽频带倍频,变电阻微波倍频器往往受输入/输出匹配电路的带宽限制,带宽一般不太宽,参量微波倍频器也很难实现宽带倍频,而单片宽带微波倍频器则可以满足这个要求。

用单片宽带放大器做微波倍频器,只要调整输出匹配电路,并匹配至输出频率,则可实现 2 次～5 次倍频,输出频率可到达 X 波段。输出端加入窄带滤波器可实现窄带倍频,加入宽带滤波器则可实现宽带倍频。

7. 倍频器电路实例

低次倍频 $N=2\sim4$,已有商业化集成产品选择,尺寸很小,使用方便。图 11-21 所示为微带线 6 倍频器。倍频次数和电路拓扑关系不大,只是图中输出带通滤波器 7 的中心频率不同。工作频率发生变化,电路拓扑也不变,调整输入和输出回路即可。

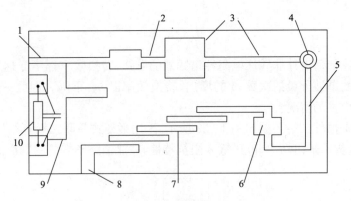

图 11-21 微带线 6 倍频器

1,2,3—输入端匹配和低通;4—变容二极管;

5,6,7,8—输出端匹配带通;9,10—直流偏置。

现代通信系统与电子工程对电子部件提出了越来越高的要求,设计性能优良、体积小、可靠性高的微波倍频器具有很高的实用价值。在微波倍频器设计过程中,具有以下设计要点。

(1)要减小微波倍频器引起的相位噪声。有关资料显示,微波倍频器中相位噪声和附加噪声均按 $20\lg N$ 变坏。当输入相噪很低,即输入信噪比很高时,对输入信号处理不当会使相噪变坏。另外在高次倍频中,输入信号功率太小,会使倍频后输出信号也太小,直接影响输出信噪比,使相噪变坏。因此,应合理设计输入频率的射频功率,保证微波倍频器的输出信号信噪比不变坏,不影响输出相位噪声。

(2)要合理设计输出频带宽度。对一个单级的 N 次高次微波倍频器,带宽不能大于 $1/N$。若带宽较大,则 $N-1$ 次和 $N+1$ 次的倍频信号将落于通带范围内。对于频带相对较宽的高次微波倍频器,若采用阶跃管直接倍频到所需频率,则将使频率低端的 $N-1$ 次谐波和频率高端的 $N+1$ 次谐波落在所需频段内,使谐波抑制度受到很大的限制。

(3)要合理设计滤波器。滤波器是微波倍频器设计中一个十分重要的因素,它直接影响微波倍频器的谐振抑制度与功率的起伏。

11.3.2 非线性电阻器件倍频器

非线性电阻器件倍频器具有带宽大、功率高、工作更稳定等优点,但同时也存在附加噪声大、效率低等缺点。它利用了正向偏置的肖特基势垒检波二极管的静态非线性 $I-U$ 特性,产生输入频率的 N 次谐波。由于电阻性倍频器不是无耗的,所以不满足 Manley-Rowe 关系,它满足的是 Page-Pantell 不等式,即

$$\sum_{m=0}^{\infty} m^2 P_m \geqslant 0 \tag{11-48}$$

式中,m 为谐波的次数;P_m 为在 m 次谐波频率上信号的功率,它说明了在电阻性二极管内各次谐波的功率的关系。假设电阻性二极管的输出只包含需要的 m 次谐波和基频信号,而其他谐波均端接电抗性负载。则输入的基频分量功率 P_1 与 P_m 之间满足下面的关系式,即

$$\left| \frac{P_m}{P_1} \right| \leqslant \frac{1}{m^2} \tag{11-49}$$

这说明无论如何设计非线性电阻性倍频器的电路,转换效率都不能达到 100%,而且随着需要得到的谐波分量的次数 m 的增加,转换效率以 m^2 下降。因此一般电阻性倍频器用于低倍频变换的情况。

常用的电阻器件二倍频器如图 11-22 所示,采用平衡式并联二极管结构,有利于输入和输出的隔离,提高输出功率,改进输入阻抗特性,并能消除不需要的偶次谐波。

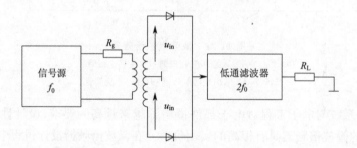

图 11-22 电阻器件二倍频器结构

11.3.3　有源倍频器

与无源倍频器相比,有源倍频器具有变换效率高(可能大于 100%)、输入功率和直流功率较小、输入和输出隔离、工作带宽宽等优点。使用 FET 器件的有源倍频器的原理,是利用了 FET 器件的肖特基栅极整流的非线性特性产生谐波。通常将 FET 器件的栅极加负的偏置电压 U_{gg},使器件只在输入信号的正半周导通,这个半波中含有丰富的谐波分量,所以漏极的 RLC 并联谐振电路可以设计成只对想要的频率开路,基频和其他不需要的谐振频率处于短路。

使用 FET 器件的有源倍频器的常见等效电路如图 11-23 所示。输入源产生频率为 ω_0 的信号,并且与倍频网络输入匹配。输出端接 $R_L + jX_L$ 的负载,并且与 C_{ds} 一起组成选择谐振频率 $n\omega_0$ 的 RLC 并联谐振电路,U_{gg} 和 U_{dd} 分别设为负偏压和正偏压。

有源倍频器的最大特点是可以产生大于 100% 的变换效率,下面分析输入和输出功率的变换过程。由于传导到漏极上的电流是具有半波整流特性的电流,其中含有丰富的谐频分量,将 i_d 做傅里叶级数展开,可得到希望频率 $n\omega_0$ 分量的表达式为

$$i_n = I_{\max}\frac{4\tau\cos(n\pi\tau/T)}{\pi T_1 - (2\pi\tau/T)^2}\cos n\omega_0 t \tag{11-50}$$

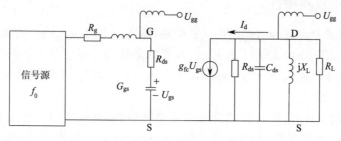

图 11-23　使用 FET 器件的倍频器等效电路

式中,$I_{\max}$ 为 i_d 的最大值;τ 为 i_d 在一个周期 T 内有信号的时间。可以看出,要达到最大的效率,需要使 $I_{\max}/I_n$ 达到最大,I_n 为 i_n 的最大值,即

$$I_n = I_{\max}\frac{4\tau\cos(n\pi\tau/T)}{\pi T_1 - (2\pi\tau/T)^2} \tag{11-51}$$

即需要调节 τ/T 的值。在谐振电路选出了想要的 $n\omega_0$ 分量后,负载的输出功率是

$$P_n = \frac{1}{2}|I_n|^2 R_L \tag{11-52}$$

11.3.4　倍频器件

倍频器 HMC448LC3B 是 GaAsPHEMT 技术宽带倍频器,当输入 0dBm 时,在 20GHz～22 GHz 范围内,倍频器提供 11dBm 的输出电平,比较低的相位噪声如 -135 dBc/Hza100kHz处,帮助系统提供了良好的相位噪声性能,该器件消除了跳金线,可以使用表贴技术安装。其引脚排列如图 11-24 所示,其性能见表 11-4。

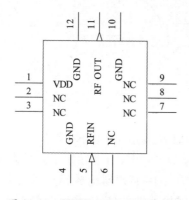

图 11-24　HMC448LC3B 引脚排列

表 11-4　混频器 HMC448 技术参数($U_{dd} = 5V$)

1	输入频率范围/GHz	10～11	11～12.5
2	输出频率范围/GHz	20～22	22～25
3	输出功率/dBm	9	11
4	输出与基波隔离/dB	24	15
5	输出 3F0 与基波隔离/dB	25	25
6	输入回波损耗/dB	10	7
7	输出回波损耗/dB	6	10
8	单边相位噪声/(dBc/Hz)	-135	-135
9	供电电流/dBm	48	48

11.4　微波检波器

微波检波器是微波技术中常规部件之一,对调幅的微波信号进行解调,能实现微波的频率变换输出包络信号。它在微波信号检测、自动增益控制、功率探测、稳幅的应用中是

277

关键器件。

11.4.1 微波检波器特性

一般地,检波器是实现峰值包络检波的电路,输出信号与输入信号的包络相同。3 种信号的检波输出如图 11-25 所示。作检波时,肖特基势垒二极管伏安特性近似为平方关系,即检波输出电流与输入信号电压幅度的平方成正比。因此,常用检波电流的大小视输入信号功率的大小而定。

作为接收机前置级时,所接收的信号通常是微弱的,对检波器的要求是高检波灵敏度、小输入 VSWR、宽动态范围、宽频带、高效率,而检波器内部不可避免地存在噪声,因此衡量检波器性能的重要指标就是它从噪声中检测微弱信号的能力,这种能力常用灵敏度来表示。

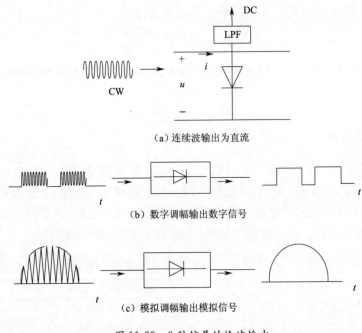

（a）连续波输出为直流

（b）数字调幅输出数字信号

（c）模拟调幅输出模拟信号

图 11-25　3 种信号的检波输出

1. 灵敏度

灵敏度定义为输出电流与输入功率之比。一般地,检波输出信号的频率小于 1MHz,闪烁噪声对检波灵敏度的影响较大。闪烁噪声又称为 $1/f$ 噪声,由半导体工艺或表面处理引起,噪声功率与频率成反比。为了避免这个影响,采用混频器构成超外差接收机,30MHz 或 70MHz 中频放大后再检波,这并不影响微波检波器的使用,大部分情况下,检波器是用于功率检视,灵敏度已经足够。

2. 标称可检功率(NDS)

输出信噪比为 1 时的输入信号功率。不仅与检波器的灵敏度有关,还与后续视频放大器的噪声和频带有关。NDS 越小,表示检波器灵敏度越高。测量方法为:不加微波功率,测出放大器输出功率(噪声功率),然后输入微波功率,使输出功率增加 1 倍时,这时的输入功率为 NDS。

278

3. 正切灵敏度(TSS)

正切灵敏度定义如下：当不加微波信号时，在放大器的输出端观察输出的噪声波形；然后输入脉冲调幅的微波信号，检波后为方波。调整输入信号的幅度，使输出信号在示波器上如图 11-25 所示形状时，图中曲线为没有脉冲时的最高噪声峰值和有脉冲时的最低噪声峰值在同一水平时，这时的输入微波脉冲峰值功率就是正切灵敏度。

显然，这个测试随测量者不同，存在主观上的偏差，是个难以严格定量的值。但 TSS 概念清晰，使用方便，在工程中得到了普遍使用。TSS 也常用于接收机的灵敏度描述。

正切灵敏度不等于标称可检功率。在正常情况下，TSS 比 NDS 高 4dB，如 NDS＝－90dBm，则 TTS＝－86dBm。

正切灵敏度、标称可检功率都和放大器带宽有关，因此，在给出这些指标时应说明测量的带宽。通常规定视频带宽为 1MHz。

为了提高检波器的灵敏度，设计时应注意以下几点。

(1)选择低势垒二极管，用于检波比混频的肖特基二极管势垒要低，小信号下能产生足够大的电流。

(2)选用截止频率高的二极管，寄生参数的影响小。

(3)加正向偏置电流，打通二极管，节省微波功率，提高灵敏度。

(4)用于测试系统的检波器或其他场合的宽频带检波器，增加匹配元件或频带均衡电阻网络，灵敏度会降低。

11. 4. 2　微波检波器电路

一般来说，微波检波器电路由 3 部分组成，分别是阻抗匹配网络、检波二极管和低通滤波器。为了设计阻抗匹配网络，应该首先测量检波二极管在工作频带内的频带范围，然后用网络综合的方法求网络参数，但是当工作频带较宽时，这样的设计方式往往比较困难。

1. 同轴检波器

当检波器应用于稳幅系统时，常常要求在一个或几个倍频程的频带范围内灵敏度的波动不超过 1dB，但不要求很高的灵敏度。在这种情况下，可以采用牺牲灵敏度的方法保证宽频带内较好的平坦度。图 11-26 所示的是同轴检波器的结构。在同轴线的外导体的内壁加吸收环，在同轴线的内外导体只见并联一个锥形的吸收电阻，二极管串联在内导体上，在管座和外导体之间夹一层介质薄膜，形成高频旁路电容。当二极管不加偏置时，阻抗比较高，因此检波器的输入阻抗主要决定于所加的匹配电阻，其阻抗与同轴线阻抗匹配，这个检波器工作在 7.2GHz～11GHz 频带内，驻波比小于 2。

检波器的工作频带受到以下两个因素限制。

(1)二极管的管壳电容形成与频率有关的电抗。

(2)匹配电阻与旁路电容接入的位置与二极管两端点之间有一定的距离，相当于插入一个短传输线。图 11-27 所示的是宽频带微带线检波器，如果是窄带的，也可用集总参数电阻和电容，配合平行耦合线用于微带电路模块。

2. 微带线检波器

固定频率工作的微波系统可以采用调谐式检波器,如图 11-28 所示。图中采用 3 个调谐螺钉和一个短路活塞进行调谐,使二极管阻抗和波导阻抗匹配。有时也可以利用短路活塞调谐二极管的电纳部分,然后通过一段高度渐变的波导将标准的波阻抗变换成低阻抗,以便和二极管的阻抗匹配。这类检波器一般用在固定频率工作的系统中作为功率指示器,由其中的任一路信号做 2 倍频,则此时输出信号的频率同样是增加 1 倍,但相位噪声却增加了 6dB。

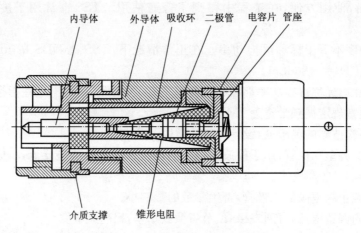

图 11-26　宽频带同轴检波器结构

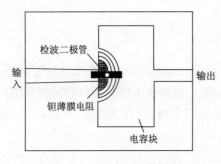

图 11-27　宽频带微带线检波器

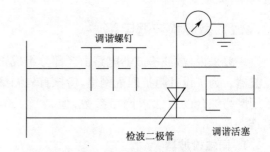

图 11-28　调谐式波导检波器

本 章 小 结

本章在简要地介绍了各种射频频谱搬移电路的功能、主要性能指标参数定义及应用要求的基础上,详细介绍频谱搬移的物理机理、类型和频谱特性;介绍非线性分析法、转换损耗矩阵法和抑制混频干扰和失真的方法。接着分别介绍常见的二极管/三极管基单端、单平衡、双平衡式无源/有源射频混频器的基本电路拓扑、工作原理、性能特点、分析方法和设计技术,并通过一个射频混频器设计实例阐明其设计步骤和性能仿真方法;然后介绍非线性电阻器件及无源/有源倍频器、非线性电抗器件及倍频器,最后介绍参量式、再生式、数字式、注入锁相振荡器式分频器。

习　题

11.1　假定噪声功率 $N_i = kTB$ 施加到混频器的 RF 输入端口，混频器有噪声系数 F(DSB)和变频损耗 L_c。问在 IF 端口可用输出噪声功率是多少？假定混频器的物理温度是 T_0。

11.2　相位检测器产生的输出信号正比于两个 RF 输入信号的相位差。设输入信号表示为 $u_1 = u_0 \cos\omega t$，$u_2 = u_0 \cos(\omega t + \theta)$。若将这两个信号施加到使用 90° 混合网络的单平衡混频器，证明经低通滤波器后的输出信号为 $i = k u_0^2 \sin\theta$，其中 k 是常数。

11.3　应用 Manley-Rowe 关系到下变频器，假定非线性电抗激励在频率 f_1 (RF)和 f_2 (LO)处，且在除 $f_3 = f_1 + f_2$ 外的所有其他频率处，终端接开路线。证明最大可能变频增益为 $-P_{11}/P_{10} = 1 + \omega_2/\omega_1$。

11.4　一个形式为 $u_{RF}(t) = K u_{LO} = U_{RF}[\cos(\omega_{LO} - \omega_{IF})t + \cos(\omega_{LO} + \omega_{IF})t]$ 的双边带信号，施加到给出的 LO 电压的混频器。推导经过低通滤波器后的混频器输出信号。

11.5　图 11-29 所示的场效应管混频器的原理电路中，已知场效应管的静态转移特性为 $i_D = I_{DSS}\left[1 - \dfrac{u_{GS}}{U_{GS\langle off \rangle}}\right]^2$。在满足线性时变条件下，导出满足条件 $U_{GG0} = |U_{GS\langle off \rangle}|/2$，$U_{Lm} \leqslant |U_{GS\langle off \rangle}|/2$ 的混频跨导 g_k 的表达式。

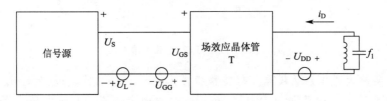

图 11-29　习题 11.5 用图

11.6　2.4GHz 场效应管混频器，其小信号等效模型，如图 11-30 所示，场效应管的参数为 $R_1 = 10\Omega$，$C_{gs} = 0.3\text{pF}$，$R_{ds} = 300\Omega$，$C_{ds} \approx 0$，变频跨导为 $g_{fc} = 10\text{mS}$。问：(1)为匹配，射频口的 RF 源阻抗应为多少？中频负载应为多大？(2)匹配时，该混频器的变频电压增益是多少？变频功率增益是多少？

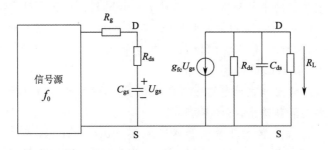

图 11-30　习题 11.6 用图

11.7　已知混频器电路的输入信号电压为 $u_s(t) = U_{sm}\cos\omega_c t$，本振电压为 $u_L(t) = U_{Lm}\cos(\omega_L t)$，静态偏置电压为 $U_Q = 0\text{V}$，在满足线性时变条件下，试求出具有图 11-31 所

示的伏安特性的混频管的混频跨导。

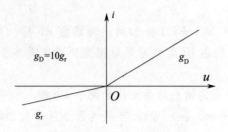

图 11-31　习题 11.7 用图

11.8　已知某器件的转移特性如图 11-31 所示。设输入信号为 $u_s(t)=0.6(1+m_a\cos\Omega t)\cos\omega_s t$。(1)将该器件作为放大器时,其工作点应该选在 A、B、C3 点中的哪一个点? m_a 的取值范围是多少?(2)将该器件作为混频器时,LO 信号为 $u_{LO}=U_{LO}\cos(\omega_{LO}t)$,其工作点应该选择哪个点?

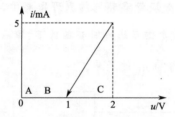

图 11-32　习题 11.8 用图

11.9　某放大器作为混频器具有转移特性 $i_c=a_0+a_1u_{BE}+a_2u_{BE}^2+a_3u_{BE}^3+a_4u_{BE}^4$,其中固定偏置为 U_{BEQ},LO 信号 $u_{LO}=U_{LO}\cos(\omega_{LO}t)$ 与固定偏置一起加在放大器的基极,IF 输出信号的频率为 $\omega_{RF}-\omega_{LO}$,请使用时变电路分析法求出该混频器的时变跨导。

11.10　设 RF 输入信号为 950MHz,通过混频器后输出 IF 信号为 90MHz。求两个可能的 LO 信号的频率,对应的镜像频率是多少?

11.11　某超外差接收机的 IF 信号为 $f_{IF}=500$kHz,本振信号频率低于输入信号频率,当输入信号为 $f_{RF}=1.501$MHz 时,混频后听到了噪声,分析其原因。

11.12　设一接收机的中频频率 $f_{IF}=f_L-f_s=465$kHz,分析下列干扰信号的来源及种类:(1)收听频率 $f_s=931$kHz 的频道时,听到频率为 1kHz 的干扰。(2)收听频率 $f_s=550$kHz 的频道时,听到频率为 1480kHz 的强电台干扰。(3)收听频率 $f_s=1480$kHz 的频道时,听到频率为 740kHz 的强电台干扰。

11.13　证明当只考虑非线性电路方程的前两项时,使用非线性分析法和转换损耗矩阵法,分析混频电路的混频输出;其结果相等。

11.14　已知某混频电路的转移特性为 $i_c=a_0+a_2u^2+a_3u^3$,其中,$u=U_s\cos\omega_s t+U_L\cos\omega_L t,U_L\geqslant U_s$。求频率为 $\omega_s-\omega_L$ 和 $2\omega_s-\omega_L$ 的输出信号的变频跨导。

第 12 章　微波测量

仪器仪表是认识世界、改造世界的重要工具,尤其是在当今科学技术高速发展的时代,各类微波产品从单元、整机到系统,从研究、设计、制造到安装、调试、运行、评价、维护的各个阶段,都需要测量许多基本参数,如频率与时间、电平、功率、阻抗、传输损耗与衰减、谐波与失真、频谱与干扰、匹配与反射系数、波形与相位失真、群延迟与微分相位、噪声与噪声系数等,必须有大量的测量仪器来支撑这些基本参数的测量。

本章介绍了射频/微波领域测量仪器涉及的关键技术、微波测量仪器的产品分类、各类产品与技术发展,本章简要地介绍了模拟式微波扫频信号源、微波合成源的性能特性,详细介绍了频谱分析仪原理,频谱分析仪的主要技术性能指标和典型产品操作及应用,然后介绍了矢量信号分析仪整机工作原理和技术性能指标,矢量信号分析仪在数字调制信号领域、时域和调制域主要技术性能和指标;最后介绍矢量网络分析仪的工作原理、校准件与校准方法,微波网络的散射参数,网络分析仪的基本结构和主要技术性能指标,网络仪的典型应用。

12.1　微波信号源

目前常用的微波信号源主要分为 3 种类型,即模拟式微波扫频信号源、微波合成信号源及微波合成扫频信号源。这是从实现方式和输出信号的频率特征方面归类的。微波扫频信号源既可输出快速连续的扫频信号,又可输出点频信号。其输出信号的指标较差,但价格便宜,可应用于一般的通用测试。微波合成信号源可输出频率精确、频谱优良的信号,一般还可进行步进和列表扫频,价格较高。微波合成扫频信号源将以上两种信号发生器有机结合,功能丰富,性能优良,但价格昂贵。

信号源的作用归根结底是为通信或测量提供频谱资源。要准确地评价信号源的性能特性,必须掌握其输出信号的表征方法。微波合成源的性能特性主要包括频率特性、输出特性和调制特性 3 个方面。

1. 频率特性

1)频率范围

频率范围亦称频率覆盖,即信号源能提供合格信号的频率范围,通常用其上、下限频率来表征。频带较宽的微波信号源一般采用多波段拼接的方式实现。目前,微波信号源已实现从 10MHz～60GHz 的连续覆盖。

2)频率准确度和稳定度

频率准确度是信号源实际输出频率与理想输出频率的差别,分为绝对准确度和相对准确度。绝对准确度是输出频率的误差的实际大小,一般以 kHz、MHz 等表示。相对准确度是输出频率的误差与理想输出频率的比值。稳定度则是准确度随时间变化的量度。合成信号发生器在正常工作时,频率准确度只取决于所采用的频率基准的准确度和稳定度,稳定度还与具体设计有关。合成器通常采用晶体振荡器作为内部频率基准,影响长期稳定性的主要因素是环境温度、湿度和电源等的缓慢变化,尤其是温度影响。因此根据需要不同,可分别采用普通、温补甚至恒温晶振,必要时可让晶振处在不断电的工作状态。

非合成类信号发生器的频率准确度取决于频率预置信号的精度及振荡器的特性,一般情况下在 0.1% 左右。

3)频率分辨率

信号源能够精确控制的输出频率间隔。这一指标体现了窄带测量的能力。它取决于信号源的设计和控制方式。目前一般可做到 1Hz 或 0.1Hz,理论上可以更精细,但在一定的频率稳定性前提下,太细的频率分辨率并没有实用意义。

4)频率切换时间

频率切换时间是指信号源从一个输出频率过渡到另一个输出频率所需要的时间。高速频率切换主要应用于捷变频雷达、跳频通信等电子对抗领域。直接式合成频率切换时间可以达到 μs 量级以下,射频锁相合成能达到 ms 量级或者更快,宽带微波锁相合成则需要数十毫秒。

5)频谱纯度

理想的信号发生器输出的连续波信号应是纯净的单线谱,但实际上不可避免地伴有其他多种不希望的杂波和调制输出而影响频谱纯度。首先是信号的谐波,其次是设计不周而引入的寄生调制、交调、泄漏等非谐波输出,其中倍频器的基波泄漏也称为分谐波。另外一个重要的指标是相位噪声,即随机噪声对载波信号的调相产生的连续谱边带。一般来说,越靠近载频越大,因此用距载频某一偏离处单个边带中单位带宽内的噪声功率对载波功率的比表示。需要特别提出的是,非合成信号源用短稳或剩余调频指标,即一段时间内的最大载波频率变化来定义短期频率稳定度。但在合成源中消除了有源器件及振荡回路元件不稳定等因素所引起的频率随机漂移,现在倾向于采用载频两侧一定带宽内总调频能量的等效频偏定义剩余调频。事实上,短稳、剩余调频和相位噪声表征的是同一个物理现象,只是观察角度不同,因而描述的侧重点不同而已。

2. 输出特性

1)输出电平

一般以功率来计量,规定了特性阻抗后,可以折合为电压。作为通用微波测量信号源,其最大输出电平应大于 0dBm,一般达到+10dBm,大功率应用时要求更高。作为标准信号源,其最小输出电平应当能够连续衰减到−100dBm 以下。

2)电磁兼容性

微波信号发生器必须有严密的屏蔽措施,防止高频电磁场的泄漏,既保证最低电平读数有意义,又防止干扰其他电子仪器的正常工作。同时,这也是抵抗外界电磁干扰,保障仪器自身正常工作的需要。为此各国都有明确的电磁兼容性标准。

3)功率稳定度、平坦度和准确度

表征了信号发生器输出幅度的时间稳定性和在全部频率范围内的幅度一致性和可信度。具体指标取决于内部稳幅装置,或自动电平控制(ALC)系统的性能。软件智能补偿已经成为提高综合性能的手段。另外,实际输出功率还与源阻抗是否匹配有关,一般来说信号源电压驻波比不应大于 1.5。

3. 调制特性

调制的含义是让微波信号的某个参数随外加的控制信号而改变。调制特性主要包括调制种类、调制信号特性、调制指数、调制失真和寄生调制等。调制种类有调幅、调频及调相。调制波形则可以是正弦波、方波、脉冲、三角波和锯齿波甚至噪声。天线测量中会用到对数调幅,雷达测量中还会用到脉冲调制,这是一种特殊的幅度调制。

一般微波信号源除简单的脉冲信号外,其本身不提供调制信号,而只提供接收各种调制信号的接口,并设置实现微波信号调制的必要驱动电路,从外部注入适当的调制信号才能实现微波信号的调制,称为外调制。功能更丰富的微波信号源不但接收外部调制信号,还能自己根据需要产生必要的调制信号。用户只需简单地设定调制方式和调制度即可获得所需的微波调制信号,称为内调制。其实后者只是内置一个函数波形发生器,属于低频或射频信号源范畴。

12.1.1 模拟式扫频信号源

扫频测量系统一般包括 3 个部分,即扫频信号源、测量装置和检测指示设备。它们在计算机控制管理和处理数据的情况下进行自动测试工作,如图 12-1 所示。其中扫频信号源是提供测试信号的必备仪器。信号源分为点频和扫频两种工作方式。点频源是指手动改变振荡频率,输出单一频率的信号源。测量频带响应时,需逐点改变频率,费时但精确度较高。利用扫频源显然可以提高测量速度。扫频源分连续扫频和逐点扫频两种工作方式。一般情况下,连续扫频的精确度低些,适用于一般精确度的测量。逐点扫频的频率间隔足够小时,在阴极射线示波管或记录仪上,可显示间隔足够小的离散曲线,一般是肉眼无法区分的"连续"曲线。它能保持点频测量的高精确度,并在计算机控制下提高工作效率。

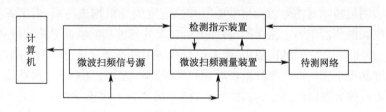

图 12-1 扫频测量系统框图

一个微波振荡器,配以必要的控制驱动电路,就构成了最基本的微波信号源。不同的应用,对信号源的输出有不同的性能特性要求,更复杂信号源的设计就是围绕微波振荡器施加和优化控制驱动电路,满足不同应用需求的过程。一般微波信号源的基本框图如图 12-2 所示。

输出信号的频率随时间在一定范围内,按一定规律重复连续变化的信号,如频率随时间成线性或对数扫描,称为扫频信号源。在特定的时刻,其输出波形是正弦波,因此,它具有

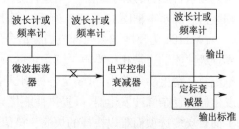

图 12-2 一般微波信号源基本框图

285

一般正弦信号源的特性。事实上,扫频信号源也可以设置成输出单一连续波频率的工作状态。微波扫频信号源的基本框图如图 12-3 所示。

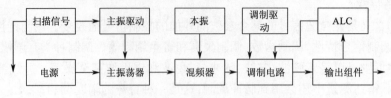

图 12-3　模拟扫频信号发生器基本框图

主振电路是扫频信号源的核心,用以产生必要的微波频率覆盖。可选用连续调谐的宽带微波振荡器承担,如微波压控振荡器(VCO)、YIG 调谐振荡器(YTO)、返波管振荡器(BWO)等。主振驱动电路针对微波振荡器的特性进行驱动,还往往需要实现振荡器调谐特性的线性补偿、扫描起始频率和扫频宽度预置等。扫描发生器产生标准的扫描电压斜坡信号,通过主振驱动器推动主振实现频率扫描,输出到显示器作为同步信号。扫频速度或者说扫描时间,是由扫描发生器来控制的。调制组件实现微波电平控制,主要部件是线性调制器和脉冲调制器。输出组件则实现输出微波信号的滤波放大、电平检测等。在扫频带宽之内,由于振荡器输出功率不恒定,加之放大器可能产生寄生调幅,故需加入稳幅环路(ALC)以使输出幅度恒定,ALC 系统利用输出组件检测仪器输出电平,自动调节调制组件动作,实现输出电平稳幅(或调幅)。调制驱动器将调制信号变换成相应的驱动信号,并分别施加到对应的执行器件中。

其中的混频器是为扩展频率而接入的,扫频振荡器输出的信号与本地振荡器信号在混频器作用下,产生基波、谐波的差频与和频信号,根据需要由滤波器选取。

12.1.2　合成扫频信号源

近代微波测量技术对信号源频率准确度和稳定度的要求越来越高,模拟式扫频信号源是利用宽带电调振荡器作为主振荡器,再加上所要求的各种功能辅助电路和计算机软、硬件构成的扫频信号源。在它们的构成中,由于没有考虑用参考频率进行稳频的措施,故频率稳定度和准确度都很难满足近代微波测量对频率准确度和稳定度的要求。虽然适当的补偿和巧妙的设计可以很大限度地降低它们的影响,但本质上是不可能完全消除的。随着电子技术的发展,已将高频率稳定度和准确度的晶体振荡器引入标准信号源。但用晶体振荡器作为频率源时,其电路多在单一频率下工作,或可在极小频率范围内微调。所以要将它用作宽带扫频信号源,还需要利用其振荡频率高度稳定和准确的特点,产生离散的、准确的、稳定的系列频谱,作为扫频测试信号,用这种方法制成的信号源称为频率合成式扫频信号源。合成扫频信号源基本框图如图 12-4 所示。图 12-5 所示为 AV 1464 系列合成扫频信号发生器。

AV 1464 为高性能系列合成扫频信号发生器,在 250kHz～67GHz 的频率范围内具备业界顶级性能的边带相位噪声。其出色的频谱纯度、超宽频率覆盖、高精度模拟扫频、大动态范围及高精度功率输出,可满足各种测试中对信号发生器的需求。内部标配双通道内调制发生器和复杂脉冲发生器,可提供性能优异的 AM、FM、ΦM 调制功能及脉冲调制能力,省去了面对众多选项而难以抉择的烦恼。该信号发生器采用系列化设计,有 4 种型号可供选择,以满足不同需求,分别为 AV 1464A 250kHz～20GHz、AV 1464B 250kHz～40GHz、AV 1464C

250kHz～50GHz 和 AV1464 250kHz～67GHz。该产品采用中/英文操作界面，TFT 大屏幕真彩液晶显示，适合国内外用户的需求，既是理想的本振源和时钟源，也是高性能的合成扫频信号源，还可产生高质量模拟仿真信号。主要用于电子系统性能综合评估、高性能接收机测试和元器件参数测试等方面，适用于航空、航天、雷达、通信及导航设备等众多领域。

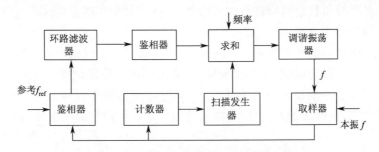

图 12-4　合成扫频信号源基本框图

图 12-5　AV1464 系列合成扫频信号发生器

其主要特点如下。
- 超宽的频率覆盖。
- 极其纯净的信号质量。
- 67GHz 带宽内的大动态范围及高精度功率输出。
- 高精度模拟扫频输出。
- 标配内部调制信号发生器和脉冲发生器。
- 高精度线性 AM 和指数 AM。
- 高性能脉冲调制。
- 110GHz 倍频源模块扩频。
- 支持组建自动标量网络分析系统。
- 中/英文操作界面，TFT 大屏幕彩色液晶显示。
- 步进、列表、功率扫描。
- U 盘自动软件升级。

12.2　频谱分析仪原理

12.2.1　频谱分析仪概述

频谱分析仪和示波器一样，都是用于信号观察的基本工具，是无线通信系统测试中使用量最大的仪表之一。频谱分析仪通常被用于进行频域信号的检测,其频率覆盖范围可达 40GHz 甚至更高,频谱分析仪用于几乎所有的无线通信测试中,包括研发、生产、安装和维护。随着通信系统的发展和对频谱分析仪测量性能要求的提高,目前新型的频谱分析仪在显示平均噪声电平、动态范围、测试速度等方面有了很大提高,除了进行频域测量之外,新型的频谱分析仪也可以进行时域测量,一些型号的频谱分析仪还可以和测试软件配合,完成矢量信号的分析。

在时域中,电信号的振幅是相对时间来定的,通常用示波器来观察。为清楚地说明这些波形,通常用时间作为横轴,振幅作为纵轴,将波形的振幅随时间变化绘制成曲线。而在频域中,电信号的振幅是相对频率来定的,通常用频谱分析仪来观察。进行频谱测量时,横轴代表频率,纵轴代表有效功率,频谱分析则是观察信号的频率与功率集合,并以图形形式表示。

频谱分析能获得信号时域测量不能获得的信息,如谐波分量、寄生、边带响应等,可以清楚地表达信号的细微特征。

1. 时域和频域的关系

信号时域和频域之间的关系表示的是两个频率信号在时域和频域观察,这两种显示模式通过傅里叶变换相互关联。

如果用示波器测量上述信号,显示的是信号幅度随时间连续变化的一条曲线,表示的时域平面的测量曲线,这条曲线是两个连续波信号的时间叠加图形,若要区分信号的频率成分比较困难。如果用频谱分析仪测量,显示的是不同频率和不同幅度的两个独立频谱信号表示的频域平面的测量曲线,可以非常清楚地区分出信号的幅频信息。

2. 频谱的测量发展

频谱分析仪通常测量信号的频率、电压(或者功率),并在显示器上显示出来,一般分为两种类型。

第一种是 FFT 分析仪(又称动态信号分析仪)。借助于傅里叶变换,可将信号的时域与频域联系起来。建立在这个基础上,人们通过对信号的离散采集,利用傅里叶变换(FFT)设计出 FFT 分析仪,它能获得频率、幅度和相位信息,能够分析周期和非周期信号。用 FFT 分析法,若要达到精确计算输入信号的频谱,就需要无限期的观察,这种情况在实际中不可实现。同时,由于 A/D 器件的采集速度受限,利用 FFT 方法提高信号的测量频率也变得非常有限。因此,FFT 分析仪只适合从直流到几百千赫,较低频率的频谱分析。

第二种是超外差式分析仪(又称扫频调谐分析仪)。随着现代通信业的不断发展,信号频率的测量已扩展到 60GHz,部分领域已达到 110GHz,采用 FFT 分析法不能满足频率测量的要求。超外差分析法利用频谱搬移的原理,通过变频形式把信号变换到中频上进行分析,频率范围可达 30Hz～60GHz(外扩频到 110GHz)。当人们对测量频率范围、灵敏度等指标提出更高要求时,超外差式频谱分析仪以其较高的频率分辨率、较快的测量速度、相对较低的成本而得到广泛应用,已经成为频谱分析仪设计的主流。

数字通信技术的发展,时分复用、数字调制、频率捷变等信号的频谱分析,迫使频谱分析技术不断提高,一种将超外差法和 FFT 法结合的频谱分析仪是未来频谱分析仪的发展趋势。

3. 频谱分析仪的发展

超外差法的应用带动了器件的发展,而器件技术的提高又推动了频谱分析仪设计技术的发展。最初,频谱分析仪仅是一个粗略扫描中频的频谱监视器,最大的扫频宽度只有80MHz～100MHz。后来的频谱分析仪大范围的扫描第一本振,称为全景频谱分析仪。1967年,具有幅度校准、前端预选频谱分析仪的问世,标志着频谱分析仪进入定量测试的时代。之后,数字存储功能的运用解决了慢扫描的闪烁问题。1978年,第一台带微处理器的频谱分析仪问世,它采用合成本振,频率范围为100Hz～22GHz,分辨率带宽为10Hz。1984年,模块化频谱分析仪推出,它采用MMS总线结构,提供了各种灵活的测试。1986年,便携式频谱分析仪推向市场。21世纪初,数字中频技术的应用使频谱分析仪的设计又进入了一个新的时代。

随着人们不断地对测量范围、频率读出准确度、分辨率提出更高的要求,频谱分析仪在设计上不断提高本振的稳定度。从开环本振控制设计过渡到闭环锁频本振及合成本振设计,闭环本振频谱分析仪的频率稳定度和频率读出准确度有很大的提高。由于本振稳定度的改善剩余调频的减小,加上谐波混频技术的运用,频谱分析仪的测量频率范围可达到30Hz～60GHz(外扩频到110GHz)。图12-6所示为E4440A频谱分析仪。图12-7所示为ROHDE&SCHWARZ频谱分析仪。

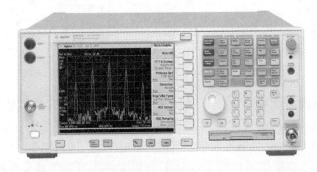

图 12-6   E4440A 频谱分析仪

图 12-7   ROHDE&SCHWARZ 频谱分析仪

12.2.2   快速傅里叶变换分析仪

快速傅里叶变换(FFT)是实施离散傅里叶变换的一种极其迅速而有效的算法。

它的基本原理如下。根据采样定律，一个频带有限的信号可以对其进行时域采样而不丢失任何信息。FFT 变换则说明对于时间有限的信号（有限长序列），也可以对其进行频域采样，而不丢失任何信息。因此只要时间序列足够长，采样足够密，频域采样也就可较好地反映信号的频谱，所以 FFT 可用以进行信号的频谱分析。

基于 FFT 原理的频谱分析仪为获得良好的线性度和高分辨率，对信号进行数据采集时，ADC 的取样率最小等于输入信号最高频率的 2 倍，亦即频率上限是 100MHz 的 FFT 频谱分析仪需要 ADC 有 200MSample/s 的取样率。

FFT 的性能用取样点数和取样率来表征。例如，用 100kSample/s 的取样率对输入信号取样 1024 点，则最高输入频率是 50kHz；分辨率为 50Hz；如果取样点数为 2048 点，则分辨率提高到 25Hz。

由此可知，最高输入频率取决于取样率，分辨率取决于取样点数。FFT 运算时间与取样点数成对数关系。FFT 频谱分析仪需要高频率、高分辨率和高速运算时，要选用高速的 FFT 硬件，或者相应的数字信号处理器（DSP）芯片，输入信号的带宽是被 A/D 转换器前的一个模拟低通滤波器所限制的。采样值被保存在存储器中，然后用来计算频域信号，最后频谱被显示出来，如图 12-8 所示。

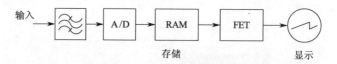

图 12-8　FFT 分析仪框图

采样量化引起的量化噪声决定了动态范围的下限，A/D 转换器使用越高的分辨率（位数），量化噪声越低。由于可以利用的高分辨率 A/D 转换器带宽受限，对 FFT 分析仪来说，必须在动态范围和最大输入频率之间进行折中考虑。目前，到 100kHz 的低频应用的 FFT 分析仪，其动态范围可达约 100dB，较高带宽将不可避免地导致较低的动态范围。

早在 20 世纪 70～80 年代，已经有部分仪表供应商采用这种方法实现频谱分析功能。但是由于受限于半导体工艺水平，ADC 的采样率无法实现高位数，因此当时的 FFT 频谱分析仪的频率范围均在几十兆赫或几百兆赫，大大限制了这种仪表的应用范围（一般主要应用在与音频、振动相关的测试领域）。

12.2.3　相位噪声在射频通信中的影响

1. 超外差式分析仪原理

由于 A/D 转换器的带宽受限，FFT 分析仪仅适合测量低频信号。要测量微波等高频信号的频谱，就要使用带变频器的分析仪。在这种情况下，输入信号的频谱并不是从时间特性中计算得来的，而是由频域测量直接决定的。

图 12-9 所示为扫频调谐超外差频谱分析仪结构框图。超外差接收机通过混频器和本地振荡器（LO）将输入信号转换到中频。输入信号要通过衰减器，以限制到达混频器时的信号幅度，然后通过低通输入滤波器滤除不需要的频率。在通过低通输入滤波器后，该信号就与本地振荡器产生的信号混频，后者的频率由扫频发生器控制。随着 LO 频率的改变，混频器的输出信号（它包括两个原始信号，它们的和、差及谐波）由分辨力带宽滤波

器过滤,并以对数标度放大或压缩。然后用检波器对通过滤波器的信号进行整流,从而得到驱动显示垂直部分的直流电压。随着扫频发生器扫过某一频率范围,屏幕上就会画出一条迹线。该迹线示出了输入信号在所显示频率范围内的频谱成分。

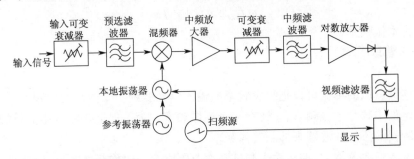

图 12-9 扫频调谐超外差频谱仪结构框图

由于变频器可以达到很宽的频率范围,如 30GHz～40GHz 或者更高。如果与外部混频器配合,甚至可扩展到 100GHz 以上,这使得扫描频谱分析仪成为频率覆盖范围最宽的测量仪器之一。

另外,由于半导体技术的不断发展,对现代的扫描频谱分析仪做了一些"数字化"的改进,如用数字滤波器代替了传统的模拟滤波器、在数字滤波器后增加了数模转化的 ADC 和 DSP 处理等,使仪器的各项指标有了很大提高,如分辨力带宽可以做到 1Hz 甚至更小,可以提供更大的动态范围和更低的本底噪声等。数字信号处理(DSP)的结构,它位于最后级 IF 滤波器的后面,可用来测量越来越复杂的信号制式。用 DSP 可实现更高的动态范围、更快的扫频速度和更好的精度。为更好地利用频谱分析仪进行测量,应避免输入到混频器的信号产生失真,因此在进行测试时,需要合理地设置频谱分析仪和优化测量步骤,以达到最好的测量结果。

2. 超外差频谱分析仪的结构

超外差频谱分析仪是目前主流的频谱分析仪,下面对超外差频谱分析仪每个模块的工作原理和现代超外差频谱分析仪的实现作详细说明。

1)射频输入部分(前端)

超外差频谱分析仪通常采用 50Ω 的输入阻抗。为了能在 75Ω 输入阻抗的系统(如有线电视)中应用,有些频谱分析仪有 $75\Omega/50\Omega$ 两种输入阻抗选择。

判定频谱分析仪质量的一个重要参数是输入驻波比,它与前端部件有极为密切的关系,如衰减器、输入滤波器和第一混频器。这些部件组成了频谱分析仪的射频输入部分,下面来一一介绍。

在测量高电平信号时,在频谱分析仪前端使用步进衰减器,这样进入混频器的信号可以控制在一个合适的范围内。

输入衰减器的射频衰减一般可调,步进为 10dB,但有些频谱分析仪提供 5dB/1dB 步进的衰减器。为避免过载甚至破坏后续电路,大信号必须经过衰减。由于非线性,当输入到混频器的电平较高时,会产生许多失真产物,所以要设置衰减器使输入信号在混频器处的电平在 1dB 压缩点以下。但测量小信号和大动态信号时,输入衰减器应设置得尽量小,否则输入信号的信噪比下降,动态范围因为本底噪声过高而降低。

在广播、电视系统中，75Ω 比 50Ω 输入电阻应用更为广泛。在这样的系统中用频谱仪进行测试，通常需要一个 75Ω～50Ω 的阻抗变换器；否则，会由于不匹配造成测量误差。超外差式接收机通过混频器与本振将输入信号变到中频，这种变频可表示为

$$|mf_{\mathrm{LO}}\pm nf_{\mathrm{in}}|=f_{\mathrm{IF}}$$

式中，f_{LO} 为本振频率。

若 m、n 都取 1，得

$$|f_{\mathrm{LO}}\pm f_{\mathrm{in}}|=f_{\mathrm{IF}}$$

通过连续可调的本振可以把很宽频率的输入信号变到一个固定的中频上去。上式说明对于一定的中频和本振频率，总还有一个镜像频率。为了保证接收有用信号的质量，需在射频混频器前添加滤波器来抑制镜像频率。

如果输入频率范围大，那么输入测试频率范围将会与镜像频率重叠，通过简单滤波手段难以区分。所以对输入滤波器的要求为：在不影响主信号的情况下，应用一个可调谐带通滤波器以抑制镜像频率。一般频谱分析仪不采用此种方式，因为较宽的调谐范围（几个倍频程）使滤波器变得极为复杂，而采用高的第一级中频将使问题大大简化。

在这种配置下，镜像频率位于输入频率范围之上，由于两个频率范围不会重叠，镜像频率可以通过简单的低通滤波器过滤掉。关系为

$$f_{\mathrm{IF}}=f_{\mathrm{LO}}-f_{\mathrm{in}}$$

对于毫米波范围内的测试（40GHz 以上），可采用外混频器来提高频谱分析仪的频带范围。这些混频器一般采用谐波混频，所以本振信号频率范围比输入信号频率范围小。输入信号通过本振的谐波变频到低中频。

在毫米波段经常使用波导，外混频器一般都采用波导形式。这些混频器一般不采用预选器，因此对镜像频率没有抑制。无用的混频产物可以通过适当的测量方法分辨出来。

许多频谱分析仪，特别是有极低起始频率的频谱分析仪，采用的是直流耦合，即在射频输入与第一混频器之间没有耦合电容。

由于会破坏混频器的二极管，直流电压不能加在频谱分析仪上。因此，测量有直流成分的信号，就要外加耦合电容。应该注意的是，由于隔直所引起的功率衰减应被考虑，并修正到绝对电平测试结果中。

一些频谱分析仪应用了积分耦合电容保护第一级混频器，这样就抬升了低端频率范围，如 9kHz。

2）中频信号处理

（1）模拟滤波器。模拟滤波器用来实现大的分辨力带宽。以上例子中描述的频谱分析仪，分辨力带宽为 100kHz～10MHz。理想的高斯滤波器不能用模拟滤波器来实现，在 20dB 带宽内实现近似是可能的，这样瞬态响应几乎与高斯滤波器相同。选择性依赖于滤波电路阶数。一般频谱分析仪为 4 级滤波器电路，也有 5 级滤波电路产品，这样可分别得到 14 和 10 的形状系数，然而理想的高斯滤波器的形状系数为 4.6。

（2）数字中频滤波器。和模拟滤波器相比，数字信号处理可以实现理想的高斯滤波器，因此窄的滤波器带宽最好用数字中频滤波器来完成。数字滤波器与模拟滤波器相比，可以在更低的电路成本下获得更好的选择性（SF＝4.6），如 5 级电路模拟滤波器的形状系数为 10，高斯滤波器为 4.6。另外，数字滤波器有更好的温度稳定性，无需调整。因此，

在带宽中它更为精确。

由于数字滤波器的瞬态响应已经确定,使用合适的修正系数可使数字滤波器获得比模拟滤波器在相同带宽的情况下更短的扫描时间。

(3)FFT分析仪。非常窄的分辨率带宽(RBW)会造成无法容忍的长扫描时间,因此在非常高的分辨率的情况下建议从时域特性计算频谱,如前面描述的FFT分析。高频信号不能通过A/D直接取样,须经过与本振混频变为中频并在时域对带通信号取样。为避免混叠,需要使用模拟滤波器。

模拟和数字滤波器的扫描时间随着频宽的大小按比例增长,而FFT要求的观测时间依赖于频率分辨率。为满足取样定理,要求对大频跨信号采取高取样率,这样计算时间就要延长,在处理器速度足够高的情况下,FFT分析仪较采用模拟滤波器与数字滤波器的测量时间会大大缩短,特别在大的频跨/分辨率带宽比时。FFT分析仪不适宜作脉冲信号的分析,因此一台频谱分析仪必须同时具备FFT分析仪和传统滤波器。

(4)检波器。现代频谱分析仪使用液晶显示器来代替阴极射线管显示频谱,幅度与频率显示的分辨率都受到限制,使用光标(Marker)功能读出某个频点的功率测量结果。但当显示的频率范围跨度很大时,屏幕显示的一个像素点包含了相对较多的频谱信息,多个取样点的功率测量结果会落在一个像素点上。检波器的检波方式决定了这些取样点的测量结果对应的像素点包含了什么取样值。大多数频谱分析仪有最大峰值(MaxPeak)、最小峰值(MinPeak)、RMS和取样(Sample)检波器。

a. 最大峰值检波器。最大峰值检波器显示最大值。从分配到每个像素点的取样点中取一个最高电平的点并显示出来。这种检波器对EMC测试非常有用,因为即使是用非常小的分辨率带宽来显示大频跨(Span/RBW的比远大于在频率轴上的像素点的数目)时,也不容易带来输入信号丢失。

使用最大峰值检波器时,随着扫描时间的增加,在每个像素点对应的频段上的驻留时间也随之加长。在这种情况下,显示高斯噪声瞬态较高电平的概率也会增加,即像素点上的显示电平也会增大。

b. 最小峰值检波器。在取样点中选一个最小值显示在像素点上。

当频率跨度与RBW之比较小时,最小峰值检测结果与取样检波结果相同。对于随机信号测量而言,使用最小峰值检波器与最大峰值检波器的情况正好相反。

c. 自动峰值检波器。同时显示最大峰值与最小峰值,中间用直线连接。当频率跨度与RBW之比较小时,其显示结果与取样检波方式下的结果相同。

d. 取样检波器。取样检波器是在规定的点(一个像素点宽度内)上选取一个取样值。在Span远大于RBW的情况下,输入信号将不再被可靠检波。同样的不可靠性会出现在本振调整步长过大时,这时会出现幅度测量错误甚至信号完全丢失。扫描时间对取样检波器的结果无影响。

e. 准峰值检波器。这是一种用于干扰测量应用并定义了充放电时间的峰值检波器,其中规定了杂散辐射的充放电时间。

当A/D变换器取样率恒定时,每个像素点上的取样值点数随扫描时间的增加而增加。这样显示效果依赖于输入信号的类型与检波器的类型。

视频信号在检波器输出处被取样。这里所述的频谱分析仪中检波器是数字的,所以视频信号在检波器前被取样,有时甚至在视频滤波器前。除了上面提到的检波器,平均值、有效值及干扰测量时用的准峰值检波器都可通过这样的方法实现。

f. 多次测量结果的平均。现代频谱分析仪提供了对测量结果的轨迹进行平均的功能。这种平均方法的结果不同于使用小的视频带宽(VBW)得到的平均值。

当对多次测量结果进行平均时,对于最大峰值、最小峰值和取样检波器而言,其测量结果是不收敛的。平均值是由最大值及最小值产生的,而使用视频滤波器时,取样值在加重前被平均,其结果是收敛的。

由取样检波器得到的平均噪声电平,当使用对数电平显示时,其测量结果比噪声的平均值低 1.45dB。当使用线性电平显示且视频带宽很大时(VBW≥10RBW),可以得到真实的平均结果。

12.2.4 整机工作原理

频谱分析仪通常测量信号的频率、电压(或功率),并在显示器上显示出来,一般分为两种类型。一种是动态信号分析仪,也就是快速傅里叶变换分析仪,它是在一个特定时间周期内对信号进行 FFT 变换以获得频率、幅度和相位信息的,这种仪器能够分析周期和非周期信号,但频率测量上限较低。另一种是扫频调谐分析仪,它是一种超外差可调预选接收机,能对信号或由信号变换来的中频信号进行分析。它的主机测量频率范围高。当人们对测量频率范围、灵敏度等指标不断提出更高的要求时,超外差频谱分析仪以其较高的频率分辨率、较快的测量速度、相对较低的成本而得到广泛应用。特别是近年来随着移动通信的快速发展,为了满足其测试和维修的需要,射频频谱分析仪市场需求越来越大。

1. 频谱分析仪整机原理框图

图 12-10 所示为本仪器的整机原理框图,主要包括变频模块、中频滤波及增益控制模块、检波模块、频率合成模块、显示模块及中央处理器模块。图 12-11 所示为 AV4061 频谱分析仪整机原理框图。图 12-12 所示为 AV4061 频谱分析仪射频部分电路实物。

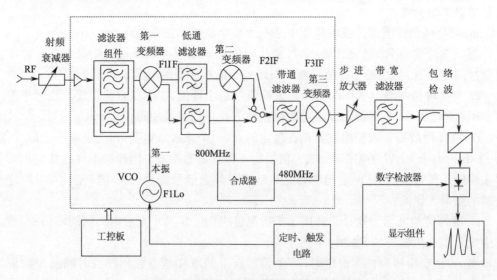

图 12-10　AV4061 频谱分析仪整机原理框图

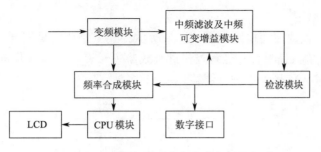

图 12-11 AV4061 频谱分析仪整机原理框图

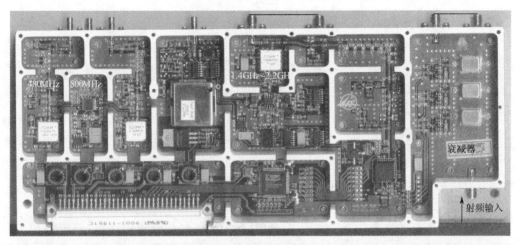

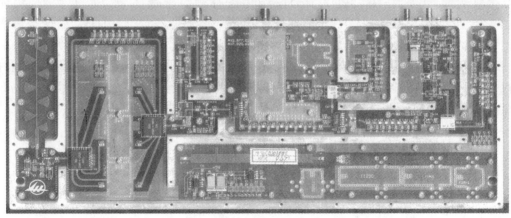

图 12-12 AV4061 频谱分析仪射频部分

9kHz～2.9GHz 信号由射频输入端进入 50dB 程控步进衰减器,衰减器受 CPU 的控制,按输入信号大小进行调整。然后进入低噪声放大器,用于提高整机的灵敏度。开关将不同频段的信号转换到相应的滤波支路以便抑制带外和镜像响应,信号经变频模块将各路信号变换为中频。再经过缓冲放大器、程控带宽放大器、对数放大器得到对数/线性视频信号。程控带宽放大器和均衡器提供 10Hz～3MHz 等多挡经过幅度和相位均衡的中频通道,在 CPU 控制下与本振扫宽按最佳自适应。其后,信号经过信号处理模块,完成以下各种频谱、通信测量。

2. 射频模块原理

AV4061 射频模块原理框图如图 12-13 所示。其主要功能是实现频率合成、变换和频率选择，即射频输入信号首先经程控步进衰减器(0～50 dB、10dB 步进)衰减，衰减量受 CPU 的控制，按输入信号大小进行调整。

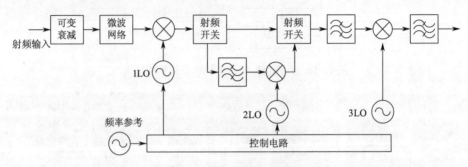

图 12-13　AV4061 射频模块原理框图

衰减后的信号经滤波网络(抑制带外和镜像响应)到达第一混频器与第一本振混频得到第一中频；第一高中频和第二本振混频产生第二中频，第一低中频直通至第二中频。选通后的第二中频经滤波后送入第三混频器与第三本振混频，得到的 21.4MHz 中频输出并送入中频部分进行处理。

3. 中频滤波及检波模块

中频滤波部分的主要功能是实现 21.4MHz 中频信号可选带通滤波，其中包括 4 级晶体滤波器，实现 1kHz、3kHz、10kHz、30kHz 分辨率带宽；4 级 *LC* 滤波器，实现 100kHz、300kHz、1MHz、3MHz 分辨率带宽，数字中频滤波器实现 10Hz～1kHz 分辨率带宽。步进为 10dB 的 50dB 可控中频增益以及调节范围大于 20dB 的校准放大器进行中频增益处理，而后送入检波模块。检波模块首先对中频信号进行对数和线性检波，得到的视频信号经 A/D 转换后做数字信号处理，同时加入各种补偿数据，处理后的数据由 LCD 显示。图 12-14 所示为 AV4061 中频滤波及检波模块原理框图。

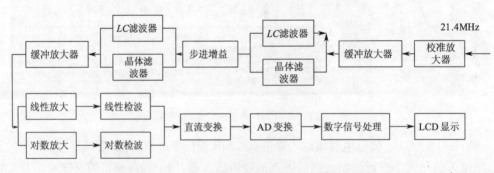

图 12-14　AV4061 中频滤波及检波模块原理框图

12.2.5　频谱分析仪的主要技术性能和指标

了解频谱分析仪的技术指标是分析频谱分析仪是否符合测试要求的前提。本节介绍频谱分析仪的主要技术指标。

频谱分析仪的性能参数较多,与频率参数有关的有频率范围(起始频率、终止频率、中心频率、扫频宽度)、分辨率带宽、视频带宽、扫描时间、噪声边带,与幅度有关的有噪声电平、参考电平、最大输入电平、动态范围等,还有信号失真参数,如2阶交调失真、3阶交调失真、1dB压缩点、节外抑制、镜像抑制、剩余响应等。对于特定的频谱分析仪,其技术指标是确定的,为了更好地使用并达到最佳测量,在了解频谱分析仪的性能指标的同时,还要了解个体参数之间的相互关系。以下将从几个方面介绍频谱分析仪的主要性能指标的含义。

1. 扫描时间、扫宽、分辨率带宽和视频带宽

扫描时间(ST)是频谱分析仪从起始频率扫描到终止频率所花费的时间。扫宽(SPAN)对应的是从起始频率扫描到终止频率之间的频率宽度。分辨率表征频谱分析仪在响应中明确分离出两个输入信号的能力,它对应中频带宽,常用分辨率带宽表示。视频带宽是包络检波器的输出滤波器带宽,用于平滑视频显示信号。

由于这4个参数之间相互关联,在使用时必须注意这几个参数之间的配合。早期用模拟频谱分析仪进行测量时,必须正确地理解扫频宽度、扫描时间及分辨率带宽之间的关系,只有经验丰富的操作者才能得出正确的结果。这是因为中频滤波器是带宽受限电路,需要有充分的时间对储能元件进行充电和放电。如果扫描速度过快,就会失去所显示的幅度。

2. 中频滤波器特性

由于高裙边选择性和由此产生的选择特性,小频滤波器需要矩形滤波器,但对频谱分析而言,这种矩形滤波器的瞬态响应是不合适的,因为这样的滤波器有较长的瞬态响应时间。使用优化瞬态响应的高斯滤波器可以获得相对短的测试时间。

有限的裙边选择性高斯滤波器必须定义带宽,在频谱分析仪中通常定义3dB带宽。滤波器的裙边选择性用波形系数来定义:B3dB为3dB带宽;B60dB为60dB带宽。

3. 相位噪声

相位噪声是振荡器短时间稳定度的度量指标。相位噪声源自振荡器输出信号相位、频率和幅度的变化。

相位噪声通常是指以载波的幅度为参考,并偏移一定的频率下的单边带相位噪声,是指偏离载波某个频偏处的单位带宽内相位噪声功率相对载波的功率低多少。这个数值是1Hz带宽下的相对噪声电平,故其单位为dBc(1Hz)或dBc/Hz,c指的是载波,由于相位噪声电平比载波电平低,所以相位噪声为负值。

相位噪声主要影响频谱分析仪的分辨率和动态范围,对于信号发射带内和邻道测试,相位噪声可能影响测试结果。

对于振荡器,单边带相位噪声(SSB)是指相对于载波一定频偏处的1Hz,带宽内能量与载波电平的比值,相应的单位为dBc/Hz,振荡器的相位噪声是度量振荡器短期稳定度的重要参数。

通常相位噪声通过专用的相位噪声测试系统来测量,使用频谱分析仪测量相位噪声可看做是一种直接测量法。用频谱分析仪测量相位噪声通常需要两个步骤,一是选取合适的频率跨度,二是选取合适的系统分辨率带宽,图12-15所示为SSB相位噪声定义。

$$L(f_{\text{off}}) = L_{\text{PN}}(f_{\text{off}}) - L_{\text{C}} - 10\lg B_{\text{N,IF}} + 2.5\text{dB} \tag{12-1}$$

式中，$L(f_{off})$为载波f_{off}频偏处的相对相位噪声电平，dBm/Hz；$L_{PN}(f_{off})$为频偏f_{off}处$B_{N,IF}$噪声带宽内的相位噪声电平，dBm；L_C为载波电平，dBm；$B_{N,IF}$为分辨率滤波器的噪声带宽，Hz。

式(12-1)中的最后一项为使用取样检波方式时的修正项。取样检波器总是在定义的时间点上选取一个取样值。由于瞬时值的分布，显示的高斯噪声的轨迹与由于噪声引起的中频信号的包络平均值变化，这个平均值比 RMS 值低 1.05dB。在对数刻度下，通过窄的视频带 C（VBW＜RBW）对噪声进行平均，其显示的平均电平会再低 1.45dB。因此，最终显示的平均噪声电平比其有效值低 2.5dB。如果测量时选用有效值检波器，则式(12-1)中的修正项应去掉。

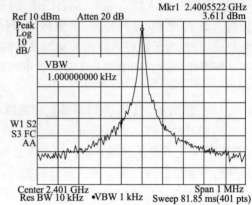

图 12-15　SSB 相位噪声定义

在大多数新型频谱分析仪中，为了使测量简化，都设计了标记功能直接读出频偏处的相位噪声，而无需另外计算。有些频谱分析仪还设计了测量相位噪声的应用软件，根据需要显示宽频带的相位噪声曲线。

为了适应精确测量的要求，在使用频谱分析仪测量相位噪声时应注意以下参数的设置：

（1）分辨率带宽逐步减少至测量的相位噪声不再减小为宜。

（2）根据输入信号的幅度大小设置合适的 RF 衰减，使动态范围达到最大。

4. 频谱分析仪的固有噪声

固有噪声可以理解为频谱分析仪的热噪声。固有噪声会导致输入信号信噪比的恶化。因此，固有噪声是频谱分析仪灵敏度的度量指标，决定了频谱分析仪的最小可检测电平。

接收机中的噪声为热噪声，其电平符合高斯分布，所以常常称为高斯噪声。仪表显示的噪声对应包络检波器拾取的噪声电压。相应的噪声功率由接收噪声带宽内对噪声密度积分而得。故显示的噪声电平取决于分辨率带宽的设置。

因为热噪声频谱功率密度在噪声带宽内是连续的，所以显示的平均噪声电平可以通过频谱分析仪的噪声系数和给定的 IF 滤波器的噪声带宽计算出来，即

$$L_{DANL}=10\lg\left(\frac{KTB_{N,IF}}{10^{-3}W}\right)+NF_{SA}-2.5 \tag{12-2}$$

式中，L_{DANL}为显示的平均噪声电平，dBm；K为波耳兹曼常数，1.38×10^{-23} W/Hz；T为环境温度，K；$B_{N,IF}$为中频滤波器的噪声带宽；NF_{SA}为频谱仪的噪声系数，dB；-2.5dB 为取样检波器到噪声平均功率的修正因子。

环境温度为 290K 时，显示噪声电平为

$$L_{DANL}=-174\text{dBm}(1\text{Hz})+10\lg\left(\frac{B_{N,IF}}{\text{Hz}}\right)\text{dB}+NF_{SA}-2.5\text{dB} \tag{12-3}$$

-174dBm 为在 290K 环境温度下 1Hz 带宽内的热噪声功率，这是本底噪声，也就是绝对最小噪声电平。

频谱分析仪指标中的显示平均噪声电平(DANL)是在特定的分辨率带宽和衰减器设置下给出的,典型情况下是输入衰减器设置为 0dB 和最小分辨率带宽。测量时实际仪表显示的平均噪声电平计算公式为

$$L_{\text{DANL}} = \text{DANL}_{10\text{Hz}} - 10\text{dB} + 10\lg\left(\frac{\text{RBW}_{\text{Noise}}}{10\text{Hz}}\right)\text{dB} + \text{RF}_{\text{ATT}} - 2.5\text{dB} \qquad (12\text{-}4)$$

式中,L_{DANL} 为平均噪声电平;$\text{DANL}_{10\text{Hz}}$ 为给出的平均噪声电平(10Hz 条件下);$\text{RBW}_{\text{Noise}}$ 为分辨率带宽滤波器的带宽;RF_{ATT} 为 RF 衰减器衰减值。

指标中的显示平均噪声电平是用取样检波器给出的,对于高斯噪声,取样检波器的测试值比有效值低 1.05dB,当测量值在对数刻度下进行多次轨迹平均后,显示平均噪声电平会进一步减小约 1.45dB,因此式(12-4)中最后加上了−2.5dB 的修正因子。频谱分析仪显示的噪声电平与输入衰减器的设置有关,每增加 10dB 的衰减量,显示噪声电平将提高 10dB。

5. 频谱分析仪的非线性特性

由于频谱分析仪中含有半导体器件,如放大器件及混频器件,因此存在非线性。此非线性可以近似由一系列功率分量组合而成,其传递函数可以用泰勒级数展开。

对于很多电子器件,如混频器和检波器,呈现非线性响应在有些场合是有用的。然而频谱分析仪要求无失真显示被测输入信号,所以线性特性是频谱分析仪重要的性能指标。

对于单正弦信号输入的情况,由于存在非线性,会产生各次谐波。

对于输入信号是两个幅度相等的正弦信号的情况,除了产生谐波以外,同时也有互调产物,互调产物的阶数是所含频率各次项之和。频谱分析仪的非线性指标包括谐波、互调、杂散。

6. 1dB 压缩点

1dB 压缩点的定义为:由于器件饱和区的影响增益降低 1dB 的点。1dB 压缩点可以指输入电平或输出电平。对频谱分析仪来说,为输入电平的 1dB 压缩点。1dB 压缩点的特性主要由第一级混频器(衰减为 0dB)决定,标称的输入电平指的是混频器输入端口的电平。增大输入衰减器,1dB 压缩点会随着衰减器值的增大而增大。为了避免过载产生失真,参考电平应低于 1dB 压缩点。

当频谱分析仪的输入衰减器设为 0 时,1dB 压缩点决定了最大输入电平,由于参考电平和输入衰减器的联动关系,参考电平将受到限制。

另外,使用频谱分析仪时还要注意最大输入电平指标,通常都会在仪表的 RFU 处标明,使用时如果加了超过规定电平的信号,可能会损坏仪表。

7. 动态范围

动态范围表征的是频谱分析仪同时处理不同电平信号的能力。不同的测试,对仪表动态范围的要求也不一样。动态范围下限是由自然噪声或相位噪声决定的,动态范围的上限是由 1dB 压缩点或由频谱分析仪过载而造成的失真决定的。动态范围可以以不同的方式定义,它和常说的显示范围概念并不一样。

动态范围和指标中所提到的电平显示范围不是同一个概念,显示范围指的是从平均噪声电平到最大输入的电平。频谱分析仪为了显示最大输入电平的信号,常常要将 RF 衰减器设置大于 0dB,这样频谱分析仪显示的噪声就不可能是最小值。

最大动态范围通常是显示的噪声(最小分辨率带宽情况下)作为下限,1dB压缩点作为上限。如果到达第一级混频器的输入电平高出1dB压缩点,那么将产生混频器的非线性失真,当使用较小的RBW测量时,失真产物就会测量出来并影响测量结果,此时的频谱测量就不能准确反映被测设备的真实频谱。

对混频器电平的选取应找到一个合适的折中,如果输入衰减器过大,则混频器电平降低,频谱分析仪产生的失真信号和互调产物会很微弱,但此时对于输入信号而言,信噪比降低了,另一方面,混频器电平过高,如前所述,会带来较大的失真和互调产物,影响测量结果。在实际测试中,无失真显示频谱范围是很重要的。

8. 频谱测量精度

光标读数＝±(频率读数×参考频率误差＋0.5％×频率跨度10％×分辨率带宽＋最后显示位×1/2)计数器读数±(频率读数×参考频率误差＋最后显示位×1/2)

现代频谱仪的本振通过锁相环同步到一个稳定的参考振荡器上。频谱分析仪的频率精度也就是参考源的精度,并且受参考源的温度和长期稳定度的影响。

参考源(一般是10MHz)通常采用温度补偿晶体振荡器(TCXO)和恒温晶体振荡器(OCXO)。产生的参考频率受到环境温度和操作期间老化的影响。图12-16为AV4036系列频谱分析仪。

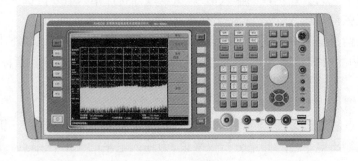

图 12-16　AV4036 系列频谱分析仪

AV4036系列频谱分析仪具有宽频带、高分辨率、高灵敏度、大动态范围、高精度、低相噪、快速测量等特点,采用了全数字中频处理、全自动频谱识别与实时校准、宽带微波毫米波集成等多项创新技术,性能优异,环境适应性强。由于采用了模块化、标准化的设计思想,一方面使AV4036可生产性、可调试性、可维修性及可靠性有较大幅度提高,另一方面增强了各个功能模块的互换性,通过软、硬件功能模块的组合,可形成系列化产品,并且便于后续功能升级和扩展。

AV4036可对调制信号、谐波失真、3阶交调、激励响应、脉冲射频信号、相位噪声等多种类型的信号进行频率、功率、带宽、调制等参数测量分析。可应用于通信、雷达、导航、频谱管理、信号监测、信息安全等测试领域,可用于电子元器件、部件和设备的科研、生产、测试、试验及计量等。

AV4036系列频谱分析仪全面采用正向设计,拥有完全自主知识产权,多项关键技术均属国内首创,是41所最新推出的全新一代高性能微波毫米波频谱分析仪,也是当前国产最高性能的频谱分析仪,综合性能达到目前国际先进水平。

其主要特点如下。

1)高性能

(1)载波 1GHz 频偏 1kHz 时，−108dBc/Hz 的典型相噪。

(2)频率计数分辨率可达 0.001Hz。

(3)可达−152dBm 的典型显示平均噪声电平。

(4)+7dBm 的典型 1dB 增益压缩。

(5)+17dBm 的典型 TOI。

(6)全数字中频设计，减小了中频误差。

2)灵活性

(1)可以使用数字分辨率带宽滤波器的连续扫频测量或使用 FFT 两种方式进行测量，可灵活优化测量速度和灵敏度。

(2)160 挡数字分辨率带宽设置，可实现扫宽和分辨率带宽的最佳组合，优化测量结果。

(3)2dB 步进衰减器，优化失真测量动态范围。

(4)提供中频、视频、扫描、触发等多种输出接口，方便用户后续分析。

(5)采用嵌入式计算机及多任务操作系统，方便对测量结果的存储、打印及数据共享。

(6)支持 GPIB、USB、LAN、串口等功能接口，方便组建自动测试系统。

(7)系列化产品、多种选件配置方式，可满足不同用户的需求。

3)人机界面友好

(1)中、英文双语操作界面，内嵌使用说明和联机帮助信息。

(2)8.4 英寸高亮度、高分辨率液晶显示器，170°视角。

4)适应性

(1)采用自动校准技术，环境适应能力强。

(2)电源能够自动适应 110V/220V 两种电网体系。

5)典型应用

元器件及部件测试，可以对电缆、连接器、放大器、滤波器、混频器、衰减器、隔离器、耦合器等元器件或部件进行增益、频率响应、带宽、插损、变频损耗、隔离度、失真等参数和指标的测试。可进行信号源测试，通信卫星监测，搭建综合测试系统。图 2-17 为 1AV4036 搭建的综合测试系统。

AV4036 具有强大的连通能力，提供符合规范要求的仪器驱动库，方便用户搭建综合测试系统，可以应用于复杂测试对象或生产线快速测量要求的场合。例如，通信及雷达信号的检测及性能评估，信息安全领域的信号监测、记录、分析、

图 12-17　AV4036 搭建的综合测试系统

识别和评估，大型复杂电子装备集成联试和维修保障，电子元器件或射频微波模块批量生产线等。

12.3 矢量信号分析方法和仪表

矢量分析仪主要通过正交解调的方法来测量、分析信号。矢量分析方法是在 $I-Q$ 平面上观察和分析信号，从直角坐标角度看，可以直接观察同相和正交两路分量；从极坐标角度看，可以直接观察信号的幅度和相位两种参量的变化。矢量分析方法和矢量分析仪已经发展成为一种理论完整、手段丰富的信号分析体系。矢量信号分析仪结合其他频域、时域分析方法，极大地便利了无线测试和测量。

12.3.1 矢量信号分析的技术背景

在现代通信网络中，数字通信克服了信道带来的各种不利影响，同时能够提高频谱资源的利用率，并具有较高的保密性能。正是由于其抗干扰性好、保密性强、容量大等诸多特点已成为现代通信的基本形式。数字调制解调技术的应用场合很多，包括无线通信、广播电视、卫星通信等各种通信系统以及军事通信中的扩频通信、通信对抗等。

经过几十年的发展，出现了很多数字无线通信系统，如 GSM 蜂窝移动通信系统、CDMA 蜂窝移动通信系统、无线寻呼系统和数字集群通信系统等。各种数字无线通信系统的信号调制方式也越来越多，如 QPSK、DQPSK、$\pi/4$DQPSK、SPSK、DSPSK、16QAM、MSK 和 GMSK 等。无线通信系统的多址方式从采用频分多址（FDMA）技术的第一代模拟系统发展到以第二代数字移动通信为主体的时期（主要是 GSM 技术，采用时分多址技术），采用 CDMA 技术的第三代移动通信系统也于 2009 年在我国全面商用。特别是代表未来数字移动通信方向的 OFDM/MIMO 技术，也是高度依赖数字调制技术的。各种数字无线通信系统的符号速率也不相同，如 GSM 信号的符号速率为270.8333333kSymbol/s、CDMA2000 信号的符号速率为 1.2288Msymbol/s、WCDMA 信号的符号速率为 3.86Msymbol/s。

通信技术的迅速发展对相应的测试技术提出了更新、更高的要求，特别是针对第三代移动通信系统、WiMAX 系统等，这要求测量的频谱带宽达到 5MHz～20MHz，相邻信道泄漏功率比达 -70dBc，同时对 TDMA 及 CDMA 系统中连续载波或突发载波的测量等，都是传统的测量手段所难以实现的。在调制域，要想实现既数字化又直观的调制参数测量，需要矢量解调分析仪表。

矢量信号分析技术就是通过正交解调和分析，同时结合其他分析方法的分析测试技术。复杂的数字射频通信系统需要精确地测量各种参数，测量一般包括 4 个方面：功率测量、频率测量、时序测量和调制准确度测量。功率测量包括载波功率、邻近信道功率、突发脉冲功率等的测量。频率测量包括载波频率、占用带宽等的测量。时序测量主要针对脉冲信号，包括脉冲重复周期测量、上升时间测量、下降时间测量、占空比测量等。调制准确度衡量的是实际调制信号偏离理想信号的程度，包括误差矢量幅度、$I-Q$ 幅度误差、$I-Q$ 相位误差、$I-Q$ 原点偏移等。矢量信号分析仪能够完成上述的测量任务，特别是精确分析数字调制信号的各种误差，为电路和系统设计提供理想的测试手段。

矢量信号分析仪扩大了频谱分析仪所具有的功能，提高了在整个微波频段进行测量的能力，能进行快速、高分辨率的频谱测量、解调及先进的时域分析，非常适合于表征一些复杂信号，如宽带无线通信系统使用的突发脉冲、瞬变信号和调制信号。由于能捕获到信号的幅度和相位,矢量信号分析仪特别适用于分析数字调制信号,对各种复杂的数字调制信号进行定性定量的衡量,提供既精确又直观的调制参数测量结果。

12.3.2 矢量调制误差的测量原理

矢量信号分析仪的一个重要功用就是测量数字调制信号的调制误差,其中最重要的调制误差参量是幅度误差(MagErr)、相位误差(PhaseErr)和误差矢量幅度(EVM)。它们的定义可以用图 12-18 简要表示。

如图 12-18 所示,在测量矢量信号的过程中,矢量信号分析仪捕获了若干被测信号对应的矢量序列,然后解码、还原出该调制格式下对应的"标准参照矢量",矢量差的幅度就是误差矢量幅度(EVM),这是一个综合的误差参量,一般表示为误差矢量的幅度和尺幅度比值的百分比。S 和 R 的相位差值称为相位误差(PhaseErr);S 和 R 的幅度差值称为幅度误差。

在当代数字通信系统中,通信信号的种类很多,如 ASK、FSK、MSK、GMSK、PSK、DPSK、QPSK 和 QAM 等,从理论上来说,各种通信信号都可以用正交调制的方法加以实现。同样,对于几乎所有的调制样式,都可以采用正交(I/Q)解调法进行解调。图 12-19所示为正交解调的基本模型。利用两路对称的解调电路将输入的射频信号直接变换到基带信号(I 分量和 Q 分量),该功能的实现是建立在将输入射频信号功分并与两路正交 90°的本振信号混频的基础上。正交 90°的本振信号是为了获得 I 量和 Q 分量,随后的低通滤波器是为了滤除混频的高频分量。

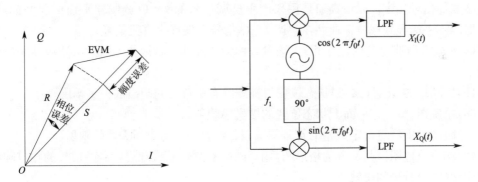

图 12-18　矢量调制误差定义　　　　图 12-19　正交解调的基本模型

对于连续波复合调制,已调信号的数学表达式为

$$s(t)=A(t)\cos\left[2\pi f_c t+\theta(t)\right]$$

式中,f_c 为信号载波频率;$A(t)$ 为幅度调制;$\theta(t)$ 为相位调制。$s(t)$ 与被测信号经模拟前端接收并由 ADC 数字化后进行数字混频和数字抽取滤波,完成信号的捕获,并将捕获数据存储在捕获 RAM 中,在完成数据存储后,通过数字信号处理器实现测量信号的矢量分析。

12.3.3 观测数字调制信号的几种方法

对数字调制信号进行观测是矢量信号分析仪的主要功能之一,眼图、星座图、矢量图和相位轨迹图是数字调制信号测量的直观表达形式,可由此衡量调制信号的质量。码元表给出了解调的最终产物——每个检测出的符号的二进制位,同时能将位组合与星座图、矢量图或眼图中数据的位置作比较,给出误差列表。其中矢量图表示状态过渡期间的功率电平,相位轨迹图表示符号状态之间的相位轨迹,星座图表示各码元点位于星座点的离散性,I 路和 Q 路眼图表示 I 和 Q 分量随时间变化的情况。

另外,矢量信号分析仪还包括同时显示信号的实、虚部时域波形,以及显示载频频率误差随时间变化的曲线、相位随时间变化的曲线等。

1)矢量图

矢量图表示状态及状态之间的过渡。在矢量图上由原点向某一点画出的矢量对应于那一瞬间的瞬时功率,即表示状态过渡期间的功率电平。

2)星座图

$I-Q$ 平面上状态位置的极坐标映射,表示所有允许符号的有效位置,所有允许符号的个数必须是 2^n(n 为每个符号所传输的数据位)。星座图在符号判定时序点处用围绕(相当于一族)其理想位置的圆环(旋转)图形状态来揭示寄生信号。

12.3.4 主要技术性能和指标

(1)$I-Q$ 幅度误差。被测状态的矢量幅度和理想(参考)状态的矢量幅度之间的差别。这两个矢量均以 $I-Q$ 平面的原点为起点。

(2)$I-Q$ 相位误差。被测状态的矢量和理想(参考)状态的矢量之间的角度。

(3)$I-Q$ 偏移。其也称为"$I-Q$ 原点偏移",是相对于在检测判决点上已调载波幅度的载波馈通信号幅度。载波馈通是用来产生已调信号的 $I-Q$ 调制器平衡情况的标志。调制器的不平衡导致载波馈通并在解调 $I-Q$ 信号上表现为直流偏置。

(4)α 或 BT(带宽与时间乘积)。该参数称为滤波器形状因数,α 越小,滤波器响应越尖锐。

(5)EVM。在理想(参考)状态位置与被测状态位置之间画出的矢量幅度。

(6)星座图。$I-Q$ 平面上状态位置的极坐标映射。

(7)眼图。围绕着确定数量的符号周围,I(或 Q)幅度与时间关系的映射。

(8)相位轨迹图。其又称为格形图,用于映射被测信号或理想(参考)信号的相位随时间的变化(每个符号相位轨迹)。

(9)GSM 系统。全球移动通信系统,是第二代数字移动通信系统中较为典型的一种,采用时分多址技术,包括 GSM900、DCSl800 两个频段。

(10)NADC 系统。北美数字蜂窝通信系统,采用的调制格式是 $\pi/4$DQPSK。

(11)CDMA 系统。码分多址数字移动通信系统,目前分为两类:一类为窄带码分多址系统。由 Qualcomm 公司开发,其规范由美国电信工业协会(TIA)发布为标准 IS—95;另一类为宽带码分多址系统。CDMA 通信系统将数字调制技术与频谱扩展编码技术相结合,从而建立能免除噪声干扰而本身又酷似噪声的宽带信号。

(12)$\pi/4$DQPSK($\pi/4$Shift Differential Encoded quadrature Phase Shift Keying)。它是从 QPSK 发展起来的一种调制方式。通过控制相位的变化,使得 $\pi/4$DQPSK 信号相邻码元之间的最大相差为 $\pm 3\pi/4$。$\pi/4$DQPSK 是线性调制,比恒包络调制(如 GMSK)具有更高的频谱效率。

(13)GMSK。该调制格式是从最小移频键控(MSK)发展起来的一种技术。MSK调制实际上是调制指数为0.5的二进制调频,具有包络恒定、占用相对较窄的带宽和能进行相关解调的优点。但带外辐射较高影响了频谱效率。为了抑制带外辐射、压缩信号功率,在MSK调制器前加入高斯低通预调制滤波器,这种方式称为高斯滤波最小移频键控调制,简称GMSK。

AVl485型射频合成信号发生器频率范围是250kHz~4GHz,覆盖了目前常用的所有射频频段,具有极高的频率分辨率、功率准确度和优良的频谱纯度,经济实用,可应用于科研、生产、测试等领域。具有幅度调制、频率调制、相位调制、脉冲调制等丰富的调制功能,并可选配内调制信号发生器。步进扫描和列表扫描提供了灵活的数字扫描功能,可方便地实现对输出频率、功率的控制。

12.4 矢量网络分析仪

任何一个微波系统都是由各种微波元器件和微波传输线组成的,每个元件及整个系统都有其各自的功能和相应的性能指标要求。例如,滤波器元件的作用是滤除不期望的干扰信号,需要确定通带带宽、通带衰减器、带外抑制等指标要求;功率放大器元件的作用是放大小信号,需要确定增益、谐波失真、1dB压缩点等指标要求,因此对电路(或者网络)进行分析是射频工程中最常见的测量任务之一。矢量网络分析仪是以极高的精度和效率进行电路测量和分析的仪器,通过对电路进行频率扫描和功率扫描,测试信号的幅度与相位响应,并换算出各散射参数,来表征电路的特性。矢量网络分析仪可以分析各种射频微波电路(或者网络),从简单的器件如滤波器和放大器,到通信卫星使用的复杂模块。图12-20为矢量网络分析仪。

网络分析仪分为标量网络分析仪和矢量网络分析仪。传统的标量网络分析仪只对微波网络的幅度响应进行测量,而矢量网络分析仪可以测量微波网络的幅度和相位响应,在实际工程中应用也更加广泛。

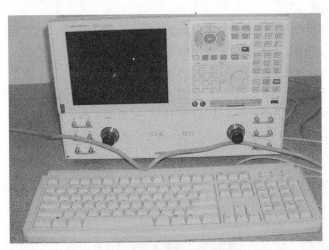

图12-20 矢量网络分析仪

12.4.1　微波网络的散射参数——S 参数

对于一个微波网络可使用 Y 参数、Z 参数和 S 参数测量和分析。Y 参数称为导纳参数，Z 参数称为阻抗参数，S 参数称为散射参数。前两个参数主要用于节点电路，Z 参数和 Y 参数对于节点参数电路分析非常有效，各参数可以很方便地测试。但是在微波系统中，由于确定非 TEM 波电压、电流存在困难，而且在微波频段测量电压和电流也存在实际困难，因此，在处理微波网络时，等效电压和电流以及有关的阻抗和导纳参数变得较抽象。与直接测量入射波、反射波及传输波概念更加一致的表示是散射参数，即 S 参数矩阵，它更适合于分布参数电路，因此矢量网络分析仪选择 S 参数作为微波网络最终测试结果。

12.4.2　S 参数的概念

S 参数就是建立在入射波、反射波关系基础上的网络参数，适于微波电路分析，以元器件端口的反射信号以及从该端口传向另一端口的信号来描述电路网络。同 N 端口网络的阻抗和导纳矩阵，用散射矩阵也能对 N 端口网络进行完善地描述，传输特性的参数定义如下。

1)回波损耗

回波损耗是指反射波相对于入射波功率的损耗，通常用 dBm 表示，即

$$R_{L} = -20 \lg(\rho) = 反射波功率(dBm) - 入射波功率(dBm)$$

2)电压驻波比

传输线中，入射波和反射波沿不同的方向传播，叠加形成驻波，这种情况的测量参数为电压驻波比 VSWR，定义为信号包络的最大值/最小值，即

$$\text{VSWR} = \frac{E_{\max}}{E_{\min}} = \frac{1-\rho}{1+\rho} \tag{12-5}$$

由式(12-5)可以得到反射系数模、回波损耗和电压驻波比的关系。

3)史密斯圆图

网络分析仪测量得到的是反射系数，但是实际工程应用中，设计工程师更需要了解被测元器件的阻抗。因此首先需要了解反射系数与阻抗的关系。

如图 12-21 所示，在终端接有负载的传输线上，朝 z 方向传播的行波电压幅度为 $U(z)$，将终端负载作为坐标 z 的原点，并将坐标正方向定为从负载指向源的方向，但是电流的正方向仍从源指向负载。

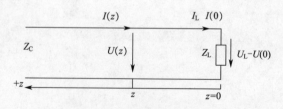

图 12-21　接有负载的传输线

首先需要将反射系数的平面坐标系变成极坐标系，得到了等反射系数圆，圆心为匹配

负载 $Z_L = Z_C$,半径为反射系数模,相角为反射相位。圆最左端,反射系数模为 1,反射相位为 $180°$,则 $\Gamma = 1 \angle 180°$, $Z_L = 0$,该点为传输线终端短路。圆最右端,反射系数模为 1,反射相位为 $0°$,则 $\Gamma = 1 \angle 0°$, $Z_L = \infty$,该点为传输线终端开路。得到反射系数极坐标后,归一化输入阻抗 Z'_L 和反射系数一一对应的关系,可将归一化阻抗 Z'_L 反射到反射系数极坐标中。

4)传输系数

定义二端口网络传输线上任意一点处出射波电压与入射波电压的比值为该处的反射系数 T,即

$$T = \frac{U_{出射}}{U_{入射}} = \tau \angle \varphi \tag{12-6}$$

传输系数 T 是复数,包括模 τ 和相位 φ。如果出射波电压大于入射波电压,则网络呈现增益特性;如果出射波电压小于入射波电压,则网络呈现衰减特性。使用 dB 表示传输系数模时,如果网络是衰减特性,则需要在衰减系数前加"$-$",这样得到的插入损耗为正数。

$$\text{Gain(dB)} = 20\lg\left(\frac{U_{出射}}{U_{入射}}\right) = 20\lg\tau \tag{12-7}$$

$$\text{InserLoss(dB)} = -20\lg\left(\frac{U_{出射}}{U_{入射}}\right) = -20\lg\tau \tag{12-8}$$

传输系数的相位部分叫做插入相移。

信号通过线性网络,只有信号的幅度和相位发生变化。例如,一个正弦波信号通过线性网络,那么输出信号也是相同频率的正弦波信号,不会产生新的信号。

入射信号为 $U_{in} = A_{in}\sin(360ft)$,出射信号为 $U_{out} = A_{out}\sin(360f(t-t_0))$,则入射信号相位的变化为 $\varphi = -f360t$。

5)群时延

群时延又称为包络时延,是指信号传输时相移随角频率而变化的速度,即相位—频率特性曲线的斜率。

$$\text{GroupDelay} = -\frac{d\varphi}{d\omega} = \frac{-1}{360°}\frac{d\varphi}{df} \tag{12-9}$$

元器件的传输时延和传输相移都是对器件传输延迟的定量反映。对于理想的线性网络,网络的相移与频率之间成线性关系,其群时延为常数。

在实际电路中,延迟是随频率变化的,反映在相位参数上就是相位的非线性。时延的波动和相位非线性是表示相位失真的定量指标,相位非线性是测量器件实际相位参数和理想线性相位间的差值。

如图 12-22 所示,两个非线性元器件的相位波动峰—峰值相同,但是它们对入射信号产生的群时延明显不同,图 12-22(b)中的器件群时延抖动较大,会引起更大的信号失真。

对群时延的测量关心两个参数。

(1)群时延平均值。该值反映信号在器件中的平均传输延时。

(2)群时延抖动。反映被测器件的相位非线性。

对相位的测量也关心两个参数。

(1)传输相位参数。反映输出信号和输入信号间的相位关系。

（2）相位非线性。反映被测器件对输入信号造成的相位失真。

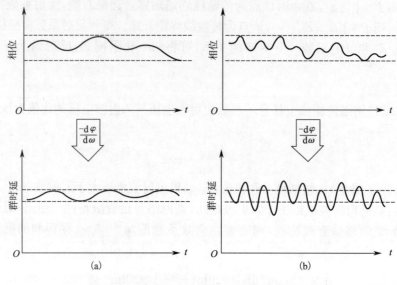

图 12-22　非线性元器件相位与群时延的关系

12.5　矢量网络分析仪基础

12.5.1　S 参数的定义

通过研究一个网络参考面上某种输入量和输出量之间的关系，可以得到一组表征该网络特征的参数。网络参数的表示方法有 Y 参数、Z 参数、H 参数等。由于用 S 参数分析微波电路特别方便，可以直接反映电路网络的传输和反射特性，尤其适合描述晶体管和其他有源器件的特性，因此迅速成为微波领域中应用最广泛的网络参数。

二端口网络是最基本的网络形式，任何一个二端口网络的端口特性都可以用 4 个 S 参数来表示，如图 12-23 所示。图中 a_1、a_2 分别是端口 1 和端口 2 的入射波，b_1、b_2 分别是端口 1 和端口 2 的出射波。从信号流图可以得到

$$b_1 = S_{11}a_1 + S_{12}a_2,\ b_2 = S_{21}a_1 + S_{22}a_2 \tag{12-10}$$

式中，S_{11}、S_{22}、S_{12} 和 S_{21} 为表示网络特性的 4 个 S 参数，称为散射参数。式(12-10)也被称为散射方程组。

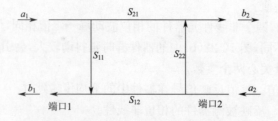

图 12-23　微波二端口网络的信号流图

308

可以看出，S_{11} 是在端口 2 匹配情况下端口 1 的反射系数，S_{22} 是在端口 1 匹配情况下端口 2 的反射系数，S_{12} 是在端口 1 匹配情况下的反向传输系数，S_{21} 是在端口 2 匹配情况下的正向传输系数，即

$$S_{11}=\frac{b_1}{a_1}\bigg|_{a_2=0},\ S_{21}=\frac{b_2}{a_1}\bigg|_{a_2=0},\ S_{12}=\frac{b_1}{a_2}\bigg|_{a_1=0},\ S_{22}=\frac{b_2}{a_2}\bigg|_{a_1=0} \tag{12-11}$$

一般来说，S_{11} 和 S_{22} 的模均小于 1，对于有增益的器件，如微波晶体管，S_{21} 的模大于 1，S_{12} 的模小于 1；对于有衰减的器件，S_{21} 和 S_{12} 的模均小于 1。

网络分析仪是用来测量射频、微波和毫米波网络特性的仪器，它通过施加合适的激励源被测网络并接收和处理网络的响应信号，计算和量化被测网络的网络参数。网络分析仪有标量网络分析仪和矢量网络分析仪之分。标量网络分析仪只能测量网络的幅度特性，矢量网络分析仪可同时测量网络的幅度、相位和群延时特性。

早期的网络分析仪大都只能进行点频测量，测量在一个或几个固定频率点上进行。但随着射频和微波技术的发展，微波系统及元器件逐步向宽频带方向发展，需要在要求的频带内很多频率点上进行测量才能获得被测网络的宽带特性。而早期的网络分析仪由于只能进行点频手工测量，在进行宽带测量时工作繁琐，效率很低，不能适应现代射频和微波测量的要求。现代矢量网络分析仪与早期的网络分析仪相比，主要有 3 个显著的进步：一是引入了合成扫频信号源，可进行宽带扫频测量，且频率分辨率高，测量速度快，提高了测量效率；二是引入了计算机，智能化水平有了极大提高，可以同时计算并以图形方式显示被测网络的多种参数；三是引入了基于软件的误差修正技术，使宽带测量的精度大幅度提高，并在一定程度上降低了对测试仪器的硬件指标要求。

12.5.2 矢量网络分析仪的基本原理

现代网络分析仪大多是基于外差原理，需要提供一个本振频率 f_{LO}，该频率和接收机频率不同，被测信号被变换到中频信号 $f_{IF}=|f_{RF}-f_{LO}|$ 进行分析处理，同时保留被测信号的幅度和相位信息。经变频之后的中频信号通常后接以带通滤波器，用于滤除伴随有用信号一起来到的宽带噪声，同时该滤波器也用作模数（A/D）转换器的抗混叠滤波器。通过选择适当的本振频率 f_{LO}，可以将接收机接收到的任意频率的射频信号转换到固定的频率，这简化了后续中频处理过程。现代测试技术中，中频处理过程已经实现了数字化。如图 12-24 所示，为了提高选择性，数字信号处理中也包含了滤波部分。数控振荡器用于产生一定频率的正弦信号，

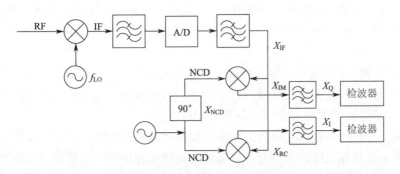

图 12-24　外差接收机测量原理

309

它将中频信号混频到直流信号。两个数字乘法器用于 I/Q 解调,其中一个乘法器使用相移 90° 后的本振频率。二次混频后的信号再次经过低通滤波器抑制 $f \neq 0$ 的频率分量,仅保留直流信号,它们分别对应复数矢量 X_{IF} 的实部和虚部。

1. 矢量网络分析仪的系统组成

根据提供的激励信号不同,矢量网络分析仪可分为连续波矢量网络分析仪、毫米波矢量网络分析仪和脉冲矢量网络分析仪;根据结构体系的不同,矢量网络分析仪可分为分体式矢量网络分析仪和一体化矢量网络分析仪;根据测试端口数量的不同,矢量网络分析仪又可分为二端口、三端口、四端口和多端口矢量网络分析仪。然而,对大多数矢量网络分析仪来说,其基本测试系统的组成是相同的,均包含 4 个组成部分:激励信号源、S 参数测试装置、多通道高灵敏度幅相接收机和校准件。图 12-25 是矢量网络分析仪的系统组成。

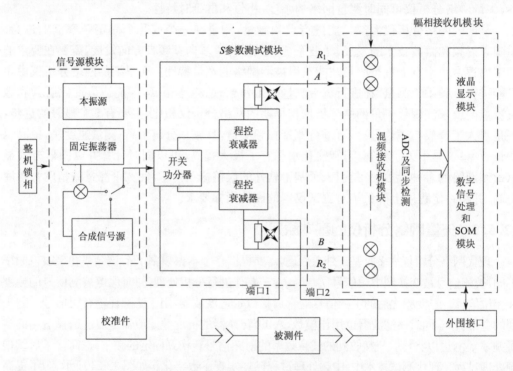

图 12-25 矢量网络分析仪的系统组成

激励信号源为被测网络提供激励信号,其频率分辨率决定了系统的测量频率分辨率。现代矢量网络分析仪广泛采用合成扫频信号源,其频率分辨率在微波频段可达 1Hz,而在射频频段可达 1MHz。

S 参数测试装置实现了入射波和反射波的分离;其指标决定了矢量网络分析仪测量反射参数的范围。现代矢量网络分析仪采用了误差修正技术,可在保证高测试精度的同时,一定程度上降低了对 S 参数测试装置的硬件指标要求。

矢量网络分析仪的幅相接收机采用窄带锁相接收机和同步检波技术,能够同时得到被测网络的幅度和相位特性。而且在新型的矢量网络分析仪中大都采用数字滤波和数字同步检波技术,其接收机等效带宽最小达 1Hz,测量精度和动态范围都有很大的提高。

矢量网络分析仪的误差修正技术,利用软件修正弥补硬件系统性能指标的不足,大大提高了测试精度,使得采用不完善硬件系统也能进行高精度测试。它将校准件的精度通过误差修正转移到矢量网络分析仪,减小了对矢量网络分析仪硬件的技术要求,在很大程度上,校准件的性能指标和校准方法的完善程度决定了矢量网络分析仪的测量精度。

2. 矢量网络分析仪的工作原理

连续波矢量网络分析仪是使用最为广泛的网络分析仪,下面以连续波矢量网络分析仪为例介绍它的工作原理。

从图 12-25 可以看出,信号源模块产生激励信号和本振信号,且激励信号和本振信号锁相在同一个信号基准上。激励信号经 S 参数测试模块中的开关功分器、程控衰减器、定向耦合器施加到被测网络上,定向耦合器分离出被测网络的正向入射波信号 R_1、反射波信号 A 和传输波信号 B(若开关打在相反位置,则可获取被测网络的反向入射波信号 R_2、反射波信号 B 和传输波信号 A。含有被测网络幅相特性的 4 路信号送入 4 通道混频接收机,与本振源提供的本振信号进行基波和谐波混频,得到第一中频信号,第一中频信号再经过滤波放大和二次频率变换得到第二中频信号,通过采样/保持和 A/D 电路转换成数字信号,送入数字信号处理器进行数字信号处理,提取被测网络的幅度信息和相位信息,通过比值运算求出被测网络的 S 参数。

如前所述,二端口网络有 4 个 S 参数,其中 S_{11} 和 S_{21} 为正向 S 参数,S_{22} 和 S_{12} 为反向 S 参数。在测试过程中,开关功分器是实现正向 S 参数与反向 S 参数测量自动转换的关键部件。以正向 S 参数为例,开关功分器中的开关位于端口 1 激励位置,来自信号源模块的微波信号通过开关功分器,一路信号作为激励信号通过程控步进衰减器和端口 1 定向耦合器的主路加到测试端口连接器,作为被测网络的入射波。被测件的反射波由端口 1 定向耦合器的耦合端口取出,用 A 表示。被测件的传输波通过被测件由端口 2 定向耦合器的耦合端口取出,用 B 表示。来自开关功分器的另一路信号作为参考信号,间接代表被测件的入射波,用 R_1 表示。为了减少参考信号与被测网络实际入射波之间的差异,必须实现参考通道和测试通道的幅度和相位平衡,通过改变开关功分器的功分比实现幅度平衡,在参考通道中采用合适的电长度补偿措施实现相位平衡。最近几年发展表明,由于采用完善的误差修正技术,即使不采取任何硬件补偿措施也能进行高精度测试,因此在新型的矢量网络分析仪中取消了幅度和相位补偿,幅度和相位的差异作为稳定的、可表征的系统误差通过误差修正扣除。被测件的正向 S 参数可用式求得,即

$$S_{11} = B/R_2, \quad S_{21} = A/R_2 \tag{12-12}$$

当测量反向 S 参数时,开关功分器的开关位于端口 1、2 激励位置,同理可获得被测件的反向 S 参数,即

$$S_{22} = B/R_2, \quad S_{12} = A/R_2 \tag{12-13}$$

在微波、毫米波甚至射频频段直接作两路信号的矢量运算是很困难的,几乎不可能。因此要通过频率变换将射频和微波信号变换成频率较低的中频信号,便于进行 A/D 转换,A/D 转换后的数字信号由嵌入式计算机进行运算求出被测网络的 S 参数。频率变换的方法主要有两种:取样变频和基波/谐波混频。

A/D 转换后的数字信号进入数字电路进行处理,矢量网络分析仪的数字电路以嵌入式计算机系统为核心,是一个包括数字信号处理器、图形处理器的多 CPU 系统,负责完成系统的测试、测量控制(包括对信号源、测试装置、输出绘图和打印、接收翻译外部控制

命令并执行命令的控制）、误差修正、时域和频域转换、信号分析与处理、多窗口显示等功能。嵌入式计算机系统采用多用途分布式处理方式，大大提高了数据的运算能力和处理速度，使实时测量成为可能。矢量网络分析仪采用三总线结构，内部总线是高速数据总线，是矢量网络分析仪内部的测量控制、系统锁相和数字信号处理的高速数据通道；系统总线用于连接和控制 S 参数测试装置、激励信号源和外部打印机等，以便组成以矢量网络分析仪为核心的测量系统；外部总线为 GP−IB 总线，是外部主控计算机控制矢量网络分析仪的数据通道，矢量网络分析仪接收并翻译外部主控计算机的控制命令，通过系统总线去控制连到系统总线上的其他分机或外部设备，形成以主控计算机为指挥中心、矢量网络分析仪及其系统为受控对象的测试系统。最新的矢量网络分析仪还带有 USB、LAN 等总线接口。图 12-26 为典型的以主控计算机为核心的测试系统。

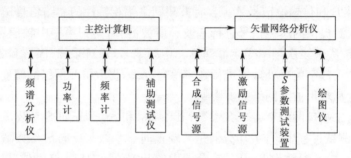

图 12-26　以主控计算机为核心的测试系统

频率变换和系统锁相方法如下。

矢量网络分析仪中最常用的频率变换方法是取样变频法。取样变频是基于时域取样原理，将取样脉冲（也称为取样本振）加到取样二极管上，通过取样二极管的导通/关闭完成取样，同时将频率降低到中频频率。取样变频法的取样本振易于实现（通常取样本振频率为几十兆赫到几百兆赫），成本低，且具有较好的频率响应，缺点是变频损耗大，降低了矢量网络分析仪的动态范围。

为了保证被测网络的幅度和相位信息不丢失，取样变频和系统锁相是有机结合在一起的。系统锁相电路是矢量网络分析仪系统中的一个重要组成部分，要求锁相系统具有良好的频率跟踪特性、较宽的捕捉带宽和较短的捕捉时间等。图 12-25 是矢量网络分析仪系统锁相的一种典型原理框图。整个锁相系统包括两个环路：预调环路和主锁相环路。预调环路是合成化高精度 2 阶锁相环路，其主要作用是减小锁相系统的起始频差，提高捕捉带宽。主锁相环路是 3 阶锁相环路，锁定时间短，稳态相位误差小，能够实现对信号源快速模拟、扫频（Ramp）时的相位跟踪。

矢量网络分析仪嵌入式计算机根据用户面板键盘设置的工作频率，计算电压调谐振荡器（VTO）的工作频率、取样变频的谐波次数和预调环路所需的程控信息，加法放大电路将预调环路预置 VTO 的调谐电压和主锁相环路提供的跟踪测量调谐电压结合在一起去控制 VTO 的振荡频率 f_{vro}，从而控制了脉冲发生器输出脉冲的重复频率。取样脉冲越窄，谱线的第一个过零点就越远，在相当宽的频带内获得平坦的频谱曲线，谱线的间隔为 f_{vro}，f_{vro} 越小，谱线就越密。如果 f_{vro} 在一定的频率范围内连续变化，可以得到一系列间隔不等的脉冲串，其频谱随 f_{vro} 变化而变化。如果 VTO 的振荡频率 f_{vTO} 变化了

Δf,则它的 N 次谐波扫过 $N\Delta f$ 的频带宽度。脉冲信号的谐波分量非常丰富,系统锁相环路控制 VTO 的频率和相位,使其只有某一次谐波的频率与微波频率相差一个中频频率,经取样变频之后的中频信号保持原微波信号的幅度和相位不丢失。预调环路和主锁相环路分工明确,在模拟扫频方式的起始频率、所有换带点频率和数字扫频(Stop)方式的每一频率点,预调环路首先启动控制 VTO 的振荡频率,以满足式(12-14),即

$$|nf_{VTO}-F-f_{IF}|\leqslant 5\mathrm{MHz} \tag{12-14}$$

式中,F 为微波信号频率;n 为谐波次数。

预调环路控制 VTO 的振荡频率满足式(12-14)后,主锁相环路开始工作,加法放大电路保持预调电压,主锁相环路进一步细调 VTO 的振荡频率,直至满足式(12-14)的要求。

12.5.3 矢量网络分析仪的基本结构

矢量网络分析仪主要是由激励源、信号分离装置、各路信号的接收机和显示/处理单元组成,如图 12-27 所示。

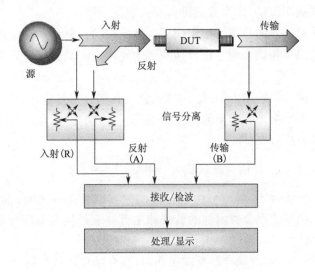

图 12-27 矢量网络分析仪结构示意图

1. 激励源

矢量网络分析仪的激励源为测试系统提供激励信号,由于矢量网络分析仪需要测量元器件的传输/反射特性与工作频率和功率的关系,因此激励源既具有频率扫描功能,又具有功率扫描功能。

传统的矢量网络分析仪,如 Agilent 公司的 8757D,使用的是外部独立的激励源。激励源基于开环压控振荡器(VCO)技术,或者使用合成扫频源。开环压控振荡器产生的激励信号具有较大的相位噪声,对于窄带设备的测量,会降低测量准确度。现代高性能矢量网络分析仪的激励源都已经采用合成扫频源,当扫频宽度设为 0 时,输出信号为正弦波信号。

矢量网络分析仪在频率扫描工作状态下,可按照不同的方式进行频率变化。

(1)步进变化。频率按步进阶跃方式跳变,这种方式频率的精度高,适合测量高 Q 值

器件的频率响应,但是测试时间较慢。

(2)连续变化。频率按固定速率方式连续变化,适合常规快速测试。

矢量网络分析仪控制其输出功率依靠 ALC 和衰减器两部分完成。ALC 用于小范围功率调制和功率扫描,保证输出信号功率的稳定;但是 ALC 控制功率范围有限,使用衰减器完成大范围的功率调整。具体的实现方法是:矢量网络分析仪输出信号的功率范围被分为许多量程,量程内的功率调制依靠 ALC 完成,量程间的功率调制依靠衰减器完成。利用外部功率计进行功率校准,进一步提高输出信号的功率准确度。

矢量网络分析仪的输出功率范围是有限的,某些测试场合需要超出仪表输出范围的激励信号,可采用外置放大器扩展输出信号的功率范围。

2. 信号分离装置

信号分离装置有两个基本功能:测量入射信号作为参考信号;将被测设备的反射信号从入射信号中分离。

测量入射信号由功分器完成。功分器是电阻器件,且是宽带器件,功分器的每个支路都有 6dB 的衰减。激励源的输出信号经过功分器,一路信号作为参考信号进行测量,而另一路信号输入到被测设备,作为被测设备的入射波信号。

反射信号从入射信号的分离是由定向耦合器完成的。定向耦合器是一个三端口的器件,包括输入端、输出端和耦合端。在反射测试中使用定向耦合器是利用了它的定向传输特性。

当信号由定向耦合器的输入端进入时,耦合端有耦合信号输出,此时称为正向传输。定向耦合器相当于不平均分配功率的功分器,在正向传输时,耦合器的输出信号与输入信号功率的比值定义为耦合度,即

$$耦合度(dB) = -10\lg\left(\frac{P_{正向耦合}}{P_{输入}}\right) \tag{12-15}$$

对于理想的定向耦合器,当信号由耦合器的输出端反向进入时,耦合端没有输出信号。这是因为输入功率被耦合器内部的负载和主臂终端外接负载所吸收,这就是定向耦合器的单向传输特性。

但实际测试过程中,定向耦合器反向工作时,耦合端存在泄漏信号。反向工作时耦合端的输出信号与输入信号功率的比值定义为定向耦合器的隔离度。

对定向耦合器最重要的一个指标就是方向性(Directivity),方向性定义为定向耦合器的反向工作隔离度与正向工作耦合度的差值。

$$方向性(dB) = 隔离度(dB) - 耦合度(dB) - 插损(dB)$$

方向性反映了定向耦合器分离反射信号的能力,可看做反射测量的动态范围。

在反射测试中,定向耦合器对于被测设备的反射信号而言是正向连接,由于定向耦合器有限方向性的影响,耦合器的耦合端会包含泄漏的输入激励信号,该信号与反射信号进行矢量叠加,造成反射指标测试误差。定向耦合器的方向性对最终测试结果影响非常大。被测设备的匹配性能越好,定向耦合器方向性对测试结果的影响越大。

3. 接收机

接收机完成了入射信号、反射信号和出射信号幅度和相位参数的测量。矢量网络分析仪有两种检波方式:二极管检波方式和调谐接收机检波方式。

根据二极管检波器的特性,如果被测信号是连续波信号,二极管将连续波信号转化为直流信号;如果被测信号是调幅信号,检波得到的是包络电平。因此,二极管检波方式只提取微波信号的幅度信号,丢失了微波信号的相位信息,因此只适用于标量网络分析仪。而矢量网络分析仪则使用调谐接收机检波方式。

调谐接收机将输入信号进行下变频得到中频(IF)信号,IF信号需要经过带通滤波器,接收机的中频带宽可小至10Hz,这样可保证接收机具有极好的测试灵敏度,而且对被测设备输出信号中的杂波失真成分起到很好的抑制作用。网络分析仪的灵敏度与中频滤波器带宽的设置有直接的关系,中频带宽越窄,进入接收机的噪声越少,灵敏度相应提高,但输出信号响应时间会变长,网络分析仪测试速度会下降。因此中频滤波器带宽为测试基本设置参数之一,其设置值需要考虑测试精度和测试速度的要求。

网络分析仪是激励源和接收机组成的闭环测试系统,采用窄带调谐接收机的矢量网络分析仪工作时,信号源产生激励信号,接收机应在相同的频率对被测设备的响应信号进行处理,激励源和接收机工作频率的变化应该是同步的。网络分析仪依靠锁相方法完成该功能。

R通道接收机中频信号会与固定参考信号进行鉴相,鉴相误差输出用于压控改变激励源输出频率,这样当接收机本振频率扫描变化时,锁相环会控制激励源保持频率同步变化。当R信道接收机工作不正常时,矢量网络分析仪会出现失锁现象。

12.5.4 主要技术性能和指标

矢量网络分析仪作为一种复杂和高精度的微波测量仪器,全面而准确地评估其性能指标是困难的,学术界也一直在为之探讨。目前通常从系统误差特性(包含初始系统误差特性和校准后的有效误差特性)、端口特性两大方面对其进行评估。另外,校验也经常作为矢量网络分析仪的检验和验收方法之一。下面是矢量网络分析仪主要性能指标的定义和说明。

1. 系统误差

系统误差(Systematic Grror)是系统能够测量的重复性误差,可以通过校准来表征,并且可以在测量过程中用数学处理方式予以消除。网络测量中所涉及的系统误差与信号泄漏、信号反射和频率响应有关,主要有6种类型的系统误差,与信号泄漏有关的方向性误差和串扰误差,与反射有关的源失配(源匹配)误差和负载阻抗失配(负载匹配)误差,与频率响应有关的传输跟踪误差和反射跟踪误差。系统误差分为初始系统误差和有效误差两大类。

1)方向性(Directivity)

矢量网络分析仪中要用到一个定向器件(单向电桥或耦合器)分离正向的传输波和反向的反射波。理想的定向器件能够完全分离传输波和反射波,然而,实际上定向器件不可能是理想的,由于泄漏和耦合臂处的终端反射,小部分的传输波会泄漏到定向耦合器的反射波输出端。

方向性定义为当信号在正方向行进时辅端出现的功率与信号反向行进时辅端出现的功率的比值,用dB表示。方向性是定向器件最重要的品质因数,它表明了一个定向器件能够分离正反向行波的良好程度。方向性指标的数值越大,表示其分离信号的能力越强,理想情况下为无穷大。一般它是反射测量中产生测量不确定度的主要因素。

2)源匹配(Source Match)

在矢量网络分析仪中,由于测试装置和信号源之间以及转接器和电缆之间负载不匹配,会出现信号在信号源和被测件之间多次反射,源匹配是指等效到测量端口的输出阻抗与系统标准阻抗的匹配程度。源匹配用 dB 表示,其数值越大,指标越好,所引起的测量误差越小。源匹配对测量不确定度的贡献与被测件的输入阻抗有关,并且是传输测量和反射测量中产生不确定度的因素之一。

3)负载匹配(Load Match)

在测量双端口网络参数时,测试装置的输出口与等效负载的输入口之间的阻抗失配效应,使所用匹配负载或等效负载产生的剩余反射引入测量误差。负载匹配是指等效到测量端口的输入阻抗和系统标准阻抗的匹配程度。负载匹配用 dB 表示,其数值越大,指标越好,所引起的测量误差越小。

负载匹配对测量不确定度的贡献与被测件的真实阻抗和输出端口等效失配有关,是传输和反射测量中产生测量不确定度的因素之一。

4)隔离(Isolation)

隔离又叫串扰(Crosstalk),是由于参考通道和测试通道之间的干扰以及射频和中频部分接收机泄漏而出现在网络分析仪数字检波器处的信号矢量和。如同方向性在反射测量中带来的误差,网络分析仪信号传输通道间的能量泄漏给传输测量带来误差。隔离对测量不确定度的贡献与被测件的插入损耗有关,是传输测量中产生测量不确定度的因素之一。

5)频率响应(Frequency Response)

频率响应又叫跟踪(Tracking),是由于组成测量系统的各装置的频率响应不恒定而引起信号振幅和相位随频率变化的矢量和,包括信号分离器件、测试电缆、转接器的频率响应变化以及参考信号通道和测试信号通道之间的频率响应变化。跟踪误差又分为传输跟踪和反射跟踪,分别是传输测量和反射测量中产生不确定度的因素之一。跟踪误差和被测件特性无关。

2. 端口特性

1)输入阻抗(Input Impedance)

输入阻抗是指矢量网络分析仪输入端口对信号源所呈现的终端阻抗。射频和微波网络分析仪的额定输入阻抗通常是 50Ω,而有些用于通信、有线电视等测量领域的射频网络分析仪的标准输入阻抗是 75Ω。额定阻抗与实际阻抗之间的失配程度通常用电压驻波比 VSWR 表示。

2)输出阻抗(Output impedance)

输出阻抗是从矢量网络分析仪输出端口往里看所呈现的阻抗。矢量网络分析仪的输出阻抗和输入阻抗通常是相等的。其额定阻抗与实际阻抗之间的失配程度通常用电压驻波比 VSWR 表示。

3)频率范围(Frequency Range)

频率范围是指矢量网络分析仪所能产生和分析的载波频率范围,该范围既可连续也可由若干频段或一系列离散频率来覆盖。

4)频率分辨力(Frequency Resolution)

它是指在有效频率范围内可得到并可重复产生的最小频率增量。

5)频率准确度(Frequency Accuracy)

它是指矢量网络分析仪频率指示值和真值的接近程度。

6)最大输出功率(Maximum Output Power)

它是指矢量网络分析仪能提供给额定阻抗负载的最大功率。

7)输出功率范围(Output Power Range)

它是指在给定频段内可以获得的可调功率范围。

8)功率准确度(Level Accuracy)

它是指在规定功率范围内输出信号提供给额定阻抗负载的实际功率偏离指示值的误差。

9)输出功率分辨力(Output Power Resolution)

它是指在给定输出功率范围内能够得到并重复产生的最小功率增量。

10)测试端口平均噪声电平(Test Port Noise Floor Level)

接收机的灵敏度,主要取决于接收机中频率变换器件的噪声系数,通过平均可以降低测试端口平均噪声电平。

11)动态范围(Dynamic Range)

动态范围定义为接收机噪声电平与测试端口最大输出电平和接收机最大安全电平之间较小者之差。动态范围指标是表征矢量网络分析仪进行传输测量能力的重要指标。

12)系统幅度迹线噪声(System Magnitude Trace Noise)

它指矢量网络分析仪显示器上迹线的幅度稳定度,主要取决于矢量网络分析仪的信号源和接收机的稳定度,决定了矢量网络分析仪的幅度测量分辨力,通过平均可以降低系统幅度迹线噪声。

13)系统相位迹线噪声(System Phase Trace Noise)

它指矢量网络分析仪显示器上迹线的相位稳定度,主要取决于矢量网络分析仪的信号;源和接收机的稳定度,决定了矢量网络分析仪的相位测量分辨力,通过平均可以降低系统幅度迹线噪声。

3. AV3629 型射频一体化矢网分析仪

AV3629 型高性能射频一体化矢量网络分析仪将合成信号源、S 参数测试装置和幅相接收机集成在一个机箱,具有体积小、重量轻、更完善的用户接口和操作方便等特点。由于采用了新一代电子技术和射频技术,其测量速度、系统动态范围和测量灵敏度等关键技术指标都有很大提高,它能快速、准确地测量出被测射频网络的幅度特性、相位特性和群延迟特性,是射频无源/有源网络测量的重要设备之一,广泛应用在通信、相控阵雷达、电子侦察和干扰等军用和民用领域。由于其测试速度快,智能化程度高,特别适合生产线上使用。图 12-28 为 AV3629 型射频一体化矢量网络分析仪。

AV3629 型高性能微波一体化矢量网络分析仪采用模块化的设计思想,配备嵌入式计算机模块,Windows 操作系统。使用混频接收技术取代传统矢量网络分析仪的取样变频技术,具有动态范围大、测量精度高、覆盖频率范围宽、自动化程度高、操作简便等特点。可快速、精确地测量被测件 S 参数的幅度、相位和群延迟特性,可广泛应用于雷达、航天、电子干扰与对抗、通信等军工、民用领域。

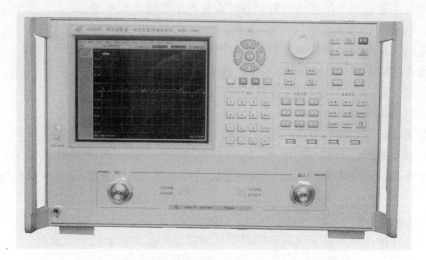

图 12-28　AV3629 型射频一体化矢量网络分析仪

1)主要特点

(1)内置锁相矢量接收机和扫频合成源。

(2)提供频响、单端口、响应隔离、全双二端口校准等多种校准方式。

(3)多窗口多通道同时显示。

(4)具有 USB 接口、RS232 串口、GPIB 接口、标准并口和 LAN 接口等。

(5)操作系统基于 Windows 平台,纯中文菜单,易于升级更新。

(6)系统动态范围大。

(7)时域测量功能。

(8)8.4 英寸真彩色高分辨率 LCD。

2)典型应用

AV3629 型矢量网络分析仪,是现代微波毫米波技术、现代电路技术和现代计算机技术的有机结合体。由于该仪器一次测量可同时获得被测微波毫米波网络的幅度、相位和群时延特性,其卓越的性能和强大的测量功能,能满足诸多微波毫米波测量需求。广泛应用于微波毫米波元器件、组件和部件的 S 参数测试等领域。

3)AV3629 型射频一体化矢量网络分析仪指标

(1)频率范围:30kHz～40GHz。

(2)频率准确度:$\pm 0.5 \times 10^{-6}$。

(3)功率准确度:± 1.0dB。

(4)功率范围:-75dBm～-5dBm。

(5)频谱纯度:-25dBc。

(6)幅度分辨率:0.001dB/格。

(7)相位分辨率:0.01°/格。

(8)频率分辨率:1Hz。

12.6 网络分析仪的典型应用

在双工器(Duplexer)、天线(Antennas)、射频集成电路(RFIC)、滤波器(Filter)、开关(Switches)、微波单片集成电路(MMIC)、耦合器(Coupler)、混频器(Mixer)、收发器(Transceiver)、电桥(Bridge)、采样器(Sampler)、接收机(Receiver)、功分器(Splitter,DMder)、二极管(Diode)、调谐器(Tuner)、合路器(Combiner)、转换器(Converter)、隔离器(Isolator)、电压控制放大器(VCA)、环行器(Circulator)、放大器(Amplifier)、衰减器(Attenuator)、压控振荡器(VCO)、负载(Open,Short,Load)、压控滤波器(VTF)、延迟线(Delayline)、三极管(Transistor)和谐振器(Resonator)、电阻、电感和电容中均有应用。

12.6.1 滤波器的测试

滤波器是微波电子系统中常用的器件。滤波器是标准的选择性器件,完成对工作信号的提取和干扰信号的抑制。根据滤波器的实现方式不同,可分为 LC 滤波器、声表面波滤波器、陶瓷滤波器和机械滤波器等。

滤波器是典型的线性双端口器件,对带通滤波器,要求它在指定的频率带宽内,对输入信号具有很小的损耗和失真,而对通带外信号具有最大的抑制能力。图 12-29 所示为带通滤波器典型参数定义,图 12-30 采用网络分析仪测试带通滤波器的 S_{11} 和 S_{21} 曲线。滤波器的常用技术指标如下。

(1)传输参数:带内插入损耗、带外抑制比、带宽、带内抖动、群时延等。

(2)反射参数:输入/输出端口的反射系数。

(3)计算参数:矩形系数和 Q 值。

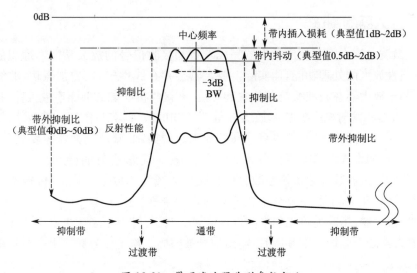

图 12-29 带通滤波器典型参数定义

设置网络分析仪的扫描频率包括滤波器的通带频率范围和需要测试的抑制带频率范围,再设置网络分析仪激励源的功率和接收机中频带宽等参数。网络分析仪参数设置完成后还需进行双端口 SOLT 校准。

校准完成后将被测滤波器连接在网络分析仪的校准面之间。可使用网络分析仪的多通道测试功能来提高测试效率,可同时显示不同的测试通道来完成滤波器通带内参数和带外抑制性能测试。对于带宽参数的测试,可使用网络分析仪的带宽搜索功能来直接读取。

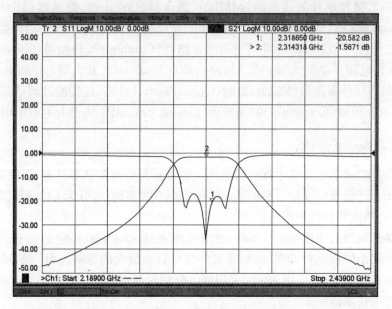

图 12-30　采用网络分析仪测试带通滤波器的 S_{11} 和 S_{21} 曲线

滤波器通带内幅频特性抖动参数的测试,可使用网络分析仪的统计功能完成,统计功能可对测试数据的统计值进行分析,包括平均值、峰—峰值抖动等参数。

12.6.2　放大器的测试

射频/微波系统中需要使用放大器完成发射和接收信号的放大功能。理想的放大器需要具有线性放大的处理功能,而实际上放大器会存在线性失真、叠加噪声、非线性失真等效应。基于放大器在微波系统的位置和应用,有接收机前端的低噪声放大器、接收机中的 AGC 放大器和发射机中的功率放大器等。不同的放大器其用途不同,采用的放大处理技术也不同,相应的测试参数也有不同的要求。例如,低噪声放大器需要具备高增益、低噪声的特点;功率放大器需要具备大功率输出、效率高、线性好的特点。

放大器的测试参数包括传输参数、反射参数、非线性参数等。其中,传输参数和反射参数前面已经有介绍,下面主要介绍放大器的非线性参数。

对线性放大器,当放大器工作在线性区时,输出信号波形不发生失真。当输入信号功率过大,放大器处于非线性饱和区时,输出信号被限幅。输出信号频谱上会出现新的谐波频率分量。

当输入信号功率增加,而放大器电源不能提供足够电流时,会造成输出信号出现削波,这种现象称为 AM—AM 转换。信号的波形失真会引起信号中心值的漂移,造成信号相位变化,这种现象称为 AM—PM 转换。AM—AM 转换和 AM—PM 转换都会对输入信号的波形造成影响,如果输入信号为调制信号,会导致信号调制质量恶化。

AM—AM 转换参数是分析电路器件输出信号功率受激励信号功率影响的特性分

析,通常采用器件增益的 1dB 压缩点和输出功率的 1dB 增益压缩点定义 AM－AM 转换参数。

AM－PM 转换特性反映器件输出信号相位受输入信号变化影响的规律,工程应用中,通过测量输入信号功率变化一定范围时,传输参数相位的变化量来完成。

因此,器件的 AM－AM 转换和 AM－PM 转换两参数是在网络分析仪输入功率扫描状态下,进行传输测试得到的。

1. S_{11} 测试

网络分析仪端口 1 使用开路器、短路器和负载进行矢量校准,校准完成后将被测放大器的输入端和端口 1 校准面连接,放大器的输出端连接低反射系数的大功率负载,在网络分析。

2. 传输参数测试

被测功率放大器的输出功率可能会超过网络分析仪接收机的最大电平,为此需要在功率放大器的输出端连接一个衰减器,传统的 J21 直通频响校准方法,校准过程中需要连接衰减器一起校准,但是衰减器的存在会影响校准的精度。为此使用嵌入/去嵌入(Embedding/de-Embedding)功能。

首先在网络分析仪测试线两端进行双端口矢量校准,然后将 30dB 衰减器连接到测量电缆之间,将衰减器的的双端口 S 参数保存文件。将被测放大器连接在输入端口和 30dB 衰减器之间,调用衰减器的文件,选择去嵌入功能,得到放大器真实的传输系数。

3. 非线性参数测试

由前面非线性参数的定义可知,器件的 AM－AM 转换和 AM－PM 转换两参数是在网络分析仪输入功率扫描状态下进行传输测试得到的。

网络分析仪功率扫描状态下,测试频率是固定的,因此网络分析仪使用连续波(CW)扫描模式,设置功率输出扫描范围,然后网络分析仪进行 J21 传输频响校准。校准完成后将被测放大器连接在测试电缆之间,并在网络分析仪的输入端口连接衰减器,以保证网络分析仪的输入功率不超过损坏电平,将衰减器该频点的衰减值作为网络分析仪的补偿值,分别在幅度测量模式和相位测量模式观测 AM－AM 转换和 AM－PM 转换参数。

本 章 小 结

本章简要地介绍了模拟式微波扫频信号源、微波合成源的性能特性,详细介绍了频谱分析仪原理,频谱分析仪的主要技术性能和指标,相位噪声在射频通信中的影响;然后介绍矢量信号分析方法和仪表及技术背景,矢量信号分析主要技术性能和指标;最后介绍了矢量网络分析仪,微波网络的散射参数 S 参数,矢量网络分析仪的基本原理,网络分析仪的基本结构和主要技术性能和指标,网络分析仪的典型应用。

第13章 微波射频集成电路技术

本章将简要地介绍微波毫米波集成电路的发展趋势及国内外研究现状,介绍多层多芯片模块(MCM)的分类、主要特点及应用,然后介绍了低温共烧陶瓷(LTCC)技术、加工工艺流程、基板的材料特性,最后介绍微波集成电路中的混合微波集成电路和单片微波集成电路。

13.1 微波毫米波集成电路的发展趋势

随着微电子技术的不断发展,对电子系统的体积、重量、成本和性能的要求越来越高。因此,通信、雷达、导航、测控等系统所需的微波毫米波集成电路也是向着短、小、轻、薄,以及高可靠性、高性能、低成本的方向快速发展。为了保证微波毫米波系统的小体积、轻重量和高可靠性,并尽可能实现低成本批量生产,微波毫米波集成电路一直沿着初期的波导立体电路→混合集成电路→单片集成电路→多层多芯片模块(MCM)这一趋势向前发展。目前,采用混合微波集成电路(HMIC)实现微波毫米波系统的技术已趋于成熟。尤其是随着单片微波集成电路(MMIC)技术的发展,集成度及可靠性得到进一步提高。但对于有些集成度要求高的系统,HMIC 技术已经不能满足要求。现今,国外武器装备的微波毫米波弹载、星载和部分机载系统基本采用微波毫米波集成电路技术,而且微波毫米波频段的开关、混频器和放大器等已有商品单片电路提供。

一些多功能组件,如本振—混频—前中组件,也有单片研制成果报道。目前复杂的系统级集成还无法用一个单一的 MMIC 单片实现,主要是滤波器、大电容电感、双工器等无源元件的集成化、小型化始终是一个难点;这大大制约了微波毫米波系统向小型化、高可靠性方向的发展。而 20 世纪 90 年代发展起来的多芯片组件(MCM,Multi-Chip Module)技术为解决以上问题提供了一个有效的途径。多芯片组件技术是 20 世纪 70 年代出现,90 年代获得迅速发展的一种先进微电子组装技术,也是军用电子元器件与整机系统之间的一种先进接口技术。MCM 相对于单芯片封装而言,是直接把多个裸芯片通过键合、载带自动焊(TAB)、倒装焊(FC)或直接粘接等安装手段安装在高密度互连基板上,层与层之间的金属线条(导电带)通过层间通孔连接。然后,封装在同一外壳内。按基板材料与基板制作工艺来分类,可分为 3 个基本类型:MCM-L(叠层多芯片组件)、MCM-C(共烧陶瓷多芯片组件)、MCM-D(淀积多芯片组件)。MCM 技术是继混合电路、ASIC、SMT 之后,于 20 世纪末发展起来的一种新型电路形式。MCM 集中了半导体集成电路的微细加工技术、混合集成电路的厚薄膜技术及印制电路板的多层基板技术,是典型的高技术、多技术产品,是实现整机小型化、轻量化、多功能化、高可靠、高性能的最有效途径,被美国列为军工 6 大关键技术之一,因此它代表了当今混合集成电路的发展方向。目前,MCM 技术已广泛应用于移动通信、航天航空和计算机等各个领域。微波毫米波 MCM 技术发展主要集中于 T/R 组件,子系统的研制,主要应用于卫星、电子对抗、雷达及精确制导的各个领域,世界各国已有众多研究机构和公司从事 MCM 材料的开发和生产工艺及其在微波毫米波方面的应用研究。

近些年发展起来的低温共烧陶瓷(LTCC,Low Temperature Co-fired Ceramic)技术，是 MCM-C 中的一种最有发展前途的技术，因其在微波毫米波频段表现出优异的性能，已经成为微波毫米波高密度集成技术研究发展的热点。应用领域包括移动通信前端设备，微波毫米波 T/R 组件，医疗电子设备，无线互联网设备等。这项技术被工业界一致认为具有广阔的发展前景。

13.2　国内外研究现状

20 世纪 90 年代初，随着加工工艺水平的提高，国外就已经对采用 MCM 技术特别是 LTCC 技术实现微波毫米波收发系统展开了一系列的探讨和研究。通过对 LTCC 的基板制造技术的研究(包括基板材料、导体材料和介质材料等在微波毫米波段的特性以及 LTCC 的互联技术在微波毫米波段的应用)，验证了采用 LTCC 技术实现微波毫米波收发系统的可行性。随着通信和军事科技的发展，尤其是雷达系统的小型化研究，对 LTCC 技术的关注也越来越多。国外关于 LTCC 技术的报道很多，主要是基于 LTCC 技术的前端、滤波器、互联和过渡等的设计技术，工作频率主要集中在微波频段和 60GHz 频段，Ka 波段的比较少，可能是用途敏感性的缘故。而关于 W 波段的 LTCC 技术研究还未见报道。文献报道了一种应用于 VSAT(Very Small Aperture Terminal)和 ODU(Out Door Unit)的低成本 Ka 波段发射模块。整个模块的电路及实物如图 13-1 和图 13-2 所示。其中的毫米波单元采用 LTCC 技术实现，如图 13-3 所示。毫米波单元中单独设计的低成本多功能 MMIC 芯片安装在 LTCC 基板上，同时 LTCC 基片上也集成了高可靠性及低成本的滤波器和波导微带过渡结构。这些设计都有利于降低组件成本和减小体积，并适宜于大规模生产。该 Ka 波段发射模块电路如图 13-4 所示。

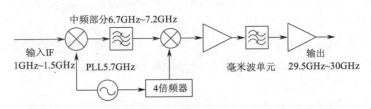

图 13-1　Ka 波段发射模块电路原理框图

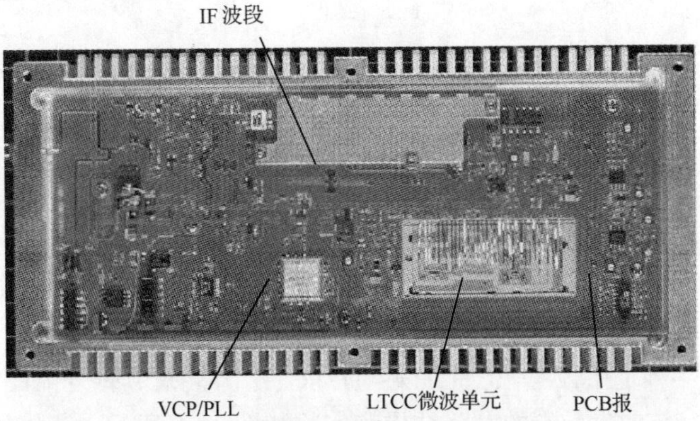

IF波段

VCP/PLL　　　LTCC微波单元　　　PCB报

图 13-2　Ka 波段发射模块电路实物图

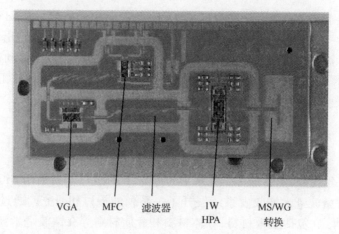

VGA　　MFC　　滤波器　　1W　　MS/WG
　　　　　　　　　　　　　HPA　　转换

图 13-3　采用 LTCC 技术的毫米波单元模块

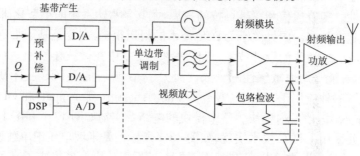

图 13-4　Ka 波段发射模块电路框图

文献报道了分别用 HMIC 和 LTCC 工艺制作的两种 Ka 波段发射模块,其电路相同,如图 13-5 所示,主要包括以下单元电路:Ka 波段的单边带调制器;驱动放大器;微带定向耦合器;带反馈的检波电路。图 13-5 所示是两种电路的实物。使用 LTCC 技术的电路面积仅 527mm^2,较 MIC 的电路尺寸减少了 57%。HMIC 的最大变频增益为 9.6dB,而 LTCC 的只有 6.1dB。这是因为各元件之间的失配和互联损耗,并且 MMIC 放大器单片和调制器的器件差异也是原因之一。

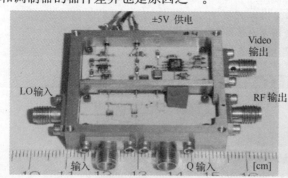

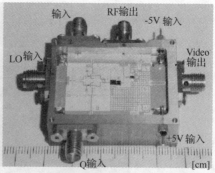

（a）混合集成发射模块实物　　　　　　（b）基于LTCC技术的发射模块实物

图 13-5　HMIC 和 LTCC 模块实物

文献报道了一种工作频率 40.5GHz～41.5GHz 的毫米波收发前端,射频部分采用 LTCC 基板设计。该收发前端的电路结构和实物如图 13-6 所示。该模块应用三维集成的新概念,在 LTCC 基板下面使用了 FR-4PCB 介质基板,这样加强了整个基板的机械强度,降低了组件成本。模块的尺寸仅为 32mm×28mm×3.3mm,在 40.5GHz~41.5GHz 范围内,1dB 压缩点输出功率为 15dBm,噪声系数为 9.72dB。

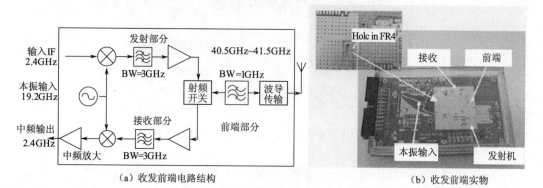

（a）收发前端电路结构　　　　　　　　　　（b）收发前端实物

图 13-6　收发前端电路的结构和实物

　　与国外相比,国内 LTCC 技术的研究起步较晚,主要集中在封装与互联工艺、材料、基板、检测技术及一些单元电路上,还有一些对前端方面的研究。而且主要在国防军工项目上进行 LTCC 技术的研究,受到材料、工艺及技术水平等多方面的限制,目前有关实用化的微波毫米波 LTCC 收发模块报道非常少,总的来说国内对微波毫米波,特别是 3mm 波 LTCC 组件及关键技术的研究处于起步阶段。

　　X 波段带通滤波器的主要功能是抑制 6.76GHz~7.76GHz 的镜频信号和带外的其他杂波,本文采用多层 5 级切比雪夫交指型带通滤波器实现,其结构如图 13-7 所示,其实物如图 13-8 所示。

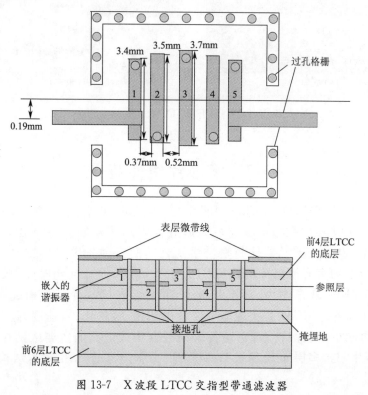

图 13-7　X 波段 LTCC 交指型带通滤波器

图 13-8 X 波段 LTCC 交指型带通滤波器

Ka 波段收发前端选用的介质基板是 FerroA6M(图 13-9),相对介电常数为 5.7,每层厚度为 0.094mm(烧结后)。整个前端的尺寸是 69mm×51mm×20mm。在装配时(除功率放大器的 MMIC 芯片)其安装方法是,首先把加工好的载体用导电胶安装在预留的空腔内,然后再把芯片用导电胶安装在载体上,MMIC 芯片与微带线间采用金丝键合连接。功率放大器依靠载体直接安装在腔体上,以提高接地和散热效果。其他表贴器件均采用导电胶或者焊锡安装在介质基板的表面。

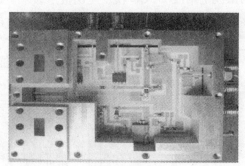

(a) 正面   (b) 背面

图 13-9 Ka 波段 LTCC 收发前端实物

13.3 多芯片组件简介

多芯片组件(MCM,Multi-Chip Module)技术是继 20 世纪 80 年代的表面安装技术(SMT)之后,90 年代在微电子领域兴起并获得迅速发展的一项最引人瞩目的微电子组装技术,也是电子元器件与整机系统之间的一种先进接口技术。MCM 是将两个或两个以上的大规模集成电路(LST)裸芯片和其他微型元器件(含片式化元件)互连组装在同一块高密度、高层基板上,并封装在同一外壳内构成功能齐全、质量可靠的电子组件。MCM 是实现电子装备小型化、轻量化、高速度、高可靠、低成本电路集成不可缺少的关键技术,它与传统的混合集成电路的主要区别在于 MCM 采用"多块裸芯片"与"多层布线基板",并实现"高密度互连",其基本结构如图 13-10 所示。

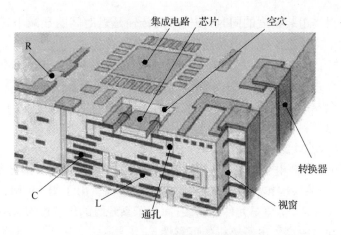

集成电路 芯片 空穴
R
转换器
C
L
视窗
通孔

图 13-10　MCM 基本结构示意图

13.3.1　MCM 的分类

　　MCM 因使用的材料与工艺技术的不同,种类繁多,其分类方法也因认识角度的不同而异。按基板类型分类,可把 MCM 分成厚膜 MCM、薄膜 MCM、陶瓷 MCM 和混合MCM。而国际比较流行的是按基板材料与基板制作工艺来分类,即美国 2IIPC(Institute for Interconnecting and Packaging Circuit) Guiding for Multi-chip ModuleTechnology Utilization(IPC-MC-790)提出的按照 MCM 的结构进行分类的方式,将 MCM 分为如表 13-1 所列的 3 个基本类型:MCM-L (叠层多芯片组件)、MCM-C (共烧陶瓷多芯片组件)、MCM-D(淀积多芯片组件)。

表 13-1　MCM 的类型(IPC 标准)

MCM	MCM-L 叠层型	内外层开口型多层基板
		内埋置导通孔多层基板
	MCM-C 陶瓷、厚膜型	高温共烧陶瓷多层基板(HTCC)
		低温共烧陶瓷多层基板(LTCC)
		厚膜多层基板(TFM)
	MCM-D 淀积薄膜型	D/C(陶瓷基板)
		D/Si(硅基板)
		D/M(金属基板)
		D/S(蓝宝石基板)

13.3.2　MCM 的主要特点及应用

　　MCM 之所以得到迅速发展,主要在于它有一系列的优点,既提高了封装密度,又缩短了芯片的互连间距,致使电路特性得以提高。尤为重要的是,采用 MCM 技术可极大地缩短研制高难度集成电路的周期和减少投资。总的来讲,MCM 有以下主要优点:

　　(1)MCM 有利于实现组件或系统的高性能化、高速化。由于 MCM 采用的是高密度互连布线基板和裸芯片组装,可使芯片之间互连度(或距离)大大缩短,也降低了连线电感和阻抗,因而能在提高组装密度的同时,使信号的传输延迟时间明显减小,信号传输速度大大提高,这有利于实现电子整机向功能化集成方向发展。

(2)MCM 有利于实现电子组装的高密度化、小型化和轻量化。由于 MCM 是采用多层布线基板,将多个未封装的 IC 芯片高密度安装在同一基板上构成的部件,从而省去了单个 IC 芯片的封装材料和工艺,而且组装电路的体积尺寸、焊点数量、I/O 数等均可大为减少,不仅节约了原材料,简化了制造工艺,而且极大地缩小了体积,减小了重量。实现电路的高密度组装是 MCM 的一个突出优点。

(3)MCM 有利于提高电子产品的可靠性。电子产品的失效绝大部分是由封装和电路板互连引起的。组装层次越少,产品的可靠性也就越高。由于集 MCM、LSI、VLSI、电容、电阻等元器件于一体,避免了元件级组装,简化了系统级的组装层次,不仅大大降低了最终产品的成本,而且提高了电子整机的可靠性。

(4)MCM 有利于实现高散热的封装。由于 MCM 避免了单块 IC 封装(SCP,Single Chip Package)带来的热阻、引线及焊接等一系列问题,不仅使产品的可靠性获得极大提高,而且有利于实现高效散热的封装设计。

13.4　低温共烧陶瓷技术

低温共烧陶瓷(LTCC,Low Temperature Co-fired Ceramic)技术是 MCM-C 中的一种多层布线基板技术。它是一种将未烧结的流延陶瓷材料叠层在一起而制成的多层电路,内有印制互连导体、元件和电路,并将该结构烧成一个集成式陶瓷多层材料,然后在表面安装 IC、LSI 裸芯片等构成具有一定部件或系统功能的高密度微电子组件技术。随着 VLSI 电路传输速度的提高及电子整机与系统进一步向小型化、多功能化、高可靠性方向发展,从而要求发展更高密度、更高可靠性的电子封装技术。LTCC 技术因其封装密度高、射频特性好、可靠性高等优点而得到迅速发展。

它是近年来兴起的一种多学科交叉的整合组件技术,具有优异的机械、热力学和机械特性。LTCC 是休斯公司在 1982 年研发出的一种新型材料,它是将低温烧结陶瓷粉制成厚度精确而且致密的生磁带,在生磁带上利用激光打孔、微孔注浆及精密导体浆料印刷等工艺制出所需的电路图形,并将多个被动组件(如电阻、滤波器、低容值电容等)埋入多层陶瓷基板中,然后叠压在一起,在 900℃下烧结,加工成三维空间互不干扰的高密度电路。另外,可以利用 LTCC 技术设计内埋无源元件的三维电路基板,在其表面贴装 IC 和其他有源器件,制成有源和无源电路集成的电路模块,实现电路的微型化。由于 LTCC 技术在微波毫米波频段表现出优异的性能,已经成为微波毫米波高密度集成技术研究发展的热点,是 MCM-C 中的一种最有发展前途的技术。

13.4.1　LTCC 加工工艺流程

LTCC 多层基板的主要工艺步骤包括配料、流延、划片、打孔、印刷导体浆料、通孔填充、叠层、对齐和热压、切片和排胶与烧结共烧等工序,其工艺流程如图 13-11 所示,其中的关键制造技术如下:

(1)流延。将有机物(主要由聚合物粘结剂和溶解于溶液的增塑剂组成)和无机物(由陶瓷和玻璃组成)成分按一定比例混合,用球磨的方法进行碾磨和均匀化,然后浇注在一个移动的载带上(通常为聚酯膜),通过一个干燥区,去除所有的溶剂,通过控制刮刀间隙,流延成所需要的厚度。流延对瓷片的要求是致密、厚度均匀并具有一定的机械强度。流延工艺包括配料、真空除气和流延等3道工序。

(2)划片。把生(未烧结)瓷片按需要尺寸进行裁剪,可采用切割机、激光或冲床进行切割。

(3)打孔。生瓷片打孔主要有3种方法:钻孔、冲孔和激光打孔。对于低温共烧工艺来说,通孔质量的好坏直接影响布线的密度和通孔金属化的质量。

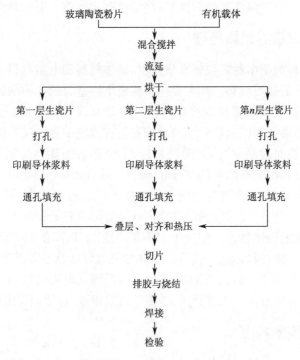

图 13-11　LTCC 技术工艺流程

通孔直径最好为 0.15mm~0.25mm。通孔过大或过小都很难形成盲孔,从而降低了基板的成品率和可靠性。

(4)通孔填充。属于生瓷片金属化技术的第一个步骤,其第二步骤是导电带图形的形成。通孔填充的方法一般有两种:丝网印刷和导体生瓷片填孔。目前使用最多的是丝网印刷法。

导体生瓷片填孔法是将比生瓷片略厚的导体生瓷片冲进通孔内,以达到通孔金属化的目的,此法有利于提高多层基板的可靠性。

(5)导电带形成。导电带形成的方法有两种,传统的厚膜丝网印刷工艺和计算机直接描绘法。现在随着网径变得更细,使用开孔率更高的网丝,分辨率更高的图形和浆料,采用丝网印刷技术,已可印制 $100\mu m$~$150\mu m$ 的线条。若要求更细的线条和间距,可采用薄膜沉积和厚膜光刻工艺。计算机直接描绘是一种非常好的金属化手段。它无需制版和印刷对位,但设备投资大,操作复杂且生产能力低。

(6)叠片与热压技术。烧结前应把印刷好金属化图形和形成互连通孔的生瓷片,按照预先设计的层数和次序叠到一起,在一定的压力下,使它们紧密粘接,形成一个完整的多层基板坯体,并且准确按照预定的温度曲线进行加热烧结。该过程包括叠片和热压两道工序。

(7)排胶与烧结技术。将叠片热压后的陶瓷生坯放入炉中排胶。排胶是有机粘合剂气化和烧除的过程。排胶工艺对 LTCC 多层基板的质量有着很大影响。排胶不充分,烧结后基板会起泡、变形或分层;排胶过量,又可能使金属化图形脱落或基板碎裂。低温共烧技术的关键是烧结曲线和炉膛温度的均匀性。烧结时升温速度过快,会导致基板的平整度差和收缩率大。炉膛温度的均匀性差,烧结后基板收缩率的一致性也差。

13.4.2　LTCC 基板的材料特性

LTCC 多层基板的基本材料包括介质材料、导体材料和电阻材料。

(1)LTCC 基板的介质材料。其主要包括构成电路基材的介质陶瓷材料、具有较高介电常数的介质陶瓷材料和内埋置电容器材料。目前 LTCC 技术中使用的主要介质材料是玻璃陶瓷、结晶玻璃及非玻璃系列。玻璃陶瓷是在玻璃中掺入某些陶瓷填料(如氧化铝粉末),其特点是烧结时玻璃软化,润湿填料粉末,介质表面能与烧结用垫板平面趋于一致,表面很平整。具有代表性的如杜邦(Dupont)公司 Dupont943 和 Dupont951 系列。结晶玻璃(如硅镁酸铝)具有比玻璃陶瓷更为优良的特性。对多次烧结的不利影响不敏感,对后续处理很有利。具有代表性的如费罗(Ferro)公司的 FerroA6-S/M 系列。

(2)LTCC 基板的导体材料。相比于 HTCC 工艺,LTCC 的共烧温度更低,因此可以使用高电导率的贵金属材料,如金、银等。这样的最大好处就是降低了导体损耗。

(3)LTCC 基板的电阻材料。LTCC 多层基板的埋置电阻材料由 RuO_2 及玻璃、添加剂等组成。电阻材料应与 LTCC 基板的热膨胀系数相近,且常温稳定性较好。

13.4.3　LTCC 技术特点

LTCC 技术由于其本身所具备的一系列优点使得其在通信、宇航与军事、MEMS(微机电系统)与传感技术、汽车电子等领域得到广泛应用。LTCC 技术的主要优越性在于:可将无源元件埋入多层基板中,有利于提高电路的组装密度。埋置电阻、表面电阻和埋置电容器、电感器均可设计为 LTCC 电路的组成部分;埋置阻容元件可以印制在生瓷片上,并和组件的其他部分共同烧结。此特点使设计人员可以把更多的表面区域留给有源器件,而不是无源器件。因而设计灵活性大,组装密度高。烧结温度低(850℃左右),可和传统的厚膜技术兼容,可使用一些高电导率的厚膜导体材料,如 Au、Ag、Pd-Ag、Cu 等,采用 Au 和 Ag 时不需要电镀保护,可在空气中烧结。使用电导率高的金属材料作为导体材料,有利于提高电路系统的品质因数和高频性能。为标准厚膜电路开发的厚膜电阻器和厚膜电容器材料均可适用于 LTCC 电路。LTCC 多层基板具有较好的温度特性,如较小的热膨胀系数(CTE)、较小的共振频率温度系数,并且其热膨胀系数可设计成与硅、砷化钾或铝相匹配,有利于裸芯片组装。并且可适应大电流及耐高温特性要求,具备比普通PCB 电路基板优良的热传导性。LTCC 多层基板气密性良好,也可兼作为气密式密封基板,有助于提高设计灵活性、减小尺寸、降低成本、提高可靠性。属并行式制造工艺技术,具有较佳的弹性制造方式,可针对多层基板的生坯基板进行烧结前的检查,有利于生产效率的提高,避免多次高温烧结,以及制造过程中因中间某步工艺错误而带来产品性能降低与废品率增多。与其他封装技术比较,尽管 LTCC 技术有不可取代的优越性,但是 LTCC 技术仍然存在收缩率控制、基板散热问题和成本问题,有待进一步改善。

(1)收缩率控制问题。LTCC 基板应用于高性能系统时,金属布线间距小,烧结的微小形变都会严重影响系统的性能,而且基板的收缩对信号孔和散热孔的对准也将产生影响。因此 LTCC 共烧体的收缩应严格控制。在 LTCC 共烧层的顶部及底部放置干压生片作为收缩控制层,以控制层与多层之间的粘结作用及收缩率,限制 LTCC 多层结构在二维方向的收缩行为。这种方法能使 LTCC 基板二维方向尺寸收缩控制在约 1%,而零收缩率的实现有待进一步研究。

(2)基板散热问题。虽然 LTCC 基板比传统的 PCB 板在散热方面已经有了很大的改进(图 13-12),但由于集成度高、层数多、器件工作功率密度高,LTCC 基板的散热仍是一个关键问题,成为影响系统工作稳定性的决定因素之一。目前解决散热的方法主要是采用散热通孔。在 LTCC 基板上打孔,向孔中加入 Ag、Au、Cu 等高导的金属材料,这样可有效改善基板在叠层方向的散热性,但层面散热仍未解决。为了使层面层的散热也得到改善,最常用的方法是在基板的背面镀以良导热性金属薄片,增大二维方向散热率。较为复杂的方法还有在 LTCC 基板材料中引入少量高热导率材料形成复合基板材料。但引入高热导率材料易使 LTCC 材料烧结温度提高,故此方法不常使用。

(3)成本问题。主要是制造成本较 PCB 电路基板要高,这主要是因为现有的这项技术产业规模不够大,致使原料成本居高不下。若产业规模逐渐扩大,更多的材料制造商进入这个领域开发,LTCC 的成本必将大幅度下降。随着电子产品朝短、小、轻、薄和多功能方向发展,因而要求 LTCC 技术朝高集成度、高精度、高封装效率、高散热率、低成本、微型化、建库模型化方向发展。

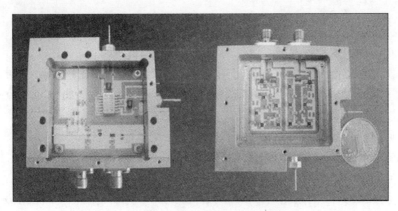

图 13-12　LTCC 集成电路与组件

13.5　微波集成电路

　　任何一种成熟的电子技术都趋向于缩小尺寸、减轻重量、降低价格并增加复杂程度。微波技术沿着这个方向推进已延续了 10 年～20 年,以便向微波集成电路发展。这一技术用尺寸小和不太贵的平面电路元件代替笨重而费用高的波导和同轴元件,这类似于导致计算机系统的复杂性快速增长的数字集成电路系统。微波集成电路(MIC)可以与传输线、分立电阻、电容和电感及有源器件(如二极管、晶体管)组合在一起。MIC 技术已推进到这样的地步,即可把完整的微波子系统(诸如接收机前级、雷达的发射/接收模块)集成在一块芯片上,大小仅有几平方毫米。

有两种不同类型的微波集成电路。混合 MIC 有用做导体和传输线的金属化层,还有分立元件(电阻、电容、电感、二极管等)固定在基片上。混合 MIC 最早是在 20 世纪 60 年代开发出来的,它为电路实现提供了一条非常灵活和价格合理的途径。单片微波集成电路(MMIC)是新近才开发出来的,它使有源和无源电路元件生长在一个基片上。基片是一种半导体材料,它使用了几层金属、介质和电阻膜。下面将从需用的材料和制造过程及每类电路的相对优点来简要描述这两种类型的 MIC。

当前电路设计的发展趋势是小型化和集成化。向小型化发展的主要原因是:利用更小空间和更小的质量实现更多的功能。

由于实现了在一个芯片中集成微波系统的概念,致使射频和微波集成电路(RFIC 和 MIC)给射频/微波工业带来一场革命。该技术中,组半导体材料(如 GaAs、InP 等)的应用补充完善了低频硅集成电路技术。它仍采用低频集成电路技术,但用位于元素周期表 III-V 族的半导体材料(如 GaAs、InP 等)取代原低频中的硅基片。

射频/微波集成电路是由不同功能的电路通过微带线组合而成,而各电路均由平面化的半导体器件、无源集总参数元件和分布参数元件构成。与采用印制电路技术的传统电路相比,射频/微波集成电路的优势可归结为以下几点:高可靠性、重复性、性能更好、体积小、成本低。

微波集成电路(MIC)可以分为两大类,即混合微波集成电路(HMIC)和单片微波集成电路(MMIC)。混合微波集成电路可进一步细分为标准电路和小型电路。

13.5.1 混合微波集成电路

1. HMIC 的特性

混合微波集成电路起始于 20 世纪 60 年代,迄今已广泛应用于商业、空间、军事等方面。标准混合 MIC 采用单层金属化技术制作导体层和传输线,而将分立电路元件(如晶体管、电感、电容等)焊接到该基片上。采用单层金属化技术的标准混合 MIC 来构成 RF 部件是一项非常成熟的技术,是一个典型的标准混合。

小型混合 MIC 采用多层制作技术,其中将无源器件(如电感、电容、电阻、传输线等)一次性沉淀在基片上,而将半导体器件(如晶体管、二极管等)焊接在基片表面。这种电路的尺寸比混合 MIC 小,但是比单片 MIC 大。因此又可将小型混合电路技术称为准单片技术。

与标准混合电路相比,小型混合电路的优点在于:尺寸小、质量小、损耗低、装配成本低(归因于采用批量制作工艺)。

混合微波集成电路(HMIC)中所含的固态器件和无源元件被焊接在介质基板上。其中,无源元件(包括集总参数和分布参数元件)采用厚膜或薄膜技术制作。集总参数元件既可以芯片形式焊接,也可采用多层沉淀和电镀技术制作,分布参数元件使用单层金属化工艺制造。

设计的第一步便是基片材料,其选择依赖于频率。频率越高,要求基片越薄,电路的尺寸也会越小。例如,在 1GHz～20GHz 的频率范围内,通常采用 0.635mm～0.254mm 厚度的基片,而对于毫米波段($f \geq 20\text{GHz}$),则选用 0.2mm～0.1mm 厚度的基片。基片类型的选择由其特定应用所决定。例如,对于大功率放大器,应选择氧化铍作为基片方可获得良好的散热性能。

电路元件可在确保最小耦合的前提下,紧密集成在较小尺寸内,通常耦合约为 30dB。为了达到较小耦合,两相邻微带线之间的间距至少应为 $3h$,其中 h 为基片高度或厚度。当对电路进行布局和掩膜制作时应参照该准则。

混合 MIC 技术广泛应用于不同的场合,如电子系统和设备、卫星通信、相控阵雷达系统、电子对抗、航空领域。这些应用需要设计和制造诸如放大器、混频器、发射/接收组件、移相器、振荡器等器件,所有这些器件均已在前几章中作过详细讨论。

对任何类型的 MIC 来说,材料选择都是要考虑的重大问题;必须对特性(诸如电导率、介电常数、损耗角、热量转移、机械强度和加工兼容性)进行评估。一般来说,最为看重的是基片材料。对于混合 MIC,氧化铝、石英和聚四氟乙烯(Teflon)纤维是常用的基片材料。氧化铝是坚硬的类陶瓷材料,其介电常数约为 9～10。对于较低频率的电路,经常希望能用高介电常数材料,这样可有较小的电路尺寸。然而在较高频率下,必须减小基片的厚度以抑制辐射损耗和其他寄生效应。实用上,传输线(代表性的有微带、槽线或共面波导)的尺寸会变得太小。石英有较小的介电常数(约为 4),但其较强的刚度使得它可用于较高频率(大于 20GHz)的电路。Teflon 和类似形式的软塑性基片,其介电常数在 2～10 范围内,只要不要求刚度强和热量转移好,它就可在低价格下达到较大的基片面积。用于混合 MIC 的传输线导体材料主要有 Cu 或 Au。

计算机辅助设计(CAD)工具广泛应用于微波集成电路设计、优化、布局和掩膜生成中。常用的软件包有 CADENCE、ADS、MicrowaveOffice 和 SERENADE 或 DESIGNER。掩膜本身通常在一个放大倍数(2×、5×、10×等)下制作在透明红(一种柔软的聚酯树脂膜)上,以便达到较高的精度。然后,在薄玻璃或石英片上制作真实尺寸的掩膜。金属化基片用光抗蚀膜覆盖,罩上掩膜,并在光源下曝光。然后可对基片进行腐蚀,去掉不想要的金属面积,在板上钻孔,并在孔内蒸一层金属就可做成板上穿孔。最后把分立元件焊接或用线固定在导体上。一般来说,这是混合 MIC 制作中最费工时的部分,也是处理中最费钱的部分。

然后,可以对 MIC 进行测试。经常要对元件值变化和其他的电路偏差采取相应对策,这可通过调谐或调整短截线(对每个电路可用人工调整)来实现。这会增加电路的成品率,但也会增加成本,因为调整是含有高度技巧水平的劳动。典型的混合 MIC 电路布局如图 13-13 所示。

正面腔体部分既有数字电路又有模拟电路,主要包括晶振、FPGA、DDS、电源和倍频分频电路等。这些都为低频电路,电路板都用 Protel 软件布线,电源采取并联结构,通过腔体通孔连接到背面腔体各个电路,正面腔体电路供电则通过腔体壁通孔提供,正面腔体电路布局如图 13-13 所示。其中数字部分包括 DDS 和 FPGA,DDS 位于右下角,左下角的 FPGA 控制 DDS,左上角的 FPGA 控制 PLL,其余部分为模拟部分,各个功能电路分腔设计,所以相互之间干扰较小。

背面腔体部分为射频电路,采用了具有相对较高介电常数的基片,有效地减小了电路的尺寸,主要包括 S 波段跳频源电路、12.8GHz 点频源电路和混频滤波电路等。这些都为高频电路,电路板都采用 AutoCAD 设计,另外,在器件的选择上选用了小型化的元器件,各类电阻、电容、电感元件和集成电路均选用贴片器件,并进行高密度的电路排版和装配,减小了电路板的面积,各个功能电路也采用分腔设计,所以相互之间干扰也较小。背面腔体电路实物如图 13-14 所示。

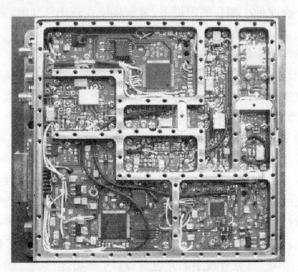

图 13-13　典型的混合 MIC 射频前端发射电路布局

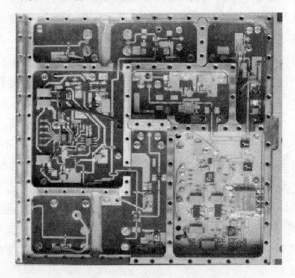

图 13-14　背面腔体电路实物

2. HMIC 的材料与工艺

制造印制电路及 HMIC 的基本材料,可分为以下 4 类:

(1)介质薄膜:氧化硅、二氧化硅、四氧化三硅、五氧化二钽。

(2)导体材料:铜、金、银、铝等。

(3)基板材料:蓝宝石、氧化铝、氧化铍/石榴石、硅、RT/复合介质板、FR-4、石英、砷

334

化镓、磷化铟等。

(4)电阻薄膜:氧化镍、钽、钛、氧化钽、金属陶瓷、砷化镓、硅等。

1)基板材料

MIC 基板具有下列一般特性:

(1)基板表面光洁度应该好(为 $0.05\sim0.1\mu m$ 光洁度),且相应地去除空隙,以保持导体损耗低和保持好的金属薄膜附着力。

(2)具有好的机械强度和导热性。

(3)在电路加工过程中不变形。

(4)应该与固态器件的热膨胀系数匹配,且附上包装材料或避免用对温度变化敏感的材料,以提高可靠性。

(5)基板的价格相对于其应用是合理的。

(6)选择厚度和介电常数,以决定阻抗范围及可用频率范围。

(7)损耗角正切值应该足够低,以便忽略介质损耗。

在满足相关各项规范后,应优先选择高介电常数的基板,以保证将电路尺寸做小。各种基板材料和性能见表 13-2。此表数据均为典型数据,精确数据应参阅制造厂商数据。

表 13-2　HMIC 基板的性能

材　料		表面粗糙度/μm	10GHz 损耗角正切($\tan\delta$)	相对介电常数 ε_r	热导率/(W/cm·℃)	绝缘强度/(V/cm)	MIC 应用
氧化铝	99.5%	2～8	1～2	10	0.37	4×10^3	微带线,悬浮基板
	96%	20	6	9	0.28	4×10^3	
	85%	50	15	8	0.2	4×10^3	
蓝宝石		1	1	9.3～11.7	0.4	4×10^3	微带线,集中元件
氮化铝		1～2	5	8.8	2.3		复合基板,封装
玻璃		1	20	5	0.01		集中元件
氧化铍		2～50	1	6.6	2.5		复合基板,封装
金红石		10～100	4	100	0.02		微带线
铁氧体/石榴石		10	2	13～16	0.03	4×10^3	微带线,共面线
砷化镓(高电阻率)		1	6	12.9	0.46	350	高频,微带线,单片 MIC
硅(高电阻率)		1	10～100	11.7	1.45	300	MMIC
石英		1	1	3.8	0.01	10×10^3	微带线、高频
聚烯烃		1	1	2.3	0.001	300	
磷化铟					0.68		MMIC

基板厚度受到出现高次模的限制。在基板上的高阻线都需要很窄的导体,它将加大介质损耗,而且要确定这些窄导体是很困难的。因此,在一般情况下,都希望使用 $\varepsilon_r=10$ 的高介电常数介质。在温度变化较大的情况下,介电常数对温度敏感的一些基板,可能会在应用中出现许多问题。

在应用 20GHz 的基板材料上，氧化铝（Al_2O_3）是最常用到的一种材料。对于低至 4GHz～6GHz 的电路和高达 20GHz 及以上的阵列天线，可采用塑料基板（$\varepsilon_r = 2\sim4$）。对于 Al_2O_3 的等级区分，可采用薄膜或厚膜两种制造工艺。一般不用纯度为 85% 的氧化铝，因为其介质损耗高且可生产性差。氧化铝的介电常数相对毫米波电路太高，因此很难制造出高精度的高阻抗线，且损耗太大。介电常数为 4 的石英晶体更适合高频段（大于 20GHz）微波和毫米波集成电路。

砷化镓是最适合做 MMIC 的基板材料，大多数有源器件，如低噪声金属氧化物半导体场效应管、功率金属氧化物半导体场效应管和肖特基二极管都制造在砷化镓基板上，且这种材料具有半绝缘特性。氧化铍和氮化铝具有良好的导热性，适合于大功率范围。此时，固定在基板上的有源器件的热耗散特别大，需要低热阻的基板。

2）导体材料

用做微波 IC 的导体材料具有以下特点：高电导率，低电阻温度系数，低 RF 电阻（电阻是由 RF 表面电阻率和趋肤深度决定的），对基板的附着力强，易蚀性和良好的可焊接性及淀积或电镀。导体的厚度应该至少是趋肤深度的 3～4 倍（趋肤深度决定所需导体的厚度，在导体内包含了 98% 的电流深度）。

3. 微波器件装配工艺简介

由于 MMIC 功率单片为静电敏感器件，在操作时要有静电预防措施，如戴防静电护腕、工作台可靠接地等。装配工艺是影响电路工作性能好坏的重要因素之一，必须对装配工艺予以高度重视。GaAs MMIC 芯片的装配工艺主要有金丝键合技术、导电胶粘接技术、共晶焊接技术等几种。

1）金丝键合技术

在毫米波频段，信号传输、芯片直流供电都是靠金丝来实现的。因此金丝键合是功率放大器模块制作的关键。应用于毫米波功率放大器的金丝直径一般为 $25\mu m$ 或 $30\mu m$，金丝直径一般要根据芯片焊盘大小和芯片工作频率来确定。金丝过粗会给焊接带来困难，可能造成虚焊；过细则不能提供一定的强度，且在毫米波频段会带来比较明显的感抗。金丝焊接的方法包括锲形焊接和球形焊接。金丝焊接的过程中必须要使用一定的方法使金丝附着到焊盘上面，焊接附着方法主要有热压法、超声波法、热压超声波法等。焊接的时候，连接芯片和微带线的金丝要尽可能短，这样可以降低金丝的损耗和寄生电感，所以焊接时一定要注意芯片和微带线的间隔。为了提高键合强度，本文所用的金丝键合工艺都是利用热压超声波法将金丝键合到芯片焊盘、微带线上的。热压超声波焊接对焊接温度要求较低，能减少对器件的热影响。焊接时，金属受压产生一定的塑性变形，使两个金属面紧密接触，其分子相互扩散牢固结合；超声功率使劈刀振动，使引线与被焊金属发生超声频率的摩擦，清除界面的氧化层，并引起弹性形变；在超声波焊的基础上将载体加热，这种加热可以使焊点处的金属流动性增加，防止超声波焊期间的应变硬化，并为焊接面提供较好的接触交界面和金属结构，有利于焊点的快速键合，提高焊点的键合强度。但是，要获得高质量的焊点，必须根据电路基片的种类，镀金层的情况，金丝的直径，金带的宽度、厚度，不同的芯片，芯片上焊点的大小及载体来合理选择超声波的功率、压力和焊接持续时间。

2）导电胶粘接技术

导电胶粘接技术的工艺性好，固化容易，粘接力强，但耐热性有限。导电胶的粘接厚度与导电胶的热阻都有密切的关系,胶层太厚会阻碍热的传导,而胶层太薄时,容易产生胶层不连续、不均匀等缺陷,致使热阻变大。导电胶的固化温度、固化时间将影响其粘接强度。固化温度提高、固化时间增长,其粘接强度增加;当固化温度较低时,需要较长的固化时间来达到一定的粘接强度。但是温度过高、时间过长反而会使胶层变脆,粘接强度下降。同时,在固化过程中需施加一定的压力,可保证粘接材料与被粘表面紧密接触。但压力不能太大,否则会使胶挤出太多,造成缺胶。

3)共晶焊接技术

共晶焊接技术具有机械强度高、热阻小、稳定性好和可靠性高等优点。焊接在氮气的保护下进行,在适当的温度下,使呈熔融态的金锡焊料与管芯及载体上的镀金层相接触,再加上一定压力和摩擦力的作用,形成金一锡合金体系,把芯片牢固焊接在载体上。共晶焊接技术的优势在毫米波功率器件上比较明显。功率器件对散热要求比较高,共晶焊接技术因具有焊区导电、导热性好、机械强度高、成品率高等优点被广泛地应用于功率单片的安装。共晶焊接一般在氮气的保护下进行,把功率 MMIC 芯片的背部用金一锡合金处理,载体上也附上金一锡合金(一般 80％金,20％锡)。然后在共熔点 290℃ 的条件下,通过一定压力和摩擦力的作用,形成金一锡合金体系,把芯片牢固地焊接到载体上。为了保证焊接的性能,焊接表面一定要干净、平整。完成无源电路设计和有源器件选取后,单元部件装配技术和工艺以及相关流程对变频器的性能影响一样是至关重要的。

4. Ka一C 波段下变频组件

MMIC 芯片与基片的贴装常用方法有两种:环氧粘接法和共晶贴装法。环氧粘接法成本低,工艺简单且易于返修;共晶贴装法具有热导率高、电阻小、传热快、可靠性强、粘接后剪切力大等优点,适用于高频、大功率器件中芯片与基板、基板与管壳的互连。对于有较高散热要求的功率器件必须采用共晶焊接。两种方法的优、缺点对比如表 13-3 所列。

表 13-3　共晶贴装法和环氧粘接法对比

项　目	共晶贴片	环氧贴片
粘接材料	共晶焊料(AuSn、AuGe、AuSi)	导电/导电的粘接剂
芯片背面金属化	需要且有厚度要求	无特殊要求
粘接工艺	处理温度高(300℃以上),工艺不当可能会产生金属颗粒或溅射,高温可能损伤器件	固化温度低(80℃～180℃),成本低,在粘接前需控制粘接面清洁度
电导率	电导率高	有导电和绝缘两种,导电型的接触电阻可能随时间延长而增加
热导率	热导率高,对大功率电路提供良好散热路径	热导率低,一般不用作功率电路
可返修性	焊料熔化温度	在高温下软

芯片和基片安装结束后需进行电气互连,常用微连接技术有金丝键合、凸点倒装连接和载带贴装。微波混合集成电路中电气连接广泛使用的互连结构是金丝键合。采用金丝键合的优点主要有:金丝互连结构不易变形和脱落,电路工作时可以避免因温度变化所造成的热胀冷缩的金丝脱落的影响。计算结果往往也不易于精确地应用到实际工程中,其性能主要是与金丝的直径、长度、拱高及金丝条数有关。一般考虑原则是芯片和金丝、金丝和电路基板之间实现阻抗匹配。通常情况下,金丝长度越短,拱高越低,直径越大,金丝

连接损耗便越小。焊盘允许下,采用 2~3 根金丝也可以提高金丝焊接性能。变频器电路基板制作在 99%的氧化铝精细陶瓷基片上,采用薄膜加工工艺。氧化铝陶瓷基片的特点是具有高可靠性、高密度、高导热、高绝缘、低电损耗、极好的防腐蚀性能及热循环性能等,适合应用于薄膜电路、LIC 和大功率混合 IC。因为氧化铝具有非常精细的颗粒结构,可以进行非常精细的抛光处理,因此可以设计出更精细的导线结构。薄膜电路主要特点:制造精度比较高(薄膜线宽和线间距较小),可实现小孔金属化,可集成电阻、电容、电感、空气桥等无源元件。在微波结构中达到高性能和可重复性的关键是由金属的几何形状决定的。传输线的特征阻抗也是由线宽决定的。传输线与奇、偶模阻抗的控制之间的耦合,耦合器和滤波器之间的耦合都是由线宽和相邻传输线之间的线间距决定的。

这里腔体材料为铝,腔体内部倒圆角,无尖突,焊接点平滑,无毛刺,细丝和尖点。基片和芯片的载体采用钼铜合金作为缓冲材料,这种材料兼有两种金属的特性。钼铜合金具有高电导性和热导性。基片与载体采用共晶焊接,芯片与载体共晶焊接之后再用螺钉拧到腔体上,芯片与微带线之间用金丝键合。综合考虑这些限制因素以及对各个单元电路分腔设计的需要,采用模块化技术对电路进行设计制作,将各个单元电路设计在不同的载体模块中,各个载体模块最后一起安装固定在大腔体中,基板电路间用金带连接,芯片与基板电路用金丝连接。

屏蔽是防止器件之间的互相电磁空间辐射干扰和耦合串扰,将容易受到干扰的器件单独分腔设计,滤波器和滤波电路也都进行分腔设计。高频元器件走线避免过长,以减少射频辐射。电路尽量减少拐弯、跳变和压金丝等不连续结构。装配的每一步都要保证元件和腔体的洁净度。射频输出输入采用了波导－同轴－微带结构,外部电源接口、数控衰减接口、中频接口均使用玻珠烧结在腔体上,从而实现了组件的气密性。设计制作流程如图 13-15 所示。安装和测试完成之后,填充惰性气体并用激光封焊,实现组件气密性,防止低气压放电。

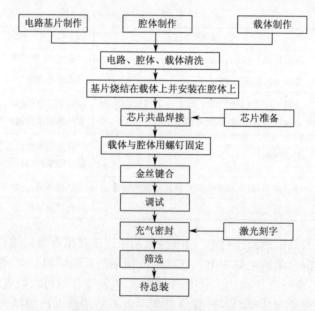

图 13-15　电路组装设计制作流程

电路装配完成后部分实物如图 13-16 和图 13-17 所示。图 13-16 所示为锁相环路和直流供电电路,图 13-17 所示为下变频器变频链路。变频通道和本振倍频链路设计在腔体正面,锁相环路和直流供电设计在腔体背面,上、下腔体采用玻珠连接供电。

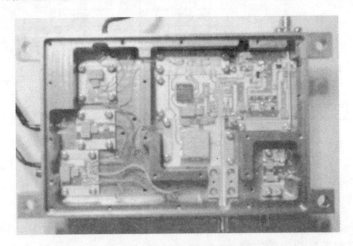

图 13-16 锁相环路实物

图 13-17 下变频器实物

13.5.2 单片微波集成电路

单片微波集成电路(MMIC)首次报道于 1964 年,而直至 20 世纪 70 年代末和 80 年代初才将 MMIC 技术广泛应用于 MESFET 的生产制作中。自 20 世纪 70 年代后期,GaAs 材料处理和器件开发的进展已经指明单片微波集成电路是可以实现的,在单片 MIC 中一给定电路所需的无源和有源元件可以在基片上生长或植入。从潜在可能性上说,MMIC 可以在低价格下制成,因为它消除了加工混合 MIC 时所需的手工劳动。此外,可在单个晶片上包含大量的电路,所有这些电路可以同时进行处理和加工。

MMIC 的概念起源于低频集成电路(IC)。一个集成电路的制作过程如图 13-18 所示。下述几方面的考虑已成为推动微波电路设计和制作发展的主要动力。

(1)先进的微波电子系统的发展趋势是增加其集成度、可靠性及低成本下的产量。

(2)新型毫米波电路的应用要求尽量减小焊线的寄生干扰和避免使用分立元件。

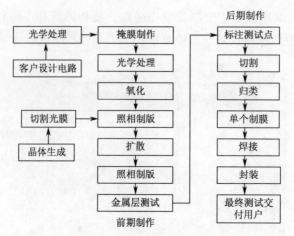

图 13-18　单片微波集成电路的制作过程

（3）此外，军事、商业、民用市场中微波系统设计的新发展要求采用先进的批量生产方式及具有多倍频程带宽响应的电路。

满足上述这些特定要求的途径在于采用单片技术。

MMIC 是通过多层加工工艺将所有有源、无源电路元件及其连线集成在半绝缘的半导体基片内部或表面上所获得的微波电路。

MMIC 的研究和发展的原因可简略归结为以下几点。

（1）材料制造技术的迅猛发展，如外延生产、离子注入技术。

（2）60GHz 低噪声 MESFET 和 30GHz 功率 MESFET 的迅速发展。

（3）可采用相同工艺制造 MESFET、肖基特——势垒二极管、开关 MESFET 的优良性能。

（4）在微波频段性能优良（如 $\varepsilon_r=12.9$、$\tan\delta=0.0005$）的半绝缘 GaAs 基片的发展。

（5）用于对微波电路精确建模和优化的 CAD 工具的良好的有效性。

MMIC 的基片必须是一种半导体材料，以便使有源器件在其上制作，器件的类型及频率范围限定了基片材料的类型。这样，硅双极型晶体管可使用到几个 GHz 的工作频率，蓝宝石硅（SOS）MESFET 可使用到几个 GHz 的频率，亚微米栅长度的 GaAs FET 可使用到 60GHz 的频率。GaAsFET 是一个用途很广的电路元件，它在低噪声放大器、高增益放大器、宽频带放大器、混频器、相移器和开关中得到广泛应用。这样，GaAs 就可能是最常用的 MMIC 的基片材料，但也经常用到硅、蓝宝石硅和铟磷（InP）。表 13-4 对几种基片进行了比较。

表 13-4　对几种基片的比较

性　质	硅	碳化硅	砷化稼	磷化铟	氮化稼
半绝缘性	无	有	有	有	有
电阻率/$\Omega\cdot$cm	$10^3\sim10^5$	>1010	$10^7\sim10^9$	10^7	>1010
相对介电常数	11.7	40	12.9	14	8.9
电子迁移率/[cm²/(V·s)]	1450	500	8500	6000	800
饱和电气速度/(cm/s)	9×10^3	2×10^3	1.3×10^3	1.9×10^3	2.3×10^3
辐射硬度	弱	优	很好	好	优
密度/(g/cm³)	2.3	3.1	5.3	4.8	

性　质	硅	碳化硅	砷化镓	磷化铟	氮化镓
热导率/（W/（cm·℃））	1.45	4.3	0.46	0.68	1.3
工作温度/℃	250	＞500	350	300	＞500
能量间隙/ev	1.12	2.86	1.42	1.34	3.39
击穿电场/（kV/cm）	≈300	≥2000	400	500	≥5000

传输线和其他导体通常由镀金膜制成。为了改善金在基片上的附着力，一般先在基片上沉积一薄层铬或钛。这些金属的损耗相对大一些，所以金层至少有几倍趋肤深度厚，以便降低损耗。电容器和跨线需要绝缘介质膜，诸如 SiO、SiO_2、Si_2N_4 和 Ta_2O_5。这些材料有较高的介电常数和低损耗，并且与集成电路处理相兼容。电阻要求沉积有耗膜，通常采用 NiCr、Ta、Ti 和掺杂的 GaAs。

设计一个 MMIC 要求大量使用 CAD 软件，用于电路设计、优化及掩膜生成。电路设计必须进行细致的考虑，允许有元件的变动和容差；电路加工后再要修整，事实上是非常困难的，或者是不可能的（使低成本生产受到打击）。因此，诸如传输线不连续性、偏置网络、寄生耦合和包装引起的谐振这些影响必须事先加以考虑。

在电路设计结束后，就可以生成掩膜。对于每个处理步骤，需要一个或多个掩膜。对于所需要的有源器件，处理要由在半导体基片上生成有源层开始；这可通过离子注入或外延技术来进行。通过刻蚀（Etching）或附加注入把有源面积隔离开，留下用于有源器件的台面。下一步，通过把金或金/锗层溶合到基片上，把欧姆触点制作到有源器件面积上。然后把钛铂/金的复合物沉积在源极和漏极之间的面积上，成形 FEF 栅极。此时，有源器件的加工过程基本就已完成，可进行中间试验，以便对晶片做出评估。若满足要求，则下一步是对触点、传输线、电感器和其他导体面积沉积一层金属。然后，通过沉积电阻膜形成电阻，而对电容器和跨接线需要沉积一层介质膜。再镀一层金属就完成了电容器和其他剩下的互连。最后一些处理过程涉及基片的底部（背面）。首先把它叠合到所需的厚度，然后通过刻蚀和镀金成形穿孔。通过孔把接地线连接到基片上层的电路上，并从有源器件到接地板提供一条热散逸的通道。在加工处理完成之后，可把单个电路从晶片上切割下来并进行测试。图 13-19 显示了典型的 MMIC 结构。

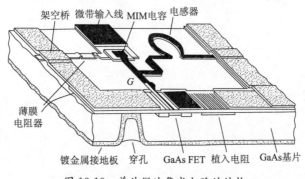

图 13-19　单片微波集成电路的结构

与混合 MIC 或其他类型电路相比较时，单片微波集成电路并不是没有缺点的。首先，MMIC 浪费了相对昂贵的半导体基片上的很大一部分面积（用于传输线和混合网络）。其次，对于 MMIC 的处理步骤和容许偏差是很苛刻的，这会造成产量低下，这些因素使得 MMIC 的造价相当昂贵，尤其是小批量生产（小于几百个）时。一般来说，要求对 MMIC 的设计过程有更为深入、细致的了解，包括元件容差和不连续性等；而制造后的故障排除、调谐或修整是很困难的。由于它们的尺寸很小，使散热受到限制，因而 MMIC 不能用于比中等功率电子更高的电路中。图 13-20 显示了一个 X 波段单片接收机的照片。

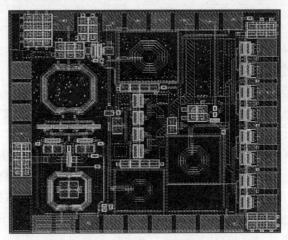

图 13-20　一个 X 波段单片接收机的照片

本章小结

　　本章简要地介绍了微波毫米波集成电路的发展趋势及国内外研究现状。接着介绍了多层多芯片组件（MCM）的分类、主要特点及应用，介绍了射频微波电路的材料种类、电磁特性、生产工艺与成本，然后介绍了低温共烧陶瓷（LTCC）技术、加工工艺流程、基板的材料特性及技术特点，最后介绍微波集成电路、混合微波集成电路、单片微波集成电路、典型应用领域、制造技术和生产工艺流程、封装技术。

第 14 章　微波电路的工程设计案例

　　射频/微波电路是构成通信、雷达、导航、遥感遥测、射频识别、电子对抗、物联网和其他微波应用系统中的发射机和接收机的关键部件。微波产品研制的各个阶段,需要经历设计方案和技术指标的制定、系统电路级和行为级仿真、元器件的选择、原理图的绘制、PCB 电路板的绘制、安装和焊接元器件、电路板的调试和测试、整机性能测试、设计并制做屏蔽盒体和机箱等过程。本章内容给出了设计微波/射频电路的一般方法,将其他章节的知识进行了综合应用和高度概括。

　　本章将介绍几个微波电路的典型工程案例设计过程,首先介绍 Ka 波段高性能频率合成器的设计的技术指标和技术方案,接着介绍 Ka 波段频率合成器 LTCC 技术研究的技术指标和技术方案,并给出了锁相部分原理图、频率合成器的电路布局图。最后介绍宽带射频前端系统仿真研究、接收机系统的方案选择、大动态范围接收机的实现、接收机技术指标的计算与仿真和发射机系统的设计与仿真。最后介绍宽带一体化接收前端技术的系统设计与实现、2GHz～6GHz 通用接收机研究及关键电路的设计与实验、CDMA800M 射频收发系统的设计与实现。

14.1　Ka 波段高性能频率合成器的设计

14.1.1　技术指标

　　频率范围:11.1GHz～13.1GHz。

　　频率步进:10MHz。

　　杂散电平:①带内,信号相关≤−65dBc;信号无关≤−65dBm。

　　　　　　　②带外,≤−45dBm。

　　　　　　　③镜频抑制度:≥65dBc。

　　相位噪声:≤−65dBc/Hz@100Hz。

　　　　　　　≤−83dBc/Hz@1kHz。

　　　　　　　≤−88dBc/Hz@10kHz。

　　　　　　　≤−98dBc/Hz@100kHz。

　　参考源:频率为 10MHz。

　　功率电平:5dBm±3dBm。

　　相位噪声:≤−140dBc/Hz。

14.1.2　技术方案

　　为了降低锁相环的实现难度,引入混频环频率合成技术,其系统框图如图 14-1 所示。此系统的主要特点是可以降低整个频率合成器的倍频比,系统主要由两个部分组成:倍频链和混频环。混频器采用双平衡混频器,在中频输出端引入带通滤波器,对交调信号进行抑制,以达到系统要求。

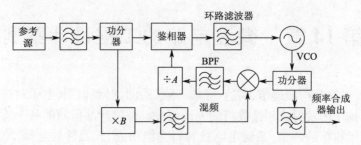

图 14-1 混频环频率合成器系统框图

这种系统通过降低合成器的倍频数,降低对 PLL 合成器输出相位噪声的要求,从而降低了系统的实现难度。采用混频锁相式结构来实现。点频的相位噪声比较容易做好,采用 PLL 倍频并且 VCO 选用介质振荡器 DRO,可以大大简化该子系统的结构,10GHz点频采用锁相环倍频,然后以微波波段倍频的方式实现。在最终的输出端,相位噪声由两路共同决定,其中近端相位噪声主要取决于倍频数高的一路(倍频链和混频环相比较),远端相位噪声主要取决于 PLL。从杂散角度考虑,该方案将 PLL 的鉴相频率提高到10MHz,这样有利于锁相环鉴相纹波的抑制,但由于引入了混频器,会产生交调信号,所以需要对混频器进行合理的频率规划,使得避免交调信号进入后级的通带之内,并且带通滤波器可以提供足够的抑制。

芯片选择集成锁相环芯片 ADF4106 是美国 ADI 公司最新生产的锁相环芯片,它具有较高的工作频率,最高达到 6.0GHz,它主要应用于无线发射机和接收机中,为上、下变频提供本振信号。该芯片主要由低噪声数字鉴相器、精确电荷泵、可编程参考分频器及可编程 A、B 计数器及双模前置分频器($P/P+1$)等部件组成,如图 14-2 所示。

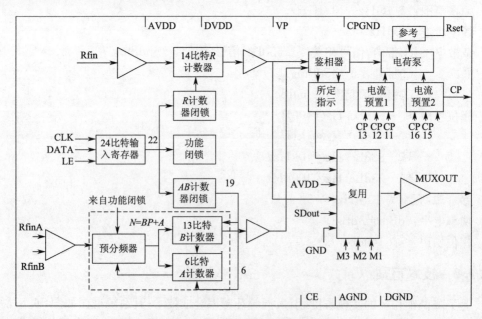

图 14-2 ADF4106 内部结构

与其他同类锁相环芯片相比较,ADF4106 主要有以下几点优势:

(1)鉴相器采用电荷泵式相位频率鉴相器(双 D 鉴相),这是目前比较推荐使用的鉴相器,可以降低鉴相器输出的相位噪声,并使得鉴相器对于频差和相差都敏感。

(2)直接锁定频率上限高达 6GHz。其他大部分锁相环芯片,其锁定频率上限大多是 3GHz 左右。ADF4106 提高了近 1 倍。

(3)采用低相噪设计,其归一化相位噪声底为 $-219\mathrm{dBc/Hz}$,而且有详细的合成器输出噪声估算公式及测试的性能指标,便于系统设计。

14.1.3　10GHz 点频部分设计

点频部分输入信号 10MHz,输出 10GHz,倍频比 $N=1000$。图 14-3 所示为 10GHz 倍频链结构。

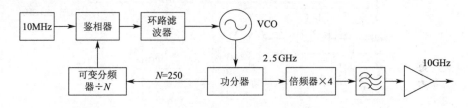

图 14-3　10GHz 倍频链结构

14.1.4　点频部分锁相环环路参数设计

锁相环的环路参数设计主要从相位噪声角度考虑。锁相环芯片 ADF4106 的输出相位噪声可以由以下经验公式近似估算,即

$$\mathrm{PN}_{\mathrm{total}}=\mathrm{PN}_{\mathrm{synth}}+10\lg F_{\mathrm{PFD}}+20\lg N \tag{14-1}$$

其中,ADF4106 的 $\mathrm{PN}_{\mathrm{synth}}=-219\mathrm{dBc/Hz}$。

对于小环来说,$F_{\mathrm{PFD}}=10\mathrm{MHz}$,$N=250$。结合参考频率源的相位噪声,假设环路带宽足够大,取 1MHz,在这种情况下,可以估算出 2.5GHz 锁相环输出的相位噪声为

$$C_1=K_\phi K'_{\mathrm{VCO}}/\omega_\mathrm{n}^2=\frac{i_\mathrm{D}K_{\mathrm{VCO}}\xi^2}{2\pi^2 NK^2}$$

$$R_1=2\xi/\sqrt{K_\phi K'_{\mathrm{VCO}}C_1}=\frac{4\pi NK}{i_\mathrm{D}K_{\mathrm{VCO}}} \tag{14-2}$$

$$C_2=\frac{1}{10}C_1$$

环路滤波器中的电阻,特别是那些低通滤波器内的电阻会产生一定的热噪声,从而增大滤波器的输出相噪。当这些电阻大于 $10\mathrm{k}\Omega$ 的时候,这个影响就会变得比较明显了。增大电荷泵的输出电流可以降低电阻值,从而减小电阻产生的热噪声。ADF4106 电荷泵的输出电流,最大可以设置为 8.5mA,所以设置 $i_\mathrm{D}=8.5\mathrm{mA}$。实际测量 DRO,测得 $K_{\mathrm{VCO}}=2\pi1.18\mathrm{MHz/V}$。为了使得相位噪声在 5kHz 处变化比较平缓,并且兼顾 1kHz 处的相位噪声,所以取 $\xi=1$。可以估算滤波器的环路参数:$C_1=330\mathrm{nF}$,$R_1=300\Omega$,

$C_2 = 33\mathrm{nF}$。

14.1.5　大环环路参数设计

对于大环来说,在这部分设计中主要考虑两点:一个是环路带宽的选取;另一个是由变频引起的环路等效 K_VCO 变化的问题。Ka 波段高性能频率合成器双环结构框图如图 14-4 所示。Ka 波段高性能频率合成器电路原理如图 14-5 所示。

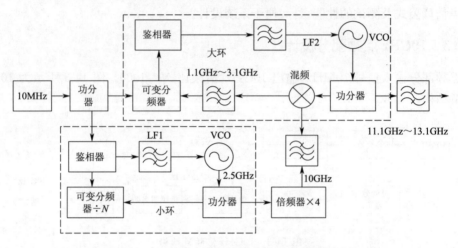

图 14-4　Ka 波段高性能频率合成器双环结构框图

首先考虑环路带宽。$F_\mathrm{PFD} = 10\mathrm{MHz}, N = 110\sim310$,采用与上面相同的分析方法。首先假设环路带宽取足够大。在这种情况下,估算出锁相环输出端的相位噪声为 $-90.17\mathrm{dBc/Hz@100Hz}$、$-95.17\mathrm{dBc/Hz@1kHz}$、$-99.17\mathrm{dBc/Hz@10kHz}$、$-99.17\mathrm{dBc/Hz@100kHz}$。

由以上估算数值可以看出,在环路带宽取最大值的情况下,锁相环输出信号 100kHz 以外频偏处的相位噪声无法满足设计指标。所以小环的环路带宽应该设计为 500kHz。环路带宽以外处的相位噪声需要由 VCO 来改善。

接下来考虑等效 K_VCO 变化的问题。其产生原因主要有两点:微波压控振荡器的 K_VCO 线性度不高,根据实际测量出的 K_VCO 曲线;锁相环内环路分频器 N 的变化相对较大($N = 110\sim310, N_\mathrm{max} \approx 3N_\mathrm{min}$)。因此导致等效 K'_VCO 在整个带宽内变化较大。从图中可以看出,$K'_\mathrm{VCO}@11.1\mathrm{GHz} \approx 3.6 K'_\mathrm{VCO}@13.1\mathrm{GHz}$。这样就导致整个频率合成器输出相位噪声曲线变化很大,13.1GHz 处的环路带宽是 11.1GHz 处的 3 倍左右,整个合成器输出的远端相位噪声无法同时兼顾高端和低端。

通过上述分析可以看出,在整个频率合成器硬件平台固定的情况下,无法有效地解决 K'_VCO 变化所带来的问题,下面通过分析环路滤波器得到相应的解决办法。得到解决的思路:对于不同频率点,设置不同的电荷泵输出电流 i_D,保持对于不同频率点 $i_\mathrm{D} K'_\mathrm{VCO}$ 在整个频带内相对固定或者在一个非常小的范围内变化,这样就可以使得 R_2、C_1 和 C_2 相对固定或者在一个很小的范围内变化,从而可以在相对较宽的输出频率带宽内,保证输出不同频率时锁相环的输出相位噪声的一致性。

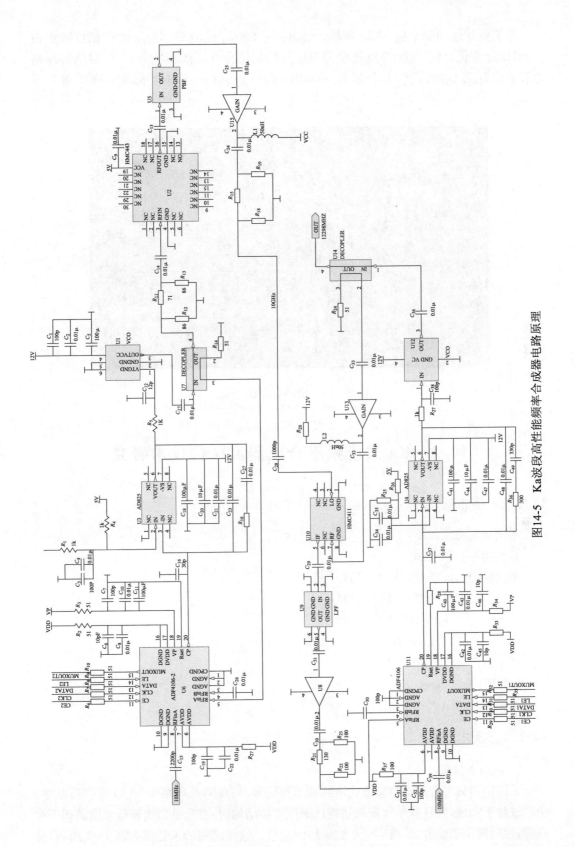

图14-5 Ka波段高性能频率合成器电路原理

347

为了更好地抑制杂散,在滤波器之后再添一级 RC 滤波节。为了使得相位噪声在 500kHz 处变化比较平缓,并且兼顾 1MHz 处的相位噪声,所以取 $\xi=1$。可以估算环路滤波器的环路参数:$C_1=1.7\text{nF}$,$R_1=510\Omega$,$C_2=170\text{pF}$。频率合成器实物如图 14-6 所示。

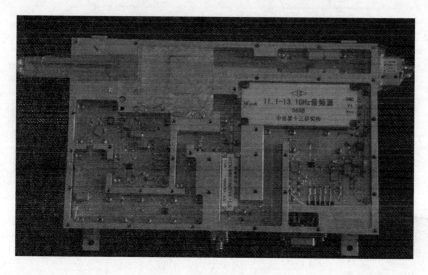

图 14-6 频率合成器实物

14.2 Ka 波段频率合成器 LTCC 技术研究

14.2.1 技术指标

系统指标拟定如下:

输出功率≥14dBm。

相位噪声≤−75dBc/Hz@1kHz。

        ≤−80dBc/Hz@10kHz。

        ≤−90dBc/Hz@100kHz。

中心频率 35GHz,带宽 400MHz,步进 40MHz。

频率稳定度≤0.1×10⁻⁶/℃

跳频时间:100μs

体积:≤8.5cm×8.5cm×3cm。

14.2.2 技术方案

1. 锁相+倍频

采用锁相频率合成+倍频方式得到毫米波信号,可以降低环路中 VCO 的主振频率,使系统易于实现,并且减小体积和功耗。采用这种结构时,首先是做出较低频段的频率合成源,然后采用倍频方式,得到毫米波频段的信号。这类结构的示意图如图 14-7 所示,其

输出频率和最小步进频率分别为

$$f_{out}=\frac{NM}{R}f_R;\Delta f=\frac{f_R}{R}$$

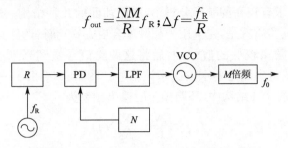

图 14-7　锁相＋倍频结构毫米波频率合成源

输出信号的相位噪声功率谱密度为这种结构的频率源,可以在一定的频段内,通过 N 的变化来设置输出频率,同时频率源具有与基准振荡器同样的频率稳定度。由于采用了较低频率的压控振荡器,可以使整个频率源做到小型化。但是,在这种结构中,频率源的相位噪声与频率分辨率相互制约。如果要获得较高的频率分辨率,相位噪声指标就比较差;反过来,如果要获得较好的相位噪声指标,频率分辨率就不能很高。

2. 锁相＋谐波混频

当毫米波信号源对分辨率和相位噪声指标均有较高要求时,前面介绍的两种结构就不便于应用,此时就得采用反馈支路带有混频器的结构,即锁相＋谐波混频结构。采用此种结构时,除了具备基本的锁相环外,还需要有一个参与混频的信号源。这个信号源可以由基准振荡器经 M 次倍频获得,也可以采用另外一个锁相频率合成器获得。这类信号源的结构如图 14-8 所示,其输出频率为

$$f_{out}=\left(M+\frac{N}{R}\right)f_R$$

当工作频率较高时,其中的混频器可以采用谐波混频器,即本振信号的 K 次谐波与压控振荡器的输出进行混频。此时,毫米波源输出频率为

$$f_{out}=\left(MK+\frac{N}{R}\right)f_R$$

不论是基波还是谐波混频,这种方式的最小步进频率都是

$$\Delta f_{out}=\frac{f_R}{R}$$

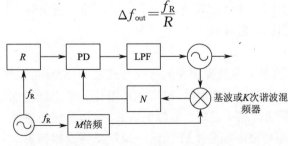

图 14-8　锁相＋谐波混频结构毫米波频率合成器

与一般的锁相频率合成相比,在获得同样输出频率和同样频率步长的情况下,应用这种方式可以采用较小的分频比,因而可以得到较高相位噪声指标。但是,这种频率合成方式的结构比较复杂,导致电路体积增大。同时,由于采用了倍频器和混频器,如果隔离措

施不当,可能导致输出信号中的杂散分量比较多。当毫米波频率合成源既需要有较高的相位噪声指标,又要求有较高的频率分辨率,应用前面的几种结构一般不易实现时,就需要采用多环结构。其实质就是,先采用锁相频率合成方式,获得两路具有较高频率分辨率及相位噪声指标,但频率较低的信号,然后将这两路信号送到毫米波锁相环中,采用锁相+谐波混频的方式得到满足要求的毫米波信号。图 14-9 给出了一个 3 环结构的示意图。在图 14-9 所示的 3 环结构中,环路锁定时输出频率为

$$f_{\text{out}} = \left(\frac{N_1}{R_1} + \frac{N_2}{R_2} N \right) f_{\text{R}} \tag{14-3}$$

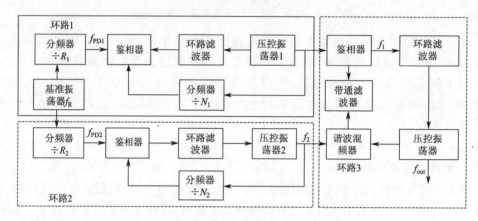

图 14-9   3 环锁相结构毫米波频率合成源方框图

3. 锁相+混频环+倍频器方式

锁相+混频环+倍频器的方式,即先采用锁相混频环得到微波频段的信号,然后将其倍频,得到所需的毫米波信号。考虑到反馈支路中混频器的本振信号可以采用倍频或锁相的方式来实现,这里给出了两种可实现的结构,如图 14-10 所示,其中图 14-10(a)所示结构中的锁相环部分一般简称为 M/N 环路。

同常用的方案比较起来,本方案中没有应用功耗、体积较大的毫米波器件,如耿氏振荡器、毫米波谐波混频器,而是采用了小型、低功耗的微波器件,如 VCO、混频器等,倍频器拟采用 MMIC 单片器件,因而易于满足系统对功耗、体积的要求。另一方面,同锁相+倍频方式相比,由于本结构中的反馈支路中采用了混频器,使得环路的总分频比大大减小,对提高相位噪声指标非常有利。

4. 方案制定

锁相+混频是提高频率合成器相噪的有效方式之一,倍频可以保留在多点输出的前提下扩展工作频带,电路结构较为简单,可实现小型化。考虑到课题指标要求,并结合以前的设计经验,决定采用锁相+混频+倍频的方式,在微波波段锁相,然后通过 4 倍频放大到 Ka 波段。系统原理框图如图 4-11 所示。采用反馈支路带有混频器的结构,使得环路的总分频比大大减小,对提高相位噪声指标非常有利,可以满足毫米波信号源对分辨率和相位噪声指标均有较高要求的情况。采用此种结构时,除了具备基本的锁相环外,还需要有一个参与混频的信号源。这个信号源可以由基准振荡器经 M 次倍频获得,也可以采用另外一个锁相频率合成器获得。

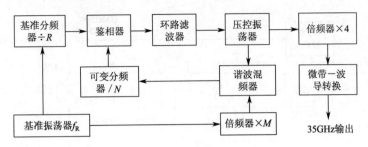

(a) M/N 环+倍频器

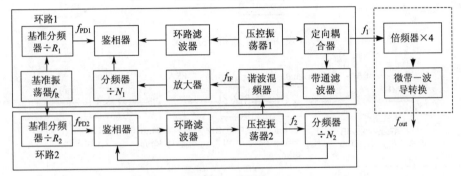

(b) 双环锁相+倍频器

图 14-10 本方案的两种可实现结构示意图

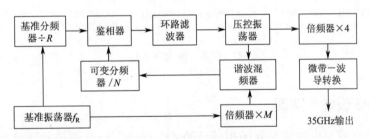

图 14-11 混频+锁相原理框图

采用 M/N 环路形式,并在该微波 ×M 倍频链中埋置多种 LTCC 层间互连、无源结构,通过实验测试其性能,从而分析 LTCC 技术与频率合成电路相结合的可行性。锁相环部分技术主要采用小型、低功耗的表贴元件以缩小体积,Ka 波段倍频器、放大器由倍频单片实现。3 部分电路分别设计与调试,最后组装在一起。

图 14-12 中的锁相单元是一个混频锁相环,由 100MHz 晶振、鉴相器、环路滤波器、VCO、晶振 45 次倍频链(图 14-13)和混频器构成。锁相源输出频率为 8.7GHz～8.8GHz,鉴相频率为 5MHz。VCO 选用带有二分频输出的 HMC509,输出信号分为两路,一路输出,另一路二分频信号作为混频器的射频信号,与晶振倍频后的信号混频,得到 100MHz～150MHz 的中频,此中频信号送入鉴相器,N 分频后与参考晶振 R 分频的信号鉴相,鉴相器输出的误差信号经有源环路滤波器后加到 VCO 调谐端。环路锁定后,VCO 的输出和晶振的频率稳定度一致,改变环路分频比即可改变输出频率。混频锁相环的优点是把较高的频率转移到中频,在保持小步进的情况下降低了环路分频比,从而降低了带内相位噪声。

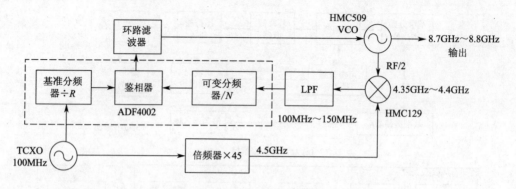

图 14-12 锁相部分原理

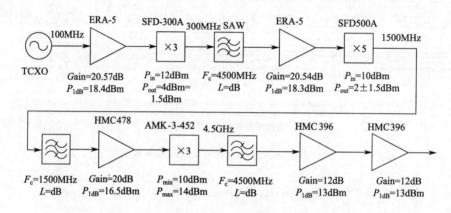

图 14-13 45 次倍频链

14.2.3 系统设计与实现

整个频率合成源由微波混频锁相环、100MHz/4.5GHz 倍频链及微波毫米波×4 倍频器三大部分组成。锁相环由 100MHz 晶体振荡器、鉴相器、环路滤波器、VCO 及混频器组成。其中,锁相环的参考信号由 100MHz 晶体振荡器的输出经功分提供,VCO 的二分频输出与 4.5GHz 倍频链输出信号混频,得到 100MHz～150MHz 的中频信号作为鉴相器的反馈信号。鉴相器对两路信号分频后进行鉴相,鉴相频率为 5MHz,由误差相位产生误差电压,经过环路滤波器过滤后得到控制电压,控制 VCO 的振荡频率。当环路锁定后,VCO 的输出具有和晶体振荡器同样的频率稳定度。混频器应用于锁相环的反馈支路中,主要目的是将 VCO 输出的反馈信号,变频到频率较低的信号,以降低环路的总分频比。

1. 锁相环部分

锁相环(PLL)部分主要由鉴相器、环路滤波器、压控振荡器(VCO)和混频器等部分组成。鉴相器选用 ADF4002,它是 Analog Devices 公司的一种低频(400MHz 带宽)、低相位噪声的 PLL,可用于实现无线接收器和发射器中的时钟净化、时钟产生和 IFLO 产生。VCO 采用的是 Hittle 公司的 HMC509LP5,该 VCO 是基于 GaAs InGaP 的 HBTM-MICVCO,它的频率调谐范围为 7.8GHz～8.8GHz,典型输出功率有 13dBm,混频器选用

352

的是 HMC129,该器件是 Hittitte 公司的小型化无源双平衡 MMIC 混频器,本振射频的频率范围为 4GHz～8GHz,变频损耗为 7dB。

2. 微波 45 次倍频链

微波 45 次倍频部分是整个 LTCC 频率合成器的关键部分,由于该部分器件众多、频段跨度大、有源无源器件交替级联,故此是验证 LTCC 工艺与电路设计再好不过的平台,本文将重点分析微波层间互连和无源滤波结构,并应用于这部分电路中。

倍频链路级联器件的附加相位噪声恶化较小,在设计时要选择低噪声系数、低噪声基底和闪烁噪声拐角频率小的器件。晶体振荡器的相位噪声性能对整个环路的相位噪声性能有着较大的影响,本课题中,晶振作为 100MHz/4.5GHz 倍频链的输入信号源,同时又为锁相环路提供参考信号。环路锁定时,输出信号具有和晶体振荡器一样的频率稳定度。选用了 Greenray 公司生产的 100MHz 的恒温晶体振荡器,该晶体振荡器的相位噪声为 -140dBc/Hz@1kHz 和 -150dBc/Hz@10kHz。这样,就可以确保整个信号源在较宽的温度范围能具有较高的频率稳定度,同时确保环路的相位噪声性能。

100MHz×3 与 300MHz×5 的倍频器采用定制倍频器 SFD300A、SFD1500A,1.5GHz×3 的 3 倍频器采用 Mini 公司的 AMK-3-452。放大器采用 Hittite 公司的 HMC478 和 HMC369,HMC478 的工作频率从 DC 直至 4GHz。DC～1GHz 频率范围内增益为 22dB,1GHz～2GHz 频率范围内增益为 18dB。DC～3GHz 频率范围内噪声系数为 2.5dB。HMC369 的工作范围从 DC 直至 8GHz。DC～4GHz 频率范围内增益为 12dB,4GHz～8GHz 频率范围内增益为 11dB。DC～3GHz 频率范围内噪声系数为 6dB。

3. 毫米波倍频部分

毫米波倍频链部分也是本系统的一个关键部分。它是将 VCO 输出 X 波段频率 4 倍频到毫米波 35GHz 附近再进行放大,该部分的关键是 4 倍频器及放大器的选择。4 倍频器选的是法国 UMS 公司的 CHX2092a,该 MMIC 单片性能优异并且价格适中,根据 CHX2092A 的产品说明书可以看到,该倍频器在输入信号频率 8.75GHz、输出 35GHz 时具有较佳的谐波抑制性能,典型输入功率为 12dBm,最小输入功率为 11dBm,由于前级 VCO 典型输出功率为 13dBm,计入两部分电路之间金丝键合的损耗(小于 0.5dB)及传输线损耗后,是完全可以在毫米波频段的中功率放大器中使用。常用的有 Agilent 公司的 AMMC-5040 MMIC 芯片,35GHz 时 $P_{1dB}=21$dBm,信号增益约 22dB,完全可以满足毫米波频率合成器输出功率的需要(14dBm)。由于毫米波 4 次倍频后信号功率将被放大器 HMC5040 推向饱和;考虑到 HMC5040 带宽较宽(20GHz～45GHz),而且 CHX2092A 对 3 次谐波的抑制相对较差,有必要对落在放大器通带内的 3 次谐波进行滤除。

14.2.4 频率合成器布局与布板

综合之前章节对锁相环路、微波倍频链、毫米波倍频链的分析,以及对系统中所要用到的层间互连结构、微波毫米波带通滤波器的设计,最后得到频率合成器的系统电路原理如图 14-14 所示。根据系统电路原理图,对 Ka 波段 LTCC 频率合成器进行了具体

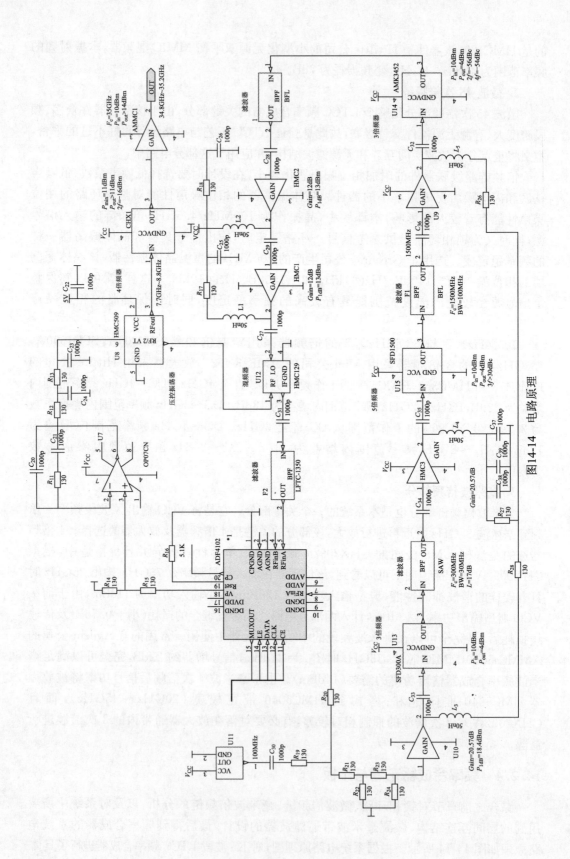

图14-14 电路原理

的版图绘制并加工。根据加工方要求采用 AutoCAD 软件分层绘制加工版图,并且每层的印制电路、各种直径的金属通孔、埋置电阻、表面可焊材料区域等全部分图层绘制,所以总体版图所有图层同时打开时显得十分繁杂,文中只对布版思路和注意事项进行介绍。

将整个毫米波频率合成器集成在 14 层 LTCC 基板上,高密度的多层封装结构和多频率信号的传输导致严重的电磁串扰(EMI)问题。因此如何将组件中的各单元子电路进行合理布局,成为实现 LTCC 频率源至关重要的环节之一。在关键单元电路实验的基础上,兼顾频率合成性能实现及 LTCC 工艺特点等多方面因素考虑,对毫米波 LTCC 频率合成器的布局布板做了以下考虑。图 14-15 所示为频率合成器的电路布局。整个频率合成器按照之前方案设计的分锁相环、微波进行腔体的设计时,选用硬铝材料制作,既可对外来干扰进行良好的屏蔽,又可减小整机的重量。另外,在系统整体结构的设计上,将低频和数字电路部分(如单片机控制模块、直流电源模块等)与高频的微波和毫米波电路部分分开。在腔体结构的设计上,采取正面和背面都装有电路的结构,这样做可以使不同功能的电路部分相互隔离,有效避免了各个模块之间的串扰,同时又大大减小了系统的体积。在电路结构设计方面,采用了具有相对较高介电常数的基片,有效地减小了微波部分电路的尺寸。同时,将锁相源与倍频链路部分的电路通过腔体隔离,提高了系统最终的性能。图 14-16 所示为采用 AutoCAD 2004 软件设计的腔体结构效果版图。

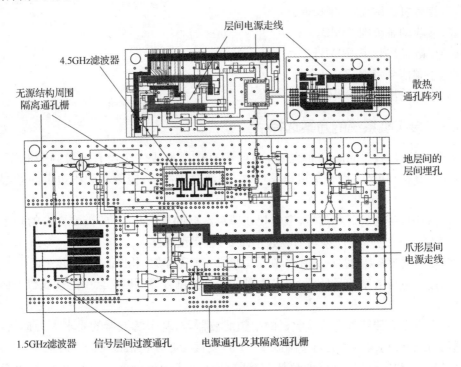

图 14-15　频率合成器的电路布局

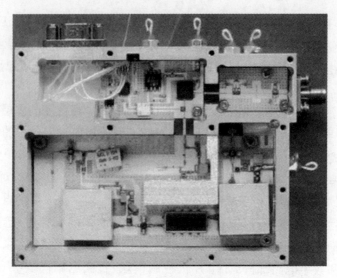

图 14-16　频率合成器实物

14.3　宽带射频前端系统仿真研究

宽带射频前端接收机的主要技术参数指标如下。

(1)射频工作频率:2MHz～2000MHz。

(2)接收机灵敏度:−90dBm。

(3)接收动态范围:90dB。

(4)中频输出频率:70MHz。

(5)中频信号带宽:2MHz。

(6)中频输出功率:0dBm。

14.3.1　接收机系统的方案选择

零中频接收机(Homodyne)结构,将射频直接变换成一个没有镜像频率的零中频。其优点是:复杂程度低;适合集成电路实现;滤波要求简单;镜频和无用边带问题容易解决。但也存在以下缺点。

(1)对于宽频带的射频信号,零中频处理对本振的要求相当高,需要本振的频率范围也是在 2MHz～2000MHz 内随射频频率而变换,实现难度大。

(2)直接混频需要两路正交形式,在很宽频段上实现精确的相位正交和幅度平衡相当困难。

(3)用于宽带数字信号处理时,本振泄漏和直流偏置等问题都会引起接收机的信噪比严重恶化。

(4)由于没有传统外差式接收机的中频滤波器,对基带滤波器的要求大为提高,基带滤波器必须额外提供足够的阻带抑制度,A/D 变换器必须包括很宽的动态范围。

宽带中频数字化接收机(即超外差接收机,Superheterodyne)结构,由模拟级对接收的射频信号进行滤波、放大并变换到宽带中频信号,经一个宽带快速模数转换器(ADC)将模拟中频变换成数字信号。在 ADC 前可用一个中心频率固定的高性能抗混叠滤波器滤除带外无用信号,并可在中频放大级实现自动增益控制,获得最大信号增益,减轻带内信号过载的可能性。A/D 变换之前的模拟滤波器是宽带的带通滤波器,包括多个信道。ADC 同时对这多个信道数字化,用数字滤波的方法,可分离出多个信道。这种结构灵活性强,更容易实现,对器件的性能要求也低,使 A/D 设计大大简化,可最大限度地降低硬件复杂度。就系统的可编程性而言,宽带中频数字化接收机与射频数字化方案相当。该方案支持多频带、多制式大动态范围输入,是目前最切实可行的方案。

超外差接收机由预选器和多级频率变换组成。预选器由带通滤波器根据具体的频率分段,切换到接收机调谐的射频频率上。每个变换级包含一个本地振荡器(LO)和辅助的滤波及放大。射频变换到中频,产生除了所需要频率外的混频谐波分量,中频带通滤波器将抑制这些互调成分。具有多种增益的放大器和衰减器决定进入后续变换级的功率。

针对软件无线电的工作频率范围 2MHz~2000MHz,如果选择一次混频结构,则要求混频时的本振频率范围达 72MHz~2070MHz,这是很难实现的,而且一次混频结构对镜像频率信号的抑制度比较低。考虑到频率覆盖和灵敏度要求,必须将射频分为若干个子频段,多次混频后输出 70MHz 中频信号。综合考虑后,接收机系统结构如图 14-17 所示,图中标出了各器件的增益值。

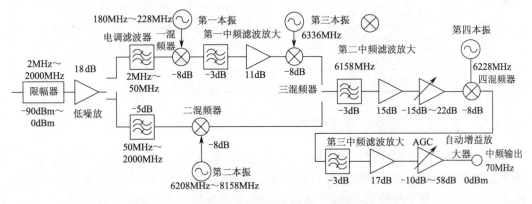

图 14-17　2MHz~2000MHz 宽带接收机射频前端系统框图

在图 14-17 中,将 2MHz~2000MHz 的宽带射频前端分为两个子频段:2MHz~50MHz 和 50MHz~2000MHz,通过射频电子开关选择不同的工作频段。考虑到电调滤波器的插入损耗较大,使整机系统的噪声系数变大,灵敏度变差。在保证接收机不被外来强信号烧毁或推向饱和的情况下,将低噪声放大器 LNA 放到电调滤波器的前面。接收的射频信号经低噪声放大后,用电子开关选择不同的射频频段。第二个射频频段50MHz~2000MHz,通过选频网络—电调滤波器进行射频滤波,它选频并削弱干扰,特别是镜像干扰。然后送到混频器与本振信号进行混频,得到的中频信号经中频滤波器滤波后再进行第二次混频,输出的中频滤波处理后进入 AGC 放大器放大到合适电平输出。第三个射频频段 2MHz~50MHz 多进行一次混频,在第一中频处通过开关选择与第一个射频频段的支路汇合。

14.3.2　中频频率和本振频率的选择

超外差式接收机(Superheterodyne Receiver)的最大缺点是组合干扰频率点多,这是因为混频器不是一个理想的乘法器,而是一个非线性器件,会引入大量交调分量,并且镜像干扰的现象最为严重。目前随着滤波器制造工艺的提高,与天线相连的滤波器会较大程度上抑制镜像频率,中频的选择必须综合考虑射频信号的接收,考虑本地振荡器的可实现性和镜像频率的抑制性。

采用中频固定的超外差混频接收机结构。输入的射频频率(RF_freq)范围是2MHz~2000MHz,分为两个射频频段,即第一频段(RF_freq1)的 2MHz~50MHz 和第二频段(RF_freq2)的 50MHz~2000MHz。输出的中频即第三中频(IF_freq3),其频率为70MHz。第一频段混频输出第一中频(IF_freq1),第二次混频后输出第二中频(IF_freq2),第二次混频后的输出则是需要的第三中频 70MHz。第二频段是先混频到第二中频,再混频后输出 70MHz 中频信号,具体列于表 14-1 中。

表 14-1 接收机系统的中频和本振频率

射 频 频 段	RF_freq1	RF_freq2
射频频率范围/MHz	2~50	50~2000
第一、二本振 LO_freq1、2/MHz	180~228	6208~8158
第一中频 IF_freq1/MHz	178	—
第三本振 LO_freq3/MHz	6336	—
第二中频 IF_freq2/MHz	6158	
第四本振 LO_freq4/MHz	6228	
第三中频 IF_freq3/MHz	70	

14.3.3　大动态范围接收机的实现

接收机的动态范围(DR)是指接收机灵敏度到接收机 P_{1dB} 输入之间的功率变化范围,即 P_{1dB} 的动态范围。通常接收机都具有 60dB~80dB 的动态范围。现代接收机则对动态范围指标提出相当苛刻的要求,往往超过 100dB,窄带接收机甚至达到 120dB。

要实现接收机的动态范围接收,可以在射频输入端或中频段加入开关,当射频信号较强时,开关接入一个固定的衰减器,衰减量根据接收机具体情况而定;而当射频信号较弱时,则开关接入一个放大器或跳过开关不作处理。

实现接收机动态范围的功能电路是接收机中的自动增益控制(AGC)电路。AGC 是一个闭环负反馈自动控制系统,是接收机最重要的功能电路之一。接收机的总增益通常分配在各级 AGC 电路中,各级 AGC 电路级联构成总的增益。在接收微弱信号时,接收机要具有高增益,将微弱信号放入到要求的电平;在接收机靠近发射电台时,信号电平很强,AGC 控制接收机的总增益,使接收机对大信号的增益很小,甚至衰减,防止强信号引起接收机过载。

本文的设计采用分段控制的方法。在射频段,不对 LNA 做增益控制,但需要 LNA 和前端混频器使用高线性大动态范围的器件。在第二中频处选用可变增益控制放大器,信号弱时起放大作用,信号强时则起衰减作用,可以达到 40dB 以上的增益控制范围。第二中频输出用 AGC 进行增益控制,有 50dB 以上的动态范围控制量。因此,总的接收机动态范围可实现 90dB 以上。

14.3.4　接收机技术指标的计算与仿真

由于接收机要求灵敏度是-90dBm,而接收机要求的动态范围是90dB,因此接收机的射频最小和最大输入功率分别为-90dBm和0dBm。动态范围在两级自动增益控制实现。接收信道的器件电平预算分析见表14-2。

表14-2　接收机的信道电平估计

器件	增益/dB	噪声系数/dB	P_{1dB}压缩点/dB	最小输入电平/dBm	最小输出电平/dBm	最大输入电平/dBm	最大输出电平/dBm
限幅器	-1	1	10	-90	-91	0	-1
低噪声放大器	18	2	22.5		-73	-1	17
开关1	-0.5	0.5	28	-73	-73.5	17	16.5
预选滤波器	-5	5		-73	-78.5	16.5	11.5
第一混频器	-8	8	14	-78.5		11.5	3.5
第一中频滤波器	-3	3		-86.5	-89.5	3.5	0.5
第一中频放大器	11	2	21	-89.5	-78.5	0.5	11.5
第二混频器	-8	8	21	-78.5	-86.5	11.5	3.5
第三混频器	-8	8	21	-78.5	-86.5	11.5	3.5
开关2	-0.5	0.5	28	-86.5	-87	3.5	3
第二中频滤波器	-3	3		-87	-90	3	0
第二中频放大器	15	1	21	-90	-75	0	15
可变增益放大器	$-15\sim22$	8	22	-75	-53	15	0
第四混频器	-8	8	21	-53	-61		-8
第三中频滤波器	-3	3		-61	-64	-8	-11
第三中频放大器	17	3	23	-64	-47	-11	6
自动增益控制	$-10\sim58$	5	10	-47	0	6	0

本文的接收机设计结构选择高本振固定中频的超外差混频结构,对2MHz$\sim$$2000$MHz宽带接收机射频前端系统进行设计仿真。

射频输入的2MHz$\sim$$2000$MHz信号,经过限幅器和低噪声放大器后,分为两条支路:2MHz$\sim$$50$MHz和$50MHz\sim$$2000$MHz,电子开关选择不同的射频支路。第二个射频频段50MHz$\sim$$2000$MHz,通过电调滤波器进行射频预选滤波处理,然后送到混频器与本振信号进行混频,得到的第二中频信号6158MHz经中频滤波器滤波后再进行第二次混频,输出的70MHz中频经过滤波处理后,进入自动增益控制AGC调节系统输出到0dBm。第一个射频频段2MHz$\sim$$50$MHz滤波后先混频到$178$MHz,然后多进行一次混频,混到第二中频$6158$MHz通过开关选择与第二个射频段的支路汇合。

14.3.5　发射机系统的设计与仿真

发射机是发射电磁信号的设备,它的功能是将信息源和传输介质连接起来,将信源输出的信号变为适合于信道传输的形式。信号发射前通常需要进行频谱搬移,可能需要进行多级信号转换和放大。发射机系统一般包括从中频到最后一级的上变频、抑制邻道干扰的带通滤波器到功率放大器。

宽带射频前端发射机的主要技术参数指标如下。

(1)中频输入频率:70MHz。

(2)中频输入功率:—10dBm。

(3)中频信号带宽:2MHz。

(4)射频输出频率:2MHz～2000MHz。

(5)射频输出功率:30dBm。

14.3.6　发射机系统的方案设计

宽带射频前端发射机的主要技术参数指标如下。

(1)中频输入频率:70MHz。

(2)中频输入功率:—10dBm。

(3)中频信号带宽:2MHz。

(4)射频输出频率:2MHz～2000MHz。

(5)射频输出功率:30dBm。

发射机系统框图如图 14-18 所示,在图中标出了各器件的增益值。调制的中频信号经过中频输入端的放大、滤波,由第四混频器进行上变频,接着进行第二中频 6158MHz 的滤波和放大,电子开关选择不同的射频支路。第一支路的射频频率是 2MHz～50MHz,再经过两次混频后输出射频,经滤波、驱动放大和功率放大后输出 30dBm。第二支路的射频频率是 50MHz～2000MHz,经过第二次混频后输出射频信号。由于发射机需要输出 30dBm 的高功率,而 50MHz～2000MHz 的固态高功率器件目前还较难做到。考虑到全频段的射频频率覆盖和宽带功放的设计困难,需要将射频分段处理,将其频率分为两段,即 50MHz～400MHz 和 400MHz～2000MHz,分别实现高功率放大。

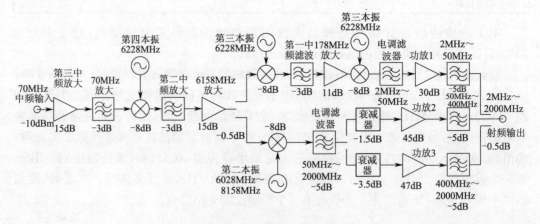

图 14-18　发射机系统框图

射频滤波器的作用是衰减本振信号、抑制部分发射机产生的谐波、宽带噪声、互调分量及带外频率。功放后的滤波器是必要的,可以减少杂散信号分量并有助于防止功放产生的噪声进入接收机中。因此需要射频电调滤波器能够承受较大的输入功率,功放输出也可以用低通滤波器滤除谐波。

发射信道输入电平为-10dBm,输出电平为30dBm。发射机的各器件模块电平估计列于表14-3中,从表中可以看出,所有器件输出电平与它们的1dB压缩点之间均有一定余量,所以放大器均工作于线性放大区,发射信道的电平关系均满足指标要求,整个链路可正常工作。

表 14-3　发射信道电平估计

器件模块	增益 (dB)	P_{1dB}压缩点 (dBm)	输入电平 (dBm)	输出电平 (dBm)	器件模块	增益 (dB)	P_{1dB}压缩点 (dBm)	输入电平 (dBm)	输出电平 (dBm)
第三中频放大	15	23	-10	5	电调滤波器	-5	—	-2.5	-7.5
第三中频滤波	-3	—	5	2	驱动放大器	13	28.5	-7.5	5.5
第四混频器	-8	3	2	-6	功率放大器1	30	43	5.5	35.5
第二中频滤波	-3	—	-6	-9	开关2	-0.5	—	-7.5	-8
第二中频放大	-3	—	-6	-9	衰减器1	-1.5	—	-8	-9.5
开关1	-0.5	—	6	5.5	功率放大器2	45	47	-9.5	35.5
第二混频器	-8	14	5.5	-2.5	衰减器2	-3.5	—	-8	-11.5
第三混频器	-8	14	5.5	-2.5	功率放大器3	47	41.5	-11.5	35.5
第一中频滤波	-3	—	-6	-9	射频滤波器	-5	—	35.5	30.5
第一中频放大	15	22	-9	6	开关3	-0.5	—	30.5	30
第一混频器	-8	14	5.5	-2.5					

增益压缩发生在当系统的输出幅度不能随输入幅度增加而做相应的线性增加的时候。调谐杂波信号的出现会导致增益减小。

14.4　宽带一体化接收前端技术的研究

构建一个通用化、标准化、模块化的宽带射频接收前端,首先分析了几种常用接收机的基本原理,介绍了各种结构的特点与主要参数。然后结合指标要求,进行了系统指标的规划及方案的可行性论证。ADS对其关键指标进行了仿真验证,阐述了宽带射频端的设计方法及步骤。通过对各个功能模块的设计、制作、选择、调试及系统调试,最终在200MHz～3200MHz的频率范围,采用二次变频技术设计了一定中频的超外差接收前端。其主要由低噪声放大器、放大器、混频器、滤波数控衰减电路等几大功能模块构成。宽带低噪声放大器是接收机射频前端的核心部件,对系统功能的实现起着非常重要的作用,实现宽频带的匹配是其设计的难点。

14.4.1　技术指标

射频接收前端相关技术指标如下。

接收频率:200MHz～3200MHz。

镜频：10600MHz～13600MHz，镜频5340MHz。

噪声系数：≤3dB。

接收动态范围：−100dBm～−40dBm。

接收链路增益：60dB。

增益控制：衰减60dB，衰减步进1dB。

中频频率：70MHz，中频输出电平：−40dBm～0dBm。

一本振信号：5400MHz～8400MHz，步进4MHz，电平13dBm。

二本振信号：频率5270MHz，电平13dBm。

镜频抑制：≥60dBc。

谐波抑制：≥40dBc。

杂波抑制：≥60dBc。

14.4.2　技术方案

由图14-19可知，电路中包括低噪放大器、增益放大器、混频器、中频放大器、数控衰减器及滤波器等器件。由于不同电子信息系统差异较大，为提高模块的通用性，预选滤波器、第一混频跳频本振及信道带宽滤波器，在模块外部预留标准接口和安装位置，只要选用适当器件进行匹配连接，即可形成完整接收前端链路。在确定了接收机系统的电路结构之后，根据总体的指标要求，可以对一些器件的性能参数进行计算。表14-4所列为接收前各器件的电平预测。

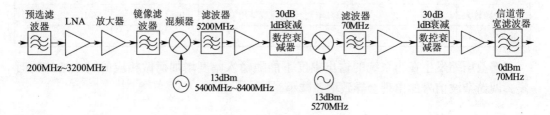

图14-19　宽带一体化接收前端技术方案

表14-4　接收前各器件的电平预测

序号	器件	增益/dB	噪声系数/dB	最小输入电平/dBm	最小输出电平/dBm	最大输入电平/dBm	最大输出电平/dBm	压缩点/dBm	线性余量/dB
1	低噪声放大器	20	2	−100	−80	−40	−20	8	28
2	放大器	20	4	−80	−60	−20	0	17	17
3	滤波器	−3	3	−60	−63	0	−3	30	30
4	第一混频器	−8	−7	7	−63	−70	−3	−10	4
5	滤波器	−4	4	−70	−74	−63	−14	−3	12
6	放大器	11	3	−74	−63	−14	−3	12	15
7	数控衰减器	−4	4	−63	−67	−3		20	23
8	混频器	−7	7	−67	−74	−17	−24	7	24

序号	器件	增益/dB	噪声系数/dB	最小输入电平/dBm	最小输出电平/dBm	最大输入电平/dBm	最大输出电平/dBm	压缩点/dBm	线性余量/dB
9	滤波器	−5	5	−74	−79	−24	−29	30	54
10	放大器	28	3	−79	−51	−29	−1	13	14
11	数控衰减器	−2	2	−51	−68～−15		−28～−25	30	31
12	放大器	28	3	−40	−28	−28	0	13	13

14.4.3　技术指标的仿真论证

在设计宽带射频接收前端时，一般采用自上而下，由整体到局部的设计过程。在对其各项指标进行仿真论证的时候，首先应进行系统级性能仿真，这样才能保证产品设计总体方针的正确性。利用仿真软件对设计进行仿真和优化设计，可以找出各器件的最佳取值，保证产品的性能，从而大大缩短产品的设计周期。根据前面选用的射频接收前端的结构和各模块的技术指标，在 ADS2009 中建立宽带接收前端的电路框图（图 14-20）及频点示意图。调用 ADS 的 S 参数仿真控件 S-PARANETERS，并在其中输入起、止频率。

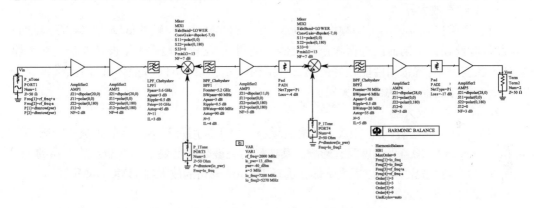

图 14-20　宽带一体化接收前端仿真电路框图

1. 电路增益及平坦度仿真

图 14-21 所示为电路增益及平坦度仿真。图 14-22 所示为噪声系数仿真结果。

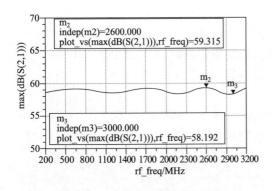

图 14-21　电路增益及平坦度仿真

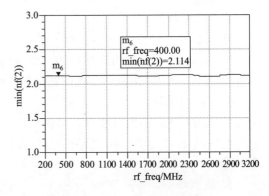

图 14-22　噪声系数仿真结果

2. 三阶交调抑制

图 14-23 所示为调谐杂波抑制。

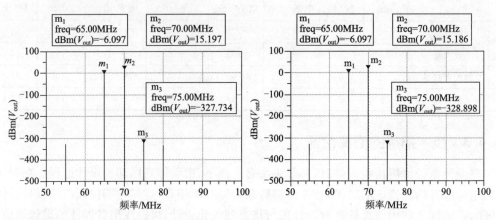

图 14-23　调谐杂波抑制

14.4.4　系统设计与实现

1. 低噪声放大器

由于宽带接收前端的射频频率为 200MHz～3200MHz，一般的低噪声放大器很难满足要求，为此设计了前面两种低噪声放大器。经测试，比较好地满足了设计要求。在本课题通道的实验中，就选用性能较好的第二种结构（一级 ATF-54143 晶体管）的低噪声放大器作为宽带接收前端低噪声放大器。

2. 第一中频放大器

在第一次混频之后，可使用放大器提高增益。由于采用跳频本振将射频统一变频到窄带 5200MHz，对于增益平坦度没有影响。其选择的关键是满足要求的增益及放大器的 1dB 压缩点，对于噪声的要求可以适当降低。选择 Hittitte 公司的放大器 HMC476MP86。

3. 第二中频放大器

第二次混频之后使用的放大器，是对二次变频后的窄带信号 70MHz 的固定中频进行放大，可在后级使用两级该放大器，进一步提高链路的增益。综合考虑，选择 RFMD 公司的 SGA-3563DS。

4. 混频器

1）宽带混频器

宽带接收前端模块的射频频率为 200MHz～3200MHz，本振频率为 5400MHz～8400MHz。由于采用宽带高本振的上变频结构，在选择器件时，可以考虑将 RF 和 IF 端口互换使用。选用 Hittitte 公司的宽带双平衡混频器 HMC220MS8。

2）窄带混频器

第二级混频器的射频频率为 5200MHz，本振频率为 5270MHz，频率较高。选用 Hittitte 公司的 HMC218MS8，其结构尺寸和宽带混频器 HMC220MS8 一样，也简化了电路板的设计。

5. 滤波器

通带频率：≤3600MHz。

通带插损:≤3dB。

阻带抑制:10GHz≥45dB。

带内纹波:≤0.5dB。

驻波:≤1.5。

6. 一中频带通滤波器

通带:5170MHz～5230MHz(60MHz)。

通带插损:≤4dB。

阻带抑制:5000MHz≥60dB,5400MHz≥60dB。

带内纹波:≤0.5dB。

驻波:≤1.5。

7. 数控衰减器

为防止第一级变频放大后增益过大影响后级器件的正常使用,可以在第二级变频器前放置数控衰减器,扩大线性范围。Hittitte 公司的衰减器 HMC424LP3E 可实现在一中频 5200MHz 处衰减,且最大衰减量为 31.5dB,步进为 0.5dB。

第二级衰减为了保证链路增益,在第二级变频后设计了两级放大器。为避免直接级联造成自激,可加入数控衰减器,同时使得放大器远离非线性区。Hittitte 公司的衰减器 HMC307QS16G 可实现在一中频 70MHz 处衰减,且最大衰减量为 31dB,步进为 1dB。

随着射频/微波技术的发展,在各种无线通信产品中位于最前端的宽带接收前端有着越来越重要的研究价值(图 14-24),对整个系统的各项技术指标起着决定性作用。对于接收前端的设计,则是从系统指标划分着手,通过使用 ADS 等软件进行仿真优化,选择适当的元器件并布板、装配。最后通过系统的联合调试,实现了通道功能,加强了对接收机射频前端的各项指标及设计步骤的理解。选择高中频并结合二次变频方案,减小了组合干扰对有用信号的影响,克服了超外差式接收机在宽频带工作范围内容易产生谐杂波干扰的缺点。数控衰减器的使用,使得接收前端在宽频带内能够具有良好的增益平坦度,有利于后级数字信号处理。

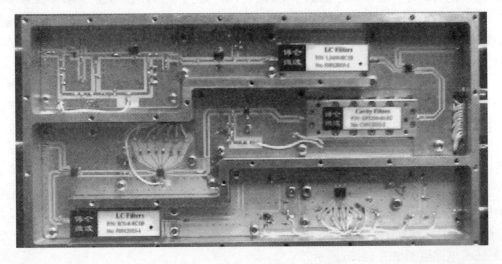

图 14-24　宽带一体化接收前端实物

14.5　2GHz～6GHz 通用接收机研究及关键电路的设计与实验

14.5.1　接收机系统的主要技术指标

(1)接收频率范围:2GHz～6GHz。

(2)灵敏度:S≤−80dBm@50Ω 系统,Δf=30MHz。

(3)线性度:IIP3≥−10dBm。

(4)噪声系数:NF≤10dB。

(5)动态范围:DR≥80dB。

(6)无杂散动态范围:SFDR≥50dB。

(7)AGC 范围:≥80dB。

(8)镜像抑制度:≥80dBc。

(9)中频抑制度:≥80dBc。

(10)中频频率:1250MHz。

(11)中频带宽:30MHz、100MHz 和 300MHz。

14.5.2　系统设计方案

输入 30dB 固定衰减器由上位机控制 SPDT 开关,以扩展其动态范围,系统将 2GHz～6GHz 频段分为两段分别预选滤波,通过 SPDT 开关进行切换,将滤波后的信号经 LNA 放大后,在第一次变频之前设计了一级 AGC 电路,拟实现 30dB 动态范围,为了实现更宽的动态范围,可用两级 AGC 电路级联,以使在混频前将信号尽可能拉平,第一次变频采用高本振方案,本振频率范围为 11.5GHz～15.5GHz,输出由滤波器选出 9.5GHz 的第一中频,这使得镜像与 3 阶频率落入带外,再经过增益模块放大后进行第二次变频,之间串入了 3dB 固定衰减器增强隔离,第二次变频采用低本振方案,本振频率为 8.25GHz 点频,对于不同带宽的中频 1250MHz 输出是通过两个 SP3T 开关实现的,输出中频再经一级 AGC 电路实现 40dB 动态范围后作为接收机的输出。2GHz～6GHz 接收机方案框图如图 14-25 所示。

信号输入为−80dBm～0dBm,要满足 80dB 的动态范围,第一级 AGC 的动态范围为 20dB,可将起控点设置为−8dBm;第二级和第一级电路完全一样,动态范围为 20dB,但其起控点将设置为−19dBm,第三级为 VGA−AGC,动态范围为 40dB,起控点设置为 −38dBm。信号经过第一级 AGC 后为 −68dBm ～ −8dBm;衰减 3dB:−71dBm ～ −11dBm;经过第二级 AGC 后为 −59dBm ～ −19dBm;经过最后一级 AGC 后为 −38dBm。以上讨论是基于理论的,在实际调试中会出现许多意想不到的问题,对起控点的设置应反复调试考虑,获得最佳结果。实际中,并不是每级的动态范围加起来就能满足总的动态范围,级联 AGC 对小信号的放大量并不是每级 AGC 中放大器的增益之和。宽带 AGC 电路框图如图 14-26 所示。

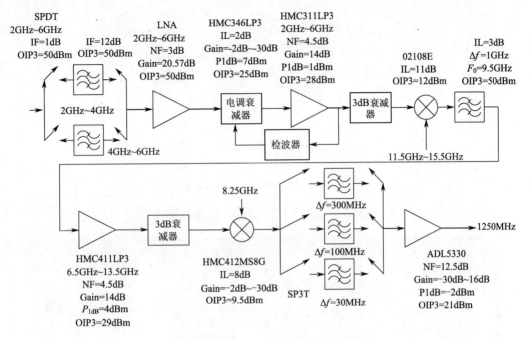

图 14-25　2GHz～6GHz 接收机方案框图

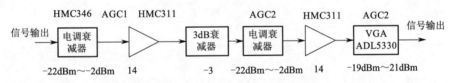

图 14-26　宽带 AGC 电路框图

14.5.3　2GHz～6GHz AGC 电路设计

电路结构如图 14-27 所示。

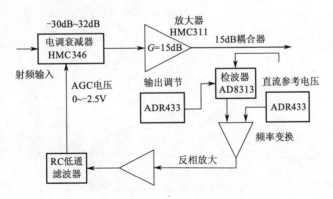

图 14-27　2GHz～6GHz AGC 电路结构

HMC311LP3 工作频率范围为 DC～6GHz, 工作增益 14dB, P_{1dB} 为 13dBm, 输出 IP3 为 32dBm, 输入/输出回波损耗为 11dB, 可获得 4.5dB 的噪声系数, 工作电流为 56mA, 使用简单方便, 其典型应用电路如图 14-28 所示。

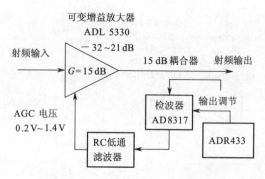

图 14-28　1250MHz AGC 电路结构

1250MHz AGC 电路 PCB 板如图 14-29 所示。电路板实物如图 14-30 所示。

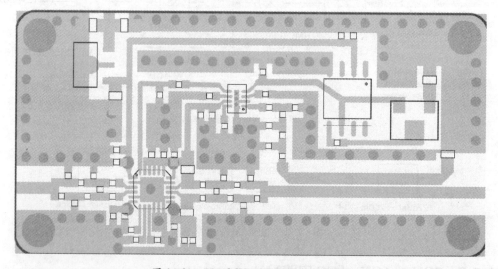

图 14-29　1250MHz AGC 电路 PCB 板

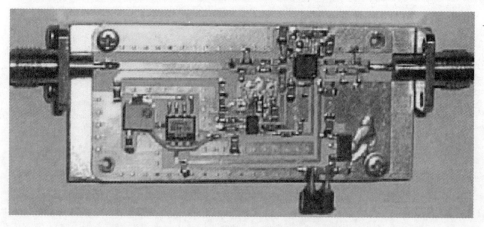

图 14-30　1250MHz AGC 电路 PCB 实物

14.5.4　混频部分电路设计

图 14-31 给出了此部分的电路框图,其中两个滤波器正为前面所述,第一混频属于宽

带混频,笔者选用的是实验混频模块 02108E,其 RF、LO 频率可工作至 15GHz,第一混频滤波输出的点频 9.5GHz 经 Hittitte 公司增益模块 HMC441LP3 放大进入第二次变频,HMC441LP3 提供 15dB 增益,由于使用非常简单,第二次变频选用 HMC412MS8G 无源双平衡混频器,数据资料显示在 LO 输入 13dBm 时,变频损耗 8dB,噪声系数为 8dB,输入 IP3 为 17dBm,LO 与 RF、IF 隔离度典型值为 45dB,RF 与 IF 隔离度为 17dB,输入 1dB 压缩点 9.5dBm。图 14-32 和图 14-33 所示为 LNA 与 2GHz~6GHz AGC 电路实物和混频滤波电路实物。

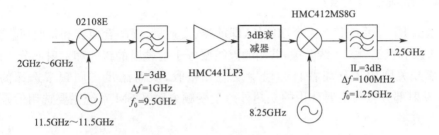

图 14-31 混频器与滤波电路框图

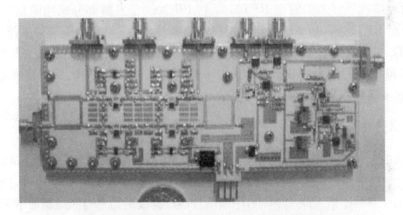

图 14-32 LNA 与 2GHz~6GHz AGC 电路实物

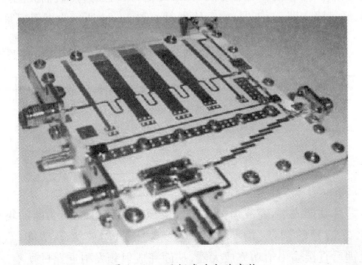

图 14-33 混频滤波电路实物

14.6 CDMA 800M 射频收发系统的设计与实现

下面介绍一个移动端射频发射－接收模块的设计,并实际设计一个基于 CD-MA20001X 标准的射频收发模块。

14.6.1 系统设计方案

典型的 RF 子系统包括 4 个功能块,即前端、发射机、频率合成器和接收机。前端通常包括天线和双工器或天线开关,共用的天线服务于射频段的接收和发射部分。而双工器或天线开关则用于分离各自频段中发射和接收,从而满足不同频率选择的要求;CDMA 发射部分目前主要选用的是超外差上变频方案;GSM 系统主要选用的是 OFF-SETPLL 方案。

CDMA 20001X 系统,工作频率是 824MHz~894MHz,采用高通的 MSM5105 的套片组,发射和接收分别采用的是 RFT3100 和 IFR3000。发射部分采用的是超外差上变频,主要包括 RFT3100,功率放大器及控制电路和滤波器;频率合成部分采用 PLL 数字频率合成器,主要包括产生系统所需要的各级频率源,包括系统主时钟源、接收和发射频率源、接收和发射中频等;接收部分是采用超外差式,二次变频结构,即指接收的 RF 信号要经过两次变频到基带信号。

14.6.2 发射机的设计

发射机的设计是在高通公司 5105 平台上采用 RFT3100 芯片。外加高功率放大器(PA),功放控制电路和声表面波滤波器。其过程是将来自基带的 I/Q 信号,经过正交调制器调制上变频到中频 130.38MHz,中频信号经过滤波后与来自频综源的本振信号进行二次混频,输出的载波信号就是所需要的 CDMA 信号,再通过声表面波滤波器的滤波,送入功率放大器,经过隔离器、双工器,由天线发射。图 14-34 所示为发射机系统。

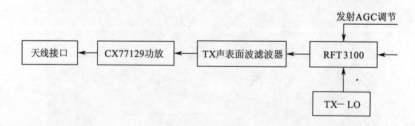

图 14-34 发射机系统

RFT3100 芯片功能先进,完成模拟基带信号至射频信号变换功能的集成电路,包括模拟基带的 I、Q 信号的调制、增益控制、上变频及驱动放大等功能,I、Q 信号经过 RFT3100 的处理后直接输出给功率放大器,从而完成射频发射通路的所有工作,图 14-35 所示为发射链路。

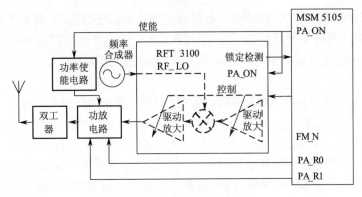

图 14-35　发射链路

14.6.3　接收机的设计

本接收机的设计采用的是高通公司 5105 平台上的套片方案,包括的芯片有低噪声放大器(LNA)、混频器、声表面波滤波器。它采用典型的超外差式结构,这种结构比起直接转换结构,具有优良的动态范围和选择性,在给定的性能下开发周期较短、风险较小等特点。图 14-36 所示为接收机组件。

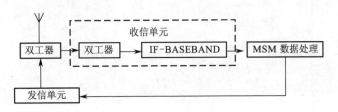

图 14-36　接收机组件

接收支路上的主要芯片包括高通公司的 IFR3100、声表面波滤波器、低噪声放大器＋混频器的集成芯片及收发双工器等。在接收前端的射频接收芯片方面,选用并非图 14-37 中的 RFR3100,接收支路上的中频接收芯片 IFR3000 主要完成中频信号至数字 I/Q 信号的转换,可工作在双模工作方式(CDMA 和 AMPS),内部集成 RX AGC 放大(90dB 动态范围)、中频混频器、低通滤波器及模数转换器,可以进行增益控制、QPSK 解调及 ADC 转换等功能,最后并行输出数字 I、Q 信号给基带芯片进行 CDMA 信号的解调。图 14-37 所示为接收机示意图。

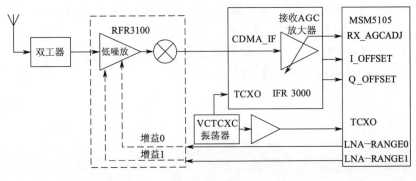

图 14-37　接收机示意图

为了隔离接收和发射之间的影响,将接收支路放在板子的下部,发射支路放在板子的上部,为了避免外界的干扰,分别加屏蔽罩屏蔽;为了便于给射频接收和发射支路提供本振信号,频综电路放在板子的中间,由于 VCO 和晶振的干扰较大,所以加屏蔽罩隔离屏蔽。

将射频和基带部分共同布局和布线。它分为 8 层,板子的材料是一种叫阻燃性玻璃纤维 FR4,其相对介电常数为 $\varepsilon_r=4.2$。制板中需要每层上铺铜,根据经验值,每层第 1、2、7、8 层铜箔的厚度为 0.0245mm,其他层为 0.018mm。板子的总厚度为 0.8mm。本板的布局包括基带和射频两部分,左半部分是射频,右半部分是基带,其整体布局如图 14-38 所示。对于线宽,本板中计算 RF 线宽的分析,在表层 1 层和 8 层是以微带线结构,中间走层是带状线结构。

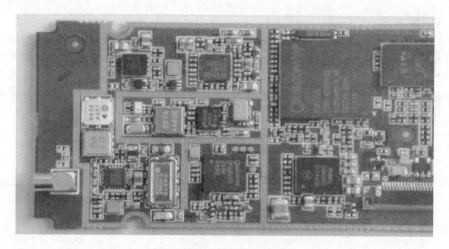

图 14-38　PCB 板子示意图

本 章 小 结

本章介绍了几个微波电路的工程案例。首先介绍了 Ka 波段高性能频率合成器设计的技术指标和技术方案,接着介绍了 Ka 波段频率合成器 LTCC 技术研究的技术指标和技术方案,并给出了锁相部分原理、频率合成器布局与布板、频率合成器的电路布局。介绍了宽带射频前端系统仿真研究、接收机系统的方案选择、大动态范围接收机的实现接收机技术指标的计算与仿真和发射机系统的设计与仿真。介绍了宽带一体化接收前端技术的系统设计与实现,以及 2GHz～6GHz 通用接收机研究及关键电路的设计与实验,最后介绍了 CDMA 800M 射频收发系统的设计与实现。

第15章　ADS 射频电路设计基础

15.1　ADS 概述与基本操作

现在射频和微波系统的设计越来越复杂，对电路的指标要求越来越高，电路的功能越来越多，电路的尺寸越来越小，而设计周期却越来越短，传统的设计方法已经不能满足微波电路设计的需要。使用微波电子设计自动化（EDA，Electronic Design Automation）软件工具进行微波系统的设计已经成为微波电路设计的必然趋势。目前，国外各种商业化的射频和微波 EDA 软件工具不断涌现，首推的是 Agilent 公司的 ADS 软件和 Ansoft 公司的 HFSS、Designer 软件，其次是 Microwave Office、AnsoRSerenade、CST、Zeland、XFDTD 和 Sonnet 等小型的电路设计软件。本节主要介绍 Agilent 公司的 ADS 软件及其在射频电路设计中的应用。

ADS 软件支持所有类型的 RF 设计（从简单到复杂，从离散的射频/微波模块到用于通信和航天/国防的集成 MMIC），是当今国内各大学和研究所使用最多的微波/射频电路和通信系统仿真软件。本节将对 ADS 软件进行总体介绍，其中包括 ADS 软件的主要特点、操作界面和基本操作等。

15.1.1　ADS 概述

ADS（Advanced Design System）是美国安捷伦（Agilent）公司所开发的电子设计自动化软件，其功能强大，仿真手段丰富多样，包含时域电路仿真（SPICE-like Simulation）、频域电路仿真（Harmonic Balance、Linear Analysis）、三维电磁仿真（EM Simulation）、通信系统仿真（Communication System Simulation）和数字信号处理仿真设计（DSP）等，并可对设计结果进行成品率分析与优化，大大提高了复杂电路的设计效率，是非常优秀的微波电路、系统信号链路的设计工具。

Agilent 公司还和多家半导体厂商合作建立了 ADS Design Kit 及 Model File，以供设计人员使用。使用者可以利用 Design Kit 及软件仿真功能进行通信系统的设计、规划与评估及 MMIC/RFIC，模拟与数字电路设计。除上述仿真设计功能外，ADS 软件也提供了辅助设计功能，如 Design Guide 以范例及指令方式示范电路或系统的设计流程，而 Simulation Wizard 以步骤式界面进行电路设计与分析。ADS 还能与其他 EDA 软件，如 SPICE、Mentor Graphics 的 Model Sim、Cadence 的 NC-Verilog、Mathworks 的 Matlab 等进行协同仿真（Co-Simulation），再加上丰富的元件应用模型库及测量/验证仪器间的连接功能，大大增加了电路与系统设计的方便性、快速性与精确性。

1. ADS 的仿真设计方法

ADS 软件可以帮助电路设计者进行模拟、射频与微波等电路和通信系统设计，提供的仿真分析方法大致可以分为时域仿真、频域仿真、系统仿真和电磁仿真。

1)高频 SPICE 分析和卷积分析

高频 SPICE 分析方法提供如 SPICE 仿真器相同的瞬态分析,用它可分析线性与非线性电路的瞬态效应。但是与 SPICE 仿真相比,它又有很多优点。例如,在 SPICE 仿真器中无法直接使用的频域分析模型,如微带线、带状线等,可以在 ADS 的 SPICE 高频仿真器中直接使用。这是因为 ADS 在仿真时可以将频域分析模型进行拉普拉斯变换后再进行瞬态分析,而不需要使用者将该模型转化为等效的 RLC 电路。因此,SPICE 高频仿真器除了可以做低频电路的瞬态分析,也可以分析高频电路的瞬态响应。此外 SPICE 高频仿真器还提供了瞬态噪声分析的功能,可以用来仿真电路的瞬态噪声。卷积分析方法是架构在 SPICE 高频仿真器上的高级时域分析方法,由卷积分析可以更加准确地用时域的方法分析与频率相关的元件,如以 S 参数定义的元件、传输线和微带线等。

2)线性分析

线性分析为频域的电路仿真分析方法,可以对线性或非线性的射频与微波电路进行线性分析。当进行线性分析时,软件首先会针对电路中每个元件计算所需的线性参数,如 S 和 Z 参数、电路阻抗、噪声、反射系数、稳定系数、增益或损耗等,然后再进行整个电路的分析和仿真。

3)谐波平衡分析

谐波平衡分析提供频域、稳态、大信号的电路分析仿真和方法,它可以用来分析具有多频输入信号的非线性电路,得到非线性的电路响应,如噪声、功率压缩点和谐波失真等。与时域的 SPICE 仿真分析相比较,谐波平衡可以给非线性的电路提供一个比较快速、有效的分析方法。谐波平衡分析方法的出现填补了 SPICE 的瞬态响应分析与线性 S 参数分析对具有多频输入信号的非线性电路仿真的不足。尤其在现今的高频通信系统中,大多包含了混频电路结构,这更使得谐波平衡分析方法的使用更加频繁,也越趋重要。

4)电路包络分析

电路包络分析包含了时域与频域的分析方法,可以使用于包含调频信号的电路或通信系统中。电路包络分析借鉴了 SPICE 与谐波平衡两种仿真方法的优点,将较低频的调频信号用时域 SPICE 仿真方法来分析,而较高频的载波信号则以频域的谐波平衡仿真方法进行分析。

5)射频系统分析

射频系统分析方法可以让使用者模拟评估系统特性,其中系统的电路模型除可以使用行为级模型外,也可以使用元件电路模型进行响应验证。射频系统仿真分析包含了上面介绍的线性分析、谐波平衡分析和电路包络分析等各种分析手段,它们分别用来验证射频系统的无源元件与线性化系统模型特性、非线性系统模型特性和具有数字调频信号的系统特性。

6)电磁仿真分析

ADS 软件提供了一个平面电磁仿真分析功能——Momentum,它可以用来仿真微带线、带状线和共面波导等的电磁特性、天线的辐射特性,以及电路板上的寄生、耦合效应。所分析的 S 参数结果可直接使用于谐波平衡和电路包络等电路分析中,进行电路设计与验证。

2. ADS 的辅助设计功能

ADS 软件除了上述的仿真分析功能外,还包含其他辅助设计功能以增加使用者使用上的方便性,同时提高电路设计效率。

1)设计指南

设计指南以范例与指令的说明示范电路设计的流程,使用者可以利用这些范例与指令,学习如何利用 ADS 软件高效地进行电路设计。目前 ADS 所提供的设计指南包括 WLAN 设计指南、Bluetooth 设计指南、CDMA2000 设计指南、RF System 设计指南、Mixer 设计指南、Oscillator 设计指南、Passive Circuits 设计指南、Phased Locked Loop 设计指南、Amplifier 设计指南和 Filter 设计指南等。除了使用 ADS 软件自带的设计指南外,使用者也可以通过软件中的 Design Guide Developer Studio 建立自己的设计指南。

2)仿真向导

仿真向导提供的设定界面供设计人员进行电路分析与设计,使用者可以利用图形化界面设定所需验证的电路响应模型。ADS 提供的仿真向导包括元件特性、放大器、混频器和线性电路等。

3)仿真与结果显示模板

为了增加仿真分析的方便性,ADS 软件提供了仿真模板功能,它让使用者可以将经常重复使用的仿真设定(如仿真控制器、电压与电流源、变量参数设定等)制定成一个模板直接使用,避免了重复设定所需的时间和步骤。结果显示模板也具有相同的功能,使用者可以将经常使用的绘图或列表格式制作成模板以减少重复设定所需的时间。除了使用者自行建立的模板外,ADS 软件也提供了标准的仿真与结果显示模板以供使用。

4)电子笔记本

电子笔记本可以让使用者将所设计电路与仿真结果加入文字叙述,制成一份网页式的报告。由电子笔记本所制成的报告,不需执行 ADS 软件即可在浏览器上浏览。

3. ADS 与其他 EDA 软件和测试设备间的连接

由于现今电路设计的复杂庞大,每个 EDA 软件在整个系统设计中均扮演着不同的角色,其主要功能和侧重点也都不同。因此,软件与软件之间、软件与硬件之间、软件与元件厂商之间的沟通与连接也成为设计中不容忽视的组成部分。ADS 软件提供了丰富的接口,它能方便地与其他设计验证软件和硬件进行连接。

1)SPICE 电路转换器

SPICE 电路转换器可以将由 Cadence、Spectre、PSPICE、HSPICE 及 Berkeley SPICE 所产生的电路图转换成 ADS 格式的电路图进行仿真分析;另外也可以将由 ADS 产生的电路图转换成 SPICE 格式的电路图,做布局与电路结构检查、布局寄生抽取等验证。

2)电路与布局文件格式转换器

电路与布局文件格式转换器是使用者与其他 EDA 软件连接与沟通的桥梁,可以将不同 EDA 软件所产生的文件转换成 ADS 可以使用的文件格式。

3)布局转换器

布局转换器能让使用者将由其他 CAD 或 EDA 软件所产生的布局文件导入 ADS 软件中进行编辑使用。可以转换为 ADS 格式布局文件的格式包括 IDES、GDSII、DXF 与 Gerber 等。

4)SPICE 模型产生器

SPICE 模型产生器可以将由频域分析得到的理论值或由测量仪器得到的 S 参数转

换为 SPICE 可以使用的格式,以弥补 SPICE 仿真软件无法使用测量或仿真所得到的参数资料的不足。

5)设计工具箱

对于 IC 设计来说,EDA 软件除了需要提供快速、准确的仿真方法外,与半导体厂商的元件模型间的连接也是不可或缺的。设计工具箱便扮演了 ADS 软件与厂商元件模型间沟通的重要角色。ADS 软件可以通过设计工具箱将半导体厂商的元件模型读入,供使用者进行电路的设计、仿真与分析。

6)仪器连接器

仪器连接器提供了 ADS 软件与测量仪器连接的功能,使用者可以通过仪器连接器将网络分析仪测量得到的资料或 S2P 格式的文件导入 ADS 软件中进行仿真分析,也可以将软件仿真所得的结果输出到仪器(如信号发生器),作为待测元件的测试信号。

15.1.2 ADS 主要操作窗口

本节将介绍 ADS 的主要操作窗口,其中包括主窗口、原理图设计窗口、布局图设计窗口和数据显示窗口。

1.主窗口

打开 ADS 软件,将弹出 ADS 软件的主窗口,如图 15-1 所示。ADS 主窗口主要用来创建或打开工程、文件管理、工程管理等功能。它主要包含菜单栏、工具栏、文件浏览区和工程管理区等几个部分。下面将对主窗口进行详细的介绍。

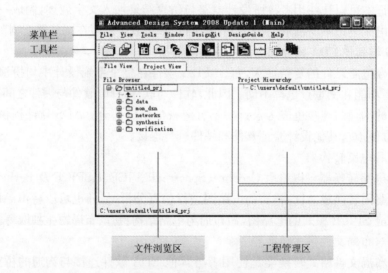

图 15-1 ADS 的主窗口

1)菜单栏

菜单栏中包含 File、View、Tools、Window、DesignKit、DesignGuide 和 Help 等 7 个下拉菜单,下面将对它们分别进行介绍。

(1)File 菜单。该菜单的主要功能是进行工程和电路图的建立、打开、保存等。

(2)View 菜单。该菜单的主要功能是管理主窗口的外观和显示内容,各项功能分别介绍如下。

376

(3)Tool 菜单。该菜单主要是对 ADS 软件系统进行各种设置和管理。

(4)Window 菜单。该菜单主要是对 ADS 各窗口进行管理。

(5)DesignKit 菜单。该菜单主要是对设计包进行管理,包括安装、删除等。

(6)DesignGuide 菜单。该菜单主要针对不同的应用向使用者提供不同的设计向导。

(7)Help 菜单。该菜单主要是对使用 ADS 软件的用户提供各种帮助,并显示文档和版本信息等内容。

2)工具栏

ADS 工具栏中提供了各种快捷按钮,可以更方便地进行相关操作,工具栏位于菜单栏下面。图 15-2 为 ADS 工具栏。

图 15-2　ADS 工具栏

ADS 工具栏默认的按钮相当于菜单栏中的某些菜单项,从左到右依次为:New Project、Open Project、View Startup Directory、View Current Working Directory、View Example Directory、Example Search、New Schematic、New Layout、New Data Display、Hide All Windows 和 Show All Windows。下面分别对它们进行介绍。

(1)New Project:新建一个工程。

(2)Open Project:打开存在的工程。

(3)View Startup Directory:在文件浏览区中查看默认目录。

(4)View Current Working Directory:在文件浏览区中查看当前工程目录。

(5)View Example Directory:在文件浏览区中查看 ADS 自带的实例目录。

(6)Example Search:查找实例。

(7)New Schematic:新建原理图。

(8)New Layout:新建布局图。

(9)New Data Display:新建数据显示窗口。

(10)Hide All Windows:隐藏所有窗口。

(11)Show All Windows:显示所有窗口。

用户可以通过单击工具栏上的按钮来更方便地实现相关操作。此外,可以通过 Tool 菜单中的 HotKey→Tool Bar Configuration 命令增加、减少或者更改工具栏中的按钮。

3)文件浏览区

在文件浏览区中可以浏览"我的电脑"中的文件夹,并从中打开已经存在的工程和文件,如图 15-3 所示。

在文件浏览区中可以方便地查找某个工程,也可以方便地查看指定工程的工程目录。如果用户想通过文件浏览区查看所有的文件,可以通过选择菜单栏中的 View→Show All Files 命令实现。如果用户进入子目录后想返回上一级目录,可以通过单击向上的箭头图标实现。

4)工程管理区

工程管理区中可以显示当前打开工程的层次结构,方便对工程进行管理,如图 15-4 所示。

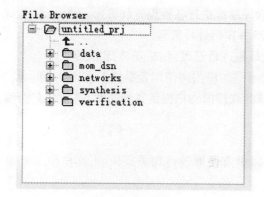

<table>
<tr><td>

File Browser

```
□ ┌ untitled_prj
  ┆ ↑..
  ┆ ⊞ ┌ data
  ┆ ⊞ ┌ mom_dsn
  ┆ ⊞ ┌ networks
  ┆ ⊞ ┌ synthesis
  ┆ ⊞ ┌ verification
```

</td><td>

Project Hierarchy

C:\users\default\untitled_prj

</td></tr>
</table>

图 15-3 文件浏览区   图 15-4 工程管理区

2. 原理图设计窗口

ADS 的原理图设计窗口为用户提供了方便的设计原理图的环境,也是用户进行电路原理图仿真用的最多的窗口。图 15-5 所示为 ADS 原理图设计窗口,其中包含标题栏、菜单栏、工具栏、元件面板列表、元件面板、历史元件列表、画图区和提示面板。下面将分别介绍它们的功能。

原理图设计好后可直接转化为对应的 PCB 图,如图 15-6 所示。

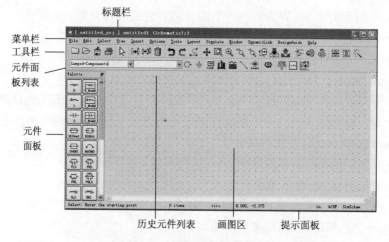

图 15-5 ADS 原理图设计窗口

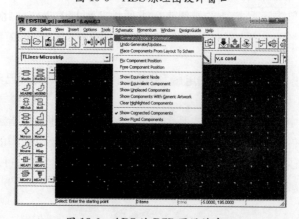

图 15-6 ADS 的 PCB 图设计窗口

1）标题栏

标题栏中说明了整个窗口的信息，主要显示窗口类型、工程名称、电路名称、类型和电路图编号。

2）菜单栏

菜单栏中的各个菜单包含了用户在原理图设计窗口中所有可执行的操作，可以方便地通过鼠标操作来实现各种命令，包含 File、Edit、Select、View、Insert、Options、Tools、Layout、Simulate、Window、DynamicLink、DesignGuide 和 Help 几个下拉菜单。下面只介绍几个下拉菜单包括的功能，不再对下拉菜单中的每个菜单项进行详细介绍。

File 菜单中包含了与文件相关的操作，除了建立、打开、关闭、保存、导入、导出和打印等基本的文件操作，还包含打开历史文件的操作。

Edit 菜单中包含了对元件和电路图基本的编辑类操作，包括取消上一操作、结束操作、复制、剪切或粘贴元件和电路图、移动或旋转元件和电路图等。

Select 菜单中包含选定和取消选定绘图区的某个或某部分元件或电路。

View 菜单中包含设置整个原理图设计窗口外观的各种操作，包括窗口各个部分的显示与隐藏，它还可以针对绘图区进行放大和缩小等相关操作。

3）工具栏

原理图设计窗口中的工具栏包括了一些常用的按钮，可以方便地对一些元件或者电路图进行操作。工具栏中包括新建和打开原理图文件、保存文件、打印原理图等针对文件或整个原理图窗口的操作，也包括移动元件、旋转元件、删除元件、取消操作、放大或缩小原理图等针对于原理图编辑的操作，工具栏内容如图 15-7 所示。

图 15-7　原理图设计窗口工具栏

下面对原理图设计窗口工具栏中的各个按钮的名称和功能按图 15-7 中的顺序从左到右分别进行介绍。

新建一个电路图。

打开已经存在的电路图。

保存当前电路图。

打印当前电路图。

结束当前操作返回元件选择状态。

工具栏中的这些快捷按钮给用户编辑原理图带来很大的方便，与主窗口相同，同样可以通过 Tool 菜单中的 HotKey→Tool Bar Configuration 命令增加、减少或者更改原理图设计窗口工具栏中的按钮。

4）元件面板列表

元件面板列表中将原理图设计过程中可能用到的所有元件和控件分类进行列表式管理，使用户可以方便地按类型选择元件面板。

5）历史元件列表

用户在进行原理图设计时，经常会用到前面曾经用到过的电路元件或仿真控件，在历史元件列表中即列出全部用户曾经使用过的元件。当用户用到前面曾经使用过的元件时，可以非常方便地在历史元件列表中选取。

6）元件面板

元件 1 面板中包含所有用户可能需要放置的元件按钮，并通过元件面板列表分类管理，当用户选择一类元件或仿真控件时，元件面板中会显示出当前选定类型的所有元件或仿真控件。下面列出了 ADS 中的各种元件面板及其面板中的主要元器件内容。

（1）Lumped-Components：集总参数元件面板，面板中主要是电容、电阻和电感等集总参数元件及其各种连接电路。

（2）Lumped-WithArtwork：带有封装的集总参数元件面板，面板中同样是电容、电阻和电感等集总参数元件。

（3）Sources-Controlled：受控源模型元件面板，面板中包含各种受控源模型。

（4）Sources-Freq Domain：频域源模型元件面板，面板中包含各种频域的源模型。

（5）Sources-TimeDomain：时域源模型元件面板，面板中包含各种时域的源模型。

（6）Simulation-DC：直流仿真元件面板，面板中包含各种直流仿真控件。

（7）Simulation-AC：交流仿真元件面板，面板中包含各种交流仿真控件。

（8）Simulation-S Param：S 参数仿真元件面板，面板中包含各种 S 参数仿真控件。

（9）Simulation-HB：谐波平衡法仿真元件面板，面板中包含各种谐波平衡法仿真控件。

（10）Simulation-LSSP：大信号 S 参数仿真元件面板，面板中包含各种大信号 S 参数仿真控件。

（11）Simulation-XDB：增益压缩仿真元件面板，面板中包含各种增益压缩仿真控件。

（12）Simulation-Envelope：电路包络仿真元件面板，面板中包含各种电路包络仿真控件。

（13）Simulation-Transient：瞬态仿真元件面板，面板中包含各种瞬态仿真控件。

7）提示面板

提示面板会在用户进行不同的操作时给予不同的提示信息，从而帮助用户完成电路图的设计。

3. 布局图设计窗口

用户可以在布局图设计窗口中创建一个布局图，还可以添加连接线来描述电气连接。布局图设计窗口用来进行布局图的设计、编辑和仿真，如图 15-8 所示。布局图设计窗口与原理图设计窗口内容基本相同，在这里就不一一进行详细描述了。

4. 数据显示窗口

ADS 使用数组存储用户输入的仿真信息，当完成仿真分析时，用户可以在数据显示窗口显示这些信息以便进行下一步的分析。数据显示窗口还可以显示从其他数据源获取的数据。

下面将对 ADS 的数据显示窗口进行详细的说明。图 15-9 所示为 ADS 数据显示窗口，它由标题栏、菜单栏、工具栏、数据来源列表和数据显示方式面板等几部分组成。

1)标题栏

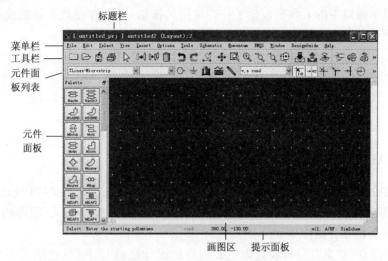

图 15-8   ADS 的布局图设计窗口

与其他窗口相同,标题栏中说明了整个窗口的信息,主要显示窗口类型、工程名称和窗口编号。

2)菜单栏

菜单栏中的各个菜单包含了数据显示窗口中所有用户可执行的操作,可以方便地通过鼠标操作来实现各种命令。它包含 File、Edit、View、Insert、Marker、Page、Options、Tools 和 Help 等几个下拉菜单。下面同样只介绍几个下拉菜单包括的功能,不对下拉菜单中的每个菜单项进行详细的介绍。

File 菜单中包含了对数据显示文件的操作,包括建立、打开、关闭、保存、导入、导出和打印等基本的文件操作及相关的设置选项。

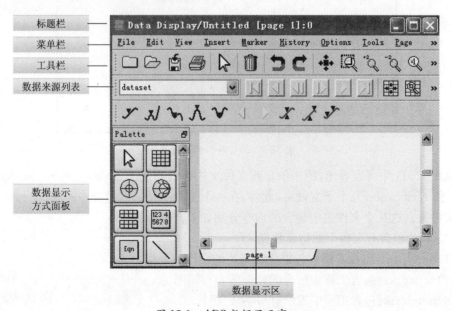

图 15-9   ADS 数据显示窗口

3)工具栏

数据显示窗口中的工具栏包括了一些常用的按钮,可以方便地对数据曲线和数据列表等进行操作。数据显示窗口中的工具栏内容如图 15-10 所示。

图 15-10　ADS 的数据显示窗口中的工具栏

15.1.3　ADS 基本操作

本节将介绍 ADS 的基本操作,主要包括 ADS 工程相关操作、ADS 设计相关操作、ADS 仿真相关操作、ADS 仿真结果显示和分析相关操作及 ADS 输入/输出相关操作等。

1. ADS 工程相关操作

当用户建立、仿真及分析设计以达到用户的设计目标时,ADS 使用工程自动组织和存储数据。一个工程包括电路原理图、布局图、仿真、分析和用户创建的设计的输出信息,这些信息通过一些链接可以加到其他设计或工程中。

使用主窗口可以创建和打开工程。在学习创建和打开工程前,首先了解一下 ADS 工程的主要组成部分。如图 15-11 所示,在主窗口的文件管理区中,打开一个工程来观察工程文件夹下所有的子文件夹,并分别说明各个子文件夹的内容。

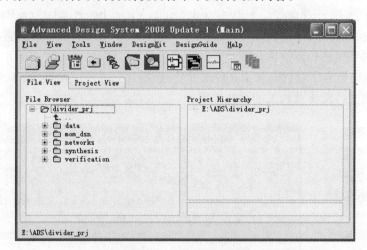

图 15-11　ADS 工程的组成

从图 15-11 中可以看出,图中的工程文件夹中包含有 data、mom_dsn、networks、synthesis 和 verification 几个子文件夹,此外,在一个工程中还可能包含 notebook、substrates 两个文件夹。这几个文件夹中包含的内容分别如下。

(1)data:包含有工程中的仿真数据。

(2)mom_dsn:包含工程中与矩量法相关的设计和数据。

(3)networks:包含工程中所有的原理图和布局图。

(4)notebook:包含工程中的所有写字板文件。

(5)substrates:包含与工程中分层结构相关的信息文件。

(6)synthesis:包含工程中与数字信号处理相关的综合数据文件。

(7)verification:包含了工程中的设计规则校验数据文件。

了解了工程的组成后,下面就开始介绍针对工程的相关操作。

1)创建工程

用户需要在主窗口中创建工程,然后才能进行原理图的设计和仿真。一个工程包括电路原理图、布局图、仿真、分析和用户创建的设计的输出信息,这些信息通过一些链接可以加到其他设计或工程中。

创建一个工程包括以下两个步骤。

(1)打开 File 菜单,选择 New Project 命令。

(2)在弹出的 New Project 对话框中输入新建工程的信息:在 Name 文本框中输入工程名称,并可以通过(Browse)按钮改变工程的存储路径;在 Project Technology Files 下拉列表框中选择工程中所有电路的默认长度单位。建立工程的步骤如图 15-12 所示。

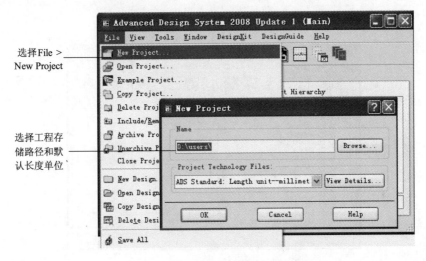

图 15-12 建立一个新的工程

2)打开工程

用户一次只能打开一个工程,当用户打开一个新的工程时,当前的工程必须要关闭。在当前打开的工程自动关闭前,系统会提示用户去保存对它所做的任何修改。可以使用下面的方法打开一个工程。

(1)使用(Open Project)对话框。选择"File"→"Open Project"菜单命令打开"Open Project"对话框,然后在该对话框中选择要打开的工程即可,如图 15-13 所示。

(2)使用"File Browser"栏。使用主窗口上的 File Browser 栏定位工程并双击打开它,如图 15-14 所示。

3)共享工程

使用主窗口可以重新使用共享工程,而不需要手动设置所有组成工程的个体部分。共享一个工程的方法有以下几种。

(1)添加链接来创建一个分级工程。选择"File"→"Include/Remove Projects"菜单命令,然后使用弹出的对话框定位源工程并链接到已打开的目标工程,如图 15-15 所示。

①选中想要打开的工程　　②单击"Choose"按钮

图 15-13　使用"File"菜单中的命令打开工程

找到工程目录并双击打开工程

图 15-14　使用"File Browser"栏定位并打开工程

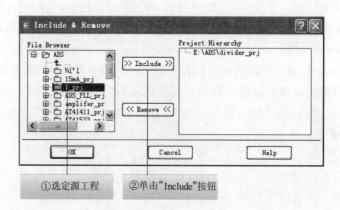

①选定源工程　　②单击"Include"按钮

图 15-15　使用"Include&Remove"对话框共享工程

384

(2)复制一个工程。选择"File"→"Copy Project"菜单命令打开 Copy Project 对话框,然后使用"Copy Project"对话框共享工程。

2. ADS 设计相关操作

ADS 使用设计来存储用户为达到设计目标而生成的原理图和布局图信息。

一个设计可以由单个的原理图或布局图组成,也可以由多个作为单个设计包含的内部子网络的原理图和布局图组成。工程中的所有设计都可以直接在主窗口或从一个设计窗口内显示和打开。在一个设计窗口中用户可以:创建和修改电路图和布局图;添加变量和方程;放置和修改元件、封装及仿真控制器;指定层及显示参数;使用文本和说明插入注释;由原理图生成布局图(及由布局图生成原理图)。

创建一个设计的基本步骤如图 15-16 所示。

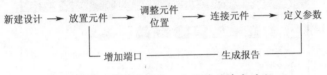

图 15-16　创建并生成一个设计的基本过程

下面介绍这个过程中的基本操作。

1)创建设计

用户可以使用下面两种方法之一创建一个新的设计(电路图或布局图)。

(1)使用"New Design"对话框。选择主窗口上的"Window"→"New Schematic"菜单命令,或原理图(布局图)窗口上的"New Design"命令,打开"New Design"对话框,然后在该对话框中为创建的文件命名。操作过程如图 15-17 所示。

(2)使用模板。在上一步创建的新窗口中选择"Insert"→"Template"菜单命令,打开"Insert Template"对话框,为新文件选择一个模板。

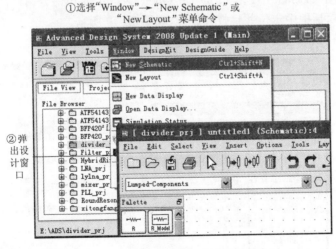

图 15-17　创建一个新设计的过程

当用户选择了一个模板时,大部分初始设置、原理图和仿真的配置及数据分析都会自动完成,在这里就不详细介绍这种方法了。在没有一个合适的模板的情况下,用户只能手动建立自己的设计。

2)设计列表

即使用户关闭了所有的原理图和布局图窗口,原来所打开的设计仍然保留在内存中,直到用户明确地清除它或者退出程序。设计列表的过程如下。

(1)选择原理图(布局图主窗口)的窗口菜单中的设计。

(2)双击主窗口中的"network"目录来显示所有的设计,然后双击一个设计将它的原理图、布局图及分级信息列表,如图 15-18 所示。

可以在原理图窗口中选择"Tools"→"Hierarchy"菜单命令,打开设计的"Hierarchy"对话框来查看一个设计的元件层次。也可以在主窗口中选择"View"→"Design Hierarchies"菜单命令,显示如图 15-19 所示的"Design Hierarchies"对话框来查看一个项目的设计层次。

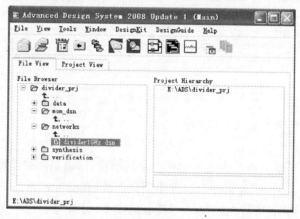

图 15-18 "network"目录下的设计列表

3)打开设计

用户可以使用主窗口或者原理图(布局图)设计窗口来打开一个设计。

(1)在原理图(布局图)中选择"File"→"Open Design"菜单命令,打开"Open Desig"对话框,然后在此对话框中定位并且打开设计,如图 15-19 所示。

(2)单击"Browser"铵钮定位设计,然后双击打开它。

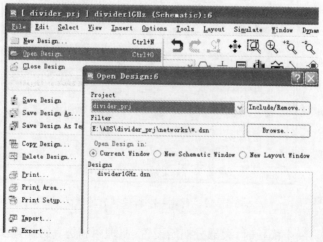

图 15-19 使用"Open Design"对话框打开设计

4)添加元件与连接元件

在设计窗口的绘图区,用户可以放置、连接及设置元件。用户还可以添加整个电路作为子网络来创建分级设计。当选择一个模板开始一个设计时,大部分仿真和分析设置及配置会自动完成。添加元件的过程如下。

(1)在元件面板上选择需要放置的元件。

(2)旋转或镜像元件,使其更适合电路图或布局图的总体设计。

(3)将元件放置在画图区中的合适位置。

(4)编辑元件的相关参数。

在所有的元件都放在合适的位置后,用导线将元件连接起来。每个元件都有自己的连接点,用户可以直接用工具栏中的导线连接工具完成连接。放置和连接元件的过程如图 15-20 所示。

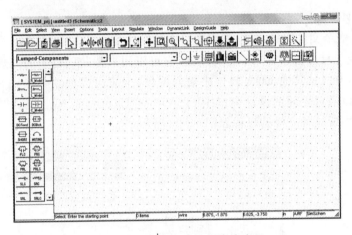

图 15-20　放置和连接元件的过程

5)绘制外形

用户可以在设计窗口的绘图区绘制或修改外形来创建布局图,还可以添加 Traces 来描述电气连接。放置一个外形可以通过下面两种方式来实现。

(1)从 Draw 菜单中选择外形或者单击工具栏上适当的按钮。

(2)选择"Insert"→"Trace"菜单命令,在绘图区中的某个位置画出外形,如图 15-21 所示。

6)同步设计

用户可以使用同步设计的方法来生成布局图,并同步原理图和布局图的线图和符号。还可以调用同步操作的窗口来产生目标文件,产生和更新原理图。同步设计的操作可以通过下面两种方式实现。

(1)在原理图设计窗口中选择"Layout"→"Generate/UpdateLayout"菜单命令实现,如图 15-22(a)所示。

(2)在布局图设计窗口中选择"Schematic"→"Generate/Update Schematic"菜单命令实现,如图 15-22(b)所示。

但是一定要注意的是,用户调用同步操作的窗口是目标文件产生和更新的源。例如,第一种操作方式中,原理图为更新源,而第二种操作方式中,布局图为更新源。

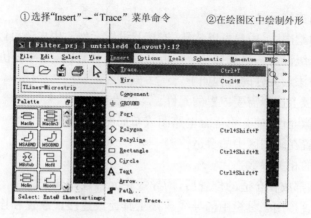

图 15-21　在布局图设计窗口中绘制外形

7)文件设计

ADS 中有一个文件工具,可以利用项目中的设计及结果生成 HTML 文件。这种"电子笔记本"生成工具在实际应用中很有用处,它可以用来捕获项目中的原理图、布局图及数据显示图像,并且从其他 EDA 软件中输入图像,生成可以独立分类和查看的 HTML 文件。用户可以通过原理图设计窗口中"Tools"→"Electronic Notebook"菜单命令来生成这种文件。生成这种文件的过程如图 15-22 所示。

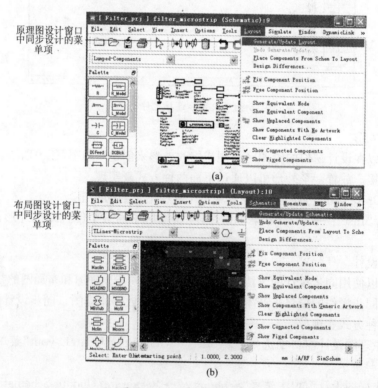

图 15-22　同步设计的操作

3. ADS 仿真结果显示和分析相关操作

上一节中曾经讲过数据显示窗口可以用来显示仿真结果数据和从其他数据源获得数

据。一般来说，创建一个数据显示的基本过程如下。

(1)选择包含想要显示数据的数组。

(2)为显示选择绘图类型。

(3)为显示挑选数据变量。

(4)选择显示的扫描类型。

为了达到更好的显示效果，用户还可以添加用来识别指定的数据点的标记，或用文本和插图来注释。基本的创建过程如图 15-23 所示。值得注意的是，如果用户使用模板创建一个已经仿真了的设计，用来为数据分析创建的显示的初始设置和配置都已经自动进行了。

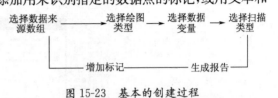

图 15-23　基本的创建过程

1)打开数据显示结果

可以从主窗口、原理图窗口或布局图窗口查看仿真结果，选择"Window"→"Open Data Display"菜单命令，使用对话框载入及打开结果。具体过程如图 15-24 所示。

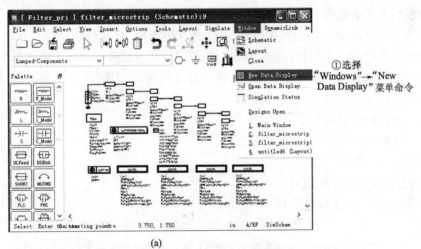

(a)

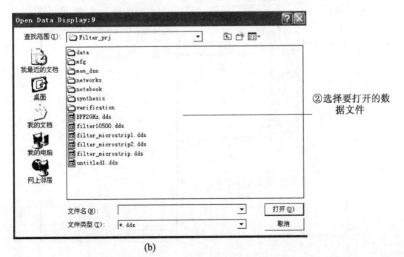

(b)

图 15-24　打开数据显示结果的过程

389

2)使用函数

用户可以利用等式对仿真中产生的数据进行操作。这些等式是基于应用扩展语言
AEL 的,ALE 的函数很有创造性。

创建并插入一个等式的操作如图 15-25 所示。

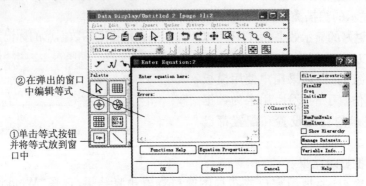

②在弹出的窗口
中编辑等式

①单击等式按钮
并将等式放到窗
口中

图 15-25　插入一个等式

4. ADS 仿真相关操作

ADS 提供可以配置的控制器来仿真、最优化及检测用户的设计。例如,一个 DSP 设
计仿真需要一个数据流控制器,而一个模拟/射频设计仿真需要一个或更多的控制器。用
户可以添加并配置合适的控制器或者插入包含合适控制器的模板(在原理图窗口中选择
“insert”→“Template”菜单命令来实现)。

仿真一个设计的过程如下。

(1)在元件面板中选择合适的仿真控件。

(2)设置仿真控件的参数。

(3)单击仿真按钮开始仿真。

ADS 仿真操作的过程如图 15-26 所示。

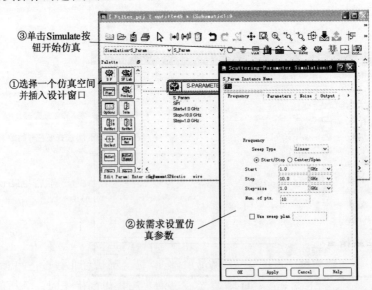

③单击Simulate按
钮开始仿真

①选择一个仿真空间
并插入设计窗口

②按需求设置仿
真参数

图 15-26　ADS 仿真操作的过程

390

15.2 ADS仿真功能概述

在射频电路设计时使用最多的是 ADS 的仿真功能,它功能十分强大,但涉及的内容也十分庞杂。本节将对 ADS 的各个仿真功能分别进行介绍,读者需要结合 15.1 节中学习的射频电路的基础理论对这部分内容进行学习。本节将介绍 ADS 在射频、模拟电路设计中常用的仿真功能及其相应的仿真控制器参数设置。

15.2.1 ADS 的各种仿真功能描述

ADS 软件具有的仿真功能主要有直流仿真(DC Simulation)、交流仿真(AC Simulation)、S 参数仿真(S-parameter Simulation)、谐波平衡仿真(Harmonic Balance Simulation)、电路包络仿真(Circuit Envelope Simulation)、大信号 S 参数仿真(Large-Signal S-parameter Simulation)、增益压缩仿真(Gain Compression Simulation)和瞬态/卷积仿真(Transient/Convolution Simulation)等。这些仿真功能几乎覆盖了所有射频电路设计所需要的参数和指标,下面将分别对这些仿真功能进行介绍。

1. 直流仿真

直流仿真是所有射频和模拟电路仿真的基础,它能够执行电路的拓扑检查及直流工作点扫描和分析。直流仿真可以提供单点和扫频仿真,扫频变量与电压或电流源值或其他元件参数值有关。为了执行一个扫频误差或扫频变量仿真,用户可以对照扫频参数(如温度或供电电压误差)检查电路的静态工作点。

2. 交流仿真

交流仿真能获取电路的小信号传输参数,如电压增益、电流增益、线性噪声电压和电流等。在设计无源电路和小信号有源电路,如滤波器、低噪声放大器等时,交流仿真十分有用。在进行电路的交流仿真前,应该先找到电路的直流工作点,然后将非线性器件在工作点附近线性化并执行交流仿真。

3. S 参数仿真

射频/微波器件在输入信号为小信号的情况下,一般被认为是工作在线性状态,可以看做一个线性网络;而当输入信号为大信号的情况时,一般被认为工作在非线性状态,可以看做一个非线性网络。通常采用 S 参数分析线性网络,采用谐波平衡法分析非线性网络。S 参数是在入射波和反射波之间建立的一组线性关系,在射频/微波电路中通常用来分析和描述网络的输入特性。S 参数中的 S_{11} 和 S_{12} 反映了输入/输出端的驻波特性,S_{21} 反映了电路的幅频和相频特性及群时延特性,S_{12} 反映了电路的隔离性能。在进行 S 参数仿真时,一般将电路视为一个四端口网络,在工作点上将电路线性化,执行线性小信号分析,通过其特定的算法,分析出各种参数值。因此,S 参数仿真可以分析线性 S 参数、线性噪声参数、传输阻抗(Z_{ij})及传输导纳(Y_{ij})等。

4. 谐波平衡仿真

谐波平衡控制器很适合仿真射频/微波电路,它是一种仿真非线性电路和系统失真的频域分析方法,与高频电路和系统仿真有关。谐波平衡提供的优于时域分析的优点如下。

直接获取稳态频率响应。许多线性模型在高频时可以很好地在频域中描述。

谐波平衡仿真着眼于信号频域（Frequency Domain）特征，它一般用来对非线性电路或者线性电路的非线性行为进行分析。如果调制的周期信号可以用简单的几个单载波及其谐波表示出来，或者说信号的傅里叶级数展开式的形式很简单的话，谐波平衡仿真是一个很有效的分析工具。但是，如果分析的是诸如 CDMA 等信号（不具备简单的周期信号的特点），谐波平衡仿真也就不能胜任对系统的仿真工作了。

一般而言，谐波平衡仿真在设计射频放大器、混频器和振荡器等器件时十分有用。同时，当设计大规模射频芯片（RFIC）或射频/中频（RF/IF）系统时，由于存在大量的谐波和交调成分，谐波平衡仿真必不可少。

5. 电路包络仿真

电路包络仿真器是近年来通信系统的一项标志性技术，特点是对于任何类型的高频调制信号，均可分解为时域和频域两部分进行处理。在时域上，对相对低频的调制信息进行直接采样处理；而对相对高频的载波成分，则采用类似的电路包络的方法，在频域进行处理。这样的结合使仿真器的效率和速度都得到一个质的飞跃。因此，电路包络仿真是目前进行数模混合仿真和数字微波系统高频仿真最有效率的工具之一。

电路包络仿真多用在涉及调制解调及混合调制信号的电路和系统中。在通信系统中，如 CDMA、GSM、QPSK 和 QAM 等系统；在雷达系统中，如 LFM 波、非线性调频波和脉冲编码等均可用电路包络的方法进行仿真。由于它实际上是一种混合的频域时域技术，因此能和用于射频基带验证的 Agilent Ptolemy 一起进行协仿真。

6. 大信号 *S* 参数仿真

大信号 *S* 参数仿真可以看做是 *S* 参数仿真的一种，不同的是 *S* 参数仿真一般只用于小信号 *S* 参数的分析，而大信号 *S* 参数仿真则执行大信号 *S* 参数分析。因此，大信号 *S* 参数在设计功率放大器时十分有用。大信号 *S* 参数仿真简化了非线性电路中大信号 *S* 参数的计算，它是基于对整个非线性电路的谐波平衡仿真。

7. 增益压缩仿真

增益压缩仿真用于寻找用户自定义的增益压缩点，它将理想的线性功率曲线与实际的功率曲线的偏离点相比较。增益压缩仿真用于计算放大器或混频器的增益压缩点，它是从一个小的值开始逐步增加输入功率，当在输出得到需要的增益压缩量的时候停止执行仿真。通过增益压缩仿真可以使用户在设计射频器件时很方便地找出 1dB 或 3dB 压缩点。

8. 瞬态/卷积仿真

瞬态/卷积仿真能够解决一组描述电路依赖时间的电流和电压的微积分方程，这个分析的结果对于时间和扫描变量是非线性的。使用瞬态/卷积仿真可以执行下面的任务。

SPICE 型瞬态时域分析是电路的非线性瞬态分析，包括频率损耗和线性模型的分散效应或卷积分析。其中，瞬态分析完全在使用中执行，它不能说明分布式元件的频率响应。卷积分析在频域描述分布式元件来说明其频率响应。

以上是对 ADS 中的主要仿真的功能描述。由于每个仿真器只能完成特定指标的仿真，因此在仿真完整电路时，就必须调用多个仿真器才能完成所有指标的仿真。电路在仿真时，一次只能执行一个仿真器的仿真，在执行此仿真时，别的仿真器应处于非激活状态。其中，对于微波/射频电路和系统设计，前面提到的仿真都会经常使用。

表 15-1 中列出了使用 ADS 仿真工具设计常用的微波/射频电路时所要用到的仿真方式。

表 15-1　各种射频模块常用的仿真方式

射频器件或模块	常用仿真	仿真参数
滤波器	S 参数仿真	S 参数
混频器	直流仿真	工作点状态
	交流仿真	增益、噪声电压、电流
	谐波平衡仿真	IP3、IF
	瞬态仿真	瞬态响应
	电路包络仿真	包络特性
功放	S 参数仿真	S 参数
	谐波平衡仿真	各种谐波和交调
	大信号 S 参数仿真	大信号 S 参数
	增益压缩仿真	1dB 压缩点
	瞬态仿真	瞬态响应
	电路包络仿真	包络特征
接收机	交流仿真	交流特性
	谐波平衡仿真	谐波和交调
	电路包络仿真	复杂波形
振荡器	直流仿真	节点电压和电流
	S 参数仿真	S 参数
	谐波平衡仿真	各种谐波
	电路包络仿真	包络特性
锁相环	电路包络仿真	相位噪声

上面介绍了 ADS 的各个仿真功能的特点及其应用范围,并给出了射频电路的主要组成部分设计时需要的仿真方式。下面介绍各种仿真的仿真控制器及其参数设置。

15.2.2　ADS 的仿真控制器

ADS 是通过仿真控制器(Simulation Controller)来控制仿真的相关参数的,因此必须了解每个仿真的仿真控制器及其所涉及的具体参数和参数设置方式。

1. 直流仿真控制器

直流仿真控制器如图 15-27 所示,其中没有必须要设置的内容,在这里就不进行详细介绍了。

2. 交流仿真控制器

交流仿真控制器如图 15-28 所示,由于直流仿真执行扫频或扫频变量小信号线性仿真,为了获得在各个需要频率上的小信号传输参数,在交流仿真控制器中需要设置仿真时输入信号的频率范围。

3. S 参数仿真控制器

S 参数仿真与交流仿真相同,同样需要在一定的带宽范围内仿真网络的散射参量,因此同样需要设置仿真的频率范围。S 参数仿真控制器如图 15-29 所示。

DC
DC1

AC
AC1
Start=1.0 GHz
Stop=10.0 GHz
Step=1.0 GHz

图 15-27　直流仿真控制器　　　　　　　　图 15-28　交流仿真控制器

4. 谐波平衡仿真控制器

谐波平衡仿真用来对电路进行多频点仿真,可以显示包括谐波间频率转换的交调频率转换。因此,谐波平衡仿真需要设置至少一个需要仿真的频点和相应的阶数。当然也可以根据实际仿真的需要,设置多个频点,并对每个频点都指定它的阶数。谐波平衡仿真控制器如图 15-30 所示。

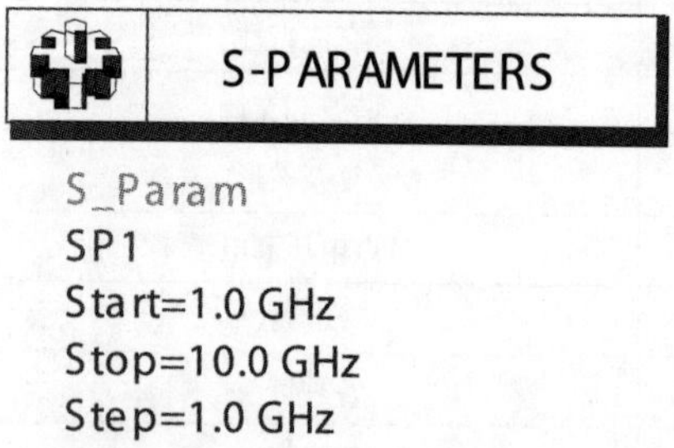

 S-PARAMETERS

S_Param
SP1
Start=1.0 GHz
Stop=10.0 GHz
Step=1.0 GHz

 HARMONIC BALANCE

HarmonicBalance
HB1
Freq[1]=1.0 GHz
Order[1]=3

图 15-29　S 参数仿真控制器 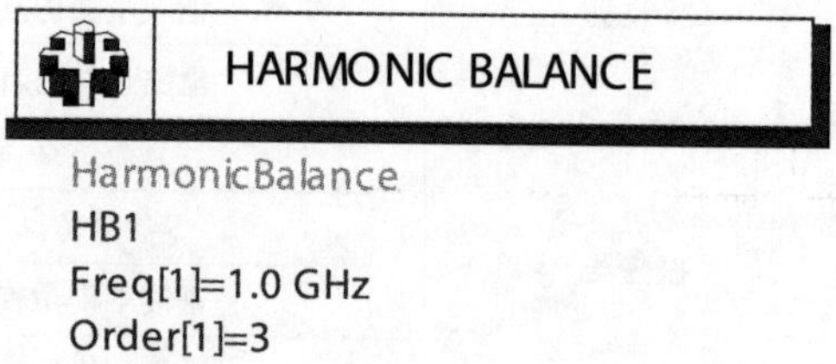　　　　　　图 15-30　谐波平衡仿真控制器

5. 电路包络仿真控制器

电路包络仿真可以用来同时显示时域和频域表现特性,因此仿真控制器需要设置时间范围、时间分辨率、载波频率及其阶数。电路包络仿真控制器如图 15-31 所示。

6. 大信号 S 参数仿真控制器

大信号 S 参数仿真实际上是基于对整个非线性电路的载波平衡仿真,与谐波平衡仿真相同,大信号 S 参数仿真同样需要设置一个或几个需要仿真的频点及其相应的阶数。另外,大信号 S 参数仿真还需要设置各端口的频率。大信号 S 参数仿真控制器如图 15-32 所示。

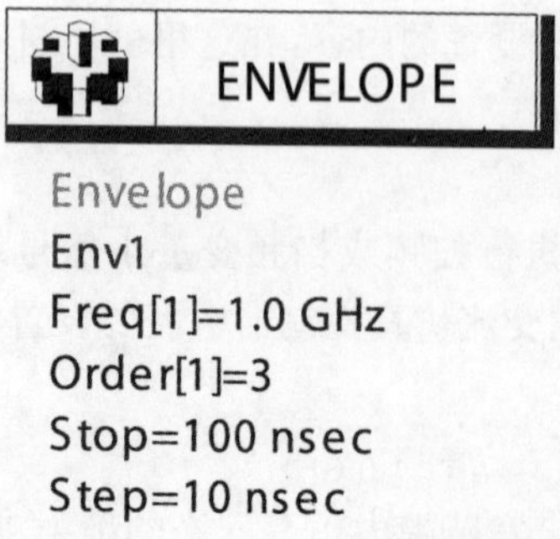

 ENVELOPE

Envelope
Env1
Freq[1]=1.0 GHz
Order[1]=3
Stop=100 nsec
Step=10 nsec

 LSSP

LSSP
HB2
Freq[1]=1.0 GHz
Order[1]=3
LSSP_FreqAtPort[1]=

图 15-31　电路包络仿真控制器 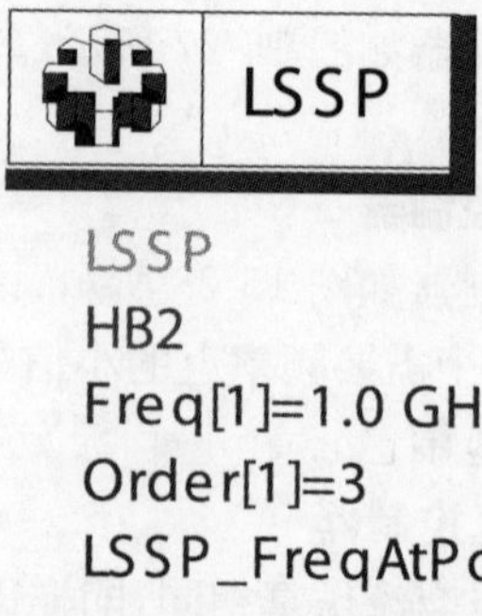　　　　　图 15-32　大信号 S 参数仿真控制器

15.3 谐波平衡法仿真

本节将介绍 ADS 中的谐波平衡法仿真功能。谐波平衡法仿真很适合仿真模拟射频和微波电路,是一种仿真非线性电路和系统失真的频域分析方法。首先对谐波平衡法仿真进行一个总体的介绍,然后讲述一个 ADS 中的谐波平衡法仿真实例和对一个放大器的谐波平衡法仿真实例。

1. 谐波平衡法仿真原理和功能

谐波平衡法仿真着眼于信号频域(Frequency Domain)特征,擅长处理对非线性电路的分析。如果调制的周期性信息可以用简单的几个单载波及其谐波表示出来,或者说如果其傅里叶级数展开式很简单,谐波平衡法仿真是一个有效的分析工具。但是,如果分析的是诸如 CDMA 等不具备简单的周期性特点的信号,谐波平衡法仿真也就不能胜任对系统的仿真工作了。

谐波平衡法仿真允许对电路进行多频声仿真,它可以展示包括谐波间频率转换的交调频率转换。从数学方法上来讲,谐波平衡法是一种迭代法,它假定对于一个给定的正弦激励有一个可以被逼近到满意精度的稳态解。

一般网络或系统由线性子网络和非线性子网络组成。线性子网络的特性可用频域代数方程来描述,而非线性子网络则由时域的非线性方程来描述。因此,设定一个最大的谐波数,建立一个线性子网络端口电压(电流)和非线性子网络端口的电压(电流)的误差函数,通过迭代可以实现稳态的线性子网络和非线性子网络的谐波平衡。采用谐波平衡仿真器可以仿真噪声系数、饱和电平、3 阶交调、本振泄漏、镜像抑制、中频抑制和组合干扰等参数。

一般而言,谐波平衡法仿真在设计射频放大器、混频器和振荡器等射频元件时十分有用,当设计大规模 RFIC 或 RF/IF 子系统时,由于存在大量的谐波和交调成分,谐波平衡法仿真也是必不可少的。

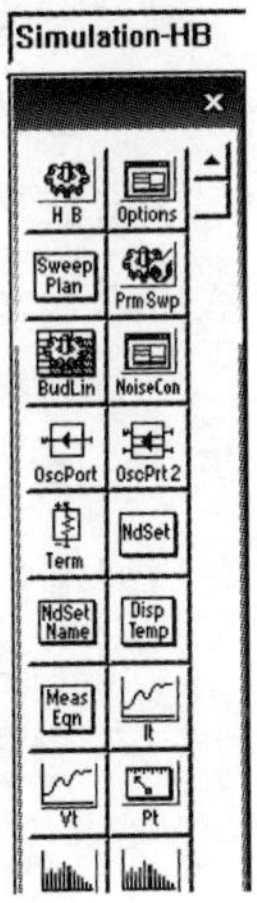

图 15-33 对谐波平衡法仿真的元件面板

2. 谐波平衡法仿真面板与仿真控制器

ADS 中有专门针对谐波平衡法仿真的元件面板,面板中包含了所有谐波平衡法仿真需要的控件,如图 15-33 所示。

谐波平衡法仿真面板中的控件较多,下面主要对常用的几种控件进行介绍。

1)谐波平衡法仿真控制器(HB)

谐波平衡法仿真控制器是控制谐波平衡法仿真的最主要的控件,使用谐波平衡法仿真控制器可以设置谐波平衡法仿真的基准频率(Foundamental Frequency)、最高次谐波的次数、扫描参数、仿真执行参数和噪声分析等相关参数。谐波平衡法仿真控制器如图 15-34 所示,其仿真控制器中已经显示了所有显示的参数项。

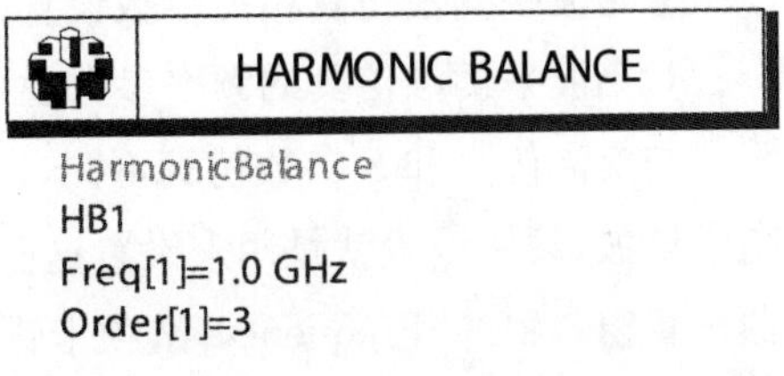

2)谐波平衡法仿真设置控制器(OPTIONS)

谐波平衡法仿真设置控制器主要用来设置

HARMONIC BALANCE

HarmonicBalance
HB1
Freq[1]=1.0 GHz
Order[1]=3

图 15-34 谐波平衡法仿真控制器

谐波平衡法仿真的相关设置,如环境温度、设备温度、仿真的收敛性、仿真的状态提示和输出文件特性等相关内容。谐波平衡法仿真设置控制器如图 15-35 所示。

3)参数扫描计划控制器(SWEEP PLAN)

谐波平衡法仿真面板中的参数扫描计划控制器主要用来控制仿真中的参数扫描计划。用户可以通过这个控制器添加一个或多个扫描变量,并制定相应的扫描计划。参数扫描计划控制器如图 15-36 所示。

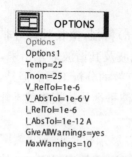

图 15-35　谐波平衡法仿真设置控制器

SWEEP PLAN

SweepPlan
SwpPlan1
Start=1.0 Stop=10.0 Step=1.0 Lin=
UseSweepPlan=
SweepPlan=
Reverse=no

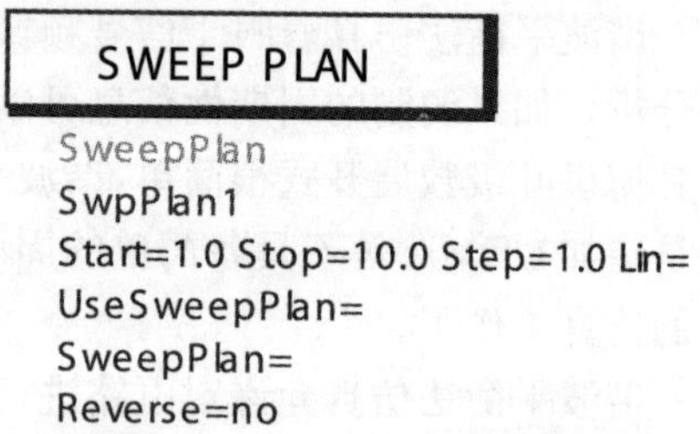

图 15-36　参数扫描计划控制器

4)参数扫描控制器(PARAMETER SWEEP)

谐波平衡法仿真面板中的参数扫描控制器用来控制仿真中的扫描参数,这个扫描参数可以在多个仿真实例中执行。参数扫描控制器如图 15-37 所示。

5)终端负载(Term)

与 S 参数仿真相同,谐波平衡法仿真面板中的终端负载元件用来定义端口标号及各端口终端负载阻抗,终端负载如图 15-38 所示。

图 15-37　参数扫描控制器

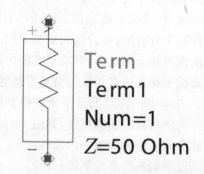

图 15-38　谐波平衡法仿真中的终端负载

3. 谐波平衡法仿真相关参数设置

1)谐波平衡法仿真的频率参数设置

与交流仿真和 S 参数仿真不同,谐波平衡法仿真需要设置仿真执行时的基准频率和高次谐波,频率设置就是用来设置这些频率参数的。用户可以通过谐波平衡法仿真控制器设置窗口中的"Frequency"选项卡进行频率参数设置。频率参数设置中的相关参数含义如表 15-2 所列。

表 15-2　频率设置中的相关参数

参数名称	参数描述	备注
Frequency	基波频率	谐波平衡法仿真中必须设置至少一个基波频率
Order	最大谐波的次数	基波频率含有的最大谐波次数
Maximummixingorder	最大混频次数	在选择多个谐波频率时,需要选择这些谐波频率混频后频率成分的最大次数
StatusLevel	设置仿真状态窗口中显	0代表显示很少的仿真信息;1和2表示显示正常的仿真信息;3和4表示显示较多的仿真信息

2)谐波平衡法仿真中的扫描参数设置

如果在进行谐波平衡法仿真时需要对某个参数进行扫描,用户可以通过选择谐波平衡法仿真控制器设置窗口中的"Sweep"选项卡进行相关设置,谐波平衡法仿真的扫描参数设置界面如图 15-3 所列。

表 15-3　扫描相关参数

参数名称	参数描述	备注
ParametertOsweep	需要扫描的变量名称	必须是原理图中包含的变量名称
WeepType	变量扫描类型	SinglePoint 为单点仿真,Linear 为线性扫描,Log 为对数扫描
Tart/Stop&Center/Span	扫描范围设定类型	Start/Stop 表示扫描变量范围由起始值和结束确定;Center/Span 表示扫描范围变量由中心值和取值范围决定
Start	扫描参数的起始值	仅在扫描范围设定类型选择 Start/Stop 时有效
Stop	扫描参数的终止值	仅在扫描范围设定类型选择 Start/Stop 时有效
Step—Size	扫描参数间隔	仅在扫描范围设定类型选择 Linear 时有效
Center	扫描参数的中心值	仅在扫描范围设定类型选择 Center/Span 时有效
Span	扫描参数的范围	仅在扫描范围设定类型选择 Center/Span 时有效
Pts/decade	参数每增加 10 倍扫描的点数	仅在扫描范围设定类型选择 Log 时有效
Num. Ofpts	扫描参数的点数	在给定 StartStopStep—Size(Pts. /decade)后系统自动生成
Usesweepplan	是否使用扫描计划	如果选择使用扫描计划,必须添加"SWEEPPLAN"控件,并在控件中进行相应设置

15.4　增益压缩仿真

增益压缩仿真也叫 XDB 仿真,非常适合仿真计算非线性电路的 1dB 或 3dB 增益压缩点。本节将系统地介绍 ADS 中的增益压缩仿真(Gain Compression Simulation)功能,其中包括一些仿真实例。

15.4.1 增益压缩仿真介绍

本节将对 ADS 的增益压缩仿真进行总体的介绍,使读者了解增益压缩仿真的功能和基本原理等内容;并介绍如何使用增益压缩仿真面板、仿真控制器及如何进行仿真相关参数的设置等,这些都是学习后面内容的基础。

1. 增益压缩仿真的基本功能与基本原理

增益压缩仿真用于寻找用户自定义的增益压缩点,它将理想的线性功率曲线与实际的功率曲线的偏离点相比较。

增益压缩是电路由非线性引起的理论输出功率与实际输出功率之间的差值。在执行增益压缩仿真时,仿真控制器根据用户定义的输入和输出端口确定功率计算的节点,并不断地计算理想输出功率与实际输出功率的差值。当差值达到用户设定的增益压缩值 x 时,仿真停止进行,并输出当前电路的输入/输出功率值。增益压缩仿真的算法来源于谐波平衡法仿真,因此它的很多仿真参数和仿真设置也应用了谐波平衡法仿真的相关内容。

增益压缩仿真多用于分析对电路非线性比较敏感的射频电路或系统,如混频器、低噪放大器和功率放大器等。下面介绍增益压缩仿真的仿真面板和仿真控制器。

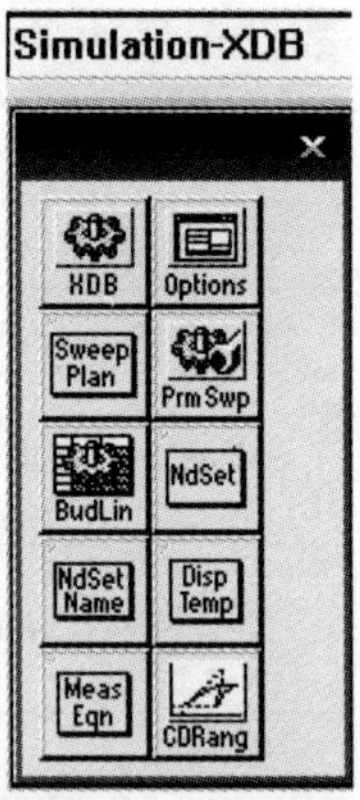

2. 增益压缩仿真面板与仿真控制器

ADS 中的增益压缩仿真面板如图 15-39 所示,包含有执行仿真时常用的控件,在后面的内容中将对这些控件的功能做详细的介绍。

图 15-39 增益压缩仿真面板

1)增益压缩仿真控制器

增益压缩仿真控制器(XDB)是控制增益压缩仿真的最主要的控件,用来设置增益压缩仿真的一些基本参数。在增益压缩仿真的参数设置中,将详细介绍增益压缩仿真控制器中参数的含义和设置方法。增益压缩仿真控制器如图 15-40 所示,仿真控制器中已经显示了所有参数项。

2)增益压缩仿真设置控制器

增益压缩仿真设置控制器(OPTIONS)主要用来设置增益压缩仿真的外部环境和计算方式,如环境温度、设备温度、仿真的收敛性、仿真的状态提示和输出文件特性等相关内容。增益压缩仿真设置控制器如图 15-41 所示。

3)参数扫描计划控制器

参数扫描计划控制器(SWEEP PLAN)主要用来控制仿真中的参数扫描计划,用户可以通过这个控制器添加一个或多个扫描变量,并制定相应的扫描计划。参数扫描计划控制器如图 15-42 所示。

4)参数扫描控制器

参数扫描控制器(PAPAMETER SWEEP)用来控制仿真中的扫描参数,这个扫描参数可以在多个仿真实例中执行。参数扫描控制器如图 15-43 所示。

5)线性预算控制器

由于增益压缩是由于电路或系统的非线性造成的,因此,在增益压缩仿真面板中有一个线性预算控制器,它用来设置执行线性预算分析的参数,包括仿真实例名、线性化元件名等。线性预算控制器如图 15-44 所示。

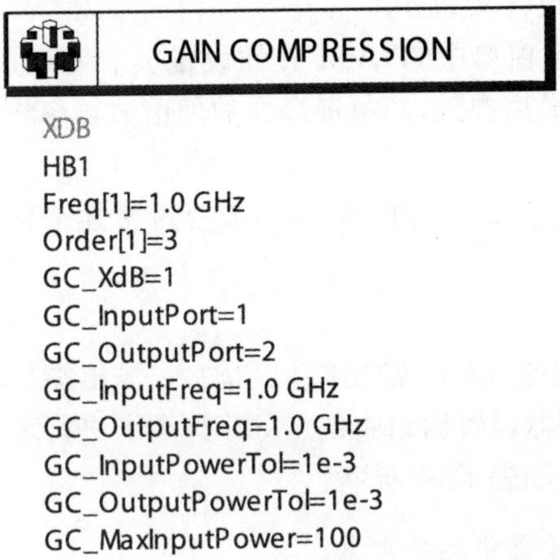

GAIN COMPRESSION

XDB
HB1
Freq[1]=1.0 GHz
Order[1]=3
GC_XdB=1
GC_InputPort=1
GC_OutputPort=2
GC_InputFreq=1.0 GHz
GC_OutputFreq=1.0 GHz
GC_InputPowerTol=1e-3
GC_OutputPowerTol=1e-3
GC_MaxInputPower=100

图 15-40　增益压缩仿真控制器

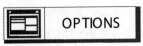

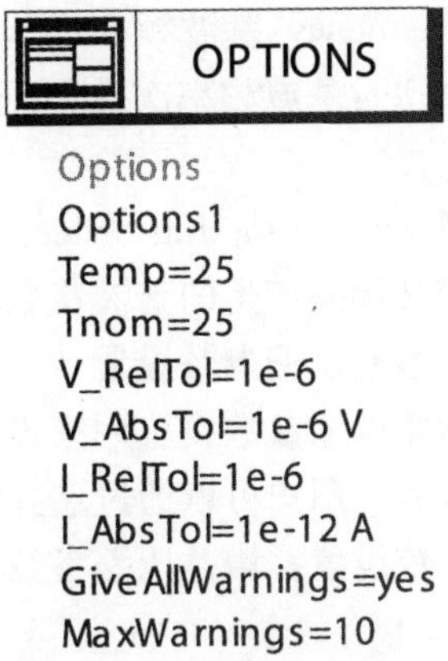

OPTIONS

Options
Options1
Temp=25
Tnom=25
V_RelTol=1e-6
V_AbsTol=1e-6 V
I_RelTol=1e-6
I_AbsTol=1e-12 A
GiveAllWarnings=yes
MaxWarnings=10

图 15-41　增益压缩仿真设置控制器

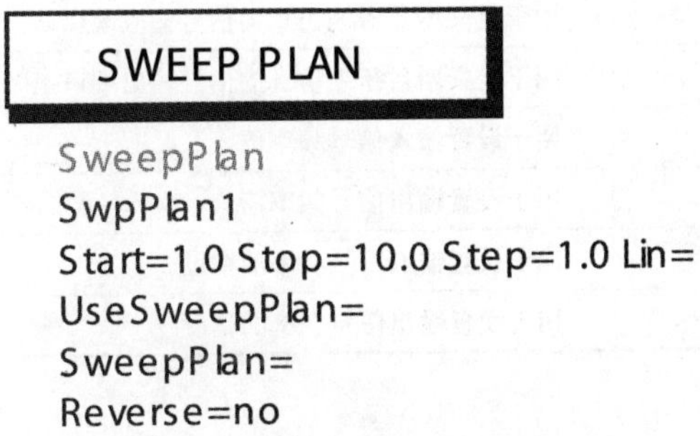

SWEEP PLAN

SweepPlan
SwpPlan1
Start=1.0 Stop=10.0 Step=1.0 Lin=
UseSweepPlan=
SweepPlan=
Reverse=no

图 15-42　参数扫描计划控制器

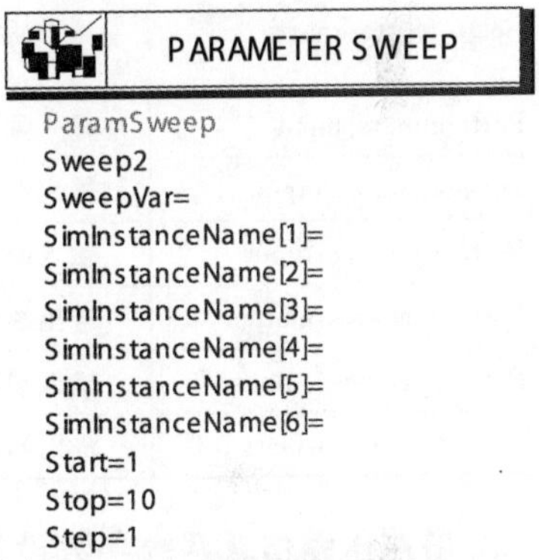

PARAMETER SWEEP

ParamSweep
Sweep2
SweepVar=
SimInstanceName[1]=
SimInstanceName[2]=
SimInstanceName[3]=
SimInstanceName[4]=
SimInstanceName[5]=
SimInstanceName[6]=
Start=1
Stop=10
Step=1

图 15-43　参数扫描控制器

6)增益压缩动态范围计算控件

增益压缩动态范围计算控件用于计算电路的 1dB 压缩点的功率值与基底噪声功率值之比,它是由公式"CDRangel＝cdrange(nf2,inpwr_lin,outpwr _lin,outpwr)"计算得到的。增益压缩动态范围计算控件如图 15-45 所示。

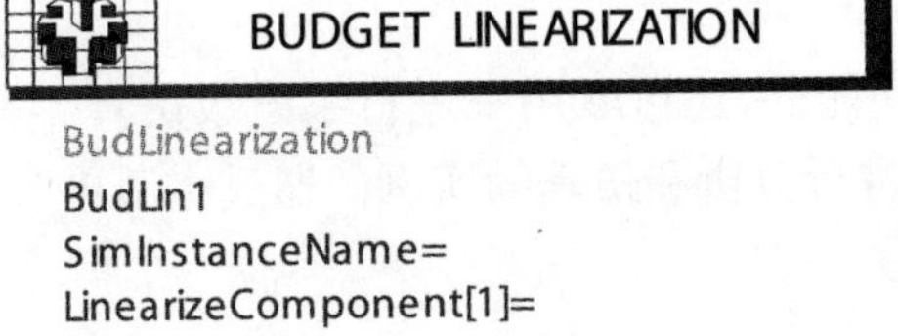

BUDGET LINEARIZATION

BudLinearization
BudLin1
SimInstanceName=
LinearizeComponent[1]=

图 15-44　线性预算控制器

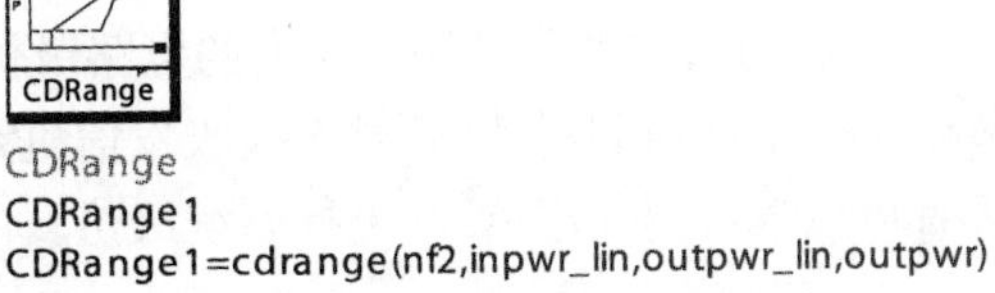

CDRange

CDRange
CDRange1
CDRange1=cdrange(nf2,inpwr_lin,outpwr_lin,outpwr)

图 15-45　增益压缩动态范围计算控件

15.4.2　增益压缩仿真相关参数设置

1.频率设置

由于信号频率不同,电路的增益压缩点也不同,因此在进行增益压缩仿真前,必须设置当前电路或系统的工作频率。选择增益压缩仿真控制器参数设置窗口中的"Freq"选项卡,可以打开频率设置界面。频率设置中各个参数含义如下。

Frequency:基波频率,可以通过频率参数设置窗口中的"Add"按钮设置多个频率值。

Order:基波频率次数,表示基波频率谐波的最高次数,超过最高次数的谐波频率将被忽略。

Maximum mixing order:最大交调次数,在设置多个基波频率时,需要设置几个基波频率交叉调制产生的谐波次数。

2. 增益压缩参数设置

增益压缩参数设置用来设置仿真的增益压缩值、输入/输出端口和输入/输出端口频率等参数。用户可以通过选择增益压缩仿真控制器设置窗口中的"XdB"选项卡进行增益压缩参数设置。增益压缩参数设置中的参数含义如表 15-4 所列。

表 15-4　增益压缩参数设置中相关参数

参 数 名 称	参 数 描 述	备 注
Gaincompression	增益压缩值	用于设置增益压缩仿真中 X 的值,如设置 Gaincompression=1 表示进行 1dB 增益压缩仿真
Portnumbers:Input	输入端口号	用于定义增益压缩仿真的信号输入端口
Portnumbers:Output	输出端口号	用于定义增益压缩仿真的信号输出端口
Portfrequencies:Input	输入端口的频率值	用于设置输入信号频率值
Portfrequencies:Output	输出端口的频率值	用于设置输出信号频率值
Powertolerances:Input	输入端口信号功率公差	用于设置输入信号功率的精度
Powertolerances:Output	输出端口信号功率公差	用于设置输出信号功率的精度

3. 增益压缩仿真系统参数设置

增益压缩仿真系统参数用来设置增益压缩仿真的静态工作点信息、初始假设信息、最终结果设置和预算设置等系统参数,这些参数在仿真中并不经常用到,这里就不再详细介绍了。用户可以通过选择增益压缩仿真控制器设置窗口中的"Params"选项卡进行系统参数设置。

15.5　ADS 系统仿真实例

ADS 仿真软件除了提供强大的电路级仿真功能外,还可以用来进行系统级仿真。本节就将介绍如何利用 ADS 对无线收发信机系统进行分析和仿真的实例。通过本节内容,读者可以学习到利用 ADS 进行系统级仿真的相关知识。

15.5.1　收发机系统仿真

本节介绍如何使用行为级的功能模块实现收发信机的系统级仿真,主要内容包括:

(1)使用诸如滤波器、放大器和混频器等行为级的功能模块搭建收发信机系统。

(2)运用 S 参数仿真、交流仿真、谐波平衡仿真和瞬态响应仿真等仿真器对收发信机系统的各种性能参数进行模拟检测。

15.5.2 零中频接收机仿真

通过本节的介绍可以知道零中频接收机的本振频率与接收信号的载波频率相同,下面首先介绍在 ADS 中建立零中频接收机的原理。

1. 建立工程

(1)运行 ADS,打开 ADS 的主窗口。

(2)选择"File"→"New Project"菜单命令,打开"New Project"(新建工程)对话框,可以看见对话框中已经存在了默认的工作路径"c:\users\default",在路径的末尾输入工程名为"system",并且在"Project Technology Files"栏中选择"ADS Standard:Lengthunil—millimeter"选项,即工程中的默认长度单位为 mm,如图 15-46 所示。

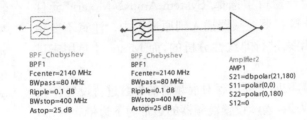

BPF_Chebyshev
BPF1
Fcenter=2140 MHz
BWpass=80 MHz
Ripple=0.1 dB
BWstop=400 MHz
Astop=25 dB

BPF_Chebyshev
BPF1
Fcenter=2140 MHz
BWpass=80 MHz
Ripple=0.1 dB
BWstop=400 MHz
Astop=25 dB

Amplifier2
AMP1
S21=dbpolar(21,180)
S11=polar(0,0)
S22=polar(0,180)
S12=0

图 15-46　滤波器参数设置

(3)单击"OK"按钮,完成新建工程,同时原理图设计窗口将自动打开。

2. 射频前端电路的搭建

(1)选择"File"→"NewDesign…"菜单命令,在工程中新建一个原理图。

(2)在新建设计窗口中给新建的原理图命名,这里命名为 zero_if,并单击工具栏中的"Save"按钮保存设计。

(3)在原理图设计窗口中选择"Filters-Bandpass"元件面板,并在面板中插入一个切比雪夫带通滤波器。

(4)双击滤波器,按照下面内容对它的参数进行设置:

Fcenter＝2140MHz,表示滤波器的中心频率为 2140MHz。

BWpass＝80MHz,表示滤波器的 3dB 带宽为 80MHz。

BWstop＝400MHz,表示滤波器的阻带带宽为 400MHz。

Astop＝25dB,表示滤波器的带外衰减为 25dB。

Ripple＝0.1dB,表示滤波器的通带波纹为 0.1dB。

$N＝4$,表示滤波器的阶数为 4。

IL＝1dB,表示滤波器的插入损耗为 1dB。

完成设置的滤波器如图 15-46 所示。

(5)在原理图设计窗口中选择"System－Amps & Mixers"元件面板,并在面板选择一个放大器插入到原理图中。

(6)双击放大器,按照下面的内容对它的参数进行设置:

$S_{21}＝$dbpolar(21,180),表示放大器的增益为 21dB,并且放大器输出信号与输入信号相位相差 $180°$。

$S_{11}=$polar$(0,0)$，表示放大器的 S_{11} 参数为 0。

$S_{22}=$polar$(0,180)$，表示放大器的 S_{22} 参数为 0。

$S_{12}=0$，表示放大器的 S_{12} 参数为 0。

NF＝2dB，表示放大器的噪声系数为 2dB，由于这个放大器处于射频前端，因此需要较低的噪声系数，为一个低噪放大器。

（7）放大器参数设置完成后，把放大器与滤波器按照图 15-47 所示的方式连接起来，这样接收机的射频前端部分的电路就完成了。

3. 下变频部分电路的搭建

完成了射频前端部分电路的设计后，下面就开始建立接收机中下变频部分的设计，具体步骤如下。

（1）在原理图设计窗口中选择"System-Amps&Mixers"元件面板，并在面板中选择一个混频器插入到原理图中。注意不要错选成 Mixer2，它是用来进行非线性分析的，而 Mixer 才是用来进行频率转换的。

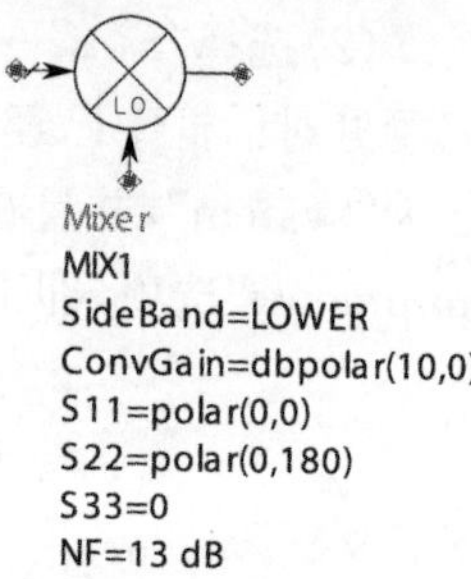

（2）双击混频器，按照下面内容对混频器的参数进行设置：

Sideband：LOWER，表示设置混频器的边带为下边带。

ConvGain：dbpolar$(10,0)$，表示混频器的转换增益为 10dB。

S11＝polar$(0,0)$，表示混频器的 S_{11} 参数为 0。

S22＝polar$(0,180)$，表示混频器的 S_{22} 参数为 0。

S33＝0，表示混频器的 S_{33} 参数为 0。

NF＝13dB，表示混频器的噪声系数为 13dB。

完成设置的混频器如图 15-47 所示。

（3）在"Sources-Freq Domain"元件面板中选择一个电压源，并插入到原理图中。由于接收机中频信号的频率为 0，故本振频率应和输入信号频率一致，这里设为变量 LO_freq，可以用 VAR 很方便地进行赋值，输出电压设为 1V。完成设置的电压源参数如图 15-48 所示。

（4）由于要将接收信号分为同相和正交两路，所以本振信号也要分为两路，一路直接和接收信号混频，一路先经移相器移相 90°，再进入混频器混频，所以还要用到移相器和功率分离器，它们都可以从"System-Passive"元件面板中找到，如图 15-49 所示。

右侧图注：

Mixer
MIX1
SideBand=LOWER
ConvGain=dbpolar(10,0)
S11=polar(0,0)
S22=polar(0,180)
S33=0
NF=13 dB

图 15-47 射频前端滤波器的参数设置

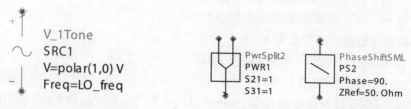

V_1Tone
SRC1
V=polar(1,0) V
Freq=LO_freq

图 15-48 电压源参数的设置

PwrSplit2
PWR1
S21=1
S31=1

PhaseShiftSML
PS2
Phase=90.
ZRef=50. Ohm

图 15-49 功分器和移相器

（5）在"Lumped-Components"元件面板中选择一个 50Ω 的电阻，并插入到原理图中。

（6）由于下变频电路中需要两个混频器和功分器，使用复制的方法在原理图中插入另一个混频器和功分器。

（7）将前面的元件按照图 15-50 所示的方式连接起来，这样就完成了接收机中下变频部分电路的搭建。

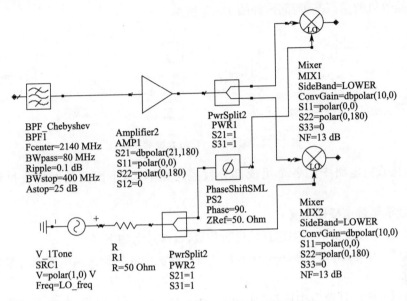

BPF_Chebyshev
BPF1
Fcenter=2140 MHz
BWpass=80 MHz
Ripple=0.1 dB
BWstop=400 MHz
Astop=25 dB

Amplifier2
AMP1
S21=dbpolar(21,180)
S11=polar(0,0)
S22=polar(0,180)
S12=0

PwrSplit2
PWR1
S21=1
S31=1

Mixer
MIX1
SideBand=LOWER
ConvGain=dbpolar(10,0)
S11=polar(0,0)
S22=polar(0,180)
S33=0
NF=13 dB

PhaseShiftSML
PS2
Phase=90.
ZRef=50. Ohm

Mixer
MIX2
SideBand=LOWER
ConvGain=dbpolar(10,0)
S11=polar(0,0)
S22=polar(0,180)
S33=0
NF=13 dB

V_1Tone
SRC1
V=polar(1,0) V
Freq=LO_freq

R
R1
R=50 Ohm

PwrSplit2
PWR2
S21=1
S31=1

图 15-50　接收机的下变频部分电路结构

4. 模拟基带部分电路的搭建

接下来的模拟基带部分分两条支路，每条都由一个信道选择低通滤波器和基带放大器级联而成。

（1）在原理图设计窗口中选择"Filters-Low pass"元件面板，并在面板中插入一个切比雪夫低通滤波器。

（2）双击滤波器，按照下面内容对它的参数进行设置。

Fpass=1.92MHz，表示滤波器的−3dB 频率转折点为 1.92MHz。

Apass=3dB，表示滤波器的通带衰减为 3dB。

Fstop=5MHz，表示滤波器的阻带截点为 5MHz。

Astop=−36dB，这示滤波器的带外衰减为−36dB。

Ripple=0.01dB，表示滤波器的通带波纹为 0.01dB。

N=5，这表示滤波器的阶数为 5。

（3）在原理图设计窗口中选择"System-Amps & Mixers"元件面板，并在面板选择一个放大器插入到原理图中。

（4）双击放大器，按照下面内容对它的参数进行设置：

S21=dbpolar(G5,180)，表示放大器的增益为变量 G5，并且放大器输出信号与输入信号相位相差 180°。

S11=polar(0,0)，表示放大器的 S_{11} 参数为 0。

S22=polar(0,180)，表示放大器的 S_{22} 参数为 0。

S12=0，表示放大器的 S_{12} 参数为 0。

NF=15dB，表示放大器的噪声系数为 15dB。

403

(5)在"Simulation-S Param"元件面板中选择一个终端负载元件,并插入原理图中。

(6)由于模拟基带部分有两条支路,因此需要复制一下前面插入的元件。将所有的元件连接到接收机的模拟基带部分,如图 15-51 所示。

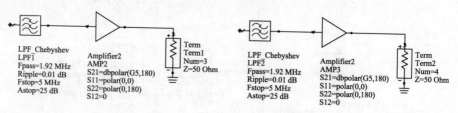

图 15-51　接收机的模拟基带部分电路

这样,接收机电路中的各个组成部分就搭建完毕了,下面开始对接收机性能进行分析。

5. 接收机频带选择性仿真

本部分将对接收机的频率选择性进行仿真,具体过程如下。

(1)新建一个电路原理图 freq_select,并将接收机中的射频前端电路部分复制到新的原理图中。

(2)在原理图设计窗口中选择"Simulation-S_Param"元件面板,并在新的原理图中插入两个终端负载元件。

(3)把终端负载元件接入到射频前端电路中,如图 15-52 所示。

(4)从"Simulation-S_Param"元件面板中选择一个 S 参数仿真控制器,并按以下内容对它的参数进行设置。

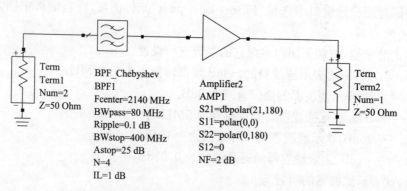

图 15-52　频带选择性仿真原理图

Start＝1GHz,表示仿真的起始频率为 1GHz。

Stop＝3GHz,表示仿真的终止频率为 3GHz。

Step＝10MHz,表示仿真的频率间隔为 10MHz。

完成设置的 S 参数仿真控制器如图 15-53 所示。

(5)单击工具栏中的"Simulate"按钮执行仿真,并等待仿真结束。

(6)仿真结束后,在弹出的数据显示窗口中插入一个关于 S_{21} 参数的矩形图,如图 15-54所示。从图中可以看出,接收机在频带选择滤波器的中心频率处拥有 20dB 的最大增益,也就是 LNA 的增益减去微波带通滤波器的插入损耗。在偏离中心频率 70MHz

404

处可得到 25dB 左右的衰减。

（7）双击图 15-54 中的矩形图，并重新设置 x 轴和 y 轴的范围，进一步观察射频前端部分的带宽。从图 15-54 中可以看出，接收机射频前端的接收带宽为 6MHz，和 WCDMA 系统对移动终端下行链路的要求是相吻合的，而且通带内的波动不超过 0.125dB。

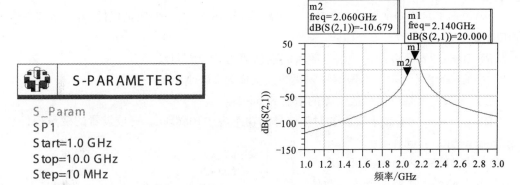

图 15-53　S 参数仿真控制器　　　　　图 15-54　射频前端电路的 S_{21} 参数

这样就完成了接收机的频率选择性仿真，下面进行接收机的信道选择性仿真。

6. 接收机信道选择性仿真

信道选择功能主要由中频滤波器完成，对于这里的直接下变频方案就要靠基带低通滤波器来实现，接下来进行信道选择性的仿真。仿真的电路图就是整个系统的原理图。接收机信道选择性仿真按照下面步骤进行。

（1）重新打开设计 zero if，把原来建立的射频前端部分、下变频部分和模拟中频部分按照图 15-55 所示的方式连接起来组成完整的接收机电路。

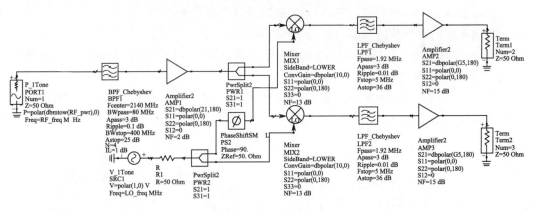

图 15-55　完整的接收机电路

（2）在原理图设计窗口中选择"Sources-Freq Domain"元件面板，并在面板中选择一个功率源 P1 Tone 插入到原理图中，连接到电路的输入端用来模拟通过天线进入接收机的射频信号。

（3）双击功率源，并按下面内容对它的参数进行设置：

Num＝1，表示功率源所在的端口定义为端口 1。

$Z=50\Omega$，表示功率源的输出阻抗为 50Ω。

$P=polar(dbmtow(RF\ pwr),0)$，表示信号源的输出功率由方程"polar（dbmtow（RP－pwr），0)"表示。

Freq＝RF freqMHz，表示信号源的输出功率为变量 RF_freqMHz。完成设置的功率源如图 15-55 所示。

（4）单击工具栏中的"VAR"按钮，在电路原理图中插入一个变量控件，并在控件中添加以下的变量。

RF ffeq＝2140，表示射频信号频率的默认值为 2140MHz。

LO freq＝2140，表示本振信号频率的默认值为 2140MHz。

G5＝66，表示基带信号放大器的增益为 66dB。

RF pwr＝－108，表示接收的射频信号的功率为－108dBm。完成设置的变量控件如图 15-56 所示。

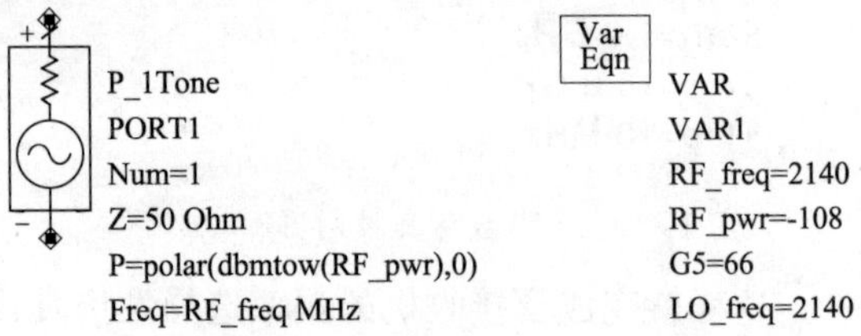

（5）选择"Simulation-S Param"元件面板，并在面板中选择一个 S 参数仿真控制器插入到原理图中，双击 S 参数仿真控制器，按照下面参数对它的参数进行设置：

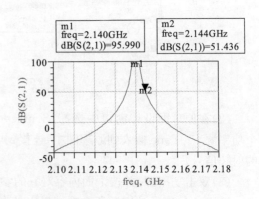

图 15-56 变量控件设置

Start＝2.1GHz，表示仿真的起始频率为 2.1GHz。

Stop＝2.18GHz，表示仿真的终止频率为 2.18GHz。

Step＝0.5MHz，表示仿真的频率间隔为 0.5MHz。

Freq Conversion＝yes，表示在 S 参数的仿真过程中执行频率转换。

FreqConversionPort＝1，表示频率转换的端口为端口 1。

完成设置的 S 参数仿真面板如图 15-57 所示。

（6）这样就完成了信道选择性仿真的参数设置，单击工具栏中的"Simulate"按钮执行仿真，并等待仿真结束。

（7）仿真结束后，在弹出的数据显示窗口中插入一个关于电路 S_{21} 参数的矩形图，并在矩形图中插入两个标记，如图 15-58 所示。

图15-57 完成参数设置的 S 参数仿真控制器

图 15-58 电路的 S_{21} 参数曲线

7. 接收机系统预算增益仿真

通过这个仿真读者将看到系统总增益在系统各个部分中的分配情况。预算增益仿真在谐波平衡分析以及交流分析中都可以进行,但如果在交流仿真中进行,混频器不能是晶体管级的。因为这里进行的是行为级仿真,混频器的线性特征是已知的,所以这里就用交流分析来进行仿真。系统预算增益仿真的过程如下。

(1)选择"Simulation-AC"元件面板,并在面板中选择一个交流仿真控制器插入到原理图中,双击交流仿真控制器,按照下面内容对它的参数进行设置。

Freq=2140MHz,表示执行的交流仿真为单频点的,频率值为2140MHz。

FreqConversion=yes,表示仿真过程中允许频率转换。

OutputBudgetIV=yes,表示仿真过程中执行预算分析。

完成设置的交流仿真控制器如图 15-59 所示。

(2)预算分析还有两项很重要的设置是预算路径设定和建立预算增益方程。这项内容可以在仿真的下拉菜单中找到。选择菜单栏中的"Simulate"→"Genarate Budget Path"命令,打开"Genarate Budget Path"对话框,如图 15-60 所示。

AC
AC1
FreqConversion=yes
OutputBudgetIV=yes
Freq=2140 MHz

图 15-59　交流仿真控制器的设置

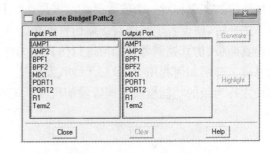

图 15-60　"GenarateBudgetPath"窗口

(3)在"Genarate Budget Path"窗口中选择好输入端为功率源 PORT1 和输出端 Term1(因为 I/Q 两支路的增益分配完全相同,故任意仿真其中的一条即可),单击"Generate"和"Highlight"按钮就可设置好预算路径,同时系统将自动生成预算增益方程,电路原理图中的预算增益路径被高亮显示,如图 15-61 所示。

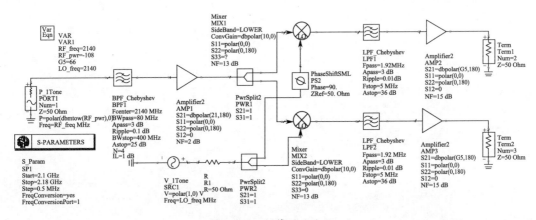

图 15-61　预算增益路径

407

（4）从"Simulation-AC"元件面板中选出"BudGain component"选项，并插入到原理图中，设置其中的方程为"BudGainl＝bud_gain(, ,50. 0, , budget_path)"。

（5）这样就完成了预算增益仿真的设置，单击工具栏中的"Simulate"按钮执行仿真并等待仿真结束。

（6）仿真结束后将 y 轴设为 BudGain，但图中并没有任何曲线生成，而如果在 y 轴的 BudGain 后输入[0]后，增益预算曲线就出现了，这是因为预算增益仿真必须明确指定频率，这里只有唯一的频率 2. 14GHz，也就是频率数组中的第 1 个，故[0]是必需的。

本 章 小 结

本章介绍了 ADS 概述与基本操作，ADS 的仿真设计方法，ADS 的辅助设计功能，ADS 与其他 EDA 软件和测试设备间的连接关系。详细介绍了 ADS 仿真功能概述，ADS 的各种仿真功能描述，ADS 的仿真控制器的使用方法。系统地介绍 ADS 中的谐波平衡法仿真功能。首先对谐波平衡法仿真进行一个总体的介绍，然后讲述一个 ADS 中的谐波平衡法仿真实例和对一个放大器的谐波平衡法仿真实例。对 ADS 的增益压缩仿真进行总体的介绍，使读者了解增益压缩仿真的功能和基本原理等内容；并介绍如何使用增益压缩仿真面板、仿真控制器及如何进行仿真相关参数的设置等，这些都是学习本章后面内容的基础。介绍如何利用 ADS 对无线收发信机系统进行分析和仿真的实例。最后介绍如何使用行为级的功能模块实现收发信机的系统级仿真。

第 16 章 射频同轴电缆和连接器

16.1 射频同轴电缆的构造、类型和特性

16.1.1 同轴电缆的特性

1. 传播模式

同轴电缆的主要特点是其特性阻抗的带宽非常宽,同轴电缆中的基模为 TEM 模,即电场和磁场方向均与传播方向垂直。当同轴线的横向尺寸过大时,同轴线中除了传输 TEM 模外,还出现高次模,即存在 TE、TM 模,为了保证同轴线 TEM 模的单模传输,必须确定高次模中截止波长最长的模阻抗和截止频率。

对于 TEM 传播模,在截止频率以下,同轴线的特性阻抗 Z_0 与频率无关。Z_0 由外导体内径 D 和外导体外径 d 的比值以及介质材料的相对介电常数 ε_r 决定,其关系式表示为

$$Z_0 = \frac{60}{\sqrt{\varepsilon_r}} \ln \frac{D}{d} \tag{16-1}$$

同轴电缆的截止频率,也就是第一个非 TEM 模开始传播时的频率,同轴线中截止波长最长的高次模是 TE_{11} 模,其截止波长 $\lambda_c(TE_{11}) = \pi(a+b)$,为了保证同轴线 TEM 单模工作,必须使 TE_{11} 模截止,即工作波长满足条件

$$\lambda_0 > \pi(a+b) \tag{16-2}$$

当同轴线中的最大电场强度达到击穿场强时,功率 P 达到极限值,得极限功率为

$$P_{br} = \frac{\pi a^2 E_{br}^2}{\sqrt{\mu_0/\varepsilon}} \ln \frac{b}{a} \tag{16-3}$$

E_{br} 为击穿场强,功率容量最大和导体衰减最小的条件不同,如果同时要求功率容量最大和导体衰减最小,通常选择 $b/a = 2.303$。

2. 电缆的衰减

同轴电缆的损耗由两个因素引起:一个是导体阻抗和内外导体上的电流;第二个是介质的传导电流。导体损耗为欧姆损耗,由导体的趋肤效应引起,与频率的平方根成正比。

可用以计算导体损耗,它包含着同轴电缆选择中的主要折中。在电缆截止频率和趋肤效应损耗之间进行折中表明,对于选定的工作频率,电缆的直径越大越好,介质损耗是由介质材料对传导电流的电阻引起的,与频率成线性关系,中心导体、外导体和介质损耗三者之和为电缆的总损耗。同轴电缆另有第三种损耗,由辐射引起,但这种损耗通常极小,因为外导体有屏蔽作用。所以几个主要损耗相加近似给出同轴电缆的总损耗为

$$L_c(dB) = \frac{0.435 \times \sqrt{f_{MHz}}}{Z_0 \times d}$$

$$L_0(\mathrm{dB}) = \frac{0.435 \times \sqrt{f_{\mathrm{MHz}}}}{Z_0 \times d}$$

$$L_\mathrm{D}(\mathrm{dB}) = 2.78 \rho \sqrt{\varepsilon_\mathrm{r}} \times f_{\mathrm{MHz}}$$

$$总损耗 = L_\mathrm{c} + L_0 + L_\mathrm{D}$$

式中，L_c 为内导体损耗；L_0 为外导体损耗；L_D 为介质损耗。

16.1.2 射频电缆类型

1. 半刚性电缆

电缆的外导体和内导体都可用各种材料制成。有一种电缆称为半刚性电缆，它的外导体是由铜等挤压制成的金属管。这种电缆最难形成复杂形状，弯曲时必须小心，电缆必须先截到合适的尺寸，然后再弯成所需的形状。电缆弯好以后要加热，以使介质膨胀和消除介质中的应力，最后再装配适用的接头，如图 16-1 所示。

2. 柔性半刚电缆

另一种电缆是半刚性电缆的一种变形，它的外导体由柔性材料如极软的铝或未退火铜制成。这种电缆较容易成形，通常不需要专门的工具就可弯曲，如图 16-2 所示。

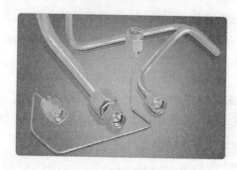

图 16-1　半刚性电缆组件

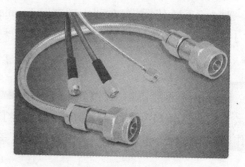

图 16-2　柔半刚电缆组件

3. 软电缆

另一种同轴电缆为软电缆，它采用编织外导体，与半刚性电缆相比，这种电缆的相位稳定性较差，因为介质材料周围的尺寸刚性较差，但使用起来方便得多。这种电缆通常使用机械工具安装接头，如用压接法安装或拧接安装。编织外导体电缆的一种变形是外编织层用焊料涂覆，这使这种电缆看起来与半刚性电缆有点相像。使用软的焊料外皮，使电缆很容易弯曲成形。缺点是只能弯曲有限次数，不然电缆就会损坏。

同轴电缆的内导体可以有多种不同的形式。最常见的形式是实心的和多股绞合的导体。实心导体最为普遍，通常由铜、铍青铜和铝制成。绝大多数内导体上面镀银或镀锡。多股绞合内导体不是很普遍，因为它减小衰减的性能优点局限于 1GHz 以下低频，而在 1GHz 以上，其性能与实心内导体相同，如图 16-3 所示。

1）配接 SFcF46-50-4-51 型电缆的同轴连接器

这些连接器配接 SFcF46-50-4-51 型低损耗、双屏蔽同轴电缆，构成的电缆组件具有宽频带、低损耗、高屏蔽、低驻波比、耐高温等特点，可广泛应用于雷达、导弹和其他传输系统中。连接器内接触件镀金，外接触件根据需要有铜镀镍的，也有镀金的，还可采用不锈钢，工作频率可达 18GHz，见表 16-1。

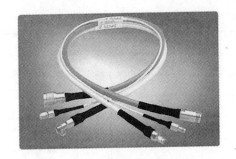

图 16-3 低损耗软电缆组件

表 16-1 配接 SFcF46-50-4-51 型电缆的连接器

型 号	名 称	配接电缆
SMA-J8132	直式电缆插头	SFcF46-50-4-51
SMA-JW8132	直角电缆插头	SFcF46-50-4-51
TNC-J8132	直式电缆插头	SFcF46-50-4-51
TNC-JW8132	直角电缆插头	SFcF46-50-4-51
N-J8132	直式电缆插头	SFcF46-50-4-51
N-JW8132	直角电缆插头	SFcF46-50-4-51

2)SFF 型微小型聚四氟乙烯绝缘射频电缆

用途:可供固定式或移动式无线电设备使用。

特点:微小型、重量轻、柔软性好、耐高温、耐潮湿、耐腐蚀、不燃烧。

环境温度:$-60℃\sim+200℃$。

这种电缆的外形如图 16-4 所示,其技术指标见表 16-2。

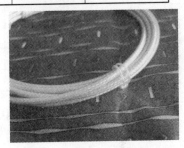

图 16-4 SFF 型聚四氟乙烯绝缘射频电缆

表 16-2 SFF 型聚四氟乙烯绝缘射频电缆技术指标

型 号		SFF-50-0.4		SFF-50-1	
内导体结构		1×0.15	7×0.08	7×0.10	7×0.18
绝缘外径/mm		0.41	0.61	0.87	1.5
护套外径/mm		0.95	1.50	1.80	2.40
电缆重量/(kg/km)		2.5	5.5	10	18
特性阻抗/Ω		50	50	50	50
电容/(pF/m)		120	105	105	105
衰减/(dB/m)	400MHz	2.5	1.70	1.17	0.71
	1GHz	3.95	2.65	1.83	1.12

3)SFT 型半硬同轴电缆

用途:适用于通信、导航、电子对抗、机内连线等。

特点:使用频率高、衰减低,驻波系数小,屏蔽性能好,可靠性高。

环境温度:$-55℃\sim+155℃$。

半硬电缆已成系列,有 50Ω、75Ω 等不同特性阻抗的产品,外径为 1.20mm〜6.0mm,还可采用不锈钢外导体、镀锡铜管外导体等。这种电缆外形如图 16-5 所示,其技术指标见表 16-3。

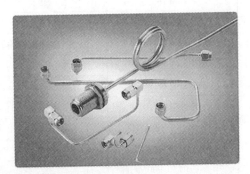

图 16-5 SFT 型半硬同轴电缆

表 16-3　SFT 型半硬同轴电缆技术指标

型　号		SFT-50-2	SFT-50-3	SFT-50-5.2
内导体直径/mm		0.51	0.92	1.60
绝缘外径/mm		1.67	3.00	5.20
外导体直径/mm		2.18	3.60	6.00
阻抗/Ω		50±2	50±1	50±0.5
最高使用频率/GHz		18	18	18
延迟时间/(ns/m)		4.756	4.756	4.756
耐压强度/kV		3	5	5
衰减/(dB/m)	1GHz	0.72	0.45	—
	10GHz	2.71	1.64	1
	18GHz	3.48	2.36	1.5

4)SYFV 型泡沫聚乙烯铜线编织同轴电缆

该系列电缆主要用作广播通信雷达等军用无线电设备、电子设备柔软传输馈线,具有低损耗等特性。这种电缆的外形如图 16-6 所示,其技术指标见表 16-4。

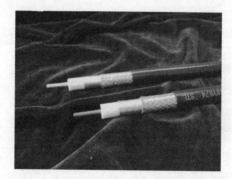

图 16-6　SYFV 型泡沫聚乙烯铜线编织同轴电缆

表 16-4　SYFV 型泡沫聚乙烯铜线编织同轴电缆技术指标

型　号		SYFV-50-3(3D-FB)	SYFV-50-5(5D-HFB)	SYFV-50-7(7D-HFB)
内导体		铜线	铜线	铜包铝线
绝缘		PE 发泡	PE 发泡	PE 发泡
外导体		铝箔＋镀锡铜线编织	铝箔＋镀锡铜线编织	铝箔＋镀锡铜线编织
编织外直径/mm		3.5	5.5	7.8
护套外直径/mm		5.2	7.3	10.0
特性阻抗/Ω		50±2.5	50±2.5	50±2.5
衰减/(dB/100m)	30MHz	5.94	3.41	2.42
	400MHz	22	12.8	8.89
	900MHz	32.3	20.7	13.7
	1600MHz	44.2	26.6	18.7
	2300MHz	53.7	32.4	22.9

大功率波纹铜管电缆组件如图16-7所示,被广泛应用于宇航、导弹、微波通信及各种精密电子仪器设备中。

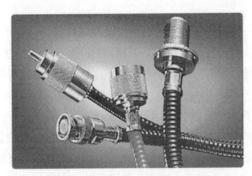

图 16-7　大功率波纹铜管电缆组件

16.2　射频同轴连接器的构造、类型和特性

16.2.1　连接器的选择

连接器的选择既要考虑性能要求又要考虑经济因素,性能必须满足系统电气设备的要求,经济上须符合价值工程要求,在选择连接器原则上应考虑以下4个方面:连接器接口(SMA、SMB、BNC等);电气性能、电缆及电缆装接;端接形式;机械构造及镀层。

1. 连接器接口

连接器接口通常由它的应用所决定,但同时要满足电气和力学性能要求,SMA 型连接器用于频率达 18GHz 的低功率微波系统的盲插连接。

BNC 型连接器采用卡口式连接,多用于频率低于 4GHz 的射频连接,广泛用于网络系统、仪器仪表及计算机互联领域,TNC 除了螺口外,其界面与 BNC 相仿。SMA 螺口连接器广泛应用于航空、雷达、微波通信、数字通信等军用民用领域。其阻抗有 50Ω,配用软电缆时使用频率低于 12.4GHz,配用半刚性电缆时最高使用频率达 26.5GHz;75Ω 在数字通信上应用前景广阔。

SMB 体积小于 SMA,为插入自锁结构,便于快速连接,最典型的应用是数字通信,是 L9 的换代产品,商业 50Ω 满足 4GHz,75Ω 用 2GHz。

SMC 与 SMB 相仿,因有螺口保证了更强的力学性能及更宽的频率范围,主要用于军事或高振动环境。

N 型螺口连接器用空气作绝缘材料,造价低。阻抗为 50Ω 及 75Ω,频率可达 11GHz,通常用于区域网络、媒体传播和测试仪器上。

CNT 提供的 MCX、MMCX 系列连接器体积小,接触可靠,是满足密集型、小型化的首选产品。

2. 电气性能、电缆及电缆连接

1)阻抗

连接器应与系统及电缆的阻抗相匹配,应注意到不是所有连接器接口都符合 50Ω 或 75Ω 的阻抗,阻抗不匹配会导致系统性能下降。

2)电压

确保使用中不能超过连接器的最高耐压值。

3)最高工作频率

每一种连接器都有一个最高工作频率限制,除电气性能外,每种接口形式都有其独特之处。例如,BNC 为卡口连接,安装方便及价格低廉,在低性能电气连接中得到广泛使用;SMA、TNC 系列为螺母连接,可满足高振动坏境对连接器的要求;SMB 具有快速连接、断开功能。

4)电缆

电视电缆因其屏蔽性能低,通常用于只考虑阻抗的系统,一个典型的应用是电视天线,电视软电缆为电视电缆的变型,它有相对较为连续的阻抗及较好的屏蔽效果,能弯曲,价格低,广泛用于计算机业,但不能用于要求有较高屏蔽性能的系统。

屏蔽软电缆消除了电感及电容,主要用在仪器和建筑上。

软性同轴电缆由于其特殊的性能而成为最普遍的密闭传输电缆,同轴意味着信号和接地导体在同一轴上,外导体由细致的编织线构成,所以又称编织同轴电缆。此电缆对中心导体有良好的屏蔽效果,其屏蔽效果取决于编织线类型和编织层厚度,除有耐高压特性外,此电缆亦适应在高频及高温条件下使用。

半刚性同轴电缆用管状外壳取代了编织层,有效地弥补了编织电缆在高频时屏蔽效果不佳的缺点,频率很高时通常都使用半刚性电缆。

5)电缆装接

连接器安装方法主要有两种:焊接中心导体、旋接屏蔽层;压接中心导体、压接屏蔽层。

其他方法都由以上两种方法派生出来,如焊接中心导体、压接屏蔽层,此方法用于没有特殊安装工具的场合。由于压接式装接方法工作效率高,端接性能可靠,且专用压接工具的设计可确保装接出来的每一个电缆组件都是相同的,所以随着低造价装接工具的发展,焊接中心导体、压接屏蔽层将日益受到欢迎。

3. 端接形式

连接器可用于射频同轴电缆、印制线路板及其他连接界面。实践证明,一定形式的连接器和一定型号的电缆相匹配,一般外径细小的电缆与 SMA、SMB 和 SMC 等小型同轴连接器相连。

4. 机械构造及镀层

每一种连接器的设计都包括军标和商业标准,军标按 MIL-C-39012 制造,全铜零件、聚四氟乙烯绝缘、内外镀金,性能最为可靠。商业标准的设计使用廉价材料,如黄铜铸体、聚丙烯绝缘、镀银层等,连接器使用材料有黄铜、铂铜和不锈钢,中心导体一般用金镀覆,因其低电阻、耐腐蚀且有优良的密闭性。军标要求在 SMA、SMB 上镀金,在 N、TNC 及 BNC 上采用银镀层,但因银易氧化,许多产品镀镍。

射频同轴电缆连接器的结构形式分类及代号见表 16-5。

表 16-5　射频同轴电缆连接器的结构形式分类及代号

序号	分类特征	代　　号	插　头	插座、面板、电缆
1	特性阻抗	50Ω 或 75Ω		50 或 75
2	接触形式	插针 J,插孔 K	J(K)	J(K)

序号	分类特征	代 号	插 头	插座、面板、电缆
3	外壳形状	直式:不标,弯式 W	W	W
4	安装形式	法兰盘 F,螺母 Y,焊接 H	F 或 Y 或 H	F 或 Y 或 H
5	接线种类	电缆代号,微带 D,半刚性 B	电缆代号	D

射频连接器的型号组成示例如下。

例 16-1 SMA-JW5,表示 SMA 型弯式射频插头,插头内导体为插针接触件,配用 SYV-50-3、RG58/U、LMR195 等射频电缆。

例 16-2 SMA-75JHD,表示 SMB 型直式焊接在线路板上的 75Ω 的射频插座。

转接器和阻抗连接器的型号以插头或插座的型号为基础而成,转接器型号的主称代号部分以连接器主称代号或分数形式表示。

例 16-3 SMA-JK,表示 SMA 型 50Ω 系列内转接器,一端为阳接触件,一端为阴接触件。

例 16-4 N/SMA-JK,表示一端为 N 型阳接触件,另一端为 SMA 阴接触件,50Ω 系列。

例 16-5 SMB-50J/75K,表示一端为 50Ω 接触件,另一端为 75Ω 阴接触件的 SMB 型阻抗转接器。

16.2.2 射频连接器

1. N 型接头

N 型系列产品是按 MIL-C-39012、IEC169-16 和 CECC 22210 详细规范研制生产的一种具有螺纹连接结构的中大功率连接器,具有抗振性强、可靠性高、机械和电气性能优良等特点,广泛用于振动和环境恶劣条件下的无线电设备和仪器中连接射频同轴电缆用。

N 型射频同轴连接器是一种具有螺纹锁紧机构的连接机构,最高工作频率可达 18GHz,可供中功率场合使用的连接器,它的界面尺寸符合国军标 GJB681 的规定,连接螺纹为 5/8-24UNEF。因此,可与国内外同类产品互配连接。N 型射频同轴连接器是一种具有螺纹锁紧机构的连接机构,最高工作频率可达 18GHz,可供中功率场合使用。其外形种类如图 16-8 所示。

图 16-8 N 型接头

2. SMB 接头

SMB 系列产品是按 MIL-C-39012、IEC169-10 和 CECC 22130 详细规范研制生产的

一种小型推入锁紧式射频同轴连接器,具有体积小、重量轻、使用方便、电性能优良等特点,适用于无线电设备和电子仪器的高频回路中连接射频同轴电缆用。其主要技术特性如表 16-6,其结构种类如图 16-9 所示。

SMB 型射频同轴连接器是一种具有推入锁紧机构的连接器,可与国内外同类产品互配连接,SMB 型连接器可连接 SFF-50-1.5 型柔软电缆,也可与印制线路板相连接。工作频率可达 4GHz,被广泛应用于宇航、导弹、微波通信及各种精密电子仪器设备中。

表 16-6 SMB 接头主要技术特性

指　标	参　数	指　标	参　数
温度范围/℃	−55～+155	电压驻波比	<1.34
特征阻抗/Ω	50、75	连接器耐久性	500 次
工作电压/V	250	壳体	黄铜镀硬金
频率范围/GHz	0～4(50Ω),0～2(75Ω)	插针	黄铜镀硬金
介质耐压/V	750V	插孔	铍青铜镀硬金
接触电阻/MΩ	内导体<6,外导体<1	绝缘体	聚四氟乙烯
绝缘电阻/MΩ	>1000	压接套	铜合金镀镍或镀金

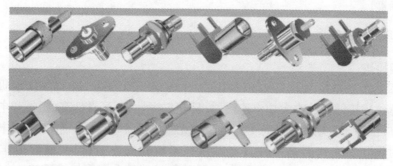

图 16-9 SMB 接头结构种类

3. SMC 接头

SMC 接头结构种类如图 16-10 所示。

图 16-10 SMC 接头结构种类

4. 同轴终端负载

同轴终端负载如图 16-11 所示。

图 16-11 同轴终端负载

416

同轴终端负载用于同轴传输系统的末端连接,一般用于射频信号传输的系统测试中,具有与传辅线适配的特征阻抗,是系统中的能量吸收元件,各种类型连接器的标准终端负载,特征阻抗为 50Ω 或 75Ω,具有频率范围宽、低损耗和尺寸小等优良特性。

5. SMAA

SMAA 型射频同轴连接器是一种具有螺纹锁紧机构的连接器,连接螺纹为 10-36UNS。连接器的头部配合尺寸符合 MIL-C-39012 和 IEC169-18 的规定,可与国内外同类产品互配连接,其外形如图 16-12 所示。

SMAA 型连接器可连接 SFT-50-2 型半硬性电缆和 SFF-50-1 柔软电缆,也可与波导、微带或带状线相连接。工作频率可达 26GHz,最高可达 40GHz。该连接器具有体积小、工作频带宽、电压驻波比低、性能稳定、可靠性高等特点,已被广泛应用于宇航、导弹、微波通信及各种精密电子仪器设备中。

图 16-12　SMAA 连接器

6. 印制板表面贴装连接器

印制板表面贴装连接器专为利用表面贴装技术进行大规模设备组装生产而设计制造,满足了电子仪器和设备制造商提高组装生产自动化程度和产品质量的要求,该种连接器可按照要求以标准塑料带盘式包装进行供货,其外形如图 16-13 所示。

图 16-13　印制板表面贴装连接器

7. BNC 系列连接器

BNC 型射频同轴连接器是一种具有卡口锁紧机构的连接器,是供中小功率场合使用的连接器,它的界面尺寸符合 GJB681 的规定,因此可与国内外同类产品互配连接。

BNC 型连接器可连接低损耗射频同轴电缆,工作频率可达 4GHz。该连接器具有体积小、连接方便等特点,已被广泛应用于无线电电子设备尤其是测试仪器设备中。

8. TNC 系列连接器

TNC 型射频同轴连接器是一种具有螺纹锁紧机构的连接器,连接螺纹为 7/16-28UNEF。连接器的头部配合尺寸符合 GJB 681 的规定,因此可与国内外同类产品互配连接。

TNC 型连接器可连接低损耗射频同轴电缆,工作频率可达 18GHz,最高可达 6GHz。该连接器具有电压驻波比低、性能稳定、可靠性高等特点,已被广泛应用于宇航、导弹、微波通信及各种精密电子仪器设备中。

16.2.3 射频转接头

1.系列转接头

射频同轴连接器的主称代号,具体产品的不同结构形式的命名由详细规范作出具体规定。各类转接头的名称及结构见表16-7。

表16-7　各类转接头名称及结构

名　称	结　构　图
N 转接 SMA	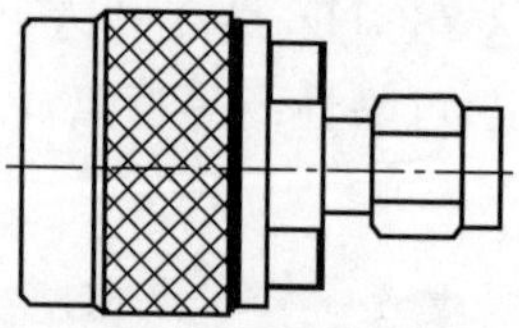 
N/SMA-JJ	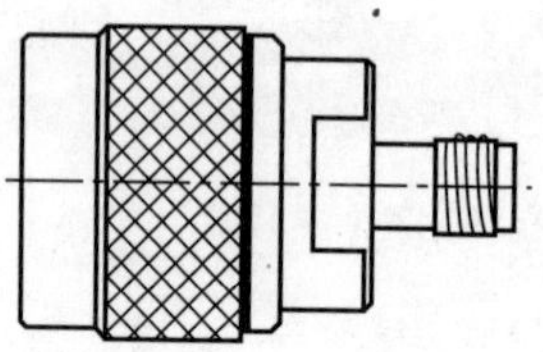 
N/SMA-KJ	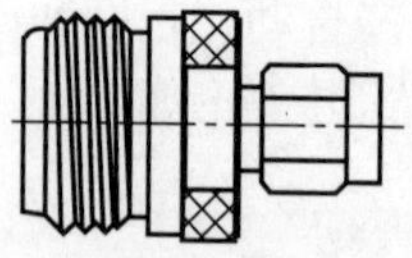 
N/SMA-JK	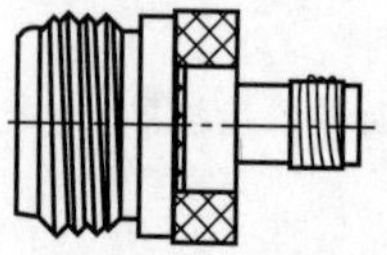 
N/SMA-KK	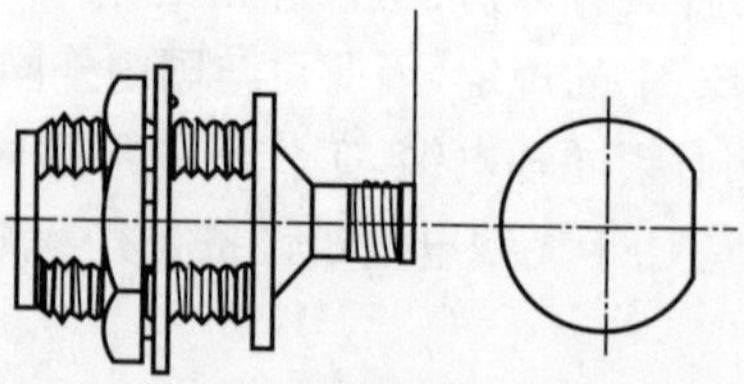 
N/SMA-KYK	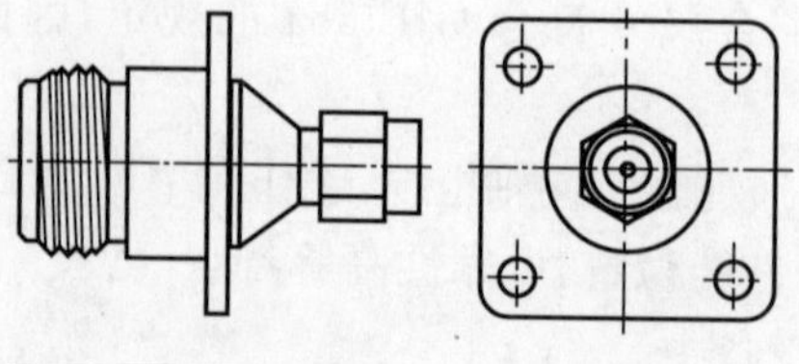 

418

名　称	结　构　图
N/SMA-KFJ	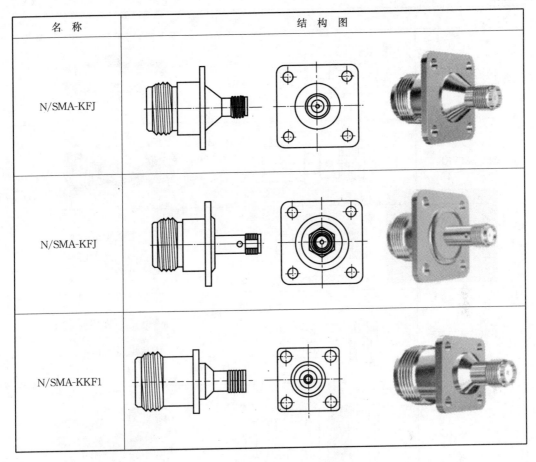
N/SMA-KFJ	
N/SMA-KKF1	

2. BNC 转接 SMA

BNC 转接 SMA 的名称和结构见表 16-8。

表 16-8　BNC 转接 SMA 名称及结构

名　称	结　构　图
BNC/SMA-KFK	
BNC/SMA-KYK	

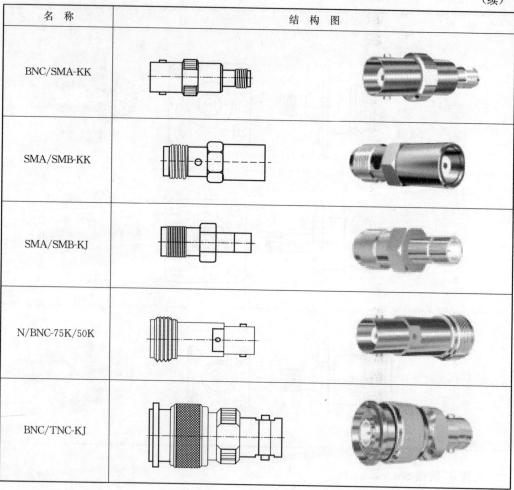

名　称	结　构　图
BNC/SMA-KK	
SMA/SMB-KK	
SMA/SMB-KJ	
N/BNC-75K/50K	
BNC/TNC-KJ	

其他系列转接头见表 16-9。

表 16-9　其他系列转接头

N 转 SMA	N/SMA-JJ	N 转接 SMB 75Ω	N/SMB-50J/75K
	N/SMA-JK		N/SMB-50J/75
MCX 转 SMA	MCX 转 SMA-JJ	BNC 转接 SMB 75Ω	BNC/SMB-50J/75K
	MCX 转 SMA-JK		BNC/SMB-50J/75J
	MCX 转 SMA-KJ		BNC/SMB-75KYJ
	MCX 转 SMA-KK		

3. SMA 接头

SMA 型射频同轴连接器是一种具有螺纹锁紧机构的连接器，连接螺纹为 1/4-36UNS，如图 16-14 所示。连接器的头部配合尺寸符合 MIL-C-39012 和 IEC169-15 的规定，因此可与国内外同类产品互配连接。其主要技术特性见表 16-10。

表 16-10　SMA 主要技术特性

指　标	参　数	指　标	参　数
温度范围/℃	-55 ～+155	电压驻波比	<1.07+0.1f(GHz)
特征阻抗/Ω	50	连接器耐久性	500 次
工作电压/V	335	壳体	黄铜镀硬金
频率范围/GHz	软电缆:DC～12.4;半刚电缆 DC～18	插孔	铍青铜镀硬金
介质耐压/V	750	绝缘体	聚四氟乙烯
接触电阻/mΩ	内导体<4,外导体<2.5	压接套	铜合金镀镍或镀金
射频泄漏	软电缆:2～3GHz-60dB;-90dB 半刚电缆		

　　SMA 型连接器可连接半刚性电缆和软电缆,也可与波导、微带或带状线板相连接。工作频率可达 18GHz,最高可达 26GHz。该连接器具有体积小、工作频带宽、电压驻波比低、性能稳定及可靠性高等特点,已被广泛应用于宇航、导弹、微波通信及各种精密电子仪器设备中。SMA 半刚性电缆连接器名称及结构见表 16-11。SMA 接头见表 16-12。SMA 转接头见表 16-13。

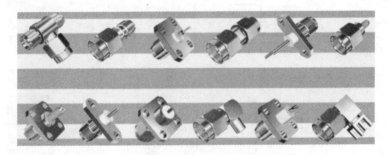

图 16-14　各种 SMA 接头

表 16-11　SMA 半刚性电缆连接器

名　称	结　构　图
SMA-JB3A	
SMA-JB3B	
SMA-KFB2	

421

名　称	结　构　图
SMA-JW3	
SMA-J2C	
SMA-KHD12	
SMA-JFD1	

表 16-12　SMA 接头

名　称	结　构　图
SMA-KWHD3	
SMA-JFD4	

名　称	结　构　图
SMA-KFD	
SMA-KFD10	
SMA-KFD31	

表 16-13　SMA 转接头

名　称	结　构　图
SMA-KK1	
SMA-KYK	
SMA-JJ	
SMA-KJK	

本 章 小 结

本章首先介绍了射频同轴电缆的传播模式、衰减特性、构造、类型和特性,接着介绍了射频电缆的类型和用途,包括半刚性电缆、柔性电缆、软电缆等,然后介绍了射频同轴连接器的构造、类型和特性,包括 N 式接头、SMB 接头、SMC 接头、同轴终端负载、SMAA、印制板表面贴装连接器等,最后介绍了射频转接头。

部分习题答案

第1章

1.3　-91dBm;1.7　$K=11/9$;1.9　$K=2.17$;1.10　23dBm;1.11　-88.75dBm,
-87dBm

第5章

5.3　$66.7\Omega,150\Omega$;5.8　(1) 0,(2) $\lambda/4$,(3) $\lambda/8$,(4) $3\lambda/8$,(5) 0.02λ;

5.10　54.78Ω;5.13 (1) $(0.67+j0.6)75\Omega$,(2) 3.85GHz,(3) 2.3;5.15(1)20+
15j,(2) 2.8;5.17　65+j20

第6章

6.1　4KTB;6.2　$1+\dfrac{R_s}{R_r}$;6.3　1.6×10^{-16},1.6×10^{-12};6.5　3dB;6.9　2.06dB;
6.11　6dB;6.13　38.14dB;6.14　7.03dB;6.16　74.82dB;6.17　34.23dB;6.19
122dBm;6.21　12.84dBm;6.22　4.3dB

第8章

8.10　$G_A=64$dB,$NF_A=6.58$dB;8.11　$P_{in,min}=-106.79$dBm;8.15　$P_{in,min}=$
-106.79dBm;8.16　$G_A=6$dB,$NF_A=8.47$dB,$T_e=1751.6K$,$N_0=2.04\times10^{-13}$W。

第9章

9.12　50%;9.17　$K=1.7429>1$,$|\Delta|=0.1709<1$ 无条件稳定,$r_L=0.66$;

9.18　$K=2.7258>1$,$|\Delta|=0.6968<1$,无条件稳定,$r_L=0.64$;

9.19　$K=2.17>1$,$|\Delta|=0.41<1$,无条件稳定。

参 考 文 献

[1] 拉扎维. 射频微电子[M]. 余志平,周润德泽. 北京:清华大学出版社,2006.

[2] 张厥胜,郑继禹,万心平. 锁相技术[M]. 西安:西安电子科技大学出版社,2003.

[3] 路德维格. 射频电路设计理论与应用[M]. 王子宇,张肇仪,徐承和等译. 北京:电子工业出版社,2004.

[4] 米斯拉. 射频与微波通信电路——分析与设计(第二版)[M]. 张肇仪,徐承和,祝西里等译. 北京:电工业出版社,2005.

[5] James K. Harly. High Frequency Circuit Design[M]. Preston Publishing Company,Inc.,1979.

[6] 白居宪. 低噪声频率合成[M]. 西安:西安交通大学出版社,1994.

[7] THOMAS H L. The Design of CMOS Radio-frequency Integrated Circuits[M]. NewYork:Cambridge University Press,1998.

[8] LAWRENCE E L. Radio Frequency Integrated Circuit Technology for Low-Power Wireless Commuinications. IEEE Personsl Communications,June 1998.

[9] VUOLEVI J. RAHKONEN T. Distortion in RF Power Amplifers[M]. Norwood,MA:ArtechHouse,1999.

[10] DAVID M P. Microwave and RF Design of Wireless Systems[M]. New York:Jonh Wiley & Sons, Inc.,2000.

[11] S. C. Cripps. Advanced Techniques in RF Power Amplifier Design. Artech House Publishers,2002.

[12] 张杭,张帮宁,郭道省. 数字通信技术[M]. 北京:人民邮电出版社,2008.

[13] 罗德,尼科. 无线应用射频微波电路设计[M]. 刘光祐,张玉兴译. 北京:电子工业出版社,2005.

[14] 雷振亚. 射频/微波电路导论[M]. 西安:西安电子科技大学出版社,2005.

[15] 池保勇,余志平,石秉学. CMOS射频集成电路分析与设计[M]. 北京:清华大学出版社,2006.

[16] 曾兴雯,刘乃安,陈建. 通信电子线路[M]. 北京:科学出版社,2006.

[17] 陈邦媛. 射频通信电路(第二版)[M]. 北京:科学出版社,2006.

[18] 巴尔,巴希尔. 微波固态电路设计(第二版)[M]. 郑新,赵玉洁,刘永宁等译. 北京:电子工业出版社,2006.

[19] 波扎. 微波工程(第三版)[M]. 张肇仪,周乐柱,吴德明等译. 北京:电子工业出版社,2006.

[20] 文光俊,谢甫珍,李建. 无线通信射频电路技术与设计[M]. 北京:电子工业出版:2010.

[21] 罗伯逊. 单片射频微波集成电路技术与设计[M]. 文光俊,谢甫珍,李家胤译. 北京:电子工业出版:2007.

[22] 拉德马内斯. 射频与微波电子学[M]. 顾继慧,李鸣译. 北京:电子工业出版社,2012.

[23] 张玉兴,赵宏飞,向荣,等. 非线性电路与系统[M]. 北京:机械工业出版社,2007.

[24] 任威. Ka波段高性能频率合成器的设计[D]. 成都:电子科技大学,2007.

[25] 邱频捷. Ka波段频率合成器LTCC技术研究[D]. 成都:电子科技大学,2009.

[26] 易惊涛. 2~6GHz通用接收机研究及关键电路的设计与实验[D]. 成都:电子科技大学,2007.

[27] 王兵. 宽带射频前端系统仿真研究[D]. 成都:电子科技大学,2006.

[28] 肖勇. 宽带一体化接收前端技术的研究[D]. 成都:电子科技大学,2007.

[29] 郑泽国. 800MHz同轴腔体双工器的研制[D]. 西安电子科技大学,2007.

[30] 林燕海. Ka_C波段上_下变频组件研究[D]. 成都:电子科技大学,2010.